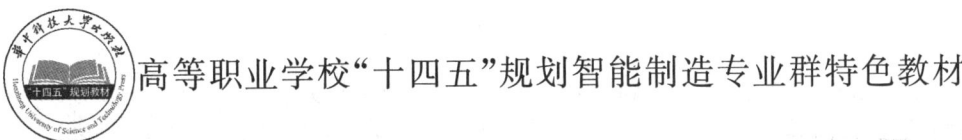

高等职业学校"十四五"规划智能制造专业群特色教材

冲压工艺与模具设计

主 编 肖志余

华中科技大学出版社

中国·武汉

内 容 简 介

本书为模具设计与制造类教材,其内容涵盖冲压工艺基础、冲裁工艺与模具设计、弯曲工艺与模具设计、拉深工艺与模具设计、成形工艺与模具设计、多工位精密级进冲压工艺与模具设计及冲压工艺规程编制等,可为初学模具设计的学生提供全面、实用的技术和理论基础。

本书以培养学生冲压模具设计能力为目标,内容注重实践,结构清晰,通俗易懂,选编了较多的案例,力求做到使学生在设计规范的应用中学习冲压模具设计的基础知识。每个项目都列出了内容导读、学习重点和项目案例,让学生知道通过本项目学习能获得哪些知识、学习重点是什么、能解决什么实际问题,使学生更有目标地学习相关冲模设计知识。此外,每个项目还配有习题,为相关训练提供了素材。

本书适合作为高职高专院校模具设计与制造及相关专业的教材,也可供培养技能型紧缺人才的相关院校及培训班教学使用。

图书在版编目(CIP)数据

冲压工艺与模具设计/肖志余主编. -- 武汉 :华中科技大学出版社,2025.5. -- ISBN 978-7-5772-1473-3

Ⅰ.TG38

中国国家版本馆 CIP 数据核字第 2025WD4296 号

冲压工艺与模具设计   肖志余 主编

Chongya Gongyi yu Muju Sheji

策划编辑:万亚军

责任编辑:吴 晗

封面设计:廖亚萍

责任监印:朱 玢

出版发行:华中科技大学出版社(中国·武汉)   电话:(027)81321913

　　　　　武汉市东湖新技术开发区华工科技园   邮编:430223

录　　排:武汉正风天下文化发展有限公司

印　　刷:武汉市洪林印务有限公司

开　　本:787mm×1092mm 1/16

印　　张:23.5

字　　数:602 千字

版　　次:2025 年 5 月第 1 版第 1 次印刷

定　　价:69.80 元

前　言

本书根据教育部《关于加强高职高专教育教材建设的若干意见》，结合武汉软件工程职业学院模具专业教学改革成果及专业建设经验，立足职业教育特点和冲压模具设计与制造专业技术人才的实际需求编写而成。本书是一本按照"项目式"教学模式编写的特色教材。

本书以培养学生冲压模具设计能力为主线，内容注重实践，结构清晰，通俗易懂。将冲压工艺与模具设计的理论知识贯穿于典型模具设计任务中，按照模具设计流程讲授相关知识，引导学生掌握典型模具设计的基本方法与步骤。

本书共设有七个项目：项目1系统阐述冲压工艺基础知识；项目2至项目6重点讲解冲裁模、弯曲模、拉深模、成形模（含翻孔、胀形、缩口工艺）及多工位精密级进模的冲压工艺理论、工艺特点、计算方法和模具设计；项目7专门探讨冲压工艺规程的编制。

本书配套有丰富的动画资料，如有需要，可访问网址 https://bookcenter.hustp.com/resource/detail/241989.html，下载相关程序和动画文件，在计算机上浏览。

本书可作为高等职业院校、成人高等学校模具设计与制造专业及机械类、机电类等相关专业的教材，亦可供从事模具设计与制造工作的工程技术人员参考使用。

本书由武汉软件工程职业学院肖志余副教授担任主编并负责统稿，武汉软件工程职业学院刘兵负责编写项目1，肖志余负责编写项目2、项目3、项目4、项目6、项目7及附录部分，陈刚负责编写项目5。

由于编者水平有限，书中难免存在不妥之处，欢迎读者批评指正。

编　者
2024 年 3 月

目　　录

项目 1 冲压工艺基础

◈ 内容导读

冲压成形工艺主要应用于金属钣金件加工,有时也用于加工非金属材料。它是一种广泛应用的板料成形加工工艺。通过本项目的学习,掌握冲压的基本概念、工艺特点及应用,熟悉冲压的基本工序、冲压模具的基本结构及冲压设备,了解冲压技术的现状与发展趋势。

◈ 学习重点

冲压的基本概念、工艺特点及应用,冲压的基本工序,冲压模具的基本结构,冲压材料与冲压设备。

◈ 项目案例

图 1-1 所示的卡扣为一种典型冲压件,其毛坯为板料。通过分析从毛坯到成品的成形过程,学习冲压概念、冲压模具、冲压材料及冲压设备等相关知识。

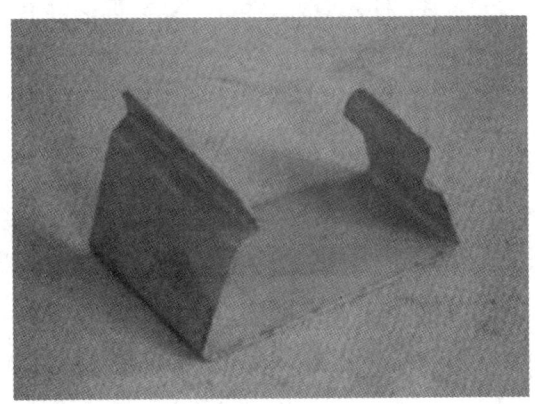

图 1-1 卡扣冲压件

1.1 冲压工序与冲模

1.1.1 冲压工艺

1. 冲压概念

冲压概念

冲压是指在利用安装在冲压设备(主要是压力机)上的模具对材料施加压力,使材料产生分离或塑性变形,从而获得所需零件(俗称冲压件)的一种压力加工方法。它是塑性加工的基本方式之一。冲压通常在常温下对金属板料进行冷变形加工,所以也称冷冲压或板料冲压。

冲压是现代制造中高效、先进的金属加工方法之一,其工艺过程如图 1-2 所示。冲压工艺离不开冲压模具、冲压设备与冲压材料,这三者称为冲压三要素,如图 1-3 所示。

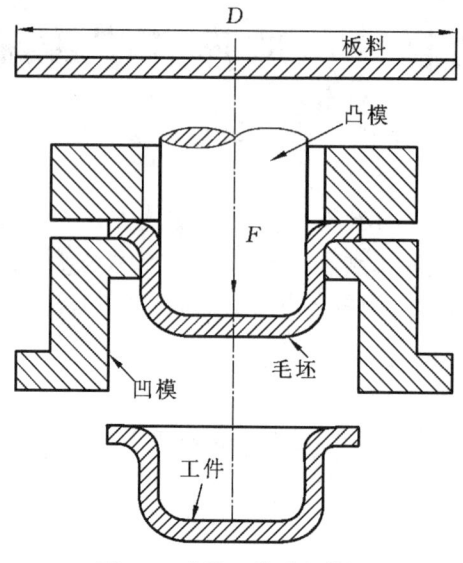

图 1-2　冲压工艺过程简图

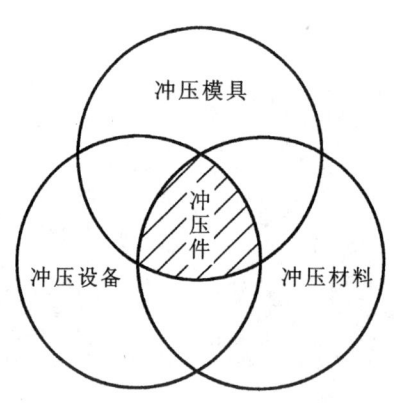

图 1-3　冲压三要素

2. 冲压成形特点

1) 冲压成形的优点

与其他加工方法(例如切削加工)相比,冲压加工在技术和经济层面均具有显著优势:

(1) 冲压产品一般不需要加热成形,可节约能源;加工过程中产生废料少,材料利用率可达 70%～85%,批量生产成本低,经济效益好。

(2) 冲压可加工出尺寸范围较大、形状较复杂的薄壁零件。

(3) 冲压件成形过程中,在模具作用下材料产生的塑性变形能改善金属内部组织结构,提高材料力学性能,从而使冲压件具有高强度和高刚度。

(4) 冲压件的尺寸与形状精度由模具保证,其质量稳定,互换性好,具有"一模一样"的特征,一般情况下可以直接满足使用要求和装配要求。

(5) 冲压是依靠冲压模具和冲压设备来完成加工的,每分钟可以生产几十甚至几百件制品,其生产效率高,易于实现机械化与自动化。同时生产过程操作简单,对工人技术要求低。

2)冲压成形的缺点

冲压加工的主要缺点表现在:

(1)冲压模具精度要求高、制造工艺复杂、制造周期长、成本高,一般为单件生产。

(2)冲压加工通常采用人工操作,劳动强度大且存在安全隐患。

(3)冲压加工时噪声大、振动大,生产环境较差。

3. 冲压加工的应用

冲压加工在现代工业特别是大批量生产中应用十分广泛。据统计,在汽车、电机、电气、仪器仪表、玩具制造等机械和民用产品的生产方面,冲压件的比例占零件总数的 70%～80%;日用家电行业中冲压件占比超过 85%;电视机、摄像机等电子产品中冲压件占比超过 90%。许多过去用锻造、铸造或切削加工方法制造的零件,现在大多数被质量小、刚度高的冲压件所替代。在发达国家钢材品种的构成中,钢带和钢板的占比达 67%,这从另一个方面说明了冲压加工已经成为现代工业生产的重要方式和工艺发展的方向。

◆ **知识拓展**

冲压技术的现状与趋势

近年来,随着对发展先进制造技术重要性共识的加强,冲压成形技术无论在理论深度和应用广度上都取得了前所未有的进展。

1)冲压成形理论方面

冲压技术的真正发展,始于汽车的工业化生产。20 世纪初,美国福特汽车的工业化生产大大推动了冲压技术的研究和发展。当时的研究工作基本上在板料成形技术和成形性能两方面同时展开,关键问题是破裂、起皱与回弹,涉及可成形性预估、成形方法的创新,以及成形过程的分析与控制。但在 20 世纪的大部分时间里,对冲压技术的掌握基本上是经验型的。分析工具是经典的成形力学理论,能求解的问题十分有限。20 世纪 60 年代成形极限图(forming limit diagrams,FLD)的提出,推动了板材性能、成形理论、成形工艺和质量控制的协同发展,成为冲压技术发展史上的一个里程碑。至 20 世纪 80 年代,有限元方法及 CAE 技术的先期发展,推动 20 世纪 90 年代以数值模拟仿真为中心的计算机应用技术在冲压领域得到迅速发展并走向实用化,标志着冲压工艺从经验导向转向科学化设计。

当前,基于有限元法的冲压成形过程计算机仿真技术或数值模拟技术,已成为冲压模具设计、冲压过程设计与工艺参数优化的核心技术,有效提升了复杂零件成形效率与精度控制水平。图 1-4 所示为利用 Dynaform 软件对汽车覆盖件进行成形模拟以及对成形件进行实验测试。

2)冲压工艺方面

以提高劳动生产率及产品质量、降低产品成本和扩大冲压工艺应用范围为目的的各种冲压新工艺,也是冲压技术的发展方向之一。当前,国内外相继涌现出了精密冲压、无毛刺冲裁、特种拉深、软模成形、超塑性成形等先进冲压工艺。随着计算机技术、信息技术、现代测控技术的发展,又形成和发展了一些先进的冲压成形工艺,如爆炸成形、液压成形、无模多点成形等。

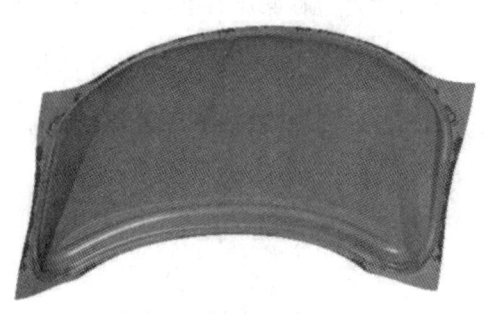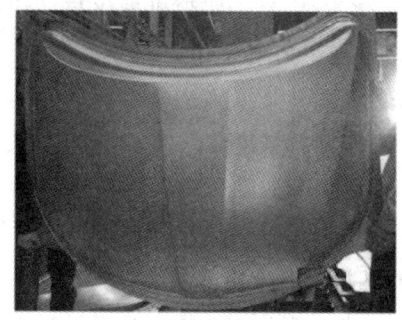

模拟测试分析结果   实验测试

图 1-4　利用 Dynaform 成形汽车覆盖件

　　冲压件的成形精度、生产率和产品质量越来越高,加工对象由板材到块料(立体成形),工件厚度由 5～8 mm 发展到 25 mm。为适应工业产品的要求,开发了新的冲压成形材料,如高强度板材、复合板材、高强度铝合金板材等。图 1-5 所示为瑞士 Feintool 公司生产的精冲件。

图 1-5　瑞士 Feintool 公司生产的精冲件

　　3) 冲压模具方面

　　冲压模具是实现冲压生产的基本条件。在冲压模具的设计和制造上,目前正朝着大型、高精度、复杂化、长寿命方向发展。多工位级进模和汽车覆盖件模具代表了现代冲压模具的技术水平。目前在多工位级进模技术领域,工位间步距精度可控制在 ±3 μm,工位数已达几十个甚至上百个。我国主要汽车模具企业已具备生产中档轿车整车模具的能力,模具自给率达 50% 以上,并已实现部分出口。但在制造质量、精度、制造周期和成本方面,与国外相比仍存在一定差距。

　　模具材料的质量和性能对模具质量和寿命的影响很大,近年来,已开发出多种高韧度、高耐磨、火焰淬火、粉末冶金等冷作模具钢。与此同时,新的热处理工艺开始应用,主要有气体软氮化、离子氮化、渗硼、表面涂镀、化学气相沉积(chemical vapor deposition,CVD)、物理气相沉积(physical vapor deposition,PVD)、激光表面处理等。

　　模具制造中高速铣削加工、电火花加工、慢走丝线切割加工、精密磨削及抛光技术、数控测量等技术得到了广泛的应用。此外,激光快速成形技术与树脂浇注技术在快速、经济制模技术中得到了成功的应用。

　　随着功能强大的专业软件和高效集成制造设备的出现,以三维造型为基础、基于并行工程

(concurrent engineering，CE)的模具 CAD/CAE/CAM 技术正成为发展方向,该技术能实现制造和装配的设计、成形过程的模拟及数控加工过程的仿真,还可对模具可制造性进行评价,使模具设计与制造一体化、智能化,显著缩短模具设计与制造周期,降低生产成本,提高产品质量。

模具的标准化及专业化生产降低了模具成本,提高了模具质量并缩短了制造周期。采用模具标准件可使企业的模具加工工时节约 25%～45%,能缩短模具生产周期 30%～40%。国外先进工业国家模具标准化生产程度已达 70%～80%,而我国这一比例大致为 40%～45%。图 1-6 所示为电机转子铁芯级进模。

图 1-6　电机转子铁芯级进模

4) 冲压设备方面

性能良好的冲压设备是提高冲压生产技术水平的基本条件,高精度、长寿命、高效率的冲压模具需要与之匹配的高精度、高自动化的冲压设备。为了满足大批量高速生产的需要,冲压设备正朝着多工位、多功能、高速和数字化方向发展。配备自动化机械手的大型压力机组成的自动化冲压生产线已在汽车覆盖件生产中投入使用。精密高速压力机冲压速度由原来的每分钟冲几十次,提高到每分钟冲几百次,目前已有压力机的冲压速度达到 2500 次/分以上,实际应用中纯冲裁速度可达 2000 次/分(带弯曲的加工 500～800 次/分)。目前,在 8 mm 冲程、100 kN 压力下可达到 4000 次/分的高速冲床已投入使用。转塔数控多工位压力机、激光切割与成形机、CNC 万能折弯机等新设备越来越多地投入使用。冲压柔性制造系统(flexible manufacturing system，FMS)以数控冲压设备为主体,包括板料、模具、冲压件分类存放系统、自动上料与下料系统,生产过程完全由计算机控制,车间实现 24 h 无人值守生产,可在不停机情况下实现多品种、中小批量的加工管理。图 1-7 所示为上海大众冲压生产线,该生产线可实现无人干预自动运行,最高生产节拍为每分钟 8 个零件。

图 1-7　上海大众冲压生产线

1.1.2 冲压工序

1. 按变形性质分类

由于冲压加工的零件种类多,各类零件的形状、尺寸、精度要求、批量大小、原材料性能等不同,因而生产中采用的冲压工艺方法也多种多样。但概括起来,可分为分离工序和成形工序两大类。分离工序是指使坯料沿一定的轮廓线分离而获得的具有一定形状、尺寸和断面质量冲压件(又称冲裁件)的工序(见表 1-1);成形工序是指使坯料在不破裂的前提下产生塑性变形,形成一定形状和尺寸冲压件的工序(见表 1-2)。

表 1-1　分离工序

工序名称	工序简图	特点
切断 (shearing/SH)	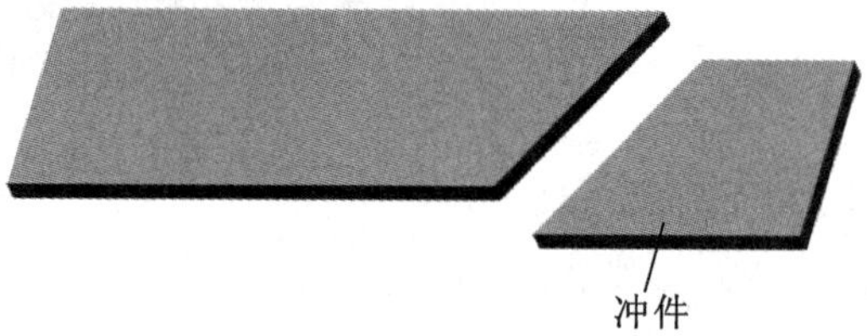 冲件	用剪刀或冲压模切断板料,切断线不封闭
落料 (blanking)	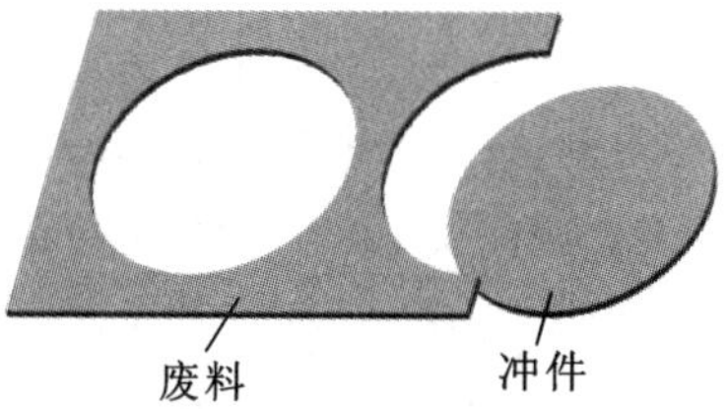 废料　冲件	用冲压模沿封闭线冲切板料,冲下来的部分为冲件
冲孔 (piercing)	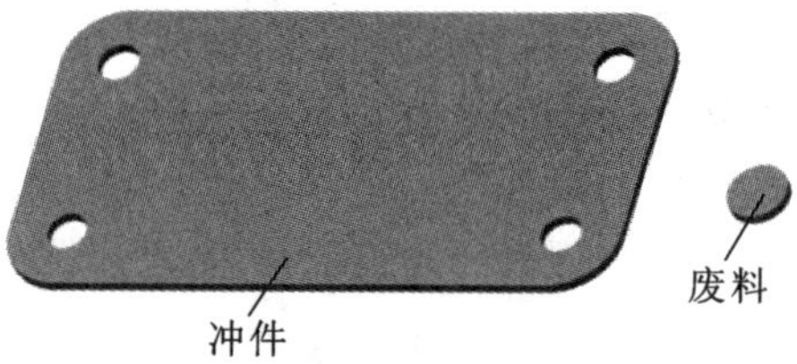 废料 冲件	用冲压模沿封闭线冲切板料,冲下来的部分为废料
切舌 (lancing)		在坯料上沿不封闭线冲出缺口,切口部分发生弯曲
切边 (trimming)	 废料	将工件的边缘部分切除

工序名称	工序简图	特点
剖切 （separating）		将工件切开成两个 或多个零件

表 1-2 成形工序

工序名称	工序简图	特点
弯曲 （bending）		将板料沿直线弯成 一定的角度和曲率
扭弯 （twisting）		将坯料的一部分相 对另一部分扭转成一 定角度
拉深 （drawing）		将平板坯料制成开 口空心件，壁厚基本 不变
变薄拉深 （ironing）		将空心件进一步拉 深成侧壁比底部薄的 零件
翻孔 （burring）		沿工件上孔的边缘 翻出竖立边缘

工序名称	工序简图	特点
翻边 (flanging)		沿工件的外缘翻出弧形的竖立边缘
扩口 (flaring)		使空心毛坯或管状毛坯端部的径向尺寸扩大
缩口 (necking)		使空心毛坯或管状毛坯端部的径向尺寸缩小
起伏 (embossing)		依靠材料塑性变形，使工件形成局部凹陷或凸起
卷圆 (edge coiling)		将空心件的口部卷成接近封闭圆筒
胀形 (bulging)		将空心件或管状件局部尺寸沿径向往外扩张，形成局部直径较大的零件

工序名称	工序简图	特点
整形 （sizing）		依靠材料的局部变形，少量改变工件形状和尺寸，以提高其精度
校平 （flating）	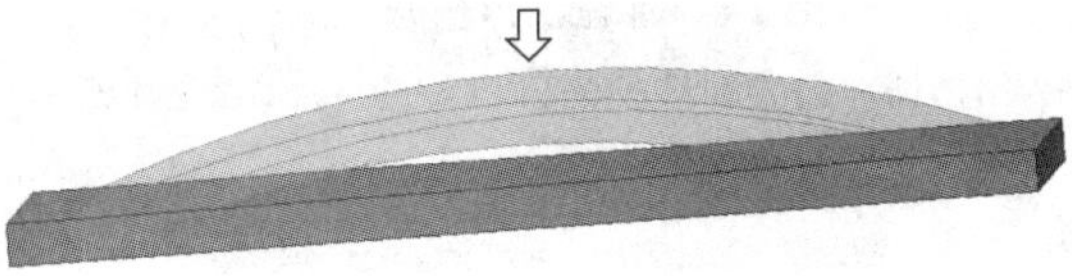	将坯料或工件不平的面予以压平
冷挤压 （cold extrusion）	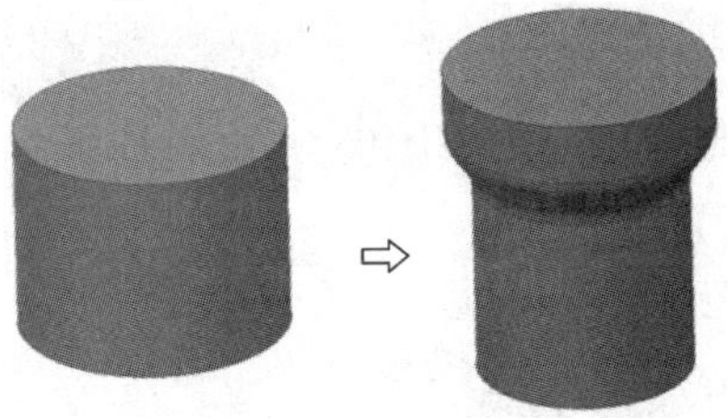	将放在模腔内的坯料从凹模孔或凸、凹模间隙中挤出，以获得实心或空心件

◈ 案例分析

根据表 1-1、表 1-2 可知，卡扣冲压件的冲压工序包括落料、V 形弯曲、小于 90°U 形弯曲等。

2. 按基本变形方式分类

按基本变形方式，冲压工序又可分为冲裁、弯曲、拉深、成形和立体压制（体积冲压）等五种基本工序。

（1）冲裁　使板料实现分离的冲压工序。

（2）弯曲　将金属材料弯曲成一定的角度和形状的冲压工序。

（3）拉深　将平面板料加工成开口空心件的冲压工序。

（4）成形　用局部变形改变冲压件的形状的冲压工序。

（5）立体压制（体积冲压）　改变金属体积分布的冲压工序。

每种基本工序还可以包含多种单工序。

3. 按工序组合形式分类

（1）单工序冲压　在压力机的一次行程中，仅完成一道冲压工序。如图 1-8（b）所示，冲孔、落料在两副模具上完成。

（2）复合工序冲压　在压力机的一次行程中，在同一工位上同时完成两种或两种以上冲压工序。如图 1-8（c）所示，冲孔、落料在一副模具的同一工位完成。

（3）级进冲压　在压力机的一次行程中，在不同的工位上完成两道或两道以上冲压工序。如图 1-8(d)所示，在一副模具上的第一工位完成冲孔，第二工位完成落料。

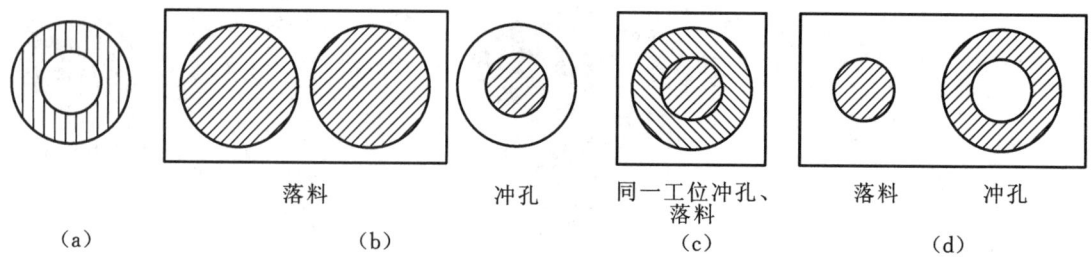

图 1-8　冲压工序组合

(a)冲压件；(b)单工序冲压；(c)复合工序冲压；(d)级进冲压

4. 按基本变形方式分类

（1）伸长类变形　变形区的最大主应力为拉应力，材料被拉伸并出现减薄，主要失效形式为拉裂。

（2）压缩类变形　变形区的最大主应力为压应力，材料被压缩并出现增厚，主要失效形式为起皱。

1.1.3　冲压模具

1. 冲压模具分类

（1）按工序性质分类　可分为冲裁模、弯曲模、拉深模、成形模、挤压模等。

（2）按工序组合程度分类　可分为单工序模、复合模和级进模。

2. 冲压模具结构

冲压模具由上模和下模两部分组成。上模固定在压力机滑块上，随滑块做上下往复运动，是冲压模具的活动部分；下模固定在压力机工作台或垫板上，是冲压模具的固定部分。工作时，压力机滑块带动上模下行，与定位于下模上的坯料接触，在模具工作零件（即凸模、凹模）的进一步作用下，坯料便产生剪切分离或塑性变形，从而获得冲件。行程结束时，上模回升，模具的卸料与出件装置将冲件或废料从凸、凹模上卸下或推（顶）出来，以便进行下一次冲压。

图 1-9 所示为几种常见冲压模具的结构简图，其中凸模 1 和凹模 5 是工作零件，定位板 3 和挡料销 4 是定位零件，卸料板 2、推件杆 6、压料板（顶件板）7 等构成模具的卸料与出件装置，其余部分是模具的支承与固定零件。

◆ 案例分析

图 1-9(a)所示结构模具可以完成卡扣落料工序；图 1-9(b)所示结构模具可以完成卡扣 V 形弯曲工序。小于 90°U 形弯曲可采用图 1-10 所示模具结构，当凸模下行时工件底部接触凹模镶件，凹模镶件转动使工件成形。凸模回程时，带动凹模镶件反转，并在拉簧作用下保持复位状态。

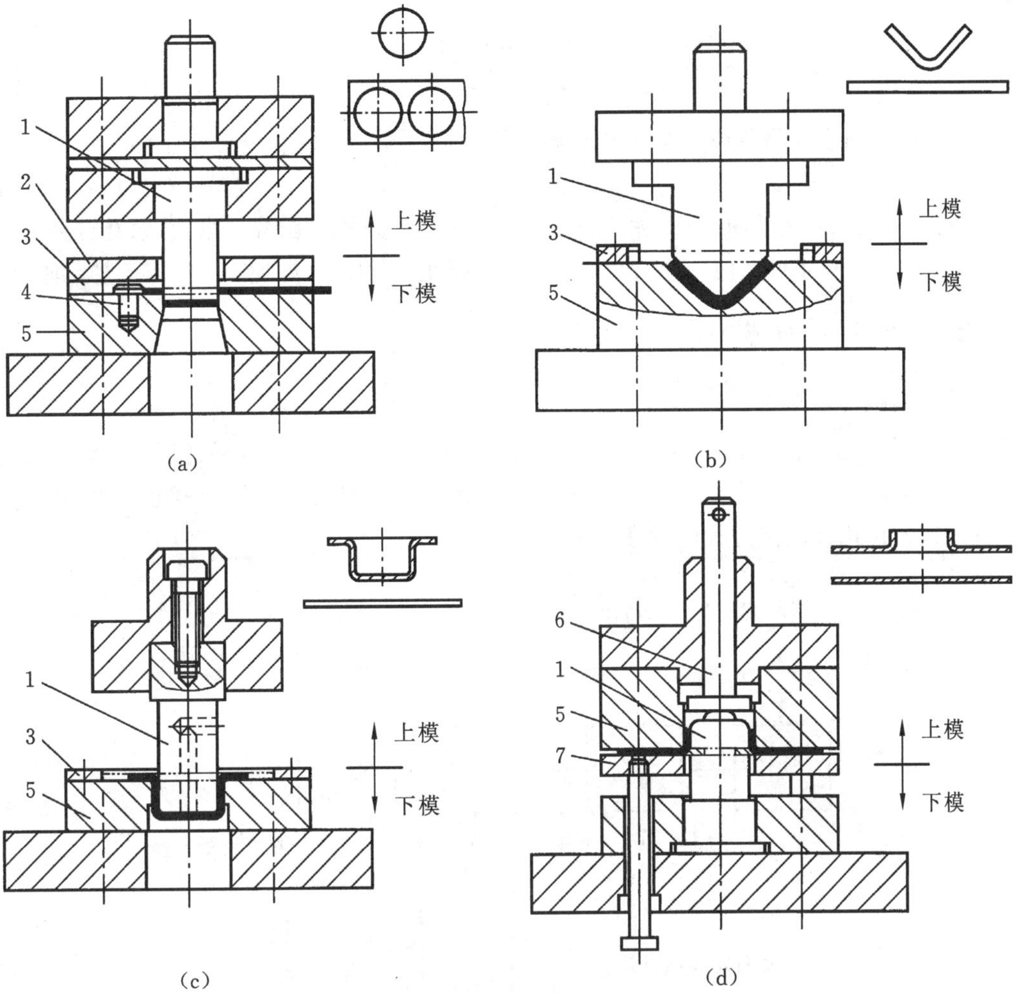

（a）

（b）

（c）

（d）

图 1-9 几种常见冲压模具的结构简图

（a）冲裁模（落料模）；（b）弯曲模；（c）拉深模；（d）成形模（翻孔模）

1—凸模；2—卸料板；3—定位板；4—挡料销；5—凹模；6—推件杆；7—压料板

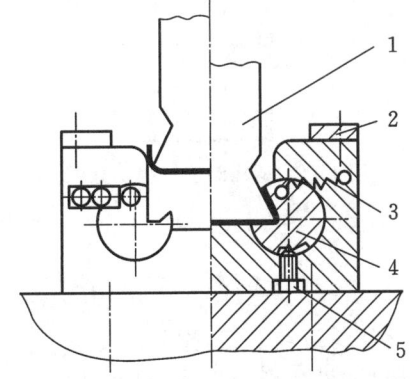

图 1-10 小于 90°U 形弯曲模结构简图

1—凸模；2—定位板；3—拉簧；4—凹模镶件；5—限位钉

1.2 冲压材料

冲压用原材料主要是各种金属及非金属板材,它们的力学性能和成形性能存在很大的差异。材料的性能与特点对冲压成形方法、冲压工艺参数和冲压模具结构有很大的影响。因此,在制定冲压工艺之前,必须了解常用冲压材料的性能及相关指标。当然,原材料供应商应该按照冲压件的工作条件与使用要求开展新材料的研发,使材料更好地满足冲压工艺要求。

1.2.1 常用冲压材料

1. 普通钢板

钢板是冲压生产中应用最为广泛的原材料,它用于汽车、家电、电子、机械等多种工业产品。由于产品功能与技术要求不同,在冲压生产中所用的钢板种类与形式也不尽相同。图1-11 所示为各种钢板制造过程的示意图。

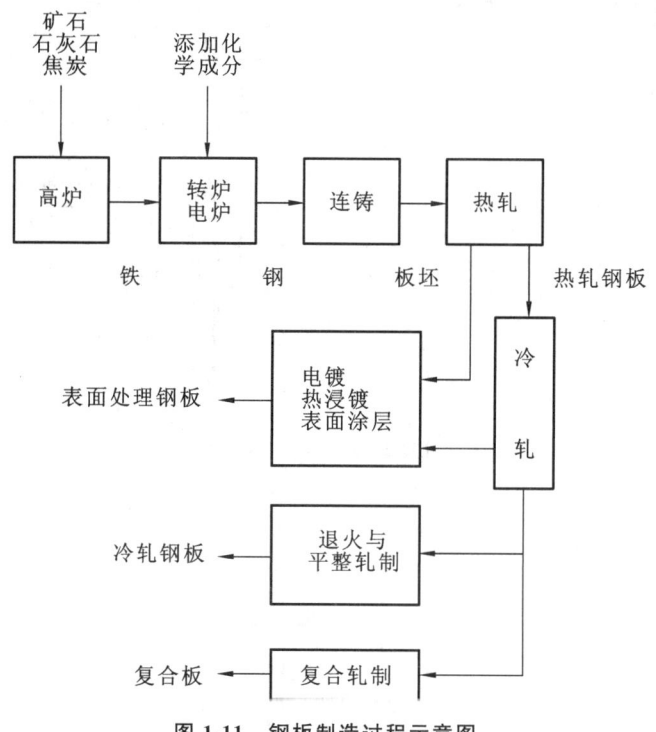

图 1-11 钢板制造过程示意图

1) 热轧钢板

用于冲压生产的热轧钢板厚度一般不超过 16 mm,用于深冲压的热轧钢板厚度一般不超过 8 mm。热轧板表面质量可分为 A 级和 B 级,按其用途可分为一般用(CQ)、冲压用(DQ)及深冲压用(DDQ),按表面处理方式可分为非酸洗表面热轧钢板和酸洗表面热轧钢板两种。

非酸洗表面热轧钢板(见图 1-12)表面有黑色氧化皮,氧化皮脆而硬,在冲压成形中可能会剥落,从而损坏模具。常见的冲压用非酸洗表面热轧板多采用优质碳素结构钢,主要用于汽车、航空工业等领域。常见的牌号有 08、08F、08Al、10、20、45 等几种。

酸洗表面热轧钢板(见图 1-13)是以优质热轧薄板为原料,经酸洗机组去除氧化层、切边及精整后得到的产品。酸洗表面热轧钢铁的优势主要在于表面质量好、尺寸精度高、表面光洁度好。

图 1-12　非酸洗表面热轧钢板

图 1-13　酸洗表面热轧钢板

工厂常用国外冲压用热轧钢牌号有:

SPHC,一般用热轧钢板及钢带,相当于 08 钢。

SPHD,冲压用热轧钢板及钢带,相当于 08 或 08Al 钢。

SPHE,深冲压用热轧钢板及钢带,相当于 08Al 钢。

2)冷轧钢板

(1)冷轧普通薄钢板。

冷轧普通薄钢板是由普通碳素结构钢热轧钢带,经过酸洗,然后冷轧制成厚度小于 4 mm 的钢板。由于在常温下轧制,不产生氧化皮,因此,冷轧钢板表面质量好,尺寸精度高,再加之退火处理,其力学性能和工艺性能都优于热轧薄钢板,在许多领域,特别是家电制造领域,已逐渐用它取代热轧薄钢板。常用牌号有 Q195、Q215、Q235、Q275 等。

（2）冷轧优质薄钢板。

冷轧优质薄钢板是以优质碳素结构钢为材质，经冷轧制成厚度小于 4 mm 的薄板。常用牌号有 08、08F、10 等。

常用国外冷轧钢牌号有：

SPCC，一般用冷轧钢板及钢带，相当于 08Al、S、P 钢。

SPCD，冲压用冷轧钢板及钢带，相当于 08Al、Z 钢。

SPCE，深冲压用热轧钢板及钢带，相当于 ST14 钢。

冷轧钢板（卷材）如图 1-14 所示。冷轧板表面有一定的光泽，触感光滑。

图 1-14　冷轧钢板（卷材）

3）涂镀层钢板

（1）热镀锌钢板。

热镀锌钢板简称镀锌板或白铁皮，表面美观，具有块状或树叶状镀锌结晶花纹，其镀层牢固，有优良的耐大气腐蚀性能，同时，热镀锌钢板还有良好的焊接性能和冷加工成形性能。与电镀锌钢板表面相比，其镀层较厚，主要用于要求耐腐蚀性较强的钣金件。常用国内牌号有 Zn100-PT、Zn200-SC、Zn275-JY 等，常用国外牌号有 SGCC、SGCD1、SGCD2、SGCD3 等。

（2）电镀锌钢板。

电镀锌钢板是通过电镀方式，将钢带表面镀上锌层，是汽车覆盖件制造应用最多的钢板。常用国内牌号有 DX1、DX2、DX3、DX4 等，常用国外牌号有 SECC（原板 SPCC）、SECD（原板 SPCD）、SECE（原板 SPCE）等。

2. 不锈钢板

不锈钢分为铁素体不锈钢、奥氏体不锈钢、奥氏体/铁素体双相不锈钢、马氏体不锈钢、沉淀硬化型不锈钢等。其中，可用于冲压成形的有以 SUS430 为代表的铁素体不锈钢板和以 SUS304 为代表的奥氏体不锈钢板。

铁素体不锈钢板的冲压性能接近于冷轧钢板，这种不锈钢板在生产过程中也可通过热轧、冷轧与退火获得良好组织结构，从而具有良好的拉深性能。但是，铁素体不锈钢板的硬化指数和伸长率均小于奥氏体不锈钢板，所以其伸长类冲压成形性能较差，胀形性能低于奥氏体不锈钢。

奥氏体不锈钢板的拉深性能稍差,但其硬化指数值远大于铁素体不锈钢板,所以其具有良好的伸长类冲压成形性能,如胀形等。奥氏体不锈钢板具有较为均衡的冲压性能,适用于各种冲压成形工艺。

3. 有色金属板材

1) 铜及铜合金

用于冲压的铜及铜合金牌号有 T1、T2、H62、H68 等,其塑性、导电性与导热性均良好。

2) 铝及铝合金

用于冲压的铝及铝合金牌号有 1060、1050A、3A21、2A12 等,其有较好的塑性,变形抗力小且质量轻。

4. 其他冲压材料

1) 高强度钢板

在冲压件生产中采用较薄高强度钢板,能保证构件的强度与刚度要求,且降低结构质量与成本。近年来,在汽车制造领域,980 MPa 及以上超高强度钢板的使用呈增长态势。主要的高强度钢板有加磷高强度钢板(固溶强化型高强度钢板)、BH 型高强度钢板(超低碳烘烤硬化钢板)、双相高强度钢板等。

2) 非金属材料

冲压用非金属材料主要有用于轻工和建材行业的纸板、层压板、橡胶板、塑料板、纤维板和云母等。

1.2.2　冲压材料常用规格

1. 冲压材料常用规格

冲压用金属材料通常以各种规格的板料、带料、条料和块料供应。

板料常作为大型件坯料,或经裁剪后作为条料使用。

带料(卷料)通常为薄料,根据产品不同有不同宽度,常用于自动送料的大批量生产。

条料由板料裁剪而成,主要用于中小件生产。

块料常为高价值的有色金属,适用于单件小批量生产。

根据国家标准规定,钢板厚度的精度分为 PT.A(普通精度)、PT.B(较高精度)两级,钢板的表面质量可分为 Ⅰ(特别高级的精整表面)、Ⅱ(高级的精整表面)、Ⅲ(较高级的精整表面)、Ⅳ(普通的精整表面)四组,每组按拉深级别又分为 Z(最深拉深)、S(深拉深)、P(普通拉深)三级。

2. 钢板的裁剪

标准尺寸的钢板一般不能直接用于冲压生产,须根据冲压件尺寸裁剪为各种规格的条料,即下料。下料一般是首道工序,通常在冲压厂的下料车间完成,常见下料方法如下。

1) 剪板机下料

剪板机是通过运动的上刀片和固定的下刀片对金属板材施加剪切力,使板材按所需尺寸剪切分离。剪板机分为液压剪板机、机械剪板机等多种类型,主要用于板料的直线裁剪。其中液压剪板机一般用于厚料的裁剪;机械剪板机一般用于薄料的裁剪。剪板机如图 1-15 所示。

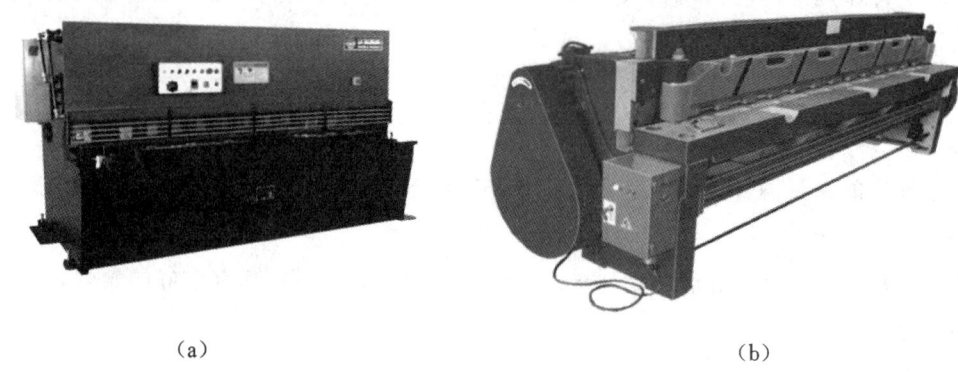

（a）   （b）

图 1-15　剪板机

(a)液压剪板机;(b)机械剪板机

2）圆盘剪床下料

圆盘剪床可将宽钢带沿长度方向(纵向)剪切成一定尺寸的窄钢带,或将板料裁剪为条料。圆盘剪床采用多对圆盘刀同时裁剪,因此裁剪效率高。圆盘剪床如图 1-16 所示。

图 1-16　圆盘剪床

3）其他下料方法

上述两种剪床常用来裁剪条状的板料毛坯。当需要异形毛坯、生产批量不人或试制新品时,可选用激光切割机、等离子切割机、高压水切割机、电火花线切割机、电冲剪等进行下料。特别是激光切割机,由于其切割质量和效率高,在汽车行业得到广泛应用。激光切割机如图 1-17 所示。

1.2.3　冲压材料性能指标

冲压所用的材料是冲压生产的三要素之一。事实上,只有采用冲压性能良好的材料,才能利用先进的冲压工艺与模具技术成形出高质量的冲压件。因此,在设计冲压工艺及模具时,必须了解材料的冲压成形性能,以便合理选材,常见的冲压性能指标如下。

图 1-17　激光切割机

1. 强度指标

强度指标对冲压成形性能的影响通常用屈服强度 σ_s 与抗拉强度 σ_b 的比值 σ_s/σ_b（即屈强比）来表示。一般屈强比越小，材料允许的塑性变形区间越大，成形过程的稳定性越好，破裂的危险性越小，有利于提高极限变形程度，减小工序次数。因此，σ_s/σ_b 越小，材料的冲压成形性能越好。

2. 刚度指标

冲压材料的刚度用弹性模量 E 表示，弹性模量 E 愈大或屈服强度与弹性模量的比值 σ_s/E（称为屈弹比）越小，在成形过程中抗压失稳的能力越强，卸载后的回弹量小，有利于提高冲件的质量。

3. 塑性指标

塑性指标通常用均匀伸长率 δ_j、断后伸长率 δ 表示。

均匀伸长率 δ_j 是在拉伸试验中，试样即将发生缩颈时，其标距间总伸长量与原标距长度的比值。它反映了板料产生均匀变形或稳定变形的能力。一般情况下，冲压成形都在板料的均匀变形范围内进行，故 δ_j 对冲压性能有较为直接的意义。断后伸长率 δ 是在拉伸试验中，试样拉断时的伸长率。通常 δ_j 和 δ 越大，材料允许的塑性变形程度越大，冲压成形性能越好。

4. 各向异性指标

各向异性指标通常用板厚方向性系数 r、板平面方向性系数 Δr 表示。

板厚方向系数 r 是指在板料试样拉伸时，试样宽度方向的应变与厚度方向的应变之比，r 值的大小反映了在相同受力条件下，板料平面方向与厚度方向的变形性能差异：r 值越大，说明板料在平面方向上越容易变形，而厚度方向上越难变形，从而有利于拉深成形。

板料经轧制后，晶粒沿轧制方向被拉长，杂质和偏析物定向分布形成纤维组织，使得平行于纤维方向和垂直于纤维方向材料的力学性能不同，因此在板料平面上产生各向异性，其程度一般用板厚方向性系数在几个特殊方向上的平均差值来表示，Δr 称为板平面方向性系数，Δr 值越大，则方向性越明显，对冲压成形性能的影响也越大，生产中应尽量设法降低板料的

Δr 值。

5. 硬化指数

对于常用的金属材料,随着塑性变形程度的增加,其强度、硬度和变形抗力逐渐增加,而塑性和韧度逐渐降低,这种现象称为加工硬化。材料不同,变形条件不同,其加工硬化的程度也不同。硬化指数 n(又称 n 值)是表征材料在塑性变形过程中硬化性能的重要参数。n 值大时,表示变形过程中材料的变形抗力随变形程度迅速增大,因而对板料的冲压成形性能及冲压件的质量都有较大的影响。对伸长类变形来说,n 值增大,会使变形区的变形抗力增大,补偿了变形区因截面积减小而引起的承载能力下降,抑制了局部变形的进一步发展,具有扩展变形区、使变形区均匀化和增大极限变形程度的作用。

6. 表面质量

材料的表面应光洁平整,无氧化皮、裂纹、锈斑、划伤、分层等缺陷。表面质量好的材料,成形时不易破裂,也不易擦伤模具,从而保证冲压件具有较好的表面质量。

7. 厚度公差

模具间隙是针对一定厚度材料设计的,若材料的厚度公差太大,不仅直接影响冲压件的质量,还可能导致模具或压力机损坏。

◈ 案例分析

卡扣冲压件材料为 10 钢,具有较好塑性,只需确保弯曲线与轧制方向垂直,即可避免板平面方向性系数 Δr 对弯曲的不利影响。

◈ 拓展知识

变形趋向性及其控制

1. 冲压成形中的变形趋向性

在冲压成形过程中,坯料的各部分在同一冲压模具的作用下,有可能发生不同形式的变形,即坯料的各部分具有不同的变形趋向性。在这种情况下,判断坯料各部分是否发生变形、以何种方式变形,以及能否通过合理的措施来保证预期变形,减轻或排除其他不必要和有害的变形,是获得高质量冲压件的根本保证。因此,分析研究冲压成形中的变形趋向性及其控制方法,对制定冲压工艺过程、确定工艺参数、设计冲压模具以及分析冲压过程中出现的产品质量问题等,都有非常重要的实际意义。

一般情况下,可以把冲压过程中的坯料划分为变形区和传力区。冲压设备利用模具对坯料施加变形力,并通过传力区将该力传递至变形区,使其变形区发生塑性变形。在图 1-18 所示的拉深和缩口成形中,坯料的 A 区是变形区,B 区是传力区,C 区则是已变形区。

由于变形区发生塑性变形所需的力由模具通过传力区获得,而同一坯料上的变形区和传力区相邻,所以在变形区和传力区分界面上作用的内力性质和大小相同。在这样同一个内力的作用下,变形区和传力区都有可能发生塑性变形,但由于它们之间的尺寸关系及变形条件不

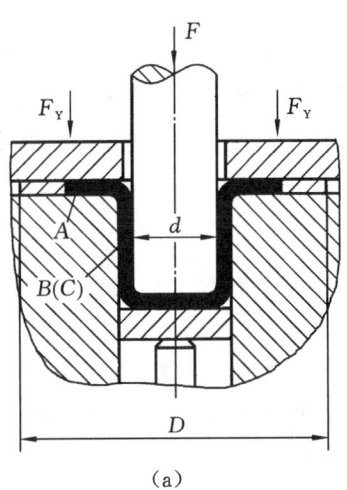
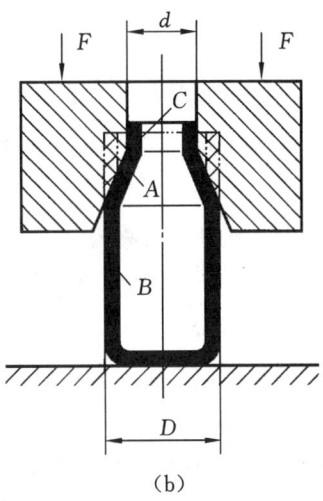

(a)　　　　　　　　　　　　　　(b)

图 1-18　冲压成形时坯料的变形区与传力区

(a)拉深;(b)缩口

A—变形区;B—传力区;C—已变形区

同,其应力应变状态也不相同,因此它们可能产生的塑性变形方式及变形的先后顺序是不相同的。通常,总有一个区需要的变形力比较小,并首先满足塑性条件进入塑性状态,产生塑性变形,我们把这个区称为相对弱区。如图 1-18(a)所示的拉深变形,虽然变形区 A 和传力区 B 都受到径向拉应力 σ_r 作用,但 A 区比 B 区还多一个切向压应力 σ_θ 的作用,根据屈雷斯加塑性条件 $\sigma_1-\sigma_3 \geqslant \sigma_s$,$A$ 区中 $\sigma_1-\sigma_3=\sigma_\theta+\sigma_r$,$B$ 区中 $\sigma_1-\sigma_3=\sigma_r$,因 $\sigma_\theta-\sigma_r>\sigma_r$,所以在外力 F 的作用下,变形区 A 最先满足塑性条件产生塑性变形,成为相对弱区。

为了保证冲压过程顺利进行,必须确保冲压工序中应变形的部分(变形区)成为相对弱区,从而将塑性变形局限于变形区,排除或降低传力区发生不必要塑性变形的可能。由此可得一个十分重要的结论:在冲压成形过程中,所需变形力最小的区域是相对弱区,且相对弱区必先变形,因此变形区应为相对弱区。

这一结论在冲压生产中具有重要的实用意义。许多冲压工艺中极限变形参数的确定以及复杂形状件的工艺设计均以此为依据。如图 1-18(a)所示的拉深成形中,一般情况下 A 区为相对弱区并形成变形区,B 区为传力区。但当坯料外径 D 过大、凸模直径 d 过小而导致 A 区凸缘宽度过大时,为使 A 区产生切向压缩变形所需的径向拉力增大,此时可能出现 B 区因拉应力过大而率先发生塑性变形甚至拉裂,从而成为相对弱区。因此,为确保 A 区成为相对弱区,应合理确定凸模直径与坯料外径的比值 d/D(即拉深系数),使得在 B 区拉应力未达到塑性条件之前,A 区先达到塑性条件而发生拉压塑性变形。

当变形区或传力区存在两种及以上可能的变形方式时,首先实现的变形方式所需变形力必定最小。因此,在工艺与模具设计时,除了要保证变形区为弱区外,还必须确保预期实现的变形方式所需的变形力最小。例如,在图 1-18(b)所示的缩口成形过程中,变形区 A 可能出现的塑性变形方式包括切向收缩的缩口变形以及在切向压应力作用下的失稳起皱,而传力区 B 可能产生的塑性变形方式为筒壁镦粗和失稳弯曲。在这四种变形趋向中,只有当缩口变形所需的变形力最小时(例如通过选用合适的缩口系数 d/D 以及在模具结构上采取增加传力区支承刚度等措施),才能使缩口变形正常进行。又如在冲裁过程中,在凸模压力作用下,坯料具有剪切和弯曲两种变形趋向。若采用较小的冲裁间隙,此时不利于弯曲变形(所需弯曲力增大),而有利于剪切变形,从而可在仅发生微小弯曲变形的条件下实现剪切,提高冲裁件的尺寸精度。

2. 控制变形趋向性的措施

在实际生产中,控制坯料变形趋向性的措施主要有以下方式:

1) 改变坯料各部分的相对尺寸

变形坯料各部分的相对尺寸关系是决定变形趋向性的最重要因素,因此改变坯料的尺寸关系,是控制其变形趋向性的有效方法。如图 1-19 所示,模具对环形坯料进行冲压时,当坯料的外径 D、内径 d_0 及凸模直径 d_p 具有不同的相对关系时,就可能出现三种不同的变形趋向(即拉深、翻孔和胀形),从而形成三种形状完全不同的冲件:当 D、d_0 都较小,并满足条件 $D/d_p < 1.5 \sim 2$、$d_0/d_p < 0.15$ 时,宽度为 $D-d_p$ 的环形部分产生塑性变形所需的力最小而成为相对弱区,从而产生外径收缩的拉深变形,得到拉深件(见图 1-19(b));当 D、d_0 都较大,并满足条件 $D/d_p > 2.5$、$d_0/d_p < 0.2 \sim 0.3$ 时,宽度为 $d_p - d_0$ 的内环形部分产生塑性变形所需的力最小而成为相对弱区,从而产生内孔扩大的翻孔变形,得到翻孔件(见图 1-19(c));当 D 较大、d_0 较小甚至为 0,并满足条件 $D/d_p > 2.5$、$d_0/d_p < 0.15$ 时,坯料外环的拉深变形和内环的翻孔变形阻力都很大,结果使凸、凹模圆角及附近的金属成为弱区而产生厚度变薄的胀形变形,得到胀形件(见图 1-19(d))。胀形时,坯料的外径和内孔尺寸都不发生变化或变化很小,成形仅靠坯料的局部变薄来实现。

2) 改变模具工作部分的几何形状和尺寸

该方法主要是通过改变模具的凸模和凹模圆角半径来控制坯料的变形趋向。在图 1-19(a)中,如果增大凸模圆角半径 r_p、减小凹模圆角半径 r_d,可使翻孔变形的阻力减小,拉深变形阻力增大,从而有利于实现翻孔变形;反之,如果增大凹模圆角半径而减小凸模圆角半径,则有利于实现拉深变形。

3) 改变坯料与模具接触面之间的摩擦阻力

在图 1-19 中,若加大坯料与压料圈及坯料与凹模端面之间的摩擦力(如加大压力 F_Y 或减少润滑),则由于坯料从凹模面上流动的阻力增大,结果不利于实现拉深变形而利于实现翻孔或胀形变形。如果增大坯料与凸模表面间的摩擦力,并通过润滑等方法减小坯料与凹模和压料圈之间的摩擦力,则有利于实现拉深变形。所以正确选择润滑及润滑部位,也是控制坯料变形趋向的重要方法。

4) 改变坯料局部区域的温度

该方法主要是通过局部加热或局部冷却来降低变形区的变形抗力或提高传力区的强度,从而实现对坯料变形趋向的控制。例如,在拉深和缩口时,可采用局部加热坯料变形区的方法,使变形区软化,从而利于实现拉深或缩口变形。又如在不锈钢零件拉深时,可采用局部深冷传力区的方法来增大其承载能力,从而达到增大变形程度的目的。

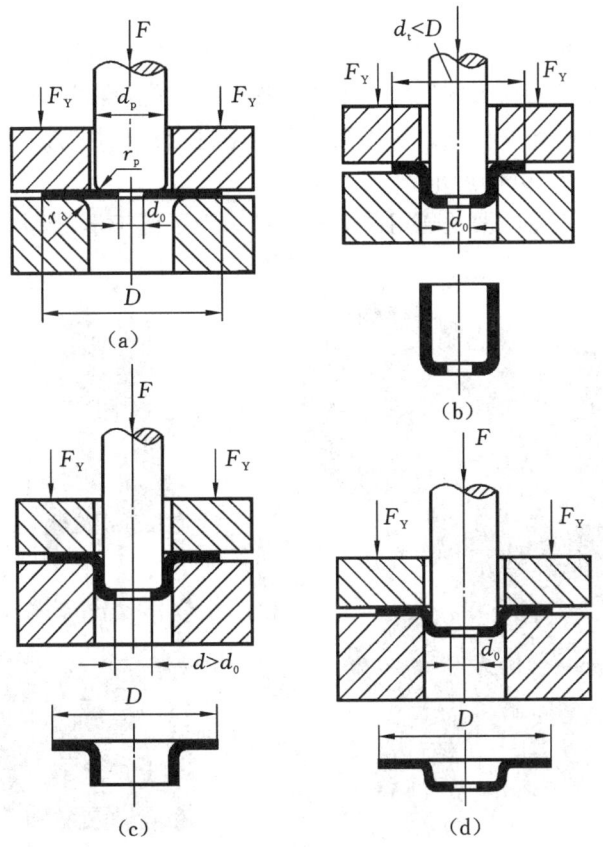

图 1-19　环形坯料的变形趋向

(a)变形前的坯料与模具；(b)拉深；(c)翻孔；(d)胀形

冲压设备

1.3　常用冲压设备

在冲压生产中,为了适应不同的冲压作业要求,需要采用不同类型的冲压设备。冲压设备的选择对冲压件质量、生产效率、成本,以及模具结构与寿命有着重要影响。因此,在制定冲压工艺方案时,必须熟悉冲压设备的结构、工作原理和技术参数,以便进行合理的选择。

1.3.1　冲压设备分类及型号

1. 压力机的分类

各类冲压设备都具有各自特有的结构形式及作用特点。根据驱动方式不同,常用的冲压设备分为机械压力机和液压机。

1) 机械压力机

机械压力机是利用各种机械传动来传递运动和压力的一类冲压设备,包括曲柄压力机、摩擦压力机、高速冲床等。机械压力机在生产中最为常用,大部分冲压设备都是机械压力机,其中又以曲柄压力机(见图 1-20(a))应用最多。

2）液压机

液压机是利用液压传动来产生运动和压力的一种压力机械,根据其介质不同,分为油压机和水压机。液压机容易获得较大的压力和工作行程,压力和速度可在较大范围内进行无级调节,但能量损失较大,生产效率较低。液压机主要用来进行深拉深、厚板弯曲、压印、校形等工艺。液压机的外形如图 1-20(b)所示。

本课程涉及的冲压设备主要是通用曲柄压力机。为了便于学习,本课程仅介绍通用的曲柄压力机。

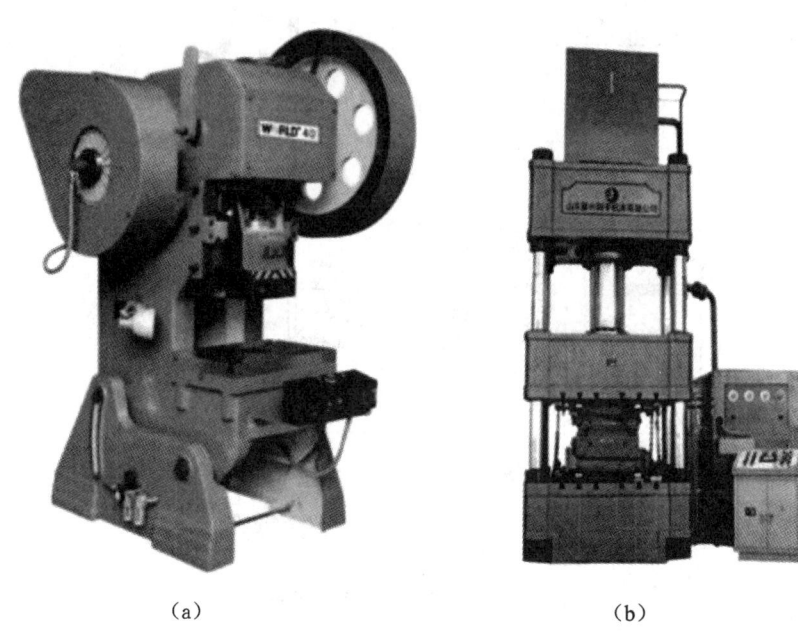

(a) (b)

图 1-20　压力机

(a)曲柄压力机;(b)液压机

2. 机械压力机型号

机械压力机属于锻压机械类。锻压机械的基本型号是由一个汉语拼音字母和几个阿拉伯数字组成。其表示方法如下:第一个字母表示锻压机械的大类,即锻压机械类别(见表 1-3)。同一类锻压机械中分为若干列,称为列别,由第一位数字(自左向右)表示;同一列中又分为若干组,由第二位数字表示,列组划分参考附录 B-1。在第二位数字之后的数字代表锻压机械的主要规格,一般为公称压力,单位为 tf(吨力),转化为法定单位制的"kN"时,应把此数字乘以10。第二位数字与规格部分的数字之间以一短横线"-"隔开。类、列、组和主要规格完全相同,只是次要参数与基本型号不同的压力机,按变型处理,即在原型号的字母后(第一位数字前)加字母 A、B、C……,依次表示第一种、第二种、第三种……变型。对型号已确定的锻压机械,如在结构和性能上有所改进时,按改进处理,即在原型号的末端加字母 A、B、C、……,依次表示第一次、第二次、第三次……改进。

表 1-3　锻压机械类别代号

类别	机械压力机	液压机	自动锻压机	锤	锻机	剪切机	弯曲校正机	其他
字母代号	J	Y	Z	C	D	Q	W	T

如 JC23-63A 型号的含义是：

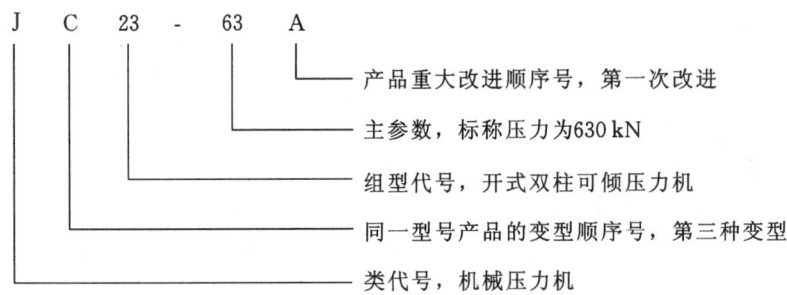

J　C　23　-　63　A

产品重大改进顺序号，第一次改进

主参数，标称压力为630 kN

组型代号，开式双柱可倾压力机

同一型号产品的变型顺序号，第三种变型

类代号，机械压力机

1.3.2　曲柄压力机

曲柄压力机是冲压生产中广泛使用的一种压力加工设备，它能与冲模配合进行各种冲压工艺，直接生产出成品冲压件或半成品冲压件。

1. 曲柄压力机的工作原理

图 1-21 为曲柄压力机的工作原理图。电动机通过小齿轮、大齿轮(飞轮)和离合器驱动曲柄旋转，曲柄带动连杆使滑块往复运动。将模具的上模(凸模)固定在滑块上，下模(凹模)固定在机身工作台上，压力机便能对置于上、下模之间的材料加压，依靠模具将其制成工件，实现压力加工。通过操纵离合器，在电动机不停机的情况下，可使曲柄滑块机构运动或停止。制动器与离合器密切配合，可在离合器脱开后将曲柄滑块机构停止在一定的位置上(一般是在滑块处于上止点的位置)。

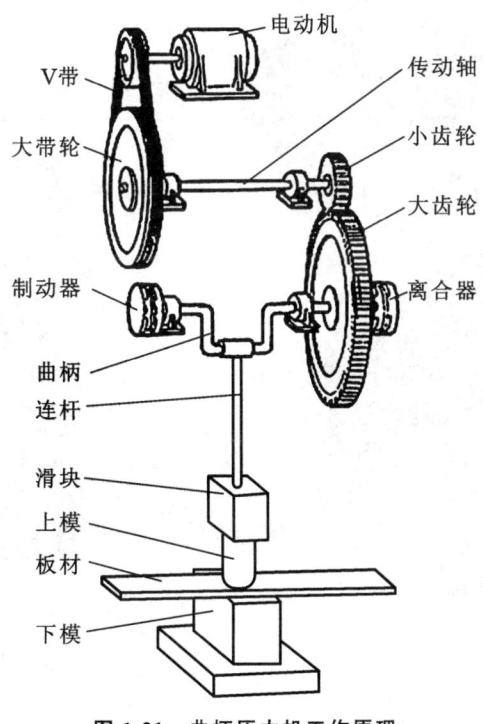

图 1-21　曲柄压力机工作原理

曲柄压力机一般由下列几部分组成：

（1）工作机构　指由曲轴、连杆、滑块和机身上的导轨构成的曲柄滑块机构。其作用是将传动系统的旋转运动变换为滑块的直线往复运动，同时承受和传递工作压力，并固定模具的上模。

（2）传动系统　传动形式一般有齿轮传动、带传动等。其作用是传递运动和动力，并起减速作用。

（3）操纵系统　由离合器、制动器及其控制装置组成。其主要作用是控制滑块的运动和停止，以保证压力机安全、准确地运转。

（4）能源系统　由电动机和大齿轮（飞轮）等组成。电动机将电能转换成机械能。大齿轮能将电动机空程运转时的能量存储起来，在冲压时再释放出来。

（5）支承部件　主要为压力机的机身，它将压力机的所有零部件连接起来，并承受全部工作变形力和各部件的重力，保证总机所要求的精度、强度和刚度。机身上有固定或活动的工作台，用于安装模具的下模。

（6）附属装置和辅助系统　这部分包括两类：一类是保证压力机正常运转的装置，如润滑系统、过载保护装置、滑块平衡系统、电路等；另一类是工艺应用范围的装置，如推料装置、气垫等。

2. 曲柄压力机的结构类型

压力机的结构类型较多，可以按下列几种方式分类。

1）按机身结构形式分类

按机身结构形式不同，压力机可分为开式压力机和闭式压力机两种。开式压力机如图 1-22（a）所示，机身的前面、左面和右面三个方向均为敞开状态，操作空间大，但因机身呈 C 字形，刚度较低，压力机在工作载荷下易产生角变形，影响冲压精度。所以这类压力机的公称

（a）　　　　　　　　　　　　　　　　　（b）

图 1-22　开式压力机与闭式压力机

(a)开式压力机；(b)闭式压力机

压力(吨位)都比较小,一般在 4000 kN 以下。闭式压力机机身左右两侧为封闭状态(见图 1-22(b)),只能从前后方向接近模具,操作空间较小,且装模距离较远,操作不太方便。但因机身形状对称,刚度好,冲压精度高。所以,压力超过 2500 kN 的大中型压力机几乎都采用此种结构形式,某些精度要求较高的小型压力机也采用闭式压力机。

2)按滑块的数目分类

根据滑块数目的不同,压力机可分为单动压力机、双动压力机,如图 1-23 所示。闭式双动拉深压力机的滑块部分由内、外滑块组成,主要用于大型金属薄板零件(覆盖件)的压延、弯曲、拉深、成形等冷冲压工序。图 1-24 所示为 J46-500/300A 型闭式双动拉深压力机。

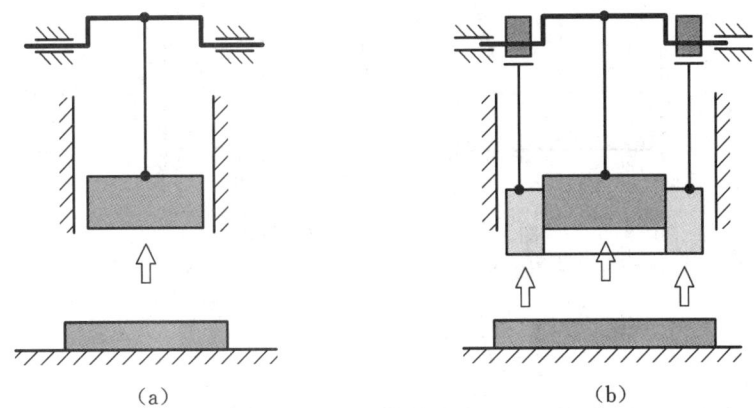

(a)   (b)

图 1-23 单动压力机与双动压力机

(a)单动压力机;(b)双动压力机

图 1-24 闭式双动拉深压力机

3）按连杆的数目分类

按照连接曲柄与滑块的连杆数目不同,压力机可分为单点压力机、双点压力机和四点压力机,如图 1-25 所示。曲柄连杆数的设置主要根据滑块面积的大小和公称压力而定。连杆数越多,滑块承受偏心载荷的能力越强,压力机的吨位就越大。小型压力机一般为单点压力机,中型压力机一般为双点压力机,大型压力机一般为四点压力机。

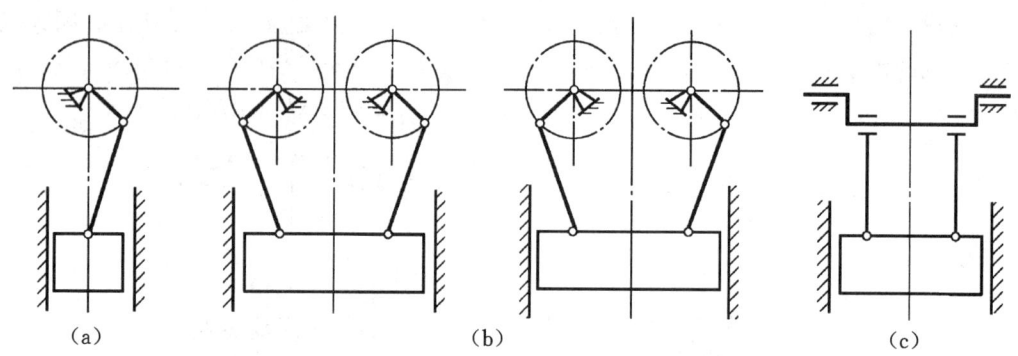

图 1-25 压力机按连杆数分类
(a)单点压力机;(b)双点压力机;(c)四点压力机

◈ 案例分析

图 1-1 所示的卡扣零件尺寸较小,料厚较薄,所需冲压力较小,单点开式压力机即可满足要求,冲压卡扣零件所需压力机具体型号需根据模具结构和工艺计算确定。

3. 曲柄压力机的主要技术参数

压力机的技术参数是选择、使用压力机和设计模具的重要依据。

1）公称压力(F_g)及公称压力行程(S_g)

公称压力(F_g)是指滑块运动至下止点前某一特定距离(公称压力行程(S_g))时,滑块允许承受的最大作用力。例如,JC23-63 压力机的公称压力为 630 kN,公称压力行程为 8 mm,即滑块在离下止点大于 8 mm 范围内可承受最大压力 630 kN。公称压力已系列化(如 630 kN、2500 kN 等)。

2）滑块行程(s)

滑块行程(s)是指滑块从上止点运动到下止点所经过的距离,其值为曲柄半径的两倍。滑块行程的大小反映出压力机的工作范围,大行程压力机可冲压较大的零件,但工作时模具的导柱、导套可能分离,影响冲件精度和模具寿命。

3）滑块行程次数(n)

滑块行程次数 n 是指滑块每分钟往复运动的次数。正常生产时,它就是每分钟生产冲件的数量。

4）封闭高度(H)与装模高度(H_1)

封闭高度(H)是指滑块在下止点时,滑块下表面到工作台上表面的距离。当滑块调整到最高位置时,封闭高度达到最大值,称为最大封闭高度。当滑块调整到最低位置时,封闭高度达到最小值,称为最小封闭高度。封闭高度调节装置所能调节的距离,称为封闭高度调节量(ΔH_1)。

装模高度(H_1)是指滑块在下止点时,滑块下表面到工作台垫板上表面的距离。

封闭高度与装模高度之差即等于工作台垫板的厚度 T。

5) 工作台面与滑块底面尺寸

工作台(或垫板)上表面与滑块底面尺寸均以"左右×前后"的尺寸表示,见图 1-26 中的 $L×B$ 和 $a×b$。闭式压力机滑块底面尺寸和工作台(或垫板)的尺寸大致相同,而开式压力机滑块底面尺寸小于工作台(或垫板)尺寸。

6) 工作台孔尺寸($L_1×B_1$ 或 D_1)

压力机的工作台孔可以为方形或圆形,或同时兼具这两种形状。其尺寸分别用 $L_1×B_1$(左右×前后尺寸)和 D_1(圆孔的直径)表示,该孔尺寸空间用于向下出料或安装模具顶件装置。

7) 模柄孔尺寸($d×l$)

模柄孔用于安装和固定上模,其尺寸用 $d×l$(直径×孔深)表示。对于中小型模具,上模通常通过模柄固定于压力机滑块上,此时模柄尺寸应与模柄孔尺寸相匹配。大型压力机则不设置模柄孔,而采用 T 形槽设计,通过 T 形槽螺钉将上模紧固。

8) 立柱间距(A)与喉深(C)

立柱间距(A)指双连杆式压力机两立柱内侧之间的距离。对于开式压力机,其值主要关系到向后侧送料或出件机构的安装;对于闭式压力机,其值直接限制了模具和加工板料的最大宽度。

喉深(C)是开式压力机特有的参数,指滑块中心线到机身的前后方向的距离(见图 1-26 中的 C)。喉深直接限制了加工件的尺寸,也与压力机机身刚度有关。

部分压力机的主要技术参数见附录 B。

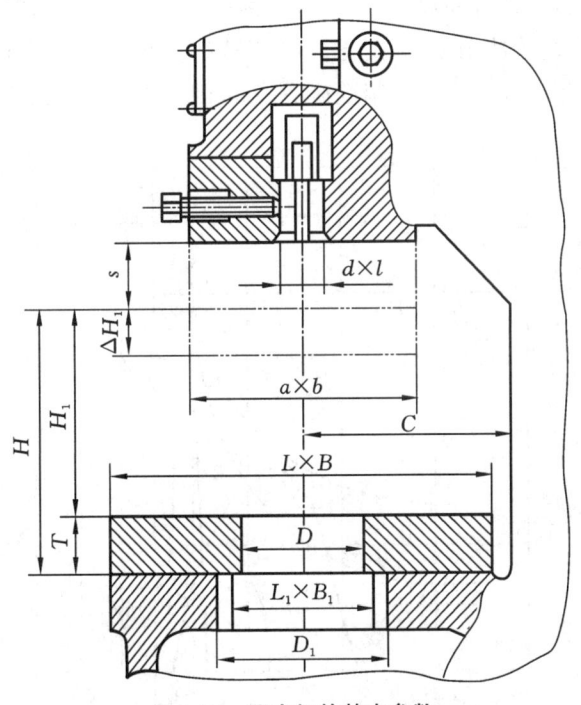

图 1-26　压力机的基本参数

1.3.3 曲柄压力机的选择与使用

1. 曲柄压力机的选择

1）类型选择

对于中小型冲压件及要求不太高的半自动冲压生产，主要选用开式压力机。在中小型冲压件生产中，若采用导板模或工作时要求导柱导套不脱离的模具，应选用行程较小或行程可调的压力机。

对于大中型和精度要求较高的冲压件，多选用闭式压力机。对于薄板冲裁或精密件冲裁，宜选用精度和刚度较高的精密压力机；对于大型复杂拉深件和成形件，应尽量选用双动拉深压力机。其他大型冲裁件、弯曲件和所需压料力不大成形件，采用一般单动闭式压力机。校平、校正弯曲、整形等冲压工艺，因冲压力一般都较大，应选用具有较高强度和刚度的闭式压力机。

2）规格选择

（1）公称压力。

压力机的公称压力决定了压力机所能施加的最大压力。压力机许用载荷随滑块行程位置而变化，而冲压力的大小也随上模（或压力机滑块）行程变化而变化。因此，选择压力机公称压力时，应保证在全行程范围内，压力机的许用载荷在任何时刻均大于相应时刻所需变形力的总和。

例如图 1-27 中，曲线 1、2 与 3 分别表示拉深、弯曲和冲裁时的冲压力与行程之间的关系曲线。从图中可以看出，在进行冲裁和弯曲时，公称压力为 F_{ga} 的压力机能够保证在全部行程内压力机的许用载荷都高于冲压力，因此选用许用载荷曲线 a 的压力机是合适的；而在拉深过程中，冲压力超过了相应位置上的许用载荷曲线 a，因此必须选择公称压力为 F_{gb}、具有许用载荷曲线 b 的压力机。

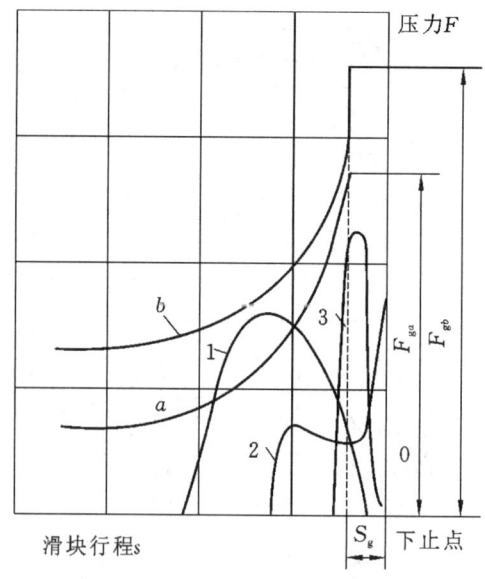

图 1-27　压力机许用载荷曲线与冲压力曲线

a、b—两种不同型号压力机的许用载荷曲线

1—拉深实际压力曲线；2—弯曲实际压力曲线；3—冲裁实际压力曲线

实际生产中,压力机的公称压力可按如下经验公式确定。

对于施力行程(滑块实际施压行程)较小的冲压工序(如冲裁、浅弯曲、浅拉深等):

$$F_g \geqslant (1.1 \sim 1.3) F_\Sigma \tag{1-1}$$

对于施力行程较大的冲压工序(如深弯曲、深拉深等):

$$F_g \geqslant (1.6 \sim 2.0) F_\Sigma \tag{1-2}$$

式中:F_g——压力机的公称压力(kN);

　　F_Σ——冲压工艺所需的总力(kN)。

(2)滑块行程。

滑块行程应确保坯料能顺利放入模具,且冲压件能顺利从模具中取出,同时还要考虑模具结构要求。特别对于拉深和弯曲工序,压力机滑块行程应大于制件高度的2.5倍。

3)行程次数

行程次数主要根据生产率要求、材料允许的变形速度和操作的可能性等来确定。

4)工作台面尺寸

压力机工作台面的长、宽尺寸应大于模具下模座尺寸,且每边留出60～100 mm的余量,以便于安装固定模具。当冲压件或废料从下模漏出时,工作台孔尺寸必须大于漏料件尺寸。对于有弹顶装置的模具或采用拉深垫时,工作台孔还应大于弹顶器或相应拉深垫的外形尺寸。

5)模柄孔尺寸或滑块下底面尺寸

对于中小型压力机,模具的上模部分通过模柄固定在压力机滑块上,因此其模柄孔的直径应与模具模柄直径一致,模柄孔的深度应大于模柄夹持部分的长度。对于大型压力机或部分中型压力机,上模通常通过T形螺栓固定在滑块下底面上,这时滑块下底面尺寸应大于上模座尺寸,并须留有足够空间来固定上模座。

6)闭合高度或装模高度

选择压力机时,必须使模具的闭合高度介于压力机的最大装模高度与最小装模高度之间(见图1-26)。模具的闭合高度是指模具在工作行程终了(即模具处于闭合状态)时,上模座的上平面至下模座的下平面之间的距离。一般应满足:

$$(H_{max} - T) - 5 \geqslant H_m \geqslant (H_{min} - T) + 10 \tag{1-3}$$

式中:H_{max}——压力机最大闭合高度;

　　H_{min}——压力机最小闭合高度;

　　T——压力机工作垫板厚度;

　　$H_{max} - T$——压力机最大装模高度;

　　$H_{min} - T$——压力机最小装模高度;

　　H_m——模具的闭合高度。

7)压力机的功率

在满足压力要求的前提下,一般情况下压力机的功率足够。但在某些施力行程较大的工序中,即使压力足够,也可能出现功率不足的情况,此时必须利用相应公式对压力机的功率进行校核,确保压力机的实际功率大于冲压过程中所需的功率。

2.曲柄压力机的使用

正确使用和维护压力机能延长设备寿命,充分发挥其效能,更重要的是能确保工作过程中的人身和设备安全。使用和维护压力机应注意以下几点。

（1）选用压力机时,应使所选压力机的加工能力(公称压力、许用载荷曲线、电动机额定功率等)留有余量。

（2）开机前,应检查压力机的润滑系统是否正常,并确保润滑油已压送至各润滑点。同时,检查轴瓦间隙、制动器松紧程度以及运转部位有无杂物等。

（3）在启动电动机后,应观察飞轮的旋转方向是否与规定的方向一致,确认一致后方可接通离合器。

（4）空车检查制动器、离合器、操纵机构各部分动作是否准确、灵活、可靠。检测方法:先将转换开关置于单次行程位置,然后踩动脚踏板或按下按键;如发现滑块存在异常连续冲击现象,则应立即排除故障后再进行下一步操作。

（5）模具的安装应准确、牢靠,保证模具间隙均匀且闭合状态良好,确保冲压过程中不移位。模具安装完毕后,先用手动试转压力机,以检验模具的安装位置是否正确,然后再启动电动机。

（6）冲压过程中,要及时清理工作台上的冲件及废料。清理时使用专用工具,切不可徒手清理。

（7）随时注意压力机的运行状态,若发生异常,应立即停止工作,切断电源,进行检查和处理。

（8）工作完毕后,应使离合器脱开,再切断电源,清除工作台上的杂物,用抹布擦拭压力机和冲模,并在模具刃口及压力机未涂油漆部位涂上一层防锈油。

（9）对压力机进行定期检修保养,包括离合器与制动器的保养、拉紧螺栓及其他各类螺栓的检修、给油装置的检修、供气系统的检修、传动与电气系统检修、各种辅助装置的检修及定期精度检查等。

3. 模具的安装

在压力机上安装与调整模具是很重要的工作,这将直接影响制件质量和生产效率。冲模安装与调整的一般步骤如下。

（1）切断总电源开关。

（2）卸下打料横杆或将挡头螺钉拧到最上位置。

（3）将滑块下降到下止点,调节压力机的装模高度,使其略大于模具的闭合高度。

（4）将模具放到工作台上,使模柄进入滑块的模柄孔内。调节装模高度,使上模上平面紧贴滑块底平面,紧固夹持块的螺母,夹紧模柄。

（5）调整装模高度,待上模与下模闭合高度达到要求后,锁紧装模高度调节装置。

（6）紧固下模具。

（7）采用手动或点动正转飞轮,使滑块上升到上止点。

（8）(需要时)安装打料横杆,将挡头螺钉旋转下移并固定在正确的位置。

（9）清理模具,做好冲压准备。

（10）进行空车试运转:使用点动或手动方式旋转飞轮一周,认真检查压力机、模具有无异常,确认无异常后,启动动力源使飞轮在动力驱动下进行数次空运转。

（11）试冲。冲制2～3件正式冲件，检验质量是否符合要求，并确认废料是否准确落下。

（12）做好生产准备，并检查安全措施。

◆ 拓展知识

其他冲压设备

1. 单件小批量冲压生产设备

对于单件小批量冲压件生产，通常使用数控冲床（或激光切割机）完成冲裁工序，使用折弯机完成弯曲工序。

1）数控冲床

数控冲床是一种装有程序控制系统的自动化机床，如图1-28所示。其控制系统能够根据控制编码或其他符号指令程序，并将指令译码，从而使冲床按预定程序动作并加工零件。数控冲床适用于各类金属薄板零件加工，能够一次性自动完成多种复杂孔形和浅拉伸成形工序（例如，可按要求自动加工不同尺寸及孔距的各种形状孔；也可采用小冲模以步冲方式冲制大圆孔、方形孔、腰形孔及各种曲线轮廓；同时，还可进行百叶窗加工、浅拉伸、沉孔、翻孔、压印等特殊工艺加工）。相较于传统冲压方式，数控冲床加工可显著节省模具费用，能够以低成本和短周期加工小批量、多样化的产品，具有较大的加工范围和较强的加工能力，从而更好地适应市场和产品的变化。

2）折弯机

折弯机主要用于金属薄板的弯曲成形，如图1-29所示。

图1-28 数控冲床

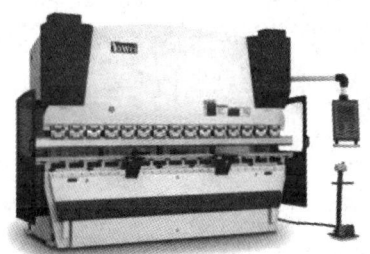

图1-29 数控折弯机

2. 高速冲床

高速冲床的速度高达每分钟几百次到上千次，广泛应用精密电子、通信、计算机、家用电器、汽车、马达等的小型精密零件的冲压加工。高速冲床如图1-30所示。

3. 精密冲床

精密冲床广泛应用于对冲裁件断面质量要求高的冲压件生产，常用于仪器、钟表等产品加工，精密冲床加工现已越来越多地与其他冷加工工艺结合，广泛应用于汽车工业所需的厚板加工。与普通冲压件相比，精冲件具有断面质量好、尺寸精度高、平面度高等优点。精密冲床如

图 1-31 所示。

图 1-30 高速冲床

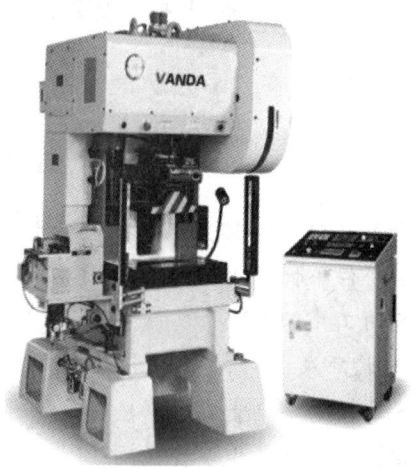

图 1-31 精密冲床

思政故事

精益求精 匠心筑梦

胡双钱是中国商飞上海飞机制造有限公司的高级技师,一位坚守航空事业 35 年、加工数十万个飞机零件无一差错的普通钳工。胡双钱技师对质量的坚守已融入血液,他深知一次差错可能意味着无可估量的损失甚至生命代价。凭借自己总结归纳的"对比复查法"和"反向验证法",他在飞机零件制造岗位上创造了 35 年零差错的纪录。凭借优秀的表现,胡双钱所在的钳工岗位连续 12 年被公司评为"质量信得过岗位",且其获得产品免检资质。

不仅在加工中保持零差错,他还特别擅长攻坚克难。在 ARJ21 新支线飞机项目和大型客机项目的研制及试飞阶段,设计定型及各项试验过程中会产生许多特制件,这些零件无法实现大批量、规模化生产,而钳工加工则是制造这些零件的最直接手段。胡双钱几十年的经验积累和沉淀开始发挥作用。他攻坚克难、创新工作方法,圆满完成了 ARJ21-700 飞机起落架钛合金作动筒接头特制件制孔、C919 大型客机项目平尾零件制孔等各类特制件的加工任务。

胡双钱先后获得全国五一劳动奖章、全国劳动模范、全国道德模范等荣誉称号。他最大的愿望是:"最好再干 10 年、20 年,为中国大飞机多做一点。"这也成为了他技工生涯的注脚。

 ## 习题

1-1 什么是冲压?它与其他加工方法相比有什么特点?

1-2　为何冲压加工的优越性只有在批量生产的情况下才能得到充分体现？

1-3　冲压工序可分为哪两大类？它们的主要区别和特点是什么？

1-4　什么是加工硬化和硬化指数？加工硬化对冲压成形有何有利和不利的影响？

1-5　什么是伸长类变形和压缩类变形？试从受力状态、材料厚度变化、破坏形式等方面比较这两类变形的特点。

1-6　什么是材料的板平面方向性系数？其大小对材料的冲压成形有哪些影响？

1-7　选择压力机时要考虑哪些因素？

1-8　在图 1-32 所示带凸缘筒形件(材料为 10 钢)的底部冲一个 $\phi35$ mm 底孔，若已知模具闭合高度为 210 mm，下模座边界尺寸为 320 mm×280 mm，所需冲压工艺总力为 150 kN。试选择压力机型号。

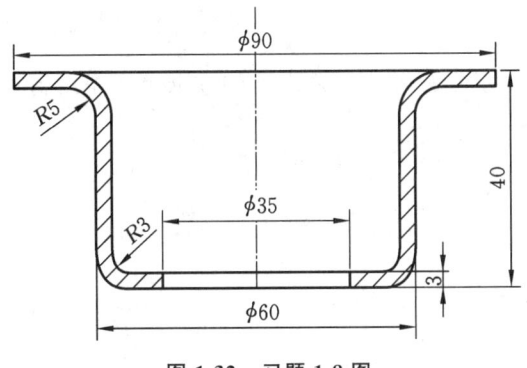

图 1-32　习题 1-8 图

项目 2　冲裁工艺与模具设计

◆ 内容导读

　　冲裁是冲压成形的基本工序。通过本项目内容的学习,了解冲裁变形机理,熟悉冲裁的工艺基础;掌握冲裁的工艺计算、冲裁模具典型结构及其零部件的设计;了解精密冲裁和简易冲裁的原理、工艺及模具设计要求。

◆ 学习重点

　　冲裁变形机理、冲裁工艺基础、冲裁工艺计算、冲裁模具典型结构、冲裁模具零部件的设计。

◆ 项目案例

　　工件名称:手柄
　　生产批量:中批量
　　材料:Q235-A 钢
　　材料厚度:1.2 mm
　　图 2-1 所示为手柄冲裁件,通过冲裁件的模具设计过程,掌握冲裁工艺基础知识以及冲裁模的设计方法。

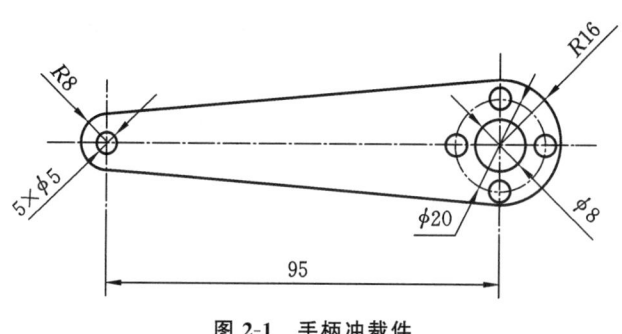

图 2-1　手柄冲裁件

2.1　冲裁工艺基础

2.1.1　冲裁变形机理

1. 冲裁的概念

　　冲裁是利用模具使板料沿一定的轮廓形状实现分离的一种冲压工序,其基本工序包括冲孔和落料。若使材料沿封闭曲线相互分离,封闭曲线以内的部分作为冲裁件时,称为落料;若

冲裁变形　　冲裁件质量及
机理　　　　影响因素

使材料沿封闭曲线相互分离,封闭曲线以外的部分作为冲裁件时,称为冲孔。如图2-2所示的圆形垫圈即由落料和冲孔两道工序完成,获得其外形的工序为落料,获得其内孔的工序为冲孔。

冲裁是冲压工艺中最基本的工序之一,它既可直接冲出成品零件,又可为弯曲、拉深和成形等工序制备坯料,在冲压加工中应用十分广泛。根据变形机理不同,冲裁可以分为普通冲裁和精密冲裁两大类。

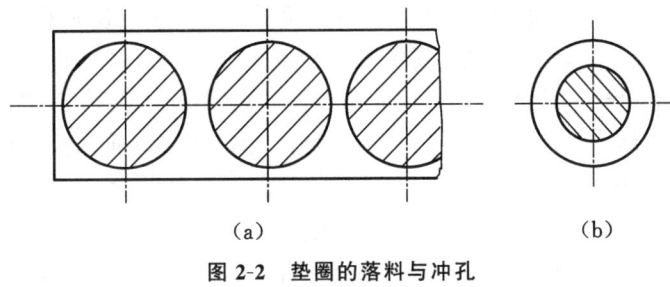

（a）   （b）

图2-2 垫圈的落料与冲孔

（a）落料；（b）冲孔

◆ **案例分析**

如图2-1所示手柄冲裁件,根据其结构特点分析,其冲裁成形工艺包括冲孔和落料两道工序。

2. 冲裁变形过程

图2-3所示为冲裁工作示意图,凸模与凹模具有与冲件轮廓相同的锋利刃口,且相互之间保持均匀合适的间隙。冲裁时,板料置于凹模上方,当凸模随压力机滑块向下运动时,便迅速冲穿板料进入凹模,使冲件与板料分离而完成冲裁工作。整个冲裁过程虽是瞬间完成的,但大致可分为如下三个阶段。

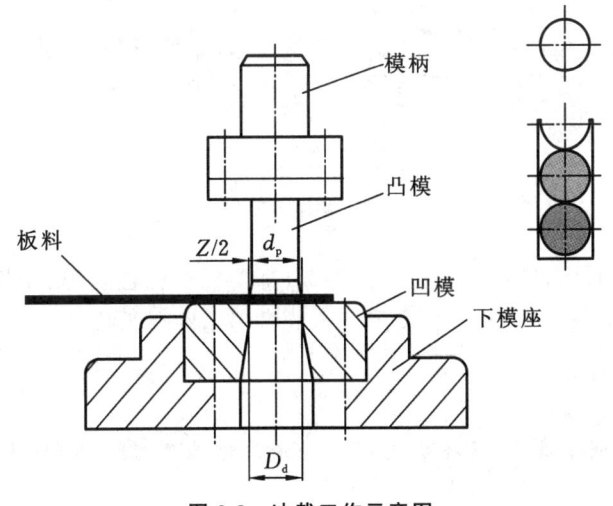

图2-3 冲裁工作示意图

1）弹性变形阶段

在凸模的压力作用下，凸模稍许挤入板料上表面，板料的下表面则略挤入凹模洞口；此时，板料产生弹性压缩、拉伸和弯曲变形。当板料内的应力未超过材料的弹性极限时，如果凸模回程，板料将恢复到原始平直状态，此阶段为弹性变形阶段，如图 2-4（a）所示。

2）塑性变形阶段

当凸模继续下压时，板料内的应力达到材料屈服极限，便进入塑性变形阶段，如图 2-4（b）所示。这时，凸模挤入板料和板料挤入凹模的深度逐渐加大，从而使板料产生塑性剪切变形，形成光滑的剪切断面。随着凸模下压，塑性变形程度增加，变形区材料硬化加剧，变形抗力不断上升，冲裁力也随之增大，直到刃口附近的应力达到材料抗拉强度时，塑性变形阶段便告终结。由于凸模与凹模间隙的存在，此阶段冲裁变形区还伴随有弯曲和拉伸变形，且间隙越大，弯曲和拉伸变形也越明显。

3）断裂分离阶段

当板料内的应力达到抗拉强度后，凸模继续下压，首先在凹模刃口附近的侧面产生裂纹，如图 2-4（c）所示；继而在凸模刃口附近的侧面产生裂纹，如图 2-4（d）所示；已形成的上下微裂纹随着凸模继续压下，不断地向材料内部扩展，当上下裂纹相遇时，板料便被剪断分离，如图 2-4（e）所示。随后，凸模将分离的材料推入凹模洞口，冲裁变形过程便告结束。

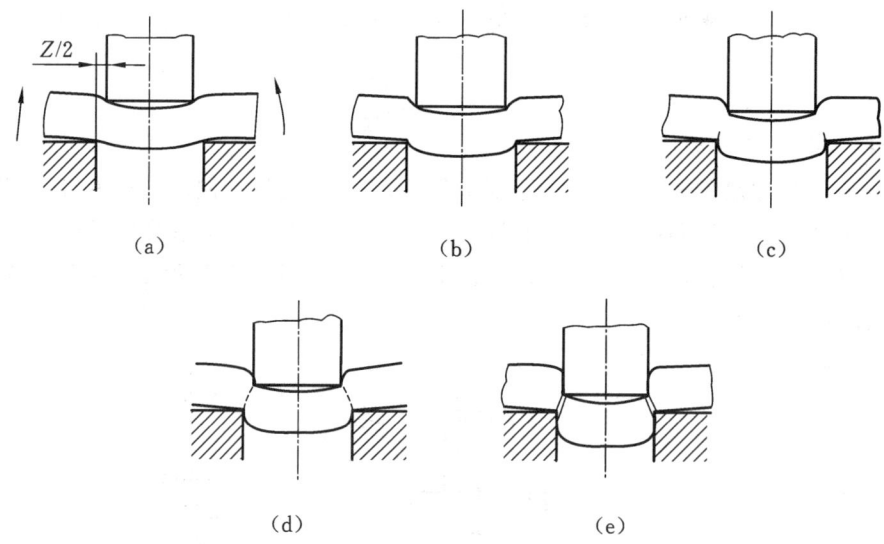

（a）　　　　　　　　　　（b）　　　　　　　　　　（c）

（d）　　　　　　　　（e）

图 2-4　冲裁变形过程

从上述过程可以看出，任何一种材料的冲裁，都要经过弹性变形、塑性变形和断裂分离三个阶段，只是冲裁变形条件不同，三种变形所占的时间比例有所差异。

◈ 案例分析

如图 2-1 所示手柄冲裁件，其冲裁过程可以分为弹性变形阶段、塑性变形阶段、断裂分离阶段。

3. 冲裁件的断面特征

冲裁变形区断面情况如图 2-5 所示,由塌角、光面、毛面和毛刺四个部分组成。无论是冲孔件还是落料件,其断面均呈明显的区域特性。

塌角:它是冲裁过程中刃口附近的材料由于弯曲和拉伸变形,在断面边缘形成的向下凹陷的圆角区域,如图 2-5 中 a 尺寸区域。

光面:它是紧挨塌角并与板平面垂直的光亮部分,是在塑性变形阶段凸模(或凹模)挤压切入材料后,材料受刃口侧面的剪切和挤压作用而形成的,如图 2-5 中 b 尺寸区域。光面越宽,说明断面质量越好。一般情况下,普通冲裁的光面宽度约占全断面的 $1/3 \sim 1/2$。

毛面:它是表面粗糙且带有锥度的部分,是由于刃口附近的微裂纹在拉应力作用下不断扩展断裂而形成的,如图 2-5 中 c 尺寸区域。因毛面都是向材料体内倾斜,所以一般不影响冲裁件的使用性能。

毛刺:毛刺是由于裂纹的起点不在刃口,而是在刃口附近的侧面而自然形成的,如图 2-5 中 d 尺寸区域。普通冲裁的毛刺是不可避免的,但间隙合适时,毛刺的高度很小,易于去除。毛刺影响冲裁件的外观、手感和使用性能,因此在冲裁设计中通常希望毛刺尽可能小。

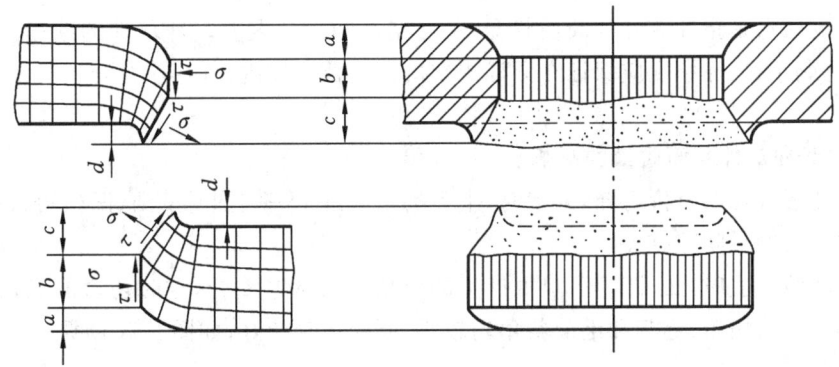

图 2-5　冲裁件的断面

塌角、光面、毛面和毛刺在整个断面上所占比例随着材料的力学性能、凸模与凹模间隙、模具结构等的不同而变化。冲裁件尺寸的测量和使用均以光面为基准,增加光面的关键在于延长塑性变形阶段,从而推迟裂纹的产生。

◈ 案例分析

图 2-1 所示的手柄冲裁件,冲裁后的断面呈区域特性,分为塌角、光面、毛面和毛刺四个区域。

4. 冲裁间隙

1) 冲裁间隙的概念

冲裁间隙是指冲裁模具中凹模与凸模刃口侧壁之间的距离,如图 2-6 所示。Z 表示双面间隙,单面间隙用 $Z/2$ 表示,如无特殊说明,本书关于冲裁间隙的内容以双面间隙讲解。

$$Z = D_d - d_p \qquad (2-1)$$

式中:D_d——凹模刃口尺寸;

d_p——凸模刃口尺寸。

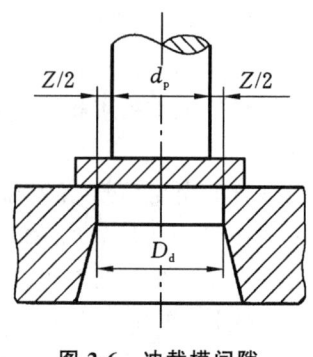

图 2-6 冲裁模间隙

2）冲裁间隙对冲裁过程的影响

冲裁间隙对冲裁件质量、冲裁力和模具寿命均有很大影响，是冲裁工艺与冲裁模设计中的一个非常重要的工艺参数。

（1）间隙对冲裁件质量的影响。

冲裁件的质量是指冲裁件的断面状况、尺寸精度和形状误差。冲裁件的断面应尽可能垂直、光滑且毛刺小；尺寸精度应保证在图样规定的公差范围以内；外形应符合图样要求，表面尽可能平直。

① 间隙对冲裁件断面质量的影响。

由冲裁变形过程的分析可知，冲裁时，上下剪切裂纹不一定同时从凸、凹模刃口产生，上下裂纹是否重合与冲裁间隙有关。

当冲裁间隙合适时，凸、凹模刃口处产生的剪切裂纹基本重合，这时切边的光面约占板厚的 1/3～1/2 左右，塌角、毛刺和毛面斜角均较小，断面质量较好，如图 2-7(a)所示。

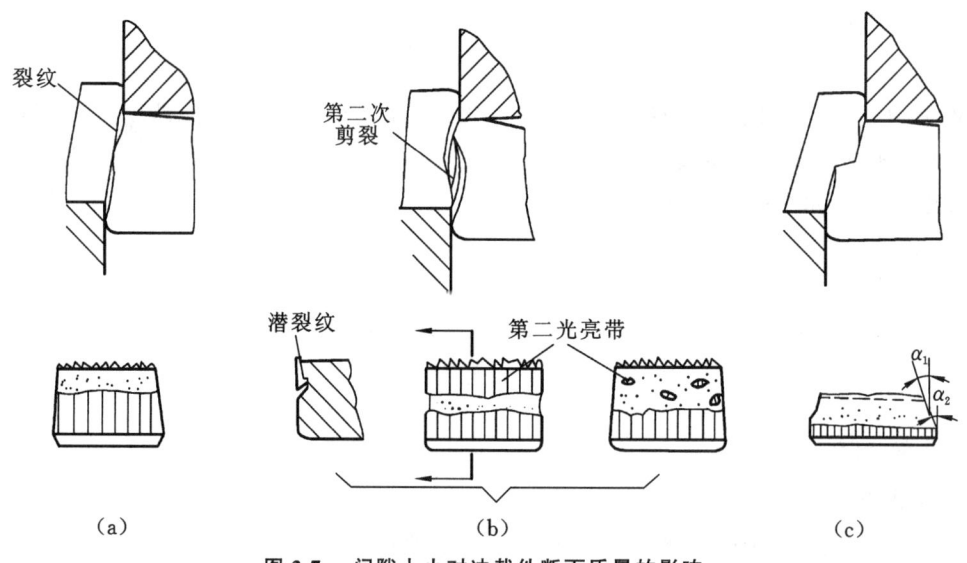

图 2-7　间隙大小对冲裁件断面质量的影响

(a)间隙合适；(b)间隙过小；(c)间隙过大

当间隙过小时，凸模刃口处的裂纹相对凹模刃口处的裂纹向外错开，上、下裂纹不重合，材料在上、下裂纹相距最近的地方将发生第二次剪裂,上裂纹表面压入凹模时受到凹模壁的压挤产生第二光面或断续的小光亮块,同时部分材料被挤出,在表面形成薄而高的毛刺,如图 2-7(b)所示。这种断面两端呈光面,中部有带夹层的毛面,塌角小,冲裁件的翘曲小,毛刺虽比合理间隙时高一些,但易去除。如果中间夹层裂纹不是很深,冲裁件仍可使用。

当间隙过大时,材料的弯曲与拉伸增大,拉应力增大,易产生剪切裂纹,使塑性变形阶段提前结束,致使断面光面减小,毛面增大,且塌角、毛刺也较大,冲裁件弯曲增大。同时,上、下裂纹也不重合,凸模刃口处的裂纹相对凹模刃口处的裂纹向内错开了一段距离,致使毛面斜角增大,断面质量不理想,如图 2-7(c)所示。

模具安装调整等原因使得间隙不均匀时,可能在凸、凹模之间存在着间隙合适、间隙过小和间隙过大几种情况,因而将在冲裁件断面上分布着上述各种情况的断面。

② 间隙对冲裁件尺寸精度的影响。

冲裁件尺寸精度是指冲裁件实际尺寸与基本尺寸的差值,差值越小,则精度越高。在冲裁过程中,由于材料受到了挤压、拉伸和翘曲变形,在冲裁结束后产生弹性恢复,所以冲裁件的实际尺寸与凸、凹模尺寸有偏差。偏差值的存在影响了冲裁件的尺寸精度。

冲裁间隙对冲裁件尺寸精度的影响规律如图 2-8 所示,δ 值为冲裁件与凸、凹模尺寸的偏差,Z 为冲裁间隙。从图中可以看出,当间隙较大时,材料所受拉伸作用增大,冲裁后因材料的弹性恢复使落料件尺寸小于凹模刃口尺寸,冲孔件孔径大于凸模刃口尺寸;当间隙较小时,由于材料受凸、凹模侧面挤压力增大,故冲裁后材料的弹性恢复使落料件尺寸增大,冲孔件孔径减小;当间隙为某一合适值(即曲线与横轴 Z 的交点)时,冲裁件尺寸与凸、凹模尺寸完全一样,这时 $\delta=0$。

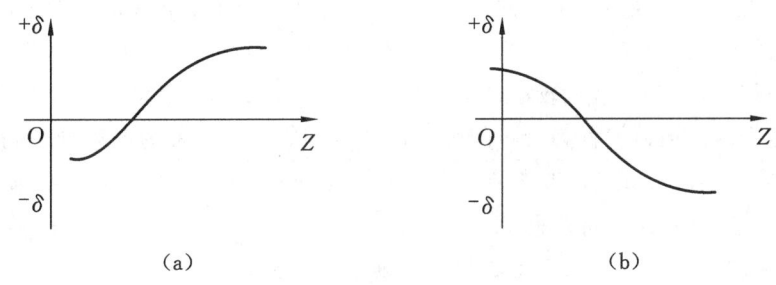

图 2-8 间隙对冲裁件尺寸精度的影响
(a)冲孔;(b)落料

③ 间隙对冲裁件形状误差的影响。

冲裁件的形状误差是指翘曲、扭曲、变形等缺陷。如果冲裁过程中间隙过大,将使板料变形区产生拉伸、弯曲变形,造成弯矩过大,导致冲裁件翘曲;如果冲裁过程中间隙分布不均匀,将使板料发生表面不平导致扭曲、变形等。

(2)间隙对冲压力的影响。

试验证明,随着间隙的增大,冲裁力会在一定程度上降低,但当单面间隙介于材料厚度的 $5\%\sim20\%$ 范围内时,冲裁力降低不超过 $5\%\sim10\%$。因此,在正常情况下,间隙对冲裁力的影响不是很大。

间隙对卸料力、推件力的影响比较显著。随间隙增大,卸料力和推件力都将减小。一般当单面间隙增大到材料厚度的 $15\%\sim25\%$ 时,卸料力几乎降到零。但间隙继续增大会时毛刺增大，又将引起卸料力、推件力的迅速增大。

（3）间隙对模具寿命的影响。

模具寿命通常以模具失效前可冲出的合格冲裁件数量来衡量。冲裁模具常见的失效形式包括磨损、变形、刃口崩刃以及凹模胀裂等。

在冲裁过程中，若间隙过小，凸模与凹模对板料施加的垂直冲裁力和侧向挤压力均会增大，导致摩擦力增大；同时，间隙过小时，切边光面宽度增大、摩擦距离延长、摩擦发热严重，从而加剧凸模和凹模切边的磨损，甚至引起模具与材料间的黏结，严重时可能导致崩刃。此外，由于落料件堵塞在凹模孔口引起的胀裂力也较大，容易使凹模发生胀裂；小间隙还容易导致小型凸模折断以及凸凹模间相互啃刃等异常现象。磨损后，凸模与凹模切边处会形成圆角，冲裁件上因此出现异常毛刺；同时，切边尺寸变化会降低冲裁件的尺寸精度，从而缩短模具寿命。因此，为了减少模具磨损、延长模具使用寿命，并在保证冲裁件质量的前提下，应适当选用较大的冲裁间隙。若必须采用较小间隙，则必须提高模具硬度和加工精度，降低模具表面粗糙度，并提供良好润滑条件，以减少磨损。

◈ 案例分析

图 2-1 所示手柄冲裁件，冲裁间隙对冲裁件的断面质量、尺寸精度、形状误差等均有影响，冲裁间隙的选择还对零件冲裁过程中的冲压力和模具寿命等产生影响。

3）冲裁间隙值的确定

由冲裁间隙对冲裁过程的影响可以看出，冲裁间隙对冲裁件质量、冲压力、模具寿命等都有很大的影响，但影响的规律各不相同。因此，并不存在一个绝对合理的间隙值能同时满足冲裁件断面质量最佳、尺寸精度最高、冲模寿命最长、冲压力最小等各方面的要求。在冲压实际生产中，为了获得合格的冲裁件、较小的冲压力以及保证模具有一定的寿命，我们给间隙值规定一个范围，这个间隙值范围称为合理间隙。这个范围的最小值称为最小合理间隙（Z_{min}），最大值称为最大合理间隙（Z_{max}）。考虑到冲模在使用过程中会逐渐磨损，间隙会增大，故在设计和制造新模具时，应采用最小合理间隙。

确定合理间隙的方法有理论确定法和经验确定法两种。

（1）理论确定法。

理论确定法的主要依据是保证凸、凹模刃口处产生的上、下裂纹相互重合，以便获得良好的断面质量。图 2-9 所示为冲裁过程中开始产生裂纹的瞬时状态，根据图中的几何关系，可得合理间隙 Z 的计算公式为

$$Z = 2t(1 - h_0/t)\tan\alpha \tag{2-2}$$

式中：t——材料厚度；

h_0——产生裂纹时凸模挤入材料的深度；

h_0/t——产生裂纹时凸模挤入材料的相对深度；

α——断裂角。

由式（2-2）可以看出，合理间隙与材料厚度 t、相对挤入深度 h_0/t 及断裂角 α 有关，而 h_0/t 和 α 值与材料性质有关，见表 2-1。因此，影响间隙值的主要因素是材料性质和厚度。一般来说，材料厚度越大且塑性越差，其合理间隙值就越大；反之，厚度越薄且塑性越好的材料，其合

理间隙值就越小。

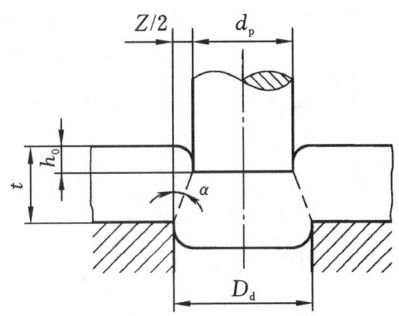

图 2-9　合理间隙的确定

表 2-1　h_0/t 与 α 值

材料	h_0/t		α	
	退火	硬化	退火	硬化
软钢、纯铜、软黄铜	0.5	0.35	6°	5°
中硬钢、硬黄铜	0.3	0.2	5°	4°
硬钢、硬青铜	0.2	0.1	4°	4°

理论计算法在生产中使用不方便,主要用来分析间隙与上述几个因素之间的关系。因此,实际生产中广泛采用经验数据来确定间隙值。

(2) 经验确定法。

经验确定法是根据经验数据来确定合理间隙值。有关间隙值的经验数据可在一般冲压手册中查到,选用时结合冲裁件的质量要求和实际生产条件综合考虑。

这里推荐两种实用间隙表供设计时参考:一种是按材料的性能和厚度来选择的间隙表,如表 2-2 和表 2-3 所示;另一种是以实际操作方便为前提,综合考虑冲裁件质量诸因素的间隙分类表,见表 2-4 和表 2-5。

表 2-2　冲裁模初始双面间隙 Z(一)　　　　　　　　　　　　　　　　(mm)

材料厚度 t/mm	软铝		纯铜、黄铜、软钢 $w_C = 0.08\% \sim 0.2\%$		杜拉铝、中等硬钢 $w_C = 0.3\% \sim 0.4\%$		硬钢 $w_C = 0.5\% \sim 0.6\%$	
	Z_{min}	Z_{max}	Z_{min}	Z_{max}	Z_{min}	Z_{max}	Z_{min}	Z_{max}
0.2	0.008	0.012	0.010	0.014	0.012	0.016	0.014	0.018
0.3	0.012	0.018	0.015	0.021	0.018	0.024	0.021	0.027
0.4	0.016	0.024	0.020	0.028	0.024	0.032	0.028	0.036
0.5	0.020	0.030	0.025	0.035	0.030	0.040	0.035	0.045
0.6	0.024	0.036	0.030	0.042	0.036	0.048	0.042	0.054
0.7	0.028	0.042	0.035	0.049	0.042	0.056	0.049	0.063
0.8	0.032	0.048	0.040	0.056	0.048	0.064	0.056	0.072
0.9	0.036	0.054	0.045	0.063	0.054	0.072	0.063	0.081
1.0	0.040	0.060	0.050	0.070	0.060	0.080	0.070	0.090

材料厚度 t/mm	软铝		纯铜、黄铜、软钢 $w_c=0.08\%\sim0.2\%$		杜拉铝、中等硬钢 $w_c=0.3\%\sim0.4\%$		硬钢 $w_c=0.5\%\sim0.6\%$	
	Z_{min}	Z_{max}	Z_{min}	Z_{max}	Z_{min}	Z_{max}	Z_{min}	Z_{max}
1.2	0.050	0.084	0.072	0.096	0.084	0.108	0.096	0.120
1.5	0.075	0.105	0.090	0.120	0.105	0.135	0.120	0.150
1.8	0.090	0.126	0.108	0.144	0.126	0.162	0.144	0.180
2.0	0.100	0.140	0.120	0.160	0.140	0.180	0.160	0.200
2.2	0.132	0.176	0.154	0.198	0.176	0.220	0.198	0.242
2.5	0.150	0.200	0.175	0.225	0.200	0.250	0.225	0.275
2.8	0.168	0.224	0.196	0.252	0.224	0.280	0.252	0.308
3.0	0.180	0.240	0.210	0.270	0.240	0.300	0.270	0.330
3.5	0.245	0.315	0.280	0.350	0.315	0.385	0.350	0.420
4.0	0.280	0.360	0.320	0.400	0.360	0.440	0.400	0.480
4.5	0.315	405.000	0.360	0.450	0.405	0.490	0.450	0.540
5.0	0.350	0.450	0.400	0.500	0.450	0.550	0.500	0.600
6.0	0.480	0.600	0.540	0.660	0.600	0.720	0.660	0.780
7.0	0.560	0.700	0.630	0.770	0.700	0.840	0.770	0.910
8.0	0.720	0.880	0.800	0.960	0.880	1.040	0.960	1.120
9.0	0.870	0.990	0.900	1.080	0.990	1.170	1.080	1.260
10.0	0.900	1.100	1.000	1.200	1.100	1.300	1.200	1.400

注:1.初始间隙值 Z_{min} 的最小值相当于间隙的公称数值。

2.初始间隙的最大值 Z_{max} 是考虑到凸模和凹模的制造公差所增加的数值。

3.在使用过程中,由于模具工作部分的磨损,间隙将有所增加,因而间隙的使用最大数值要超过表列数值。

4.本表适用于尺寸精度和断面质量要求较高的冲裁件。

表 2-3　冲裁模初始双面间隙 Z(二)　　　　　　　　(mm)

材料厚度 t/mm	08、10、35、09Mn2、Q235		Q345		40、50		65Mn	
	Z_{min}	Z_{max}	Z_{min}	Z_{max}	Z_{min}	Z_{max}	Z_{min}	Z_{max}
小于 0.5	极小间隙							
0.5	0.040	0.060	0.040	0.060	0.040	0.060	0.040	0.060
0.6	0.048	0.072	0.048	0.072	0.048	0.072	0.048	0.072
0.7	0.064	0.092	0.064	0.092	0.064	0.092	0.064	0.092
0.8	0.072	0.104	0.072	0.104	0.072	0.104	0.064	0.092
0.9	0.090	0.126	0.090	0.126	0.090	0.126	0.090	0.126
1.0	0.100	0.140	0.100	0.140	0.100	0.140	0.090	0.126
1.2	0.126	0.180	0.132	0.180	0.132	0.180		
1.5	0.132	0.240	0.170	0.240	0.170	0.240		
1.75	0.220	0.320	0.220	0.320	0.220	0.320		
2.0	0.246	0.360	0.260	0.380	0.260	0.380		
2.1	0.260	0.380	0.280	0.400	0.280	0.400		

材料厚度 t/mm	08、10、35、09Mn2、Q235		Q345		40、50		65Mn	
	Z_{min}	Z_{max}	Z_{min}	Z_{max}	Z_{min}	Z_{max}	Z_{min}	Z_{max}
2.5	0.360	0.500	0.380	0.540	0.380	0.540		
2.75	0.400	0.560	0.420	0.600	0.420	0.600		
3.0	0.460	0.640	0.480	0.660	0.480	0.660		
3.5	0.540	0.740	0.580	0.780	0.580	0.780		
4.0	0.640	0.880	0.680	0.920	0.680	0.920		
4.5	0.720	1.000	0.680	0.960	0.780	1.040		
5.5	0.940	1.280	0.780	1.100	0.980	1.320		
6.0	1.080	1.440	0.840	1.200	1.140	1.500		
6.5			0.940	1.300				
8.0			1.200	1.680				

注:1.冲裁皮革、石棉和纸板时,间隙取 08 钢的 25%。

2.本表适用于尺寸精度和断面质量要求不高的冲裁件。

表 2-4　金属板料冲裁间隙分类

项目名称		类别和间隙值				
		ⅰ 类	ⅱ 类	ⅲ 类	ⅳ 类	Ⅴ 类
剪切面特征		毛刺细长 α很小 光亮带很大 塌角很小	毛刺中等 α小 光亮带大 塌角小	毛刺一般 α中等 光亮带中等 塌角中等	毛刺较大 α大 光亮带小 塌角大	毛刺大 α大 光亮带最小 塌角大
塌角高度 R		$(2\sim5)\%t$	$(4\sim7)\%t$	$(6\sim8)\%t$	$(8\sim10)\%t$	$(10\sim20)\%t$
光亮带高度 B		$(50\sim70)\%t$	$(35\sim55)\%t$	$(25\sim40)\%t$	$(15\sim25)\%t$	$(10\sim20)\%t$
断裂带高度 F		$(25\sim45)\%t$	$(35\sim50)\%t$	$(50\sim60)\%t$	$(60\sim75)\%t$	$(70\sim80)\%t$
毛刺高度 h		细长	中等	一般	较高	高
断裂角 a		—	$4°\sim7°$	$7°\sim8°$	$8°\sim11°$	$14°\sim16°$
平面度 f		好	较好	一般	较差	差
尺寸精度	落料件	非常接近凹模尺寸	接近凹模尺寸	稍小于凹模尺寸	小于凹模尺寸	小于凹模尺寸
	冲孔件	非常接近凸模尺寸	接近凸模尺寸	稍大于凸模尺寸	大于凸模尺寸	大于凸模尺寸

项目名称	类别和间隙值				
	i 类	ii 类	iii 类	iv 类	v 类
冲裁力	大	较大	一般	较小	小
卸、推料力	大	较大	最小	较小	小
冲裁功	大	较大	一般	较小	小
模具寿命	低	较低	较高	高	最高

表 2-5 金属板料冲裁间隙值

材料	抗剪强度 τ /MPa	初始间隙（单边间隙）/%t				
		i 类	ii 类	iii 类	iv 类	v 类
低碳钢 08F、10F、10、20、Q235-A	≥210～400	1.0～2.0	3.0～7.0	7.0～10.0	10.0～12.5	21.0
中碳钢 45、不锈钢 1Cr18Ni9Ti、4Cr13、膨胀合金（可伐合金）4J29	≥420～560	1.0～2.0	3.5～8.0	8.0～11.0	11.0～15.0	23.0
高碳钢 T8A、T10A、65Mn	≥590～930	2.5～5.0	8.0～12.0	12.0～15.0	15.0～18.0	25.0
纯铝 1060、1050A、1035、1200、铝合金（软态）3A21、黄铜（软态）H62、纯铜（软态）T1、T2、T3	≥65～255	0.5～1.0	2.0～4.0	4.5～6.0	6.5～9.0	17.0
黄铜（硬态）H62、铅黄铜 HPb59-1、纯铜（硬态）T1、T2、T3	≥290～420	0.5～2.0	3.0～5.0	5.0～8.0	8.5～11.0	25.0
铝合金（硬态）ZA12、锡磷青铜 QSn4-4-2.5、铝青铜 QA17、铍青铜 QBe2	≥225～550	0.5～1.0	3.5～6.0	7.0～10.0	11.0～13.5	20.0
镁合金 MB1、MB8	≥120～180	0.5～1.0	1.5～2.5	3.5～4.5	5.0～7.0	16.0
电工硅钢	190	—	2.5～5.0	5.0～9.0	—	—

注：i 类冲裁间隙适用于冲裁件断面、尺寸精度要求高的场合。

ii 类冲裁间隙适用于冲裁件断面、尺寸精度要求较高的场合。

iii 类冲裁间隙适用于冲裁件断面、尺寸精度要求一般的场合。因残余应力小，能减少破裂现象，适用于继续塑性变形的工件的场合。

iv 类冲裁间隙适用于冲裁件断面、尺寸精度要求不高时，应优先采用较大间隙，以利于提高冲模寿命的场合。

v 类冲裁间隙适用于冲裁件断面、尺寸精度要求较低的场合。

应当指出，实用间隙表中的间隙值都是基于普通薄板材料而制订的，对于极薄板或厚板的冲裁不一定适用。如冲裁 0.2 mm 厚度以下的极薄板时，间隙值取为(5～10)%t 则未必允许，因为在如此小的近乎为零的实际间隙下，模具在加工、装配、安装及工作时可能会出现卡模、啃刃现象；而在冲裁厚板(例如 $t=8$ mm 以上)时，在(5～10)%t 这种间隙值里，冲裁件断面的缺陷会十分明显，这时可取更小些的值。

◈ **案例分析**

图 2-1 所示手柄冲裁件，材料为 Q235，厚度为 1.2 mm，查表 2-3 可知，冲裁过程中 $Z_{\min}=0.126$ mm，$Z_{\max}=0.180$ mm。

2.1.2　冲裁件的工艺性

冲裁件工艺性分析

冲裁件的工艺性是指冲裁件对冲裁工艺的适应性。所谓冲裁件工艺性好，是指能用普通冲裁方法，在模具寿命长、生产率较高、成本较低的条件下得到质量合格的冲裁件。

因此，冲裁件的结构形状、尺寸、精度等级、材料及厚度等是否符合冲裁的工艺要求，对冲裁件质量、模具寿命和生产效率均具有很大影响。

1. 冲裁件的结构与尺寸

（1）冲裁件的形状应力求简单、规则，有利于材料的合理利用，以便节约材料，减少工序，提高模具寿命，降低成本。

（2）冲裁件各直线或曲线的连接处应尽可能避免锐角，严禁出现尖角，一般应有 $R>0.5t$（t 为料厚）以上的圆角。具体冲裁件的最小圆角半径允许值见表 2-6，对于少废料排样冲裁或采用镶拼模具的情况，可不对冲裁件设置圆角。

（3）冲裁件中孔与孔之间、孔与外边缘之间的距离 a 不宜过小（参见图 2-10）。一般情况下：当孔边缘与制件外形边缘不平行时，要求 $a \geqslant t$；当平行时，要求 $a \geqslant 1.5t$。

（4）冲孔尺寸也不宜过小，否则可能导致凸模强度不足。常见材料的冲孔最小尺寸见表 2-7 和表 2-8。

（5）冲裁件中凸出悬臂和凹槽的宽度 b 不宜过小（参见图 2-11）。一般情况下：对于硬钢，宽度为 $(1.5\sim2.0)t$；对于黄铜和软钢，宽度为 $(1.0\sim1.2)t$；对于纯铜和铝，宽度为 $(0.8\sim0.9)t$；同时应满足 $L \leqslant 5b$（L 为孔边与制件直边之间的距离）。

（6）在弯曲件或拉深件上冲孔时，孔边与制件直边之间的距离 L 不得小于制件圆角半径 r 与半料厚 $0.5t$ 的和，即

$$L \geqslant r+0.5t$$

（7）当采用条料少废料冲裁两端带圆弧的制件时，制作圆弧半径 R 应大于条料宽度 B 的一半，即

$$R \geqslant 0.5B$$

表 2-6　冲裁件最小圆角半径

冲件种类		最小圆角半径			
		黄铜、铝	合金钢	软钢	备注
落料	交角≥90°	0.18t	0.35t	0.25t	≥0.25
	交角<90°	0.35t	0.70t	0.50t	≥0.50
冲孔	交角≥90°	0.20t	0.45t	0.30t	≥0.30
	交角<90°	0.40t	0.90t	0.60t	≥0.60

注：备注栏的数据表示当不知道材料种类时的最小圆角半径取值。

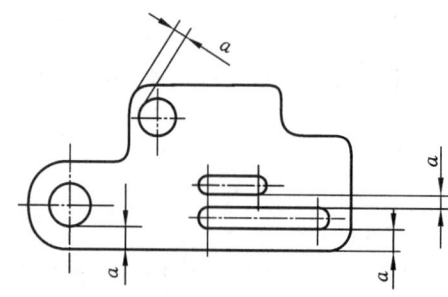

图 2-10　冲件上的孔距及孔边距

表 2-7　无导向凸模冲孔的最小尺寸

冲件材料	圆形孔(直径 d)	方形孔(孔宽 b)	矩形孔(孔宽 b)	长圆形孔(孔宽 b)
钢 $\tau_b > 700$ MPa	$1.5t$	$1.35t$	$1.2t$	$1.1t$
钢 $\tau_b = 400 \sim 700$ MPa	$1.3t$	$1.2t$	$1.0t$	$0.9t$
钢 $\tau_b = 700$ MPa	$1.0t$	$0.9t$	$0.8t$	$0.7t$
黄铜、铜	$0.9t$	$0.8t$	$0.7t$	$0.6t$
铝、锌	$0.8t$	$0.7t$	$0.6t$	$0.5t$

表 2-8　带护套凸模冲孔的最小尺寸

冲件材料	圆形孔(直径 d)	矩形孔(孔宽 b)
硬钢	$0.5t$	$0.4t$
软钢及黄铜	$0.35t$	$0.3t$
铝、锌	$0.3t$	$0.28t$

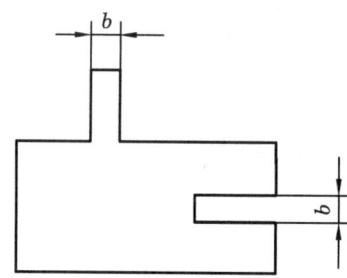

图 2-11　冲裁件的悬臂与凹槽

2. 冲裁件的精度与断面粗糙度

(1) 冲裁件的精度公差等级不高于 IT11 级,一般落料件公差等级最好低于 IT10 级,冲孔件公差等级最好低于 IT9 级。

(2) 冲裁件的断面粗糙度及毛刺高度与材料塑性、材料厚度、冲裁间隙、刃口锋利程度、冲模结构及凸、凹模工作部分表面粗糙度值等因素有关。

3. 冲裁件的材料

冲裁件所用的材料,不仅要满足产品使用性能的技术要求,还应该满足冲裁工艺对材料的基本要求。此外,材料的品种与厚度尽可能采用国家标准,同时尽可能采用"廉价代贵重,薄料代厚料,黑色代有色"等原则,以降低冲裁件的成本。

当冲裁件的结构、尺寸、精度、断面粗糙度与工艺性发生矛盾时,应与产品设计人员协商研究,并作必要、合理的修改,力求做到既满足使用要求,又便于冲裁加工,以达到良好的技术经济效果。

◆ 案例分析

图 2-1 所示的手柄冲裁件,其工艺性分析可以从结构与尺寸、精度与断面粗糙度、材料等方面判断是否符合冲裁的工艺要求。

结构与尺寸:手柄结构相对简单,有一个 $\phi 8$ mm 的孔和 5 个 $\phi 5$ mm 的孔;孔与孔、孔与边缘之间的距离也满足要求,最小壁厚为 3.5 mm(大端 4 个 $\phi 5$ mm 的孔与 $\phi 8$ mm 孔、$\phi 5$ mm 的孔与 $R16$ mm 外圆之间的壁厚)。

精度与断面粗糙度:手柄图示全部为自由公差,可看作 IT14 级,尺寸精度较低,普通冲裁完全能满足要求。材料料厚为 1.2 mm,普通冲裁后断面粗糙度值一般可以达到 $3.2 \sim 12.5$ μm,毛刺的允许高度小于或等于 0.13 mm。

材料:为 Q235-A 钢,具有良好的冲压性能,适合冲裁。

综合分析,此手柄零件可以采用普通冲裁加工方式进行生产。

2.2　冲裁工艺计算

冲裁排样　冲裁条料
设计　　　宽度计算

2.2.1　排样

将冲裁件在条料、带料或板料上进行布置称为排样。合理的排样是提高材料利用率、降低成本,保证冲裁件质量及延长模具寿命的有效措施。

1. 排样方法

根据材料的合理利用情况,冲裁排样方法可以分为两大类,一是按有无废料来分类,二是按冲裁件在材料上的排列方式来分类。

1) 按有无废料分类

按有无废料分类,排料可分为有废料排样、少废料排样、无废料排样三种,如图 2-12 所示。

(1) 有废料排样。

如图 2-12(a)所示,沿冲裁件的全部外形冲裁,冲裁件之间、冲裁件与材料边缘之间均留有搭边(a_1、a)。有废料排样时,冲裁件尺寸完全由冲模保证,因此冲裁件质量好,模具寿命长,但材料利用率低。有废料排样常用于冲裁形状较复杂、尺寸精度要求较高的冲裁件。

(2) 少废料排样。

如图 2-12(b)所示,少废料排样沿冲裁件的部分外形切断或冲裁,只在冲裁件之间或冲裁

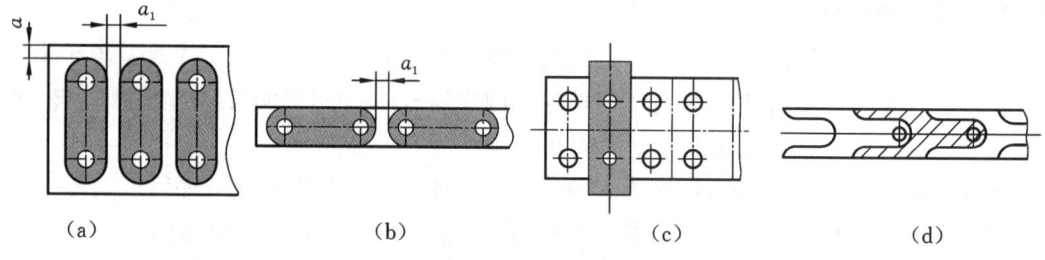

图 2-12　排样按有无废料分类

(a)有废料排样;(b)少废料排样;(c)无废料排样;(d)无废料排样

件与材料边缘之间留有搭边。这种排样方法受剪裁材料质量和定位误差的影响,其冲裁件质量稍差,同时边缘毛刺易被凸模带入间隙,也影响冲模寿命,但材料利用率较高,冲模结构简单,一般用于形状较规则、尺寸精度要求不高的冲裁件。

(3)无废料排样。

如图 2-12(c)、(d)所示,无废料排样沿直线或曲线切断材料而获得冲裁件,无任何搭边废料。无废料排样的冲裁件质量和模具寿命更差一些,但材料利用率最高,且当进料距离为两倍冲裁件宽度时(见图 2-12(c)),一次切断能获得两个冲裁件,有利于提高生产效率,可用于形状对称、尺寸精度要求不高或贵重金属材料的冲裁件。

2)按冲裁件在材料上的排列方式分类

按冲裁件在材料上的排列方式不同,排料可分为直排、斜排、对排、混合排、多排、冲裁搭边等几种,各种排样方法的图示及其应用如表 2-9 所示。

表 2-9　不同排样方法的图示及其应用

排样方法	有废料排样		少、无废料排样	
	简图	应用	简图	应用
直排		用于简单几何形状(方形、矩形、圆形)的冲裁件		用于矩形或方形冲裁件
斜排		用于 T 形、L 形、S 形、十字形、椭圆形冲裁件		用于 L 形或其他形状的冲裁件,在外形上允许有不大的缺陷
直对排		用于 T 形、冂形、山形、梯形、三角形、半圆形的冲裁件		用于 T 形、冂形、山形、梯形、三角形冲裁件,冲裁件在外形上允许有不大缺陷

排样方法	有废料排样		少、无废料排样	
	简图	应用	简图	应用
斜对排	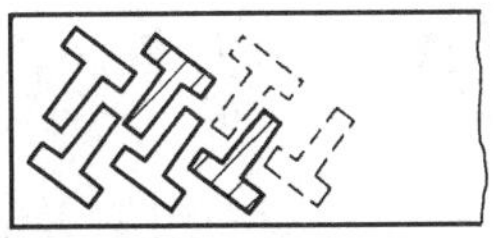	用于材料利用率比直对排时高的情况	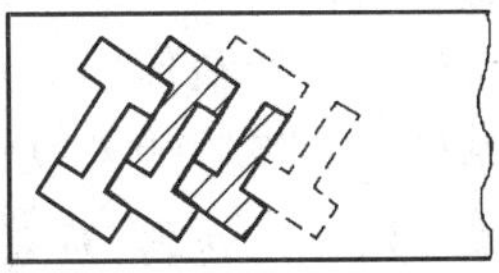	多用于 T 形冲裁件
混合排	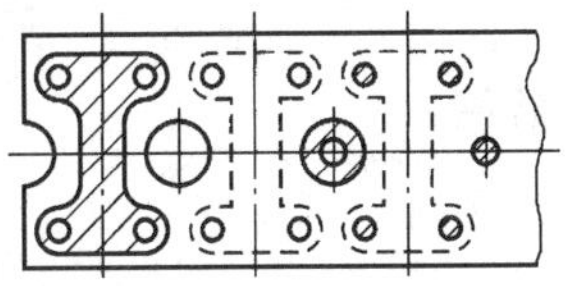	用于材料及厚度都相同的两种以上的冲裁件	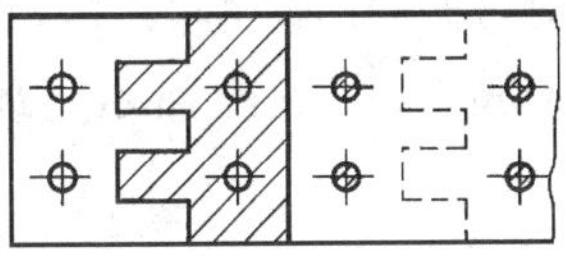	用于两个外形互相嵌入的不同冲裁件
多排	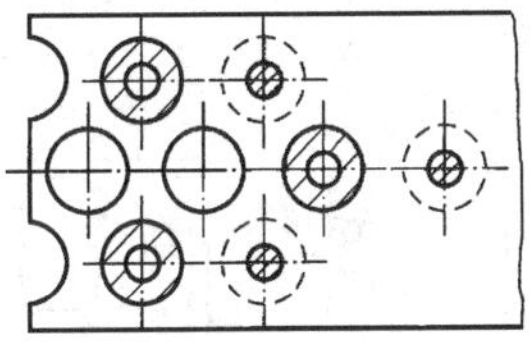	用于大批量生产中尺寸不大的圆形、六角形、方形、矩形冲裁件	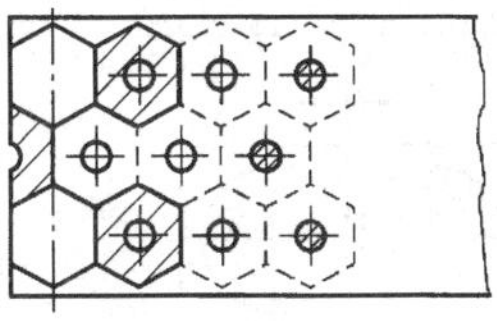	用于大批量生产中尺寸不大的方形、矩形及六角形冲裁件
冲裁搭边	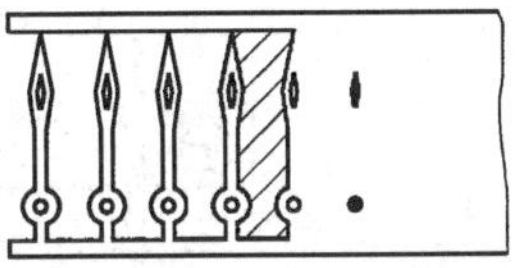	大批量生产中用于小的窄冲裁件(如表针及类似的冲裁件)或带料的连续拉深	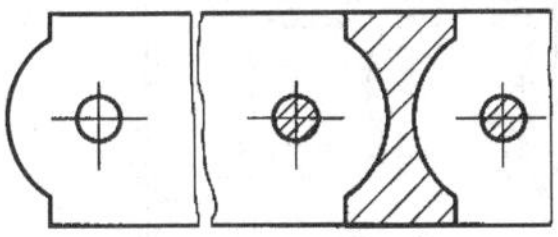	用于以宽度均匀的条料或带料冲裁长形件

在实际确定排样时,通常可先根据冲裁件的形状和尺寸列出几种可能的排样方案(对于形状复杂的冲裁件可以用纸片剪出 3～5 个样件,再用样件摆出各种不同的排样方案),然后再综合考虑冲裁件的精度、批量、经济性、模具结构与寿命、生产率、操作与安全、原材料供应等各方面因素,最后确定最合理的排样方法。

制定排样方案时应遵循的原则是:在保证最低的材料消耗和最高生产率前提下,加工出满足技术要求的零件;同时要考虑方便操作,使冲模结构简单、寿命长,并适应车间生产条件和原材料供应等实际情况。

2. 搭边

1) 搭边的作用

搭边是指排样时冲裁件之间以及冲裁件与材料边缘之间留下的工艺废料。搭边虽然是废料,但在冲裁工艺中却有很大的作用:补偿定位误差和送料误差,保证冲裁出合格的零件;增加材料刚度,方便条料送进,提高生产效率;避免冲裁时材料边缘的毛刺被拉入模具间隙,提高模具寿命。

2）搭边值的确定

搭边值的大小要合理。搭边值过大时,材料利用率低;搭边值过小时,无法发挥在冲裁工艺中的作用。在实际确定搭边值时,主要考虑以下因素。

（1）材料的力学性能。软材料、脆材料的搭边值取大一些,硬材料的搭边值可取小一些。

（2）冲裁件的形状与尺寸。冲裁件的形状复杂或尺寸较大时,搭边值取大些。

（3）材料的厚度。厚材料的搭边值要取大一些。

（4）送料及挡料方式。用手工送料,且有侧压装置的搭边值可以小一些,用侧刃定距可比用挡料销定距的搭边值小一些。

（5）卸料方式。弹性卸料比刚性卸料的搭边值要小一些。

搭边值一般由经验确定,表2-10所示为最小搭边值的经验数据。

表 2-10　最小搭边值 (mm)

料厚 t	圆形或圆角 r>2t		矩形件边长 l≤50 mm		矩形件边长 l>50 mm 或圆角 r≤2t	
	冲裁件间 a_1	侧边 a	冲裁件间 a_1	侧边 a	冲裁件间 a_1	侧边 a
0.25 以下	1.8	2.0	2.2	2.5	2.8	3.0
0.25～0.5	1.2	1.5	1.8	2.0	2.2	2.5
0.5～0.8	1.0	1.2	1.5	1.8	1.8	2.0
0.8～1.2	0.8	1.0	1.2	1.5	1.5	1.8
1.2～1.6	1.0	1.2	1.5	1.8	1.8	2.0
1.6～2.0	1.2	1.5	1.8	2.5	2.0	2.2
2.0～2.5	1.5	1.8	2.0	2.2	2.2	2.5
2.5～3.0	1.8	2.2	2.2	2.5	2.5	2.8
3.0～3.5	2.2	2.5	2.8	2.8	2.8	3.2
3.5～4.0	2.5	2.8	2.5	3.2	3.2	3.5
4.0～5.0	3.0	3.5	3.5	4.0	4.0	4.5
5.0～12	0.6t	0.7t	0.7t	0.8t	0.8t	0.9t

注:表列搭边值适用于低碳钢,对于其他材料,应将表中数值乘以下列系数。

中等硬度钢	0.9	软黄铜、纯铜	1.2
硬钢	0.8	铝	1.3～1.4
硬黄铜	1～1.1	非金属	1.5～2
硬铝	1～1.2		

3. 条料宽度的确定

条料宽度的确定是在排样方法及搭边值确定后进行的。条料宽度要保证冲裁时冲裁件周边有足够的搭边值,导料板间距应使条料能在冲裁时顺利地在导料板之间送进,并与条料之间有一定的间隙。因此,条料宽度与导料板间距与冲模的送料定位方式有关,应根据不同结构分别进行计算。

(1) 用导料板导向且有侧压装置时(见图 2-13(a)) 这种情况下,条料是在侧压装置作用下紧靠导料板的一侧送进的,故按下列公式计算:

$$条料宽度 \qquad B_{-\Delta}^{0} = (D_{max} + 2a)_{-\Delta}^{0} \qquad (2\text{-}3)$$

$$导料板间距离 \qquad B_0 = B + Z = D_{max} + 2a + Z \qquad (2\text{-}4)$$

式中:D_{max}——条料宽度方向冲裁件的最大尺寸;

a——侧搭边值,可参考表 2-10;

Δ——条料宽度偏差,见表 2-11;

Z——导料板与最宽条料之间的间隙,其值见表 2-12。

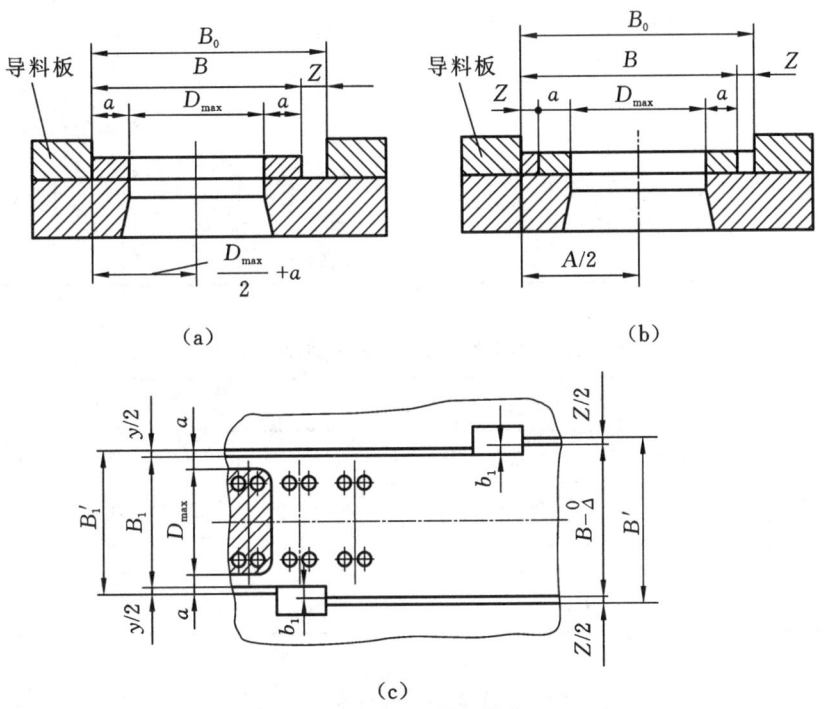

图 2-13 条料宽度的确定

(a)有侧压装置;(b)无侧压装置;(c)用侧刃定距

此种情况也适应于用导料销导向的冲模,这时条料由人工紧靠导料销一侧送进。

(2) 用导料板导向且无侧压装置时(见图 2-13(b)) 无侧压装置时,应考虑在送料过程中因条料在导料板之间摆动而使侧搭边值减小的情况,为了补偿侧搭边值的减小,条料宽度应增加一个条料可能的摆动量(其值为条料与导料板之间的间隙 Z),故按下列公式计算:

$$条料宽度 \qquad B_{-\Delta}^{0} = (D_{max} + 2a + Z)_{-\Delta}^{0} \qquad (2\text{-}5)$$

$$导料板间距离 \qquad B_0 = B + Z = D_{max} + 2a + 2Z \qquad (2\text{-}6)$$

（3）用侧刃定距时（见图 2-13(c)）　当条料用侧刃定距时,条料宽度必须增加侧刃切去的部分,故按下列公式计算:

条料宽度　　　　　　　　$B_{-\Delta}^{0} = (D_{max} + 2a + nb_1)_{-\Delta}^{0}$ 　　　　　　(2-7)

导料板间距离　　　　　　$B' = B + Z = D_{max} + 2a + nb_1 + Z$ 　　　　(2-8)

$$B'_1 = D_{max} + 2a + y$$

式中:b_1——侧刃冲切的料边宽度,见表 2-13;

　　　n—— 侧刃数;

　　　y——冲切后的条料与导料板间的间隙,见表 2-13。

表 2-11　条料宽度偏差 Δ　　　　　　　　　　　　　（mm）

条料宽度 B/mm	材料厚度 t/mm				
	~ 0.5	$0.5 \sim 1$	$1 \sim 2$	$2 \sim 3$	$3 \sim 5$
~ 20	0.05	0.08	0.10		
$20 \sim 30$	0.08	0.10	0.15		
$30 \sim 50$	0.10	0.15	0.20		
~ 50		0.4	0.5	0.7	0.9
$50 \sim 100$		0.5	0.6	0.8	1.0
$100 \sim 150$		0.6	0.7	0.9	1.1
$150 \sim 220$		0.7	0.8	1.0	1.2
$200 \sim 300$		0.8	0.9	1.1	1.3

表 2-12　导料板与条料之间的最小间隙 Z_{min}　　　　　（mm）

材料厚度 t/mm	无侧压装置			有侧压装置	
	条料宽度 B/mm			条料宽度 B/mm	
	100 以下	$100 \sim 200$	$200 \sim 300$	100 以下	100 以上
~ 1	0.5	0.5	1	5	8
$1 \sim 5$	0.5	1	1	5	8

表 2-13　b_1、y 值　　　　　　　　　　　　　　　（mm）

材料厚度 t/mm	b_1		y
	金属材料	非金属材料	
~ 1.5	$1 \sim 1.5$	$1.5 \sim 2$	0.10
$>1.5 \sim 2.5$	2.0	3	0.15
$>2.5 \sim 3$	2.5	4	0.20

4. 材料的合理利用

1）选择板料规格

条料宽度确定之后,就可以选择板料规格,并确定裁板方式。板料一般为长方形,故裁板方式有纵裁(沿长边裁,也即沿板料轧制的纤维方向裁)和横裁(沿短边裁)两种。因为纵裁裁板次数少,冲压时条料调换次数少,操作方便,故在通常情况下应尽可能纵裁。在以下情况下可考虑用横裁:

① 横裁的板料利用率显著高于纵裁;

② 纵裁后条料太长,受车间压力机的排列限制,操作不便;

③ 条料太重,操作人员劳动强度太高;

④ 纵裁不能满足冲裁后的成形工序(如弯曲)对材料纤维方向的要求。

2）材料利用率计算

冲裁件的实际面积与所用板料面积的比值称为材料利用率,它是衡量材料合理利用的一项重要经济指标。

一个进距内的材料利用率 η 为(见图 2-14)

$$\eta = A/(Bs) \times 100\% \tag{2-9}$$

式中：A——一个进距内冲裁件的实际面积(mm^2)；

　　　B——条料宽度(mm)；

　　　s——进距(mm),冲裁时条料在模具上每次送进的距离,其值为两个对应冲裁件间对应点的间距。

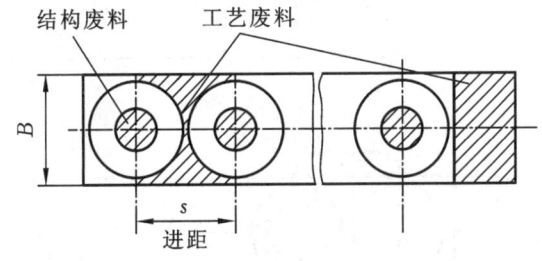

图 2-14　材料利用率计算

一张板料(或条料、带料)上总的材料利用率 η_0 为

$$\eta_0 = nA/(BL) \times 100\% \tag{2-10}$$

式中：n——一张板料(或条料、带料)上冲裁件的总数目；

　　　A——一个冲裁件的实际面积(mm^2)；

　　　L——板料(或条料、带料)的长度(mm)；

　　　B——板料(或条料、带料)的宽度(mm)。

η 或 η_0 值越大,材料利用率就越高,一般 η_0 要比 η 小。原因是条料和带料可能存在头部、尾部的消耗,整张板料在剪裁成条料时还会有边料消耗。

5. 排样图

排样图是排样设计最终的表达形式,通常应绘制在冲压工艺规程的相关卡片上和冲裁模总装图的右上角。排样图的内容应反映出排样方法、冲裁方式、用侧刃定距时侧刃的形状与位置、材料利用率等信息。

绘制排样图时应注意以下几点：

(1) 排样图上应标注条料宽度 $B_{-\Delta}^{0}$、条料长度 L、料厚 t、端距 l、进距 s、冲裁件间搭边 a_1 和侧搭边 a，同时标出采用侧刃定距时侧刃的位置及截面尺寸等，如图 2-15 所示。

(2) 用剖切线表示出冲裁工位上的工序件形状（即凸模或凹模的截面形状），以便从排样图上判断是单工序冲裁（图 2-15(a)）还是复合冲裁（图 2-15(b)）或级进冲裁（图 2-15(c)）。

(3) 采用斜排时，应注明倾斜角度的大小。必要时，还可用双点画线画出送料时的定位位置。对有纤维方向要求的排样图，应用箭头表示条料的纹向。

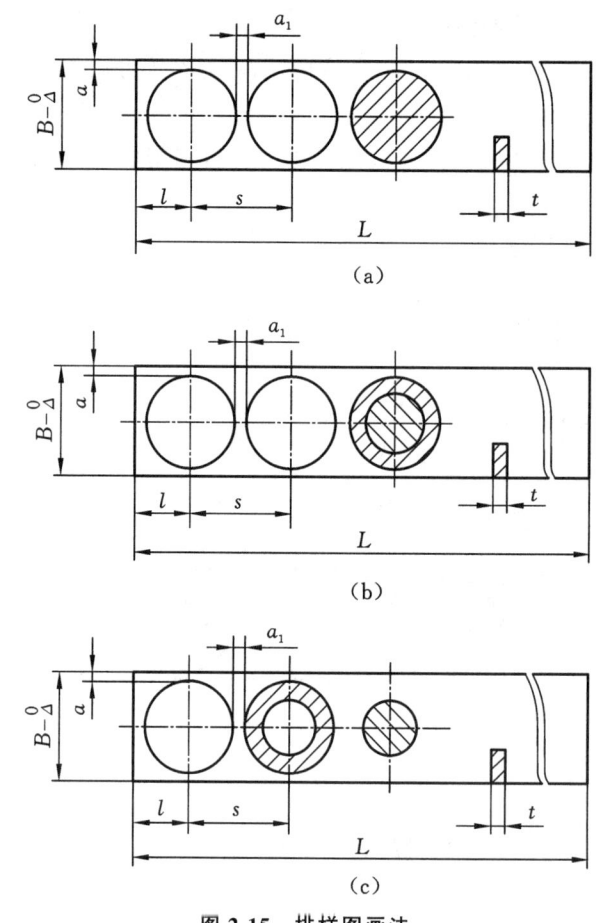

(a)

(b)

(c)

图 2-15　排样图画法

(a)单工序冲裁；(b)复合冲裁；(c)级进冲裁

◈ **案例分析**

对图 2-1 所示手柄冲裁件进行排样，确定搭边值及条料宽度，并计算材料利用率。

(1) 排样图。

手柄冲裁件的形状一头大一头小，若采用直排，材料利用率低；因此，应采用直对排，设计成隔位冲压，可显著减少废料。隔位冲压就是将第一遍冲压以后的条料，在水平方向旋转 180°，再在第一遍冲裁的间隔区域冲裁出第二部分工件。其排样如图 2-16 所示。

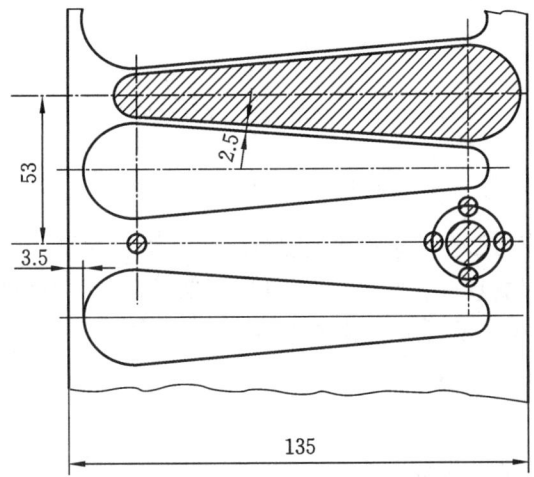

图 2-16 手柄冲裁件排样图

（2）搭边值与条料宽度的确定。

查表 2-10，送进方向的最小搭边值为 $a_1 = 1.8$ mm，考虑模具机构比较大，取 2.5 mm；侧搭边最小值为 $a = 2.0$ mm，取 3.5 mm；其送进步距 $s = 32$ mm $+ 16$ mm $+ 2 \times 2.5$ mm $= 53$ mm。

初步确定无侧压装置的送料方式，条料的宽度为

$$B_{-\Delta}^{0} = (D_{\max} + 2a + C)_{-\Delta}^{0} = (95 + 2 \times 16 + 2 \times 3.5 + 1)_{-0.7}^{0} \text{ mm} = 135_{-0.7}^{0} \text{ mm}$$

式中：$D_{\max}$——冲裁件宽度方向的最大尺寸；

a——搭边值；

C——额外余量；

Δ——条料宽度的单向偏差。

（3）计算材料利用率。

冲裁件面积：

$$A = \left[\frac{\pi \times 8^2}{2} + \frac{\pi \times 16^2}{2} + \frac{(16 + 32) \times 95}{2} - \pi \times 4^2 - 5 \times \pi \times 2.5^2 \right] \text{ mm}^2 = 2634 \text{ mm}^2$$

单步距内材料利用率为

$$\eta = \frac{nA}{Bs} = \frac{2 \times 2634}{135 \times 53} = 73.6\%$$

根据工厂材料工艺情况，选择 850 mm $\times$ 1500 mm $\times$ 1.2 mm 的冷轧钢板，计算纵裁时每块板的条料利用率。

每张钢板可剪裁的条料数量为 $n_1 = 850/135 \approx 6$

每条条料能裁冲裁件数量为 $n_2 = 1500/53 \times 2 \approx 56$

$$\eta_{总} = \frac{n_1 \times n_2 \times A_1}{LB} \times 100\% = 6 \times 56 \times 2634/(850 \times 1500) \approx 69.4\%$$

2.2.2 模具刃口尺寸计算

**模具刃口
尺寸计算**

冲裁件的尺寸精度主要取决于凸、凹模刃口尺寸及其公差，模具的合理间隙值也是靠凸、凹模刃口尺寸及其公差来保证。因此，正确确定凸、凹模刃口尺寸及其公差，是冲裁模设计中

的一项重要工作。

1. 模具加工方法

凸、凹模刃口尺寸的计算与模具加工方法有关,模具加工方法分为分别加工法与配作加工法两类。

1) 分别加工法

分别加工法是指凸模与凹模分别按各自图样上标注的尺寸及公差进行加工的方法。采用该方法加工出的凸模与凹模具有互换性,并且制造周期短。但是受冲裁间隙要求的限制,凸模与凹模的制造公差必须较小,模具制造困难,加工成本高。分别加工法主要适用于圆形或简单规则形状工件的模具加工。

2) 配作加工法

配作加工法是指先按图样设计尺寸加工好凸模或凹模中的一件作为基准件,然后根据基准件的实际尺寸按间隙要求配作另一件的方法。这种加工方法模具的间隙由配作保证,工艺比较简单,并且还可放大基准件的制造公差,使制造容易,但加工出的凸模与凹模无互换性,制造周期长。配作加工法主要适用于薄板料冲裁件和复杂形状工件的模具加工。

2. 模具刃口尺寸计算原则

由于凸、凹模之间存在着间隙,所以冲裁件断面呈一定的区域性分布,冲裁件尺寸的测量和使用都是以光面尺寸为基准的。落料件的光面是因凹模刃口挤切作用形成的,冲孔件的光面是因凸模刃口挤切作用形成的。所以在计算刃口尺寸时,应按落料和冲孔两种情况分别考虑。

(1) 落料时,因落料件光面尺寸与凹模刃口尺寸相等或基本一致,应先确定凹模刃口尺寸,即以凹模刃口尺寸为基准。又因落料件尺寸会随凹模刃口的磨损而增大,为保证凹模磨损到一定程度仍能冲出合格零件,故凹模基本尺寸应取落料件尺寸公差范围内的较小值。落料凸模的基本尺寸则是在凹模基本尺寸上减去最小合理间隙。

(2) 冲孔时,因孔的光面尺寸与凸模刃口尺寸相等或基本一致,应先确定凸模刃口尺寸,即以凸模刃口尺寸为基准。又因冲孔的尺寸会随凸模刃口的磨损而减小,故凸模基本尺寸应取冲件孔尺寸公差范围内的较大尺寸。冲孔凹模的基本尺寸则是在凸模基本尺寸上加上最小合理间隙。

(3) 凸、凹模刃口的制造公差应根据冲裁件的尺寸公差和凸、凹模加工方法确定,既要保证冲裁间隙要求和冲出合格零件,又要便于模具加工。

3. 模具刃口尺寸计算方法

1) 分别加工法模具刃口尺寸计算方法

冲模刃口与工件尺寸及公差分布情况如图 2-17 所示。

(1) 落料。

设工件的尺寸为 $D_{-\Delta}^{0}$,根据计算原则,落料时以凹模为设计基准。首先确定凹模尺寸,使凹模的基本尺寸接近或等于工件轮廓的最小极限尺寸;将凹模尺寸减去最小合理间隙值即得到凸模尺寸。

$$D_d = (D_{max} - x\Delta)^{+\delta_d}_0 \qquad (2\text{-}11)$$

$$D_p = (D_d - Z_{min})^{0}_{-\delta_p} = (D_{max} - x\Delta - Z_{min})^{0}_{-\delta_p} \qquad (2\text{-}12)$$

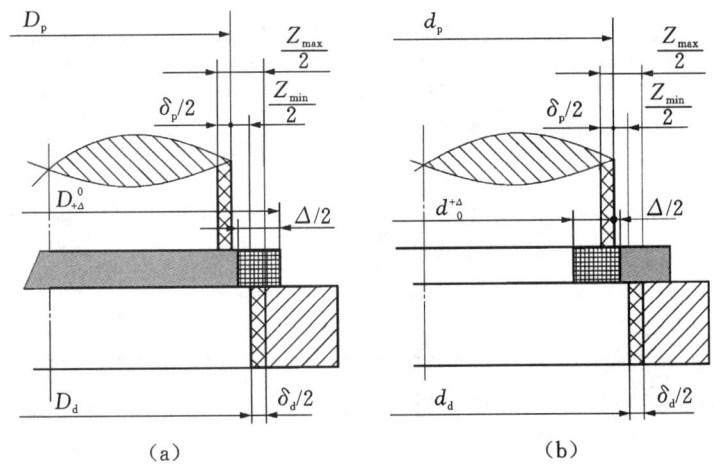

⬚——凸模、凹模制造公差   ▨——工件公差

图 2-17 冲模刃口与工件尺寸及公差分布

(a)落料;(b)冲孔

(2) 冲孔。

设冲孔尺寸为 $d^{+\Delta}_{0}$,根据计算原则,冲孔时以凸模为设计基准。首先确定凸模尺寸,使凸模的基本尺寸接近或等于工件孔的最大极限尺寸;将凸模尺寸增大最小合理间隙值即得到凹模尺寸。

$$d_{p} = (d_{\min} + x\Delta)^{0}_{-\delta_{p}} \qquad (2\text{-}13)$$

$$d_{d} = (d_{p} + Z_{\min})^{+\delta_{d}}_{0} = (d_{\min} + x\Delta + Z_{\min})^{+\delta_{d}}_{0} \qquad (2\text{-}14)$$

式中:D_{p},D_{d}——落料时凸模与凹模刃口尺寸(mm);

d_{p},d_{d}——冲孔时凸模与凹模刃口尺寸(mm);

$D_{\max}$——落料件的最大极限尺寸(mm);

$d_{\min}$——冲孔件孔的最小极限尺寸(mm);

$Z_{\min}$——最小初始双边间隙(mm);

Δ——冲裁件制造公差;

x——磨损系数,与工件形状与精度有关,可查表 2-14,也可以按下列关系取:工件精度 IT10 以上,$x=1$;IT11~13,$x=0.75$;IT14,$x=0.5$;

δ_{p}、δ_{d}——凸、凹模的制造公差;可分别按 IT6 和 IT7 确定;也可查表 2-15;对于复杂形状工件模具刃口尺寸的制造公差可按工件相应部位公差值的 1/4 选取。

表 2-14 磨损系数 x

料厚 t/mm	非圆形冲裁件			圆形冲裁件	
	1	0.75	0.5	0.75	0.5
	冲裁件制造公差 Δ/mm				
1	<0.16	0.17~0.35	≥0.36	<0.16	≥0.16
1~2	<0.20	0.21~0.41	≥0.42	<0.20	≥0.20
2~4	<0.24	0.25~0.49	≥0.50	<0.24	≥0.24
>4	<0.30	0.31~0.59	≥0.60	<0.30	≥0.30

表 2-15 规则形状(圆形、方形)件冲裁时凸、凹模的制造公差 (mm)

基本尺寸	凸模制造公差 δ_p	凹模制造公差 δ_d	基本尺寸	凸模制造公差 δ_p	凹模制造公差 δ_d
≤18	0.020	0.020	>180~260	0.030	0.045
>18~30	0.020	0.025	>260~360	0.035	0.050
>30~80	0.020	0.030	>360~500	0.040	0.060
>80~120	0.025	0.035	>500	0.050	0.070
>120~180	0.030	0.040			

为了保证新模具的间隙小于最大合理间隙值 Z_{max},即 $|\delta_p|+|\delta_d|+Z_{min}\leqslant Z_{max}$,凸模与凹模制造公差 δ_p、δ_d 选取满足:

$$|\delta_p|+|\delta_d|\leqslant Z_{max}-Z_{min}$$

如果不满足上式,取

$$\delta_p\leqslant 0.4(Z_{max}-Z_{min}) \tag{2-15}$$

$$\delta_d\leqslant 0.6(Z_{max}-Z_{min}) \tag{2-16}$$

(3) 孔心距。

当在同一工步冲出冲件上两个以上的孔时,其凹模磨损后孔心距尺寸不发生变化,故凹模型孔中心距为

$$L_d=(L_{min}+0.5\Delta)\pm\Delta/8 \tag{2-17}$$

式中:L_d——凹模型孔心距(mm);

L_{min}——冲裁件孔心距的最小极限尺寸(mm);

Δ——冲裁件孔心距公差(mm)。

2) 配作加工法模具刃口尺寸计算

配作加工法适于简单形状工件的模具加工,而复杂形状工件,其各部分尺寸性质不同,凸模与凹模磨损情况也不相同,所以采用配作加工法计算凸模或凹模刃口尺寸时,首先应根据凸模或凹模磨损后轮廓变化情况,正确判断出模具刃口各个尺寸在磨损过程中是变大、变小还是不变,然后分别按不同的公式计算。

如图 2-18(a)所示为一落料件,应以凹模为基准,配作凸模。图 2-18(b)中双点画线表示凹模磨损后尺寸的变化情况,有增大、减小和不变三种情况:凹模磨损后变大的尺寸(如图中 A 尺寸);凹模磨损后变小的尺寸(如图中 B 尺寸);凹模磨损后不变的尺寸(如图中 C 尺寸)。同理,对于图 2-19 中的冲孔件,应以凸模为基准,配作凹模。凸模磨损后尺寸也可以因凸模磨损情况不同分成 A、B、C 三类。

(1) 凸模或凹模磨损后会增大的尺寸。

落料凹模或冲孔凸模磨损后,A 类尺寸将会增大,相当于简单形状的落料凹模尺寸。所以,其基本尺寸及制造公差的确定方法采用分别加工时落料凹模尺寸计算公式,即

$$A_j=(A_{max}-x\Delta)^{+\frac{1}{4}\Delta}_{0} \tag{2-18}$$

(2) 凸模或凹模磨损后会减小的尺寸。

冲孔凸模或落料凹模磨损后,B 类尺寸会减小,相当于简单形状的冲孔凸模尺寸。所以,其基本尺寸及制造公差的确定方法采用分别加工时冲孔凸模尺寸计算公式,即

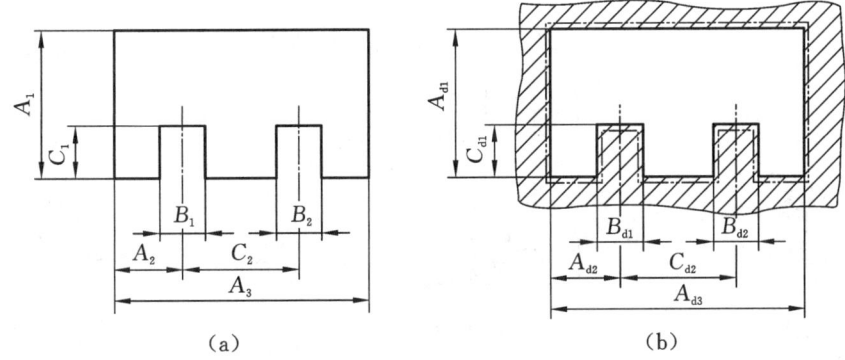

图 2-18　落料件与落料凹模

(a)落料件;(b)落料凹模刃口轮廓

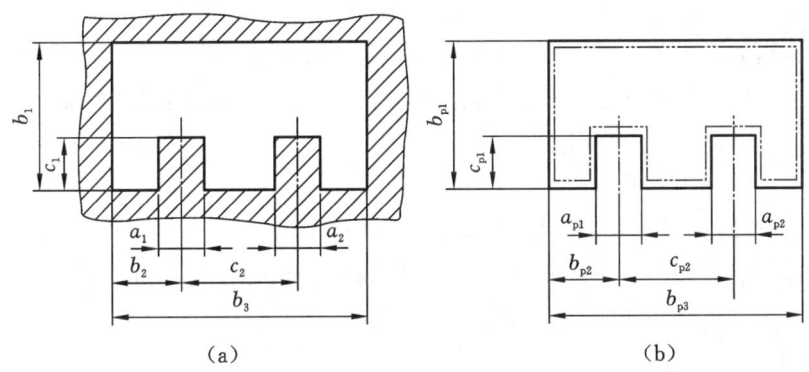

图 2-19　冲件孔与冲孔凸模

(a)冲件孔;(b)冲孔凸模刃口轮廓

$$B_j = (B_{min} + x\Delta)_{-\frac{1}{4}\Delta}^{0} \qquad (2\text{-}19)$$

(3)凸模或凹模磨损后会基本不变的尺寸。

凸模或凹模在磨损后,C 类基本不变的尺寸,不必考虑磨损的影响,相当于简单形状的孔心距尺寸,所以,其基本尺寸及制造公差的确定方法采用分别加工时孔心距尺寸计算公式,即

$$C_j = (C_{min} + 0.5\Delta) \pm \frac{\Delta}{8} \qquad (2\text{-}20)$$

式中:A_j、B_j、C_j——模具基准件尺寸(mm);

A_{max}、B_{min}、C_{min}——工件极限尺寸(mm);

Δ——工件公差(mm)。

4. 模具刃口尺寸计算实例

例 2-1　冲裁图 2-20 所示衬垫零件,材料为 Q235 钢,料厚 $t = 1$ mm,试计算凸、凹模刃口尺寸及公差。

解　由图可知,该零件为无特殊要求的一般冲孔、落料件,$\phi 36_{-0.62}^{0}$ mm 由落料获得,$2 \times \phi 6_{0}^{+0.12}$ mm 及 18 ± 0.09 mm 由冲孔获得。查表 2-3 得,$Z_{min} = 0.10$ mm,$Z_{max} = 0.14$ mm,则 $Z_{max} - Z_{min} = 0.14$ mm $- 0.10$ mm $= 0.04$ mm。

(1)落料 $\phi 36_{-0.62}^{0}$ mm。

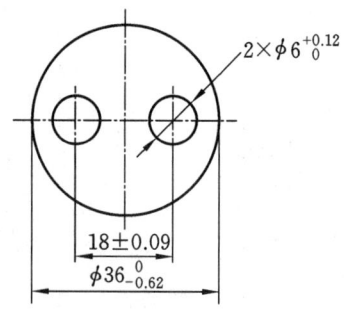

$2\times\phi6^{+0.12}_{0}$

18 ± 0.09

$\phi36^{0}_{-0.62}$

图 2-20　衬垫

$$D_{d}=(D_{max}-x\Delta)^{+\delta_d}_{0}$$

$$D_{p}=(D_{d}-Z_{min})^{0}_{-\delta_p}$$

查表 2-14、表 2-15 得，$\delta_d=0.03$ mm，$\delta_p=0.02$ mm，$x=0.5$。

校核间隙：因为 $\delta_p+\delta_d=0.02$ mm$+0.03$ mm$=0.05$ mm$>Z_{max}-Z_{min}=0.04$ mm，说明所取凸、凹模公差不能满足 $\delta_p+\delta_d\leqslant Z_{max}-Z_{min}$ 条件，但相差不大，此时可调整如下：

$$\delta_p=0.4\times(Z_{max}-Z_{min})=0.4\times0.04\ \text{mm}=0.016\ \text{mm}$$

$$\delta_d=0.6\times(Z_{max}-Z_{min})=0.6\times0.04\ \text{mm}=0.024\ \text{mm}$$

将已知和查表的数据代入 D_{p}、D_{d} 计算公式，即得

$$D_{d}=(36-0.5\times0.62)^{+0.024}_{0}\ \text{mm}=35.69^{+0.024}_{0}\ \text{mm}$$

$$D_{p}=(36.69-0.10)^{0}_{-0.016}\ \text{mm}=35.59^{0}_{-0.016}\ \text{mm}$$

(2) 冲孔 $\phi6^{+0.120}_{0}$ mm。

$$d_{p}=(d_{min}+x\Delta)^{0}_{-\delta_p}$$

$$d_{d}=(d_{p}+Z_{min})^{+\delta_d}_{0}$$

查表 2-14、表 2-15 得，$\delta_d=0.02$ mm，$\delta_p=0.02$ mm，$x=0.75$。

校核间隙：因为 $\delta_p+\delta_d=0.02$ mm$+0.02$ mm$=0.04$ mm$=Z_{max}-Z_{min}$，所以符合 $\delta_p+\delta_d\leqslant Z_{max}-Z_{min}$。

将已知和查表的数据代入 d_{p}、d_{d} 计算公式，即得

$$d_{p}=(6+0.75\times0.12)^{0}_{-0.02}\ \text{mm}=6.09^{0}_{-0.02}\ \text{mm}$$

$$d_{d}=(6.09+0.10)^{+0.02}_{0}\ \text{mm}=6.19^{+0.02}_{0}\ \text{mm}$$

(3) 孔心距 18 ± 0.09 mm。

$$L_{d}=(L_{min}+0.5\Delta)\pm\Delta/8$$

$$=(17.91+0.5\times0.18)\ \text{mm}\pm0.18/8\ \text{mm}=18\pm0.023\ \text{mm}$$

例 2-2　如图 2-21(a)所示零件，材料为 10 钢，料厚 $t=2$ mm，按配作加工法计算落料凸、凹模的刃口尺寸及公差。

解　由于冲件为落料件，故以凹模为基准，配作凸模。凹模磨损后其尺寸变化有变大、变小和不变三种情况，如图 2-21(b)所示。

(1) 凹模磨损后变大的尺寸：$A_{d1}(120^{0}_{-0.72})$、$A_{d2}(70^{0}_{-0.6})$、$A_{d3}(160^{0}_{-0.8})$、$A_{d4}(R60)$。

刃口尺寸计算公式为

$$A_{d}=(A_{max}-x\Delta)^{+\Delta/4}_{0}$$

因圆弧 $R60$ 与尺寸 $120_{-0.72}^{0}$ 相切，故 A_{d4} 不需采用刃口尺寸公式计算，而直接取 $A_{d4}=A_{d1}/2$。查表 2-14 得 $x_1=x_2=x_3=0.5$，所以

$$A_{d1}=(120-0.5\times0.72)_{0}^{+0.72/4}\ \text{mm}=119.64_{0}^{+0.18}\ \text{mm}$$

$$A_{d2}=(70-0.5\times0.6)_{0}^{+0.6/4}\ \text{mm}=69.70_{0}^{+0.15}\ \text{mm}$$

$$A_{d3}=(160-0.5\times0.8)_{0}^{+0.8/4}\ \text{mm}=159.60_{0}^{+0.20}\ \text{mm}$$

$$A_{d4}=A_{d1}/2=119.64_{0}^{+0.18}/2\ \text{mm}=59.82_{0}^{+0.09}\ \text{mm}$$

（2）凹模磨损后变小的尺寸：$B_{d1}(40_{0}^{+0.4})$、$B_{d2}(20_{0}^{+0.2})$。

刃口尺寸计算公式为

$$B_d=(B_{max}-x\Delta)_{-\Delta/4}^{0}$$

查表 2-14 得 $x_1=0.75$，$x_2=1$，所以

$$B_{d1}=(40+0.75\times0.4)_{-0.4/4}^{0}\ \text{mm}=40.30_{-0.05}^{0}\ \text{mm}$$

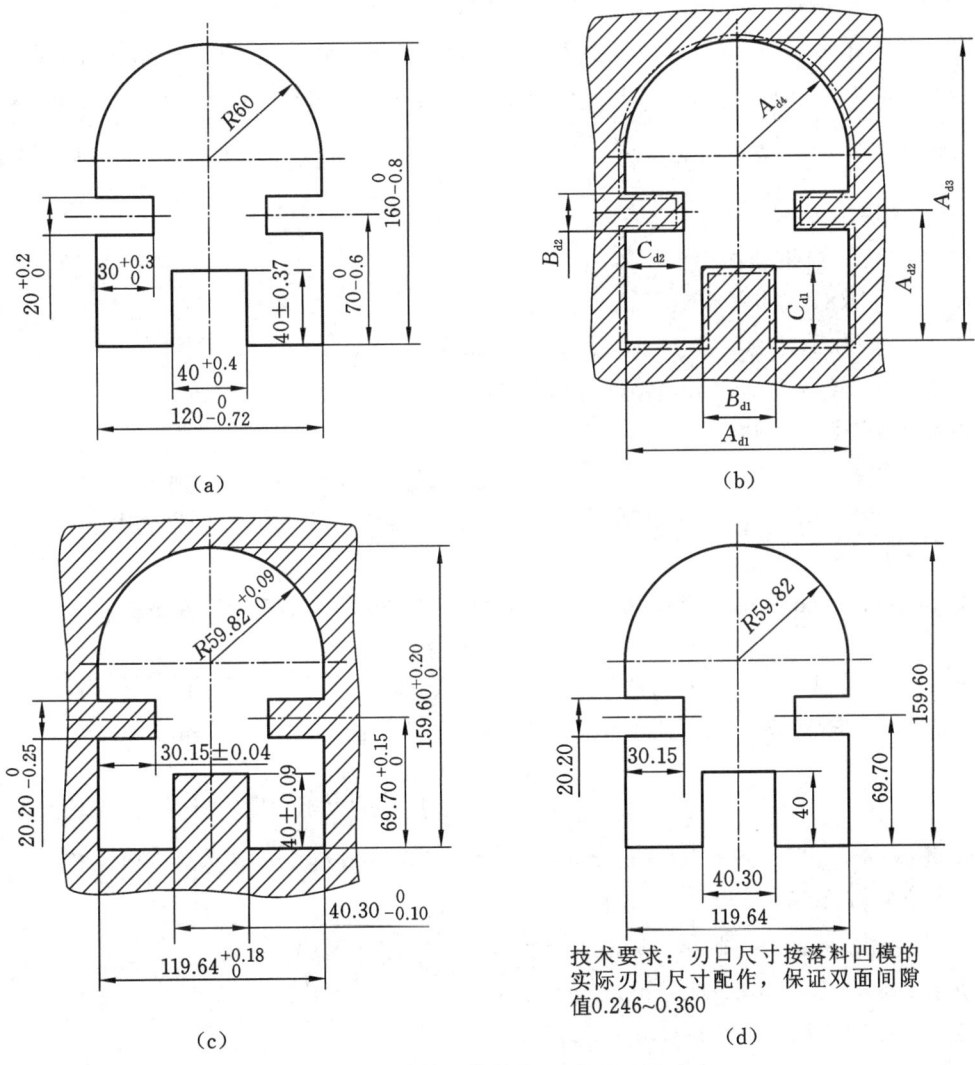

（a）　　　　　　　　　　　　　　　（b）

（c）　　　　　　　　　　　　　　　（d）

技术要求：刃口尺寸按落料凹模的
实际刃口尺寸配作，保证双面间隙
值 0.246~0.360

图 2-21　冲件及落料凸、凹模刃口尺寸
（a）冲件图；（b）落料凹模刃口轮廓；（c）落料凹模尺寸标注；（d）落料凸模尺寸标注

$$B_{d2} = (20 + 1 \times 0.2)_{-1/4}^{0} \text{ mm} = 20.2_{-0.25}^{0} \text{ mm}$$

（3）凹模磨损后不变的尺寸：$C_{d1}(40 \pm 0.37)$、$C_{d2}(30_{0}^{+0.3})$。

刃口尺寸计算公式为

$$C_d = (C_{max} - 0.5\Delta) \pm \Delta/8$$

$$C_{d1} = (39.63 + 0.5 \times 0.74) \text{ mm} \pm 0.74/8 \text{mm} = 40 \pm 0.09 \text{ mm}$$

$$C_{d2} = (30 + 0.5 \times 0.3) \text{ mm} \pm 0.3/8 \text{mm} = 30.15 \pm 0.04 \text{ mm}$$

查表 2-3 得：$Z_{min} = 0.246$ mm，$Z_{max} = 0.360$ mm。故落料凸模刃口尺寸按凹模实际刃口尺寸配作，保证双面间隙值 0.246～0.360 mm。落料凹、凸模刃口尺寸的标注如图 2-21(c)、(d)所示。

◆ **案例分析**

对图 2-1 所示的手柄冲裁件进行模具刃口尺寸计算。

解 图示手柄零件，该零件的外形由落料获得，$\phi 8$ mm 的孔和 5 个 $\phi 5$ mm 的孔由冲孔获得；尺寸全部为自由公差，可按 IT14 级进行尺寸转换，$R16_{-0.43}^{0}$ mm、$R8_{-0.36}^{0}$ mm、$\phi 8_{0}^{+0.36}$ mm、$\phi 5_{0}^{+0.3}$ mm、$95 \pm \dfrac{0.87}{2}$ mm、$\phi 20 \pm \dfrac{0.52}{2}$ mm；该零件属于无特殊要求的一般冲孔落料件，凸、凹模可采用分别加工法加工。

（1）落料凸、凹模刃口尺寸计算。

$R16_{-0.43}^{0}$、$R8_{-0.36}^{0}$ 由落料获得。

查表 2-3 得：$Z_{min} = 0.126$ mm，$Z_{max} = 0.18$ mm。

查表 2-15 得：$\delta_p = 0.02$ mm，$\delta_d = 0.02$ mm。

查表 2-14 得：$x = 0.5$。

校核间隙：

$$\delta_p + \delta_d = 0.02 \text{ mm} + 0.02 \text{ mm} \leqslant Z_{max} - Z_{min} = 0.18 \text{ mm} - 0.126 \text{ mm}$$

符合 $\delta_p + \delta_d \leqslant Z_{max} - Z_{min}$。

$$R_d = (R - x\Delta)_{0}^{+\delta_d} = (16 - 0.5 \times 0.43)_{0}^{+0.02} \text{ mm} = 15.785_{0}^{+0.02} \text{ mm}$$

$$R_p = \left(R_d - \frac{Z_{min}}{2}\right)_{-\delta_p}^{0} = \left(15.785 - \frac{0.126}{2}\right)_{-0.02}^{0} \text{ mm} = 15.722_{-0.02}^{0} \text{ mm}$$

$$R_d = (R - x\Delta)_{0}^{+\delta_d} = (8 - 0.5 \times 0.36)_{0}^{+0.02} \text{ mm} = 7.82_{0}^{+0.02} \text{ mm}$$

$$R_p = \left(R_d - \frac{Z_{min}}{2}\right)_{-\delta_p}^{0} = \left(7.82 - \frac{0.126}{2}\right)_{-0.02}^{0} \text{ mm} = 7.757_{-0.02}^{0} \text{ mm}$$

注意：$R16_{-0.43}^{0}$ mm、$R8_{-0.36}^{0}$ mm 的凸模尺寸应该等于凹模尺寸减去单边间隙值。

（2）冲孔凸、凹模刃口尺寸计算。

$\phi 8_{0}^{+0.36}$ mm 的孔和 5 个 $\phi 5_{0}^{+0.3}$ mm 的孔由冲孔同时获得。

查表 2-3 得：$Z_{min} = 0.126$ mm，$Z_{max} = 0.18$ mm。

查表 2-15 得：$\delta_p = 0.02$ mm，$\delta_d = 0.02$ mm。

查表 2-14 得：$x = 0.5$。

$$\delta_p + \delta_d = 0.02 \text{ mm} + 0.02 \text{ mm} \leqslant Z_{max} - Z_{min} = 0.18 \text{ mm} - 0.126 \text{ mm}$$

符合 $\delta_p + \delta_d \leqslant Z_{max} - Z_{min}$。

$$D_p = (D + x\Delta)_{-\delta_p}^{0} = (8 + 0.5 \times 0.36)_{-0.02}^{0} \text{ mm} = 8.18_{-0.02}^{0} \text{ mm}$$

$$D_d = (D_p + Z_{min})_{0}^{+\delta_d} = (8.18 + 0.126)_{0}^{+0.02} \text{ mm} = 8.306_{0}^{+0.02} \text{ mm}$$

$$D_p = (D + x\Delta)_{-\delta_p}^{0} = (5 + 0.5 \times 0.3)_{-0.02}^{0} \text{ mm} = 5.15_{-0.02}^{0} \text{ mm}$$

$$D_d = (D_p + Z_{min})_{0}^{+\delta_d} = (5.15 + 0.126)_{0}^{+0.02} \text{ mm} = 5.276_{0}^{+0.02} \text{ mm}$$

(3) 孔心距尺寸 $95 \pm \dfrac{0.87}{2}$ mm、$\phi 20 \pm \dfrac{0.52}{2}$ mm。

$$L_d = L \pm \frac{1}{8}\Delta = 95 \pm \frac{0.87}{8} \text{ mm} = 95 \pm 0.11 \text{ mm}$$

$$L_d = L \pm \frac{1}{8}\Delta = 20 \pm \frac{0.52}{8} \text{ mm} = 20 \pm 0.065 \text{ mm}$$

2.2.3 冲裁工艺力与压力中心的计算

1. 冲裁工艺力的计算

冲压力计算及
压力中心确定

在冲裁过程中,冲裁工艺力是指冲裁力、卸料力、推件力和顶件力的总称。冲裁工艺力是选择压力机、设计冲裁模具和校核模具强度的重要依据。

1) 冲裁力的计算

冲裁力是冲裁过程中凸模冲穿板料所需的压力。影响冲裁力的因素主要有材料的力学性能、厚度、冲裁件轮廓周长、冲裁间隙、刃口锋利程度以及刃口表面粗糙度等。图 2-22 为冲裁 Q235 钢时的冲裁力变化曲线,图中:OA 段是冲裁的弹性变形阶段,AB 段是塑性变形阶段,B 点为冲裁力的最大值,在此点材料开始被剪裂,BC 段为断裂分离阶段,CD 段是凸模克服与材料间的摩擦和将材料从凹模内推出所需的压力。通常,冲裁力是指冲裁过程中的最大值即 F_{max}。

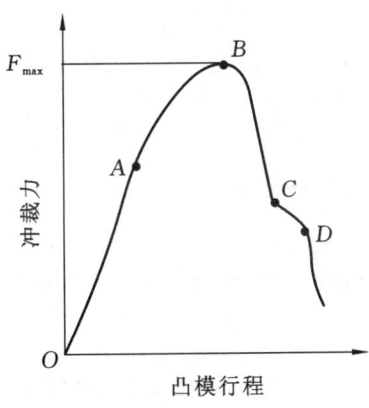

图 2-22 冲裁力曲线

采用平刃口模具的冲裁力可按下式计算:

$$F = KLt\tau_b \tag{2-21}$$

式中:F——冲裁力(N);

L——冲裁件周边长度(mm);

t——材料厚度(mm);

τ_b——材料抗剪强度(MPa);

K——考虑模具间隙的不均匀、刃口的磨损、材料力学性能与厚度的波动等因素引入的修正系数,一般取 $K=1.3$。

对于同一种材料,其抗拉强度 σ_b 与抗剪强度的关系为 $\sigma_b \approx 1.3\tau_b$,故冲裁力也可按下式计算:

$$F = Lt\sigma_b \tag{2-22}$$

2)卸料力、推件力及顶件力的计算

在冲裁结束后,由于材料的弹性恢复及摩擦作用,使落料部分的材料卡在凹模内,而余下的材料则紧箍在凸模上,为了使冲裁工作能继续进行,必须将这些材料卸下或推出,如图 2-23 所示。

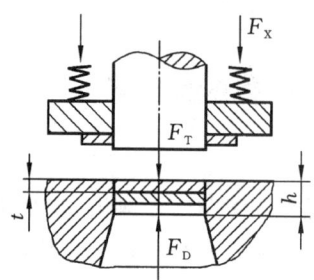

图 2-23　卸料力、推件力与顶出力

(1)卸料力　卸下包在凸模上材料所需的力称为卸料力,其计算按公式为

$$F_X = K_X F \tag{2-23}$$

(2)推件力　顺着冲裁力方向推出卡在凹模里的材料所需要的力称为推件力,其计算公式为

$$F_T = nK_T F \tag{2-24}$$

(3)顶件力　逆着冲裁方向顶出卡在凹模内的材料所需要的力称为顶件力,其计算公式为

$$F_D = K_D F \tag{2-25}$$

式中:K_X、K_T、K_D——卸料力系数、推件力系数和顶件力系数,其值见表 2-16;

F——冲裁力(N);

n——同时卡在凹模孔内的冲裁件(或废料)数,$n = h/t$(h 为凹模孔口的直刃壁高度,t 为料厚)。

表 2-16　卸料力、推件力及顶件力的系数

冲件材料		K_X	K_T	K_D
纯铜、黄铜		0.02～0.06	0.03～0.09	0.03～0.09
铝、铝合金		0.025～0.08	0.03～0.07	0.03～0.07
钢(料厚 t/mm)	～0.1	0.065～0.075	0.1	0.14
	＞0.1～0.5	0.045～0.055	0.063	0.08
	＞0.5～2.5	0.04～0.05	0.055	0.06
	＞2.5～6.5	0.03～0.04	0.045	0.05
	＞6.5	0.02～0.03	0.025	0.03

2. 压力机公称压力的确定

计算冲裁工艺力的目的是选择压力机的公称压力,压力机的公称压力应大于或等于冲裁时总冲裁工艺力的 1.1～1.3 倍,即:

$$p \geqslant (1.1 \sim 1.3)F_\Sigma \tag{2-26}$$

式中:p——压力机的公称压力;

F_Σ——总冲裁工艺力。

冲裁时,模具结构不同,总冲裁工艺力所包含的分力也有所不同,具体可按以下情况计算。

(1)采用弹性卸料装置和下出料方式的冲裁模具时:

$$F_\Sigma = F + F_X + F_T \tag{2-27}$$

(2)采用弹性卸料装置和上出料方式的冲裁模具时:

$$F_\Sigma = F + F_X + F_D \tag{2-28}$$

(3)采用刚性卸料装置和下出料方式的冲裁模具时:

$$F_\Sigma = F + F_T \tag{2-29}$$

3. 降低冲裁力的方法

冲裁时,如果现有压力机公称压力不能满足所需压力或需要减少冲击振动和噪声时,可采用降低冲裁力的措施,降低冲裁力的方法主要有加热冲裁、阶梯冲裁、斜刃冲裁。

1)加热冲裁

加热冲裁俗称"红冲",因为钢材在加热状态时其抗剪强度降低许多,如表 2-17 所示。加热冲裁可以大大降低冲裁力,但是要注意模具刃口在加热状态时存在退火软化现象,故需要用热模具钢制造模具。

表 2-17 钢在加热状态的抗剪强度 τ_b (MPa)

材料	加热温度/℃					
	200	500	600	700	800	900
Q195、Q125、10、15	360	320	200	110	60	30
Q235、Q255、20、25	450	450	240	130	90	60
Q275、30、35	530	520	330	160	90	70
40、45、50	600	580	380	190	90	70

2)阶梯冲裁

在多凸模冲裁模具时,可将凸模设计成不同长度,使工作端面呈阶梯形布置,这样,各凸模冲裁力的最大值不会同时出现,从而达到降低总冲裁力的目的,如图 2-24 所示。阶梯凸模不仅能降低冲裁力,在彼此距离较小的多孔冲裁中,还可以避免小直径凸模因受材料流动挤压的作用而产生倾斜或折断现象。一般将小直径凸模做短一些。此外,各层凸模的布置要尽量对称,以使模具受力平衡。

阶梯凸模间的高度差 H 与板料厚度 t 有关,可按如下关系式确定。

料厚 $t \leqslant 3$ mm 时, $\qquad H = t$

料厚 $t > 3$ mm 时, $\qquad H = 0.5t$

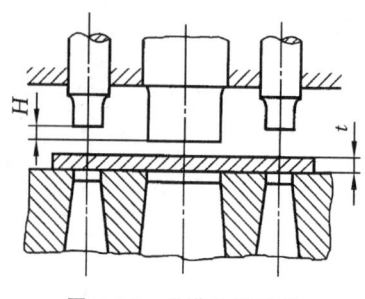

图 2-24 阶梯凸模冲裁

在阶梯冲裁时,只需按产生最大阶梯冲裁力那一阶梯作为选型压力机的依据。

3) 斜刃冲裁

将刃口平面做成与其轴线倾斜一定角度的斜刃,因冲裁时刃口不是同时切入材料,所以可以显著降低冲裁力。为得到平整的制件,斜刃开设的方向是斜刃冲裁的关键。其开设原则是:落料时,斜刃开在凹模上,凸模为平刃;冲孔时,斜刃开在凸模上,凹模为平刃。除此之外,斜刃应双面对称,以免模具单面受力。单面斜刃口只用于切口。斜刃口的配置形式如图 2-25 所示。

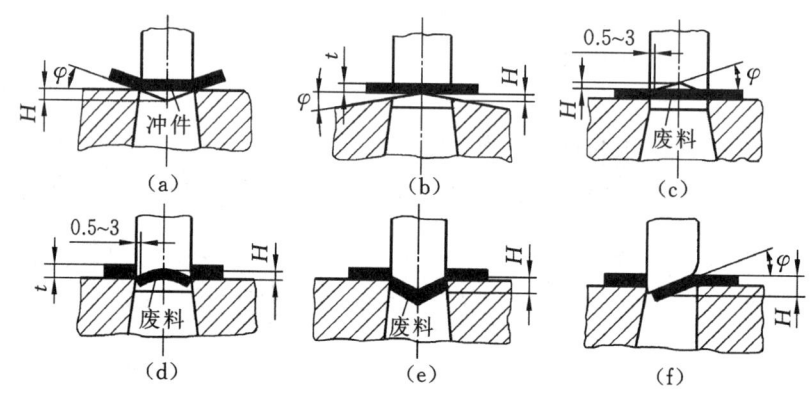

图 2-25 斜刃口的配置形式

斜刃冲裁力可用下面简化公式计算:

$$F' = K'Lt \tag{2-30}$$

式中:F'——斜刃冲裁时的冲裁力(N);

K'——减力系数,$H-t$ 时 $K'=0.4\sim0.6$,$H=2t$ 时 $K'=0.2\sim0.4$。

斜刃冲裁的主要缺点是刃口的制造与刃磨工艺比较复杂,刃口容易磨损,冲裁件也不够平整,且省力不省功,因此一般情况下尽量不用,只用于大型、厚板冲裁件(如汽车覆盖件等)的冲裁。

4. 模具压力中心的计算

冲裁工艺力合力的作用点称为模具的压力中心。模具的压力中心应与压力机滑块中心轴线重合,否则,冲裁过程中压力机滑块和冲模将会承受偏心载荷,使滑块导轨和冲模导向部分产生不正常磨损,合理间隙得不到保证,刃口迅速变钝,从而降低冲裁件质量和模具寿命甚至损坏模具。因此,设计冲裁模具时,应正确计算出冲裁时的压力中心。若因冲裁件的形状特殊,从模具结构方面考虑不宜使压力中心与模柄轴心线重合,则必须确保压力中心的偏离不超出所选压力机模柄孔投影面积的范围。

1）简单形状制件的压力中心

（1）冲裁直线段时,压力中心位于该线段的中点；

（2）冲裁简单对称的冲裁件时,其压力中心位于冲裁件轮廓图形的几何中心（即重心）,如图 2-26（a）所示；

（3）冲裁圆弧线段时,其压力中心如图 2-26（b）所示,计算公式为

$$x_0 = R \frac{180° \times \sin\alpha}{\pi\alpha} = R \frac{b}{l} \tag{2-31}$$

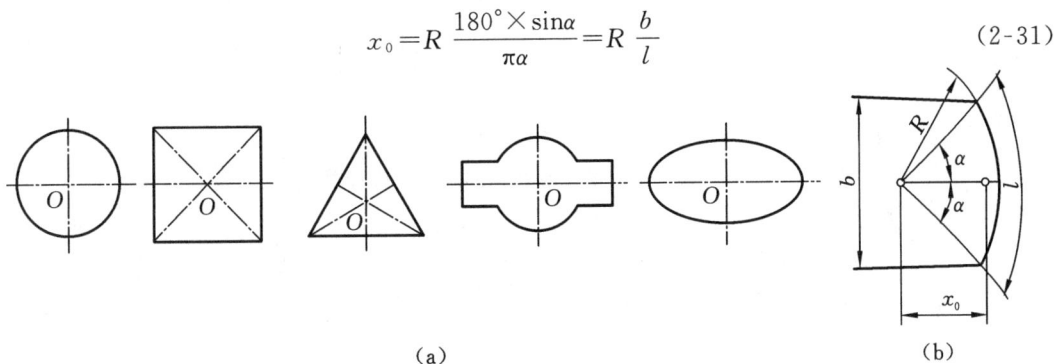

(a)   (b)

图 2-26　简单形状制件的压力中心

2）复杂形状的冲裁件和多凸模的模具压力中心

（1）解析法。

对于形状复杂的冲裁件,可先将组成图形的轮廓线划分为若干简单的直线段和圆弧段,分别计算其冲裁力（即分力）；再将各分力矢量合成得到合力；然后,任意选定直角坐标系 Oxy,并算出各线段的压力中心至 x 轴和 y 轴的距离；最后根据"合力对某轴力矩等于各分力对同轴力矩之和"的力学原理,即可求出压力中心坐标。

以图 2-27 所示冲裁件为例,设图形轮廓各线段（包括直线段和圆弧段）的冲裁力分别为 $F_1, F_2, F_3, \cdots, F_n$,各线段压力中心至坐标轴的距离分别为 $x_1, x_2, \cdots, x_n$ 和 $y_1, y_2, \cdots, y_n$,则压力中心坐标计算公式为

$$x_0 = \frac{F_1 x_1 + F_2 x_2 + F_3 x_3 + \cdots + F_n x_n}{F_1 + F_2 + F_3 + \cdots + F_n} = \frac{\sum_{i=1}^{n} F_i x_i}{\sum_{i=1}^{n} F_i} \tag{2-32a}$$

$$y_0 = \frac{F_1 y_1 + F_2 y_2 + F_3 y_3 + \cdots + F_n y_n}{F_1 + F_2 + F_3 + \cdots + F_n} = \frac{\sum_{i=1}^{n} F_i y_i}{\sum_{i=1}^{n} F_i} \tag{2-32b}$$

由于线段的冲裁力与线段的长度成正比,所以可以用各线段的长度 $L_1, L_2, L_3, \cdots, L_n$ 代替各线段的冲裁力 $F_1, F_2, F_3, \cdots, F_n$,这时压力中心坐标的计算公式为

$$x_0 = \frac{L_1 x_1 + L_2 x_2 + L_3 x_3 + \cdots + L_n x_n}{L_1 + L_2 + L_3 + \cdots + L_n} = \frac{\sum_{i=1}^{n} L_i x_i}{\sum_{i=1}^{n} L_i} \tag{2-33a}$$

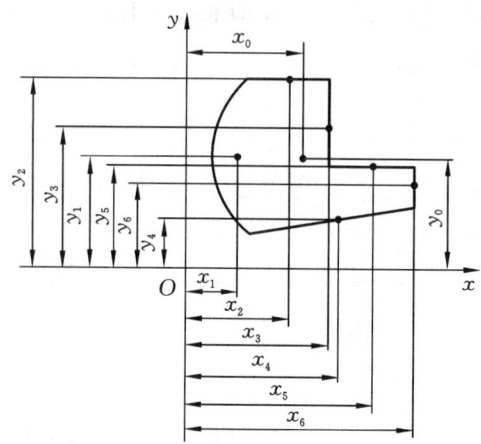

图 2-27　复杂形状件的压力中心计算

$$y_0 = \frac{L_1 y_1 + L_2 y_2 + L_3 y_3 + \cdots + L_n y_n}{L_1 + L_2 + L_3 + \cdots + L_n} = \frac{\sum\limits_{i=1}^{n} L_i y_i}{\sum\limits_{i=1}^{n} L_i} \tag{2-33b}$$

多凸模冲裁时压力中心的计算原理与单凸模冲裁时的计算原理基本相同,如图 2-28 所示。其具体计算步骤如下:

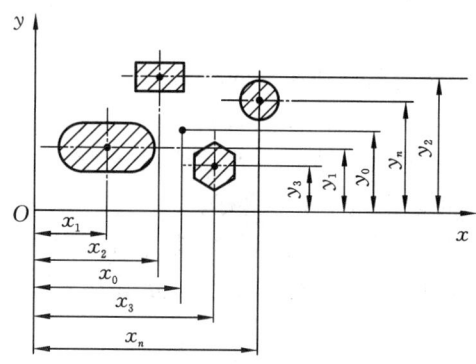

图 2-28　多凸模冲裁时的压力中心计算

① 选定坐标系 Oxy。

② 按前述单凸模冲裁时压力中心计算方法计算出各单一图形的压力中心到坐标轴的距离 $x_1, x_2, x_3, \cdots, x_n$ 和 $y_1, y_2, y_3, \cdots, y_n$。

③ 计算各单一图形轮廓的周长 $L_1, L_2, L_3, \cdots, L_n$。

④ 将计算数据分别代入式(2-32)至式(2-35),即可求得压力中心坐标(x_0, y_0)。

(2) 利用 AutoCAD 确定冲模压力中心。

AutoCAD 是一种通用绘图软件,不是专门的模具设计软件,因此不能直接用来确定冲裁模具的压力中心,但是该软件具有查询封闭区域质心的功能。通过下面的分析和图形转换,可扩展其功能,间接应用于确定冲模压力中心。

如图 2-29(a)所示为凸模刃口轮廓,通过 AutoCAD 确定压力中心的方法如下:

① 在 AutoCAD 中按尺寸比例绘制刃口轮廓;

② 用 Pedit 命令将该刃口轮廓编辑成多义线,再以该多义线向两边偏移微小距离,形成如图 2-29(b)的封闭环,两条封闭环线间距可定为 0.2 mm(计算机绘图时设 mm 为绘图单位),间距越小,冲模压力中心越精确;

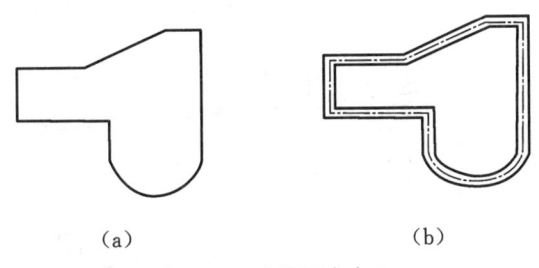

图 2-29 冲模压力中心

(a)凸模刃口轮廓;(b)凸模封闭环

③ 运用一定的编辑方法围绕冲裁边形成一个狭窄封闭区域,用 Region 命令编辑成面域;

④ 用 AutoCAD 的 Massprop 命令求取该面域的质心,此质心即为接近模具压力中心的点。

利用 AutoCAD 确定多凸模压力中心的原理与单凸模相同。

◆ **案例分析**

试对图 2-16 所示手柄冲裁件排样图的冲裁工艺力及模具压力中心进行计算。

(1)冲裁工艺力的计算。

根据手柄冲裁模具的要求,初步选定模具结构为弹性卸料下出件,凹模直壁刃口高度为 $h = 8$ mm,手柄冲裁件周长 $L = 370$ mm,材料 Q235-A,材料抗剪强度 $\tau_b = 300$ MPa。其冲裁力为

$$F = KLt\tau_b = [1.3 \times 370 \times 1.2 \times 300]\text{N} = 173160 \text{ N}$$

$$F_X = K_X F = 0.04 \times 173160 \text{ N} = 6926.4 \text{ N}$$

$$F_T = nK_T F = \frac{8}{1.2} \times 0.055 \times 173160 \text{ N} = 66666.6 \text{ N}$$

式中:冲裁件数 n 由 h/t 得 $8/1.2 \approx 6.67$,取整数为 7;K_X、K_T 查表 2-16 选取。

总冲裁工艺力为

$$F_Z = F + F_X + F_T = 173160 \text{ N} + 6926.4 \text{ N} + 66666.6 \text{ N} = 246753 \text{ N}$$

压力机的公称压力应大于冲裁总工艺力,故选 J23-25 压力机能满足冲裁要求。

(2)模具压力中心的计算。

计算压力中心时,先画出凹模图,如图 2-30 所示。在图中建立 Oxy 坐标系,坐标系原点设在图示的对称中心线上,将冲裁轮廓线按几何图形分解成 $L_1 \sim L_6$ 共 6 组基本线段,用解析法求得该模的压力中心 C 点的坐标为(8.29,8.34)。有关计算如表 2-18 所示。

由以上计算结果可以看出,该工件冲裁力不大,压力中心偏移坐标原点 O 较小,为了便于模具的加工和装配,模具中心仍选在坐标原点 O。若选用 J23-25 冲床,C 点仍在压力机模柄孔投影面积范围内,满足要求。

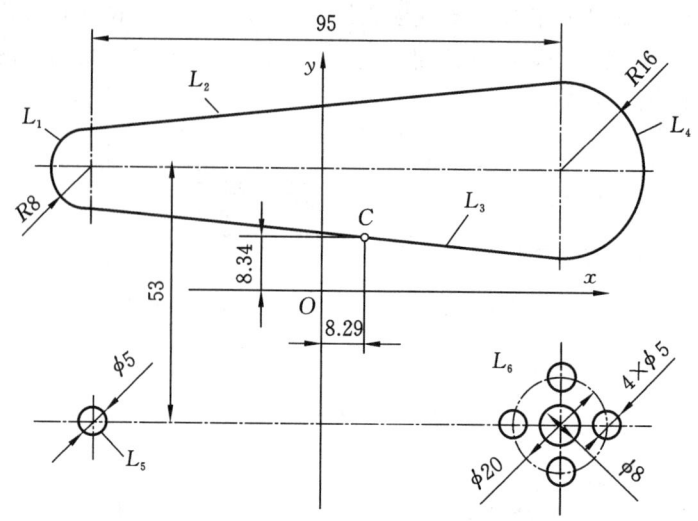

图 2-30 手柄压力中心

表 2-18 压力中心计算数据表

基本要素长度 L/mm	各基本要素压力中心坐标值	
	x	y
$L_1 = 25.123$	-52.592	26.5
$L_2 = 95.34$	0	38.5
$L_3 = 95.34$	0	14.5
$L_4 = 50.265$	57.865	26.5
$L_5 = 50.708$	-47.5	-26.5
$L_6 = 87.965$	47.5	-26.5
$\sum\limits_{i=1}^{6} L_i = 404.741$	8.29	8.34

2.3 冲裁模结构与标准件的选用

2.3.1 冲裁模典型结构

冲裁模结构的合理性和先进性对冲裁件的质量与精度、冲裁加工的生产率与经济效益、模具的使用寿命与操作安全等均有着密切的关系。

1. 冲裁模的分类

1) 按冲压工艺的性质进行分类

按冲压工艺的性质进行分类,冲裁模可分为冲裁模、弯曲模、拉深模和成形模。

(1) 冲裁模又可以分为冲孔模、落料模、切边模、切断模、剖切模、切口模、整修模及精冲模等。

（2）弯曲模又可分为自由弯曲模、校正弯曲模、V形弯曲模、U形弯曲模、异形弯曲模和变薄弯曲模。

（3）拉深模又可分为无凸缘圆筒拉深模、有凸缘圆筒拉深模、盒形件拉深模、锥形件拉深模、阶梯形件拉深模、球面拉深模、抛物面拉深模、异形件拉深模和变薄拉深模。

（4）成形模又可分为胀形模、翻边模、压印模、校平模、整形模和缩口模。

2）按工序组合状态进行分类

按工序组合状态进行分类，冲裁模可分为单工序模、复合模和级进模。

（1）单工序模：是指在压力机的一次行程内只完成一种冲裁工序的模具，如落料模、冲孔模、切断模和切口模等。

（2）复合模：是指在压力机的一次行程中，在模具的同一个工位上完成两道或两道以上不同冲裁工序的冲裁模。

（3）级进模：是指在压力机的一次行程中，依次在同一模具的不同工位上完成多道工序的冲裁模。

3）按模具上模、下模的导向方式进行分类

按模具上模、下模的导向方式进行分类，冲裁模可以分为无导向的开式模、有导向的导板模、有导向的导柱模和有导向的导筒模。

4）按挡料或定位形式进行分类

按挡料或定位形式进行分类，冲裁模可以分为固定挡料销模、活动挡料销模、导正销定位模和侧刃定位模。

5）按卸料装置分类

按卸料装置进行分类，冲裁模可以分为带固定卸料板型冲裁模和弹压卸料板型冲裁模。

6）按照凸、凹模选用材料分类

按凸、凹模选用材料进行分类，冲裁模可以分为钢质冲裁模、硬质合金冲裁模、锌基合金冲裁模、橡胶冲裁模及钢带冲裁模等。

此外，还可以根据冲裁件的质量，将模具分为精密冲裁模和普通冲裁模；根据冲裁模的体积大小，分为小型模具、中型模具和大型模具等；也可以根据送料方式、出件方式与排除废料方式等对模具进行分类。

2. 冲裁模的组成零件

尽管冲裁模的结构很复杂，但其基本分为上模与下模两部分：上模一般固定在压力机的滑块上，并随滑块一起运动；下模固定在压力机的工作台上。冲裁模的组成零件分类及其作用如下。

（1）工作零件　它是直接使坯料产生分离或实现塑性成形的零件，是冲裁模中最重要的零件。

（2）定位零件　它是用于确定坯料或工序件在冲模中正确位置的零件。

（3）卸料与出件零件　这类零件负责将箍在凸模上或卡在凹模内的废料或工件卸下、推出或顶出，以保证冲压过程连续进行。

（4）导向零件　它用于确定上模、下模的相对位置，并保证运动导向精度。

（5）支承与固定零件　它用于将上述各类零件固定在上模、下模上，并将上模、下模连接在压力机上。

（6）其他零件 除上述零件以外的零件,如紧固件(主要为螺钉、销钉)和侧孔冲裁模中的滑块、斜楔等。

上述各类零件在冲裁过程中相互配合,确保冲裁工作顺利进行,从而冲出合格的冲裁件。但并不是所有的冲裁模都具备上述全部零件,其中工作零件和必要的支承固定零件是不可缺少的。下面从工序组合状况的角度,分别介绍各类冲裁模的结构、工作原理、特点及应用场合。

3. 单工序模

1）单工序落料模

单工序模结构

单工序落料模是指沿封闭轮廓将冲件从板料上分离的冲裁模。根据上模、下模的导向形式,有三种常见的落料模结构:无导向落料模、导板式落料模和导柱式落料模。

（1）无导向落料模。

图 2-31 所示为冲裁圆形零件的无导向落料模。该模的组成零件如下:工作零件为凸模 2 和凹模 5;定位零件为导料板 4 和定位板 7,导料板对条料的送进起导向作用,定位板限制条料的送进距离;卸料零件为卸料板 3;其余为支承固定零件,包括上模座 1 和下模座 6,以及紧固螺钉等。上模、下模之间没有直接导向关系。

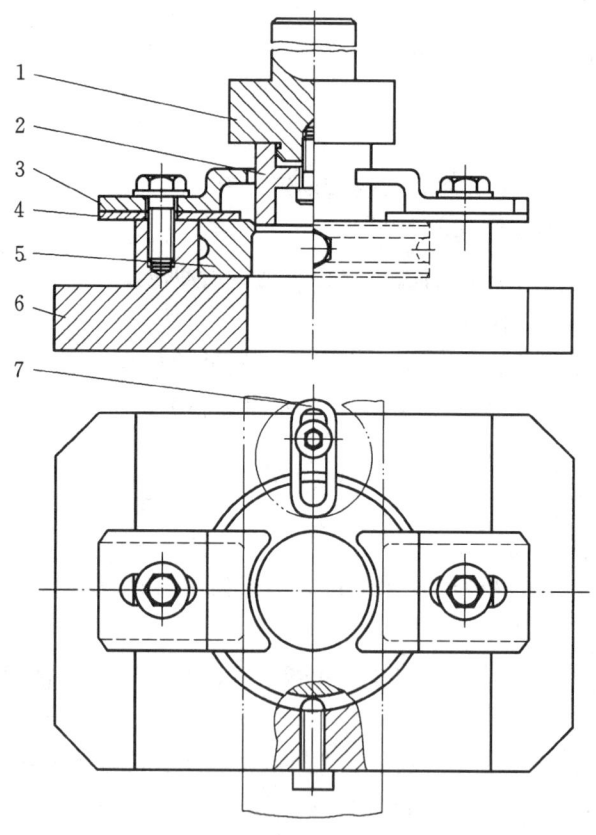

图 2-31　无导向落料模

1—上模座;2—凸模;3—卸料板;4—导料板;5—凹模;6—下模座;7—定位板

该模具的冲裁过程如下:条料沿导料板 4 送至定位板 7 后进行冲裁,分离后的冲裁件靠凸模 2 直接从凹模 5 洞口一次推出。箍在凸模 2 上的废料由固定卸料板 3 刮出。依此循环完成冲裁工作。

无导向落料模的特点是结构简单,制造容易,可利用边角料冲裁,从而有利于降低冲裁件成本。但凸模的运动是靠压力机滑块导向的,难以保证凸、凹模的间隙均匀,冲裁件精度不高,同时模具安装调整麻烦,容易发生凸、凹模啃刃,因而模具寿命和生产率较低,操作也不够安全。这种落料模只适用于冲裁精度要求不高、形状简单和生产批量小的冲裁件。

(2)导板式落料模。

图 2-32 为一单工序导板式落料模。其上模、下模的导向依靠导板 9 与凸模 5 的间隙配合(一般为 H7/h6)实现,故称为导板式落料模。

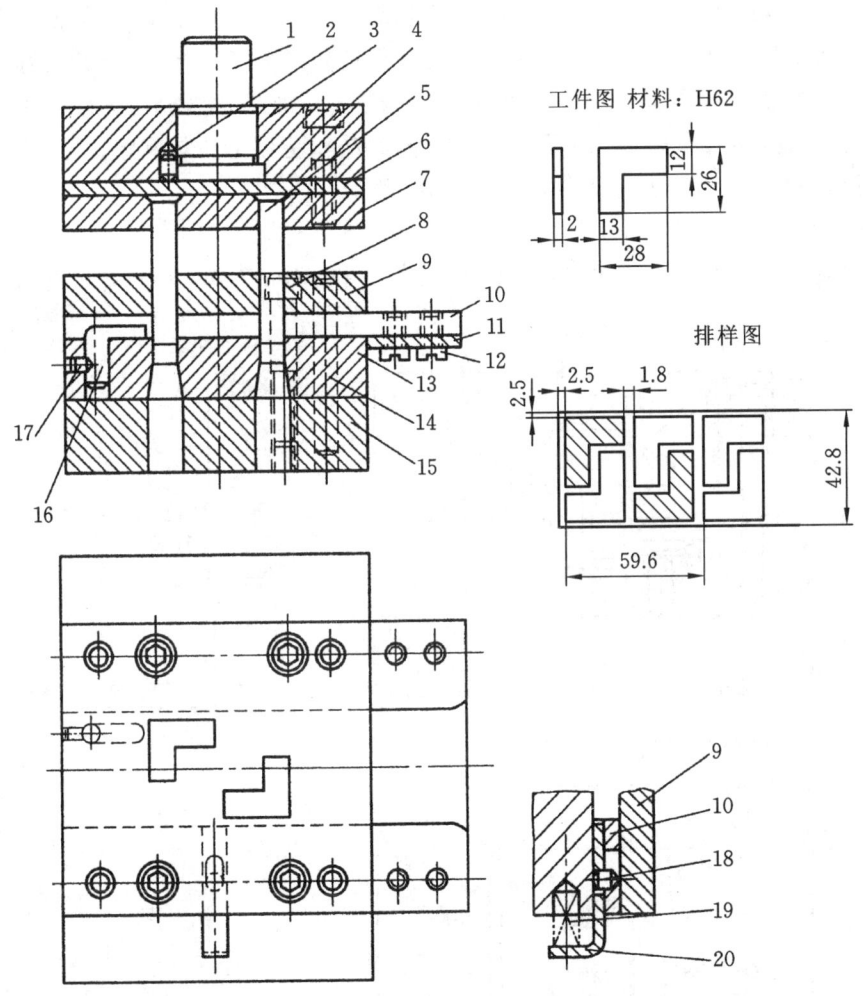

图 2-32　导板式落料模

1—模柄;2—止动销;3—上模座;4,8—内六角螺钉;5—凸模;
6—垫板;7—凸模固定板;9—导板;10—导料板;11—承料板;12—螺钉;13—凹模;
14—圆柱销;15—下模座;16—固定挡料销;17—止动销;18—限位销;19—弹簧;20—始用挡料销

导板式落料模的工作零件为凸模 5 和凹模 13;定位零件为导料板 10、固定挡料销 16 和始用挡料销 20;导向零件是导板 9(兼起固定卸料板作用);支承零件是凸模固定板 7、垫板 6、上模座 3、模柄 1 和下模座 15;此外还有紧固件(如螺钉、销钉等)。

根据排样的需要,该模具中固定挡料销所设置的位置对首次冲裁起不到定位作用,为此采用了始用挡料销 20。在首件冲裁之前,用手将始用挡料销压入以限定条料的位置,在后续各次冲裁中,放开始用挡料销,始用挡料销由弹簧弹出,不再起挡料作用,而靠固定挡料销 16 继续对料边或搭边进行挡料定位。

导板式落料模的冲裁过程如下:当条料沿导料板 10 送到始用挡料销 20 处时,凸模 5 由导板 9 导向而进入凹模 13,完成首次冲裁,冲出一个零件。条料继续送至固定挡料销 16 处时,进行第二次冲裁,此次冲裁同时落下两个零件。此后,条料继续送进,其送进距离就由固定挡料销 16 控制,而且每次都是同时落下两个零件,分离后的零件靠凸模 5 从凹模 13 洞口中依次推出。

导板式落料模的主要特点在于:凸模的运动依靠导板导向,易于保证凸模与凹模间隙的均匀性;同时,凸模回程时导板又可起卸料作用(为了保证导向精度和导板的使用寿命,工作过程中不允许凸模脱离导板,故需采用行程较小的压力机)。导板式落料模与无导向落料模相比,冲裁精度高,模具寿命长,安装容易,卸料可靠,操作安全,但制造比较麻烦。导板式落料模一般用于形状较简单、尺寸不大且料厚大于 0.3 mm 的小件冲裁。

(3) 导柱式落料模。

如图 2-33 所示为导柱式固定卸料落料模,在该冲裁模中,凸模 3 和凹模 9 是工作零件,钩

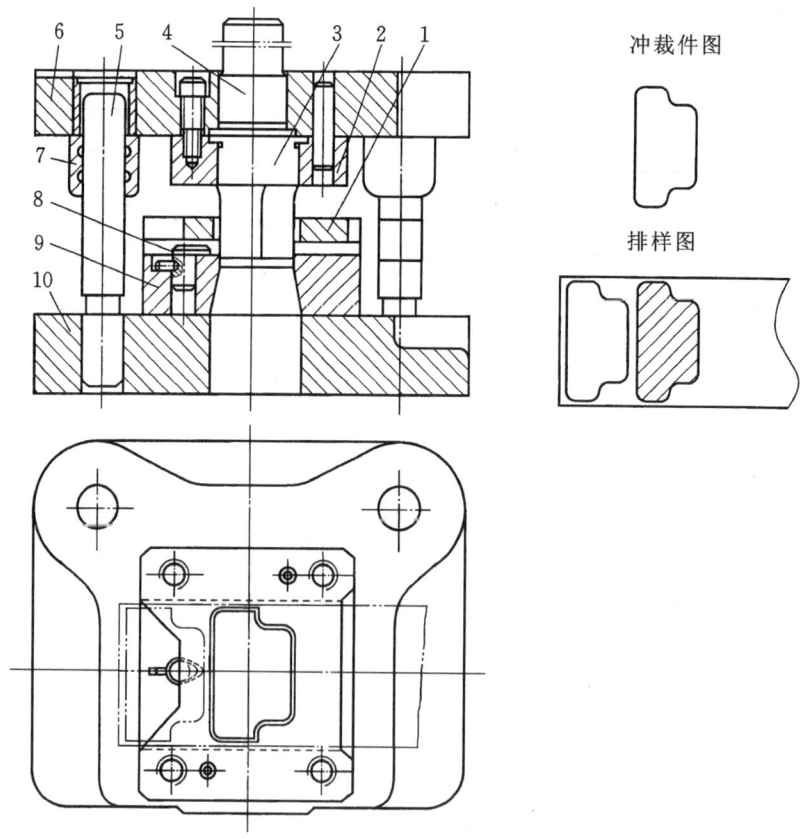

图 2-33 导柱式固定卸料落料模
1—固定卸料板;2—凸模固定板;3—凸模;4—模柄;5—导柱;6—上模座;
7—导套;8—钩形固定挡料销;9—凹模;10—下模座

形固定挡料销 8 与导料板(与固定卸料板 1 做成了一个整体)是定位零件,导柱 5、导套 7 为导向零件,固定卸料板 1 只起卸料作用。这种冲裁模的上模与下模正确位置通过导柱和导套的导向保证,且在进行冲裁之前,导柱已经进入导套,从而保证了在冲裁过程中凸模与凹模之间间隙的均匀性。该模具用固定挡料销和导料板对条料定位,冲裁件由凸模逐次从凹模孔中推下并经压力机工作台孔排入料箱。

导柱式落料模导向比导板模可靠,冲裁件精度高,模具寿命长,使用安装方便。但模具轮廓尺寸较大,质量大,制造成本高。这种冲裁模广泛用于冲裁生产批量大、精度要求高的冲裁件。

2) 单工序冲孔模

冲孔模是指沿封闭轮廓将废料从坯料或工序件上分离而得到带孔冲裁件的冲裁模。孔的大小不同以及孔的位置不同决定冲孔模的结构不同。冲孔模的加工对象是已进行了冲压加工的半成品,所以冲孔模必须解决半成品在模具中的定位以及取下等问题。

(1) 侧面冲孔模。

图 2-34 所示的零件在拉深后要在侧壁上开一个孔,冲孔模结构如图 2-35 所示,其采用了镶块结构,便于更换;凹模不采用传统的垫板固定,而是采用凹模支架固定,支架的一端伸出,便于装卸工件,由于是冲裁小孔,冲裁力较小,因此凹模座采用悬臂伸出方式不会出现问题。

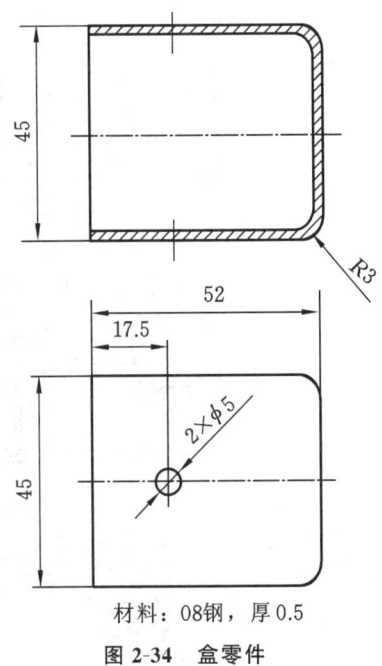

材料:08钢,厚 0.5

图 2-34　盒零件

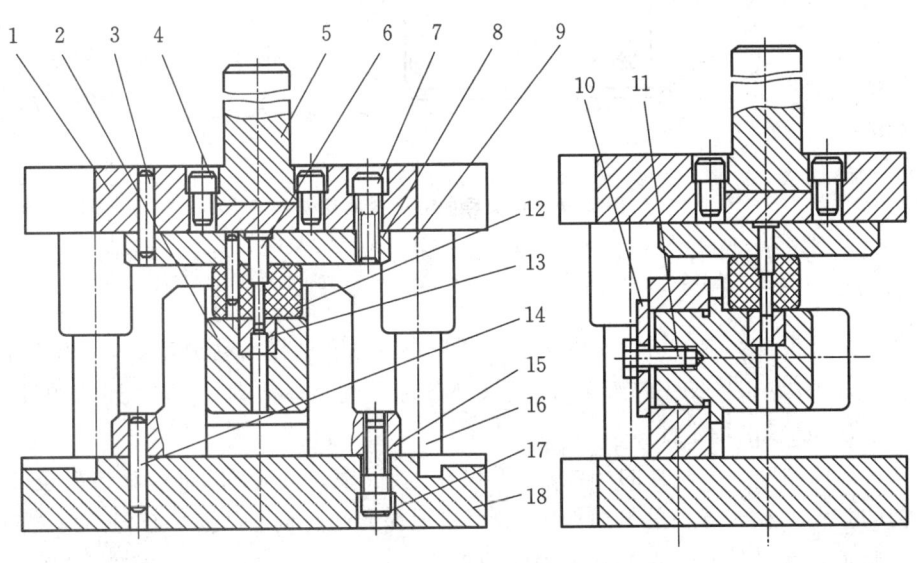

图 2-35　方盒冲侧孔模

1—上模板;2—凹模支架;3—圆柱销;4,7,11,17—螺钉;5—凸缘模柄;6—凸模;8—垫板;
9—导套;10—垫圈;12—橡胶;13—凹模;14—圆柱销;15—支座;16—导柱;18—下模座

（2）小孔冲孔模。

图 2-36 所示为全长导向的小孔冲孔模,该模具的结构特点如下。

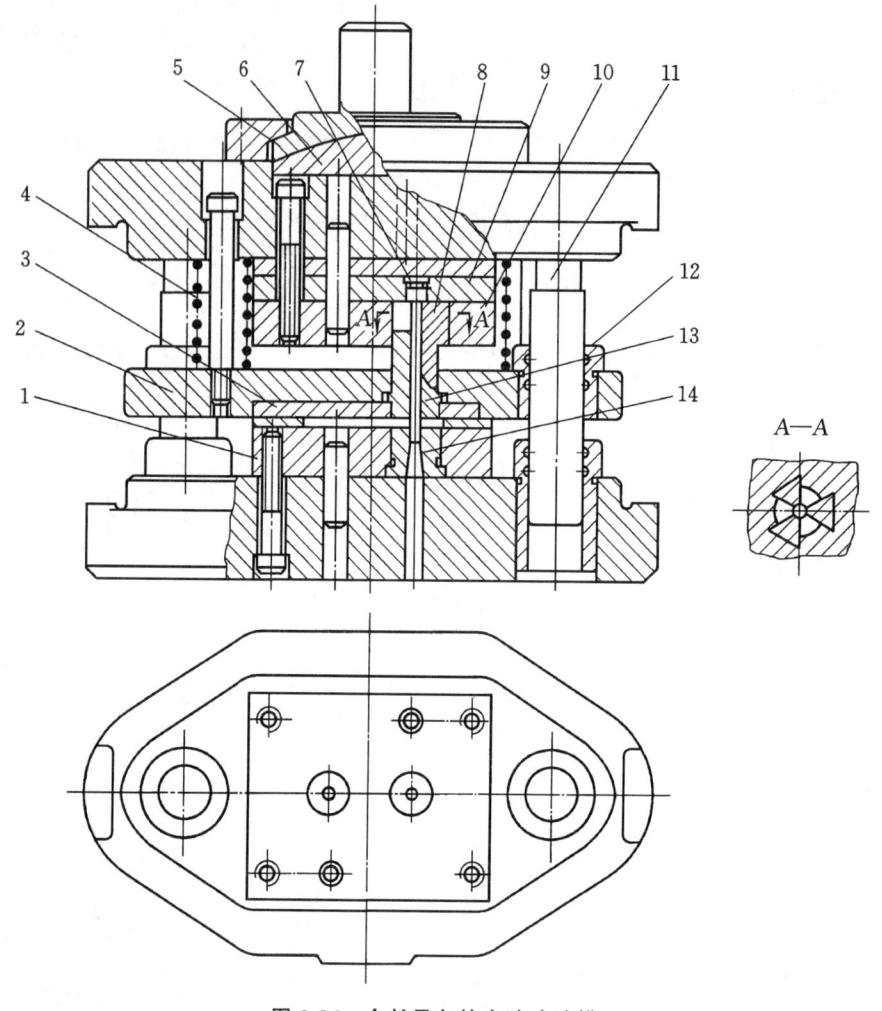

图 2-36　全长导向的小孔冲孔模

1—凹模固定板;2—弹压卸料板;3—托板;4—弹簧;5,6—浮动模柄;7—凸模;8—扇形块;
9—凸模固定板;10—扇形块固定板;11—导柱;12—导套;13—凸模活动护套;14—凹模

① 采用了凸模全长导向结构。由于设置了扇形块 8 和凸模活动护套 13,凸模 7 在工作行程中除进入被冲材料以内的工作部分外,其余部分都受到凸模活动护套 13 连续的导向作用,从而大大提高了凸模的稳定性。

② 模具导向精度高。模具的导柱 11 不仅在上、下模之间导向,而且对卸料板 2 进行导向。在冲压过程中,由于导柱的导向作用,能严格地保持卸料板上凸模护套与凸模之间的精密滑动配合,从而避免了卸料板在冲裁过程中的偏摆。此外,为了提高导向精度,消除压力机滑块导向误差的影响,该模具还采用了浮动模柄结构。

图 2-37 所示为通过缩短凸模长度的方法防止凸模在冲裁过程中因弯曲变形而断裂的模具结构。这种模具结构制造较为简单,且凸模的使用寿命较长。该模具采用冲击块 5 对凸模进行冲裁作业。小凸模由小压板 7 导向,而小压板则由两个小导柱 6 进行导向。当上模下降

时,大压板 8 与小压板 7 依次压紧工件,使小凸模 2、3、4 的上端露出小压板 7 的上平面;当上模继续下降并压缩弹簧时,冲击块 5 对凸模 2、3、4 进行冲击,实现对工件的冲孔。卸件工作由大压板 8 完成。对于厚料冲小孔模具,凹模洞口必须保持废料通道畅通,以防止废料堵塞而损坏凸模。冲裁件在凹模上由定位板 9 与定位板 1 定位,并由后侧压块 10 使冲裁件紧贴定位面。模具冲制的工件如图 2-37 所示,工件厚度 $t=4$ mm,最小孔径为 $0.5t$。

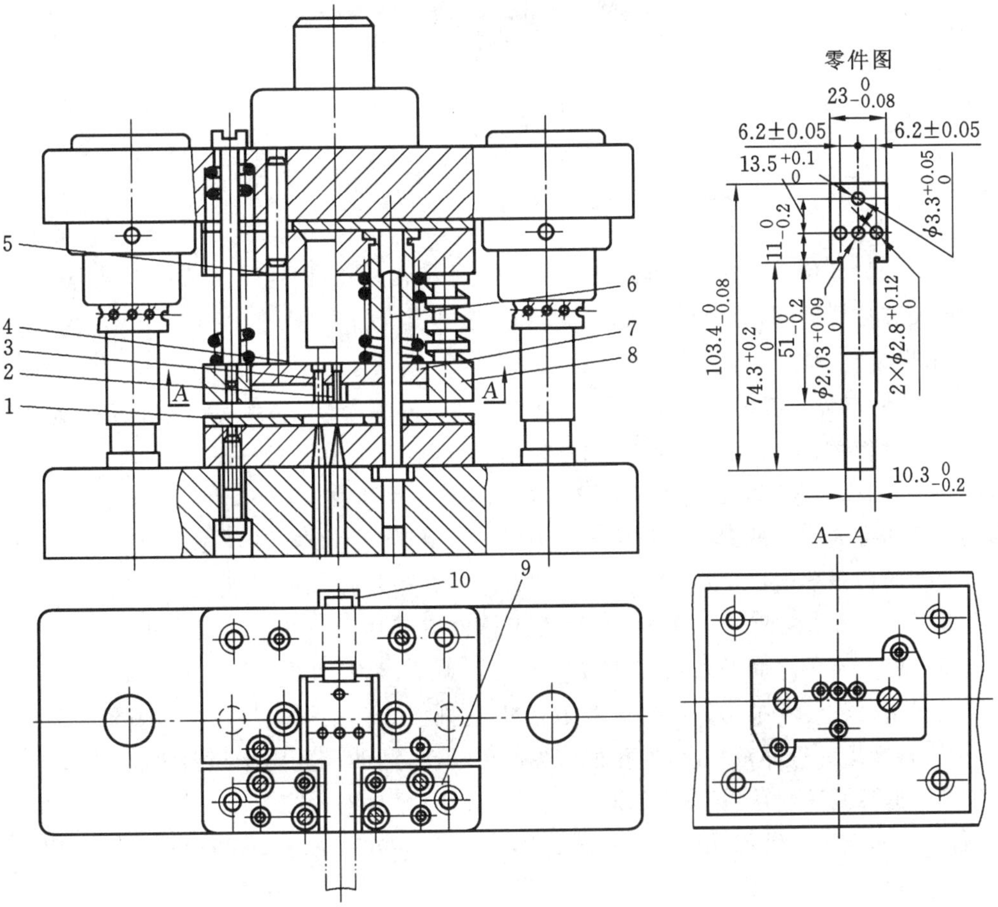

图 2-37　超短凸模的小孔冲孔模
1,9—定位板;2,3,4—小凸模;5—冲击块;6—小导柱;7—小压板;8—大压板;10—后侧压块

4. 复合模

复合模是指在压力机的一次行程内,在模具的同一个工位上同时完成两道或两道以上不同冲裁工序的冲模。其主要结构特征是有一个或多个具有双重作用的工作零件——凸凹模,如在落料冲孔复合模中,某一凸凹模既充当落料凸模,又充当冲孔凹模。

复合模结构

图 2-38 所示为落料冲孔复合模工作部分的结构原理图,凸凹模 5 兼起落料凸模和冲孔凹模的作用,它与落料凹模 3 配合完成落料工序,与冲孔凸模 2 配合完成冲孔工序。在压力机的一次行程内,在冲模的同一工位上,凸凹模既完成了落料又完成了冲孔的双重任务。冲裁结束后,冲件卡在落料凹模内腔由推件块 1 推出,箍在凸凹模上的条料由卸料板 4 卸

下,冲孔废料卡在凸凹模内由冲孔凸模逐次推出。

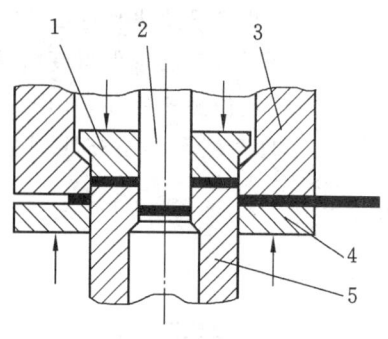

图 2-38　复合模结构原理

1—推件块;2—冲孔凸模;3—落料凹模;4—卸料板;5—凸凹模

复合模的设计难点是如何在同一工位上合理地布置好几对凸凹模。复合模根据凸凹模在模具中的安装位置不同,分为正装式复合模和倒装式复合模两种。

1)正装式复合模

图 2-39 为正装式落料冲孔复合模。其中,凸凹模 6 为上模,落料凹模 8 和冲孔凸模 11 为下模。冲裁过程中,板料以导料销 13 和挡料销 12 定位。上模下压,凸凹模 6 和凹模 8 进行落料,落料卡在凹模 8 中,同时,冲孔凸模 11 与凸凹模 6 内孔进行冲孔,冲孔废料卡在凸凹模 6 孔内。卡在凹模 8 中的冲裁件由顶件装置顶出。顶件装置由带肩顶杆 10 和顶件块 9 及装在下模座底部的弹顶器组成,当上模上行时,原来在冲裁时被压缩的弹性元件恢复,把卡在凹模 8 中的冲裁件顶出凹模面。该模具采用装在下模座底部的弹顶器推动顶杆和顶件块,弹性元件高度不受模具有关空间的限制,顶件力大小容易调节,可获得较大的顶件力。卡在凸凹模内的冲孔废料由推件装置推出。推件装置由打杆 1、推板 3 和推杆 4 组成。当上模上行至上止点时,把废料推出。每冲裁一次,冲孔废料被推出一次,凸凹模孔内不积存废料,因此胀力小,不易破裂。但冲孔废料落在下模工作面上,清除麻烦,尤其当孔较多时。边料由弹性卸料装置卸下,若采用固定挡料销和导料销不能满足其要求,需在卸料板上钻出让位孔,或采用活动导料销或挡料销。

2)倒装式复合模

如图 2-40 为倒装式复合模。其中,凸凹模 18 装在下模,落料凹模 7 和冲孔凸模 17 装在上模。

倒装式复合模通常采用刚性推件装置把卡在凹模中的冲裁件推出,刚性推件装置由打杆 15 和推件块 8 组成。冲孔废料由冲孔凸模直接从凸凹模内孔推出,无顶件装置,结构简单、操作方便;但如果采用直刃壁凹模洞口,凸凹模内有积存废料,胀力较大;当凸凹模壁较薄时,可能导致凸凹模破裂。板料的定位靠导料销 6 和挡料销 22 完成。

采用刚性推件的倒装式复合模冲裁时,板料不是处在被压紧的状态下,因而平面度不高。这种结构适用于冲裁较硬或厚度大于 0.3 mm 的板料。如果在上模内设置弹性元件,即采用弹性推件装置,就可以用于冲制材质较软的或板料厚度小于 0.3 mm,且平面度要求较高的冲裁件。

从正装式和倒装式复合模结构分析中可以看出,两者各有优缺点。正装式复合模较适用

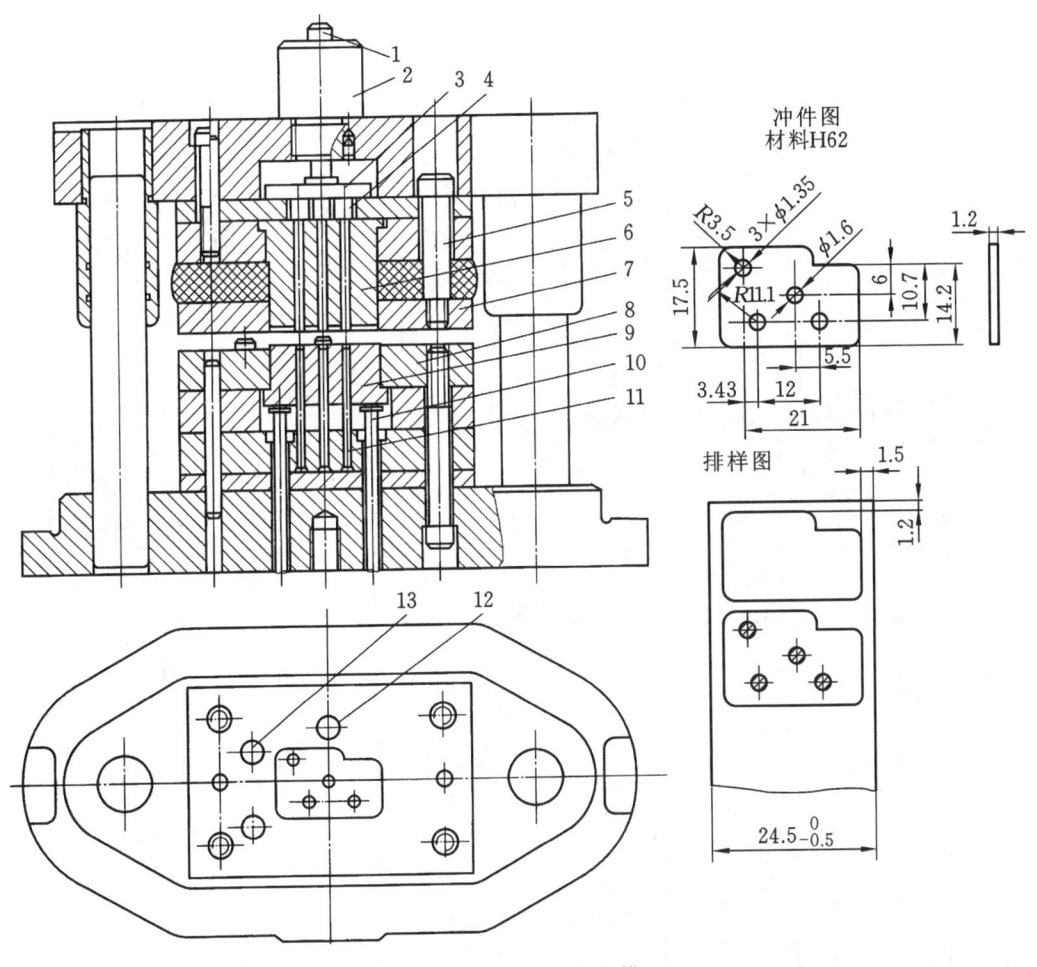

冲件图
材料H62

排样图

图 2-39　正装式复合模

1—打杆；2—模柄；3—推板；4—推杆；5—卸料螺钉；6—凸凹模；7—卸料板；8—落料凹模；
9—顶件块；10—带肩顶杆；11—冲孔凸模；12—挡料销；13—导料销

冲制材料较软或料厚较薄、平直度较高的冲裁件，同时也适合冲制孔边距较小的冲裁件。而倒装式复合模结构简单（省去了顶出装置），便于操作，并为机械化出件提供了条件，故应用非常广泛。

总之，复合模生产效率较高，冲裁件的内孔与外缘的相对位置精度高，板料的定位精度要求比级进模低，冲模的轮廓尺寸较小。但复合模结构复杂，制造精度要求高，成本高。复合模主要用于生产批量大、精度要求高的冲裁件。

5. 级进模

级进模是指在压力机一次行程内，依次在同一模具的不同工位上完成多道工序的冲裁模。在级进模中，不仅可以完成冲裁工序，还可以完成成形甚至装配工序，许多需要多工序冲裁的复杂冲裁件可以在一副模具上完全成形，为高速自动冲压提供了有利条件。

级进模结构

1）级进模结构

由于级进模工位数较多，因而用级进模冲制零件，必须解决条料或带料的准确定位问题，

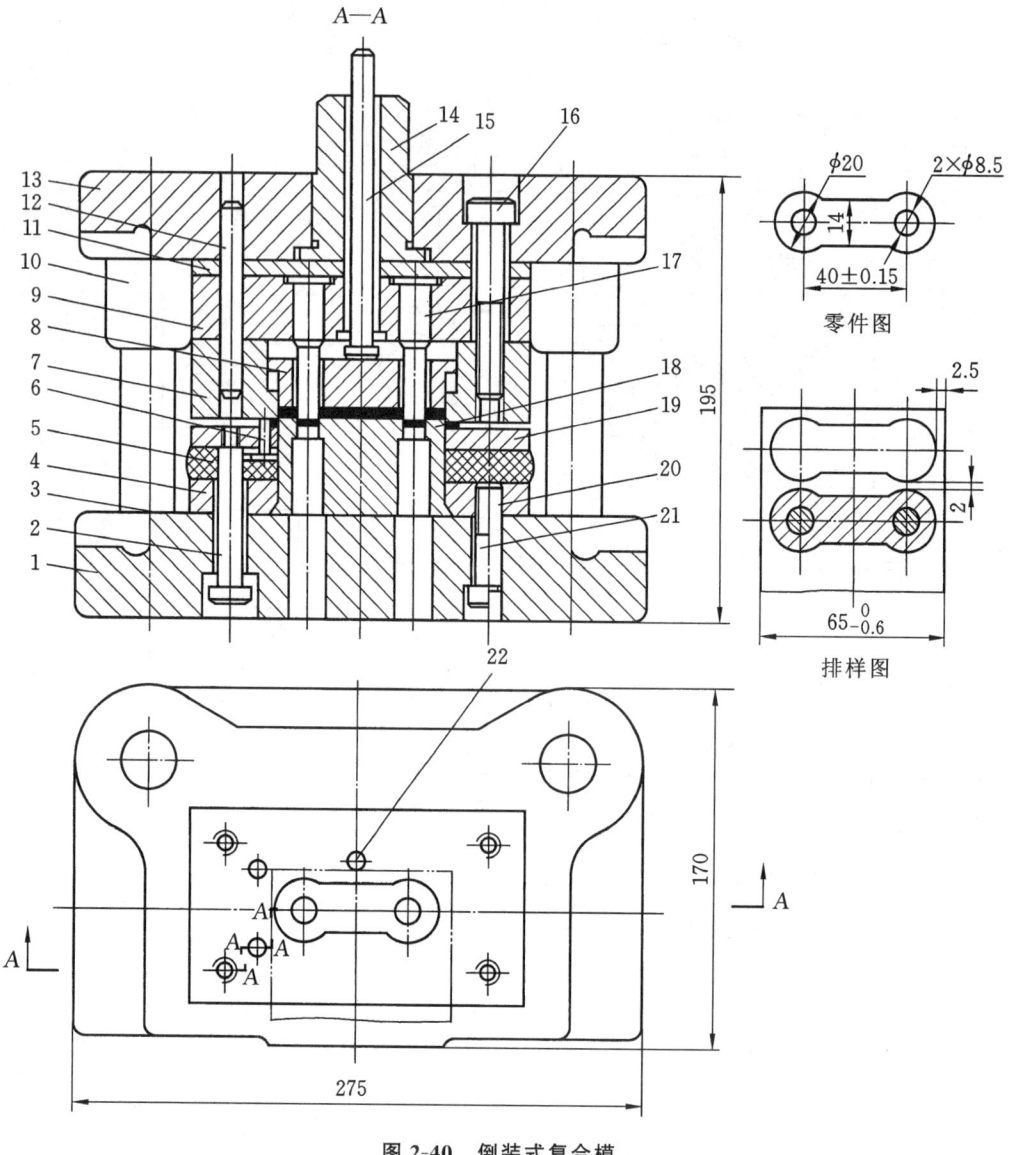

图 2-40　倒装式复合模

1—下横座；2—卸料螺钉；3—导柱；4—凸凹模固定板；5—橡胶；6—导料销；

7—落料凹模；8—推件块；9—凸模固定板；10—导套；11—垫板；12,20—销钉；13—上模座；

14—模柄；15—打杆；16,21　螺钉；17—冲孔凸模；18—凸凹模；19—卸料板；22—挡料销

才有可能保证冲裁件的质量。根据级进模定位零件的特征，级进模有以下几种典型结构。

（1）用导正销定距的级进模。

图 2-41 所示为采用导正销定距的冲孔落料级进模。上模和下模均通过导板进行导向。冲孔凸模 3 与落料凸模 4 之间的距离即为送料步距 s。送料时，由固定挡料销 6 负责初步定位，而装在落料凸模上的两个导正销 5 则进行精定位。导正销与落料凸模的配合尺寸为 H7/r6，其连接设计应便于凸模修磨时的装拆，因此，落料凹模中安装导正销的孔应为通孔。导正销头部的形状应设计成便于插入已冲孔，同时与孔的配合应留有适当间隙。

为了确保首件的正确定距，带有导正销的级进模中通常采用始用挡料装置。该装置安装

在导板下方的导料板中间位置。在条料上冲制首件时,通过手动推压始用挡料销 7,使其从导料板中伸出并抵住条料前端,从而在首件上冲出两个孔。之后各次冲裁时,送料步距由固定挡料销 6 控制,实现粗定位。这种定距方式多用于较厚板料且冲裁件上带有孔,其精度通常低于 IT12 级。该方法不适用于软质材料或板厚 $t<0.3$ mm 的冲裁件,也不适合孔径小于 1.5 mm 或落料凸模尺寸较小的冲裁件。

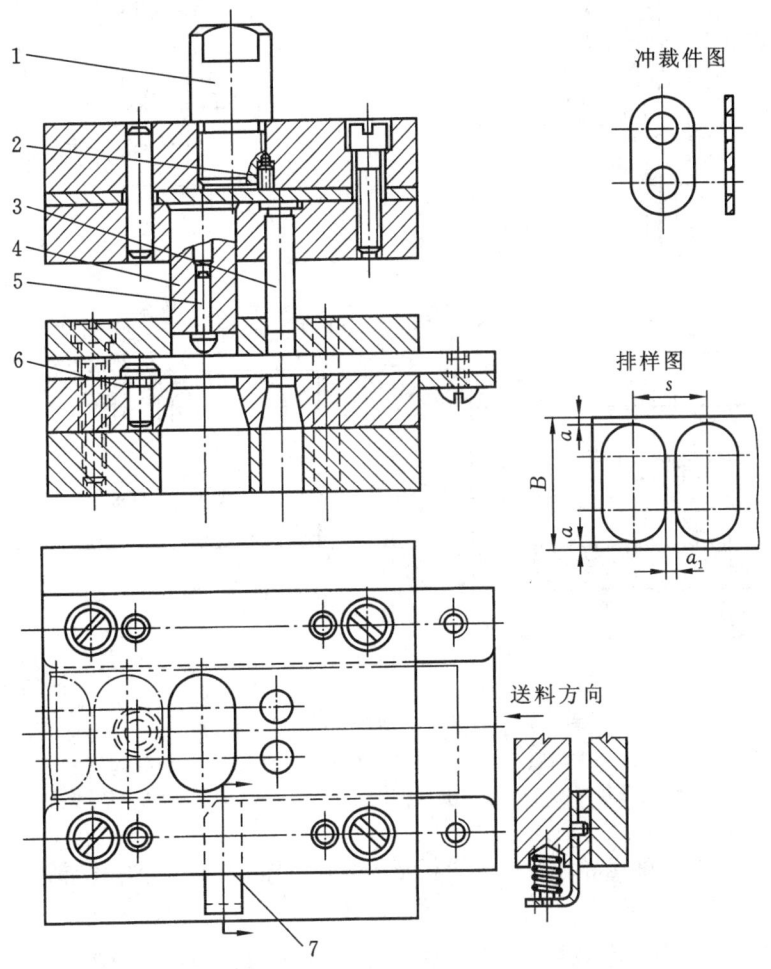

图 2-41　用导正销定距的冲孔落料级进模

1—模柄;2—螺钉;3—冲孔凸模;4—落料凸模;5—导正销;6—固定挡料销;7—始用挡料销

(2) 侧刃定距的级进模。

图 2-42 所示为双侧刃定距的冲孔落料级进模。它以侧刃 16 代替始用挡料销、挡料销和导正销来控制条料送料步距。侧刃作为一种特殊功用的凸模,其作用是在压力机每次冲压行程中,沿条料边缘切下一块长度等于送料步距的料边。由于在送料方向上,侧刃前后两导料板间距不同,前宽后窄形成一个凸肩,所以条料上只有切去料边的部分方能通过,通过的距离即等于送料步距。为了减少料尾损耗,尤其是在工位较多的级进模中,可采用两个侧刃前后对角排列。由于该模具冲裁的板料较薄(0.3 mm),所以选用弹压卸料方式。

图 2-43 为侧刃定距的弹压导板级进模。该模具除了具有上述侧刃定距级进模的特点外,还具有如下特点。

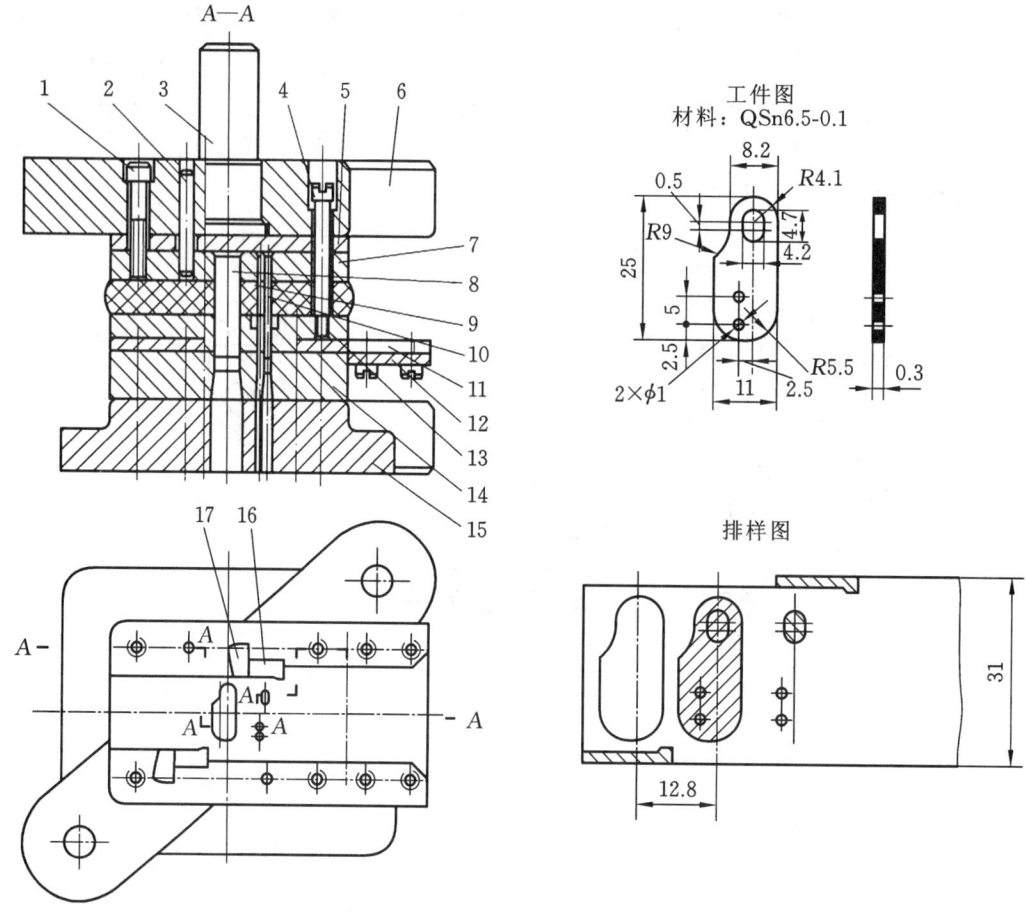

图 2-42 双侧刃定距的冲孔落料级进模

1—内六角螺钉;2—销钉;3—模柄;4—卸料螺钉;5—垫板;6—上模座;7—凸模固定板;8,9,10—凸模;
11—导料板;12—承料板;13—卸料板;14—凹模;15—下模座;16—侧刃;17—侧刃挡块

① 凸模通过安装在弹压导板 2 中的导板镶块 4 进行导向,弹压导板由导柱 1 和 10 导向,确保了凸模与凹模之间的正确配合,同时增强了凸模的纵向稳定性,避免小凸模出现纵向弯曲。

② 凸模与固定板采用间隙配合,使凸模的装配、调整及更换较为方便。

③ 弹压导板通过卸料螺钉与上模连接,加之凸模与固定板之间采用间隙配合,因此能有效消除压力机导向误差对模具的影响,有助于延长模具寿命。

④ 冲裁排样采用直对排列,一次冲裁可获得两个零件,两个落料工位间隔一定距离,从而增强了凹模的强度,便于后续加工和装配。该设计适用于尺寸较小、结构复杂且需要保护凸模的冲压零件。

从上述两种级进模的定位方法可以看出:如果板料厚度较小,采用导正销定位时,孔的边缘可能因导正销摩擦而被压弯,导致无法实现准确导正和定位;对于窄长形的冲裁件,由于进距较小,不宜安装始用挡料销和固定挡料销;当落料凸模尺寸较小时,在其上安装导正销可能会影响凸模的强度。因此,采用固定挡料销并在落料凸模上安装导正销的级进模,通常适用于板料厚度大于 0.3 mm、材料较硬,且进距与落料凸模尺寸较大的情况;否则宜采用侧刃定位。侧刃定位的级进模不存在上述问题,且操作方便、效率高、定位准确,但材料消耗较多,冲裁力增大,模具结构也相对复杂。

　　在实际生产中,对于精度要求较高、工位较多的级进冲裁,可采用侧刃与导正销联合定位的级进模。在这种组合定位方式中,侧刃起到粗定位作用,相当于始用挡料销和固定挡料销,而导正销则用于精定位。导正销安装于凸模固定板上,类似于凸模,同时在凹模的相应位置设置有让位孔,并在条料的适当位置预冲工艺孔,以便导正销导正条料。

　　总之,级进模相较于单工序模具有更高的生产率,能够减少模具和设备数量,同时提高工件精度,并便于操作与实现生产自动化。对于结构特别复杂或孔边距较小的冲裁件,在采用简单模或复合模进行冲裁存在困难时,可以采用级进模逐步冲出。但由于级进模的轮廓尺寸较大,制造工艺较复杂且成本较高,因此一般适用于大批量生产小型冲裁件。

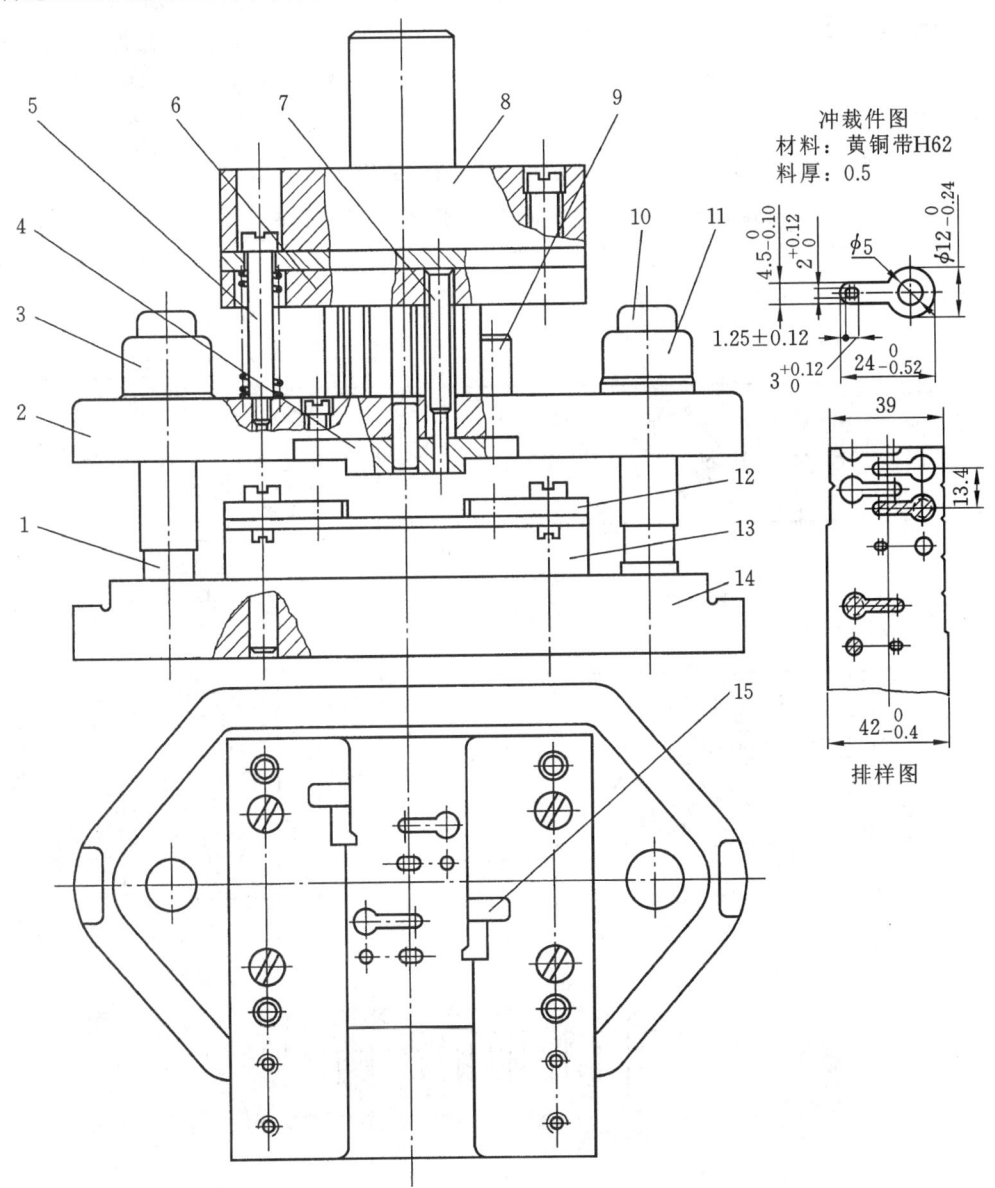

冲裁件图
材料:黄铜带H62
料厚:0.5

排样图

图 2-43　侧刃定距的弹压导板级进模

1,10—导柱;2—弹压导板;3,11—导套;4—导板镶块;5—卸料螺钉;6—凸模固定板;
7—冲孔凸模;8—模座;9—限位柱;12—导料板;13—凹模;14—模座;15—侧刃挡块

2) 排样

在采用级进模冲压时,排样设计十分重要,不仅要考虑材料的利用率,还应考虑零件的精度要求、冲压成形规律、模具结构及模具强度等问题。下面讨论这些因素对排样的要求。

① 零件的精度对排样的要求 对于精度要求高的零件,除了应采用精确的定位方法外,还应尽量减少工位数量,以减小工位累积误差;孔距公差要求较小的应尽量在同一工步中冲出。

② 模具结构对排样的要求 对于尺寸较大或虽小但工位较多的零件,应尽量减少工位数量;可采用连续-复合排样法,如图 2-44(a)所示,以减少模具轮廓尺寸。

③ 模具强度对排样的要求 对于孔间距小的冲件,其孔要分步冲裁,如图 2-44(b)所示;工位之间凹模壁厚小的,应增设空步,如图 2-44(c)所示;对于外形复杂的冲裁件应分步冲裁,以简化凸模和凹模的形状,增强其强度,便于加工和装配,如图 2-44(d)所示;侧刃的位置应尽量避免导致凸、凹模局部工作而损坏刃口,如图 2-44(b)所示;侧刃与落料凹模刀口距离增大 $0.2 \sim 0.4$ mm 就是为了避免落料凸、凹模切下条料端部的极窄部分。

④ 零件成形规律对排样的要求 对于需要弯曲、拉深、翻边等成形工序的零件,采用级进模冲压时,位于成形过程变形部位上的孔,一般应安排在成形工步之后冲出;而落料或切断工步一般安排在最后工位。

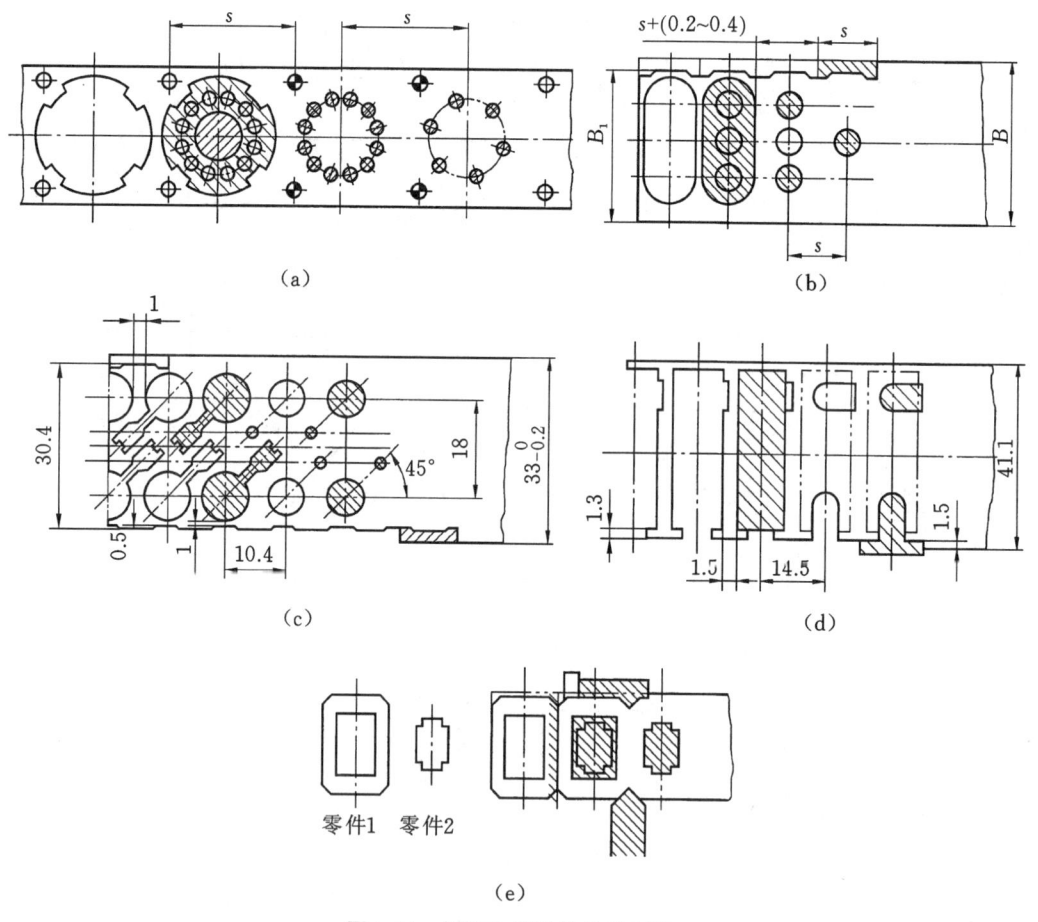

图 2-44 级进冲裁时的排样设计

对于全部为冲裁工步的级进模，一般是先冲孔后落料或切断。先冲出的孔可作为后续工位的定位孔；若该孔不适合用过定位或定位精度要求较高，则应冲出辅助定位工艺孔（导正销孔），如图 2-44(a) 所示。

套料级进冲裁时，如图 2-44(e) 所示，按由里向外的顺序进行冲裁。

6. 三类冲裁模的比较

上面介绍了单工序模、复合模、级进模三类冲裁模的典型结构，这三类模具的结构特点与适用场合各有不同，表 2-19 列出了它们之间的区别，供类型选择时参考。

表 2-19 三类冲裁模对比

比较项目	模具种类			
	单工序模		复合模	级进模
	无导向性	有导向性		
冲裁件精度	低	一般	可达 IT10～IT8 级	IT12～IT10 级
冲裁件平整度	差	一般	因压料较好，冲件平整	不平整，质量要求较高时需校平
冲裁件最大尺寸和材料厚度	尺寸和厚度不受限制	中小型尺寸、厚度较大	尺寸在 300 mm 以下，厚度在 0.05～3 mm 之间	尺寸在 250 mm 以下，厚度在 0.1～6 mm 之间
生产率	低	较低	冲件或废料落到或被顶到模具工作面上，必须用手工或机械清理，生产率稍低	工序间可自动送料，冲件和废料一般从下模推出，生产效率高
使用高速压力机的可能性	不能使用	可以使用	可以使用，但操作时出件较困难，速度不宜太高	可以使用
多排冲压法的应用	不采用	很少采用	很少采用	冲件尺寸小时应用较多
模具制造的工作量和成本	低	比无导向的稍高	冲裁复杂形状件时比级进模低	冲裁简单形状件时比复合模低
适应冲裁件批量	小批量	中小批量	大批量	大批量
安全性	不安全，需采取安全措施	不安全，需采取安全措施	比较安全

◆ **案例分析**

对于图 2-1 所示手柄冲裁件，由冲压工艺分析可知，采用级进冲压，所以模具类型为级进模。

2.3.2 冲裁模工作零件的设计

冲裁模零件及模架已有国家标准或部颁标准，设计模具时应尽量采用标准零件及其组合。

冲裁凸模设计与选用

1. 凸模

1）凸模结构形式与固定方法

国家标准的圆形凸模形式如图 2-45 所示。图 2-45(a) 形式的凸模刚性较好，可用于直径

$d \geqslant 1.1$ mm 的凸模;凸模尺寸较大时,一般采用如图 2-45(b)所示的形式;图 2-45(c)形式的凸模利于换模。

根据国家标准规定,凸模材料用 T10A、Cr6WV、9Mn2V、Cr12、Cr12MoV。刃口部分热处理硬度前两种材料的凸模为 58~60 HRC,后三种材料的凸模为 58~62 HRC,尾部回火至 40~50 HRC。

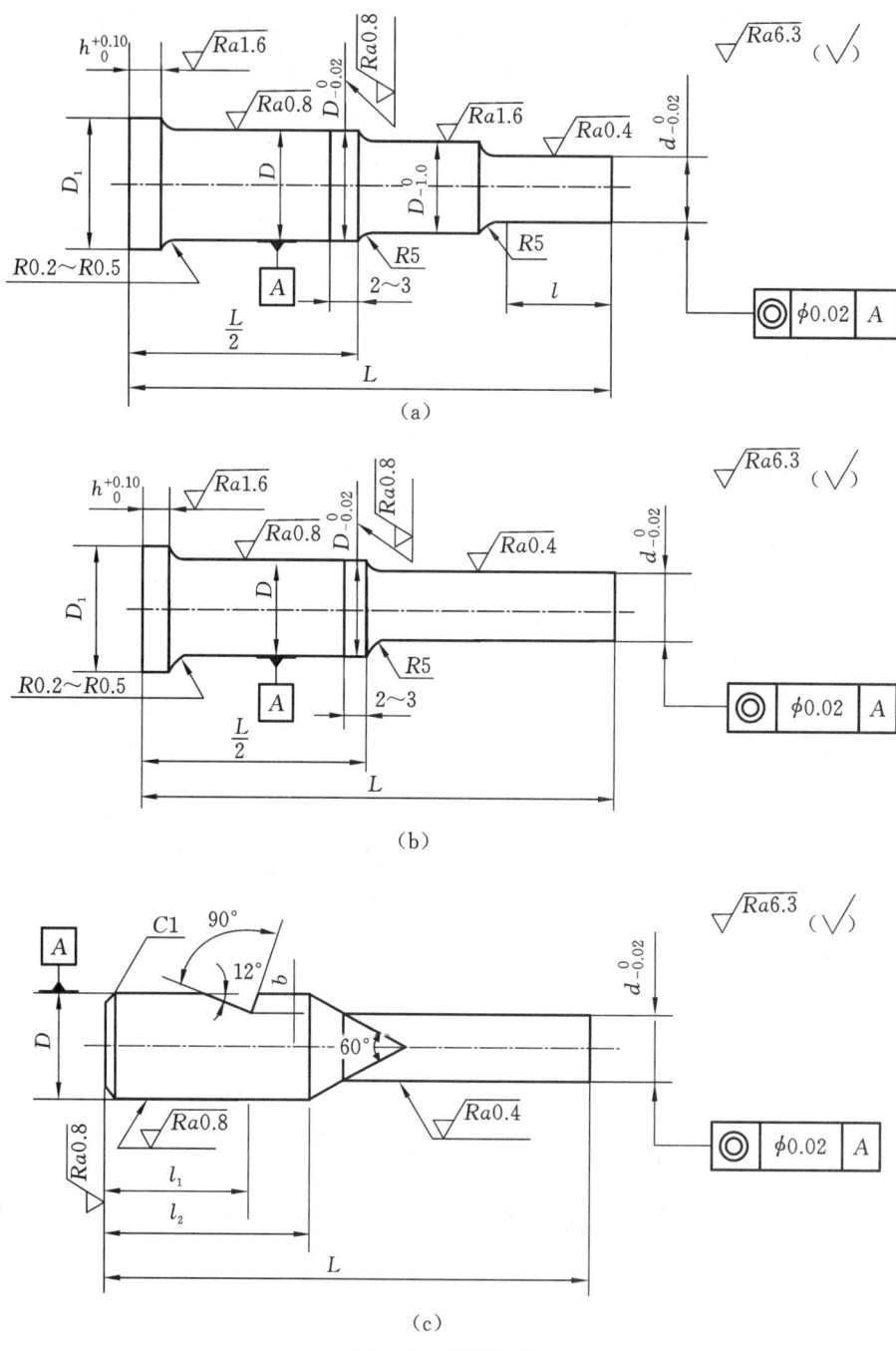

图 2-45　圆形凸模

对于采用线切割和成形磨削加工的非圆形凸模,则制成没有台阶的等断面的形式。如图 2-46 所示。常用材料包括 Cr6WV、Cr12、Cr12MoV、CrWMn 等。

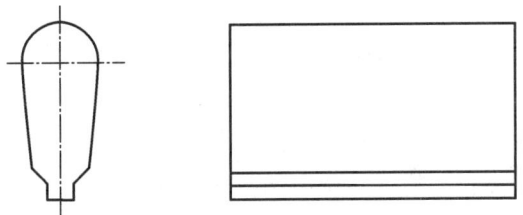

图 2-46　等断面凸模

凸模的固定方法见图 2-47。图 2-47(a)为台阶式凸模,将凸模压入固定板内,采用 H7/m6 配合;图 2-47(b)为直通式凸模,用 N7/h6、P7/h6 铆接固定。对于小型凸模采用黏结固定,如图 2-47(c)为低熔点合金浇注法固定;图 2-47(d)为用环氧树脂浇注法固定凸模。对于大型冲模中冲小孔的易损凸模采用快换凸模的固定方法,以便修理与更换(见图 2-47(e)、图 2-47(f))。

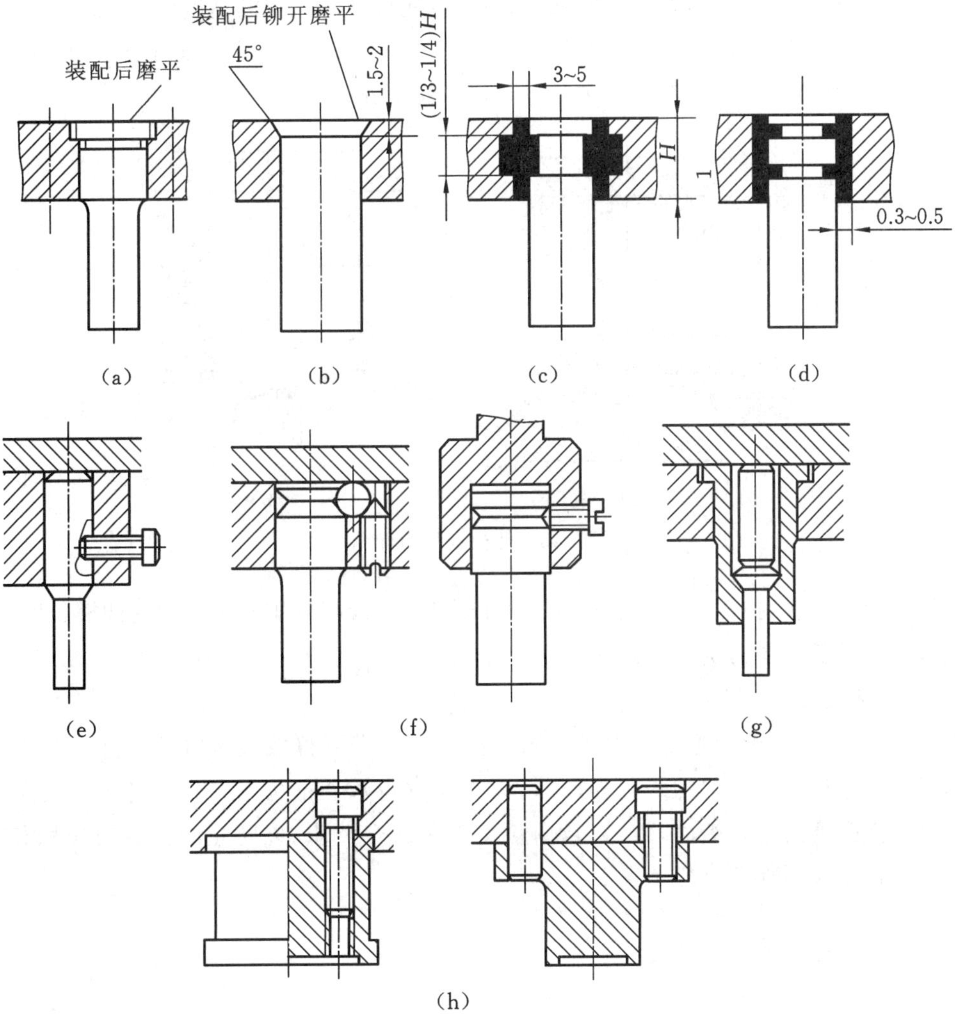

（a）　　　　　（b）　　　　　（c）　　　　　（d）

（e）　　　　　（f）　　　　　（g）

（h）

图 2-47　凸模及其固定方法

冲小孔凸模,为防止凸模折断,采用带护套的凸模(见图 2-47(g))。对于大尺寸凸模,可直接用螺钉、销钉固定到模座上,而不用固定板(见图 2-47(h))。

2) 凸模长度计算

凸模的长度应根据模具的具体结构确定,同时要考虑凸模的修磨量及固定板与卸料板之间的安全距离等因素。

当采用固定卸料时(见图 2-48(a)),凸模长度为

$$L = h_1 + h_2 + h_3 + h \tag{2-34}$$

当采用弹性卸料时(见图 2-48(b)),凸模长度为

$$L = h_1 + h_2 + h_a \tag{2-35}$$

式中:L——凸模长度(mm);

h_1——凸模固定板厚度(mm);

h_2——卸料板厚度(mm);

h_3——导料板厚度(mm);

h_a——卸料弹性元件的安装高度,即卸料弹性元件被预压后的高度(mm);

h——附加长度(mm),它包括凸模的修磨量、凸模进入凹模的深度、凸模固定板与卸料板之间的安全距离等,一般取 $h = 15 \sim 20$ mm。

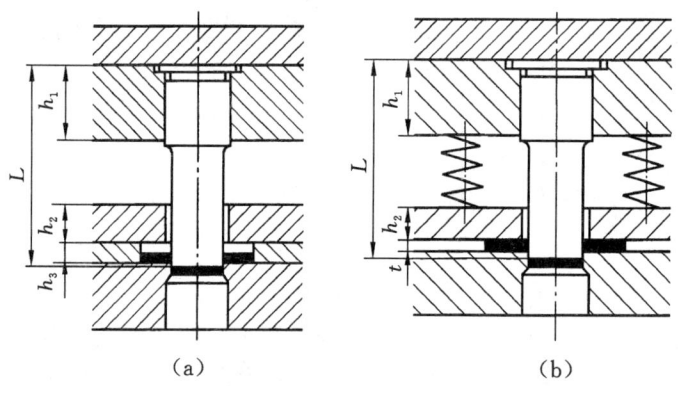

图 2-48 凸模长度的计算

若选用标准凸模,按照上述方法算得凸模长度后,还应根据国家标准中的凸模长度系列选取最接近的标准长度作为实际凸模的长度。

3) 凸模强度校核

在一般情况下,凸模的强度和刚度是足够的,无须进行强度校核。但对特别细长的凸模或凸模的截面尺寸很小而冲裁的板料较厚时,则必须进行承压能力和抗纵向弯曲能力的校核。其目的是检查凸模的危险断面尺寸和自由长度是否符合要求,以防止凸模纵向失稳和折断。冲裁凸模的强度校核计算公式见表 2-20。

表 2-20　冲裁凸模强度校核计算公式

校核内容		计算公式		式中符号意义
弯曲应力	简图	无导向 	有导向	L——凸模允许的最大自由长度（mm） d——凸模最小直径（mm） A——凸模最小断面积（mm²） J——凸模最小断面的惯性矩（mm⁴） F——冲裁力（N） t——冲压材料厚度（mm） τ_b——冲压材料抗剪强度（MPa） $[\sigma_压]$——凸模材料的许用压应力（MPa），碳素工具钢淬火后的许用压应力一般为淬火前的 1.5～3 倍
	圆形	$L \leqslant 90\dfrac{d^2}{\sqrt{F}}$	$L \leqslant 270\dfrac{d^2}{\sqrt{F}}$	
	非圆形	$L \leqslant 416\sqrt{\dfrac{J}{F}}$	$L \leqslant 1180\sqrt{\dfrac{J}{F}}$	
压应力	圆形	$d \geqslant \dfrac{5.2t\tau_b}{[\sigma_压]}$		
	非圆形	$A \geqslant \dfrac{F}{[\sigma_压]}$		

2. 凹模

凹模类型很多，其外形分为圆形和板形；结构上可分为整体式和镶拼式；刃口则分为平刃和斜刃。

1）凹模结构及其固定方法

图 2-49（a）、（b）为两种标准的圆形凹模及其固定方法。这两种圆形凹模尺寸都不大，直接装在凹模固定板上，主要用于冲孔。

冲裁凹模设计与选用

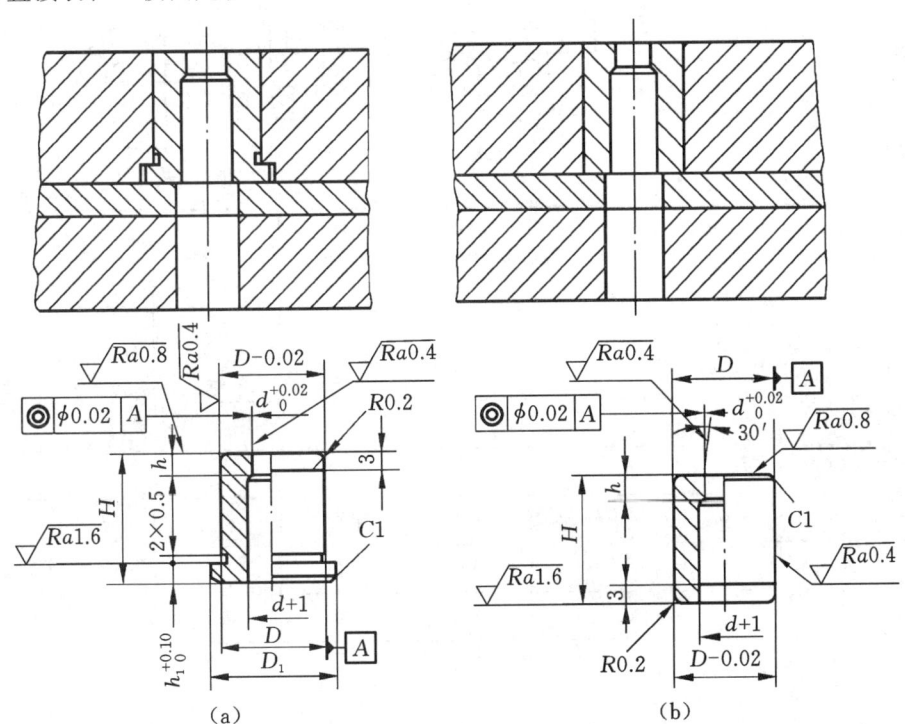

（a）　　　　　　　（b）

图 2-49　凹模结构及其固定

89

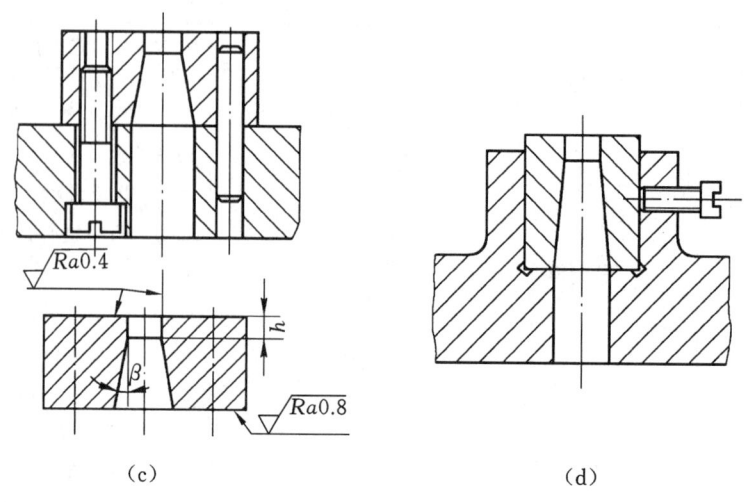

（c）　　　　　　　　　　　　　　（d）

续图 2-49

如图 2-49（c）所示是采用螺钉和销钉直接固定在支承件上的凹模，这种凹模已经有标准，它与标准固定板、垫板和模座等配合使用。图 2-49（d）为快换式冲孔凹模固定方法。

在采用螺钉和销钉对凹模定位固定时，必须保证螺钉（或沉孔）间、螺孔与销孔间以及螺孔、销孔与凹模刃壁间的距离不能太近，否则会影响模具寿命。孔距的最小值可参考表 2-21。

表 2-21　螺孔、销孔与凹模刃壁之间最小距离 （mm）

简图		销 螺孔 刃口 B C 销孔 C C A C D D						
螺孔		M6	M8	M10	M12	M16	M20	M24
A	淬火	10	12	14	16	20	25	30
A	不淬火	8	10	11	13	16	20	25
B	淬火	12	14	17	19	24	28	35
C	淬火	5						
C	不淬火	3						
销孔		$\phi 4$	$\phi 6$	$\phi 8$	$\phi 10$	$\phi 12$	$\phi 16$	$\phi 20$
D	淬火	7	9	11	12	15	16	20
D	不淬火	4	6	7	8	10	13	16

2）凹模刃口的结构形式

冲裁凹模刃口形式分为直筒形和锥形两种，选用时主要根据冲件的形状、厚度、尺寸精度及模具的具体结构来决定。表 2-22 列出了冲裁凹模刃口的形式、主要参数、特点及应用,可供设计选用时参考。

表 2-22 冲裁凹模刃口的形式

刃口形式	序号	简图	特点及适用范围
直筒形刃口	1		(1)刃口为直筒式,强度高,修磨后刃口尺寸不变 (2)用于冲裁大型或精度要求较高的零件,模具装有反向顶出装置,不适用于下出件的模具
	2		(1)刃口强度较高,修磨后刃口尺寸不变 (2)凹模内易积存废料或冲裁件,尤其在冲裁间隙较小时,刃口直壁部分磨损较快 (3)用于冲裁形状复杂或精度要求较高的零件
	3		(1)其特点同序号 2,但在刃口直壁下部没有扩大的部分,便于凹模加工,但采用下漏料方式时,其刃口强度不如序号 2 的刃口强度高 (2)用于冲裁形状复杂、精度要求较高的中小型件,也可用于装有反向顶出装置的模具
	4		(1)凹模硬度较低(有时可不淬火),一般约为 40HRC,可用手锤敲击刃口外侧斜面以调整冲裁间隙 (2)用于冲裁薄而软的金属或非金属零件
锥形刃口	5		(1)刃口强度较差,修磨后刃口尺寸略有增大 (2)凹模内不易积存废料或冲裁件,故其内壁磨损较慢 (3)用于冲裁形状简单、精度要求不高的零件
	6		(1)特点同序号 5 (2)可用于冲裁形状简单、精度要求不高的零件

主要参数	材料厚度 t/mm	α/(′)	β/(°)	h/mm	备注
	<0.5	15	2	≥4	
	0.5~1			≥5	α 值适用于钳工加工。采用线切割加工时,可取 α=5′~20′
	1~2.5			≥6	
	2.5~6	30	3	≥8	
	>6			≥10	

3）凹模的外形尺寸的确定

凹模外形尺寸包括其长度、宽度及高度。从凹模刃口至凹模外边缘的最短距离称为凹模的壁厚 c。对于简单对称形状刃口的凹模，由于压力中心即为刃口对称中心，所以凹模的平面尺寸即可沿刃口型孔向四周扩大一个凹模壁厚来确定，如图 2-50(a)所示，即

$$L=l+2c \qquad B=b+2c \qquad (2\text{-}36)$$

式中：l——沿凹模长度方向刃口型孔的最大距离（mm）；

b——沿凹模宽度方向刃口型孔的最大距离（mm）；

c——凹模壁厚（mm）。

对于多型孔凹模，如图 2-50(b)所示，设凹模沿矩形 $l \times b$ 的宽度方向相对于压力中心 O 对称，而沿长度方向不对称，则为了使压力中心与凹模中心重合，凹模平面尺寸应按下式计算：

$$L=l'+2c \qquad B=b+2c \qquad (2\text{-}37)$$

式中：l'——沿凹模长度方向压力中心至最远刃口间距的 2 倍（mm）。

凹模的高度主要依据螺钉旋入深度和凹模刚度的要求确定，一般不应小于 15 mm。

凹模高度 $\qquad\qquad H=Kb (\geqslant 15 \text{ mm}) \qquad (2\text{-}38)$

凹模壁厚 $\qquad\qquad c=(1.5\sim2)H (\geqslant 30 \text{ mm}) \qquad (2\text{-}39)$

式中：K——系数，考虑板料厚度的影响，取值可查表 2-23。

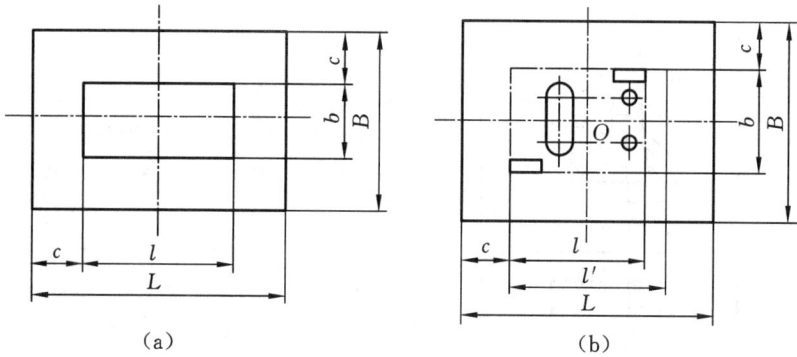

图 2-50　凹模轮廓尺寸的计算

表 2-23　系数 K 值

b/mm	料厚 t/mm				
	0.5	1	2	3	>3
<50	0.30	0.35	0.42	0.50	0.60
50~100	0.20	0.22	0.28	0.35	0.42
100~200	0.15	0.18	0.20	0.24	0.30
≥200	0.10	0.12	0.15	0.18	0.22

3. 凸凹模

在复合模中，至少包含一个凸凹模。凸凹模的内外缘均为刃口，内外缘之间的壁厚取决于冲裁件的尺寸。从强度要求来看，壁厚最小值受冲模结构影响。对于正装复合模，由于凸凹模装在上模中，内孔不会积存废料且胀力小，最小壁厚可

冲裁凸凹模
设计与选用

小些;对于倒装复合模,因内孔会积存废料,其最小壁厚要大些。

凸凹模的最小壁厚值通常依据经验数据确定。倒装复合模的凸凹模最小壁厚:对于黑色金属和硬材料来说约为工件料厚的 1.5 倍,但不小于 0.7 mm;对于有色金属及软材料约等于工件料厚,但不小于 0.5 mm。倒装复合模凸凹模的最小壁厚可参考表 2-24。

表 2-24　倒装式复合模的凸凹模最小壁厚

简图											
材料厚度	0.4	0.6	0.8	1.0	1.2	1.4	1.6	1.8	2.0	2.2	2.5
最小壁厚 a	1.4	1.8	2.3	2.7	3.2	3.6	4.0	4.4	4.9	5.2	5.8
材料厚度	2.8	3.0	3.2	3.5	3.8	4.0	4.2	4.4	4.6	4.8	5.0
最小壁厚 a	6.4	6.7	7.1	7.6	8.1	8.5	8.8	9.1	9.4	9.7	10

◆ 案例分析

对图 2-1 所示手柄冲裁件模具进行工作零件设计分析。

1. 落料凸模

模具采用弹性卸料装置,结合工件外形及加工要求,将落料凸模设计为直通式。该凸模采用线切割机床加工,通过 2 个 M8 螺钉固定在垫板上,与凸模固定板的配合按 H6/m5 进行设计。其总长 L 计算如下。

凸模固定板厚度:$h_1 = (0.6 \sim 0.8) \times 30$ mm $= 18 \sim 24$ mm,取 24 mm。

卸料板厚度:$h_2 = (0.6 \sim 0.8) \times 30$ mm $= 18 \sim 24$ mm,取 20 mm。

凸模长度:$L = h_1 + h_2 + h_a = (24 + 20 + 20)$ mm $= 64$ mm,取 64 mm。

式中:L——凸模长度,mm;

$\quad h_1$——凸模固定板厚度,mm;

$\quad h_2$——卸料板厚度,mm;

$\quad h_a$——增加的长度,它包括凸模的修模量、凸模进入凹模的深度(0.5～1 mm)、凸模固定板与卸料板之间的安全距离等,一般取 10～20 mm。

具体结构可参见图 2-51 所示。

2. 冲孔凸模

因为所冲的孔均为圆形,且都不属于需要特别保护的小凸模,所以冲孔凸模采用台阶式设计,既便于加工,又便于装配与更换。其中冲 5 个 $\phi 5$ mm 的圆形凸模可选用标准件 BⅡ形式(尺寸为 5.15 mm×64 mm)。冲 $\phi 8$ mm 孔的凸模结构如图 2-51 所示。

3. 凹模

凹模采用整体式设计,各冲裁孔均采用线切割机床加工。在安排凹模在模架上的位置时,要依据计算的压力中心数据,使压力中心与模柄中心重合。其轮廓尺寸可按以下公式计算:

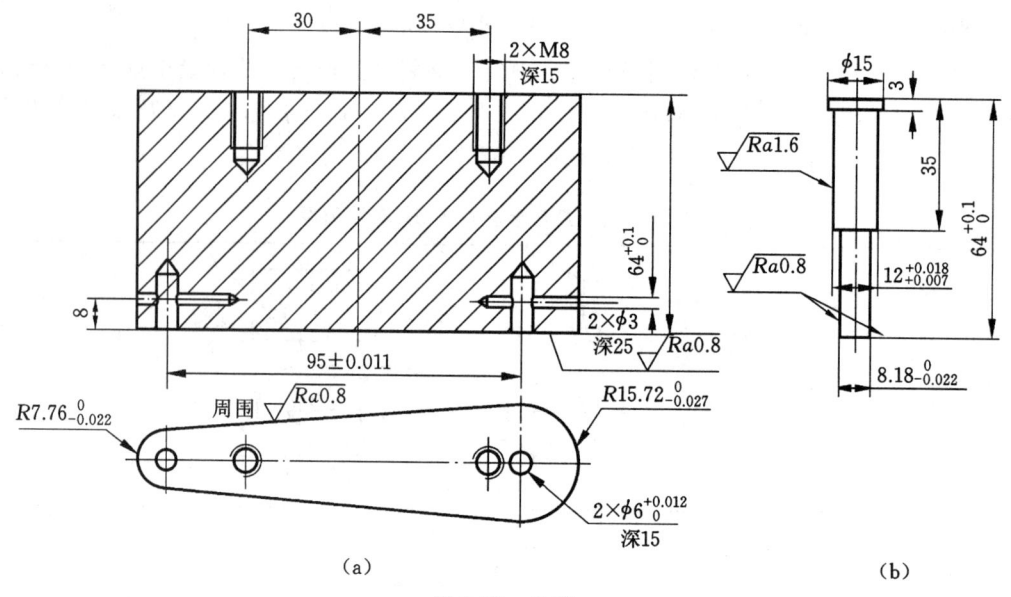

图 2-51　凸模

(a)落料凸模;(b)冲孔凸

凹模高度:$H = Kb = 0.2 \times 127$ mm $= 25.4$ mm,(K 查表 2-23 取 0.2),取 30 mm。

凹模壁厚:$c = (1.5 \sim 2)H = 45 \sim 60$ mm,取 45 mm。

凹模平面尺寸采用公式:

$$L = l' + 2c \qquad B = b + 2c$$

凹模长度:$L = l' + 2c = \left(\dfrac{53}{2} + 16\right) \times 2$ mm $+ 2 \times 45$ mm $= 177$ mm,取 195 mm(沿送进方)。

凹模宽度:$B = b + 2c = (95 + 32 + 2 \times 45)$ mm $= 217$ mm,取 217 mm。

凹模轮廓尺寸为 195 mm $\times$ 217 mm $\times$ 30 mm。结构如图 2-52 所示。

2.3.3　冲裁模标准件的选用

1. 定位零件的设计与标准

冲模定位零件用于确保条料的正确送进及在模具中的正确位置。条料在模具送料平面内必须有两个方向的限位,一是在与条料方向垂直的方向上的限位,保证条料沿正确的方向送进,称为送进导向;二是在送料方向上的限位,控制条料一次送进的距离(步距)称为送料定距。

定位零件设计与选用

对于块料或工序件的定位,同样需要在两个方向上进行限位,不过其定位零件的结构形式与条料有所不同而已。

用于送进导向的定位零件包括导料销、导料板、侧压板等;用于送料定距的定位零件包括用挡料销、导正销、侧刃等;用于块料或工序件的定位零件包括定位销、定位板等。

选择定位方式和定位零件时,应综合考虑坯料形式、模具结构、冲件精度和生产率的要求等。

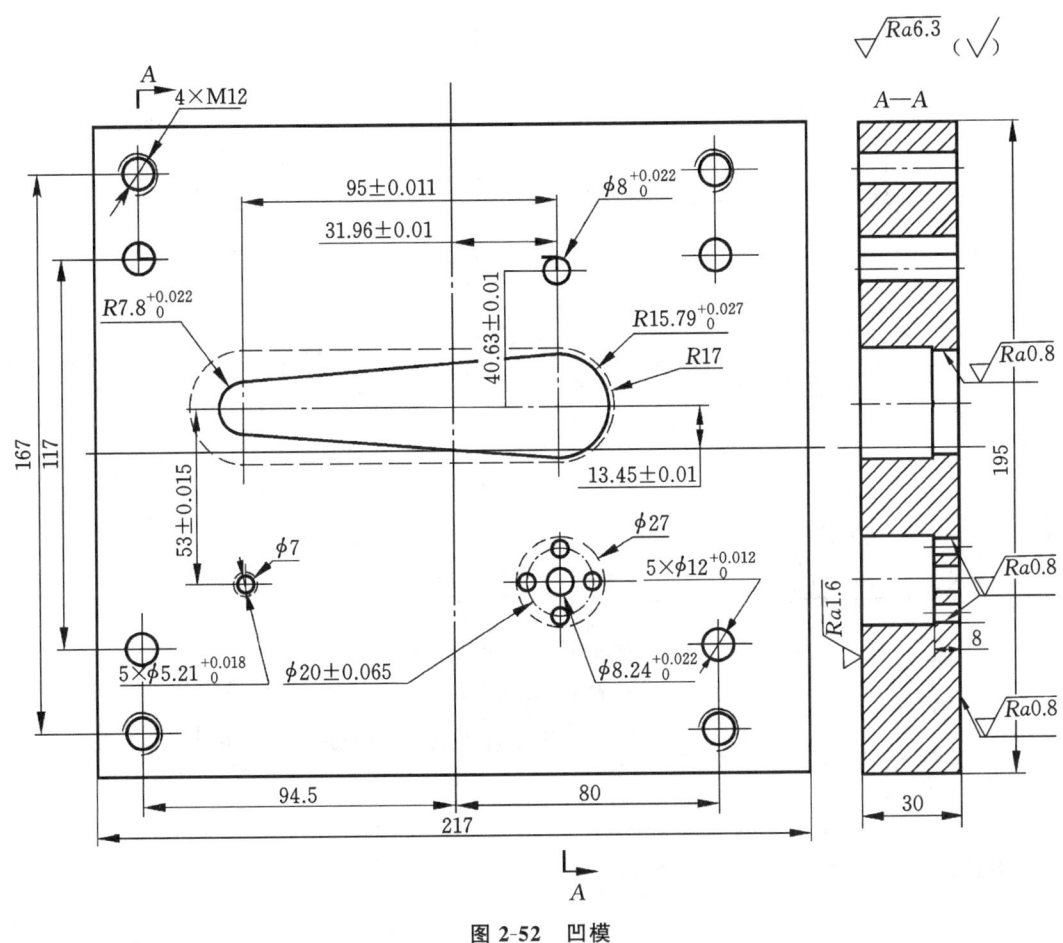

图 2-52　凹模

1）导料销、导料板

导料销或导料板用于对条料或带料的侧向进行导向，防止在送料过程中出现偏移。导料销一般设两个，并均安装在条料的同侧；例如，从右向左送料时，导料销装在后侧；从前向后送料时，导料销装在左侧 。导料销可设置在凹模面上（一般为固定式的），见图 2-39；也可以设在弹压卸料板上（一般为活动式的），见图 2-40；还可以设在固定板或下模座平面上（导料螺钉）。固定式和活动式的导料销可选用标准结构。导料销导向定位多用于单工序模和复合模中。

图 2-53 是导料板结构。在具有导板（或卸料板）的单工序模或级进模中，常采用这种送料导向结构。导料板一般设在条料两侧，其结构有两种：一种是标准结构，如图 2-53（a）所示，它与卸料板（或导板）分开制造；另一种是与卸料板制成整体的结构，如图 2-53（b）所示。为使条料顺利通过，两导料板间距离应等于条料宽度加上一个间隙值（见排样及条料宽度计算）。导料板的厚度 H 取决于导料方式和板料厚度。采用固定挡料销时，导料板厚度见表 2-25。如果只在条料一侧设置导料板，其位置与导料销相同。

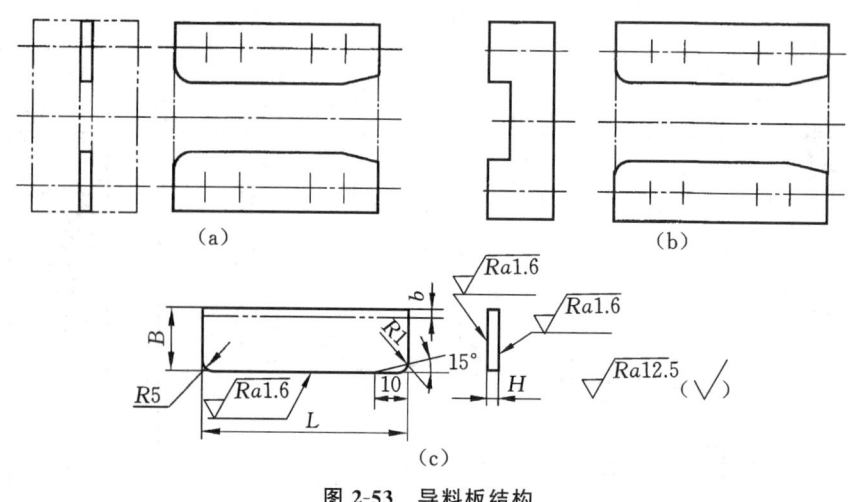

图 2-53 导料板结构

表 2-25 导料板厚度

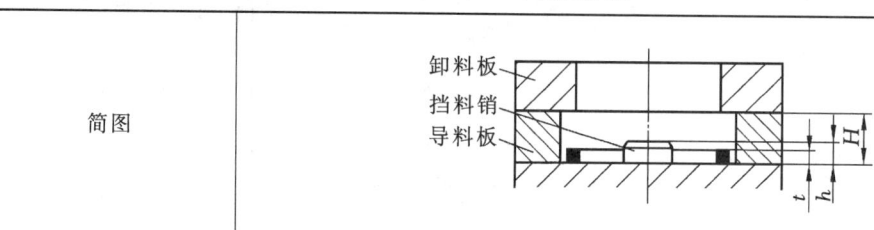

材料厚度 t	挡料销高度 h	导料板厚度 H	
		固定挡料销	自动挡料销或侧刃
0.3~2	3	6~8	4~8
2~3	4	8~10	6~8
3~4	4	10~12	8~10
4~6	5	12~15	8~10
6~10	8	15~25	10~15

2) 侧压装置

当条料的公差较大时,为避免条料在导料板中发生偏摆,使最小搭边得到保证,应在送料方向的一侧装侧压装置,迫使条料始终紧靠另一侧导料板送进,如图 2-54 所示。

侧压装置的结构形式如图 2-55 所示。国家标准规定的侧压装置有两种:图 2-55(a)是弹簧式侧压装置,其侧压力较大,宜用于较厚板料的冲裁模;图 2-55(b)为簧片式侧压装置,侧压力较小,宜用于板料厚度为 0.3~1 mm 的薄板冲裁模。在实际生产中,还有另外两种侧压装置:图 2-55(c)是簧片压块式侧压装置,其应用场合与图 2-55(b)相似;图 2-55(d)是板式侧压装置,侧压力大且均匀,一般装在模具进料一端,适用于侧刃定距的级进模中。在一副模具中,侧压装置的数量和位置视实际需要而定。

应该注意的是,板料厚度在 0.3 mm 以下的薄板不宜采用侧压装置。另外,由于有侧压装置的模具送料阻力较大,因而备有辊轴自动送料装置的模具也不宜设置侧压装置。

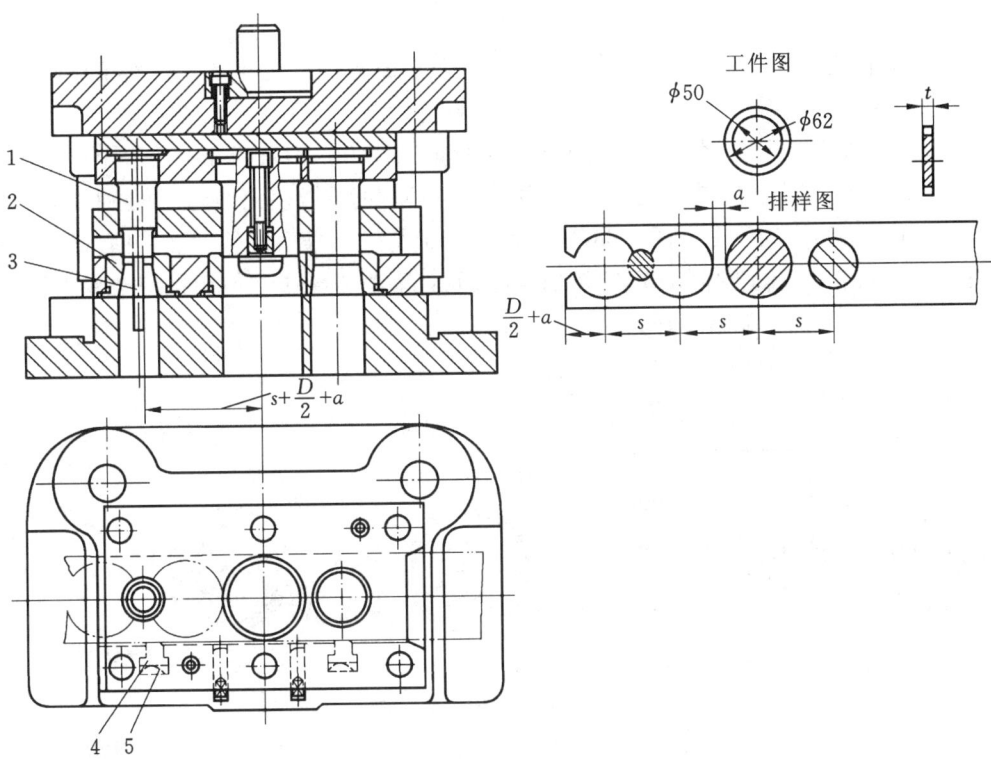

图 2-54 具有自动挡料装置的级进模

1—凸模；2—凹模；3—挡料杆；4—侧压板；5—侧压簧片

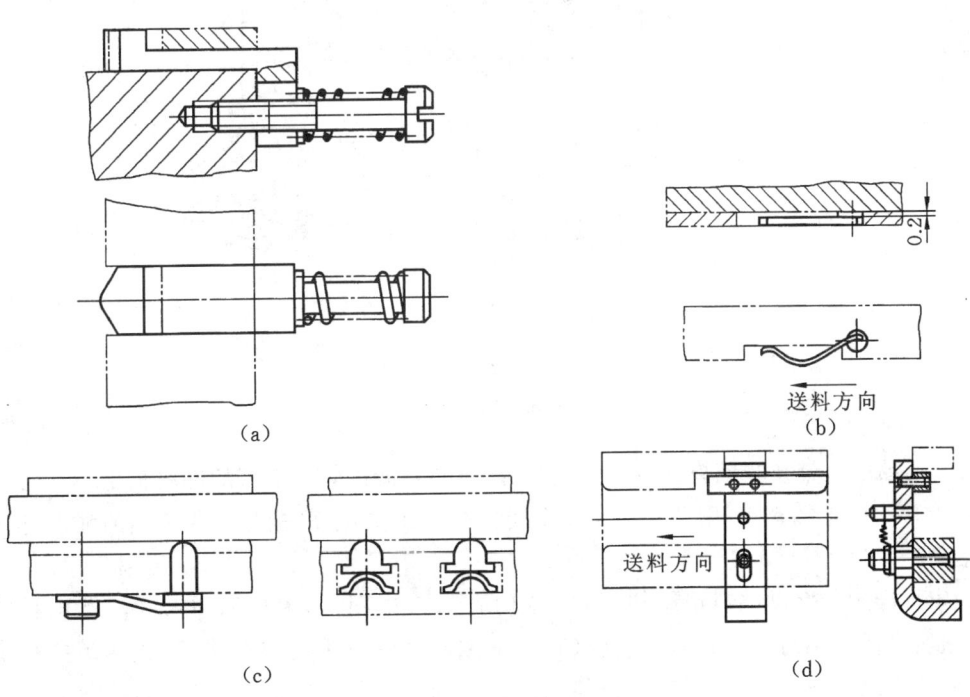

图 2-55 侧压装置

3）挡料销

挡料销的作用是挡住条料搭边或冲件轮廓,以限定条料送进的距离。根据工作特点及作用,挡料销分为固定挡料销、活动挡料销和始用挡料销。

(1) 固定挡料销。固定挡料销一般固定在下模的凹模上。国家标准中的固定挡料销结构如图 2-56(a)所示,该类挡料销广泛用于冲压中、小型冲件时的挡料定距,其缺点是销孔距凹模孔口较近,削弱了凹模的强度。图 2-56(b)所示是一种部颁标准中的钩形挡料销,这种挡料销的销孔距离凹模孔口较远,不会削弱凹模的强度,但为了防止钩头在使用过程中发生转动,需增加防转销,从而增加了制造工作量。

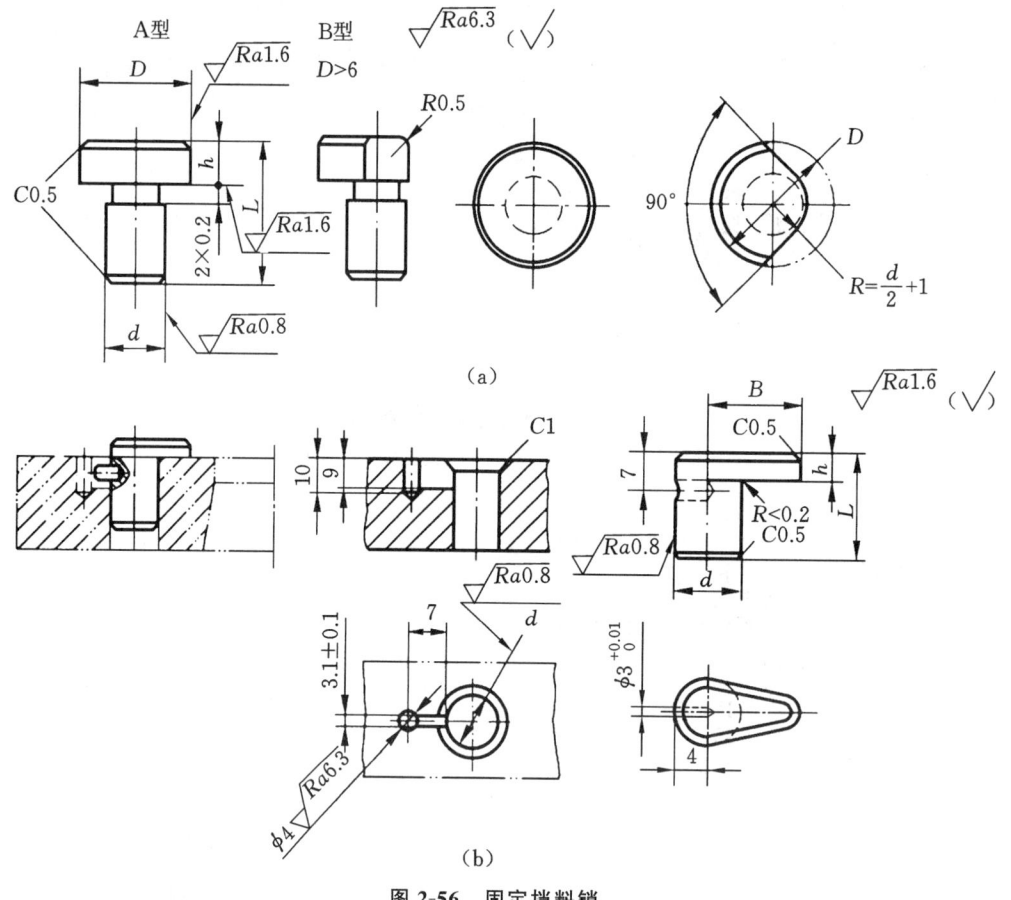

图 2-56　固定挡料销

(2) 活动挡料销。当凹模安装在上模时,挡料销只能设置在下模的卸料板上。此时,若在卸料板上采用固定挡料销,因凹模上要开设挡料销的让位孔,可能会削弱凹模的强度,因此应采用活动挡料销。

国家标准中的活动挡料销结构如图 2-57 所示,其中图(a)为压缩弹簧式活动挡料销;图(b)为扭簧式活动挡料销;图(c)为橡胶(直接依靠卸料装置中的弹性橡胶)式活动挡料销;图(d)为回带式挡料销。其中,回带式挡料销送料方向设有斜面,送料时搭边碰撞斜面,使挡料销跳起并越过搭边,然后将条料后拉,挡料销挡住搭边而定位。回带式挡料销需要在送料过程中先推后拉,进行两个方向相反的动作,操作比较麻烦。采用哪一种结构形式的挡料销需根据卸料方式、卸料装置具体结构及操作等因素决定。回带式挡料销常用于有固定卸料板或导板的模具上,其他形式的活动挡料销常用于具有弹性卸料板的模具上。

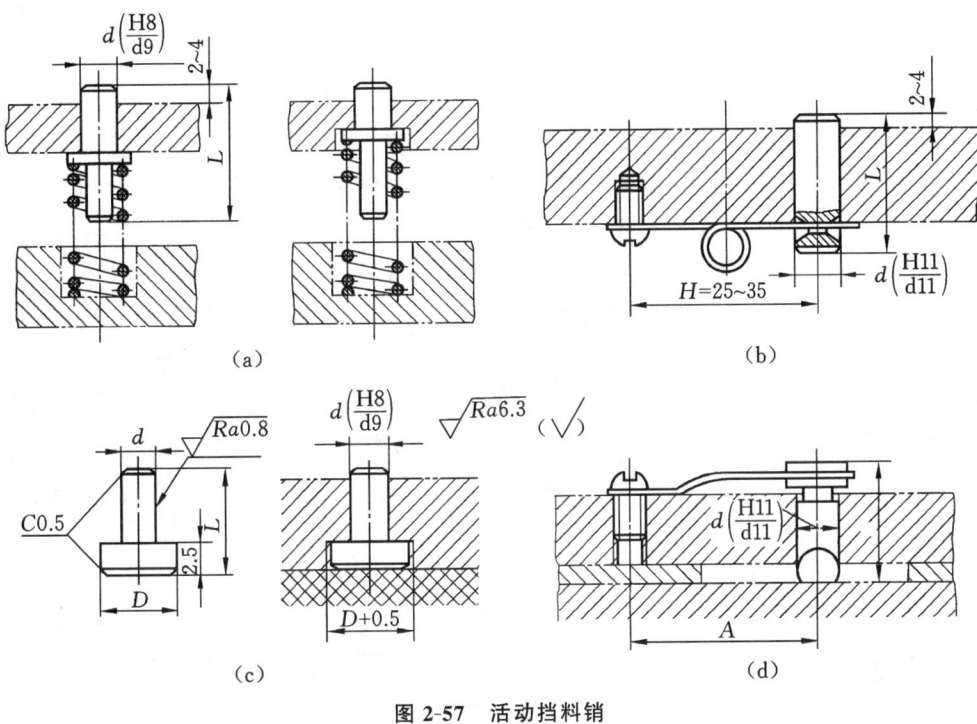

图 2-57　活动挡料销

（3）始用挡料销。始用挡料销在条料开始送进时起定位作用,以后送进时不再起定位作用。采用始用挡料销的目的是提高材料的利用率。图 2-58 所示为国家标准规定的始用挡料销。

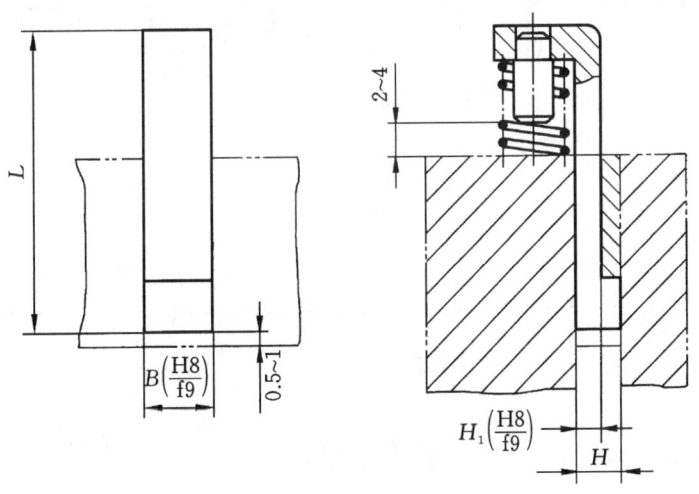

图 2-58　始用挡料销

始用挡料销一般用于条料以导料板导向的级进模或单工序模中。一副模具中用几个始用挡料销,取决于冲件的排样方法和凹模上的工位安排。

4）侧刃

在级进模中,为了限定条料送进距离,常用在条料侧边冲切出一定尺寸缺口的凸模,这种凸模称为侧刃。侧刃定距精度高、可靠,一般用于薄料以及对定距精度和生产效率要求高的情况。

国家标准规定的侧刃结构如图 2-59 所示。按侧刃的工作端面形状分为Ⅰ型和Ⅱ型两类。Ⅱ型侧刃多用于厚度为 1 mm 以上板料的冲裁。冲裁前凸出部分先进入凹模进行导向,以免由于侧压力导致侧刃损坏(工作时侧刃是单边冲切)。按截面形状,侧刃分为长方形侧刃和成形侧刃两类。图 2-59 中,ⅠA 型和Ⅱ A 型为长方形侧刃。其结构简单,制造容易,但当刃口尖角磨损后,在条料侧边形成的毛刺会影响顺利送进和定位精度,如图 2-60(a)所示。而采用成形侧刃,如果条料侧边形成毛刺,毛刺离开了导料板和侧刃挡板的定位面,所以送进顺利,定位准确,如图 2-60(b)所示。但采用成形侧刃会使切边宽度增加,材料消耗增多;同时,其结构较复杂,制造较困难。长方形侧刃一般用于板料厚度小于 1.5 mm,冲裁件精度要求不高的送料定距;成形侧刃用于板料厚度小于 0.5 mm,冲裁件精度要求较高的送料定距。

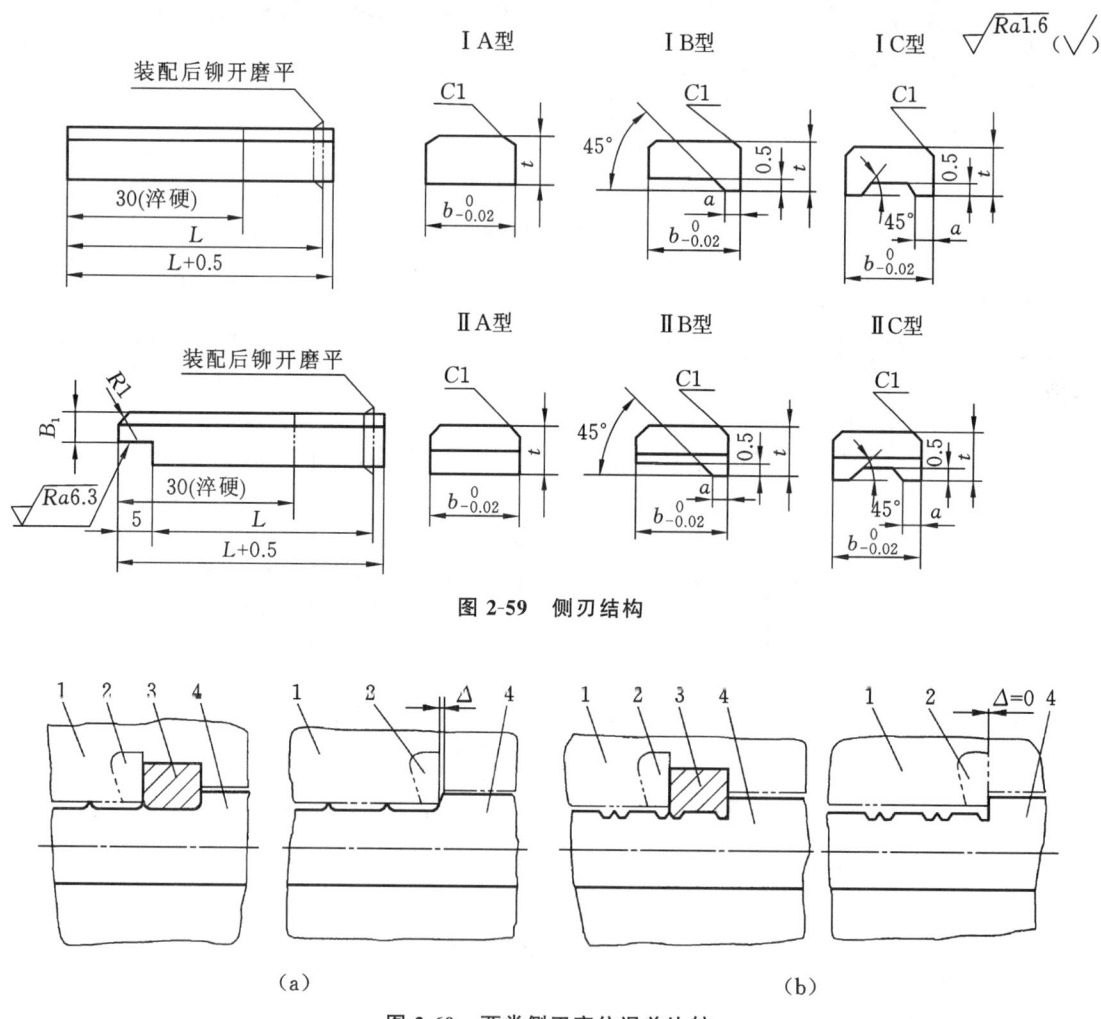

图 2-59　侧刃结构

图 2-60　两类侧刃定位误差比较

1—导料板;2—侧刃挡块;3—侧刃;4—条料

图 2-61 是尖角形侧刃,其与弹簧挡销配合使用。工作过程如下:侧刃先在料边冲一缺口,条料送进时,当缺口直边滑过挡销后,再向后拉条料,至挡销直边挡住缺口为止。使用这种侧刃定距,材料消耗少,但操作不便,生产率低,此侧刃可用于冲裁贵重金属。

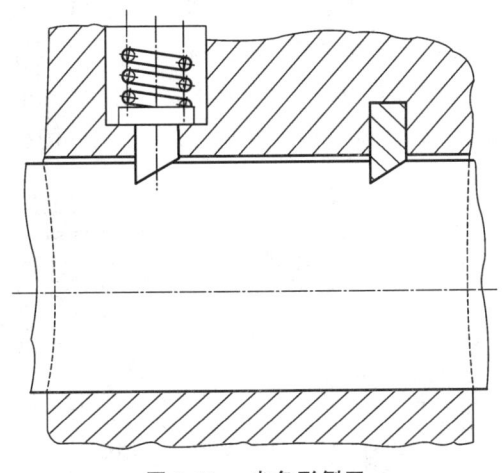

图 2-61　尖角形侧刃

在实际生产中,常会遇到两侧边或一侧边有一定形状的冲裁件,如图 2-62 所示。对这种零件,如果用侧刃定距,则可以设计与侧边形状相应的特殊侧刃(图 2-62 中 1 和 2),这种侧刃既可定距,又可冲裁零件的部分轮廓。

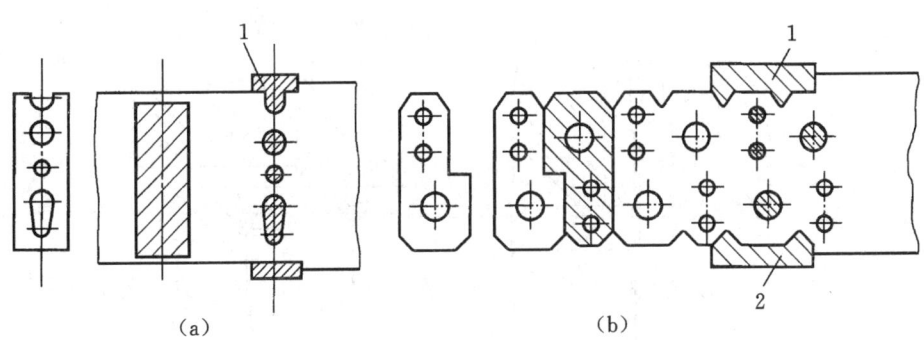

（a）　　　　　　　　　　（b）

图 2-62　特殊侧刃

侧刃断面的关键尺寸是宽度 b,其他尺寸按国家标准规定。宽度 b 原则上等于送料步距,但在侧刃与导正销兼用的级进模中,其宽度为

$$b=[s+(0.05\sim0.1)]_{-\delta_c}^{0} \tag{2-40}$$

式中:b——侧刃宽度(mm);

　　　s——送料进距(mm);

　　　δ_c——侧刃宽度制造公差,可取 h6。

侧刃凹模按侧刃实际尺寸配制,并预留单边间隙。

侧刃数量可以是一个,也可以两个。两个侧刃可以在条料两侧并列布置,也可以对角布置,对角布置能够保证料尾的充分利用。

5) 导正销

使用导正销的目的是消除送料时用挡料销、导料板(或导料销)等定位零件作粗定位时的

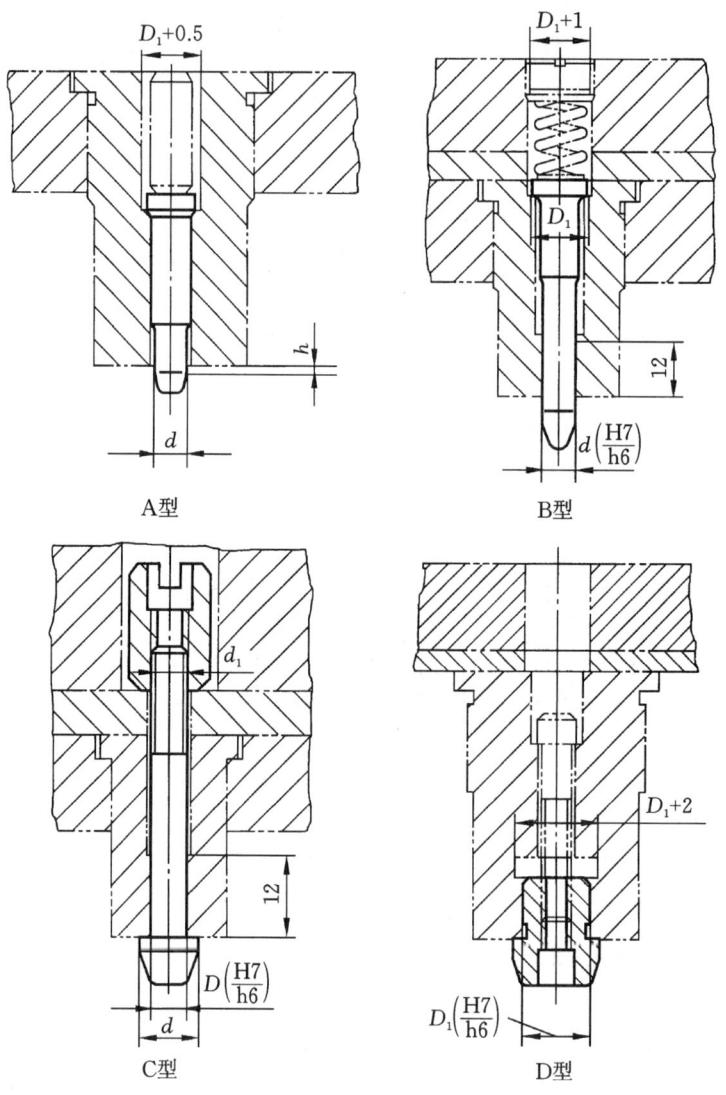

误差,保证冲件在不同工位上冲出的内形与外形之间的相对位置公差要求。导正销主要用于级进模,也可用于单工序模。导正销通常设置在落料凸模上,与挡料销配合使用,也可与侧刃配合使用。

国家标准的导正销结构形式如图 2-63 所示,其中 A 型用于导正 $d=2\sim12$ mm 的孔;B 型用于导正 $d\leqslant10$ mm 的孔,也可用于级进模上对条料工艺孔的导正,导正销背部的压缩弹簧在送料不准确时可避免导正销的损坏;C 型用于导正 $d=4\sim12$ mm 的孔,导正销拆卸方便,且凸模刃磨后导正销长度可以调节;D 型可用于导正 12~50 mm 的孔。

A型

B型

C型

D型

图 2-63 导正销结构

为了使导正销工作可靠,导正销的直径一般应大于 2 mm。当冲件上的导正孔径小于 2 mm 或孔的精度要求较高时,可在条料上另外冲出工艺孔进行导正。

导正销的头部由圆锥形的导入部分和圆柱形的导正部分组成。导正部分的直径可按下式计算:

$$d = d_p - a \qquad (2\text{-}41)$$

式中: d——导正销导正部分直径(mm);

d_p——导正孔的冲孔凸模直径(mm);

a——导正销直径与冲孔凸模直径的差值(mm),可参考表 2-26 选取。

表 2-26 导正销与冲孔凸模间的差值 a (mm)

冲件料厚 t	冲孔凸模直径 d_p						
	2～6	>6～10	>10～16	>16～24	>24～32	>32～42	>42～60
<1.5	0.04	0.06	0.06	0.08	0.09	0.10	0.12
1.5～3	0.05	0.07	0.08	0.10	0.12	0.14	0.16
3～5	0.06	0.08	0.10	0.12	0.16	0.18	0.20

导正部分的直径公差可按 h6～h9 选取。导正部分的高度一般取 $h = (0.5～1)t$,或按表 2-27 选取。

表 2-27 导正销导正部分高度 h (mm)

冲件料厚 t	导正孔直径 d		
	1.5～10	>10～25	>25～50
<1.5	1	1.2	1.5
1.5～3	0.6t	0.8t	t
3～5	0.5t	0.6t	0.81t

由于导正销常与挡料销配合使用,挡料销只起粗定位作用,所以挡料销的位置应能保证导正销在导正过程中条料有被前推或后拉少许的可能。挡料销与导正销的位置关系如图 2-64 所示。

按图 2-64(a)方式定位时,挡料销与导正销的中心距为

$$s_1 = s - D_p/2 + D/2 + 0.1 \qquad (2\text{-}42)$$

按图 2-64(b)方式定位时,挡料销与导正销的中心距为

$$s_1' = s + D_p/2 - D/2 - 0.1 \qquad (2\text{-}43)$$

式中: s_1、s_1'——挡料销与导正销的中心距(mm);

s——送料进距(mm);

D_p——落料凸模直径(mm);

D——挡料销头部直径(mm)。

6)定位板和定位销

定位板和定位销用于单个坯料或工序件的定位。其定位方式有两种:外缘定位和内孔定位,如图 2-65 所示。

定位方式的选择依据坯料或工序件的形状复杂性、尺寸大小和冲压工序性质等具体情况决定。外形比较简单的冲件一般可采用外缘定位,如图 2-65(a)所示;外轮廓较复杂的一般可采用内孔定位,如图 2-65(b)所示。定位板厚度或定位销高度见表 2-28。

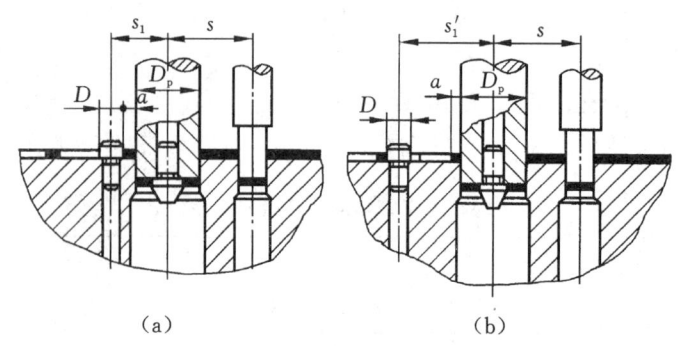

图 2-64 挡料销与导正销的位置关系

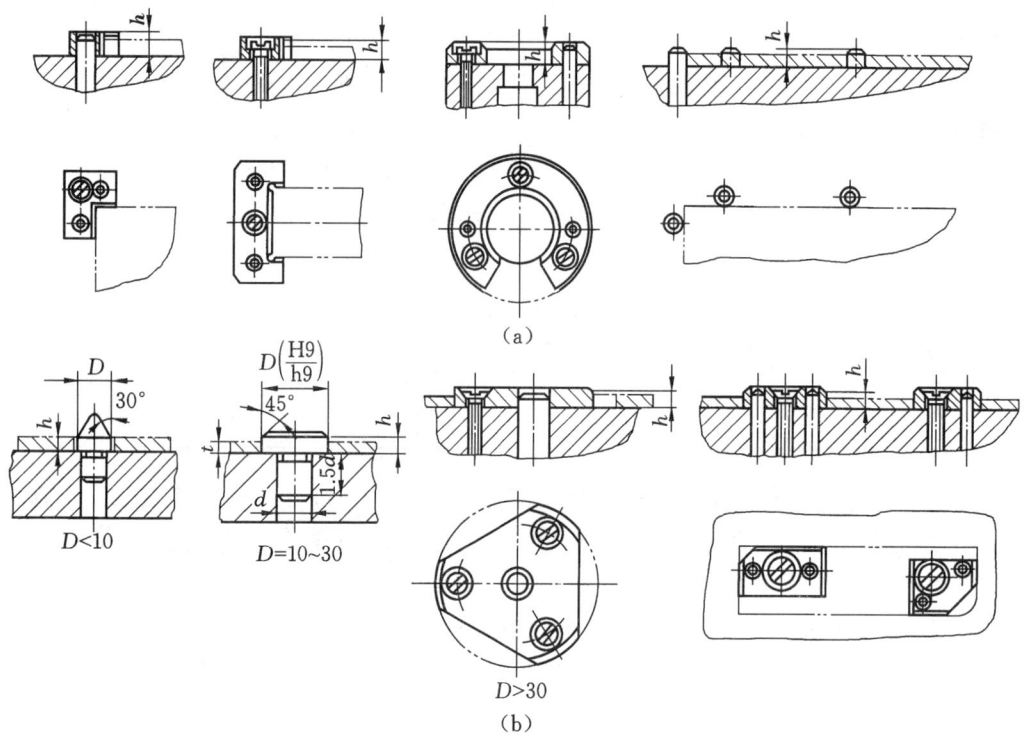

图 2-65 定位板与定位销的结构形式

(a)外缘定位;(b)内孔定位

表 2-28 定位板厚度或定位销高度

材料厚度 t/mm	<1	1~3	>3~5
高度(厚度)h/mm	$t+2$	$t+1$	t

◈▶ **案例分析**

对图 2-1 所示手柄冲裁件模具结构定位零件进行设计。

因为该模具采用的是条料,控制条料的送进方向采用导料板,无侧压装置。控制条料的送进步距采用挡料销初定距,导正销精定距。而第一件的冲压位置因为条料长度有一定余量,可以靠操作人员目测来确定。

（1）导料板。

导料板的内侧与条料接触，外侧与凹模齐平，两者之间留1 mm的间隙，从而确定导料板的宽度，导料板的厚度按表2-25选择。导料板采用45钢制作，热处理硬度为40～45 HRC，用螺钉和销钉固定在凹模上。导料板的进料端安装有承料板。

（2）导正销。

在落料凸模下部设置两个导正销，分别借用工件上ϕ5 mm和ϕ8 mm两个孔作导正孔。导正应在卸料板压紧板料之前完成。考虑料厚和装配后卸料板下平面超出凸模端面1 mm，所以导正销直线部分的长度取1.8 mm。导正销采用H7/r6安装在落料凸模端面，其导正部分与导正孔采用H7/h6配合。

（3）活动挡料销

用于粗定距的活动挡料销、弹簧和螺钉均选用标准件，规格为8 mm×16 mm。

2. 卸料与推件装置的设计

卸料与推件装置的作用是当冲模完成一次冲压之后，把冲件或废料从模具工作零件上卸下来，以便继续进行后续冲压工序。通常，将冲件或废料从凸模上卸下称为卸料，而从凹模中卸下则称为推件。

卸料与推件装置
设计与选用

1）卸料装置

卸料装置包括固定卸料板、活动卸料板、弹压卸料板和废料切刀等几种。除将板料从凸模上卸下的功能外，卸料装置有时也起到压料或为凸模导向的作用。因此在大批量生产用的模具上，需采用淬硬处理的卸料板。

图2-66(a)为固定卸料板，适用于冲制材料厚度大于或等于0.8 mm的带料或条料。

图2-66(b)为悬臂卸料板，主要用于窄而长的冲裁件，在作冲孔和切口的冲裁模具上使用。

图2-66(c)为弹压卸料板，主要用于冲制薄料和要求平整的冲裁件。此卸料板常用于复合冲裁模具。其弹力来源为弹簧或橡皮，使用橡胶则使模具装校更方便。

图2-66(d)为沟形卸料装置，适合在空心工件底部冲孔时卸料用。

图2-66(e)为橡皮卸料装置，适用于薄材料的冲裁模具上。

图2-66(f)、图2-66(g)为弹压卸料装置及顶件装置，其中：图2-66(f)中的压力从橡皮或弹簧的弹顶器经卸料螺栓、顶杆传到卸料板或推件器上，作用与弹压卸料板相同；图2-66(g)主要用于冲裁模具或拉深模具中，拉深时卸料板也作压料圈用。推件装置为刚性结构，压力由压力机横杠经顶杆传至推件器上。

图2-66(h)是废料切刀，用于切边卸料，将废料切成几段。切刀夹角α一般为78°～80°。Ⅰ型用于小型模具和切断薄废料；Ⅱ型适用于大型模具和切断厚废料。

2）推件装置

推件装置有弹性和刚性两种。弹性推件器一般装于下模座下方，并与下模板相连，见图2-67。这种装置除了具有推出工件的作用外，还能压平工件，同时具备卸料和缓冲的作用。刚性推件器一般装于上模，其推件力大且可靠，如图2-68所示。其推件力传递路径为：打杆→推板→推杆→推块→工件。

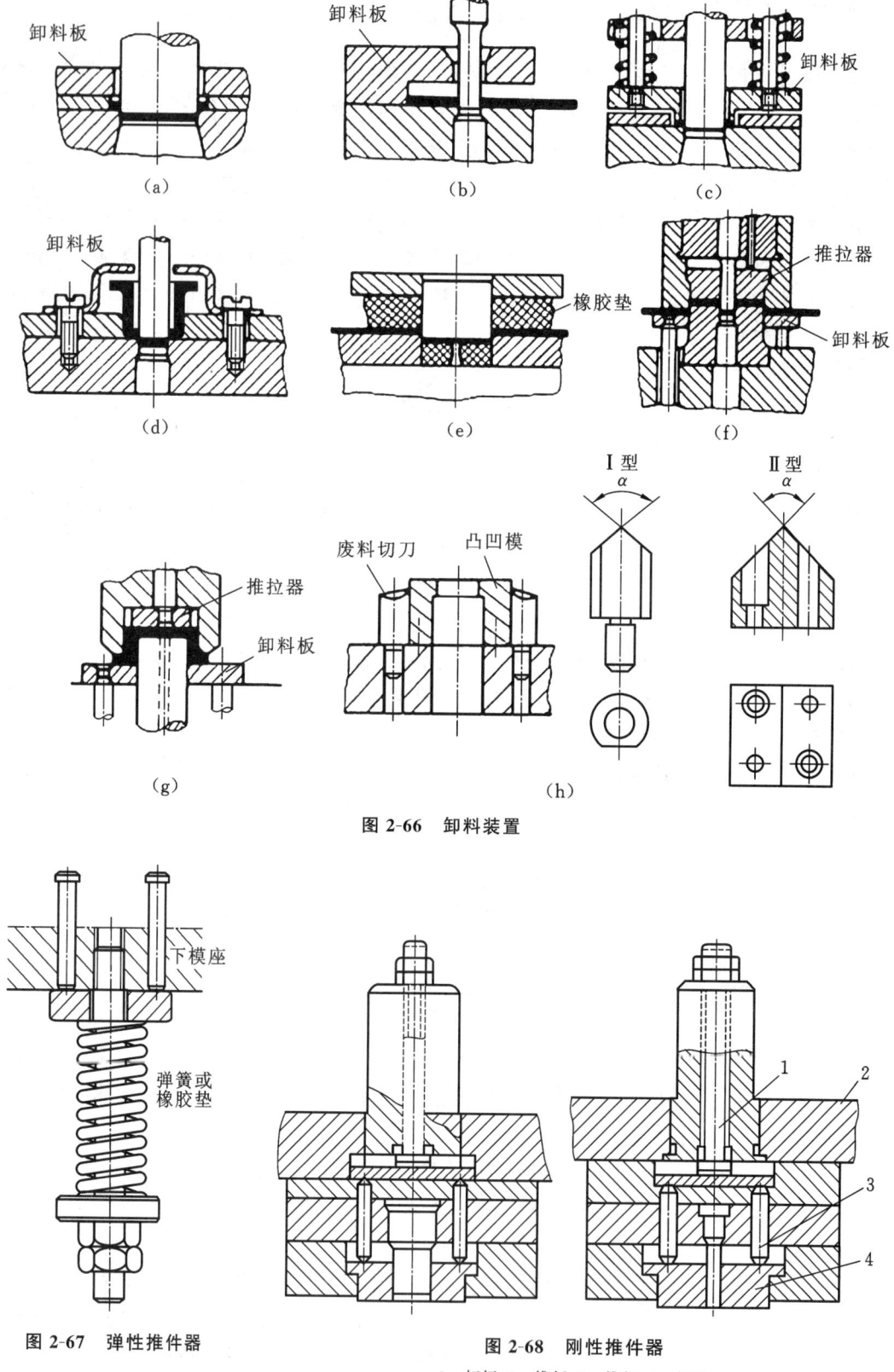

图 2-66 卸料装置

图 2-67 弹性推件器

图 2-68 刚性推件器

1—打杆；2—推板；3—推杆；4—推块

推杆常用3~4个,均匀分布且长度一致。推板安装在上模板的孔内,为保证凸模支承刚度和强度,安装推板的孔不能全挖空,推板的形状应根据所需顶出的工件轮廓来设计,如图2-69所示。

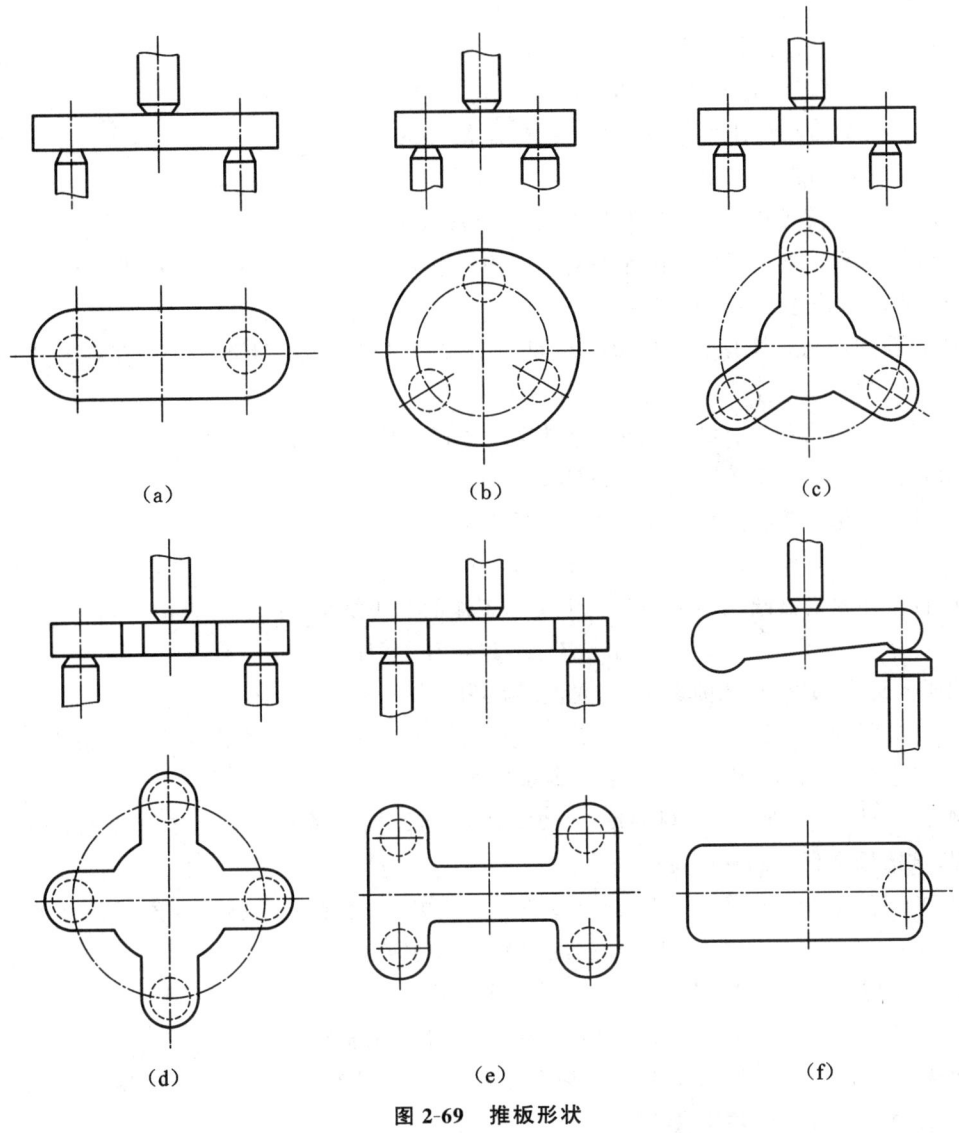

图 2-69　推板形状

3) 弹性元件的选用与计算

(1) 弹簧的选用与计算　在卸料装置中,常用的弹簧是圆柱螺旋压缩弹簧。这种弹簧已标准化(GB/T 2089—2009),设计时根据所要求弹簧的压缩量和产生的压力按标准选用即可。

① 卸料弹簧选择的原则。

a. 为保证卸料正常工作,弹簧在非工作状态下应保持预压状态,其预压力 F_Y 应大于等于单个弹簧承受的卸料力,即

$$F_Y \geqslant F_X/n \qquad\qquad (2\text{-}44)$$

式中：F_Y——弹簧的预压力(N)；

F_X——卸料力(N);

n——弹簧数量。

b. 弹簧的极限压缩量 H_J 应大于或等于弹簧工作时的总压缩量 H,即

$$H_J \geqslant H = H_Y + H_X + H_M \qquad (2\text{-}45)$$

式中:H_J——弹簧的极限压缩量(mm);

H——弹簧工作时的总压缩量(mm);

H_Y——弹簧在预压力作用下产生的预压量(mm);

H_X——卸料板的工作行程(mm);

H_M——凸模或凸凹模的刃磨量(mm),通常取 $H_M = 4 \sim 10$ mm。

c. 所选弹簧应能在模具结构允许的空间内合理布置,不应影响模具的刚性与功能分区。

(2) 卸料弹簧选用与计算步骤。

① 根据卸料力和模具安装弹簧的空间大小,初定弹簧数量,计算每个弹簧应产生的预压力 F_Y。

② 根据预压力和模具结构预选弹簧规格,选择时应使弹簧的极限工作压力 F_J 大于预压力 F_Y,初选时一般可取 $F_J = (1.5 \sim 2) F_Y$。

③ 计算预选弹簧荏预压力作用下的预压量,即

$$H_Y = F_Y \cdot H_J / F_J \qquad (2\text{-}46)$$

④ 校核弹簧的极限压缩量是否大于实际工作的总压缩量,即

$$H_J \geqslant H = H_Y + H_X + H_M$$

如不满足,则必须重选弹簧规格,直至满足为止。

⑤ 列出所选弹簧的主要参数:d(钢丝直径)、D(弹簧中径)、t(节距)、H_0(自由长度)、n(圈数)、F_J(弹簧的极限工作压力)、H_J(弹簧的极限压缩量)。

例 2-3 某冲模冲裁的板料厚度 $t = 0.6$ mm,经计算卸料力 $F_X = 1350$ N,若采用弹性卸料装置,试选用和计算卸料弹簧。

解 ① 假设考虑了模具结构,初定弹簧的个数规 $n = 4$,则每个弹簧的预压力为

$$F_Y = F_X / n = 1350/4 \text{ N} \approx 338 \text{ N}$$

② 初选弹簧规格。按 $2F_Y$ 估算弹簧的极限工作压力 F_J:

$$F_J = 2F_Y = 2 \times 338 \text{ N} = 676 \text{ N}$$

初选弹规格为 $d \times D \times H_0 = 4$ mm$\times 22$ mm$\times 60$ mm,$F_J = 670$ N,$H_J = 20.9$ mm。

③ 计算所选弹簧的预压量 H_Y:

$$H_Y = F_Y \cdot H_J / F_J = 338 \text{ N} \times 20.9 \text{ mm}/670 \text{ N} \approx 10.5 \text{ mm}$$

④ 校核所选弹簧是否合适。

卸料板工作行程 $\qquad H_X = 0.6 \text{ mm} + 1 \text{ mm} = 1.6 \text{ mm}$

取凸模刃磨量 $H_M = 6$ mm,则弹簧工作时的总压缩量为

$$H = H_Y + H_X + H_M = 10.5 \text{ mm} + 1.6 \text{ mm} + 6 \text{ mm} = 18.1 \text{ mm}$$

因为 $H < H_J = 20.9$ mm,故所选弹簧合适。

⑤ 所选弹簧的主要参数为:$d = 4$ mm,$D = 22$ mm,$t = 7.12$ mm,$n = 7.5$ 圈,$H_0 = 60$ mm,$F_J = 670$ N,$H_J = 20.9$ mm。弹簧的安装高度为 $H_a = H_0 - H_Y = 60$ mm $- 10.5$ mm $= 49.5$ mm。

（3）橡胶的选用与计算。

由于橡胶允许承受的载荷较大，安装调整灵活方便，因而是冲裁模中常用的弹性元件。冲裁模中用于卸料的橡胶有合成橡胶和聚氨酯橡胶，其中聚氨酯的性能比合成橡胶优异，是常用的卸料弹性元件。冲模标准中还专门规定了聚氨酯橡胶的规格与尺寸（JB/T7650.9—1994），选用很方便。

① 卸料橡胶选择的原则。

a. 为保证卸料正常工作，应使橡胶的预压力 F_Y 大于或等于卸料力 F_X，即

$$F_Y \geqslant F_X \tag{2-47}$$

橡胶的压力与压缩量之间不是线性关系，其特性曲线如图 2-70 所示。橡胶压缩时产生的压力为

$$F = Ap \tag{2-48}$$

式中：A——橡胶的横截面积（与卸料板贴合的面积，mm）；

$\quad\quad p$——橡胶的单位压力（MPa），其值与橡胶的压缩量、形状及尺寸大小有关，可由图 2-70 所示的橡胶特性曲线或从表 2-29 中选取。

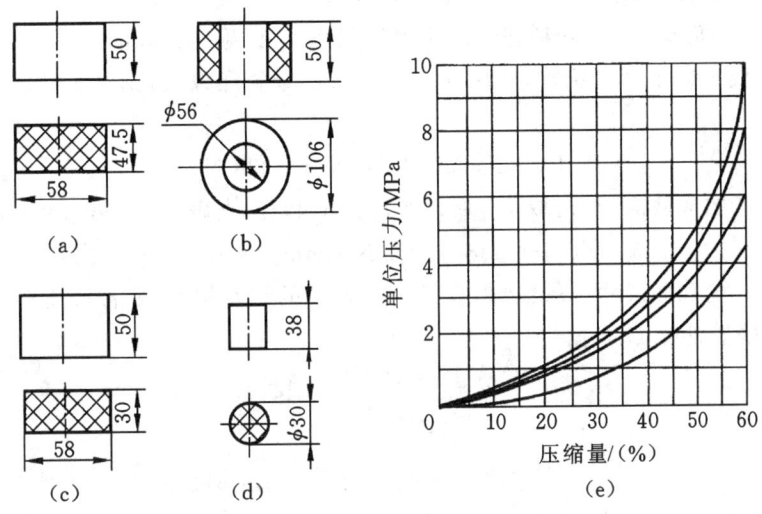

图 2-70 合成橡胶压缩特性曲线

（a）、（c）橡胶截面为矩形；（b）橡胶截面为圆筒形；（d）橡胶截面为圆柱形；（e）特性曲线

表 2-29 橡胶压缩量与单位压力

压缩量/（%）		10	15	20	25	30	35
单位压力 p/MPa	聚氨酯橡胶	1.1	—	2.5	—	4.2	5.6
	合成橡胶	0.26	0.50	0.74	1.06	1.52	2.10

b. 橡胶极限压缩量应大于或等于橡胶工作时的总压缩量，即

$$H_J \geqslant H = H_Y + H_X + H_M \tag{2-49}$$

式中：H_J——橡胶的极限压缩量（mm），为了保证橡胶不过早失效，一般合成橡胶取 $H_J = (0.35 \sim 0.45)H_0$，聚氨酯橡胶取 $H_J = 0.35h_0$，h_0 为橡胶的自由高度；

$\quad\quad H$——橡胶工作时的总压缩量（mm）；

H_Y——橡胶的预压量(mm),一般合成橡胶取 $H_Y=(0.1\sim0.15)H_0$,聚氨酯橡胶取 $H_Y=0.1H_0$;

H_X——卸料板的工作行程(mm),一般取 $H_X=t+1$,t 为板料厚度;

H_M——凸模或凸凹模的刃磨量,一般取 $H_M=4\sim10$ mm。

c. 橡胶的高度 H_0 与外径 D 之比应满足条件:

$$0.5\leqslant H_0/D\leqslant1.5 \tag{2-50}$$

② 橡胶选用与计算步骤。

a. 根据模具结构确定橡胶的形状与数量 n。

b. 确定每块橡胶所承受的预压力 $F_Y=F_X/n$。

c. 确定橡胶的横截面积及截面尺寸。

d. 计算并校核橡胶的自由高度 H_0。橡胶的自由高度可按下式计算:

$$h_0=\frac{H_X+H_M}{0.25\sim0.3} \tag{2-51}$$

橡胶自由高度的校核式为 $0.5\leqslant H_0/D\leqslant1.5$。若 $H_0/D>1.5$,可将橡胶分成若干层,并在层间垫以钢垫片;若 $H_0/D<1.5$,则应重新确定其尺寸。

例 2-4 如果将例 2-3 中卸料弹簧改用聚氨酯橡胶,试确定橡胶的尺寸。

解 ① 假设考虑了模具结构,选用 4 个圆筒形的聚氨酯橡胶,则每个橡胶所承受的预压力为

$$F_Y=F_X/n=1350\text{ N}/4\approx338\text{ N}$$

② 确定橡胶的横截面积 A:取 $H_Y=10\%H_0=0.1H_0$,查表 2-29,得 $p=1.1$ MPa,则

$$A=F_Y/p=338\text{ N}/1.1\text{ N}\cdot\text{mm}^{-2}\approx307\text{ mm}^2$$

③ 确定橡胶的截面尺寸:假设选用直径为 8 mm 的卸料螺钉,取橡胶上螺钉过孔的直径 $d=10$ mm,则橡胶外径 D 根据

$$\pi(D^2-d^2)/4=A$$

求得

$$D=\sqrt{d^2+4A/\pi}$$
$$=\sqrt{10^2+4\times307/3.14}\text{ mm}\approx22\text{ mm}$$

为了保证足够卸料力,可取 $D=25$ mm。

④ 计算并校核橡胶的自由高度 H_0:

$$H_0=\frac{H_X+H_M}{0.35\sim0.10}=\frac{0.6\text{ mm}+6\text{ mm}}{0.25}=30\text{ mm}$$

因为 $H_0/D=30/20=1.2$,故所选橡胶符合要求。

橡胶的安装高度 $\qquad H_a=H_0-H_Y=30\text{ mm}-0.1\times30\text{ mm}=27\text{ mm}$

◆ **案例分析**

对图 2-1 所示手柄冲裁件模具结构卸料零件进行设计计算。

因为工件料厚为 1.2 mm,相对较薄,卸料力也比较小,故可采用弹性卸料结构。又因为是级进模生产,所以采用下出件方式,以提高操作便捷性与生产效率。

1. 卸料板的设计

卸料板的周界尺寸与凹模的周界尺寸相同,厚度为 14 mm。

卸料板采用 45 钢制造,淬火硬度为 40～45 HRC。

2. 卸料螺钉的选用

卸料板上设置 4 个卸料螺钉,公称直径为 12 mm,螺纹部分为 M10×10 mm。卸料钉尾部应留有足够的行程空间。卸料螺钉拧紧后,应使卸料板超出凸模端面 1 mm,有误差时通过在螺钉与卸料板之间安装垫片来调整。

3. 橡胶弹性件的选择与计算

① 考虑了模具结构,选用 4 个圆筒形的合成橡胶弹性件,则每个橡胶弹性件所承受的预压力为

$$F_Y = F_X/n = 6926.4\ \text{N}/4 = 1731.6\ \text{N}$$

② 确定橡胶弹性件的横截面积 A:取 $H_Y = 15\% H_0 = 0.15 H_0$,查表 2-29,得到 $p = 0.5\ \text{MPa}$,则

$$A = F_Y/p = 1731.6\ \text{N}/0.5 = 3463.2\ \text{N}$$

③ 确定橡胶弹性件的截面尺寸:假设选用直径为 12 mm 的卸料螺钉,取橡胶上螺钉的过孔直径为 $d = 13$ mm,则橡胶外径 D 为

$$\pi(D^2 - d^2)/4 = A$$
$$D = \sqrt{d^2 + 4A/\pi}$$
$$= \sqrt{13^2 + 4 \times 3463.2/3.14}\ \text{mm}$$
$$= 67.68\ \text{mm}$$

为了保证足够卸料力,可取 $D = 68$ mm。

④ 计算并校核橡胶弹性件的自由高度 H_0。

卸料板工作行程:$h_X = t + 1$ mm $= 1.2$mm$+1$mm$=2.2$ mm

凸模的刃磨量:h_M 取 7 mm,则

$$H_0 = \frac{H_X + H_M}{0.25} = \frac{2.2\ \text{mm} + 7\text{mm}}{0.25} = 36.8\ \text{mm}$$

因为 $H_0/D = 36.8$ mm$/68$ mm $= 0.54$,故所选橡胶弹性件符合要求。

橡胶的安装高度　　　$H_a = H_0 - H_Y = 36.8$ mm-0.15×36.8 mm$= 31$ mm

3. 导向及支承固定零件

1) 导柱和导套

在生产批量大、模具寿命要求高、工件精度要求较高的冲模设计中,导柱、导套是实现上、下模精准导向的关键部件。导柱、导套的结构形式有滑动和滚动两种。

支承与固定零件
设计与选用

(1) 滑动导柱、导套。

滑动导柱、导套均为圆柱形,其加工方便,容易装配,是模具行业应用最广的导向装置。图 2-71 所示为最常用的导柱、导套结构形式。导柱的直径一般为 16～60 mm,长度 $L = 90$～320 mm。按标准选用时,L 应保证上模座在最低位置(闭合状态)时,导柱上端与上模座顶面距离不小于 10～15 mm,而下模座底面与导柱底面的距离不小于 2 mm。导柱的下部与下模座导柱孔采用过盈配合,导套的外径与上模座导套孔采用过盈配合。导套的长度 L_1 必须保证在冲压前导柱进入导套 10 mm 以上。

导柱与导套之间采用间隙配合,根据冲压工序性质、冲压件的精度及材料厚度等的不同,

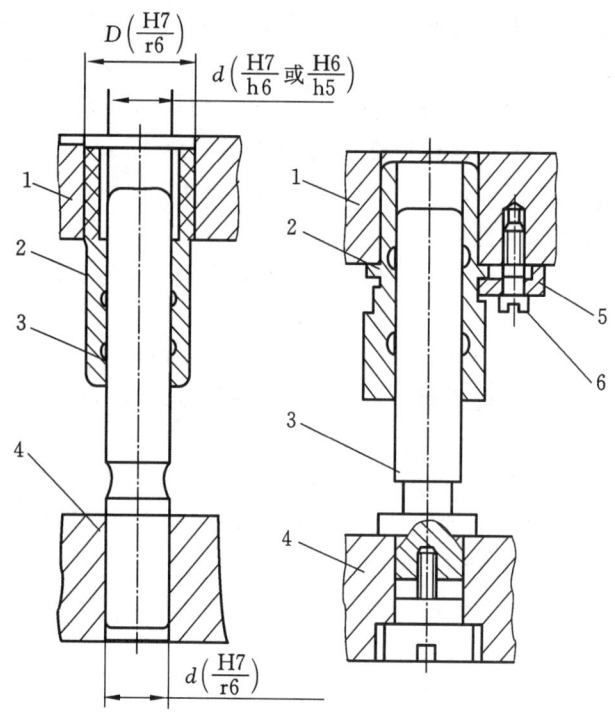

图 2-71　滑动导柱、导套

1—上模座;2—导套;3—导柱;4—下模座;5—压板;6—螺钉

其配合间隙也稍有不同。例如对于冲裁模具,导柱和导套的配合可根据凸、凹模间隙选择。凸、凹模间隙小于 0.3 mm 时,采用 H6/h5 配合;大于 0.3 mm 时,采用 H7/h6 配合。拉深厚度为 4～8 mm 的金属板时,采用 H7/f7 配合。

(2) 滚动导柱、导套。

滚动导柱、导套是一种无间隙、精度高、寿命长的导向装置,适用于高速、精密冲裁模具以及硬质合金模具的冲压工作。图 2-72 所示为常见的滚动导柱、导套的结构形式,导套 1 与上模座导套孔采用过盈配合,导柱 5 与下模座导柱孔为过盈配合,滚珠 3 置于滚珠保持圈 4 内,与导柱和导套接触,并有微量过盈。

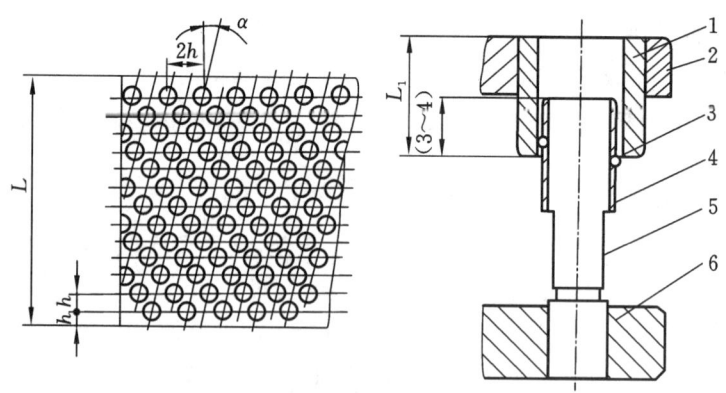

图 2-72　滚动导柱、导套

1—导套;2—上模座;3—滚珠;4—滚珠保持圈;5—导柱;6—下模座

一般,滚珠与导柱、导套之间应保持 $0.01\sim0.02$ mm 的过盈量。为保证均匀接触,滚珠尺寸必须严格控制。滚珠直径一般为 $3\sim5$ mm。对于高精度模具,滚珠精度取 IT5,一般精度的模具,取 IT6。滚珠为对称排列,分布均匀,与中心线倾斜角 α 一般为 $5°\sim10°$,使每个滚珠在上下运动时都有其各自的滚道而减少磨损。滚珠保持圈的长度 L,在上模回程至上止点时,仍有 $2\sim3$ 圈滚珠与导柱、导套配合,起导向作用。导套长度约为 $L_1=L+(5\sim10)$ mm。导柱、导套有国家标准,设计时应尽可能选用标准的导柱、导套。

◆ 案例分析

根据图 2-1 所示手柄冲裁件精度要求,选用滑动导向导柱、导套。

2) 上、下模座

模座分带导柱和不带导柱两种类型,应根据生产规模和产品要求确定是采用带导柱的模座。带导柱标准模座的常用形式及导柱的排列方式如图 2-73 所示。

图 2-73(a)为后侧导柱模座,$L=63\sim400$ mm。两个导柱装在后侧,可以三面送料,操作方便,但冲压时容易引起偏心力矩而使模具歪斜。因此,该模座形式适用于冲压中等精度、较小尺寸的冲压模具,大型冲压模具不宜采用此种形式。

图 2-73(b)为对角导柱模座,$L=63\sim500$ mm。两个导柱装在对角线上,便于纵向或横向送料。由于导柱装在模具中心对称位置,冲压时可防止由于偏心力矩而引起的模具歪斜。该模座形式适用于冲制一般精度冲压件的冲裁模或级进模。

图 2-73(c)为中间导柱模座,$L=63\sim500$ mm,适用于纵向送料和由单个毛坯冲制的较精密的冲压件。

图 2-73(d)为四导柱模座,$L=160\sim630$ mm。四个导柱冲压模具的导向性能最好,适用于冲制比较精密的冲压件。

图 2-73(e)为后导柱窄形模座,$L=250\sim800$ mm,适用于冲制中等尺寸冲压件的各种模具。

图 2-73(f)为三导柱模座,适用于冲制大尺寸冲压件。

按标准选择模座时,应根据凹模(或凸模)、卸料装置和定位装置等的平面布置来选择模座的尺寸。一般应取模座的尺寸 L 大于凹模尺寸 $40\sim70$ mm,模座厚度应是凹模厚度的 $1\sim1.5$ 倍。下模座的外形尺寸每边应超出压力机工作台上中心漏料孔的边缘 $40\sim50$ mm。

上、下模座已有国家标准,除特殊类型外,应尽可能选取标准模座。导柱、导套和上、下模座装配后组成模架,我国已有部分模架标准化。

◆ 案例分析

图 2-1 所示手柄冲裁件模具采用中间导柱模架,这种模架的导柱在模具中间位置,冲压时可防止由于偏心力矩而引起的模具歪斜。以凹模周界尺寸为依据,选择模架规格。

导柱 $d\times L$ 分别为 $\phi28$ mm$\times160$ mm,$\phi32$ mm$\times160$ mm;

导套 $d\times L\times D$ 分别为 $\phi28$ mm$\times115$ mm$\times42$ mm,$\phi32$ mm$\times115$ mm$\times45$ mm;

上模座厚度 $H_{上模}=45$ mm,下模座厚度 $H_{下模}=50$ mm。

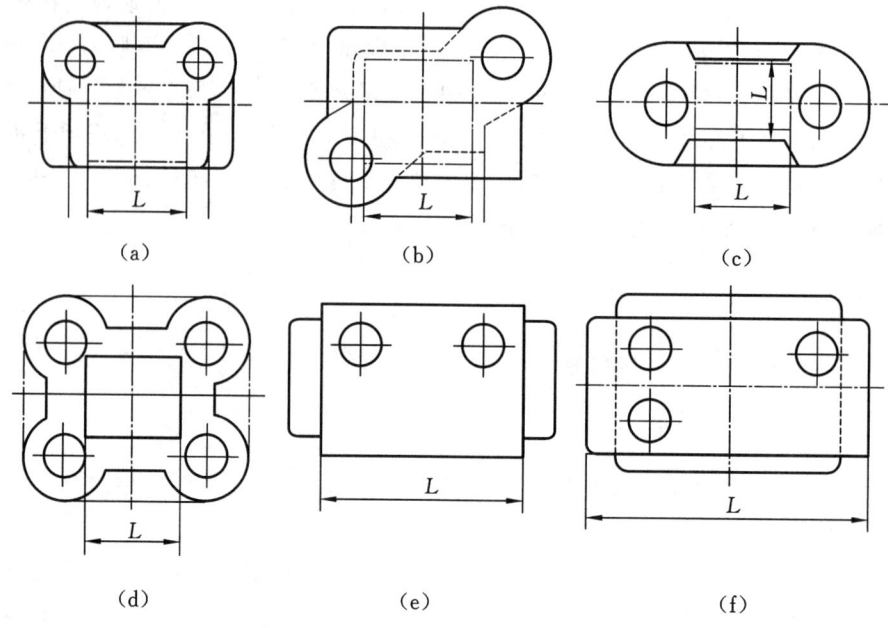

图 2-73　带导柱标准模座的常用形式

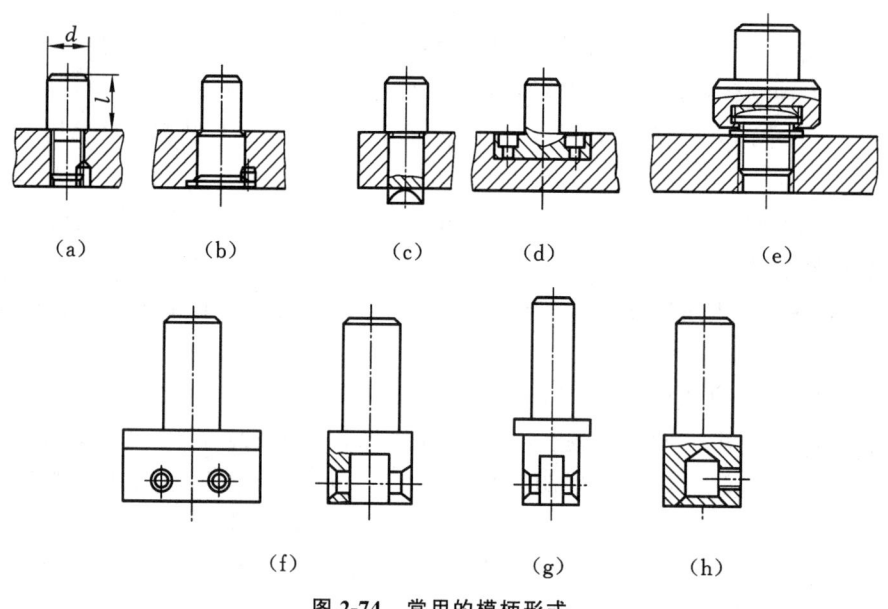

图 2-74　常用的模柄形式

3）模柄

模柄的作用是将模具的上模座固定在冲床的滑块上。常用的模柄形式如图 2-74 所示。

图 2-74（a）为带螺纹的旋入式模柄，用于小型模具。

图 2-74（b）为带台阶的压入式模柄，它与模座安装孔采用 H7/n6 配合，可以保证较高的同轴度和垂直度，适用于各种中小型模具。

图 2-74（c）为反铆式模柄，与上模连接后，为防止松动，安装后需拧入防转螺钉以防松动，但其垂直度精度较差，主要用于小型模具。

图 2-74(d)为有凸缘的模柄,用螺钉、销钉与上模座紧固在一起,适用于较大型模具。

图 2-74(e)为浮动式模柄。它由模柄、球面垫块和连接板组成,这种结构可以通过球面垫块消除冲床导轨误差对冲模导向精度的影响,适用于有滚动导柱、导套导向的精密冲模。

图 2-74(f)、(g)、(h)为整体式模柄,图 2-74(f)适用于矩形凸模,图 2-74(g)、(h)适用于圆形凸模。

在设计模柄时,模柄的长度不得大于冲床滑块内模柄孔的深度,模柄直径应与压力机滑块上的模柄孔径相匹配。

◈ 案例分析

图 2-1 所示手柄冲裁件模具选用图 2-74(b)所示带台阶的压入式模柄。

4) 凸模固定板与垫板

凸模固定板的作用是将凸模或凸凹模准确固定在上模座或下模座的指定位置上。凸模固定板一般为矩形或圆形,外形尺寸通常与凹模一致,厚度可取凹模厚度的 $60\%\sim80\%$。固定板与凸模或凸凹模之间应采用 H7/n6 或 H7/m6 配合,压装后,应将凸模端面与固定板一起磨平。对于多凸模固定板,其凸模安装孔之间的位置尺寸应与凹模型孔相应的位置尺寸保持一致。

垫板的作用是承受并扩散凸模或凹模传递的压力,以防止模座被挤压损伤。因此,当凸模或凹模与模座接触的端面上产生的单位压力超过模座材料的许用挤压应力时,就应在与模座的接触面之间加上一块淬硬并磨平的垫板,否则可不加垫板。

垫板的外形尺寸与凸模固定板相同,厚度可取 $3\sim10$ mm。凸模固定板和垫板的轮廓形状及尺寸均已标准化,可根据上述尺寸确定原则从相应国家标准中选取。

◈ 案例分析

图 2-1 所示手柄冲裁件模具,凸模固定板及垫板厚度如下。

凸模固定板厚度为

$$H_{固定}=(0.6\sim0.8)H=(0.6\sim0.8)\times30 \text{ mm}=18\sim24 \text{ mm}$$

取 24 mm。

垫板厚度

$$H_{垫}=10 \text{ mm}$$

5) 紧固件

冲模中用到的紧固件主要是螺钉和销钉,其中螺钉起连接和固定作用,销钉起定位作用。螺钉和销钉均为标准件,种类繁多,但冲模中广泛使用的是内六角螺钉,其具有紧固牢靠、螺钉头不外露、外形美观等优点。销钉常用圆柱销。

模具设计时,螺钉和销钉的选用应注意以下几点:

(1) 同一组合中,螺钉的数量一般不少于 3 个(被连接件为圆形时用 $3\sim6$ 个,为矩形时用 $4\sim8$ 个),并尽量沿被连接件的外缘均匀布置。销钉的数量一般选用 2 个,且尽量远距离错开布置,以保证定位可靠。

(2) 螺钉和销钉的规格应根据冲压工艺力大小和凹模厚度等条件确定。螺钉规格可参考

表 2-30 选用,销钉的公称直径可取与螺钉大径相同或小一个规格。螺钉的旋入深度和销钉的配合深度都不能太浅,也不能太深,一般可取其公称直径的 1.5~2 倍。

表 2-30　螺钉规格的选用

凹模厚度 H/mm	≤13	>13~19	>19~25	>25~32	>32
螺钉规格	M4、M5	M5、M6	M6、M7	M8、M10	M10、M12

（3）螺钉之间、螺钉与销钉之间的距离,螺钉、销钉距凹模刃口及外边缘的距离,均不应过小,以防降低模板强度,其最小距离可参考表 2-21。

（4）各被连接件的销孔应配合加工,以保证位置精度。销钉与销孔之间采用 H7/m6 或 H7/n6 配合。

2.4　冲裁模设计案例

冲裁模设计的总原则是:在满足制件尺寸精度要求的前提下,力求使模具的结构简单、操作方便、材料消耗少、制件成本低。

冲裁图 2-75 所示接触环零件,材料为锡青铜带 QSn6.5-0.1(M),厚度 $t = 0.3$ mm。已知每年班产量 15 万件,试确定冲裁工艺方案,设计冲裁模。

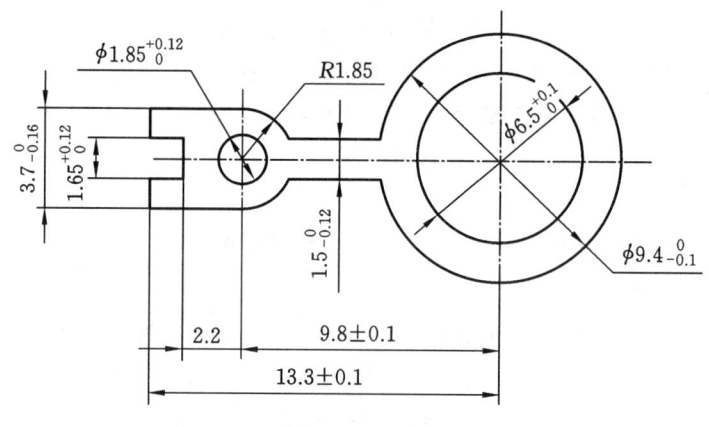

图 2-75　接触环

1. 零件的工艺性分析

（1）结构与尺寸　该零件结构较简单,形状对称,尺寸较小。悬臂宽度（1.5 mm、1.025 mm）均大于 1.5t,臂长（3.25 mm、1.3 mm）小于 5 倍臂宽;凹槽宽度 $1.65^{+0.12}_{0}$ mm>1.5t,深度也较小;最小孔径 $\phi 1.85^{+0.12}_{0}$ mm>0.9t;孔至边缘间最小距离（0.925 mm）>1.5t。以上几项均满足冲裁加工对尺寸结构的可行性要求。

（2）精度　零件尺寸公差除 $\phi 9.4^{0}_{-0.1}$ mm 接近 IT11 级以外,其余尺寸均低于 IT12 级,无其他特殊要求,利用普通冲裁方式可以达到零件图样要求。

（3）材料　锡青铜带 QSn6.5-0.1(M),软态,带料,抗剪强度 $\tau_b = 255$ MPa,断后伸长率

$\delta_{10}=38\%$。此材料具有较高的弹性和良好的塑性，其冲裁加工性较好。

根据以上分析，该零件具有良好的工艺性，适合采用冲裁加工方式生产。

2. 确定冲裁工艺方案

该零件包括落料和冲孔两个基本工序，可选用的冲裁工艺方案有：单工序冲裁、复合冲裁和级进冲裁三种方式。

由于该零件属于大批量生产，且尺寸较小，若采用单工序冲裁，生产效率低、操作不便，不利于提高产能。

采用复合冲裁虽然能够获得较好的零件精度和平整度，并具备一定的生产效率，但由于零件孔与边之间的距离较小，容易造成模具强度不足，影响模具寿命和使用安全性。

采用级进冲裁则能在保证模具强度的前提下实现分步加工，通过合理设计模具结构与排样方式，不仅可提高生产效率、简化操作，还能确保零件质量稳定、模具寿命较长。

综上所述，该零件适合采用级进冲裁工艺方案。

3. 确定模具总体结构方案

（1）模具类型　根据冲裁工艺方案，选用级进冲裁模，以实现多个工序的连续加工，提高生产效率并保证产品质量。

（2）操作与定位方式　尽管零件年产量较大，但通过合理安排生产节奏，采用手工送料仍能满足批量生产要求，同时降低模具制造与使用成本。由于零件尺寸较小、材料较薄，为保证送料精度与操作方便，采用导料板导向、侧刃定距的定位方式。为减小料头与料尾的材料消耗，并提高侧刃定距的稳定性，采用双侧刃、前后对角布置的结构形式。

（3）卸料与出件方式　考虑材料厚度较薄，采用弹性卸料方式，以防止零件变形。冲裁件和废料均采用下出件方式，由凸模直接将其从凹模落料孔推出，提高操作效率。

（4）模架类型及精度　由于冲裁间隙小、模具为级进模形式，需确保导向精度和平稳性，因此采用对角导柱模架。

结合零件精度要求和模具工作特性，选用Ⅰ级模架精度以确保加工质量。

4. 工艺与设计计算

（1）排样设计与计算　该零件材料厚度较薄，尺寸小，近似 T 形，因此可采用 45°斜对排样方法，如图 2-76 所示。考虑模具强度的影响，在冲孔和落料工位之间增设了一个空位。

根据排样图的几何关系，可以近似算出两排中心距为 18 mm。

查表 2-11 至表 2-13，取 $a=1.5$ mm，$a_1=1.2$ mm，$\Delta=0.10$ mm，$Z=0.5$ mm，$b_1=1.3$ mm，$y=0.1$ mm。另因采用的ⅠC 型侧刃，故料宽每边需增加燕尾形切入深度 $a'=0.5$ mm。因此，条料宽度为

$$B_{-\Delta}^{0}=(D_{\max}+2a+2a'+nb_1)_{-\Delta}^{0}$$
$$=(18+9.4+2\times1.5+2\times0.5+2\times1.3)_{-0.10}^{0}\ \text{mm}=34_{-0.10}^{0}\ \text{mm}$$

冲裁后废料宽度为

$$B_1=D_{\max}+2a+2a'=(18+9.4+2\times1.5+2\times0.5)\ \text{mm}=31.4\ \text{mm}$$

进距为

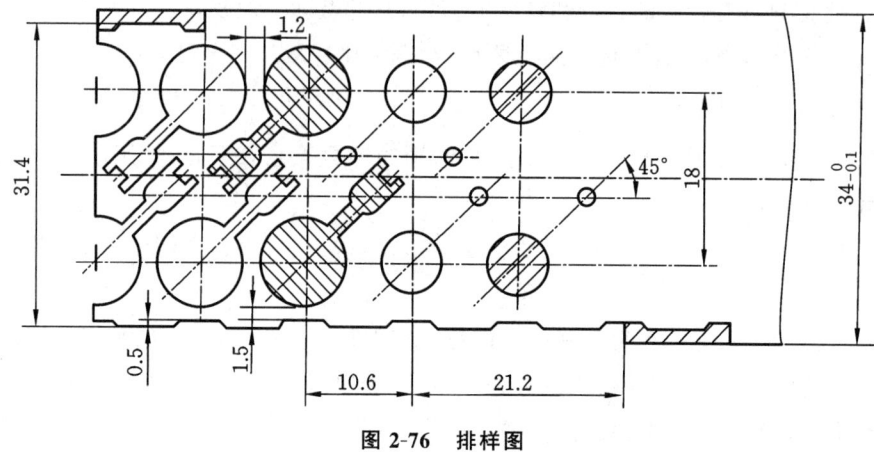

图 2-76 排样图

$$s = 9.4 \text{ mm} + 1.2 \text{ mm} = 10.6 \text{ mm}$$

导料板间距为

$$B' = B + Z = 34 \text{ mm} + 0.5 \text{ mm} = 34.5 \text{ mm}$$
$$B'_1 = B_1 + y = 31.4 \text{ mm} + 0.1 \text{ mm} = 31.5 \text{ mm}$$

由零件图近似算得一个零件的面积为 54 mm²，一个进距内冲两件，故 $A = 54 \text{ mm}^2 \times 2 = 108 \text{ mm}^2$。一个进距内的坯料面积 $B \times s = 34 \text{ mm} \times 10.6 \text{ mm} = 360.4 \text{ mm}^2$。因此材料利用率为

$$\eta = A/(Bs) \times 100\% = 108/360.4 \times 100\% \approx 30\%$$

(2) 计算冲压力与压力中心，初选压力机。

冲裁力：根据零件图可算得一个零件内外周边之和 $L_1 = 77 \text{ mm}$，侧刃冲切长度 $L_2 = 13.8$ mm，根据排样图，一模冲两件和双侧刃布置，故总冲裁长度

$$L = (77 + 13.8) \times 2 \text{ mm} = 181.6 \text{ mm}$$

又 $\tau_b = 255 \text{ MPa}$，$t = 0.3 \text{ mm}$，取 $K = 1.3$，则

$$F = KLt\tau_b = 1.3 \times 181.6 \times 0.3 \times 255 \text{ N} = 18060 \text{ N}$$

卸料力：查表 2-16，取 $K_X = 0.06$，则

$$F_X = K_X F = 0.06 \times 18060 \text{ N} = 1084 \text{ N}$$

推件力：根据材料厚度取凹模刃口直壁高度 $h = 5 \text{ mm}$，故 $n = h/t = 5/0.3 = 16$。查表 2-16，取 $K_T = 0.07$，则

$$F_T = nK_T F = 16 \times 0.07 \times 18060 \text{ N} = 20227 \text{ N}$$

总冲压力：$F_\Sigma = F + F_X + F_T = 18060 \text{ N} + 1084 \text{ N} + 20227 \text{ N} = 39371 \text{ N} \approx 40 \text{ kN}$

应选取的压力机公称压力：$p_0 \geqslant (1.1 \sim 1.3)F_\Sigma = (1.1 \sim 1.3) \times 40 \text{ kN} = 44 \sim 52 \text{ kN}$，因此可选压力机型号为 J24-6.3。

因冲裁件尺寸较小，冲裁力不大，且选用了对角导柱模架，受力平稳，估计压力中心不会超出模柄端面范围，故不必详细计算压力中心的位置。

(3) 计算凸、凹模刃口尺寸及公差　由于材料薄，模具间隙小，故凸、凹模宜采用配作加工。又根据排样图可知，凹模的加工较凸模复杂，且级进模所有凹模型孔均在同一凹模板上，

因此,选用凹模为制造基准件。故不论冲孔、落料,只计算凹模刃口尺寸及公差,并将计算值标注在凹模图样上。各凸模仅按凹模各对应尺寸标注其基本尺寸,并注明按凹模实际刃口尺寸配双面间隙 0.03 mm(查表 2-4、表 2-5,按 ⅱ 类间隙),侧刃按侧刃孔配单面间隙 0.015 mm。

① 落料凹模刃口尺寸。按磨损情况分类计算。

a. 凹模磨损后增大的尺寸,按公式 $A_d = (A_{max} - x\Delta)_0^{-\Delta/4}$ 计算:

$9.4_{-0.1}^{0}$ $A_{d1} = (9.4 - 0.75 \times 0.1)_0^{+0.1/4}$ mm $= 9.33_0^{+0.025}$ mm

$1.5_{-0.12}^{0}$ $A_{d2} = (1.5 - 0.75 \times 0.12)_0^{+0.12/4}$ mm $= 1.41_0^{+0.03}$ mm

$3.7_{-0.16}^{0}$ $A_{d3} = (3.7 - 0.75 \times 0.16)_0^{+0.16/4}$ mm $= 3.58_0^{+0.04}$ mm

13.3 ± 0.1 $A_{d4} = (13.3 + 0.1 - 0.75 \times 0.2)_0^{+0.12/4}$ mm $= 13.25_0^{+0.05}$ mm

2.2 ± 0.12 $A_{d4} = (2.2 + 0.12 - 0.5 \times 0.24)_0^{+0.24/4}$ mm $= 2.2_0^{+0.06}$ mm

b. 凹模磨损后减小的尺寸,按公式 $B_d = (B_{min} - x\Delta)_{-\Delta/4}^{0}$ 计算:

$1.65_0^{+0.12}$ $B_d = (1.65 + 0.75 \times 0.12)_{-0.12/4}^{0}$ mm $= 1.74_{-0.03}^{0}$ mm

c. 凹模磨损后不变的尺寸,按公式 $C_d = (C_{min} + 0.5\Delta) \pm \Delta/8$ 计算:

9.8 ± 0.1 $C_d = (9.7 + 0.5 \times 0.2)$ mm $\pm 0.2/8$ mm $= 9.8 \pm 0.025$ mm

② 冲孔凹模刃口尺寸。冲孔凹模均为圆形,故可按公式 $D_d = (D_{min} + x\Delta + Z_{min})_0^{+\Delta/4}$ 计算:

$6.5_0^{+0.1}$ $D_{d1} = (6.5 + 0.75 \times 0.1 + 0.03)_0^{+0.1/4}$ mm $= 6.61_0^{+0.025}$ mm

$1.85_0^{+0.12}$ $D_{d2} = (1.85 + 0.75 \times 0.12 + 0.03)_0^{+0.12/4}$ mm $= 1.97_0^{+0.03}$ mm

③ 侧刃孔尺寸可按公式 $A_d = (A + 0.5Z_{min})_0^{+\delta_d}$ 计算,取 $\delta_d = 0.02$,则

$$A_d = (A + 0.5Z_{min})_0^{+\delta_d} = A_d = (10.6 + 0.5 \times 0.03)_0^{+0.02} \text{ mm} = 10.61_0^{+0.02} \text{ mm}$$

当采用线切割机床加工凹模时,各型孔尺寸和孔距尺寸的制造公差均可标注为 ± 0.01(为机床一般可达到的加工精度),本例即采用此种加工的标注法。

5. 设计选用模具零部件,绘制模具总装草图

1) 凹模设计

凹模采用矩形板状结构,并通过螺钉、销钉直接固定在下模座上。因冲件的批量较大,考虑凹模的磨损和保证冲件的质量,凹模刃口采用直刃壁结构,刃壁高度取 5 mm。漏料部分沿刃口轮廓单边扩大 0.8 mm(为便于加工,落料凹模漏料孔可设计成近似于刃口轮廓的简化形状)。凹模轮廓尺寸计算如下。

沿送料方向的凹模型孔壁间最大距离为

$$b = 31.81 \text{ mm} + 21.2 \text{ mm} + 10.61 \text{ mm} = 63.62 \text{ mm}$$

垂直于送料方向的凹模型孔壁间最大距离为

$$b = (31.4 - 2 \times 0.5 + 2 \times 6) \text{ mm} = 42.4 \text{ mm}(\text{取侧刃厚度为 } 6 \text{ mm})$$

凹模厚度为

$$H = Kb = 0.3 \times 42.4 \text{ mm} = 12.72 \text{ mm}(\text{查表 2-23},K = 0.3,H \text{ 取 } 16 \text{ mm})$$

凹模壁厚为

$$C = (1.5 \sim 2)H = (1.5 \sim 2) \times 12.72 \text{ mm} = 19.08 \sim 25.44 \text{ mm}(\text{取 } C = 20 \text{ mm})$$

沿送料方向的凹模长度为

$$L = l + 2C = (63.6 + 2 \times 20) \text{ mm} = 103.6 \text{ mm}$$

垂直于送料方向的凹模宽度为

$$B = b + 2C = (42.4 + 2 \times 20) \text{ mm} = 82.4 \text{ mm}$$

根据算得的凹模轮廓尺寸,选取与计算值相接近的标准凹模板轮廓尺寸为 $L \times B \times H =$ 100 mm×80 mm×16 mm。

凹模的材料选用 CrWMn,工作部分热处理淬硬 60～64 HRC。

2)凸模设计

凸模设计落料凸模刃口部分为非圆形结构,为便于凸模和固定板的加工,可设计成阶梯形结构,并将安装部分设计成便于加工的长圆形,通过铆接方式与固定板连接。凸模的尺寸根据刃口尺寸、卸料装置和安装固定要求确定。凸模的材料也选用 CrWMn,工作部分热处理淬硬 58～62 HRC。

冲孔凸模的设计与落料凸模基本相同,因刃口部分为圆形,其结构更简单。考虑冲孔凸模直径很小,故需对最小凸模($\phi 1.85^{+0.12}_{0}$ 冲孔凸模)进行强度和刚度校核。

(1)凸模最小直径的校核(强度校核)。

孔径虽小,但远大于材料厚度,预计凸模的强度和刚度满足要求。为使弹压卸料板加工方便,取凸模与卸料板的双面间隙为 0.2 mm(不起导向作用)。

根据表 2-20,凸模的最小直径 d 应满足:

$$d \geqslant 5.2t \tau_b/[\sigma_{\text{压}}] = 5.2 \times 0.3 \times 255/1200 \text{ mm} = 0.33 \text{ mm}(取[\sigma_{\text{压}}] = 1200 \text{ MPa})$$

而 $$d_{p2} = d_{d2} - Z_{\min} = (1.97 - 0.03) \text{ mm} = 1.94 \text{ mm}$$

因 $d_{p2} > 0.33$ mm,所以凸模强度足够。

(2)凸模最大自由长度的校核(刚度校核)。

根据表 2-20,凸模最大自由长度 L 应满足

$$L \leqslant 90d^2/\sqrt{F} = 90 \times 1.94^2/\sqrt{1.3 \times 3.14 \times 1.94 \times 0.3 \times 255} \text{ mm} = 13.8 \text{ mm}$$

由此可知,小冲孔凸模工作部分长度不能超过 13.8 mm。本例取小冲孔凸模工作部分长度为 12 mm,大冲孔凸模和落料凸模为 15 mm。

其他主要模具零部件的尺寸规格为:模架 100 mm×80 mm×(120～145) mm,凸模固定板 100 mm×80 mm×18 mm,卸料板 100 mm×80 mm×12 mm(台阶高度 4.5 mm),垫板 100 mm×80 mm×4 mm,卸料弹簧 2.5 mm×12 mm×40 mm,模柄 A30×78。

根据模具总体结构方案和已设计选用的模具零部件,绘制模具总装草图,并检查核对模具零件的相关尺寸、配合关系及结构工艺性等,校核压力机的参数,最后作出合理修改。

6. 绘制正规模具总装图和非标准模具零件图

本例的模具总装图见图 2-77。凹模、落料凸模、冲孔凸模、凸模固定板和卸料板分别见图 2-78 至图 2-83。

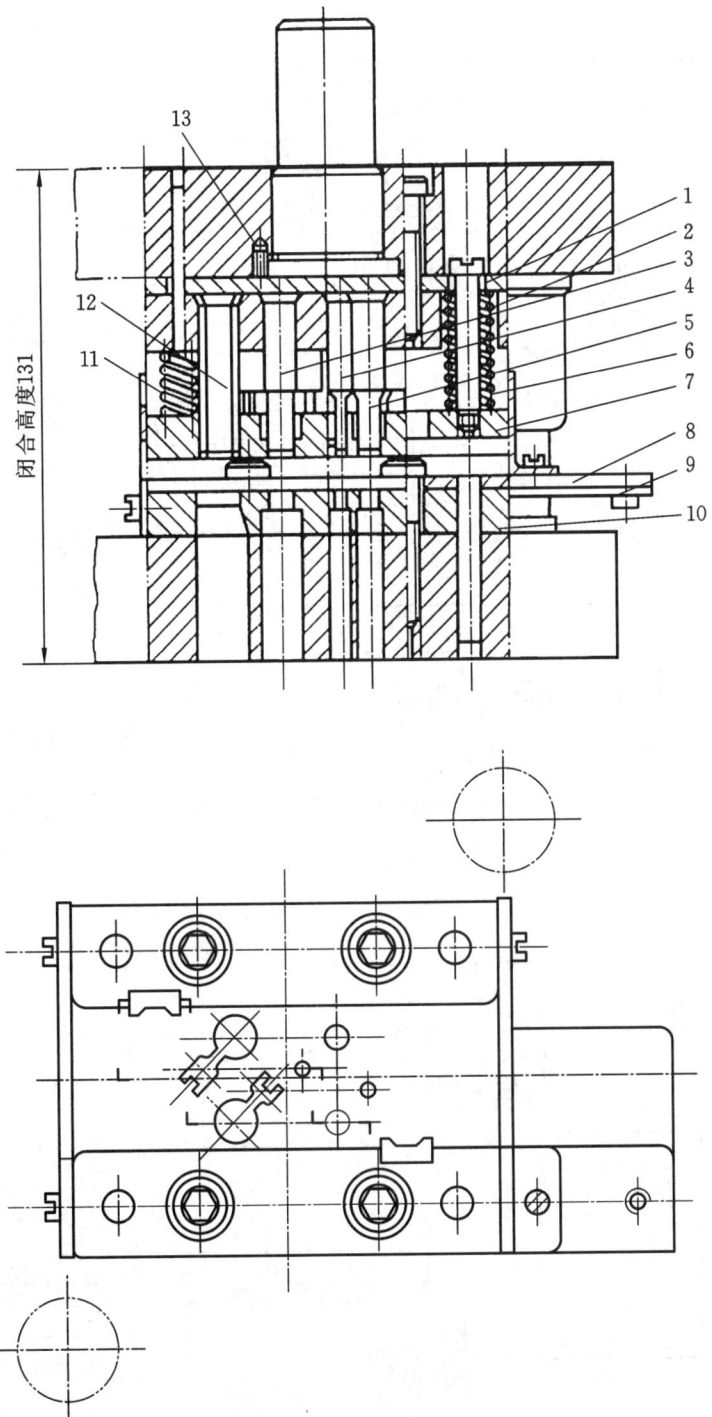

图 2-77　总装图

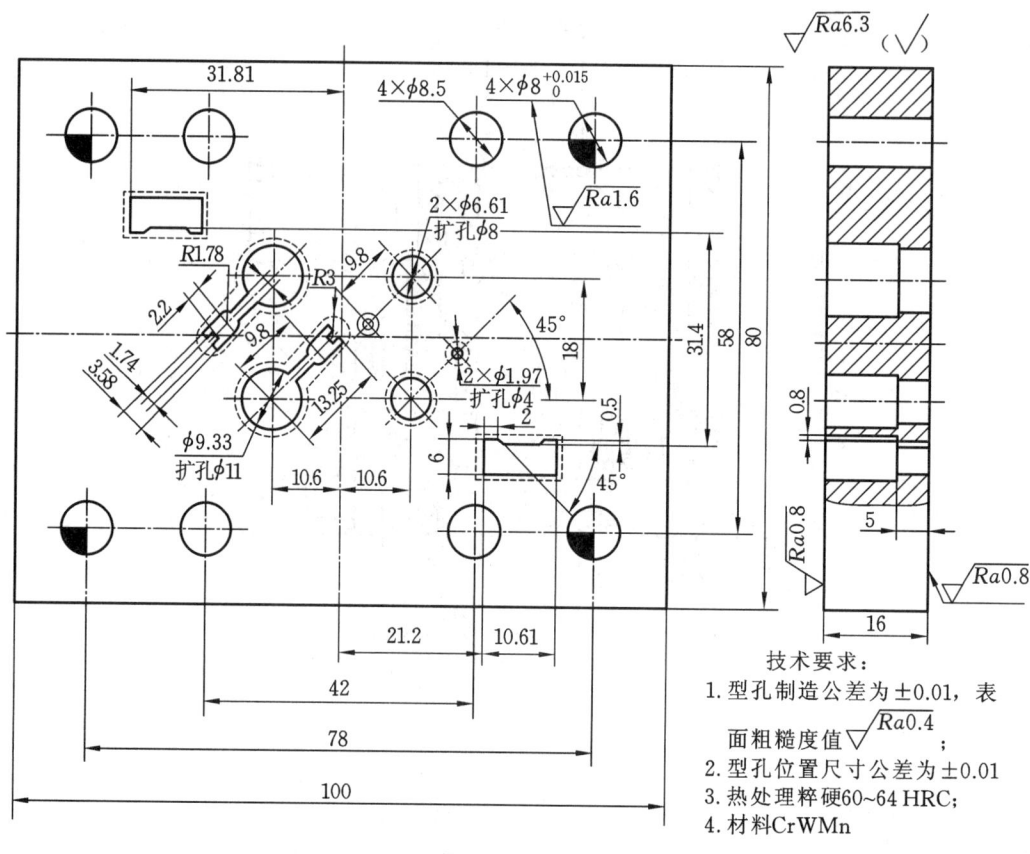

技术要求:
1. 型孔制造公差为±0.01,表面粗糙度值 $\sqrt{Ra0.4}$;
2. 型孔位置尺寸公差为±0.01
3. 热处理粹硬60~64 HRC;
4. 材料CrWMn

图 2-78 凹模

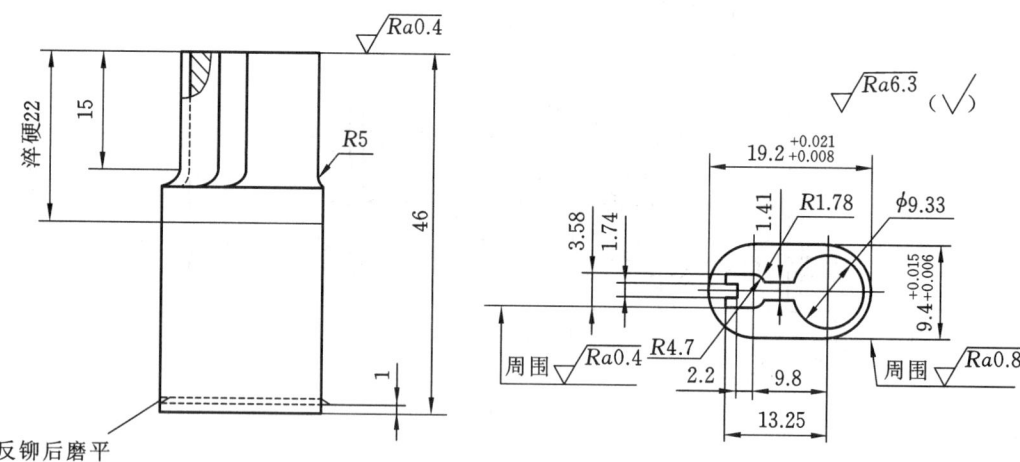

图 2-79 落料凸模

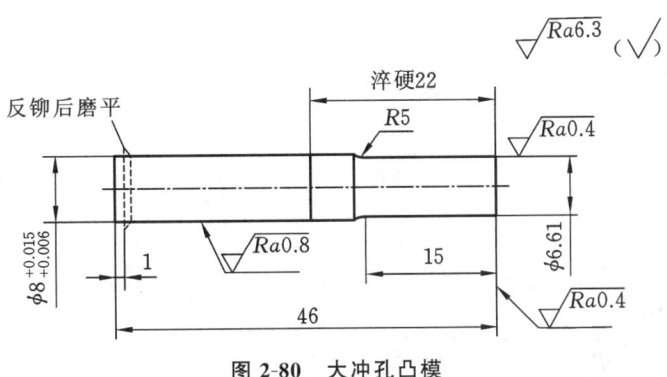

图 2-80 大冲孔凸模

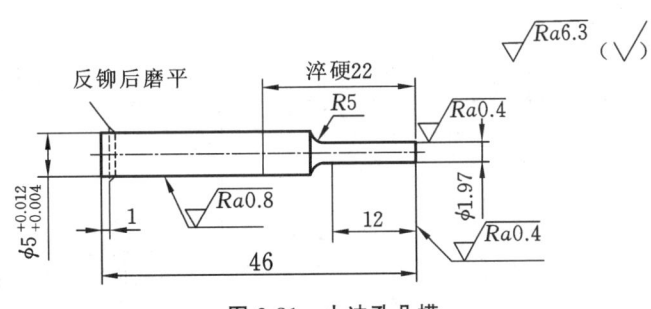

图 2-81 小冲孔凸模

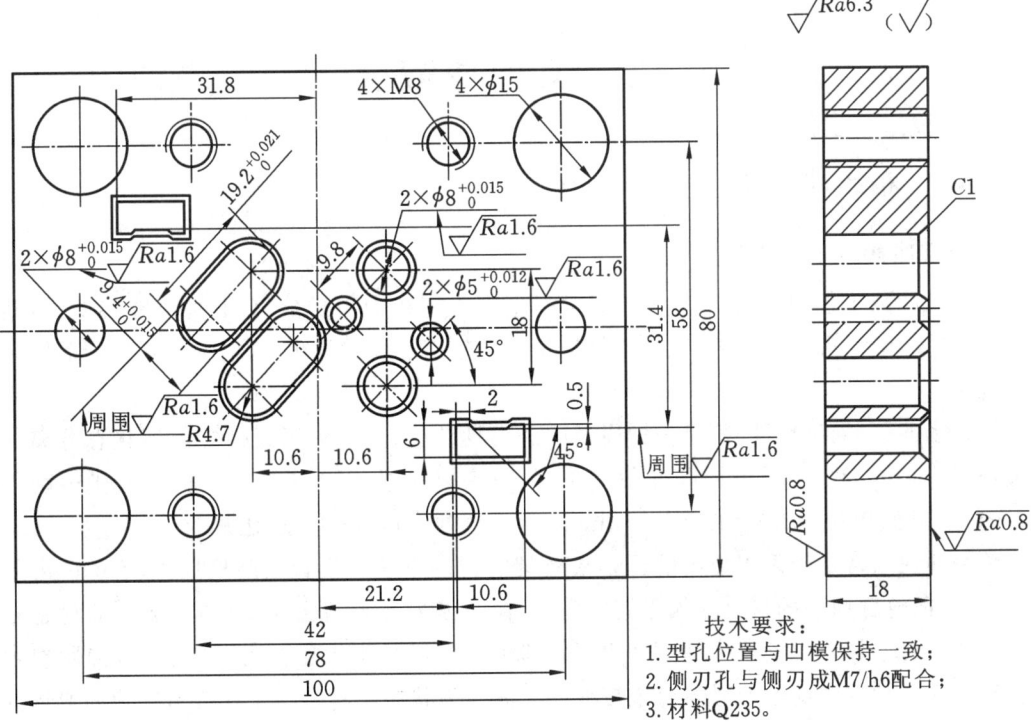

技术要求:
1. 型孔位置与凹模保持一致;
2. 侧刃孔与侧刃成M7/h6配合;
3. 材料Q235。

图 2-82 凸模固定板

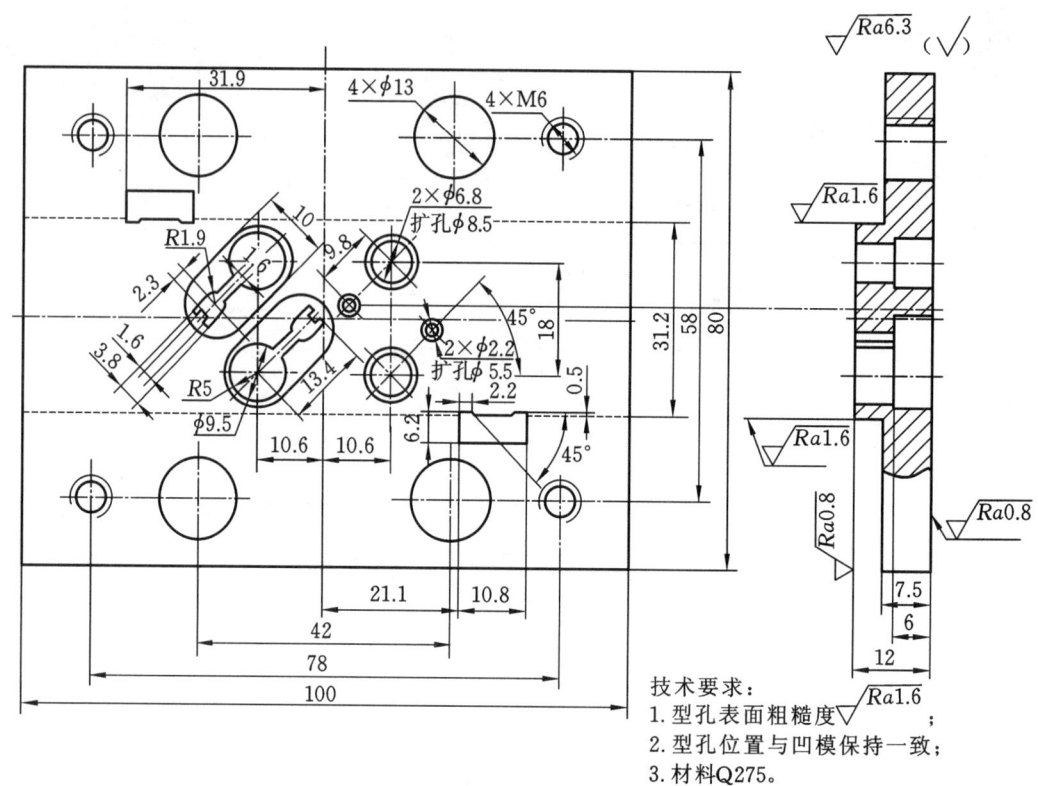

图 2-83 卸料板

技术要求:
1. 型孔表面粗糙度 $\sqrt{Ra1.6}$;
2. 型孔位置与凹模保持一致;
3. 材料Q275。

2.5 其他冲裁模

2.5.1 精密冲裁模

1. 精密冲裁原理及过程

在普通冲裁工艺中,材料都是从模具刃口处产生裂纹而剪切分离,制件尺寸精度低,断面粗糙,不平直,断面有一定斜度,往往不能满足零件较高的技术要求,有时还需再进行后续多道机械加工。

而精密冲裁(简称精冲)则是一种通过改进模具结构,使材料以近似纯剪切状态分离的先进冲裁工艺。该工艺可显著提高冲裁质量,具有良好的技术经济效果。制件尺寸精度可达IT6~IT9,断面粗糙度 $Ra=1.6\sim0.4~\mu m$,断面垂直度可达 $89°30'$ 或更优。

精密冲裁通常是指采用带齿圈压料板模具的精冲方法。设置在凸模周围的 V 形齿圈压料板,对冲裁轮廓周围的材料施加很大的压力;在凹模内设置顶出器,对凸模下面的材料施加较大的压力;此外,将凹模刃口制成小圆角,其主要作用是扩大压应力分布区域,抑制裂纹生成。这样使冲裁轮廓周围的材料处于较强的三向压力状态。这相当于在普通冲裁的变形区应力状态基础上,叠加了较大的静水压力,材料的塑性得到了很大的提高。精密冲裁模具结构如图 2-84 所示。

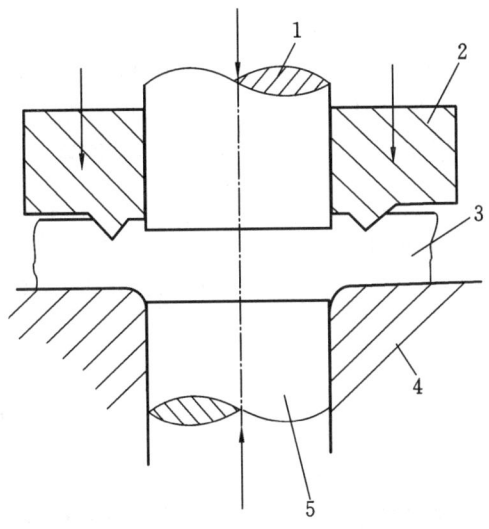

图 2-84　精密冲裁模具结构简图
1—凸模;2—齿圈压板;3—板料;4—凹模;5—顶出器

　　带齿压料板精冲过程如图 2-85 所示:材料送至起始位置(图(a))→模具闭合,带齿压料板、凸模、凹模和顶件块压紧材料(图(b))→材料在完全压紧的状态下冲裁(图(c))→材料分离(图(d))→模具开启,压力释放(图(e))→卸料、顶料(图(f))→推出冲裁件并开始送料(图(g))→吹出冲件及废料(图(h))。

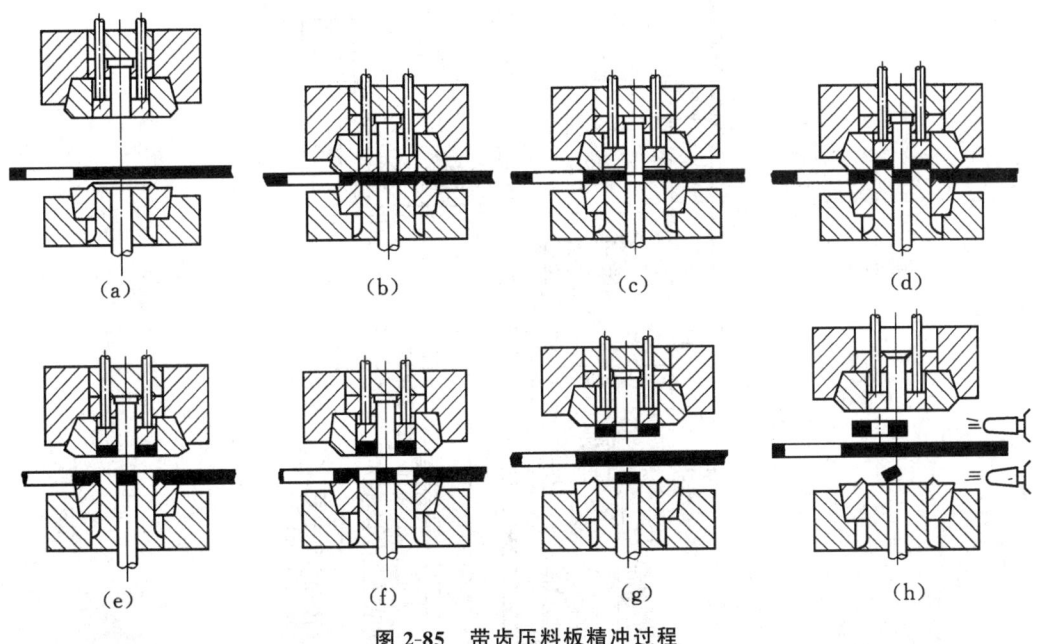

图 2-85　带齿压料板精冲过程

2. 精密冲裁模的典型结构

1) 对精冲模的要求

对精密冲裁模的要求比普通冲裁模更高,需满足以下几点:

(1) 精冲模架必须具有足够的强度和刚度,导向准确,精度高。模座一般采用 45 钢或碳素工具钢制造,结构上通常采用双导柱或四导柱。小批量生产时多采用滑动导向模架,滑动部位配合间隙控制在 0.002～0.005 mm;大批量生产时则推荐使用滚动导向模架。

(2) 精冲模工作部分的零件,如压料板、凸模、凹模、顶板等,应选用淬透性好、热处理变形小的合金工具钢制造,以保证其强度和刚度。同时,这些零件要求加工精度高,装配牢固,且相对位置精确。

(3) 模具需配备能实现较大冲裁力、压料力、反顶力及卸料力、顶(推)件力的可靠装置。

(4) 必须严格控制凸模进入凹模的深度(一般控制在 0.025～0.05 mm)以防止刃口损坏。此外,还需合理考虑工作部位的润滑与排气问题。

2) 精冲模的典型结构

根据所配冲压设备的不同,精冲模可分为普通压力机使用的简易精冲模和专用压力机使用的精冲模两类。

(1) 普通压力机上使用的简易精冲模。简易精冲模在单动压力机或液压机上获得主要冲裁力,其他辅助压力由模具的弹压装置或液压装置提供。

图 2-86 所示为简易机械式精冲模,其基本结构与倒装式普通复合冲裁模相似,但整体模

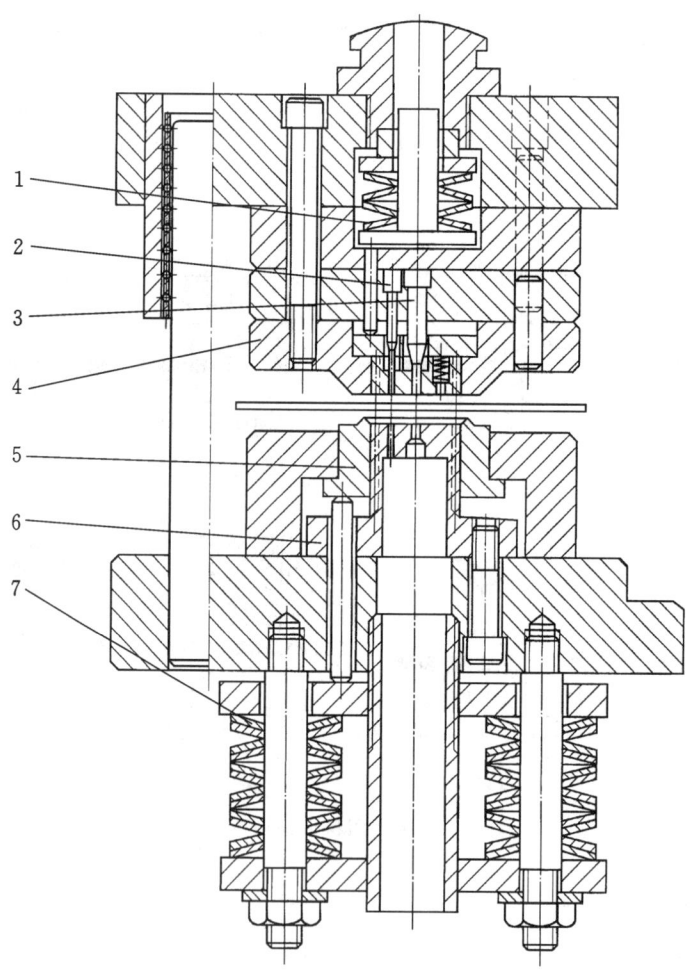

图 2-86　简易机械式精冲模

1,7—碟形弹簧;2,3—冲孔凸模;4—凹模;5—带齿压料板;6—凸凹模

具的设计与制造要求高于普通模具。由于带齿压料板和推板需要较大压料力与反压力,通常采用碟形弹簧作为弹性元件。该类模具结构相对简单,制造容易,但模架刚性与强度有限,且弹簧产生的压力随压缩量变化,无法精确调节。适用于板厚小于 4 mm、生产批量不大、精度要求一般的小型精冲件。

图 2-87 所示为简易液压精冲模,其主要特点是:冲裁力由压力机滑块提供,而带齿压料板的压料力和顶件块的反压力由液压系统提供。上液压缸内的活塞通过连接推杆 4 对压料板 7 施加压力,同时通过垫块 3 带动推杆 8,提供推件力。下液压缸 14 中的下活塞 15 则通过垫板 13 和顶杆 11 对顶件块 10 施加反压力。由于采用了液压装置,能对压料板、顶件块及凹模施加较大、稳定且可调的压力,从而在冲裁区形成较大的静水压力,提高材料塑性。该结构虽能大幅提升精度和断面质量,但模具结构复杂,加工难度大,成本较高。

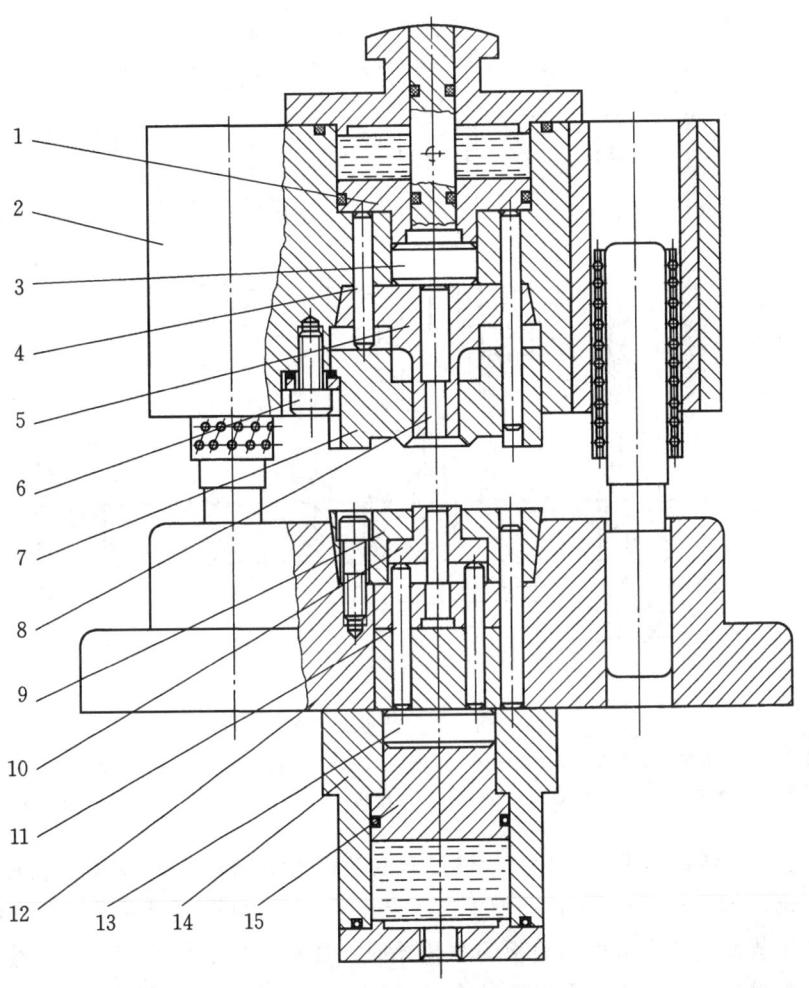

图 2-87 简易液压精冲模

1—上活塞;2—上模座;3—垫块;4—连接推杆;5—凸凹模;6—螺钉;7—带齿压料板;8—推杆;
9—凹模;10—顶件块;11—顶杆;12—下模座;13—垫板;14—下液压缸;15—下活塞

（2）专用压力机上使用的精冲模。这类模具分为固定凸模式精冲模和活动凸模式精冲模两种。

图 2-88 所示为固定凸模式精冲模,其凸凹模固定在上模座上(也可以固定在下模座上)。带齿压料板 9 的压力由上柱塞 1 通过连接推杆 3 和 5、活动模板 7 传递;顶件块 11 的反压力由下柱塞 17 通过顶块 15 和顶杆 13 传递。这种结构的精冲模刚性好,受力平稳,适用于生产大型、窄长、外形复杂、内孔较多、板料厚或需级进精冲的零件。

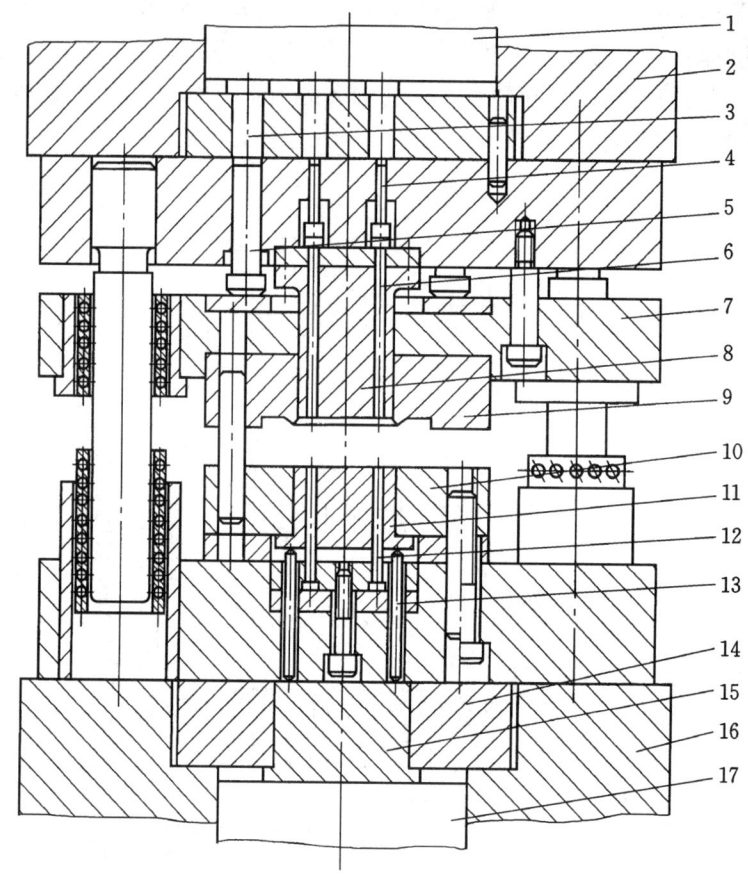

图 2-88　固定凸模式精冲模

1—上柱塞;2—上工作台;3,4,5—连接推杆;6—推杆;7—活动模板;8—凸凹模;9—带齿压料板;10—凹模;
11—顶件块;12—冲孔凸模;13—顶杆;14—下垫板;15—顶块;16—下工作台;17—下柱塞

图 2-89 所示为活动凸模式精冲模。该模具的凹模固定于上模座,带齿压料板固定在下模座,凸模 6 是活动的,由滑块 9 通过凸模支座 7 和凸模拉杆 10 驱动凸模作上、下运动,凸模的上、下运动靠下模座内孔和带齿压料板的型孔导向。这种结构的精冲模适用于生产冲裁力不大的中、小冲型精冲件。冲件外形尺寸较大时,活动凸模的对中精度很难保证。

3. 精密冲裁模的设计

1）精密冲裁的排样要求

在进行排样时,应将精冲件中对断面质量要求较高的部位或几何形状较复杂的部位安排在条料送料方向的一侧,如图 2-90 所示。这样做是因为这些部位在冲裁过程中对材料变形具

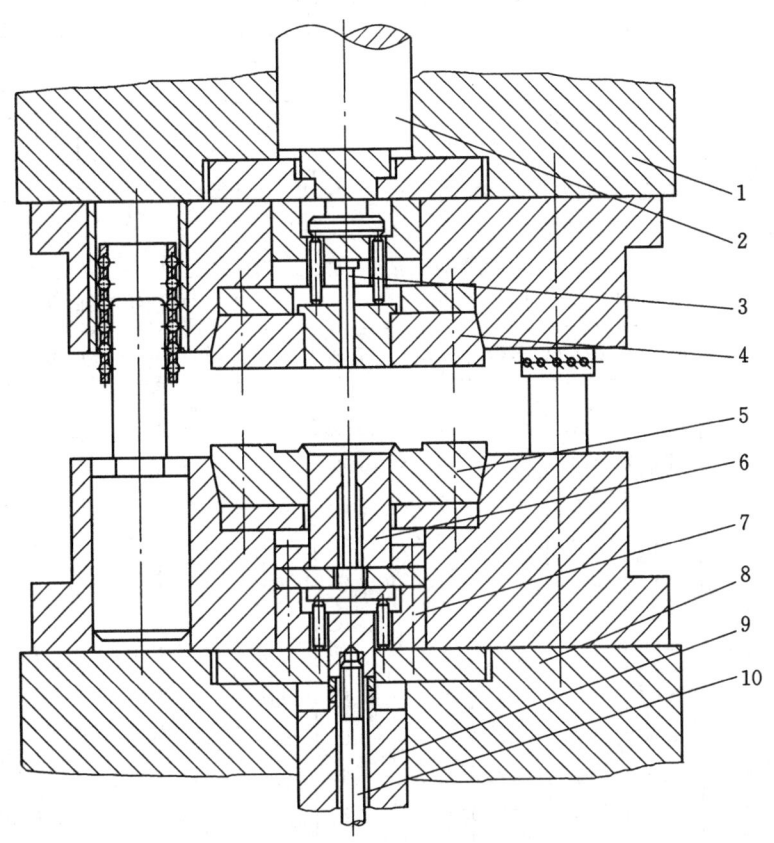

图 2-89　活动凸模式精冲模

1—上工作台;2—上柱塞;3—冲孔凸模;4—凹模;5—带齿压料板;
6—凸模;7—凸模支座;8—下工作台;9—滑块;10—凸模拉杆

有较强的抵抗能力,同时也可避免因加工硬化导致的材料塑性下降,更容易获得表面光亮、质量优良的冲裁断面。

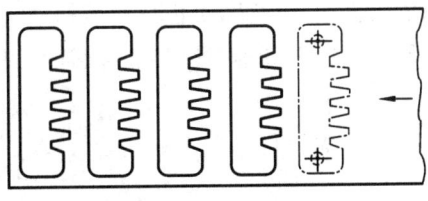

图 2-90　精冲的排样

此外,由于精密冲裁过程中是由带齿压料板对材料进行压紧,因此其搭边值通常大于普通冲裁工艺,具体搭边值可参考表 2-31。

表 2-31　精冲排样时的搭边 　　　　　　　　　　　　　　　　　(mm)

材料厚度 t/mm	材料抗拉强度 σ_b/MPa						材料抗拉强度 σ_b/MPa					
	≤450		>450~600		>600~700		<450		>450~600		>600~700	
	a_1	a	a_1	a	a_1	a	a_1	a	a_1	a	a_1	a
1.0	1.3	1.5	1.2	1.3	1.1	1.2	1.5	2.0	1.3	1.6	1.2	1.3
1.5	2.0	2.2	1.8	2.0	1.6	1.8	2.2	3.0	2.0	2.4	1.8	2.1
2.0	2.6	3.0	2.4	2.6	2.2	2.4	3.0	1.0	2.6	3.2	2.4	2.6
2.5	3.2	3.6	3.0	3.3	2.7	3.0	3.6	5.0	3.2	1.0	3.0	3.2
3.0	3.9	4.4	3.6	3.9	3.3	3.6	4.6	6.0	3.9	1.8	3.6	3.9
3.5	4.5	5.2	4.2	4.5	3.8	4.2	5.2	7.0	4.5	5.6	4.2	4.5
4.0	5.2	6.0	4.8	5.2	4.0	4.8	6.0	7.6	5.2	6.4	4.4	4.8
5.0	5.5	6.5	5.0	6.0	4.5	5.5	6.5	8.0	6.0	7.0	5.5	6.0
6.0	6.6	7.8	6.0	7.2	5.4	6.6	7.8	9.0	7.2	8.4	6.6	7.2
7.0	7.7	9.1	7.0	8.4	6.3	7.7	9.1	10.5	8.4	9.8	7.7	8.4
8.0	8.8	10.4	8.0	9.6	7.2	8.8	10.4	12.0	9.6	11.2	8.8	9.6
10.0	11.0	13.0	10.0	12.0	9.0	11.0	13.0	15.0	12.0	14.0	11.0	12.0
12.0	13.2	15.6	12.0	14.4	10.8	13.2	15.6	18.0	14.4	16.8	13.2	14.4

2）精密冲裁过程力的计算

从上述过程可以看出,为实现精冲工艺,需要分别施加压料力、冲裁力和反压力三种作用力,并且这三种力必须按顺序依次作用。因此,带齿压料板精冲法需要配备能够实现三重动作的模具和压力机结构,并在板料分离后具备顶(推)件和卸料的动作,如图 2-91 所示。

（1）冲裁力的计算。

$$F = 1.25 L t \tau_b \approx L t \sigma_b$$

式中:F——冲裁力;

　　　L——冲裁周边长度的总和;

　　　t——板料厚度;

　　　τ_b——材料的抗剪强度,$\tau_b \approx 0.8\sigma_b$;

　　　σ_b——材料的抗拉强度。

（2）带齿压料板的压料力。

$$F_Y = (0.3 \sim 0.6)F$$

式中:F_Y——压料力;

　　　F——冲裁力。

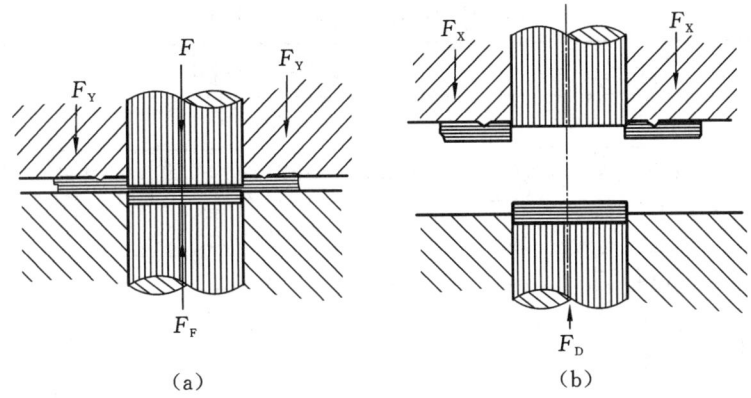

图 2-91 精密冲裁过程力

注:F 为冲裁力;F_Y 为压料力;F_F 为反压力;F_X 为卸料力;F_D 为顶件力。

(3) 顶(推)件块的反压力

$$F_F = Ap$$

式中:F_F——顶(推)件块反压力;

　　A——精冲零件的承压面积;

　　p——单位面积反压力,$p = 20 \sim 70$ MPa。

压料力和反压料力的计算只是初步的,需要在试冲时从小值开始逐步调节,在满足精冲要求的条件下,选用最小值,以提高模具寿命。

(4) 精冲总压力 F_Z 的计算。

$$F_Z = F + F_Y + F_F$$

F_Z、F、F_Y、F_F 作为选择专用精冲压力机公称压力的依据。

(5) 卸料力和顶(推)件力的计算。

卸料力

$$F_X = (0.1 \sim 0.15)F$$

顶(推)件力

$$F_D = (0.1 \sim 0.15)F$$

式中:F——冲裁力。

精冲上、下模开启后,精冲压力机的低压系统会供给足够的卸料力和顶(推)件力,故可不进行这两种力的计算。

3) 凸、凹模间隙

精冲模凸、凹模间隙很小,一般双面间隙仅为板料厚度的 $0.5\% \sim 1.0\%$。确定精冲凸、凹模间隙值的主要依据是板料厚度、材料性能和冲件几何形状等。板料薄、塑性差、冲外形时取小值,反之取大值。表 2-32 为精冲凸、凹模刃口间隙的参考值。

表 2-32　精冲凸、凹模刃口间隙（双面）

板料厚度 t/mm	材料抗拉强度 σ_b/MPa					
	≤450		450～600		＞600	
	外形	内形	外形	内形	外形	内形
	Z/mm					
1.0	0.015	0.020	0.010	0.015	0.010	0.015
2.0	0.030	0.040	0.020	0.030	0.016	0.026
3.0	0.045	0.060	0.030	0.045	0.024	0.040
4.0	0.060	0.080	0.040	0.060	0.032	0.052
6.0	0.090	0.120	0.060	0.090	0.048	0.078
8.0	0.120	0.160	0.080	0.120	0.064	0.104
10.0	0.150	0.200	0.100	0.150	0.080	0.130
12.0	0.180	0.240	0.120	0.180	0.100	0.160

4）凸、凹模刃口圆角半径

精密冲裁时，一般落料凹模与冲孔凸模的刃口均作出一定的圆角半径。圆角半径的大小要适当，半径太小时冲裁件断面上可能出现撕裂现象，半径太大时断面上的塌角将增大。落料凹模圆角半径一般取 0.01～0.03 mm，冲孔凸模圆角半径一般取 0.01 mm 以下。在生产中，宜先取较小值试冲，当加大压料力仍不能得到理想断面时，再加大圆角半径。

5）凸、凹模刃口尺寸的确定

精冲凸、凹模刃口尺寸的确定与普通冲裁模确定方法基本相同，但由于精冲条件与普通冲裁条件有很大不同，所以精冲件的尺寸精度不但取决于凸、凹模刃口尺寸精度，还与凸、凹模间隙、带齿压料板的压力和推（顶）件块的反压力、刃口圆角、板料厚度及材料性能有关。

综合考虑上述各因素和模具使用时的磨损情况，精冲凸、凹模刃口尺寸按表 2-33 公式计算。

表 2-33　精冲凸、凹模刃口尺寸计算

工序性质	凹模刃口尺寸	凸模刃口尺寸
落料	$D_d = (D_{max} - 0.75\Delta)^{+\delta_d}_0$	按凹模实际刃口尺寸配作，保证双面间隙值
冲孔	按凸模实际刃口尺寸配作，保证双面间隙值	$d_p = (d_{min} + 0.75\Delta)^{0}_{-\delta_p}$
孔心距	$L_d = (L_{min} + 0.5\Delta) \pm \Delta/8$	

注：D_{max}——冲裁件最大极限尺寸；d_{min}——冲裁件孔最小极限尺寸；L_{min}——冲裁件孔中心距最小极限尺寸；Δ——冲裁件公差；δ_p、δ_d——精冲凸、凹模制造公差，一般取 $\Delta/4$，或外形按 IT5，内形按 IT6。

6）带齿压料板的设计

带齿压料板的设计主要是确定齿圈的截面形状、齿形尺寸及齿圈在压板上的布置方式。

齿圈的截面形状有 V 形、凸台形和斜面形等三种，如图 2-92 所示。V 形齿圈截面形状又有对称角度和非对称角度两种。

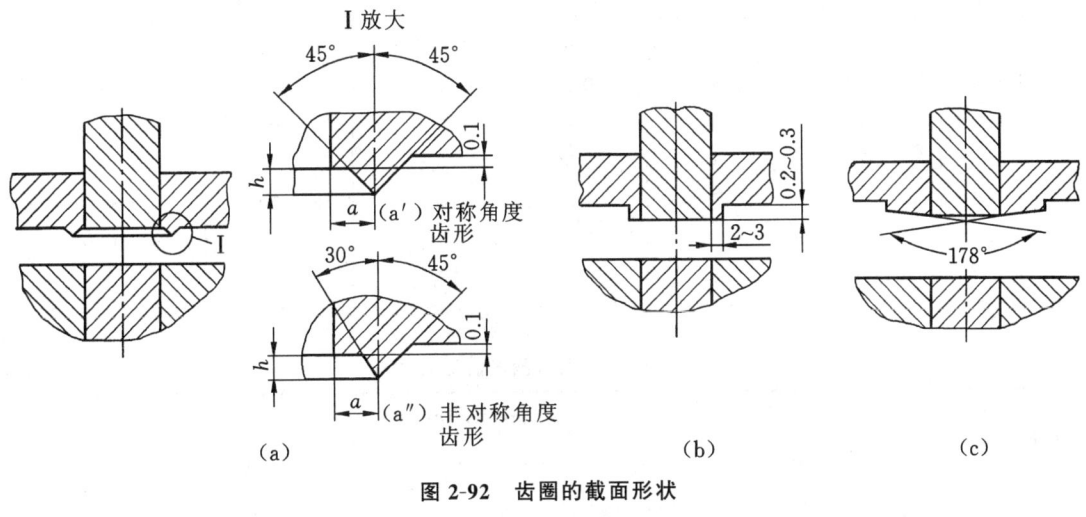

图 2-92　齿圈的截面形状

(a)V 形；(b)凸台形；(c)斜面形

当板料厚度 $t \leqslant 3.5$ mm 时，只需在带齿压料板上设齿圈，即单面齿圈；当 $t > 3.5$ mm 时，则在带齿压料板和凹模上均要设齿圈，即双面齿圈，如图 2-93 所示，其中 $h_1 < h$ 且上、下两齿圈应稍微错开。

单面齿圈的齿形尺寸参考表 2-34，双面齿圈的齿形尺寸参考表 2-35。

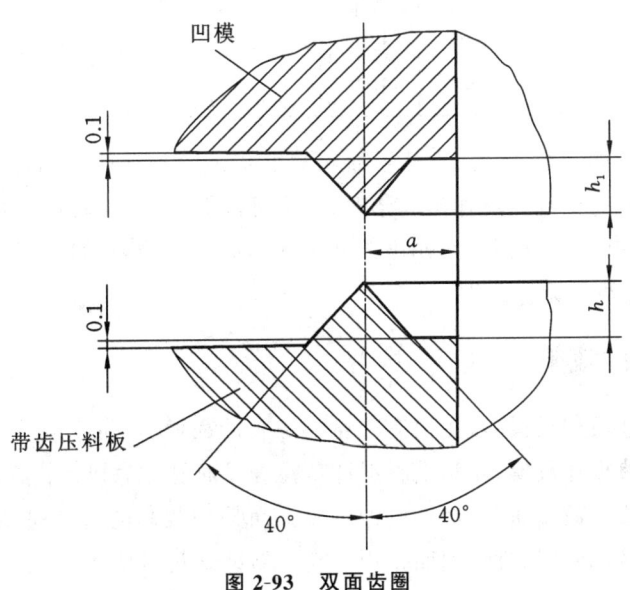

图 2-93　双面齿圈

表 2-34　单面齿圈的齿形尺寸 （mm）

板料厚度 t/mm	材料抗拉强度 σ_b/MPa					
	≤450		450～600		＞600	
	a	h	a	h	a	h
1.0	0.75	0.25	0.60	0.20	0.50	0.15
1.5	1.10	0.35	0.90	0.30	0.80	0.25
2.0	1.50	0.50	1.20	0.40	1.00	0.30
2.5	1.90	0.60	1.50	0.50	1.20	0.40
3.0	2.30	0.75	1.80	0.60	1.50	0.45
3.5	2.60	0.90	2.10	0.70	1.70	0.55
1.0	2.80	1.00				

表 2-35　双面齿圈的齿形尺寸 （mm）

板料厚度 t/mm	材料抗拉强度 σ_b/MPa								
	≤450			450～600			＞600		
	a	h	h_1	a	h	h_1	a	h	h_1
4.0				1.60	0.40	0.30	1.30	0.30	0.20
5.0	2.30	0.60	0.50	2.00	0.50	0.40	1.65	0.40	0.25
6.0	2.80	0.75	0.60	2.40	0.60	0.50	2.00	0.50	0.30
7.0	3.30	0.85	0.70	2.80	0.70	0.55	2.30	0.55	0.35
8.0	3.80	1.00	0.80	3.20	0.80	0.60	2.60	0.60	0.40
9.0	4.20	1.10	0.90	3.60	0.90	0.70	0.95	0.70	0.45
10.0	4.70	1.20	1.00	4.00	1.00	0.75	3.25	0.75	0.50
12.0	5.70	1.50	1.20	4.80	1.20	0.90	3.90	0.90	0.60

　　齿圈的平面布置如图 2-94 所示,其平面轮廓形状一般与精冲件的冲裁轮廓相似,但有些较小的内凹轮廓不能完全绕轮廓作出齿形时,齿形可以简化。局部精冲的零件,只需在精冲部位相应处作出齿圈,其余部分则不必作出。冲小孔不必作出齿圈,冲大孔(孔径大于板料厚度10 倍)则在推(顶)件块上设置齿圈。

2.5.2　简易冲裁模

　　目前的简易冲裁模种类很多,主要有聚氨酯橡胶冲裁模、低熔点合金冲裁模、锌基合金冲裁模、钢带冲裁模、薄板冲裁模、超塑性材料冲裁模等。简易冲裁模是指在模具结构、材料及制造工艺等方面比一般冲裁模简单、经济的冲裁模。简易冲裁模的特点是结构简单、制造容易、成本低廉、制造周期短、使用方便,因而常用于新产品试制及多品种、中小批量的生产。下面以应用较为广泛的锌基合金模为例,介绍简易冲裁模的设计。

1. 锌基合金冲裁模的特点

　　锌基合金材料是以锌为主要成分,加入少量的铝、铜及微量的镁所组成的合金。锌基合金

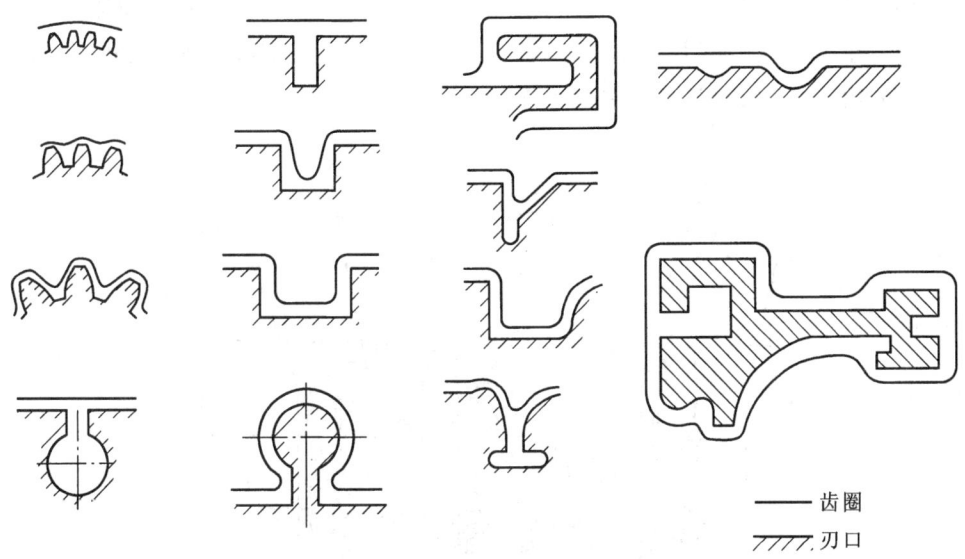

——齿圈

////.刃口

图 2-94 齿圈的平面布置

综合性能较好,价格低,熔点低,重熔性好,特别是具有良好的铸造性和切削加工性。锌基合金冲裁模是利用锌基合金材料,通过铸造的方法制作冲裁模的凸模或凹模等零件的一种简易模具。由于这种模具结构设计与制造简单,不需要使用高精度加工设备和较高的钳工技术,生产周期短,并且锌合金可重复使用,具有良好的技术经济效果。锌基合金不但用于冲裁模,还可用于拉深模、弯曲模、成形模等,适用于薄板零件的中小批量生产和新产品试制。

2. 锌基合金冲裁模的冲裁机理

用锌基合金制造冲裁模时,对于落料模,凹模用锌合金制造,而凸模用模具钢制造;对于冲孔模,凸模用锌合金制造,而凹模则用模具钢制造。这样,凸、凹模材料一个是钢质,一个是锌基合金,钢质硬度较大,而锌基合金则比钢质要软,冲裁机理与普通冲裁不同。钢质凸、凹模的刃口锋利,冲裁材料是从凸、凹模刃口处产生双向裂纹扩展相遇而分离的。而锌合金模的冲裁则是单向裂纹扩展分离的过程。落料锌基合金模冲裁时,软质的锌基合金凹模刃口会形成小圆角,锋利的钢质凸模刃口处材料的应力集中值大于锌基合金凹模刃口处的应力集中值,因而冲裁裂纹首先在钢凸模刃口处产生,并单向快速扩展到锌基合金凹模刃口附近的侧壁,与由锌基合金凹模刃口处产生的裂纹相遇使材料分离,完成冲裁。

锌基合金冲裁模的间隙一般是在使用过程中自然形成的。这是因为锌基合金凹模一般是用钢质凸模浇铸而成的,凸、凹模的初始间隙几乎为零。由于锌基合金凹模与钢制凸模硬度差别较大,初始冲裁时软凹模会受到侧向挤压而径向变形,使凸、凹模间形成间隙,同时刃口侧壁产生剧烈磨损,使间隙增大,冲制一定数量的零件后,便达到合理间隙。此后,由于凹模端面在板料压力的作用下产生的变形会补偿凹模侧壁产生的磨损,使间隙在一定时间里始终维持正常的冲裁间隙。这种在磨损与补偿过程中形成的相对稳定的间隙,称为动态平衡间隙。

3. 锌基合金冲裁模的典型结构

锌基合金冲裁模可以设计成单工序模或复合模。图 2-95 所示为锌基合金复合冲裁模,该模具的落料凹模 7 与冲孔凸模 10 用锌基合金制造,凸凹模 3 用模具钢制造。该模具结构与普通冲裁模基本相同,只是由于用锌基合金模冲裁的板料厚度一般不大,冲压力较小,所以推件和顶件部分采用了弹性元件以便卸料与出件。

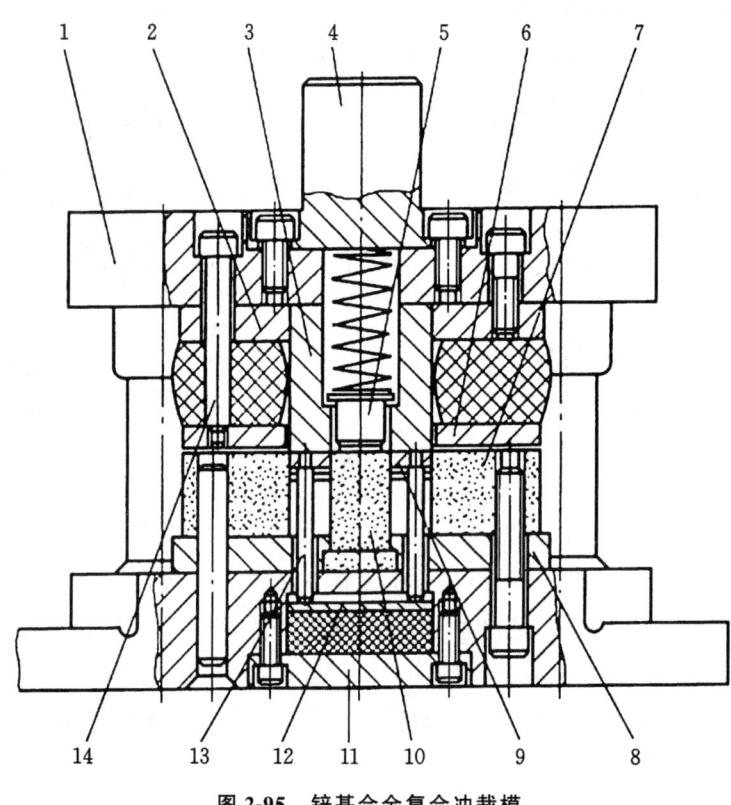

图 2-95 锌基合金复合冲裁模

1—模架;2—凸凹模固定板;3—凸凹模;4—模柄;5—推件块;6—卸料板;7—落料凹模;8—凸模固定板;
9—顶件块;10—冲孔凸模;11—盖板;12—顶件托板;13—顶杆;14—卸料螺钉

4. 锌基合金冲裁模的设计

1) 凸、凹模刃口尺寸和公差的确定

对于锌基合金落料模,只需设计和计算钢质凸模的尺寸,其刃口尺寸为

$$D_p = (D_{max} - Z_{min} - x\Delta)_{-\delta_p}^{0}$$

对于锌基合金冲孔模,只需设计和计算钢质凹模的尺寸,其刃口尺寸为

$$D_d = (d_{min} + Z_{min} + x\Delta)_{0}^{+\delta_d}$$

式中:D_{max}——落料件最大极限尺寸;

d_{min}——冲孔件最小极限尺寸;

Z_{min}——最小合理间隙(双面),按普通冲裁模间隙选取;

Δ——冲件公差;

x——系数,冲件精度 IT11~IT13 时,取 $x=0.75$;IT14 以下时,取 $x=0.5$;

δ_p——钢质凸模制造公差,按 IT6 选用;

δ_d——钢质凹模制造公差,按 IT7 选用。

2）锌基合金凸、凹模的设计

锌基合金凹模一般采用直壁刃口结构，如图 2-96（a）所示，其刃壁高 h 比普通冲裁模大 2～5 mm。锌基合金凹模应具有足够的厚度和壁厚，以保证结构强度与使用寿命。对于冲裁轮廓在 1 m 以下的中、小型冲裁件，其厚度和壁厚可按图 2-96（b）、（c）确定。对冲裁轮廓在 1 m 以上的大型冲裁件，还应考虑冲裁轮廓的形状和锌合金冷却收缩时产生的内应力，对有尖角处的危险部位应适当增大局部截面尺寸。

直接用锌基合金制造凹模，其使用寿命以及可冲制零件的厚度会受到限制，因此可在锌基合金凹模体上增添淬火的弹簧钢皮或钢板，以增加刃口强度。

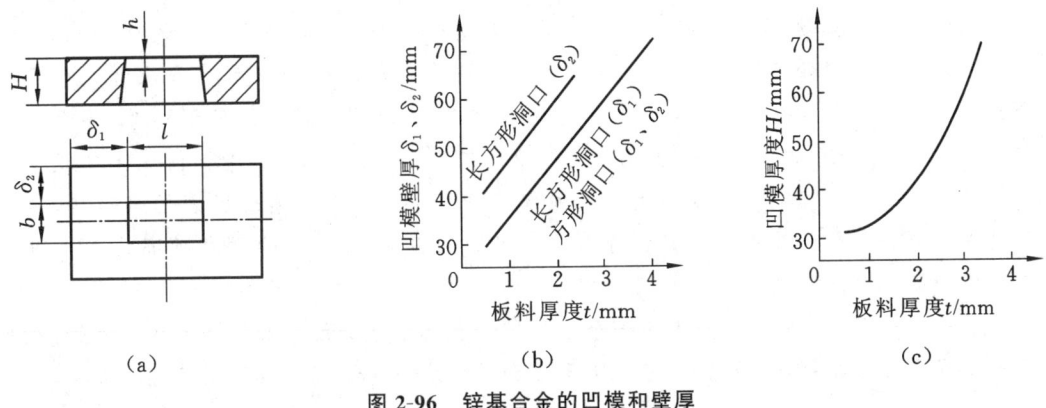

图 2-96　锌基合金的凹模和壁厚

锌基合金凸模用于冲孔，其结构形式多采用组合式或镶拼式，如图 2-97 所示。凸模长度应根据结构的需要来确定。通常，锌基合金凸模受抗压强度和结构设计的限制，冲孔直径不宜小于 $\phi 50$ mm。

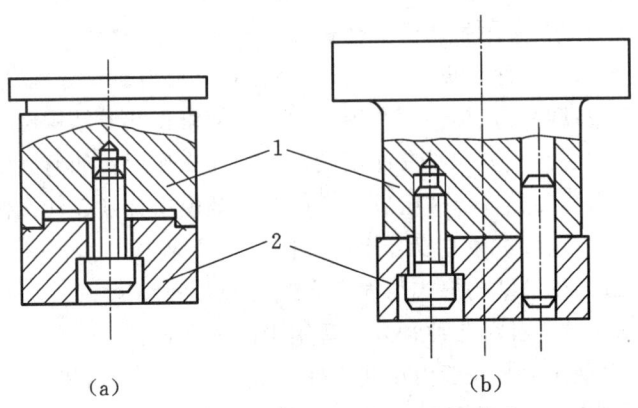

图 2-97　锌基合金凸模的结构形式

（a）组合式；（b）镶拼式

1—凸模固定部分；2—锌基合金

思政故事

深海"蛟龙"守护者

作为目前世界上潜深最大的载人潜水器,"蛟龙号"的研制难度堪比航天工程。在这项高精尖的重大技术攻关中,有一位普通钳工技师的身影尤为引人注目——他就是中国船舶重工集团公司第七〇二研究所水下工程研究开发部职工、"蛟龙号"载人潜水器首席装配钳工技师顾秋亮。

十多年来,顾秋亮带领全组成员,保质保量完成了"蛟龙号"总装集成,并完成了数十次水池试验和海试过程中的部件拆装与维护,还和科技人员一道攻关,解决了海上试验中遇到的技术难题,用实际行动演绎着对祖国载人深潜事业的忠诚与热爱。

作为首席装配钳工技师,工作中面对技术难题是常有的事,而顾秋亮每次都能对症下药、迎难而上,靠的就是工作四十余年来养成的"螺丝钉"精神。他勤于思考、善于钻研,乐于挑战工作中的"硬骨头"。凡是交给他的任务,他总是反复思考如何优化安装方法和工具,提高安装精度,确保高质量地完成安装任务。正是凭着这股爱钻研的劲,顾秋亮在工作中练就了较强的创新和解决技术难题的技能,出色完成了各项高技术高难度高水平的工程安装调试任务。

已年近花甲的顾秋亮仍坚守在科研生产第一线,为载人深潜事业续写着我国深蓝,乃至世界深蓝的探索奇迹。如今,他又肩负起了新的挑战——组装4500米载人潜水器。

 习题

2-1 板料冲裁时,其切断面具有什么特征?这些特征是如何形成的?

2-2 什么是冲裁间隙?实际生产中如何选择合理的冲裁间隙?

2-3 冲裁凸、凹模刃口尺寸计算方法有哪几种?各有何特点?分别适应于什么场合?

2-4 什么是冲裁力、卸料力、推件力和顶件力?如何根据冲模结构确定冲压工艺总力?

2-5 什么是压力中心?压力中心在冲模设计中起什么作用?如何确定模具的压力中心?

2-6 冲裁模一般由哪几类零部件组成?它们在冲裁模中分别起什么作用?

2-7 试比较单工序模、级进模和复合模的结构特点及应用。

2-8 常用冲裁凸、凹模的结构形式与固定方式有哪几种?

2-9 冲裁模的卸料方式有哪几种?分别适用于何种场合?

2-10 模架的作用是什么?一般由哪些零件组成?如何选择模架?

2-11 什么是精密冲裁?精密冲裁与普通冲裁相比有哪些方面不同?

2-12 什么是简易冲模?在生产中采用简易冲模有何意义?

2-13 什么是锌基合金冲裁模?它有何特点?

2-14 计算冲裁图2-98所示零件的凸、凹模刃口尺寸及其公差(图(a)按分别加工法,图(b)按配作加工法)。

2-15 用复合冲裁方式冲裁图2-98(a)所示零件,设模具采用弹性卸料、刚性推件的倒装式复合模,试完成以下有关冲裁工艺与模具设计工作:

（1）确定合理的排样方法，画出排样图，并计算材料利用率和条料宽度（条料采用导料销和挡料销定位）。

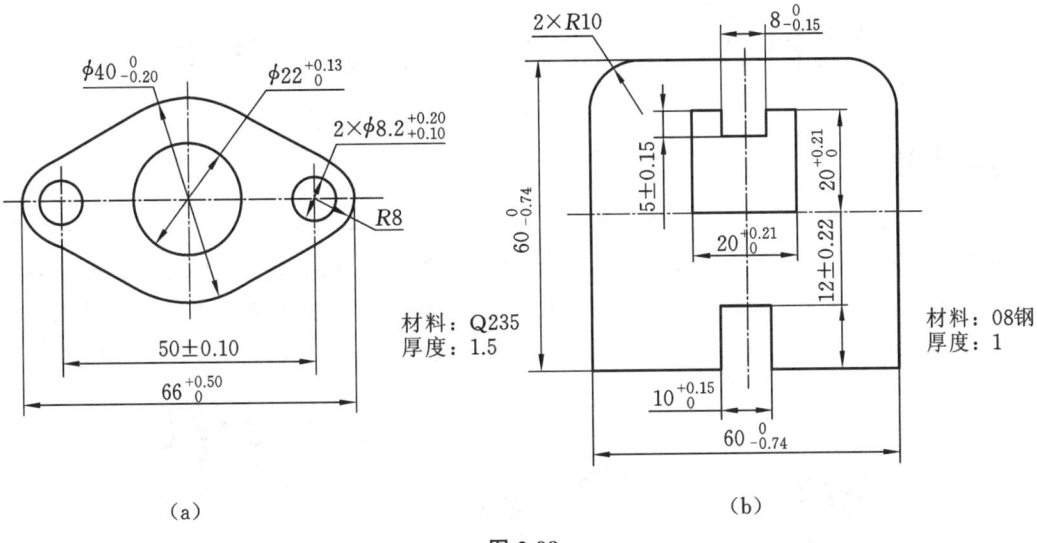

（a）

材料：Q235
厚度：1.5

材料：08钢
厚度：1

图 2-98

（2）计算冲压力及冲压总力，并确定压力机的公称压力。

（3）绘制模具结构草图。

（4）绘制凸模、凹模及凸凹模零件图。

2-16　采用级进冲裁方式冲裁图 2-98（a）所示零件，设模具采用弹性卸料、固定挡料销和导正销定位的级进模，试完成以下有关冲裁工艺与模具设计工作：

（1）确定合理的排样方法，画出排样图，并计算材料利用率和条料宽度。

（2）计算冲压力及压力中心，并确定压力机的公称压力。

（3）选用与计算卸料弹性元件。

（4）绘制模具结构草图。

（5）绘制凸、凹模零件图。

2-17　试分析图 2-99 所示零件的冲裁工艺性，并确定其冲裁工艺方案（零件按中批量生产）。

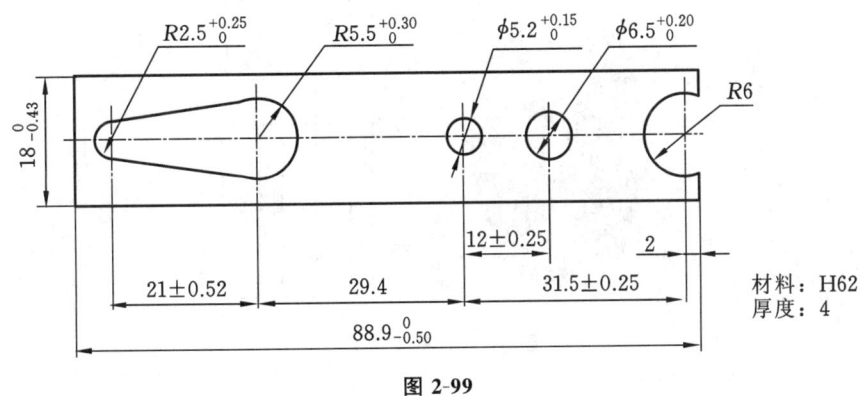

材料：H62
厚度：4

图 2-99

项目 3　弯曲工艺与模具设计

◆ 内容导读

　　弯曲是使材料产生塑性变形,形成具有一定角度或一定曲率形状的冲压工序。作为冲压加工的基本工序之一,其典型应用包括曲别针、电源插座簧片、门窗铰链、自行车把手、长尾夹、飞机蒙皮等产品的制造,如图 3-1 所示。通过本项目的学习,掌握弯曲变形过程及特点、回弹计算、弯曲成形工艺设计、弯曲模具结构设计等方面知识。

图 3-1　常见弯曲件

◆ 学习重点

　　弯曲变形过程及特点,弯曲件的质量问题及控制方法,弯曲件的工艺性分析,弯曲件的工艺计算及弯曲模设计。

◆ 项目案例

　　图 3-2 所示的 U 形弯曲件,材料为 10 钢,料厚 $t=6$ mm,$\sigma_b=400$ MPa。

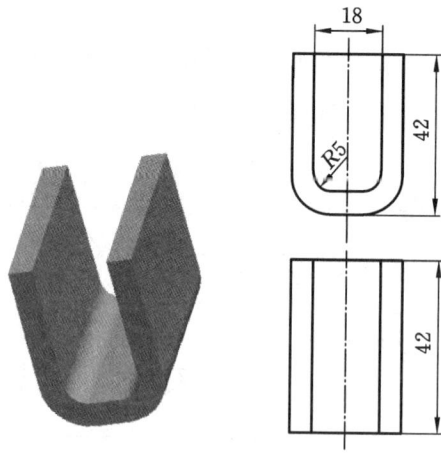

图 3-2　U 形弯曲件

◈ **案例分析**

图 3-2 所示的 U 形弯曲件为一典型弯曲件,通过 U 形弯曲模的设计,掌握弯曲件工艺分析、工艺方案、毛坯计算、回弹计算、工艺计算、模具结构设计等弯曲模设计要点。

3.1　弯曲工艺基础

将金属板料、型材或管材等弯一定的曲率和角度,从而得到具有一定形状和尺寸零件的冲压工序,称为弯曲。弯曲的方法也很多,可以在压力机上利用模具进行弯曲,也可在专用弯曲机上进行折弯、滚弯或拉弯等,如图 3-3 所示。尽管各种弯曲方法所用设备与工具不同,但其变形过程及特征具有一些共同的规律。本项目主要介绍在压力机上,利用弯曲模对板料进行的压弯工艺。

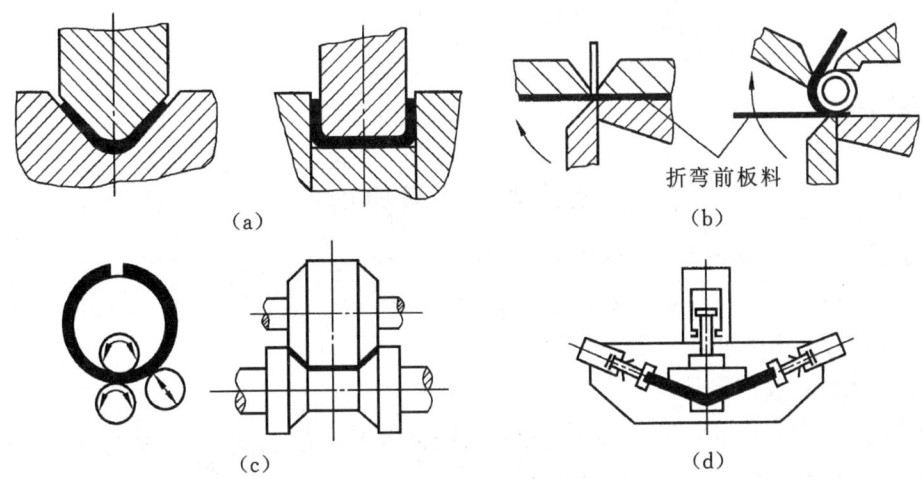

图 3-3　弯曲加工方法

(a)模具弯曲;(b)折弯;(c)滚弯;(d)拉弯

3.1.1　弯曲变形过程分析

1. 弯曲变形过程

V 形弯曲是最基本的弯曲形式,以 V 形件在弯曲模中的校正弯曲过程为例,分析弯曲变形过程。

如图 3-4 所示,弯曲开始后,随着凸模的下行,板料由弹性变形转入塑性变形阶段,坯料的直边与凹模工作表面逐渐靠紧,弯曲半径从 r_0 减小到 r_1,弯曲力臂也由 l_0 减小到 l_1。凸模继续下行到图(c)所示位置,板料与凸模三点接触,弯曲半径由 r_1 减小到 r_2,弯曲力臂也由 l_1 减小到 l_2,此后,坯料的直边部分向外弯曲。到行程终了时,凸、凹模对板料进行校正,板料的弯曲半径及弯曲力臂达到最小值(r 及 l),坯料与凸模贴合,得到所需要的弯曲件。

由 V 形件的弯曲过程可以看出,弯曲成形是一个从弹性弯曲到塑性弯曲的过程,弯曲成形的效果表现为弯曲变形区弯曲半径和角度的变化。

弯曲变形
过程分析

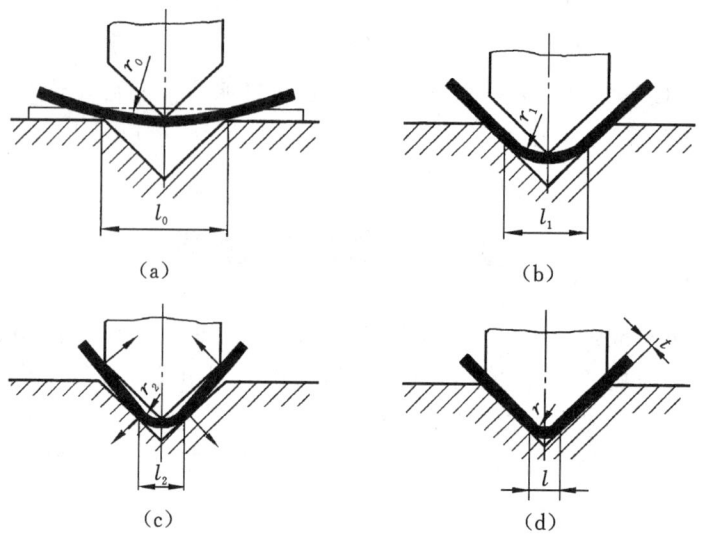

图 3-4　V 形件弯曲过程

◈ **拓展知识**

自由校正与弯曲校正

　　弯曲变形可分为自由弯曲和校正弯曲。自由弯曲通常用不带底部的凹模完成。校正弯曲在弯曲终了前由凸模给板料施加足够大的压力使其进一步产生塑性变形,从而使形状得到校正。校正弯曲的弯曲件质量好于自由弯曲。

2. 弯曲变形特点

　　如图 3-5 所示,可采用网格法分析板料在弯曲模作用下沿长、宽、厚方向上的变形特点,通过比较弯曲前后板料断面上坐标网格的变化情况得出以下结论:

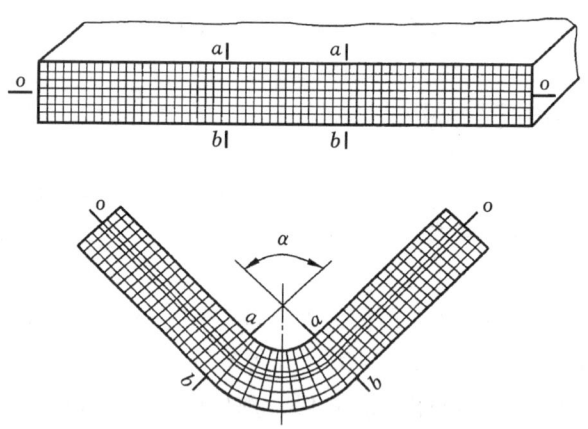

图 3-5　板料弯曲前后坐标网格的变化

　　(1)弯曲变形后,板料毛坯分为直边区和圆角区两个部分,弯曲变形区主要集中在圆角区。圆角区的网格发生了明显变形,由正方形网格变成了扇形。除靠近圆角的直边处有少量变形外,直边区其余部分不发生变形。

(2) 在变形区内,板料在长度方向发生了明显的不均匀变形。板料的外区(靠凹模一侧)切向受拉而伸长($\widehat{bb}>\overline{bb}$),内区(靠凸模一侧)切向受压而缩短($\widehat{aa}<\overline{aa}$)。内、外表面越靠近板料中心,其缩短和伸长的值越小。在内、外层之间必有某一层金属的长度在变形前后保持不变($\widehat{oo}=\overline{oo}$),该层称为中性层。

(3) 变形区的厚度发生变化。中性层位置一般不在板料中心,当弯曲半径与板厚之比 r/t(即相对弯曲半径)较小时,中性层将从板料中心向内移动。内移的结果是外层拉伸变薄的区域范围增大,内层受压增厚的区域范围减小,从而使弯曲变形区板料厚度变薄,变薄后的厚度为

$$t_1 = \eta t \tag{3-1}$$

式中:t_1——变形后的料厚(mm);

t——变形前的料厚(mm);

η——变薄系数,可查表 3-1。

根据塑性变形体积不变定律,变形区减薄的结果使板料长度相应增加。

表 3-1 90°弯曲时的变薄系数 η

r/t	0.1	0.25	0.5	1.0	2.0	3.0	4.0	>4
η	0.82	0.87	0.92	0.96	0.99	0.992	0.995	1

(4) 宽度方向的变化与 B/t(板宽 B 与料厚 t 之比)的值有关。窄板($B/t<3$)弯曲时,内区宽度增加,外区宽度减小,截面由矩形变成扇形(见图 3-6(a));宽板($B/t>3$)弯曲时,因板料在宽度方向不能自由变形,所以横截面几乎不变,仍为矩形(见图 3-6(b))。

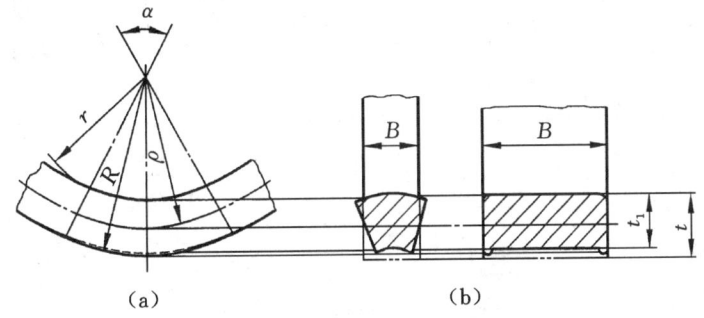

图 3-6 弯曲变形区的横截面变化

(a)窄板($B/t<3$);(b)宽板($B/t>3$)

◆ 知识拓展

变形区的应力应变状态

由于板料的相对宽度(B/t)直接影响弯曲时板料沿宽度方向的应变分布,进而影响应力状态,因此,板料在塑性弯曲时,随着 B/t 的不同,变形区呈现不同的应力、应变状态。

1) 应变状态

长度方向(切向)应变 ε_θ：弯曲内区表现为压缩应变,外区表现为拉伸应变。切向应变是绝对值最大的主应变。

厚度方向(径向)应变 ε_t：弯曲内区表现为拉应变,弯曲外区表现为压应变。

宽度方向应变 ε_φ：窄板弯曲时,材料在宽度方向上可以自由变形,在内区宽度方向应变 ε_φ 与切向应变 ε_θ 符号相反而表现为拉应变,在外区 ε_φ 则表现为压应变;宽板弯曲时,由于宽度方向不能自由变形,故可以近似认为,无论外区还是内区,其宽度方向的应变 $\varepsilon_\varphi = 0$。

由此可见,窄板弯曲时的应变状态是立体的,而宽板弯曲时的应变状态则是平面的。

2) 应力状态

长度方向(切向)应力 σ_θ：内区受压,σ_θ 表现为压应力;外区受拉,σ_θ 表现为拉应力。切向应力是绝对值最大的主应力。

厚度方向(径向)应力 σ_t：塑性弯曲时,由于变形区金属各层之间的相互挤压的作用,通常在板料表面 $\sigma_t = 0$,由表及里 σ_t 逐渐递增,至应力中性层处达到最大值。

宽度方向应力 σ_φ：对于窄板,由于宽度方向可以自由变形,因而 $\sigma_\varphi = 0$;对于宽板,内区伸长受阻,所以 σ_φ 表现为压应力;外区收缩受阻,所以 σ_φ 表现为拉应力。

因此,从应力状态来看,窄板弯曲时的应力状态是平面的,宽板弯曲时的应力状态则是立体的。可将板料弯曲时的应力、应变状态归纳如表 3-2 所示。

表 3-2　板料弯曲时的应力、应变状态

相对宽度	变形区域	应力、应变状态分析		
		应力状态	应变状态	特点
窄板 $\dfrac{B}{t}<3$	内区(压区)			平面应力状态,立体应变状态
	外区(拉区)			
宽板 $\dfrac{B}{t}>3$	内区(压区)			立体应力状态,平面应变状态
	外区(拉区)			

3.1.2　弯曲件质量与控制

在弯曲变形过程中,由于材料变形特性差异及板料受凹模摩擦阻力影响,实际生产中易出现多种质量问题,主要包括弯裂、回弹、偏移、翘曲及截面畸变。

弯裂质量分析及控制

1. 弯裂及其控制

1) 弯曲变形程度

在材料性能稳定的条件下,弯裂风险主要取决于相对弯曲半径(r/t,即弯曲半径 r 与板料厚度 t 的比值),r/t 越小,弯曲变形程度就越大,越容易产生裂纹,此种现象称为弯裂,如图 3-7 所示。

2) 最小相对弯曲半径

如图 3-8 所示,设中性层半径为 ρ,弯曲中心角为 α,则最外层金属(半径为 R)的伸长率 $\delta_{外}$ 为

$$\delta_{外}=\frac{\overset{\frown}{aa}-\overset{\frown}{oo}}{\overset{\frown}{oo}}=\frac{(R-\rho)\alpha}{\rho\alpha}=\frac{R-\rho}{\rho}$$

设中性层位置在半径为 $\rho=r+t/2$ 处,且弯曲后厚度保持不变,则 $R=r+t$,且有

$$\delta_{外}=\frac{(r+t)-(r+t/2)}{r+t/2}=\frac{t/2}{r+t/2}=\frac{1}{2r/t+1} \tag{3-2}$$

如将 $\delta_{外}$ 以材料断后伸长率 δ 代入,则 r/t 转化为 r_{min}/t,且有

$$r_{min}/t=\frac{1-\delta}{2\delta} \tag{3-3}$$

从式(3-2)可以看出,相对弯曲半径 r/t 越小,外层材料的伸长率就越大,因此,生产中常用 r/t 来表示板料的弯曲变形程度。当外层材料的伸长率达到材料断后伸长率后,就会导致弯裂,故称 r_{min}/t 为板料不产生弯裂时的最小相对弯曲半径。

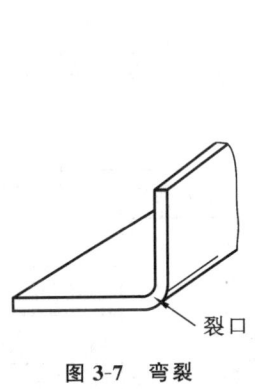

图 3-7　弯裂

图 3-8　弯曲时的变形情况

3) 最小相对弯曲半径影响因素

(1) 材料的塑性及热处理状态。材料塑性越好,其断后伸长率 δ 越大,由式(3-3)可知,r_{min}/t 就越小。经退火处理后的坯料塑性较好,r_{min}/t 可减小;经冷作硬化的坯料塑性降低,需增大 r_{min}/t。

(2) 板料的表面和侧面质量。板料的表面及侧面(剪切断面)有划痕、冷作硬化、毛刺等缺

陷,容易造成应力集中和塑性降低,使材料过早开裂。在这些情况下,均应选用较大的相对弯曲半径,并去除毛刺或将小毛刺放在弯曲圆角内侧。

(3)弯曲方向。板料经轧制以后产生纤维组织,使板料性能呈各向异性。沿纤维方向的力学性能较好,不易拉裂。因此,当弯曲线与纤维方向平行时(见图 3-9(a)),r_{min}/t 取较大值;当弯曲线与纤维方向垂直时(见图 3-9(b)),r_{min}/t 取较小值;当弯曲件有两个互相垂直的弯曲线时,排样时应使两个弯曲线与板料的纤维方向成 45°夹角,见图 3-9(c)。

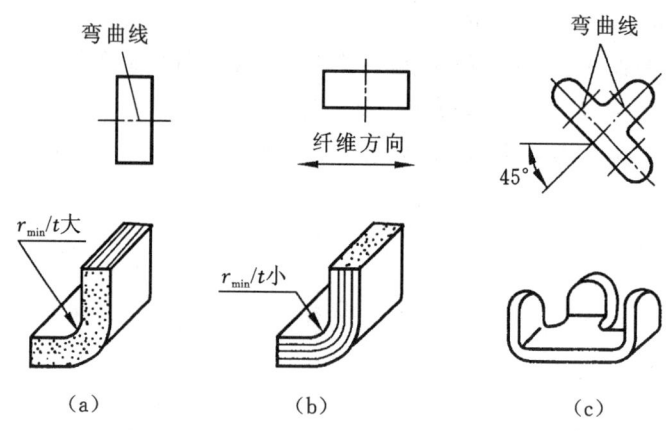

图 3-9　弯曲方向与板料纤维方向位

(4)弯曲中心角 α。实际弯曲过程中,接近圆角的直边部分也产生一定的变形,相当于扩大了弯曲变形区的范围,分散了集中在圆角部分的弯曲应变,从而可以减小弯曲时产生弯裂的危险。弯曲中心角 α 越小,其分散作用越明显,因而 r_{min}/t 可以越小。

4)最小相对弯曲半径的确定

由于 r_{min}/t 的影响因素十分复杂,其数值一般用试验法确定。各种金属材料在不同状态下的最小相对弯曲半径的参考值参见表 3-3。

表 3-3　最小相对弯曲半径 r_{min}/t

材料	退火状态		冷作硬化状态	
	弯曲线的位置			
	垂直纤维方向	平行纤维方向	垂直纤维方向	平行纤维方向
08、10、Q195、Q215	0.1	0.4	0.4	0.8
15、20、Q235	0.1	0.5	0.5	1.0
25、30、Q235	0.2	0.6	0.6	1.2
35、40、Q275	0.3	0.8	0.8	1.5
45、50	0.5	1.0	1.0	1.7
55、60	0.7	1.3	1.3	2.0
铝	0.1	0.35	0.5	1.0
纯铜	0.1	0.35	1.0	2.0

材料	退火状态		冷作硬化状态	
	弯曲线的位置			
	垂直纤维方向	平行纤维方向	垂直纤维方向	平行纤维方向
软黄铜	0.1	0.35	0.35	0.8
半硬黄铜	0.1	0.35	0.5	1.2
磷铜	—	—	1.0	3.0
Cr18Ni9	1.0	2.0	3.0	4.0

注:1.当弯曲线与纤维方向不垂直也不平行时,可取垂直和平行方向二者的中间值。

2.冲裁或剪裁后的板料若未作退火处理,则应作为硬化的金属选用。

3.弯曲时应使板料有毛刺的一边处于弯角的内侧。

5）防止弯裂的措施

为了控制或防止弯裂,一般情况下采用大于 r_{min}/t 的值。当零件的相对弯曲半径小于 r_{min}/t 时,通常可采取的措施有:

（1）经冷变形硬化的材料,采用热处理的方法恢复其塑性。对于断面的硬化层,可以先除去硬化层然后再进行弯曲。

（2）采用整修、挤光、滚光等工艺去除坯料断面的毛刺,降低断面的表面粗糙度值。

（3）弯曲时将断面上的毛面一侧处于弯曲内侧（即朝向弯曲凸模）。

（4）对于低塑性材料或厚料,可采用加热弯曲。

（5）采取两次弯曲的工艺方法,先采用较大的相对弯曲半径,退火后再按零件要求的半径尺寸进行弯曲。

（6）对于较厚板料的弯曲,如果结构允许,可采取先在弯角内侧开出工艺槽后再进行弯曲的工艺,如图 3-10(a)、(b)所示。对于薄料,可以在弯角处压出工艺凸肩,如图 3-10(c)所示。

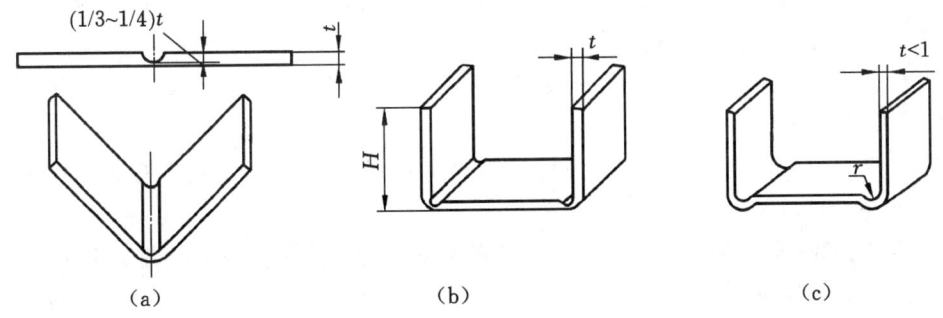

（a）　　　　　　　　　（b）　　　　　　　　　（c）

图 3-10　在弯角处开工艺槽或压出工艺凸肩

2. 回弹及其控制

弯曲变形包含弹性变形和塑性变形,当弯曲载荷卸除以后,塑性变形保留下来,而弹性变形则完全消失,使得弯曲件的角度、弯曲半径与模具形状和尺寸卸载前后不一致,这种现象称为回弹。与其他变形工序相比,弯曲过程的回弹现象是一个不能忽视的重要问题,它直接影响弯曲件的成形精度。

回弹质量分析
及控制

1) 回弹的表现形式

回弹分为弯曲半径回弹和弯曲角度回弹,分别用弯曲件的弯曲半径或弯曲角与凸模相应半径或角度的差值来表示,如图 3-11 所示,即

$$\Delta r = r - r_p \tag{3-4}$$
$$\Delta \varphi = \varphi - \varphi_p \tag{3-5}$$

式中:Δr、$\Delta \varphi$——弯曲半径与弯曲角的回弹值;

　　　r、φ——弯曲件的弯曲半径与弯曲角;

　　　r_p、φ_p——凸模的半径和角度。

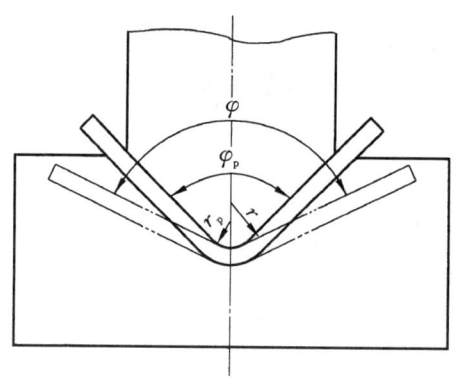

图 3-11　弯曲时的回弹

一般情况下,Δr、$\Delta \varphi$ 为正值,称为正回弹,但在有些校正弯曲工艺中,也可能出现负回弹。

2) 影响回弹的主要因素

(1) 材料的力学性能。卸载时弹性恢复的应变量与材料的屈服强度 σ_s 成正比,与弹性模量 E 成反比,即 σ_s/E 的比值越大,回弹也就越大。

(2) 相对弯曲半径 r/t。r/t 越大,弯曲变形程度越小,中性层附近的弹性变形区域增加,导致弹性变形占总变形量比例也相应增大。因此,相对弯曲半径 r/t 越大,回弹也越大。这也是 r/t 很大的零件不易实现弯曲成形的原因。

(3) 弯曲角度 φ(或弯曲中心角 α)。φ 越小(或 α 越大),弯曲变形区域就越大,因而回弹积累越大,回弹也就越大。

(4) 弯曲方式。在使用无底凹模进行自由弯曲时,回弹通常大于使用有底凹模进行校正弯曲时的回弹。

(5) 凸、凹模间隙。在弯曲 U 形件时,间隙较大时,材料处于松动状态,回弹就大;间隙小,材料被挤紧,回弹就小。

(6) 弯曲件的形状。一般情况下,弯曲件形状复杂,一次弯曲成形角较多时,回弹较小。如弯 U 形件比弯 V 形件的回弹小。

3) 回弹值的确定

为了得到形状与尺寸精确的弯曲件,需要事先确定回弹值。由于回弹的影响因素很多,理论计算往往不够精确。在设计弯曲模具时,通常先根据经验值和简化计算初步确定模具工作部分尺寸,然后通过试模进行修正。

(1) 小变形程度($r/t \geq 10$)自由弯曲时的回弹值。当 $r/t \geq 10$ 时,弯曲件的角度和圆角半

径的回弹都较大,凸模工作部分的圆角半径和角度可按以下公式进行计算:

$$r_p = \frac{r}{1 + \dfrac{3\sigma_s r}{Et}} \qquad (3-6)$$

$$\varphi_p = 180° - \frac{r}{r_p}(180° - \varphi) \qquad (3-7)$$

式中:r、φ——弯曲件的圆角半径和角度;

　　r_p、φ_p——凸模的圆角半径和角度;

　　σ_s——弯曲件材料的屈服强度;

　　E——弯曲件材料的弹性模量;

　　t——弯曲件材料厚度。

（2）大变形程度($r/t<5$)自由弯曲时的回弹值。$r/t<5$ 时,圆角半径回弹量很小,可不考虑;当弯曲角为 90°时,弯曲角度回弹值按表 3-4 选取,当弯曲件的弯曲角不为 90°时,其回弹角可按下式计算:

$$\Delta\varphi = \frac{\varphi}{90}\Delta\varphi_{90} \qquad (3-8)$$

式中:φ——弯曲件的弯曲角(°);

　　$\Delta\varphi$——弯曲件的弯曲角为 φ 时的回弹角(°);

　　$\Delta\varphi_{90}$——弯曲件的弯曲角为 90°时的回弹角(°),见表 3-4。

表 3-4　单角自由弯曲 90°时的平均回弹角 $\Delta\varphi_{90}$

材料类型	r/t	材料厚度 t/mm		
		<0.8	0.8~2	>2
软钢 $\sigma_b = 350$ MPa	<1	4°	2°	0°
黄铜 $\sigma_b = 350$ MPa	1~5	5°	3°	1°
铝和锌	>5	6°	4°	2°
中硬钢 $\sigma_b = 400 \sim 500$ MPa	<1	5°	2°	0°
硬黄铜 $\sigma_b = 350 \sim 400$ MPa	1~5	6°	3°	1°
硬青钢	>5	8°	5°	3°
	<1	7°	4°	2°
硬钢 $\sigma_b > 550$ MPa	1~5	9°	5°	3°
	>5	12°	7°	6°
	<2	2°	3°	4°30′
硬铝 2A12	2~5	4°	6°	8°30′
	>5	6°30′	10°	14°

（3）校正弯曲时的回弹值。校正弯曲时只考虑弯曲角的回弹值。弯曲角的回弹值可按表 3-5 中的经验公式计算。

表 3-5　V 形件校正弯曲时的回弹角 Δφ

材料类型	弯曲角 φ			
	30°	60°	90°	120°
08、10、Q195	$\Delta\varphi=0.75(r/t)$ -0.39	$\Delta\varphi=0.58(r/t)$ -0.80	$\Delta\varphi=0.75(r/t)$ -0.39	$\Delta\varphi=0.36(r/t)$ -1.26
15、20、Q215、Q235	$\Delta\varphi=0.69(r/t)$ -0.23	$\Delta\varphi=0.64(r/t)$ -0.65	$\Delta\varphi=0.434(r/t)$ -0.36	$\Delta\varphi=0.37(r/t)$ -0.58
25、30、Q255	$\Delta\varphi=1.59(r/t)$ -1.03	$\Delta\varphi=0.95(r/t)$ -0.94	$\Delta\varphi=0.78(r/t)$ -0.79	$\Delta\varphi=0.46(r/t)$ -1.36
35、Q275	$\Delta\varphi=1.51(r/t)$ -1.48	$\Delta\varphi=0.84(r/t)$ -0.76	$\Delta\varphi=0.79(r/t)$ -1.62	$\Delta\varphi=0.51(r/t)$ -1.71

例 3-1　如图 3-12(a)所示零件,材料为 2A12,$\sigma_s=361$ MPa,$E=71\times10^3$ MPa,求凸模圆角半径r_p及角度φ_p。

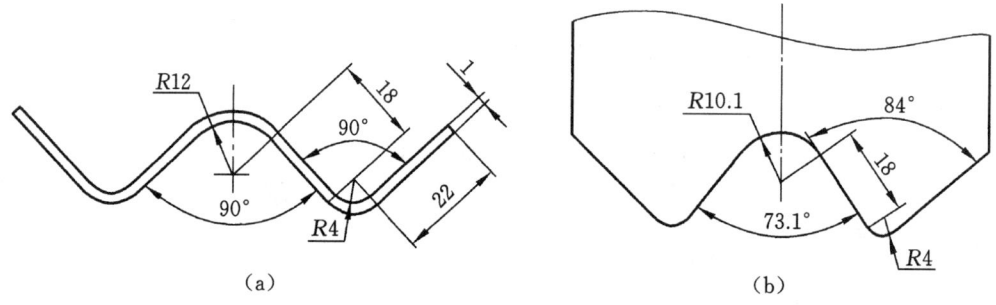

（a）　　　　　　　　　　　　　（b）

图 3-12　回弹值计算实例

解　(1)零件中间弯曲部分($r=12$ mm,$\varphi=90°$,$t=1$ mm):

因为 $r/t=12/1=12>10$,故零件的圆角半径回弹和角度回弹都要考虑。由式(3-6)计算凸模圆角半径:

$$r_p=\frac{r}{1+\dfrac{3\sigma_s r}{Et}}=\frac{12}{1+\dfrac{3\times361\times12}{71\times10^3\times1}}\text{ mm}=10.1\text{ mm}$$

由式(3-7)计算凸模角度:

$$\varphi_p=180°-\frac{r}{r_p}(180°-\varphi)=180°-\frac{12}{10.1}\times(180°-90°)=73.1°$$

(2)零件两侧弯曲部分($r=4$ mm,$\varphi=90°$,$t=1$ mm):

因为 $r/t=4/1=4<5$,故只需考虑弯曲角度的回弹。查表 3-4,得 $\Delta\varphi=6°$,故

$$\varphi_p=\varphi-\Delta\varphi=90°-6°=84°$$

$$r_p=r=4\text{ mm}$$

计算后的凸模尺寸见图 3-12(b)。

4）控制回弹的措施

在实际生产中,弯曲件的回弹现象不能完全消除,但可以通过一些措施来控制或减小。控制弯曲件回弹的措施如下。

（1）合理选择材料。采用 σ_s/E 值小、力学性能稳定和板料厚度波动小的材料。如用软钢来代替硬铝、铜合金等,不仅回弹小,而且成本低,易于弯曲。

（2）改进弯曲件结构设计。尽量避免选用过大的相对弯曲半径 r/t。如结构允许,可在弯曲变形区域设置加强肋或成形边翼（见图 3-13）提高弯曲件的刚度,抵抗弹性恢复力,减小回弹。

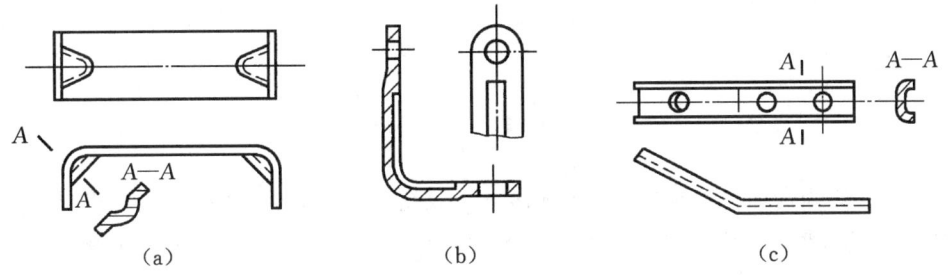

（a） （b） （c）

图 3-13 在弯曲件结构上考虑减小回弹

（3）采用合适的弯曲工艺。

① 采用校正弯曲。利用有底凹模或局部施力结构改变变形区应力、应变状态,减少回弹。

② 采用合适热处理工序。对经冷作硬化后的材料,在弯曲前进行退火处理,弯曲后再用热处理方法恢复材料性能。对回弹较大的材料,必要时可采用加热弯曲工艺。

③ 采用拉弯工艺。对于弯曲 r/t 很大的弯曲件,在弯曲过程中对板料施加一定的拉力,使弯曲件变形区的整个断面都处于统一的拉应力状态,卸载后变形区的内、外区回弹方向一致,从而减小弯曲件的回弹。拉弯工艺如图 3-14 所示。

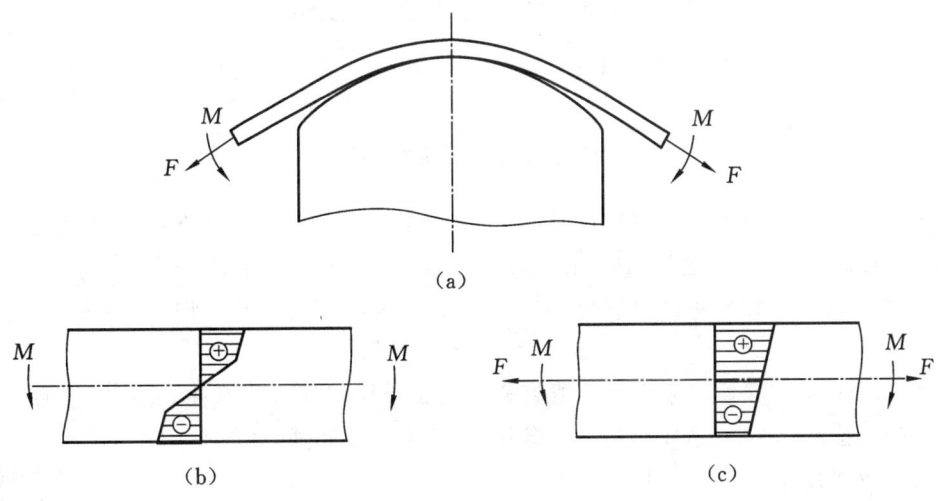

（a）

（b） （c）

图 3-14 拉弯工艺

(a)拉弯过程；(b)弯曲时断面上的应力分布；(c)拉弯时断面上的应力分布

（4）采用合理的弯曲模结构。

① 补偿法。按回弹量修正凸模和凹模工作部分尺寸和几何形状。如图 3-15(a)、(b)所示,在凸模上减去回弹角,使弯曲件弯曲后其回弹得到补偿。对 U 形件,还可将凸、凹模底部设计成弧形(见图 3-15(c)),弯曲后利用底部向上的回弹来补偿两直边向外的回弹。

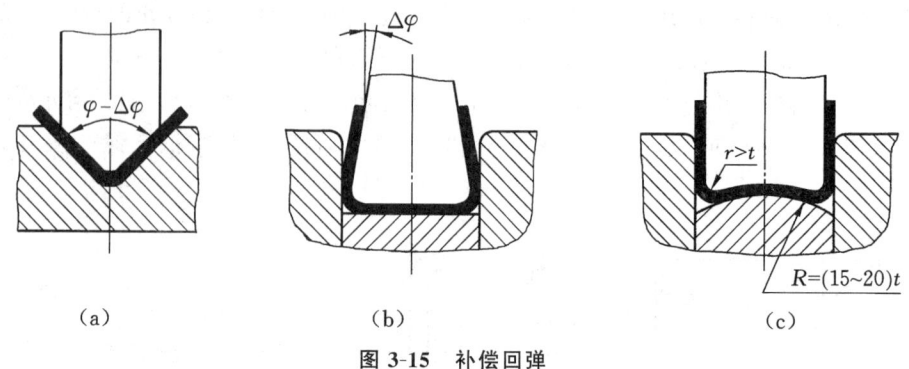

图 3-15　补偿回弹

② 校正法。当弯曲件材料厚度大于 0.8 mm 且塑性较好时,可将凸模设计成图 3-16 所示的局部突起形状,使校正力集中在弯曲变形区,改变变形区应力应变状态(内外侧同为切向压应力,切向拉应变),从而减小回弹。

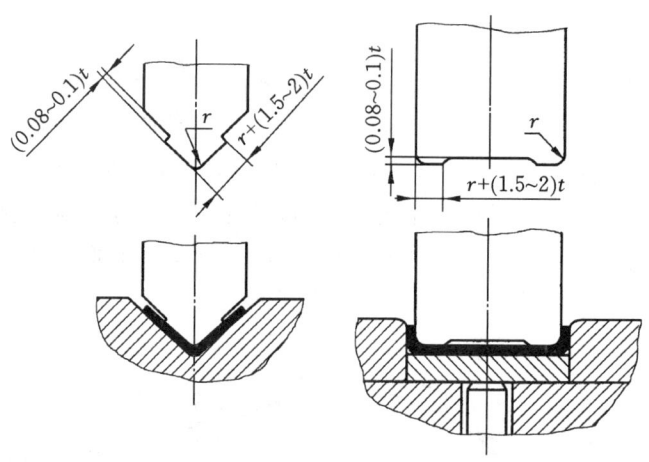

图 3-16　校正法减小回弹

③ 增加拉应变。对于较软的材料(如 Q215、Q235、10、20、H62(M)等),可增加压料力(见图 3-17(a))或减小凸、凹模之间的间隙(见图 3-17(b)),以增加拉应变,减小回弹。

④ 增加压应力。在弯曲件直边的端部加压,使弯曲变形区的内、外区都处于压应力状态而减小回弹,并能得到较精确的弯边高度,如图 3-18 所示。

⑤ 采用聚氨酯弯曲模。采用橡胶或聚氨酯代替金属凹模进行弯曲,使坯料紧贴凸模,同时使坯料产生拉伸变形,获得类似拉弯的效果,能显著减小回弹,如图 3-19 所示。

3. 偏移及其控制

在弯曲过程中,坯料沿凹模边缘滑动时会受到摩擦阻力的作用,当坯料各边所受摩擦力不平衡时,坯料会沿其长度方向产生移动,从而使弯曲后的零件两直边长度与图样要求不一致。这种现象称为偏移。

偏移质量分析
及控制

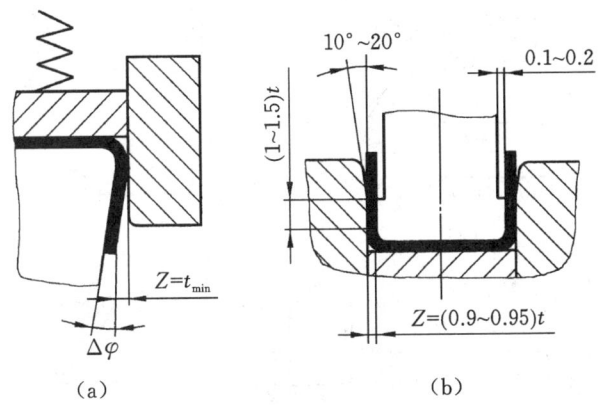

图 3-17　增大拉应变减小回弹

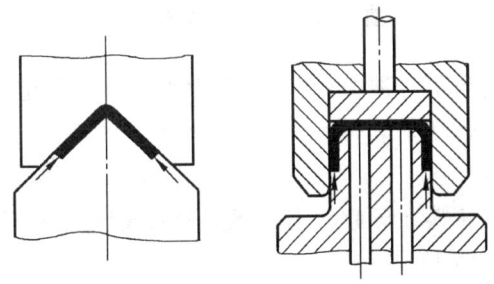

图 3-18　在弯曲件端部加压减小回弹

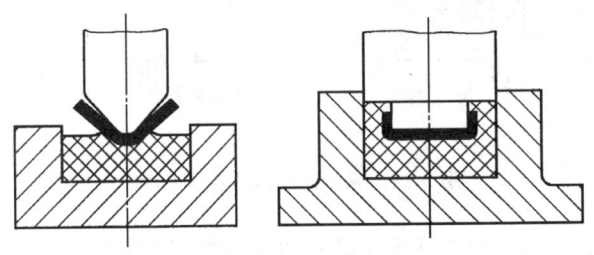

图 3-19　采用软凹模弯曲减小回弹

1) 偏移产生原因

(1) 弯曲件坯料形状不对称。如图 3-20(a)、(b)所示,由于弯曲件坯料形状不对称,弯曲时坯料的两边与凹模接触的宽度不相等,使坯料向宽度大的一边偏移。

(2) 弯曲件两边折弯的个数不相等。如图 3-20(c)、(d)所示,由于两边折弯的次数不相等,折弯次数多的一边摩擦力大,因此坯料会向折弯次数多的一边偏移。

(3) 弯曲凸、凹模结构不对称。如图 3-20(e)所示,在 V 形件弯曲过程中,如果凸、凹模两边与对称线的夹角不相等,角度大的一边坯料所受凸、凹模的压力大,因而摩擦力也大,所以坯料会向角度小的一边偏移。

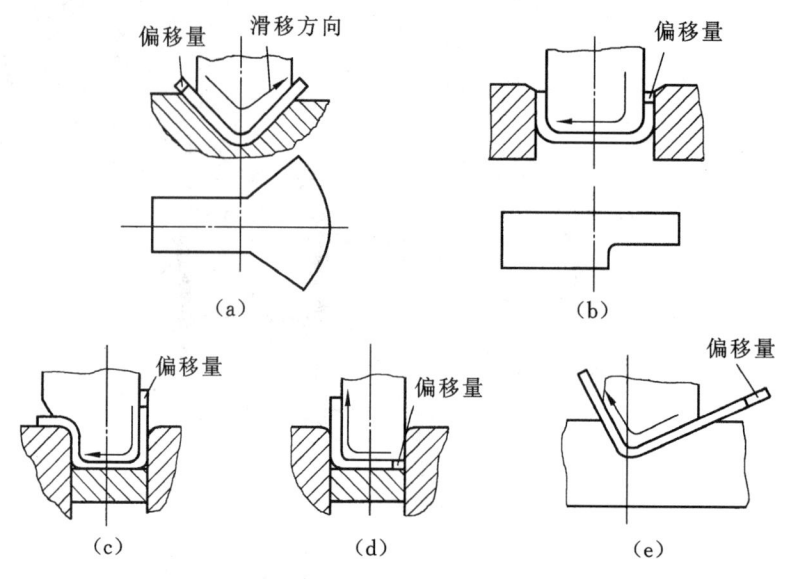

图 3-20　弯曲时的偏移现象

此外,凸模与凹模的圆角不对称、间隙不对称、坯料定位不稳定、压料不牢或润滑状态不均等,也会导致弯曲时产生偏移现象。

2) 控制偏移的措施

(1) 采用压料装置,使坯料在压紧状态下逐渐弯曲成形,从而防止坯料的滑动,并可获得表面平整的弯曲件,如图 3-21 所示。

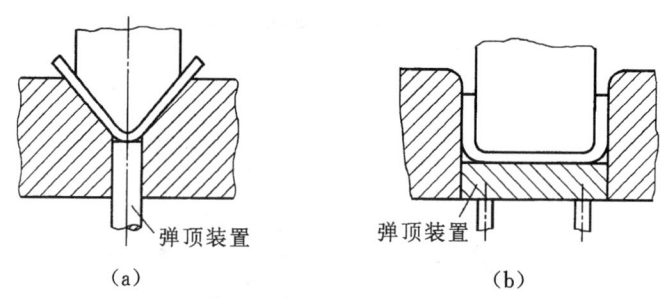

图 3-21　采用压料装置控制偏移

(2) 利用毛坯上的孔或弯曲前冲出工艺孔定位,使坯料无法移动,如图 3-22(a)、(b)所示。

(3) 根据偏移量大小,调节定位元件的位置来补偿偏移,如图 3-22(c)所示。

(4) 对于不对称的零件,先成对弯曲,弯曲后再切断,如图 3-22(d)所示。

(5) 尽量采用对称的凸、凹模结构,使凹模两边的圆角半径相等,凸、凹模间隙调整对称。

4. 翘曲与剖面畸变及其控制

1) 弯曲后的翘曲

对于细长形状的板料弯曲件,在弯曲成形后常常沿纵向出现翘曲变形,如图 3-23 所示。产生该现象的主要原因是:沿折弯线方向,零件的刚度较小,在塑性弯曲过程中,外侧区域发生压应变,内侧区域发生拉应变,这种应变差异会使折弯线发生翘曲变形。若弯曲件为短而宽的形状,其纵向刚度较大,宽度方向的变形受到抑制,因此翘曲现象不明显。对于已发生的翘曲,

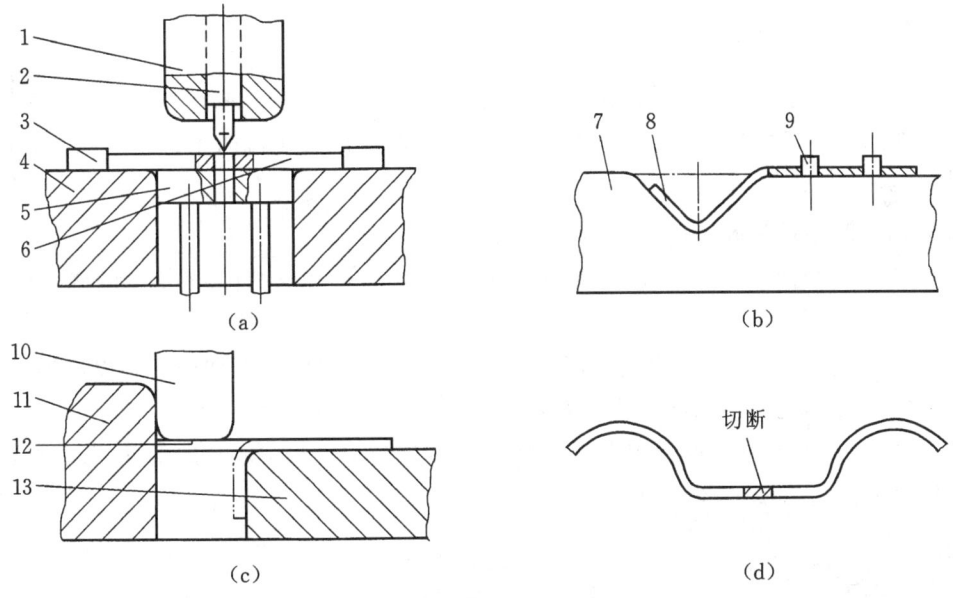

图 3-22 控制偏移的措施

1,10—凸模;2—导正销;3—定位板;4,7,13—凹模;5—顶板;6,12—坯料;8—弯曲件;9—定位销;11—定位块

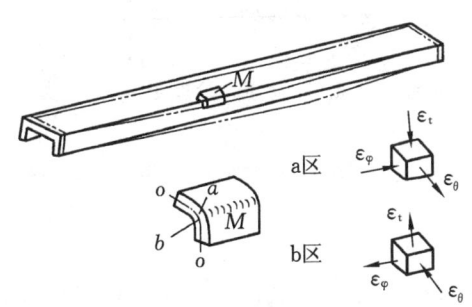

图 3-23 弯曲后的翘曲现象

可通过校正弯曲工艺加以控制和修正。

2）剖面畸变

在对管材或型材进行弯曲加工时,常会出现图 3-24 所示的断面畸变现象。这主要是由于弯曲过程中产生的径向压应力 σ_t 的作用所致,使得截面形状发生变化。此外,对于薄壁管件,还可能因宽向压应力 σ_θ 的作用,使内侧壁发生局部失稳而起皱,影响弯曲件的质量。因此在此类弯曲工艺中,通常需要在管内填充填料或设置心棒,以增强其抗变形能力,防止断面畸变和起皱的产生。

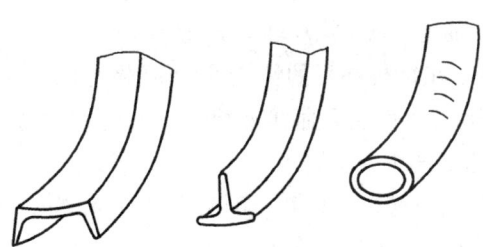

图 3-24 型材、管材弯曲后的断面畸变

3.1.3 弯曲件的工艺性

弯曲件的工艺性是指弯曲件的结构、尺寸、精度、材料及技术要求等各方面是否符合弯曲加工的工艺要求。具有良好工艺性的弯曲件,能简化弯曲工艺过程及模具结构,提高弯曲件的质量。

1. 弯曲件的形状要求

(1) 为防止弯曲时产生偏移,弯曲件的形状应尽可能对称,且左右两侧的弯曲半径应一致。

(2) 变形区附近有缺口的弯曲件,若在坯料上先将缺口冲出,弯曲时会难以成形,这时应在缺口处留连接带,弯曲后再将连接带切除,如图 3-25(a)、(b)所示。

(3) 为了保证坯料在弯曲模内准确定位,或防止在弯曲过程中坯料的偏移,应在坯料上预先设置定位工艺孔,如图 3-25(b)、(c)所示。

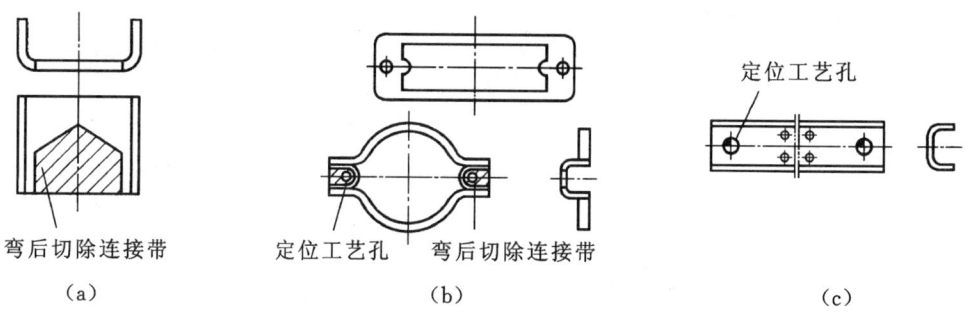

图 3-25 增添连接带和定位工艺孔的弯曲件

2. 弯曲件的尺寸要求

(1) 弯曲件的相对弯曲半径。弯曲件的相对弯曲半径 r/t 应大于最小相对弯曲半径,但也不宜过大。若相对弯曲半径过大,受回弹的影响较大,难以保证弯曲件的尺寸精度。

(2) 弯曲件的弯边高度。弯曲件的弯边高度不宜过小,其值应为 $h > r + 2t$,如图 3-26(a)所示。当 h 较小时,不易形成足够的弯矩,很难得到形状准确的零件。若 $h < r + 2t$ 时,则应在圆角内侧预压槽,或增加弯边高度,弯曲后再切除,如图 3-26(b)所示。如果所弯弯边带有斜角,则在斜边高度小于 $r + 2t$ 的区段不可能弯曲到要求的角度,且该处也容易开裂(见图 3-26(c)),因此必须改变零件的形状,加高弯边,如图 3-26(d)所示。

(3) 弯曲件的孔边距离。弯曲有孔工件时,如果孔位于弯曲变形区内,则弯曲时孔的形状会发生变形,因此必须使孔位于变形区之外,如图 3-27 所示。一般孔边到弯曲半径 r 中心的距离 L 要满足:当 $t < 2\ \text{mm}$ 时,$L \geqslant t$;当 $t \geqslant 2\ \text{mm}$ 时,$L \geqslant 2t$。

如果上述关系不能满足,在结构许可的情况下,可在靠变形区一侧预先冲出凸缘形缺口或月牙形槽(见图 3-28(a)、(b)),也可在弯曲线上冲出工艺孔(见图 3-28(c)),以改变变形范围,利用工艺变形来保证所需孔不产生变形。

(4) 弯曲根部尺寸。如果局部弯曲坯料上的某一部分时,为避免弯边根部撕裂,应使不弯部分退出弯曲线之外,即保证 $b \geqslant r$(见图 3-26(a))。如果条件 $b \geqslant r$ 不能满足,可在弯曲部分和不弯部分之间切槽(见图 3-29(a),槽深 l 应大于弯曲半径 R),或在弯曲前冲出工艺孔

（见图 3-29(b)）。

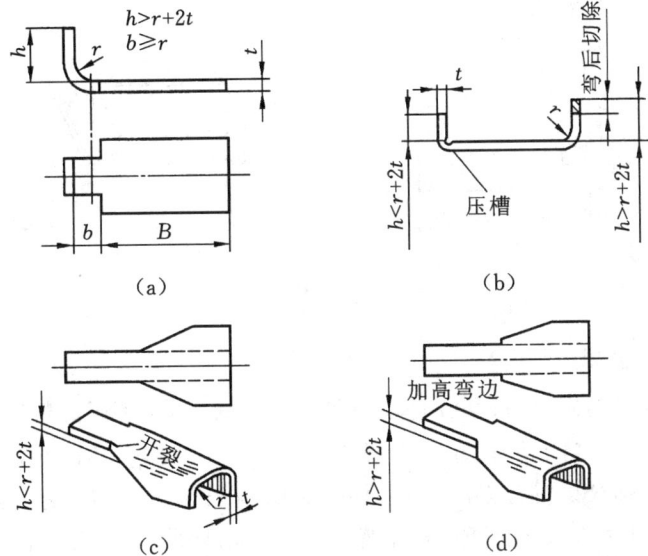

图 3-26　弯曲件的弯边高度

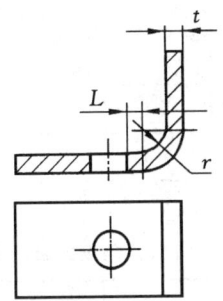

图 3-27　弯曲件的孔边距离

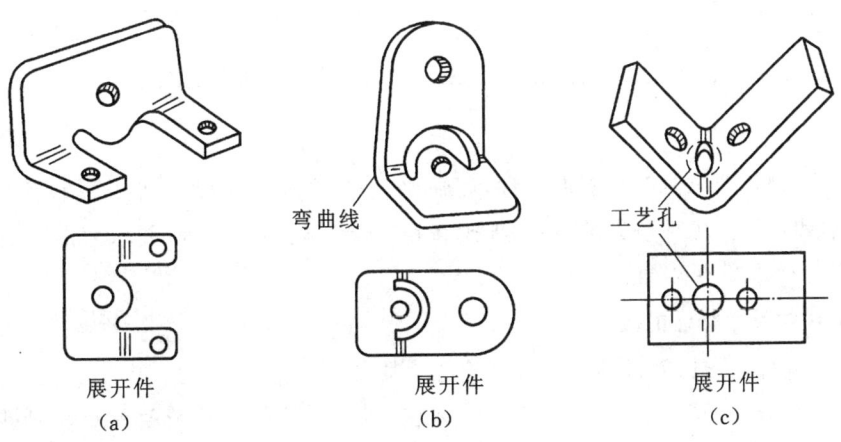

图 3-28　防止弯曲时孔变形的措施

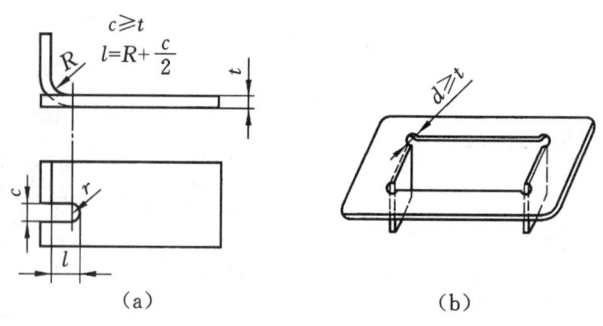

图 3-29　弯曲根部尺寸

3. 弯曲件的精度要求

弯曲件的精度受坯料定位、偏移、回弹、翘曲等因素的影响,且弯曲工序越多,其累积误差越大,导致精度也越低。弯曲件的尺寸公差符合 GB/T 13914—2013,角度公差符合 GB/T 13915—2013,未注几何公差符合 GB/T 13916—2013,未注公差几何尺寸极限偏差符合 GB/T 15055—2021。弯曲件长度未注公差的极限偏差见表 3-6;弯曲件角度的自由公差见表 3-7。

表 3-6　弯曲件未注公差的长度尺寸的极限偏差　　　　　　　　　　　　　　　　（mm）

长度尺寸 l/mm		3～6	>6～18	>18～50	>50～120	>120～260	>260～500
材料厚度 t/mm	≤2	±0.3	±0.4	±0.6	±0.8	±1.0	±1.5
	>2～4	±0.4	±0.6	±0.8	±1.2	±1.5	±2.0
	>4	—	±0.8	±1.0	±1.5	±2.0	±2.5

表 3-7　弯曲件角度的自由公差

弯边长度 l/mm	～6	>6～10	>10～18	>18～30	>30～50
角度公差 $\Delta\beta$	±3°	±2°30′	±2°	±1°30′	±1°15′
弯边长度 l/mm	>50～80	>80～120	>120～180	>180～260	>260～360
角度公差 $\Delta\beta$	±1°	±50′	±40′	±30′	±25′

4. 弯曲件的材料要求

弯曲件的材料,要求具有足够的塑性,屈弹比 σ_s/E 和屈强比 σ_s/σ_b 小。适宜于弯曲的材料有软钢、黄铜和铝等。脆性较大的材料,如磷青铜、铍青铜、弹簧钢等,要求弯曲时有较大的相对弯曲半径 r/t,否则容易发生裂纹。

5. 弯曲件对尺寸标注的要求

弯曲件尺寸标注方式对冲压工序安排有很大影响。例如,图 3-30 所示是弯曲件孔的位置尺寸的三种标注方法,其中采用图(a)所示的标注方法时,孔的位置精度不受坯料展开长度和回弹的影响,可先冲孔落料(复合工序),然后再弯曲成形,工艺和模具设计较简单;图(b)、(c)所示的标注法,受弯曲回弹的影响,冲孔只能安排在弯曲之后进行,增加了工序,还会造成许多不便。

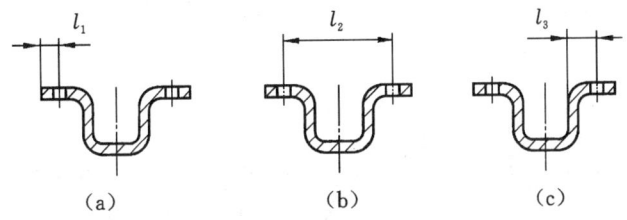

图 3-30 弯曲件的尺寸标注

◆ **案例分析**

U 形弯曲件相对弯曲半径 $r/t=5/6=0.83$，由表 3-3 查得最小相对弯曲半径为 0.4，故可一次弯曲成形。

工件弯曲直边高：42 mm－6 mm－5 mm＝31 mm＞2t，可以进行弯曲加工。

该工件是弯曲角度为 90°的弯曲件，所有尺寸精度均为标准公差，且 $r/t<5$，无需考虑半径回弹影响，所以该工件符合普通弯曲的要求。

工件所用材料为 10 钢，是常用冲压材料，塑性好，适合进行冲压加工。

综上所述，该工件的弯曲工艺性良好，适合进行弯曲加工。

3.1.4 弯曲件的工序安排

弯曲件的工序安排应根据零件的形状、尺寸、精度等级、生产批量以及材料性能等因素综合考虑。弯曲工序安排合理，则可以简化模具结构，提高零件质量和劳动生产率。

（1）对于形状简单的弯曲件，如 V 形件、U 形件、Z 形件等，可采用一次弯曲成形，如图 3-31 所示。而对于形状复杂的弯曲件，一般采取两次（见图 3-32）或多次（见图 3-33、图 3-34）弯曲成形。

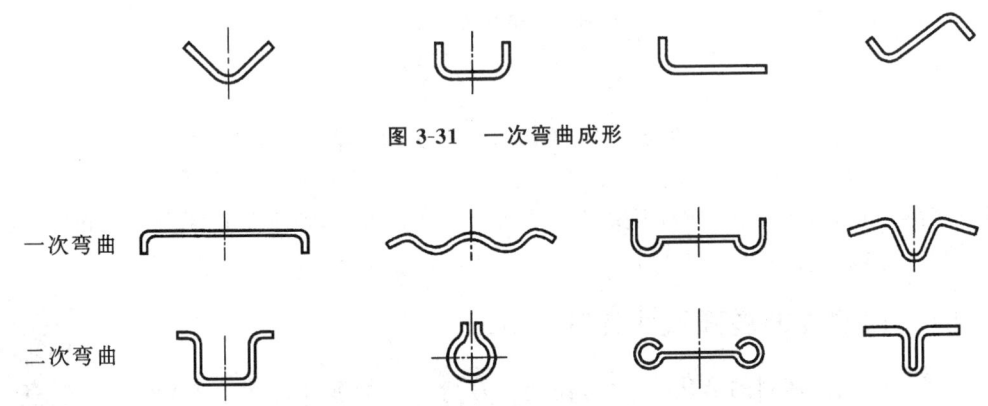

图 3-31 一次弯曲成形

图 3-32 两次弯曲成形实例

（2）对于批量大而尺寸小的弯曲件，为使操作方便、定位准确和提高生产率，应尽可能采用级进模或复合模。

（3）需要多次弯曲时，一般应先弯两端，后弯中间部分，前次弯曲应考虑后次弯曲有可靠的定位，后次弯曲不能影响前次已弯成的形状。

（4）对于非对称弯曲件,为避免弯曲时坯料偏移,应尽可能采用成对弯曲后再切成两件的方式进行加工。

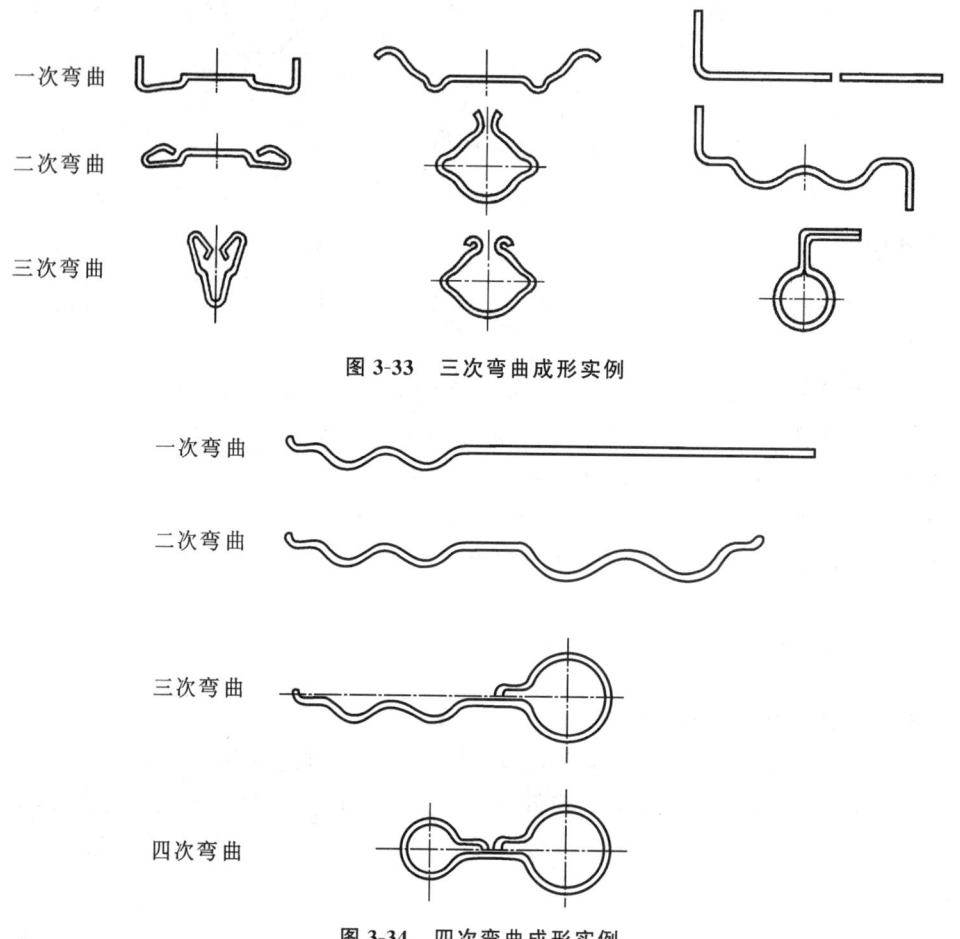

图 3-33　三次弯曲成形实例

一次弯曲

二次弯曲

三次弯曲

四次弯曲

图 3-34　四次弯曲成形实例

3.2　弯曲工艺计算

在进行弯曲模结构设计之前,需要进行弯曲工艺参数计算,通常包括坯料尺寸和弯曲力等工艺参数的计算。

3.2.1　弯曲件的展开尺寸计算

为了确定弯曲前坯料的形状与尺寸,需要计算弯曲件的展开尺寸。弯曲件展开尺寸的计算的基本原则是应变中性层在弯曲前后长度保持不变。

弯曲件的展开
尺寸计算

1. 弯曲中性层位置

中性层是弯曲变形前后长度保持不变的金属层,弯曲件中性层的展开长度就是弯曲件的坯料长度。中性层位置以曲率半径 ρ 表示(见图 3-35),常用下面经验公式确定:

$$\rho = r + xt \tag{3-9}$$

式中：r——弯曲件的内弯曲半径；

　　t——材料厚度；

　　x——中性层位移系数，见表 3-8。

表 3-8　中性层位移系数 x 值

r/t	0.1	0.2	0.3	0.4	0.5	0.6	0.7	0.8	1.0	1.2
x	0.21	0.22	0.23	0.24	0.25	0.26	0.28	0.30	0.32	0.33
r/t	1.3	1.5	2	2.5	3	4	5	6	7	≥8
x	0.34	0.36	0.38	0.39	0.40	0.42	0.44	0.46	0.48	0.50

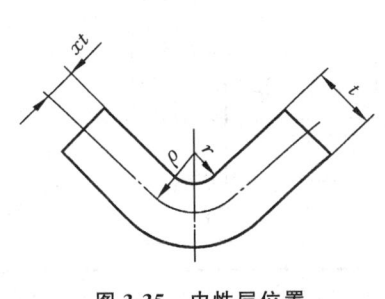

图 3-35　中性层位置

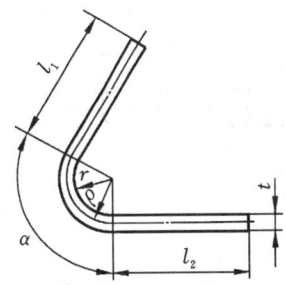

图 3-36　$r/t > 0.5$ 的弯曲

2. 弯曲件毛坯尺寸计算

在弯曲件生产中，材料一般为宽板，弯曲件的宽度不变，确定毛坯尺寸时只需计算弯曲件的展开长度。弯曲件长度展开计算方法与弯曲件形状、相对弯曲半径 r/t、弯曲方法有关。一般来说，当 $r/t > 0.5$ 时，按中性层尺寸展开；当 $r/t < 0.5$ 时，变形区材料变薄严重，按体积不变原理进行计算。

弯曲件的展开长度等于各直边部分长度与各圆弧部分长度之和。直边部分的长度是不变的，而圆弧部分的长度则需考虑材料的变形和中性层的位移。

1）$r/t > 0.5$ 的弯曲件

对于 $r/t > 0.5$ 的弯曲件，由于变薄不严重，按中性层展开的原理，坯料总长度应等于弯曲件直线部分和圆弧部分长度之和（见图 3-36），即

$$L_z = l_1 + l_2 + \frac{\pi\alpha}{180}\rho = l_1 + l_2 + \frac{\pi\alpha}{180}(r + xt) \tag{3-10}$$

式中：L_z——坯料展开总长度（mm）；

　　l_1, l_2——弯曲件两端的直边长度；

　　ρ——中性层的曲率半径，$\rho = r + xt$；

　　x——中性层位移系数（查表 3-8）；

　　α——弯曲中心角（°）。

2）$r/t < 0.5$ 的弯曲件

对于 $r/t < 0.5$ 的弯曲件，圆角变形区严重变薄，且与圆角相邻的直边部分也变薄，应按变

形前后体积不变原理来计算坯料长度。经验公式如表 3-9 所示。

表 3-9　$r/t<0.5$ 的弯曲件坯料长度计算公式

简图	经验公式	简图	经验公式
	$L_z=$ $l_1+l_2+0.4t$		$L_z=$ $l_1+l_2+l_3+0.6t$ （一次同时弯曲 两个角）
	$L_z=$ $l_1+l_2-0.43t$		$L_z=$ $l_1+2l_2+2l_3+t$ （一次同时弯曲 四个角） $L_z=$ $l_1+2l_2+2l_3+1.2t$ （分为两次弯曲 四个角）

3）铰链式弯曲件

对于 $r/t=0.6\sim3.5$ 的铰链件（见图 3-37），通常采用推圆法成形，在卷圆过程中板料有所增厚，中性层发生外移，故其坯料长度 L_z 可按下式近似计算：

$$L_z=l_1+1.5\pi(r+x_1t)+r\approx l+5.7r+4.7x_1t \tag{3-11}$$

式中：l——直线段长度；

r——铰链内半径；

x_1——中性层位移系数，查表 3-10。

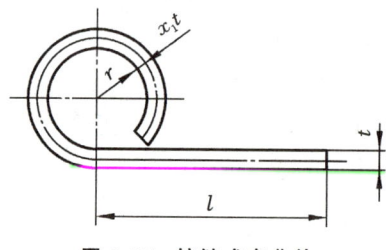

图 3-37　铰链式弯曲件

表 3-10　卷圆时中性层位移系数 x_1

r/t	$>0.5\sim0.6$	$>0.6\sim0.8$	$>0.8\sim1.0$	$>1.0\sim1.2$	$>1.2\sim1.5$	$>1.5\sim1.8$	$>1.8\sim2.0$	$>2.0\sim2.2$	>2.2
x_1	0.76	0.73	0.70	0.67	0.64	0.61	0.58	0.54	0.5

◆ **拓展知识**

上述坯料长度计算公式主要适用于形状比较简单、尺寸精度要求不高的弯曲件。对于形状比较复杂或精度要求高的弯曲件,利用公式初步计算坯料长度后,还需反复试弯,不断修正,才能最后确定坯料的形状及尺寸。在生产中一般先制造弯曲模,后制造坯料的落料模。

例 3-2 计算图 3-38 所示 V 形支架弯曲件的坯料展开长度。

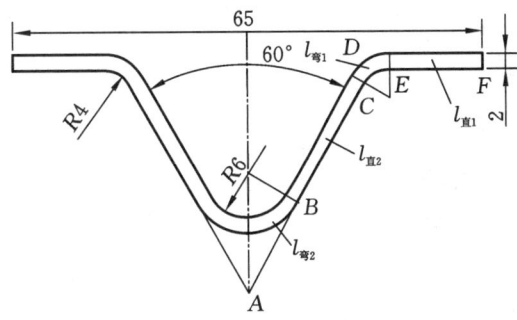

图 3-38 V 形支架

解 零件的相对弯曲半径 $r/t > 0.5$,故坯料展开长度公式为

$$L_z = 2 \times (l_{直1} + l_{直2} + l_{弯1} + l_{弯2})$$

$R4$ 圆角处,$r/t = 2$,查表 3-8,$x = 0.38$;$R6$ 圆角处,$r/t = 3$,查表 3-8,$x = 0.40$。故

$$l_{直1} = EF = [32.5 - (30 \times \tan30° + 4 \times \tan30°)] \text{ mm} = 12.87 \text{ mm}$$

$$l_{直2} = BC = \left[\frac{30}{\cos30°} - (8 \times \tan60° + 4 \times \tan30°) \right] \text{ mm} = 18.47 \text{ mm}$$

$$l_{弯1} = \frac{\pi\alpha}{180} \times (r + xt) = \frac{\pi \times 60}{180} \times (4 + 0.38 \times 2) \text{ mm} = 4.98 \text{ mm}$$

$$l_{弯2} = \frac{\pi\alpha}{180} \times (r + xt) = \frac{\pi \times 60}{180} \times (6 + 0.40 \times 2) \text{ mm} = 7.12 \text{ mm}$$

$$L_z = 2 \times (12.87 + 18.47 + 4.98 + 7.12) \text{ mm} = 86.88 \text{ mm}$$

也可在 CAD 软件中,将对应直线和圆弧偏移到中性层位置,查询其长度。

◆ **案例分析**

查表 3-8 可知,中性层系数 $x = 0.30$,弯曲件内表面偏移距离 $xt = 1.8$ mm。利用 CAD 软件查询各段长度,有毛坯总长 $L = (2 \times 31 + 2 \times 10.681 + 8) \text{ mm} = 91.362 \text{ mm}$。

3.2.2 弯曲力的计算

弯曲力是弯曲工艺过程所需的各种力,通常包括弯曲力、顶件力或压料力。弯曲力是弯曲模设计和压力机选型的重要依据之一。

影响弯曲力的因素比较复杂,与弯曲变形过程有关,还与坯料尺寸、材料性能、零件形状、弯曲方式、模具结构等有关,因此用理论公式来计算弯曲力精确度不高。实际生产中常用经验公式进行计算。

弯曲力的计算、
弯曲工序安排

1. 自由弯曲力

（1）V 形件的自由弯曲力

$$F_{自} = \frac{0.6KBt^2\sigma_b}{r+t} \tag{3-12}$$

（2）U 形件自由弯曲力

$$F_{自} = \frac{0.7KBt^2\sigma_b}{r+t} \tag{3-13}$$

（3）凵形件自由弯曲力

$$F_{自} = 2.4Bt\sigma_b aC \tag{3-14}$$

式中：$F_{自}$——自由弯曲在冲压行程结束时的弯曲力（N）；

    B——弯曲件的宽度（mm）；

    r——弯曲件的内弯曲半径（mm）；

    t——弯曲件材料厚度（mm）；

    σ_b——材料的抗拉强度（MPa）；

    K——安全系数，一般取 $K=1.3$；

    a——系数，其值见表 3-11；

    C——系数，其值见表 3-12。

表 3-11　系数 a

r/t	断后伸长率 $\delta/(\%)$						
	20	25	30	35	40	45	50
10	0.416	0.379	0.337	0.302	0.265	0.233	0.204
8	0.434	0.398	0.361	0.326	0.288	0.257	0.227
6	0.459	0.426	0.392	0.358	0.321	0.290	0.259
4	0.502	0.467	0.437	0.407	0.371	0.341	0.312
2	0.555	0.552	0.520	0.507	0.470	0.445	0.417
1	0.619	0.615	0.607	0.680	0.576	0.560	0.540
0.5	0.690	0.688	0.684	0.680	0.678	0.673	0.662
0.25	0.704	0.732	0.746	0.760	0.769	0.764	0.764

表 3-12　系数 C

Z/t	r/t						
	10	8	6	4	2	1	0.5
1.20	0.130	0.151	0.181	0.245	0.388	0.570	0.765
1.15	0.145	0.161	0.185	0.262	0.420	0.605	0.822
1.10	0.162	0.184	0.214	0.290	0.460	0.675	0.830
1.08	0.170	0.200	0.230	0.300	0.490	0.710	0.960

Z/t	r/t						
	10	8	6	4	2	1	0.5
1.06	0.180	0.204	0.250	0.322	0.520	0.755	1.120
1.04	0.190	0.222	0.277	0.360	0.560	0.835	1.130
1.05	0.208	0.250	0.355	0.410	0.760	0.990	1.380

注:Z 为凸、凹模间隙,对于有色金属,$Z/t=1.0\sim1.1$;对于黑色金属 $Z/t=1.05\sim1.15$。

2. 校正弯曲力

校正弯曲力比自由弯曲力大得多,按式(3-15)计算:

$$F_{校}=Aq \qquad (3-15)$$

式中:$F_{校}$——校正弯曲力(N);

　　A——校正变形区在垂直于凸模运动方向上的投影面积(mm^2);

　　q——单位面积校正力(MPa),其值见表 3-13。

表 3-13　单位面积校正力 q　　　　(MPa)

材料	材料厚度 t/mm			
	$\leqslant1$	$1\sim3$	$3\sim6$	$6\sim10$
铝	$10\sim20$	$20\sim30$	$30\sim40$	$40\sim50$
黄铜	$20\sim30$	$30\sim40$	$40\sim60$	$60\sim80$
10、15、20 钢	$30\sim40$	$40\sim60$	$60\sim80$	$80\sim100$
20、30、35 钢	$40\sim50$	$50\sim70$	$70\sim100$	$100\sim120$

3. 顶件力或压料力

若弯曲模有顶件装置或压料装置,其顶件力 F_D(或压料力 F_Y)可按式(3-16)计算。

$$F_D(F_Y)=(0.3\sim0.8)F_{自} \qquad (3-16)$$

4. 压力机吨位的选择

对于有压料的自由弯曲,压力机公称压力应为

$$P=(1.6\sim1.8)(F_{自}+F_Y)$$

对于校正弯曲,由于校正弯曲力比自由弯曲力、压料力或推件力大得多,且校正弯曲发生在接近压力机下止点的位置,压力机公称压力可取:

$$P=(1.1\sim1.3)F_{校}$$

◆ **案例分析**

U 形弯曲件采用自由弯曲和上顶出件,其总冲压力如下。

弯曲力:$F_{自}=\dfrac{0.6KBt^2\sigma_b}{r+t}=[0.6\times1.3\times45\times6\times6\times400/(5+6)]\ kN=45.9\ kN$

顶件力:$F_D=(0.3\sim0.8)F_{自}=0.3\times45.9\ kN=13.77\ kN$

压力机公称压力:$P=(1.6\sim1.8)(F_{自}+F_D)=95.47\ kN$

3.3 弯曲模结构与工作零件设计

3.3.1 弯曲模结构设计

确定弯曲工艺方案和工艺计算完成后,即可进行弯曲模结构及工作零件设计。由于弯曲件比冲裁件复杂得多,因此弯曲模的结构类型也是多种多样的。简单的弯曲模在工作时只有一个垂直运动;复杂的弯曲模在工作时除垂直运动外,还有一个或多个水平运动。弯曲模的设计难以做到标准化,但其结构仍由工作零件、定位零件、压料及出件零件和其他标准件等组成,通常参考冲裁模的设计要求和方法进行设计。设计时应考虑以下要点。

(1)坯料的放置和工件的取出操作方便、安全。

(2)坯料的定位要准确、可靠,防止坯料在变形过程中发生偏移。

(3)坯料在模具中弯曲时应有的转动和移动不受影响。

(4)在不对称弯曲时,应使上、下模之间水平方向的侧压力得到平衡。

(5)弯曲行程结束时,应使弯曲件的变形部位在模具中得到校正,保证弯曲件精度。

(6)模具结构设计必须便于凸、凹模加工及试模后的修正工作。

1. V 形件弯曲模结构

图 3-39 所示为简单 V 形件弯曲模的基本结构。凸模 3 装在标准槽形模柄 1 上,并用两个销钉 2 固定。凹模 5 通过螺钉和销钉直接固定在下模座上。坯料由定位板 4 初始定位,在凸模下行时,顶杆 6 和弹簧 7 组成的顶件装置,起压料作用,防止坯料偏移;凸模回程时顶件装置将弯曲件从凹模内顶出。

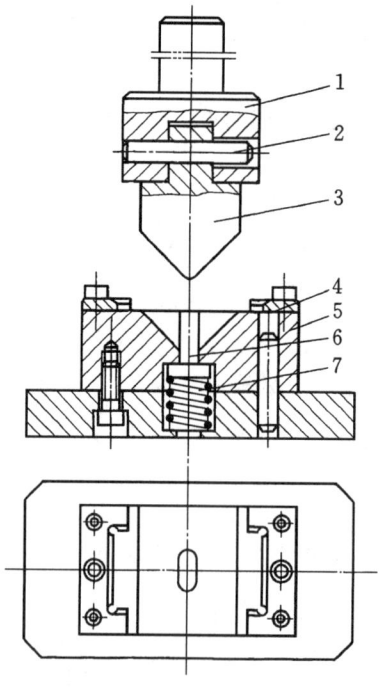

图 3-39 V 形件弯曲模

1—槽形模柄;2—销钉;3—凸模;4—定位板;5—凹模;6—顶杆;7—弹簧

图 3-40 所示为折板式 V 形件精弯模。两块活动凹模 4 由铰链 8 连接,铰链的心轴 2 可沿支架 7 的长槽上下滑动。定位板 9 固定在活动凹模上。弯曲前,顶杆 3 将心轴顶到最高位置,使两块活动凹模形成一平面,此时平板坯料放置在定位板上进行定位。工作时,在凸模 1 作用下,两块凹模绕铰链心轴 2 转动,铰链心轴 2 同时沿支架槽向下滑动,从而使坯料随活动凹模一起折弯成形。当凸模 1 回程时,活动凹模 4 在顶杆 3 的作用下复位,并将弯曲件顶出。

在整个弯曲过程中,坯料始终与活动凹模 4 和定位板 9 接触,即使坯料形状不对称也不会产生相对滑动和偏移,因此弯曲件的尺寸精度和表面质量较高。图中铰链心轴中心至凹模工作面之间的距离 s 会影响凹模成形时底部开口宽度 b 的大小。若 b 过大,弯边与凹模的接触面积将减小,从而失去折板式凹模的优势。为了保证全部直边都能与凹模接触,通常应满足条件 $s \leqslant r_p + t$,其中 r_p 为弯曲件的外弯曲半径,t 为材料厚度。

这种弯曲模结构特别适用于具有精确孔位的小型零件、带窄条且不易放置平稳的零件,以及缺乏足够压料面的零件。

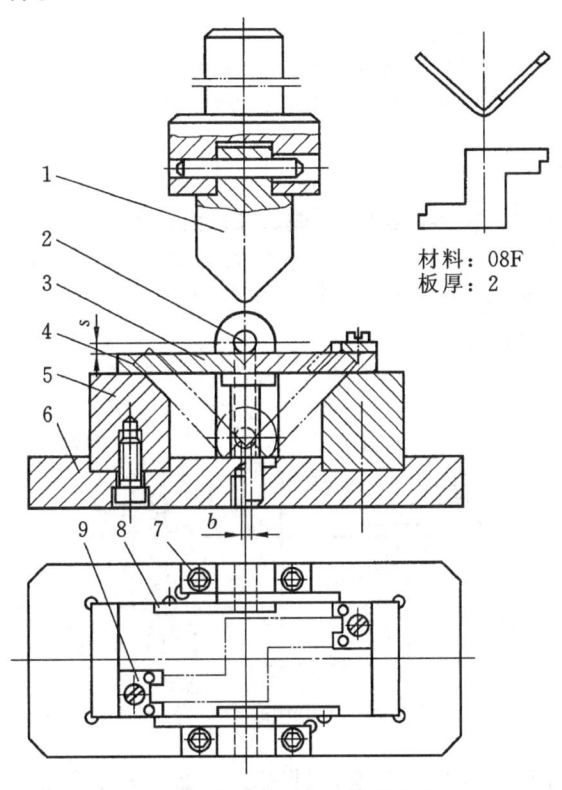

材料:08F
板厚:2

图 3-40　折板式 V 形件精弯模

1—凸模;2—心轴;3—顶杆;4—活动凹模;5—支承板;6—下模座;7—支架;8—铰链;9—定位板

2. L 形件弯曲模结构

对于两直边长度不相等的 L 形弯曲件,可采用图 3-41 所示的 L 形弯曲模。其中图(a)适用于两直边长度相差不大的 L 形件,图(b)适用于两直边长度相差较大的 L 形件。由于是单边弯曲,弯曲时坯料容易偏移,因此必须在坯料上冲出工艺孔,利用定位销 4 定位。对于图(b),还必须采用压料板 6 将坯料压住,以防止弯曲时坯料上翘。单边弯曲时凸模 1 将承受较大水平侧压力,因此需设置反侧压块 2,以平衡侧压力。反侧压块的高度要保证在凸模接触坯料以前先挡住凸模,为此,反侧压块应高出凹模 3 的上平面,其高度差 h 可按下式确定:

$$h \geqslant 2t + r_1 + r_2$$

式中：t——料厚；

　　r_1——反侧压块导向面入口圆角半径；

　　r_2——凸模导向面端部圆角半径，可取 $r_1 = r_2 = (2\sim5)t$。

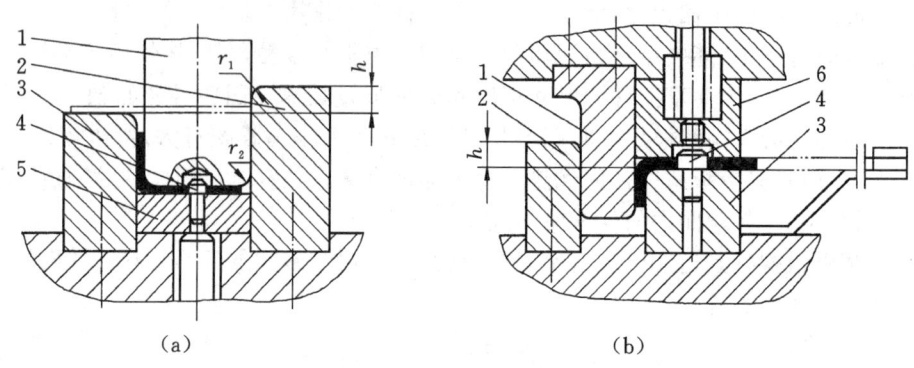

（a）　　　　　　　　　　　　　（b）

图 3-41　L 形件弯曲模

1—凸模；2—反侧压块；3—凹模；4—定位销；5—顶板；6—压料板

3. U 形件弯曲模结构

图 3-42 所示为下出件式 U 形弯曲模，弯曲后零件由凸模直接从凹模推下出件，模具结构很简单可靠。但这种模具不能进行校正弯曲，弯曲件的回弹较大，底部也不够平整，适用于高度较小、底部平整度要求不高的小型 U 形件。为减小回弹，弯曲半径和凸、凹模间隙应取较小值。

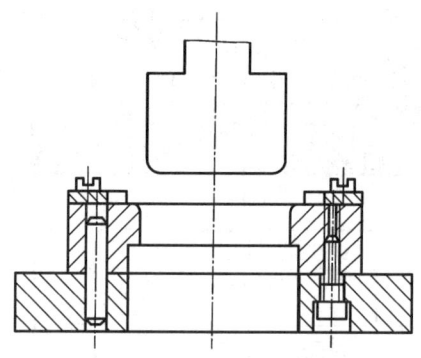

图 3-42　下出件式 U 形弯曲模

图 3-43 所示为上出件式 U 形弯曲模，坯料用定位板 4 和定位销 2 定位，凸模 1 下压时将坯料及顶板 3 同时压下，坯料在凹模 5 内成形后，凸模回升，弯曲件通过顶杆和顶板顶出。该模具在凹模内设置了顶件装置，弯曲时顶板能始终压紧坯料，因此弯曲件底部平整。同时顶板上还装有定位销 2，可利用坯料上的孔（或工艺孔）进行精确定位，即使 U 形件两直边高度不同，也能保证弯边高度尺寸。如需进行校正弯曲，调整凸模下行到下止点时，顶板接触下模座。

图 3-44 所示为弯曲角小于 90° 的闭角 U 形件弯曲模，模具工作时，坯料通过凹模 4 和定位销 2 定位，随着凸模的下压，坯料先在凹模 4 内弯曲成夹角为 90° 的 U 形结构。当工件底部接触到凹模镶件后，凹模镶件开始转动，带动工件完成最终成形，形成所需的闭角 U 形结构。凸模回程时，通过拉簧作用带动凹模镶件反转复位。同时，顶杆 3 配合凸模将弯曲件顶出凹模。

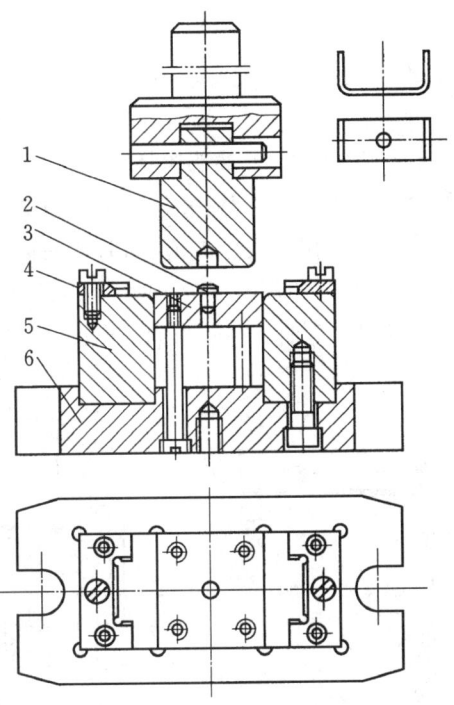

图 3-43　上出件式 U 形弯曲模

1—凸模；2—定位销；3—顶板；4—定位板；5—凹模 ；6—下模座

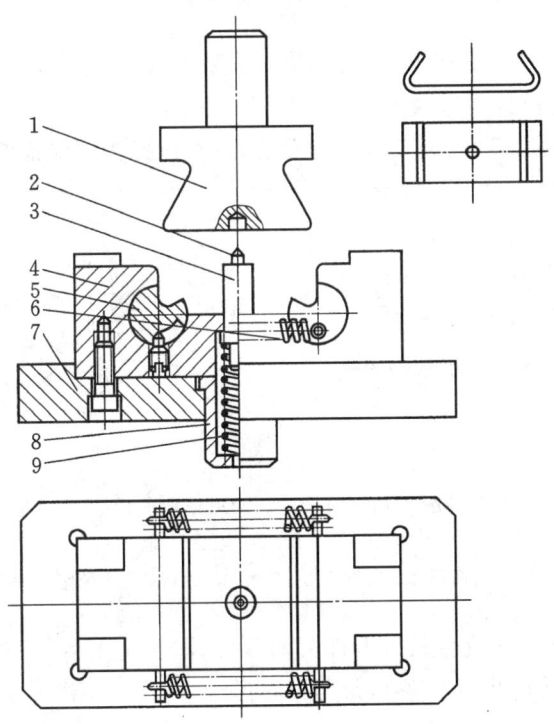

图 3-44　闭角 U 形件弯曲模

1—凸模；2—定位销；3—顶杆；4—凹模；5—凹模镶件；

6—拉簧；7—下模座；8—弹簧座；9—弹簧

4. ⊐形件弯曲模结构

根据⊐形件的高度、弯曲半径及尺寸精度要求不同,⊐形件弯曲模可分为一次成形弯曲模和二次成形弯曲模。

图 3-45 所示⊐形件一次成形弯曲模,凸模为阶梯形,从图(a)可以看出,弯曲过程中由于凸模肩部阻碍了坯料的转动,外角弯曲线不断上移,并且随着凸模的下压,坯料通过凹模圆角的摩擦力逐步增加,使得弯曲件侧壁容易擦伤并发生变薄,同时弯曲后容易产生较大的回弹,使得弯曲件两肩与底部难以保持平行。但当弯曲件高度较小时,上述影响不太大。图(b)采用了摆块式凹模,弯曲件的质量比图(a)好,可用于弯曲半径较小的⊐形件,但模具结构相对复杂。

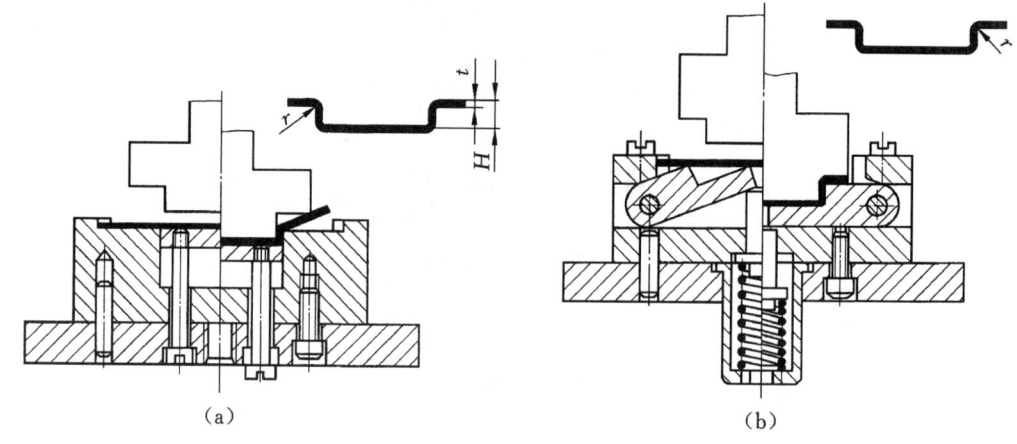

（a）　　　　　　　　　　　（b）

图 3-45　⊐形件一次成形弯曲模

图 3-46 所示为⊐形件二次成形弯曲模,第一次采用图(a)的模具先弯外角,弯成 U 形工序件;第二次采用图(b)的模具再弯内角,弯成⊐形件。由于第二次弯曲内角时,工序件需倒扣在凹模上定位,如果⊐形件高度较小,凹模壁厚就会很薄,因此为了保证凹模的强度,⊐形件的高度 H 应大于 $(12\sim15)t$。

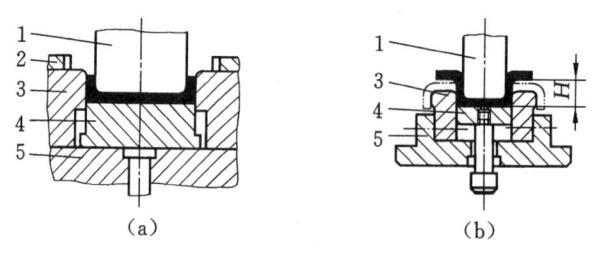

（a）　　　　　　　　　　　（b）

图 3-46　⊐形件二次成形弯曲模

（a）第一次弯曲;（b）第二次弯曲

1—凸模;2—定位板;3—凹模;4—顶板;5—下模座

图 3-47 所示为两次弯曲复合的⊐形件弯曲模,凸凹模 1 下行时,先与凹模 2 将坯料弯成 U 形,继续下行时再与活动凸模 3 将 U 形弯成⊐形。

5. Z 形件弯曲模结构

Z 形件可通过一次弯曲成形。图 3-48(a)所示的 Z 形件弯曲模结构简单,但由于没有压料装置,弯曲时坯料容易滑动,适用于精度要求不高的零件。

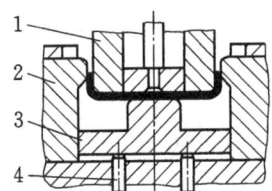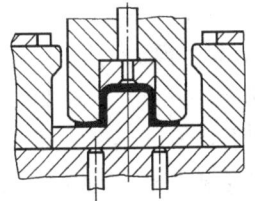

图 3-47 两次弯曲复合的凵形件弯曲模

1—凸凹模；2—凹模；3—活动凸模；4—顶杆

图 3-48(b)所示的 Z 形件弯曲模设置了顶板 1 和定位销 2，能有效防止坯料的偏移。反侧压块在 3 平衡凸、凹模之间水平方向侧压力的同时，还起到顶板导向作用，防止其窜动。

图 3-48(c)所示的 Z 形件弯曲模，弯曲前活动凸模 10 在橡皮 8 的作用下与凸模 4 端面平齐。工作时，活动凸模与顶板 1 将坯料压紧，橡皮的弹力推动顶板下移，使坯料左端先行弯曲。当顶板接触下模座 11 后，橡皮 8 被压缩，凸模 4 相对于活动凸模 10 继续下移，完成坯料右端的弯曲成形。当压块 7 与上模座 6 相碰时，整个弯曲件得到校正。

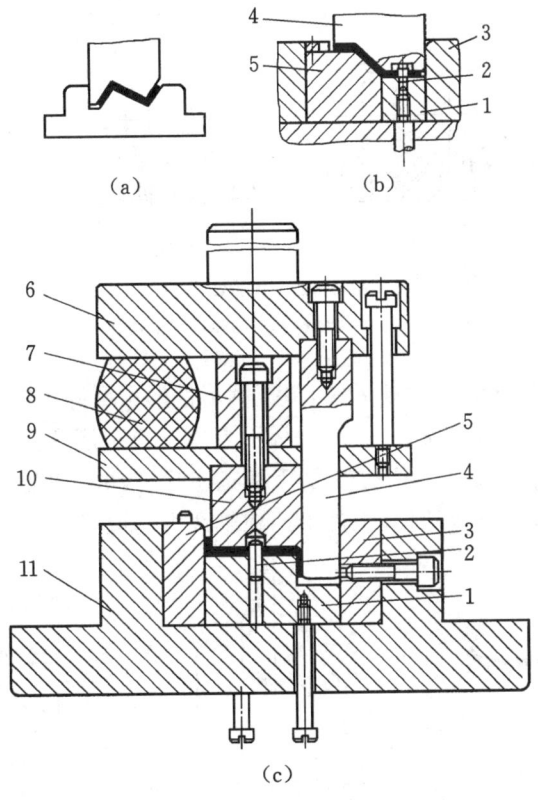

(a)　　(b)

(c)

图 3-48 Z 形件弯曲模

1—顶板；2—定位销；3—反侧压块；4—凸模；5—凹模；6—上模座；7—压块；8—橡皮

6. 圆形件弯曲模结构

圆形弯曲模结构形式多种多样，根据圆形件尺寸的不同，其弯曲方法也不同。

（1）对于直径 $d \leqslant 5$ mm 的小圆形件，一般先弯成 U 形，再将 U 形弯成圆形。图 3-49（a）所示为采用两套简单模具进行分步弯圆的方法。由于工件小，分两次弯曲操作不便，可将两道工序合并,如图 3-49(b)、(c)所示。其中图(b)为有侧楔的一次弯曲模,上模下行时,芯棒 3 先将坯料弯成 U 形,随着上模继续下行,侧楔 7 便推动活动凹模 8 将 U 形弯成圆形;图(c)是另一种一次弯圆模,上模下行时,压板 2 将滑块 6 往下压,滑块带动芯棒 3 先将坯料弯成 U 形,然后凸模 1 再将 U 形弯成圆形。如果工件精度要求高,可旋转工件连冲几次,以获得较好的圆度。弯曲后,工件沿垂直于图面方向从芯棒上取下。

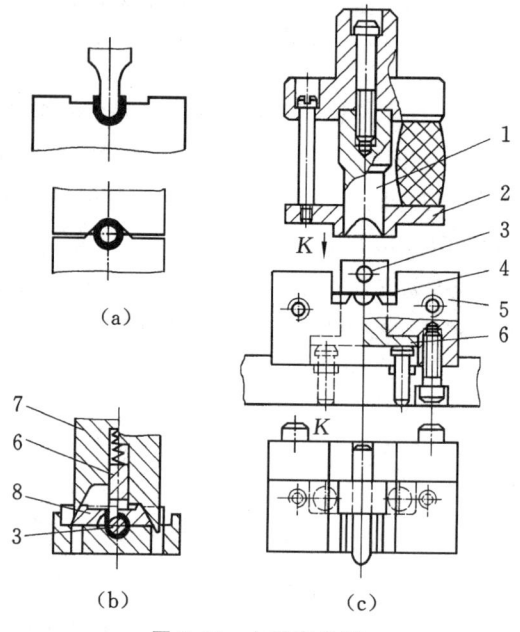

图 3-49 小圆弯曲模

1—凸模;2—压板;3—芯棒;4—坯料;5—凹模;6—滑块;7—侧楔;8—活动凹模

(2)对于直径 $d \geqslant 20$ mm 的大圆形件,根据圆形件的精度和料厚等要求不同,可以采用一次成形、二次成形和三次成形方法。图 3-50 所示是用三道工序弯曲大圆的方法,这种方法生产率低,适用于料厚较大的工件。图 3-51 是用两道工序弯曲大圆的方法,先预弯成三个 $120°$ 的波浪形,再用另一套模具弯成圆形,工件沿凸模轴线方向取下。

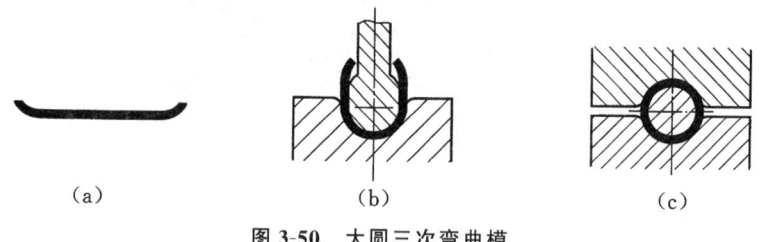

(a)　　　　　　　　(b)　　　　　　　　(c)

图 3-50 大圆三次弯曲模

(a)首次弯曲;(b)二次弯曲;(c)三次弯曲

7. 铰链件弯曲模结构

铰链件可采用一次弯曲成形,也可采用两次弯曲成形。图 3-52 所示为常见的铰链件形式和弯曲工序的安排。图 3-53(a)、(b)为两次弯曲铰链,图 3-53(a)所示为第一道工序的预弯模,图 3-53(b)是第二道工序的立式卷圆模。图 3-53(c)是卧式卷圆模一次成形模具,其设有压料装置,操作方便,零件质量也较好。

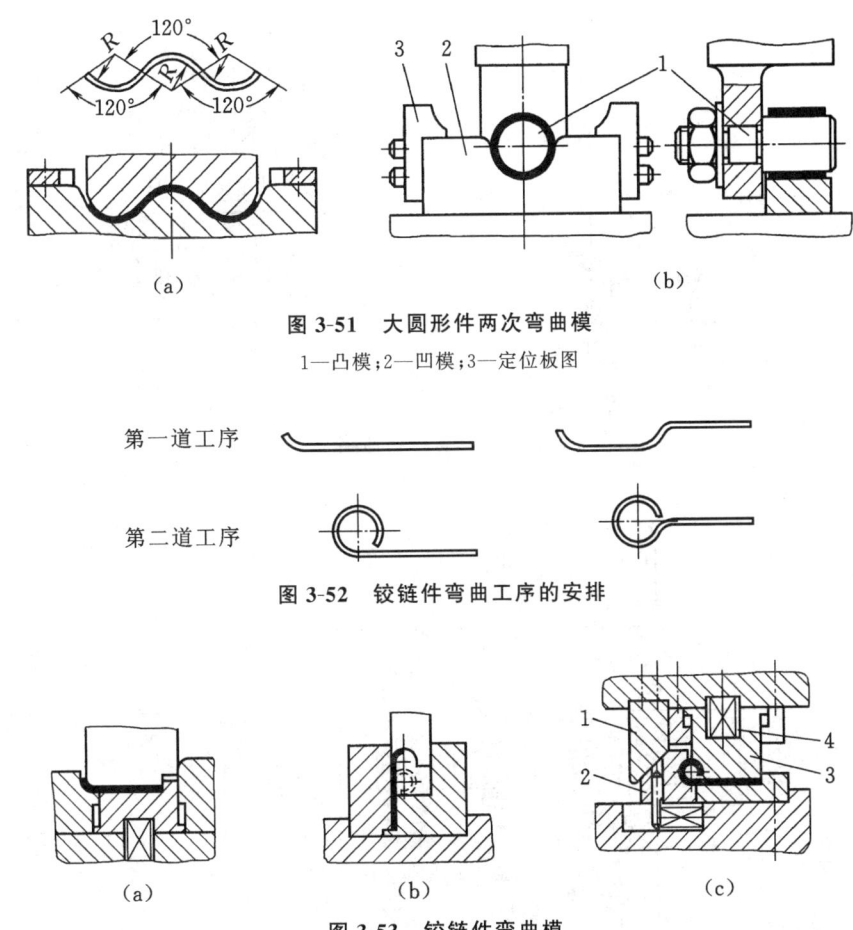

图 3-51　大圆形件两次弯曲模

1—凸模；2—凹模；3—定位板图

第一道工序

第二道工序

图 3-52　铰链件弯曲工序的安排

（a）　　　　　　　　（b）　　　　　　　　（c）

图 3-53　铰链件弯曲模

1—斜楔；2—凹模；3—凸模；4—弹簧

8. 其他弯曲模结构

1）复合弯曲模

对于批量大、位置精度要求高的弯曲件，可以采用复合弯曲模，即在压力机一次行程内，在模具同一位置上完成落料、弯曲、冲孔等多道工序。图 3-54(a)、(b)是切断、弯曲复合模结构简图。图 3-54(c)是落料-弯曲-冲孔复合模，该模具结构紧凑，工件精度高，但凸、凹模修磨困难。

2）级进弯曲模

对于批量大、尺寸小的弯曲件，为了提高生产率和安全性，保证零件质量，可以采用级进弯曲模进行多工位的冲裁、弯曲、切断等工艺成形。

图 3-55 所示为冲孔、切断和弯曲两工位级进模，条料由导料板导向，并送至反侧压块 5 的右侧定距。上模下行时：在第一工位，由冲孔凸模 4 与凹模 8 完成冲孔；同时，凸凹模 1（兼作落料上剪刃、弯曲凹模）与下剪刃 7 将条料切断；在第二工位，由弯曲凸模 6 与配合凸凹模 1 将所切断的坯料压弯成形。上模回程时，卸料板 3 卸下条料，推杆 2 则在弹簧的作用下推出工件，从而获得底部带孔的 U 形弯曲件。

3）通用弯曲模

对于小批量生产或试制生产的弯曲件，由于生产量少、品种多、尺寸经常改变，因此常采用

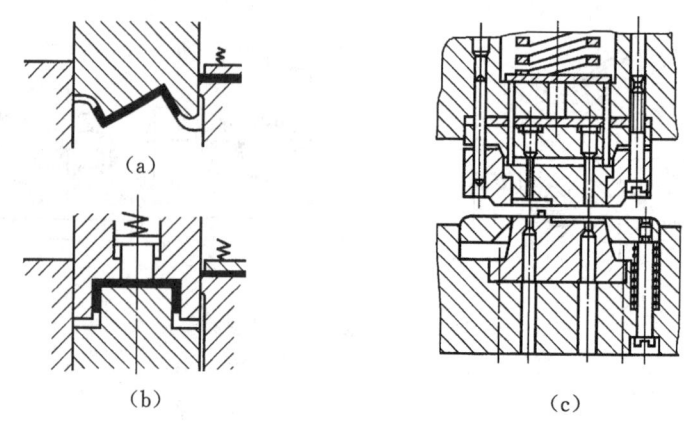

图 3-54　复合弯曲模

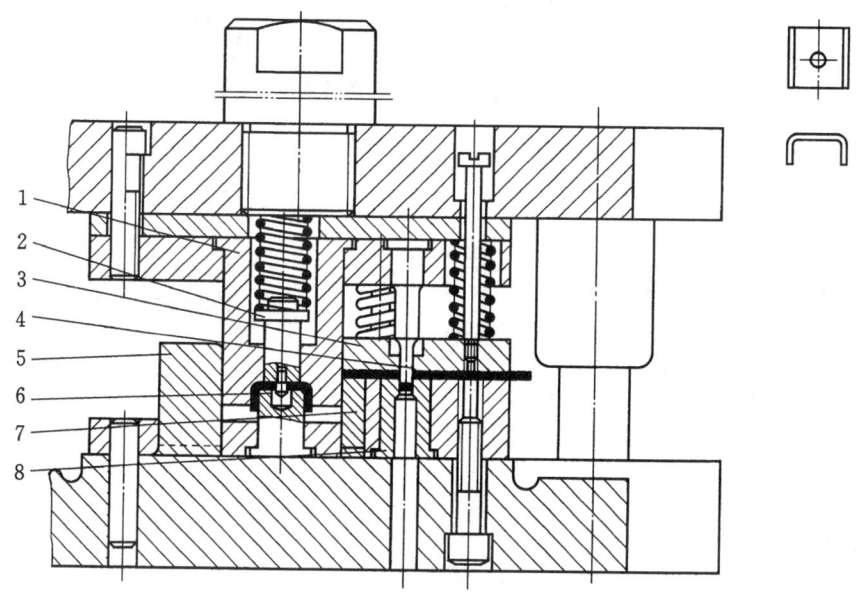

图 3-55　两工位级进弯曲模

1—凸凹模;2—推杆;3—卸料板;4—冲孔凸模;5—反侧压块;6—弯曲凸模;7—下剪刃;8—冲孔凹模

通用弯曲模。

采用通用弯曲模不仅可以成形一般的 V 形件、U 形件、冂形件,还可成形精度要求不高的复杂形状件。图 3-56 是经过多次 V 形弯曲成形复杂零件的实例。

图 3-57 所示为折弯机上使用的通用弯曲模端面形状。凹模的四面分别制出适应于弯曲不同形状或尺寸零件的槽口(图(a)),凸模有直臂式和曲臂式两种,工作部分的圆角半径有不同尺寸,以便按工件需要更换(图(b)、(c))。

◈ 案例分析

U 形弯曲件利用 U 形弯曲模进行冲压。坯料可采用定位板定位,为防止坯料移动并确保底部平整,可在凹模内设置顶件装置,模具总体结构如图 3-43 所示。

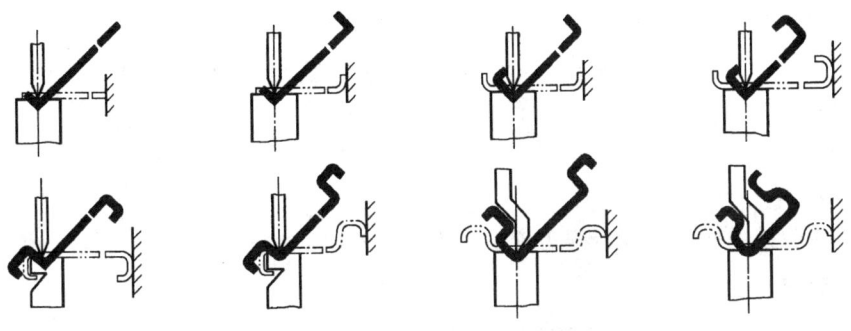

图 3-56　多次 V 形弯曲成形复杂零件

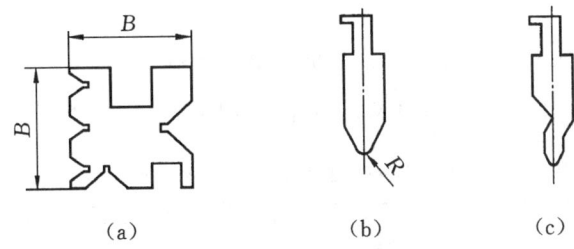

（a）　　　　　　（b）　　　　　　（c）

图 3-57　折弯机用弯曲模的端面形状

（a）通用凹模；（b）直臂式凸模；（c）曲臂式凸模

3.3.2　弯曲模工作零件设计

弯曲模工作零件的设计，主要包括确定凸模和凹模工作部分的圆角半径、凹模深度，凸模和凹模间隙，横向尺寸及其公差等内容。弯曲凸、凹模工作部分的结构及尺寸如图 3-58 所示。凸、凹模安装部分的结构设计与冲裁凸、凹模基本相同。

弯曲模工作零件设计

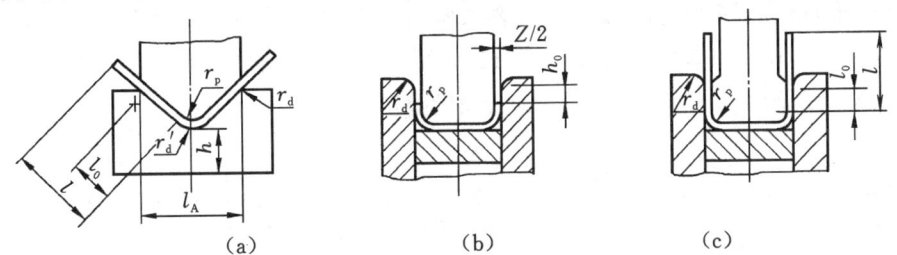

（a）　　　　　　（b）　　　　　　（c）

图 3-58　弯曲凸、凹模工作部分的结构及尺寸

1. 凸模圆角半径 r_p

当弯曲件的相对弯曲半径 $r/t < 5$ 且不小于 r_{min}/t 时，凸模的圆角半径取等于弯曲件的圆角半径，即 $r_p = r$。若 $r/t < r_{min}/t$，则应取 $r_p \geqslant r_{min}$，将弯曲件先弯成较大的圆角半径，然后采用整形工序进行整形，使其满足弯曲件圆角半径的要求。

当弯曲件的相对弯曲半径 $r/t \geqslant 10$ 时，由于弯曲件圆角半径的回弹较大，凸模的圆角半径应根据回弹值作相应的修正。

2. 凹模圆角半径 r_d

r_d 过小时，坯料拉入凹模的滑动阻力增大，易使弯曲件表面擦伤或出现压痕，并增大弯曲变形力和影响模具寿命;r_d过大时,又会影响坯料的准确定位。凹模两边的圆角半径应一致,以避免在弯曲过程中坯料发生偏移。实际生产中,凹模圆角半径r_d通常根据材料厚度t选取:

$t \leqslant 2$ mm 时, $r_d = (3 \sim 6)t$

$t = 2 \sim 4$ mm 时, $r_d = (2 \sim 3)t$

$t > 4$ mm 时, $r_d = 2t$

V形弯曲凹模的底部可开设退刀槽或取圆角半径$r_d' = (0.6 \sim 0.8)(r_p + t)$,以避免干涉。

3. 凹模深度l_0

凹模深度过小,坯料两端未受压部分太多,弯曲件回弹大且不平直,影响其质量;凹模深度若过大,则不仅浪费模具钢材,还要求压力机有较大的工作行程。通常根据弯曲件形状,按经验值选取l_0。

对于 V 形件弯曲模:凹模深度l_0及底部最小厚度可查表 3-14。但应保证凹模开口宽度L_A不能大于弯曲坯料展开长度的 0.8 倍,以免发生变形或材料浪费。

表 3-14 V 形件弯曲模的凹模深度l_0及底部最小厚度h

弯曲件边长 l/mm	材料厚度 t/mm					
	$\leqslant 2$		$2 \sim 4$		> 4	
	h	l_0	h	l_0	h	l_0
$10 \sim 25$	20	$10 \sim 15$	22	15	—	—
$25 \sim 50$	22	$15 \sim 20$	27	25	32	30
$50 \sim 75$	27	$20 \sim 25$	32	30	37	35
$75 \sim 100$	32	$25 \sim 30$	37	35	42	40
$100 \sim 150$	37	$30 \sim 35$	42	40	47	50

对于 U 形件弯曲模:弯边高度不大或要求两边平直的 U 形件,凹模深度应大于弯曲件的高度,如图 3-58(b)所示,其中h_0值见表 3-15;弯边高度较大,而平直度要求不高的 U 形件,可采用图 3-58(c)所示的凹模形式,凹模深度l_0值见表 3-16。

表 3-15 U 形件弯曲凹模的h_0值

材料厚度 t/mm	$\leqslant 1$	$1 \sim 2$	$2 \sim 3$	$3 \sim 4$	$4 \sim 5$	$5 \sim 6$	$6 \sim 7$	$7 \sim 8$	$8 \sim 10$
h_0	3	4	5	6	8	10	15	20	25

表 3-16 U 形件弯曲模的凹模深度l_0

弯曲件边长 l/mm	材料厚度 t/mm				
	< 2	$1 \sim 2$	$2 \sim 4$	$4 \sim 6$	$6 \sim 10$
< 50	15	20	25	30	35
$50 \sim 75$	20	25	30	35	40
$75 \sim 100$	25	30	35	40	40
$100 \sim 150$	30	35	40	50	50
$150 \sim 200$	40	45	55	65	65

4. 凸、凹模间隙

弯曲 V 形件时,凸、凹模间隙由调整压力机的装模高度来控制。弯曲 U 形件时,间隙过小,会使弯曲件直边料厚减薄或出现划痕,同时还会降低凹模寿命,增大弯曲力;间隙过大,则回弹增大,从而降低了弯曲精度。实际生产中,U 形件弯曲模的凸、凹模单边间隙 Z/2 按如下公式计算:

弯曲有色金属时

$$Z/2 = t_{min} + ct \qquad (3\text{-}17)$$

弯曲黑色金属时

$$Z/2 = t_{max} + ct \qquad (3\text{-}18)$$

式中:$Z/2$——弯曲凸、凹模的单边间隙;

t——弯曲件的材料厚度(基本尺寸);

t_{min}、t_{max}——弯曲件材料的最小厚度和最大厚度;

c——间隙系数,可查表 3-17。

表 3-17 U 形件弯曲模凸、凹模的间隙系数 c 值

弯曲件高度 H/mm	材料厚度 t/mm								
	≤0.5	0.6~2	2.1~4	4.1~5	≤0.5	0.6~2	2.1~4	4.1~7.5	7.6~12
	弯曲件宽度 B≤2H				弯曲件宽度 B>2H				
10	0.05	0.05	0.04	—	0.10	0.10	0.08	—	—
20	0.05	0.05	0.04	0.03	0.10	0.10	0.08	0.06	0.06
35	0.07	0.05	0.04	0.03	0.15	0.10	0.08	0.06	0.06
50	0.10	0.07	0.05	0.04	0.20	0.15	0.10	0.06	0.06
75	0.10	0.07	0.05	0.05	0.20	0.15	0.10	0.10	0.08
100	—	0.07	0.05	0.05	—	0.15	0.10	0.10	0.08
150	—	0.10	0.07	0.05	—	0.20	0.15	0.10	0.10
200	—	0.10	0.07	0.07	—	0.20	0.15	0.15	0.10

5. U 形件弯曲凸、凹模横向尺寸及公差

U 形件弯曲模具中,凸、凹模的横向尺寸及其公差设计需遵循以下原则:

① 若弯曲件以外形尺寸作为设计基准(见图 3-59(a)),应以凹模为基准件,将间隙布置在凸模上。

② 若弯曲件以内形尺寸作为设计基准(见图 3-59(b)),应以凸模为基准件,将间隙布置在凹模上。

③ 基准件的尺寸与公差应综合考虑:弯曲件尺寸与公差要求、回弹特性及模具的磨损规律等因素确定。

(1) 弯曲件标注外形尺寸时(见图 3-59(a))

凹模横向尺寸 $\qquad L_d = (L_{max} - 0.75\Delta)^{+\delta_d}_{\ 0} \qquad (3\text{-}19)$

凸模横向尺寸 $\qquad L_p = (L_d - 2(Z/2))^{\ 0}_{-\delta_p} \qquad (3\text{-}20)$

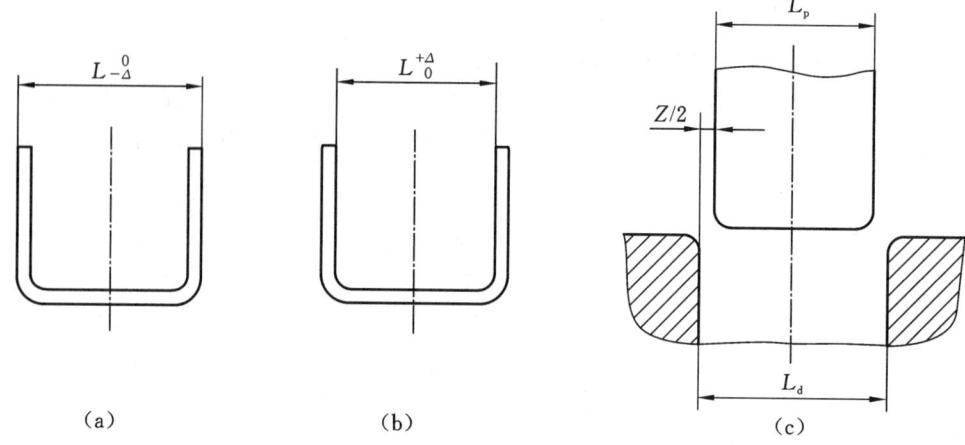

图 3-59　标注外形与内形的弯曲件及模具尺寸

(2) 弯曲件标注内形尺寸时(图 3-59(b))

凹模横向尺寸　　　　　　$L_p = (L_{min} + 0.75\Delta)_{-\delta_p}^{0}$　　　　　　　　　(3-21)

凸模横向尺寸　　　　　　$L_d = (L_p + 2(Z/2))_{0}^{+\delta_d}$　　　　　　　　　(3-22)

式中：L_d、L_p——弯曲凸、凹模横向尺寸；

　　　L_{max}、L_{min}——弯曲件的横向最大、最小极限尺寸；

　　　Δ——弯曲件横向的尺寸公差；

　　　δ_d、δ_p——弯曲凸、凹模的制造公差，可采用 IT7～IT9 级精度，一般取凸模的精度比凹模精度高一级，但要保证 $\delta_d/2 + \delta_p/2 + t_{max}$ 的值在最大允许间隙范围以内；

　　　$Z/2$——凸、凹模单边间隙。

当弯曲件的精度要求较高时，其凸、凹模可以采用配作法加工。

◆ 案例分析

U 形件尺寸标注为内形尺寸，凸模为基准件。基本尺寸为 18 mm，未注公差值为 1.2 mm，由公式(3-21)、(3-22)有：

$$L_p = (L_{min} + 0.75\Delta)_{-\delta_p}^{0} = (18 + 0.75 \times 1.2)_{-0.021}^{0}\ \text{mm} = 18.9_{-0.021}^{0}\ \text{mm}$$

$$L_d = (L_p + 2(Z/2))_{0}^{+\delta_d} = (18.9 + 2 \times 6.49)_{0}^{+0.025}\ \text{mm} = 31.88_{0}^{+0.025}\ \text{mm}$$

δ_p、δ_d 制造公差按 IT7 级选取。

3.4　弯曲模设计案例

图 3-2 所示的 U 形弯曲件，材料为 10 钢，料厚 $t = 6$ mm，$\sigma_b = 400$ MPa，中批量生产，完成该产品的弯曲工艺及模具设计。

1. 工艺性分析

工件相对弯曲半径 $r/t = 5/6 = 0.83$，查表 3-3 得最小相对弯曲半径为 0.4 mm，故可一次弯曲成形。

工件弯边高：42 mm－6 mm－5 mm＝31 mm＞$2t$，可以进行弯曲成形。

该工件是弯曲角度为 90°的弯曲件,所有尺寸精度均为标准公差,且 $r/t<5$,无须考虑半径回弹,所以该工件符合普通弯曲工艺的要求。

工件所用材料为 10 钢,是常用冲压材料,塑性好,适合进行冲压加工。

综上所述,该工件的弯曲工艺性良好,适合进行弯曲加工。

2. 工艺方案的拟定

1) 毛坯展开

如图 3-60(a)所示,毛坯长度等于各直边长度加上各圆弧展开长度,即

$$L=2L_1+2L_2+L_3$$

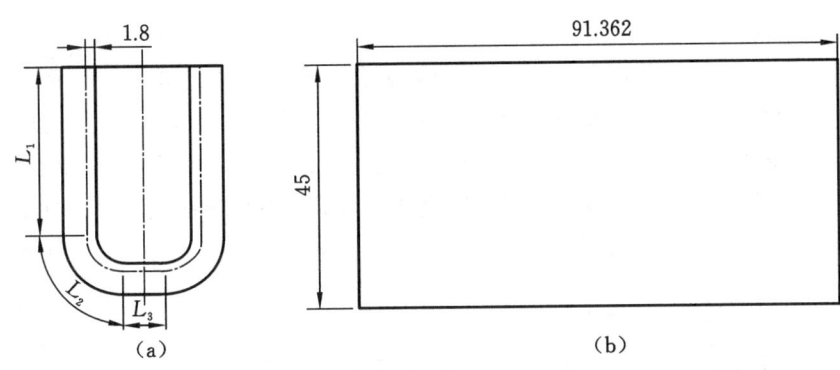

图 3-60 毛坯展开

查表 3-8,中性层系数 $x=0.30$,弯曲件内表面偏移距离 $xt=1.8$ mm,如图 3-60(a)所示。利用 CAD 软件查询得 $L_2=10.681$ mm,则 $L=2L_1+2L_2+L_3=2\times31$ mm$+2\times10.681$ mm $+8$ mm$=91.362$ mm(见图 3-60(b))。

2) 方案确定

该产品所需要的基本工序为落料与弯曲。由于是中批量生产,该产品的工艺方案是先落料,再弯曲。

3. 工艺计算

1) 冲压力计算

弯曲力:$F_{弯}=\dfrac{0.6KBt^2\sigma_b}{r+t}=0.6\times1.3\times45$ mm$\times6$ mm$\times6$ mm$\times400$ MPa$/(5+6)$ mm

$\qquad=45.9$ kN

顶件力:$F_D=(0.3\sim0.8)F_{弯}=0.3\times45.9$ kN$=13.77$ kN

压力机公称压力:$P=(1.6\sim1.8)(F_{弯}+F_D)=95.47\sim107.6$ kN

选用 $100\sim125$ kN 的开式曲柄压力机。

2) 模具工作部分尺寸

(1) 凸、凹模间隙。

按式(3-18),凸、凹模单边间隙 $Z/2=t_{max}+ct$,查相关标准可知对应板料厚度公差最大值为 $t_{max}=6.25$ mm,查表 3-17,取间隙系数 $c=0.03$,则 $Z/2=(6.25+0.03\times6)$ mm$=6.43$ mm。

(2) 凸、凹模横向尺寸。

工件尺寸标注为内形尺寸,凸模为基准件。基本尺寸为 18 mm,未注公差值1.2 mm,由公式(3-21)、式(3-22)有:

$$L_p = (L_{min} + 0.75\Delta)_{-\delta_p}^{0} = (18 + 0.75 \times 1.2)_{-0.021}^{0} \text{ mm} = 18.9_{-0.021}^{0} \text{ mm}$$

$$L_d = (L_p + 2(Z/2))_{0}^{+\delta_d} = (18.9 + 2 \times 6.49)_{0}^{+0.025} \text{ mm} = 31.88_{0}^{+0.025} \text{ mm}$$

δ_p、δ_d 制造公差按 IT7 级选取。

（3）凸、凹模圆角半径。

由于一次弯曲成形，凸模圆角半径应等于工件弯曲半径，取 $r_p = 5$ mm。

凹模圆角半径，$r_d = 2t = 12$ mm。

（4）凹模工作部分深度。

查表 3-16，凹模工作部分深度 $l_0 = 30$ mm。

4. 弯曲模结构

U 形件弯曲模结构如图 3-61 所示。弯曲前，先将坯料放置于凹模 2 上表面，并通过定位板 5 进行准确定位，同时由顶件板 19 托顶住坯料。弯曲过程中，凸模 21 下行，推动坯料进入凹模进行成形，同时压下顶件板，使坯料完成弯曲成形。在凸模回程过程中，顶件板将工件托住，确保工件随凸模一起上移。当凸模继续回程至推件杆 12 接触到机床的打料横杆时，推件杆将工件从凸模上推出，实现脱模。

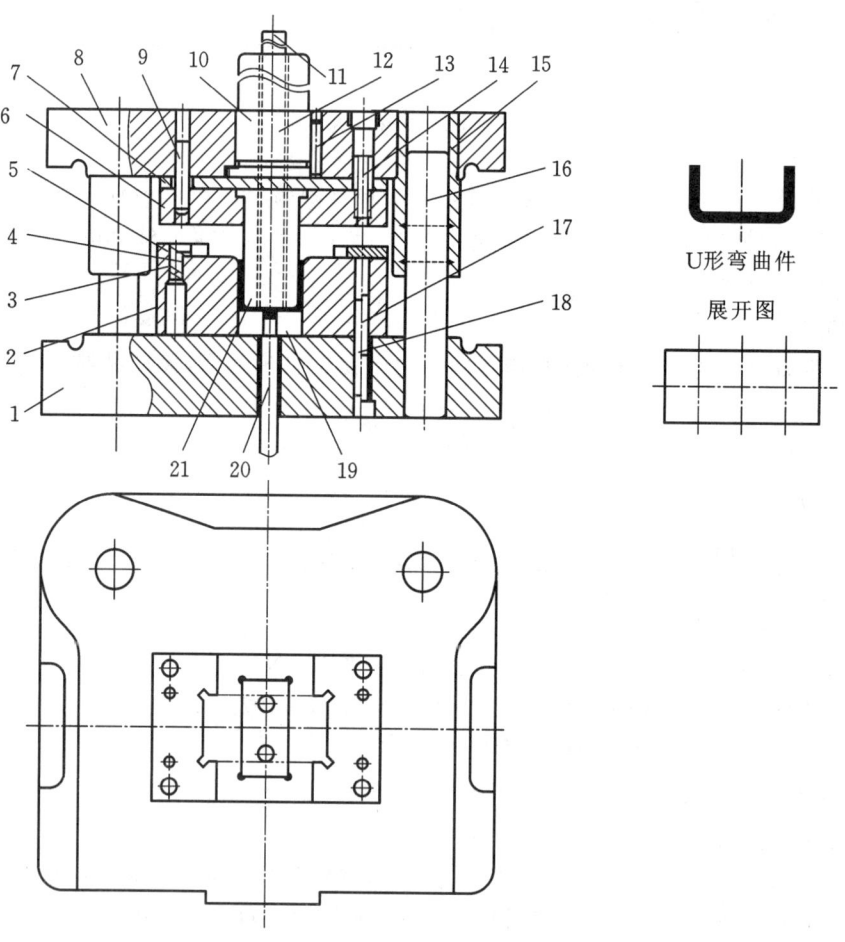

图 3-61 U 形件弯曲模

1—下模座；2—弯曲凹模；3,9,18—销钉；4,14,17—螺钉；5—定位板；6—凸模固定板；7—垫板；8—上模座；
10—模柄；11—横销；12—推件杆；13—止转销；15—导套；16—导柱；19—顶件板；20—顶杆；21—弯曲凸模

思政故事

为火箭焊接"心脏"的人

焊接技术具有高度复杂性和专业性,而火箭发动机焊接更是对技术水平提出了极高的要求。高凤林作为我国航天焊接领域的领军人物,长期从事火箭发动机关键部件的特种熔融焊接工作,被誉为"为火箭焊接心脏"的杰出工匠。

高凤林是中国航天科技集团有限公司第一研究院首都航天机械有限公司特种熔融焊接工、发动机零部件焊接车间班组长,特级技师。三十余年来,他参与了北斗导航系统建设、嫦娥探月工程、载人航天工程、长征五号新一代运载火箭研制等多项国家重大航天工程。在这些项目中,他成功攻克了多项发动机喷管焊接技术难题,完成亚洲最大全箭振动试验塔的关键焊接攻关,修复苏制图-154飞机发动机,应丁肇中教授邀请,解决反物质探测器项目中的焊接技术难题。

凭借卓越的技术贡献,高凤林先后获得包括国家科技进步二等奖、全军科技进步二等奖在内的20余项科技奖励。

高凤林的精湛技艺源于长期刻苦训练和科学实践:日常通过持筷子练习送丝精度、端水缸训练操作稳定性、举铁块增强臂力耐力,甚至顶着高温观察铁水流动特性。为保障重大科学实验,他双手留下严重烫伤疤痕;为攻克某国家重点攻关项目,连续半年每天在低温环境下工作,导致关节麻木青紫,被同事称为"和产品结婚的人"。

2015年,高凤林被授予"全国劳动模范"荣誉称号,这是对其专业技术能力和敬业精神的最高肯定。

高凤林以其精湛的焊接技艺、严谨的科学态度和崇高的敬业精神,成为新时代高技能工人的典范。他不仅代表了我国航天制造领域的最高技术水平,更展现了新时代产业工人"执着专注、精益求精、一丝不苟、追求卓越"的工匠精神,为我国航天事业发展作出了不可替代的贡献。

习题

3-1 弯曲变形有哪些特点?宽板与窄板弯曲时为什么得到的截面形状不同?

3-2 弯曲变形程度用什么来表示?弯曲时的极限变形程度受到哪些因素影响?

3-3 为什么说弯曲回弹不可避免?如何减小回弹?

3-4 如何减小弯曲时的偏移?

3-5 分析图 3-62(a)、(b)所示两零件的弯曲工艺性,并对弯曲不合理之处进行结构修正。材料为 20 钢,未注弯曲内半径为 2 mm。

3-6 弯曲图 3-63 所示零件,材料为 35 钢,退火状态,厚度 $t=4$ mm。

(1)分析弯曲工艺性。

(2)计算毛坯展开尺寸和校正弯曲力。

(3)绘制弯曲模结构草图。

(4)计算弯曲凸、凹模工作部位尺寸,绘制凸、凹模零件图。

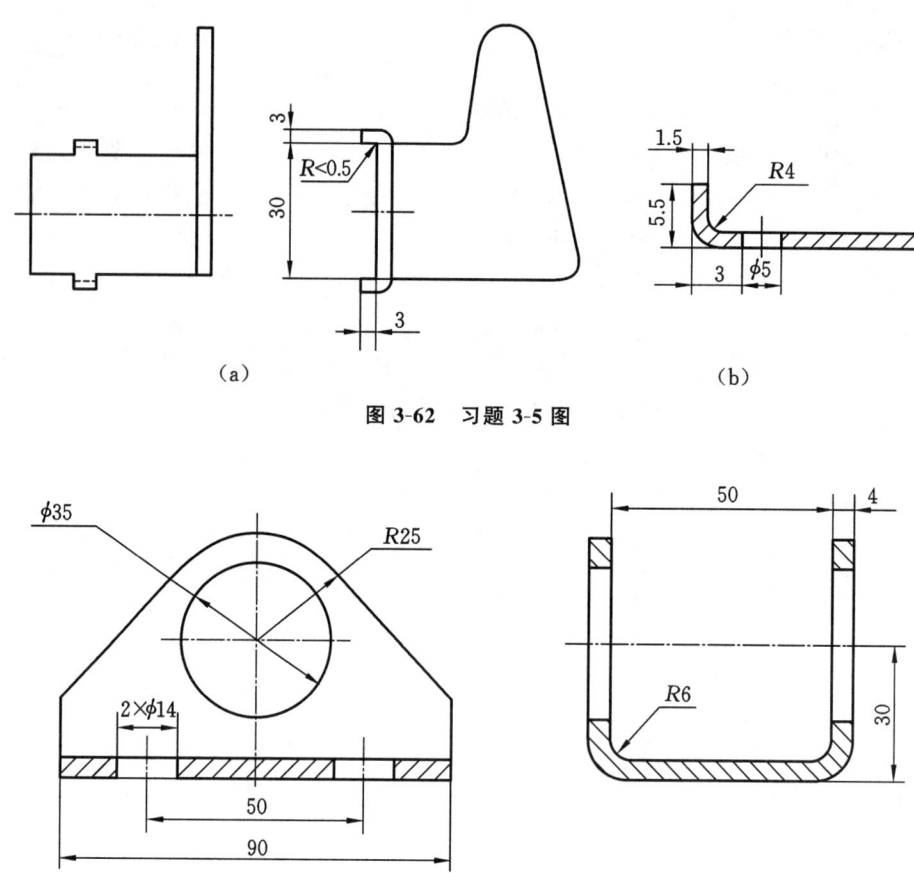

（a）

图 3-62 习题 3-5 图

（b）

（a）

图 3-63 习题 3-6 图

（b）

项目 4　拉深工艺与模具设计

◈ 内容导读

　　拉深是基本冲压工序之一,本项目在分析拉深变形过程及拉深件质量影响因素的基础上,介绍拉深工艺计算、工艺方案的制定和拉深模设计。具体内容包括:拉深变形过程分析、拉深质量分析、拉深系数及最小拉深系数影响因素、圆筒形件的工艺计算、其他形状零件的拉深变形特点、拉深工艺性分析与工艺方案制定、拉深模典型结构、拉深模工作零件设计、拉深辅助工序等。

◈ 学习重点

　　拉深件的质量影响因素及控制方法;圆筒形件的拉深工艺计算;拉深模设计,拉深冲压设备的选择。

◈ 项目案例

　　如图 4-1 所示金属保护筒,材料为 08 钢,厚度 $t=2$ mm,大批量生产。

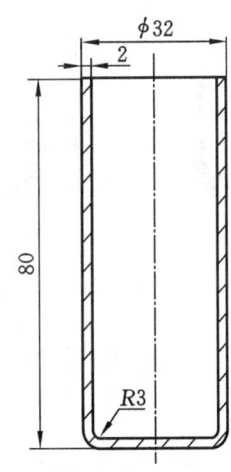

图 4-1　圆筒形金属保护筒

◈ 案例分析

　　圆筒形金属保护筒坯料为板料,在将板料冲压为圆筒件的过程中需完成拉深工艺性分析、拉深工艺计算及拉深模具设计等。

4.1 拉深工艺基础

拉深是利用拉深模将一定形状的平面坯料或空心件制成开口空心件的冲压工序,又称拉延。通过拉深可以制成圆筒形、球形、锥形、盒形、阶梯形、带凸缘的和其他复杂形状的空心件。汽车车身、油箱、盆、杯和锅炉封头等都是常见的拉深件(见图4-2)。拉深设备主要是机械压力机。

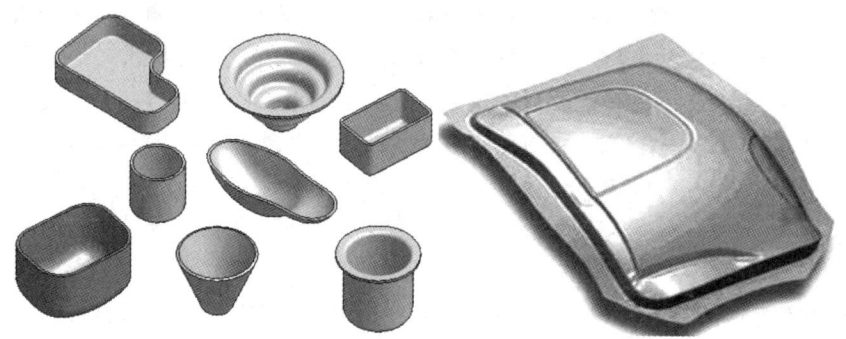

图 4-2 常见的拉深件

拉深件的种类很多,按变形力学特点可以分为转体拉深件、盒形拉深件、非旋转体曲面形状拉深件三种基本类型,如图 4-3 所示。

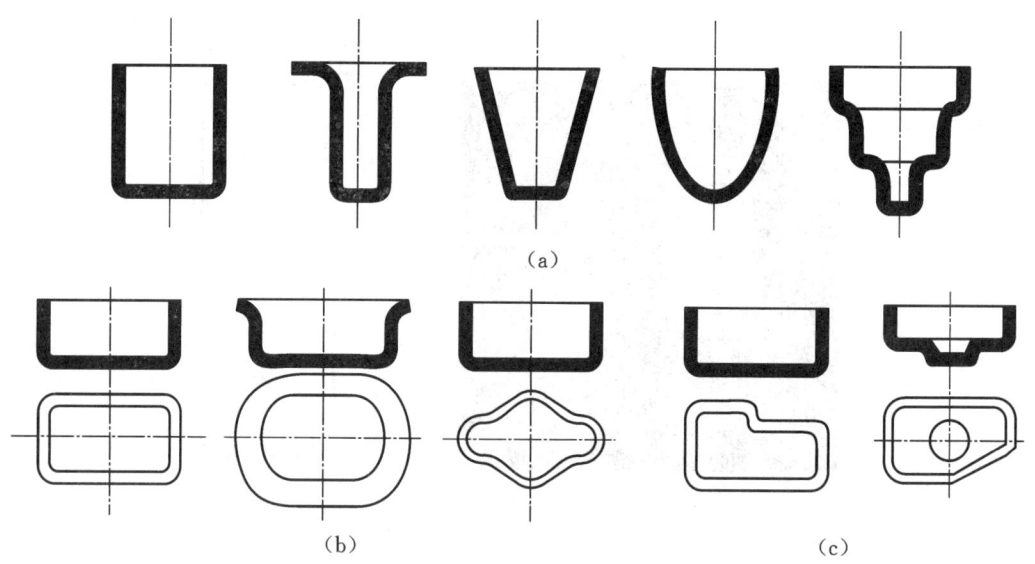

图 4-3 拉深件示意图

(a)转体拉深件;(b)盒形拉深件;(c)非旋转体曲面形状拉深件

4.1.1 拉深变形分析

1. 拉深变形过程及特点

图 4-4 所示为圆筒形件的拉深过程。直径为 D、厚度为 t 的圆形毛坯经过拉深模拉深成

拉深变形
过程分析

形,得到具有直径为 d、高度为 h 的开口圆筒形工件。拉深所用的模具主要由凸模、凹模和压料圈三部分组成。

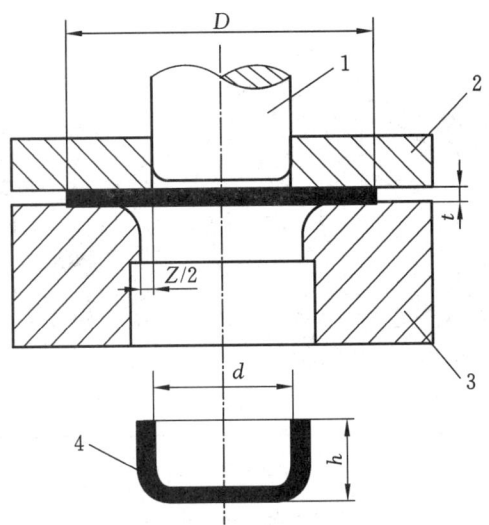

图 4-4　圆筒形件的拉深过程

1—凸模;2—压料圈;3—凹模;4—工件

若将图 4-5 中毛坯的三角形阴影部分材料去掉,然后沿直径为 d 的圆周折弯,并在缝隙处加以焊接,就可以得到直径为 d,高度为 $h=(D-d)/2$,周边带有焊缝的开口圆筒形件。但圆形平板毛坯在拉深成形过程中并没有去除图示中三角形多余的材料,因此只能认为三角形多余的材料是在模具的作用下产生了流动。

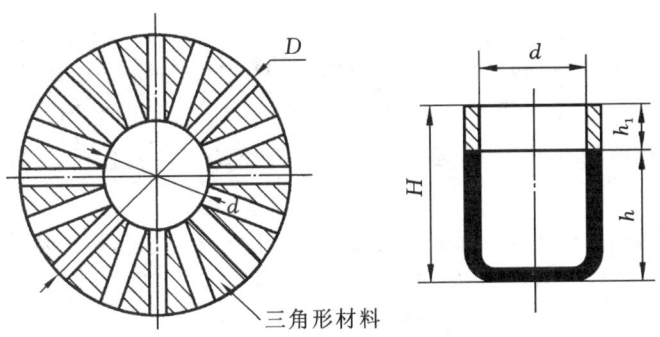

图 4-5　拉深时材料的转移

为了了解材料是怎样流动的,可以从图 4-6 所示的网格试验来说明这一问题。拉深前,在毛坯上画出距离为 a 的等距离的同心圆与相同弧度 b 辐射线组成的网格(见图 4-6),然后将带有网格的毛坯进行拉深。通过比较拉深前后网格的变化情况,来了解材料的流动情况。我们发现,拉深后筒底部的网格变化不明显,而侧壁上的网格变化很大:

拉深前等距离的同心圆拉深后变成了与筒底平行的不等距离的水平圆周线,越靠近口部圆周线的间距愈大,即 $a_5 > a_4 > a_3 > a_2 > a_1$;

原来分度相等的辐射线拉深后变成了相互平行且垂直于底部的平行线,其间距也完全相等,即 $b_5 = b_4 = b_3 = b_2 = b_1$;

原来形状为扇形网格 A_1,拉深后在工件的侧壁变成了矩形网格 A_2,离底部越远矩形的高度越大。

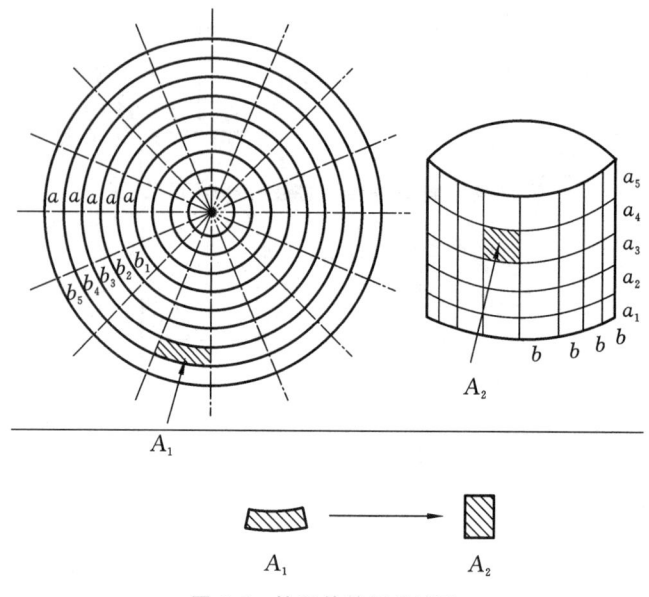

图 4-6 拉深件的网格试验

测量此时工件的高度,发现筒壁高度大于 $(D-d)/2$,表明材料发生流动。材料在拉深过程中的塑性流动规律如下。

(1)在拉深过程中,坯料的中心部分成为筒形件的底部,基本不变形,是不变形区,坯料的凸缘部分(即 $D-d$ 的环形部分)是主要变形区。拉深过程实质上就是将坯料的凸缘部分材料逐渐转移到筒壁的过程。

(2)在转移过程中,凸缘部分材料由于拉深力的作用产生塑性变形,其"多余的三角形"材料沿径向伸长,切向压缩,不断被拉入凹模中变为筒壁,成为圆筒形开口空心件。

(3)圆筒形件拉深的变形程度,通常以筒形件直径 d 与坯料直径 D 的比值来表示,即

$$m = d/D \tag{4-1}$$

式中:m——拉深系数,m 越小,拉深变形程度越大;相反,m 越大,拉深变形程度就越小。

◈ 知识拓展

拉深过程中坯料内的应力与应变状态

拉深过程是一个复杂的塑性变形过程,其变形区比较大,金属流动大,拉深过程中容易发生凸缘变形区的起皱和传力区的拉裂而使工件报废。因此,有必要分析拉深时的应力、应变状态,从而找出产生起皱、拉裂的根本原因,在设计模具和制定冲压工艺时注意避免,以提高拉深件的质量。

根据应力应变的状态不同,可将拉深坯料划分为凸缘平面部分(Ⅰ区)、凸缘圆角区部分(Ⅱ区)、筒壁部分(Ⅲ区)、筒底圆角部分(Ⅳ区)、筒底部分(Ⅴ区)等五个区域(见图 4-7)。

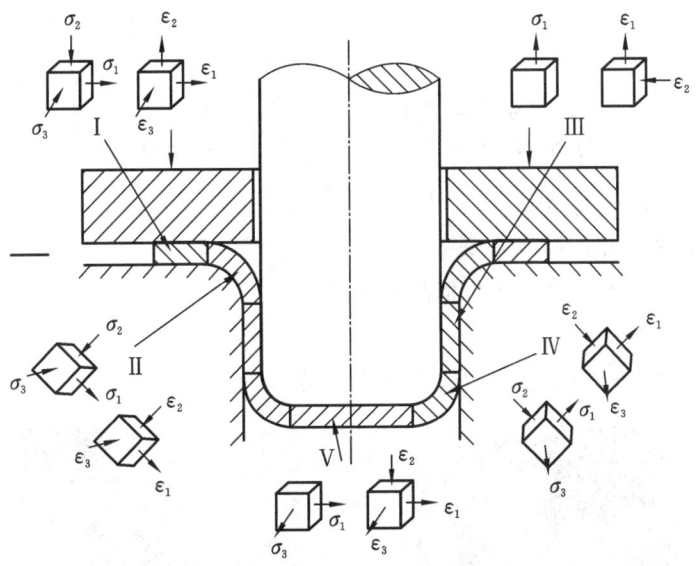

图 4-7 拉深过程的应力与应变状态

1）凸缘平面部分（Ⅰ区）

该区域是拉深的主要变形区，材料在径向拉应力 σ_1 和切向压应力 σ_3 的共同作用下产生切向压缩与径向伸长变形而被逐渐拉入凹模。在厚度方向，由于压料圈的作用，产生了压应力 σ_2，但通常 σ_1 和 σ_3 的绝对值比 σ_2 大得多。厚度方向的变形取决于径向拉应力 σ_1 和切向压应力 σ_3 之间的比例关系，一般板料厚度有所增厚，越接近外缘，增厚越多。如果不压料（$\sigma_2=0$），或压料力较小（σ_2 小），这时板料增厚比较大。当拉深变形程度较大，板料又比较薄时，则在坯料的凸缘部分，特别是外缘部分，在切向压应力 σ_3 作用下可能失稳而拱起，形成起皱缺陷。

2）凸缘圆角部分（Ⅱ区）

该区域位于凹模圆角处，材料受径向受拉应力 σ_1 作用而伸长，受切向受压应力 σ_3 作用而压缩，厚度方向受到凹模圆角的压力和弯曲力矩作用产生压应力 σ_2。由于这里切向压应力值 σ_3 不大，而径向拉应力 σ_1 达到最大值，且凹模圆角越小，由弯曲引起的拉应力越大，板料厚度有所减薄，所以有可能发生破裂。

3）筒壁部分（Ⅲ区）

该区域材料已经形成筒形，材料不再发生大的变形。但是，在拉深过程中，凸模的拉深力要经由筒壁传递到凸缘区，因此它承受单向拉应力 σ_1 的作用，发生少量的纵向伸长变形和厚度减薄。

4）筒底圆角部分（Ⅳ区）

该区域与凸模圆角接触，自拉深初始阶段即承受径向拉应力 σ_1 与切向拉应力 σ_3 的双向拉伸作用。同时，材料受到凸模圆角的径向压力和弯曲力矩，导致该区域厚度显著减薄，尤其在与侧壁相切的部位。由于应力集中与厚度减薄的双重影响，此处成为拉深工艺中易发生断裂的危险断面。

5）筒底部分（Ⅴ区）

筒底区域在拉深初期即被拉入凹模，并在整个成形过程中保持平面形态。该区域受径向拉应力 σ_1 和切向拉应力 σ_3 的双向拉伸作用，产生平面应变状态下的拉伸变形，导致厚度轻微减薄。由于凸模接触面的摩擦约束效应,筒底材料基本不发生塑性变形或仅产生微小塑性变形。

上述筒壁部分、底部圆角部分和筒底部分这三个部分的主要作用是传递拉深力,即把凸模的作用力传递到变形区凸缘部分,使之产生足以引起拉深变形的径向拉应力 σ_1,因而又称传力区。

2. 拉深件的主要质量问题及控制

生产中拉深件主要的质量问题包括起皱和拉裂。

1)起皱

拉深时坯料凸缘区出现波纹状的皱褶称为起皱(见图 4-8)。起皱是一种受压失稳现象。

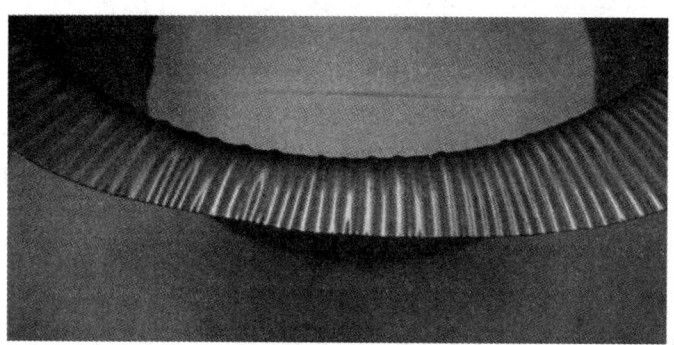

图 4-8   不锈钢拉深时凸缘的起皱现象

(1)起皱产生的原因。

凸缘部分是拉深过程中的主要变形区,该变形区受最大切向压应力作用,其主要变形是切向压缩变形。当切向压应力较大而坯料的相对厚度 t/D(t 为料厚,D 为坯料)又较小时,凸缘部分的料厚与切向压应力之间失去了应有的比例关系,从而在凸缘的整个周围产生波浪形的连续弯曲,如图 4-9(a)所示,这就是拉深时的起皱现象。

通常起皱首先从凸缘外缘发生,因为这里的切向压应力绝对值最大。出现轻微起皱时,凸缘区板料仍有可能全部拉入凹模内,但起皱部位的波峰在凸模与凹模之间受到强烈挤压,从而在拉深件侧壁靠上部位将出现条状的挤光痕迹和明显的波纹,影响工件的外观质量与尺寸精度,如图 4-9(b)所示。起皱严重时,拉深便无法顺利进行,这时起皱部位相当于板厚增加了许多,因而不能在凸模与凹模之间顺利通过,并使径向拉应力急剧增大,继续拉深时将会在危险断面处发生破裂,如图 4-9(c)所示。

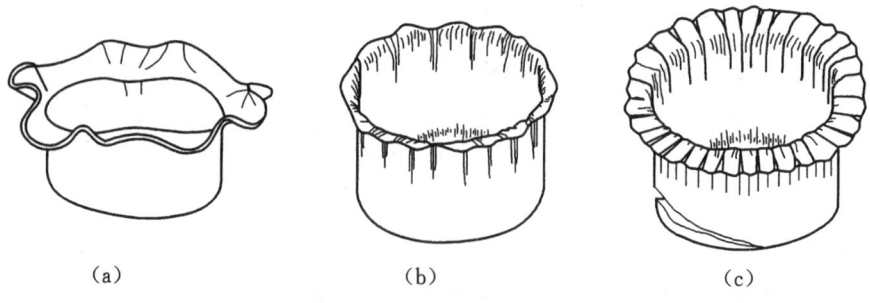

(a)   (b)   (c)

图 4-9   拉深件的起皱破坏

(a)起皱现象;(b)轻微起皱影响拉深件质量;(c)严重起皱导致破裂

（2）影响起皱的主要因素。

① 坯料的相对厚度 t/D。坯料的相对厚度越小，拉深变形区抵抗失稳的能力越差，因而就越容易起皱。相反，坯料相对厚度越大，越不容易起皱。

② 拉深系数 m。根据拉深系数的定义 $m = d/D$ 可知，拉深系数 m 越小，拉深变形程度越大，拉深变形区内金属的硬化程度也越高，因而切向压应力相应增大。另一方面，拉深系数越小，凸缘变形区的宽度相对越大，其抵抗失稳的能力就越小，因而越容易起皱。

有时，虽然坯料的相对厚度较小，但当拉深系数较大时，拉深时也不会起皱。例如，拉深高度很小的浅拉深件即属于这一种情况。这说明，在上述两个主要影响因素中，拉深系数的影响显得更为重要。

③ 拉深模工作部分的几何形状与参数。凸模与凹模的圆角及凸、凹模之间的间隙过大时，坯料容易起皱。与普通平端面凹模相比，锥形凹模拉深的坯料更不易起皱，如图 4-10 所示。其原因在于，锥形凹模拉深时，坯料形成的曲面过渡形状（如图 4-10（b）所示）比平面形状具有更强的抗压失稳能力。此外，凹模圆角处对坯料造成的摩擦阻力和弯曲变形阻力均降至最低。凹模锥面对坯料变形区的作用力也有助于坯料产生切向压缩变形。故而，拉深力显著小于平端面凸模，拉深系数可显著减小。

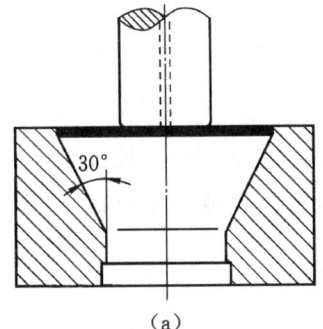 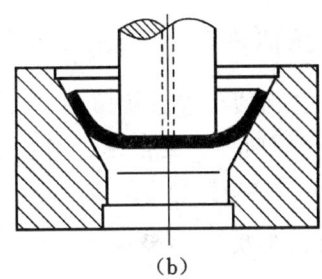

（a）　　　　　　　　　　　　　　　　　（b）

图 4-10　锥形凹模的拉深

（3）控制起皱的措施。

为防止起皱，最常用的方法是在拉深模上设置压料装置，使坯料凸缘区夹在凹模平面与压料圈之间，如图 4-11 所示。当变形程度较小、坯料相对厚度较大时，一般不会起皱，这时就可不必采用压料装置。

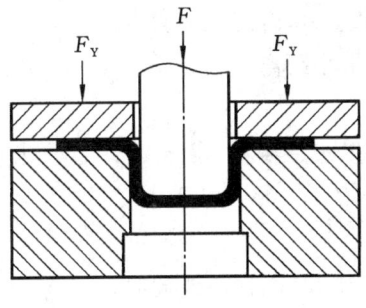 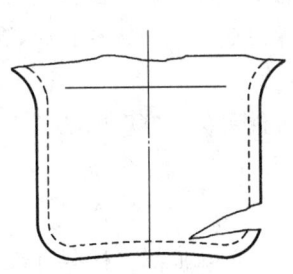

图 4-11　带压料圈的模具结构图　　　　　图 4-12　拉深件的拉裂破坏

2）拉裂

（1）拉裂产生的原因。

在拉深过程中，由于凸缘变形区应力分布极为不均，靠近外边缘的坯料压应力大于拉应力，其压应变为最大主应变，坯料有所增厚；而靠近凹模孔口的坯料拉应力大于压应力，其拉应变为最大主应变，坯料有所变薄。因而，当凸缘区转化为筒壁后，拉深件的壁厚就不均匀，口部壁厚增大，底部壁厚减小，壁部与底部圆角相切处变薄最严重（见图4-12）。变薄最严重的部位成为拉深时的危险断面，当筒壁的最大拉应力超过了该危险断面材料的抗拉强度时，便会产生拉裂。另外，当凸缘区起皱时，坯料难以或不能通过凸、凹模间隙，使得筒壁拉应力急剧增大，也会导致拉裂（见图4-9(c)）。

（2）控制拉裂的措施。

生产实际中常用适当加大凸、凹模圆角半径，降低单次拉深变形量，增加拉深次数，在压料圈底部和凹模上涂润滑剂等方法来避免拉裂的产生。

◈ **案例分析**

圆筒形金属保护筒为无凸缘拉深件，拉深过程中易在口部产生起皱和底部产生拉裂现象，注意在工艺过程中采取有效防治措施。

拉深件工艺性分析

4.1.2　拉深件的工艺性

拉深件工艺性的优劣直接影响零件能否通过拉深工艺生产，并涉及零件质量、成本和生产周期等关键指标。工艺性良好的拉深件不仅能满足产品功能需求，还能实现高效、经济、稳定的批量化生产。

1. 拉深件的形状、尺寸及精度

1）拉深件的形状与尺寸

（1）拉深件应优先采用简单对称结构，确保可一次拉深成形。

（2）拉深件壁厚公差或变薄量要求通常应符合拉深工艺的壁厚变化规律。根据工程统计，不变薄拉深工艺的筒壁最大增厚量为$(0.2\sim0.3)t$，最大变薄量为$(0.1\sim0.18)t$。

（3）当零件单次拉深变形量超出许可范围时，应采用多次拉深工艺。在此情况下，允许零件内外表面存在工艺性痕迹，但需保证装配面质量要求。

（4）在满足装配精度的前提下，允许拉深件侧壁保留合理工艺斜度。

（5）拉深件底部或凸缘开孔时，孔边至侧壁的最小距离应满足：$a\geqslant R+0.5t$（或$r+0.5t$），如图4-13(a)所示。

（6）拉深件关键过渡区的圆角半径需满足：底壁过渡半径$r\geqslant t$；凸缘过渡半径$R\geqslant2t$；矩形件转角半径$r_g\geqslant3t$。若无法满足需增加整形工序，单次整形后的圆角半径可取$r\geqslant(0.1\sim0.3)t$，$R\geqslant(0.1\sim0.3)t$。

（7）拉深件的径向尺寸应只标注外形尺寸或内形尺寸，而不能同时标注内、外形尺寸。带台阶的拉深件，其高度方向的尺寸标注一般应以拉深件底部为基准，如图4-14(a)所示。若以上部为基准（图4-14(b)），高度尺寸不易保证。

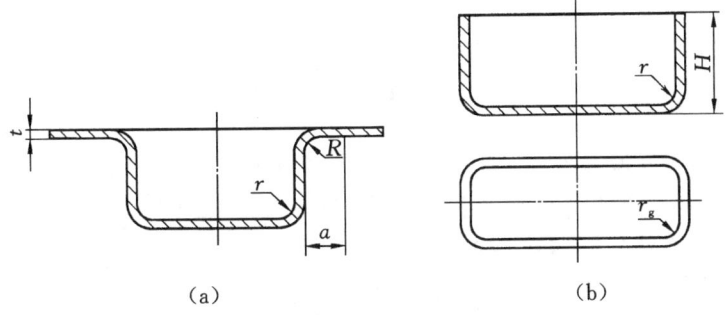

图 4-13　拉深件的孔边距及圆角半径

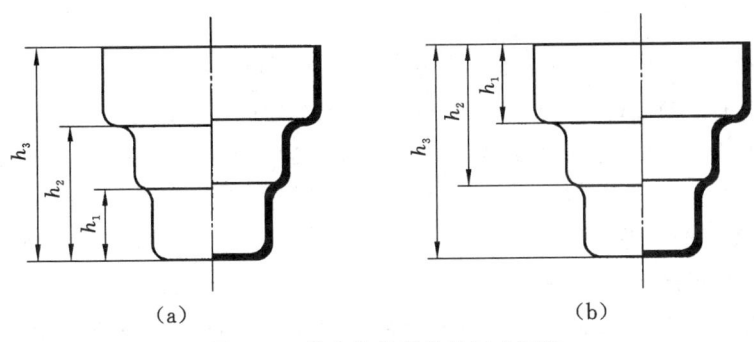

图 4-14　带台阶拉深件的尺寸标注

2）拉深件的精度

一般情况下，拉深件的尺寸精度应在 IT13 级以下，不宜高于 IT11 级。对于精度要求高的拉深件，应在拉深后增加整形工序，以提高其精度。由于材料各向异性的影响，拉深件的口部或凸缘外缘一般不整齐，存在突耳现象，需要增加切边工序。

2. 拉深件的材料

用于拉深件的材料，要求具有较好的塑性，屈强比 σ_s/σ_b 小、板厚方向性系数 γ 大，板平面方向性系数 $\Delta\gamma$ 小。

屈强比 σ_s/σ_b 值越小，一次拉深允许的极限变形程度越大，拉深的性能越好。例如，低碳钢的屈强比 $\sigma_s/\sigma_b \approx 0.57$，其一次拉深的最小拉深系数为 $m=0.48\sim0.50$；65Mn 钢的 $\sigma_s/\sigma_b \approx 0.63$，其一次拉深的最小拉深系数为 $m=0.68\sim0.70$。所以有关材料标准规定，作为拉深用的钢板，其屈强比不大于 0.66。

板厚方向性系数 γ 和板平面方向性系数 $\Delta\gamma$ 反映了材料的各向异性性能。当 γ 较大或 $\Delta\gamma$ 较小时，材料宽度的变形比厚度方向的变形容易，板平面方向性能差异较小，拉深过程中材料不易变薄或拉裂，因而有利于拉深成形。

◆ **案例分析**

圆筒形金属保护筒选材为 08 钢，08 钢是优质碳素结构钢，属于深拉深级别钢，具有良好的拉深成形性能；零件为一无凸缘筒形件，结构简单，须核算底部圆角半径是否大于一倍料厚，以及尺寸精度要求。

◆ **知识拓展**

拉深的辅助工序

拉深坯料或工序件的热处理、酸洗和润滑等辅助工序,是为了保证拉深工艺过程的顺利进行,提高拉深零件的尺寸精度和表面质量,同时延长模具的使用寿命。拉深过程中必要的辅助工序是拉深乃至其他冲压工艺过程不可缺少的组成部分。拉深工艺中的辅助工序较多,可分为:①拉深前的辅助工序,如毛坯的软化退火、清洗、喷漆、润滑等;②拉深过程中的辅助工序,如半成品的软化退火、清洗、修边和润滑等;③拉深后的辅助工序,如切边、消除应力退火、清洗、去毛刺、表面处理、质量检验等。现将主要的辅助工序简介如下。

1. 润滑

润滑在拉深工艺中主要作用是减小变形毛坯与模具相对运动时的摩擦阻力,同时具备一定的冷却功能。润滑的目的是降低拉深力、提高拉深毛坯的变形能力,提高产品的表面质量和延长模具寿命等。拉深中,必须根据不同的要求选择润滑剂的配方和选择正确的润滑方法。如润滑剂(油)一般涂抹在凹模的工作面及压料圈表面,也可以涂抹在拉深毛坯与凹模接触的平面上,而在凸模表面或与凸模接触的毛坯表面切忌涂润滑剂(油)等。常用的润滑剂见有关冲压设计资料。还须注意,当拉深应力较大且接近材料的强度极限 σ_b 时,应采用含量不少于20%的粉状填料的润滑剂,以防止润滑剂在拉深中被高压挤掉而失去润滑效果。也可以采用磷酸盐表面处理后再涂润滑剂。

2. 热处理

拉深工艺中的热处理是指落料毛坯的软化处理、拉深工序间半成品的退火及拉深后零件的消除应力的热处理。毛坯材料的软化处理是为了降低硬度,提高塑性,提高拉深变形程度,减小拉深系数 m,提高板料的冲压成形性能。拉深工序间半成品的热处理退火,是为了消除拉深变形的加工硬化,恢复加工后材料的塑性,以保证后续拉深工序的顺利实现。对某些金属材料(如不锈钢、高温合金及黄铜等)拉深成形的零件,拉深后在规定时间内的热处理,目的是消除变形后的残余应力,防止零件在存放(或工作)中的变形和蚀裂等现象。中间工序的热处理方法主要有两种:低温退火和高温退火(参见有关材料的热处理规范手册)。拉深工序间的热处理,一般是使用在高硬化金属(如不锈钢、高温合金等),是在拉深一、二次工序后,必须进行中间退火工序,否则后续拉深无法进行。不进行中间退火工序能连续完成拉深次数的材料可参见表 4-1。

表 4-1 不需热处理能拉深的次数

材料	次数
08、10、15 钢	3～4
铝	4～5
黄铜 H68	2～4
不锈钢	1～2
镁合金	1
钛合金	1

3.酸洗

酸洗用于拉深前对热处理后的平板毛坯和中间退火工序后的半成品及拉深后的零件进行清洗的工序,目的在于清除拉深零件表面的氧化皮、残留润滑剂及污物等。一般在对零件酸洗前,应先用苏打水去油,酸洗后还需要进行仔细的表面洗涤,以便将残留于零件表面的酸洗掉。其办法是,先在流动的冷水中清洗,然后放在 $60\sim80$ ℃的弱碱液中中和,最后用热水洗涤再干燥。有关酸洗溶液配方见冲压设计资料。

4.2　拉深件工艺计算

4.2.1　旋转体拉深件坯料尺寸的确定

1.坯料形状和尺寸确定的原则

拉深件坯料尺寸计算

1)形状相似性原则

拉深件的坯料形状一般与拉深件的截面轮廓形状相似。即当拉深件的截面轮廓是圆形、方形或矩形时,相应坯料的形状应分别为圆形、近似方形或近似矩形,如图 4-15 所示。另外,坯料周边应光滑过渡,以使拉深后得到等高侧壁(如果零件要求等高时)或等宽凸缘。

2)表面积相等原则

对于不变薄拉深,虽然在拉深过程中板料的厚度有增厚也有变薄,但实践证明,拉深件的平均厚度与坯料厚度相差不大。由于塑性变形前后体积不变,因此,可以按坯料面积等于拉深件表面积的原则确定坯料尺寸。

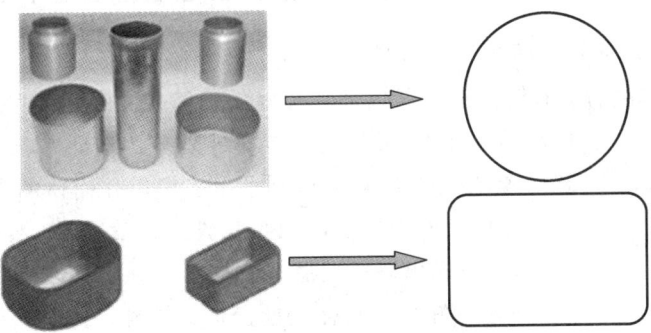

图 4-15　坯料形状相似性原则

应该指出,用理论计算方法确定坯料尺寸不是绝对准确的,而是近似的,尤其是变形复杂的复杂拉深件。实际生产中,对于形状复杂的拉深件,通常是先做好拉深模,并以理论计算方法初步确定的坯料进行反复试模修正,直至得到的工件符合要求时,再将符合实际的坯料形状和尺寸作为制造落料模的依据。

由于金属板料具有板平面方向性和受模具几何形状等因素的影响,制成的拉深件口部一般不整齐,尤其是深拉深件。因此在多数情况下还需采取加大工序件高度或凸缘宽度的办法,拉深后再经过修边工序以保证零件质量。修边余量可参考表 4-2、表 4-3。但当零件的相对高度 H/d 很小并且高度尺寸要求不高时,也可以不用修边工序。

表 4-2 无凸缘圆筒形拉深件的修边余量 Δh （mm）

工件高度 h	工件的相对高度 h/d				附图
	>0.5~0.8	>0.8~1.6	>1.6~2.5	>2.5~4	
≤10	1.0	1.2	1.5	2	
>10~20	1.2	1.6	2	2.5	
>20~50	2	2.5	3.3	4	
>50~100	3	3.8	5	6	
>100~150	4	5	6.5	8	
>150~200	5	6.3	8	10	
>200~250	6	7.5	9	11	
>250	7	8.5	10	12	

表 4-3 有凸缘圆筒形拉深件的修边余量 ΔR （mm）

凸缘直径 d_t	凸缘的相对直径 d_t/d				附图
	≤1.5	>1.5~2	>2~2.5	>2.5~3	
≤25	1.8	1.6	1.4	1.2	
>25~50	2.5	2.0	1.8	1.6	
>50~100	3.5	3.0	2.5	2.2	
>100~150	4.3	3.6	3.0	2.5	
>150~200	5.0	4.2	3.5	2.7	
>200~250	5.5	4.6	3.8	2.8	
>250	6	5	4	3	

2. 简单旋转体拉深件坯料尺寸的确定

旋转体拉深件坯料的形状是圆形,所以坯料尺寸的计算主要是确定坯料直径。对于简单旋转体拉深件,可首先将拉深件划分为若干个简单而又便于计算的若干个规则几何体,并分别求出各简单几何体的表面积,再将各简单几何体的表面积相加即为拉深件的总表面积,然后根据表面积相等原则,即可求出坯料直径。

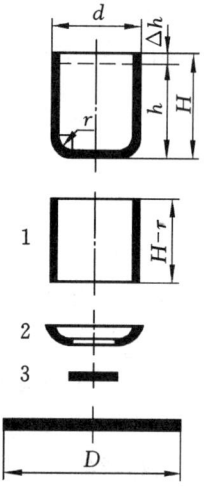

图 4-16 圆筒形拉深件
坯料尺寸计算图

例如,图 4-16 所示的圆筒形拉深件,可分解为无底圆筒 1、1/4 凹圆环 2 和圆形板 3 三部分,每一部分的表面积分别为

$$A_1 = \pi d(H-r)$$
$$A_2 = \pi[2\pi r(d-2r)+8r^2]/4$$
$$A_3 = \pi[(d-2r)/2]^2$$

设坯料直径为 D,则按坯料表面积与拉深件表面积相等原则有:

$$\pi(D/2)^2 = A_1 + A_2 + A_3$$

分别将 A_1、A_2、A_3 代入上式并简化后得:

$$D = \sqrt{d^2 + 4dH - 1.72dr - 0.56r^2} \tag{4-2}$$

式中:D——坯料直径;

d、H、r——拉深件的直径、高度、圆角半径。

计算时,拉深件尺寸均按厚度中线尺寸计算,但当板料厚度小于 1 mm 时,也可以按零件图标注的外形或内形尺寸计算。

常用旋转体拉深件坯料直径的计算公式可查表 4-4。

表 4-4　常见旋转体拉深件坯料直径的计算公式

序号	零件形状	坯料直径 D
1		$\sqrt{d_1^2+4d_2h+6.28rd_1+8r^2}$ 或 $\sqrt{d_2^2+4d_2h-1.72rd_2+0.56r^2}$
2		当 $r\neq R$ 时, $\sqrt{d_1^2+6.28rd_1+8r^2+4d_2h+6.28Rd_2+4.56R^2+d_4^2-d_3^2}$ 当 $r=R$ 时, $\sqrt{d_4^2+4d_2H-3.44rd_2}$
3		$\sqrt{d_1^2+2r(\pi d_1+4r)}$
4		$\sqrt{2d^2}=1.414d$
5		$\sqrt{8rh}$ 或 $\sqrt{s+4h}$
6		$\sqrt{d_1^2+2l(d_1+d_2)}$

■ 知识拓展

复杂旋转体拉深件坯料尺寸的确定

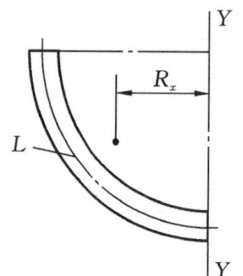

复杂旋转体拉深件是指母线较复杂的旋转体零件,其母线可能由一段曲线组成,也可能由若干直线段与圆弧段相接组成。复杂旋转体拉深件的表面积可根据旋转体侧面积定理求出,即任何形状的母线绕轴旋转一周所得到的旋转体表面积,等于该母线的长度与其形心绕该轴线旋转所得周长的乘积。如图4-17所示,旋转体表面积为 $A = 2\pi R_x L$

根据表面积相等的原则,坯料直径可按下式求出:

$$\pi D^2 / 4 = 2\pi R_x L$$

$$D = \sqrt{8 R_x L} \tag{4-3}$$

图4-17 旋转体表面积计算图

式中:A——旋转体表面积(mm^2);

R_x——旋转体母线形心到旋转轴线的距离(称旋转半径,mm);

L——旋转体母线长度(mm);

D——坯料直径(mm)。

由式(4-3)知,只要知道旋转体母线长度及其形心的旋转半径,就可以求出坯料的直径。当母线较复杂时,可先将其分成简单的直线和圆弧,分别求出各直线和圆弧的长度 $L_1, L_2, \cdots, L_n$ 和其形心到旋转轴的距离 $R_{x1}, R_{x2}, \cdots, R_{xn}$(直线的形心在其中点,圆弧的长度及形心位置可按表4-5计算),再根据式(4-4)进行计算:

$$D = \sqrt{8 \sum_{i=1}^{n} R_{xi} L_i} \tag{4-4}$$

表4-5 圆弧长度和形心到旋转轴的距离计算公式

中心角 $\alpha < 90°$ 时的弧长 $l = \pi R \dfrac{\alpha}{180}$	中心角 $\alpha = 90°$ 时的弧长 $l = \dfrac{\pi}{2} R$

中心角 $\alpha<90°$ 时弧的形心到 YY 轴的距离	中心角 $\alpha=90°$ 时弧的形心到 YY 轴的距离
$R_x=R\dfrac{180\sin\alpha}{\pi\alpha}$ $\quad$ $R_x=R\dfrac{180(1-\cos\alpha)}{\pi\alpha}$	$R_x=\dfrac{2}{\pi}R$
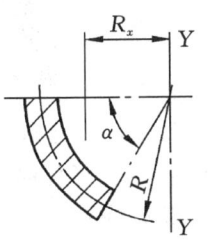 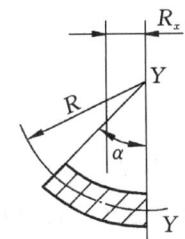	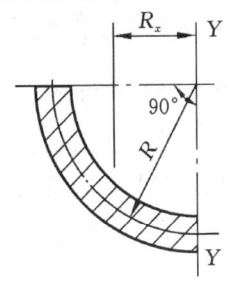

例 4-1 如图 4-18 所示拉深件,板料厚度为 1 mm,求坯料直径。

解 经计算,各直线段和圆弧长度为

$$l_1=27\ \text{mm},l_2=7.85\ \text{mm},l_3=8\ \text{mm},l_4=8.376\ \text{mm}$$

$$l_5=12.564\ \text{mm},l_6=8\ \text{mm},l_7=7.85\ \text{mm},l_8=10\ \text{mm}$$

各直线和圆弧形心的旋转半径为

$$R_{x1}=13.5\ \text{mm},R_{x2}=30.18\ \text{mm},R_{x3}=32\ \text{mm},R_{x4}=33.384\ \text{mm}$$

$$R_{x5}=39.924\ \text{mm},R_{x6}=42\ \text{mm},R_{x7}=43.82\ \text{mm},R_{x8}=52\ \text{mm}$$

故坯料直径为

$$D=\sqrt{8\times\left(\begin{array}{l}27\times13.5+7.85\times30.18+8\times32+8.38\times33.38+\\12.56\times39.92+8\times42+7.85\times43.82+10\times52\end{array}\right)}\ \text{mm}=150.7\ \text{mm}$$

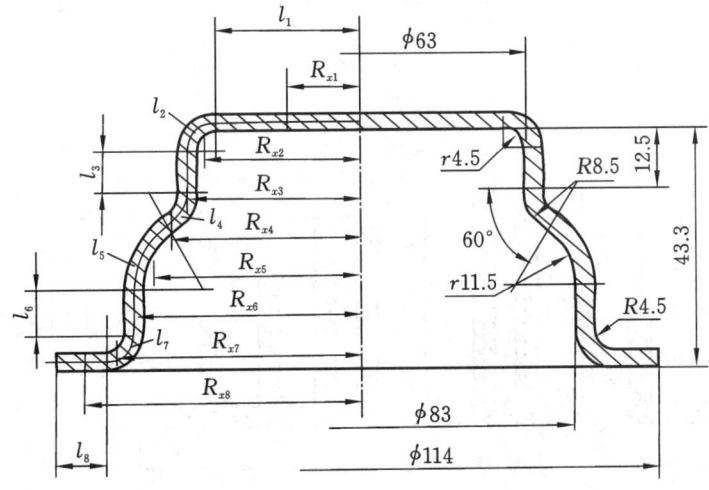

图 4-18 用解析法计算坯料直径

案例分析

圆筒形金属保护筒的坯料为圆形,根据表 4-2 查得修边余量 $\Delta h=6$ mm,修正后拉深件的总高应为 79 mm+6 mm=85 mm。由公式(4-2)计算出坯料尺寸:

$$D = \sqrt{d^2 - 4dh - 1.72dr - 0.56r^2}$$
$$= \sqrt{30^2 + 4 \times 30 \times 85 - 1.72 \times 30 \times 4 - 0.56 \times 4^2} \text{ mm}$$
$$\approx 105 \text{ mm}$$

4.2.2 圆筒形件的拉深工艺计算

1. 拉深系数及其极限

前已述及,圆筒形件的拉深变形程度一般用拉深系数表示。在设计冲压工艺过程与确定拉深工序的数目时,通常也是用拉深系数作为计算的依据。从广义上说,圆筒形件的拉深系数 m 是以每次拉深后的直径与拉深前的坯料(工序件)直径之比表示(见图 4-19),即

第一次拉深系数 $m_1 = \dfrac{d_1}{D}$;

第二次拉深系数 $m_2 = \dfrac{d_2}{d_1}$;

……

第 n 次拉深系数 $m_n = \dfrac{d_n}{d_{n-1}}$。

总拉深系数 $m_{总}$ 表示从坯料直径 D 拉深至 d_n 的总变形程度,即

$$m_{总} = \frac{d_n}{D} = \frac{d_1}{D}\frac{d_2}{d_1}\frac{d_3}{d_2}\cdots\frac{d_{n-1}}{d_{n-2}}\frac{d_n}{d_{n-1}} = m_1 m_2 m_3 \cdots m_{n-1} m_n$$

拉深变形程度对凸缘区的径向拉应力和切向压应力以及对筒壁传力区拉应力影响极大,为了防止在拉深过程中产生起皱和拉裂的缺陷,就应减小拉深变形程度(即增大拉深系数),从而减小切向压应力和径向拉应力,以减小起皱和破裂的可能性。

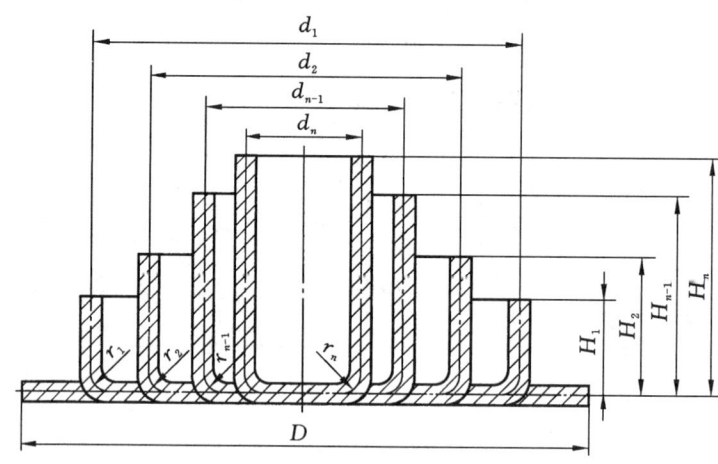

图 4-19 圆筒形件的多次拉深

图 4-20 为用同一材料、同一厚度的坯料,在凸、凹模尺寸相同的模具上用逐步加大坯料直径(即逐步减小拉深系数)的办法进行试验的情况。其中,图(a)表示在无压料装置情况下,当坯料尺寸较小(即拉深系数较大)时,拉深能够顺利进行;当坯料直径加大,使拉深系数减小到一定数值(如 $m = 0.75$)时,会出现起皱。如果增加压料装置(见图(b)),则能防止起皱,此时进

一步加大坯料直径、减少拉深系数,拉深还可以顺利进行。但当坯料直径加大到一定数值、拉深系数减小到一定数值(如 $m=0.50$)后,筒壁出现拉裂现象,拉深过程被迫中断。

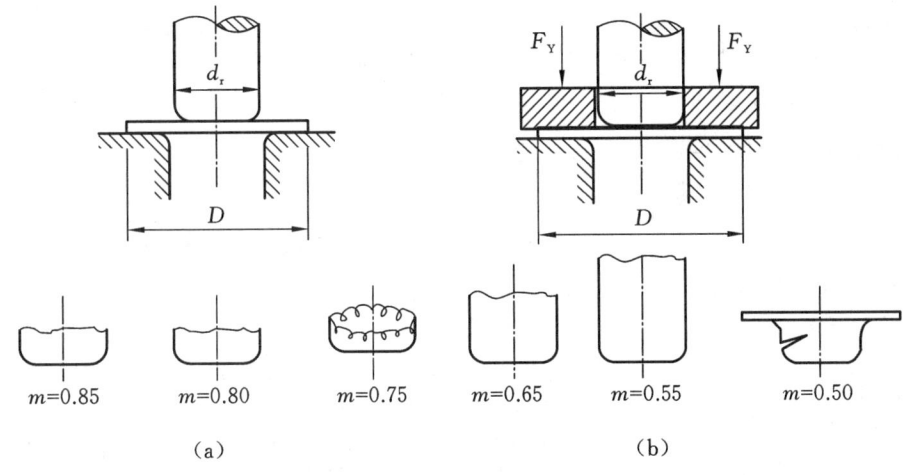

图 4-20　拉深试验

(a)无压料装置;(b)有压料装置

因此,为了保证拉深工艺的顺利进行,就必须使拉深系数大于一定数值,这个一定的数值即为在一定条件下的极限拉深系数,用符号"$[m]$"表示。小于这个数值,就会使拉深件起皱、拉裂或严重变薄而超差。另外,在多次拉深过程中,由于材料的加工硬化,使得变形抗力不断增大,所以以后各次极限拉深系数必须逐次递增,即 $[m_1]<[m_2]<[m_3]<\cdots<[m_n]$。

影响极限拉深系数的因素较多,主要有:

(1) 材料的组织与力学性能。一般来说,材料组织均匀、晶粒大小适当、屈强比 σ_s/σ_b 小、塑性好、板平面方向性系数 $\Delta\gamma$ 小、板厚方向系数 γ 大、硬化指数 n 大的板料,变形抗力小,筒壁传力区不容易产生局部严重变薄和拉裂,因而拉深性能好,极限拉深系数 m 较小。

(2) 板料的相对厚度 t/D。当板料的相对厚度大时,抗失稳能力较强,不易起皱,可以不采用压料或减少压料力,从而减少了摩擦损耗,有利于拉深,故极限拉深系数较小。

(3) 摩擦与润滑条件。凹模与压料圈的工作表面光滑、润滑条件较好,可以减小拉深系数。但为了避免在拉深过程中凸模与板料或工序件之间产生相对滑移造成危险断面的过度变薄或拉裂,在不影响拉深件内表面质量和脱模的前提下,凸模工作表面可以比凹模粗糙一些,且不能涂润滑剂。

(4) 模具的几何参数。模具几何参数中,影响极限拉深系数的主要是凸、凹模圆角半径及间隙。凸模圆角半径太小,板料绕凸模弯曲的拉应力增加,易造成局部变薄严重,降低危险断面的强度,因而会降低极限变形程度;凹模圆角半径太小,板料在拉深过程中通过凹模圆角半径时弯曲阻力增加,增加了筒壁传力区的拉应力,也会降低极限变形程度;凸、凹模间隙太小,板料会受到太大的挤压作用和摩擦阻力,增大了拉深力,使极限变形程度减小。因此,为了减小极限拉深系数,凸、凹模圆角半径及间隙应适当取较大值。但是,凸、凹模圆角半径和间隙也不宜取得过大,过大的圆角半径会减小板料与凸模和凹模端面的接触面积及压料圈的压料面积,板料悬空面积增大,容易产生失稳起皱;过大的凸、凹模间隙会影响拉深件的精度,使拉深件的锥度和回弹较大。

除此以外,影响极限拉深系数的因素还有拉深方法、拉深次数、拉深速度、拉深件形状等。由于影响因素很多,实际生产中,极限拉深系数的数值一般是在一定的拉深条件下用试验方法得出的,可查表确定。

需要指出的是,在实际生产中,并不是所有情况下都采用极限拉深系数。为了提高工艺稳定性,提高零件质量,必须采用稍大于极限值的拉深系数。

2. 圆筒形件的拉深次数与工序尺寸的计算

1)无凸缘圆筒形件的拉深次数

当拉深件的拉深系数 $m=d/D$ 大于第一次极限拉深系数$[m_1]$,即 $m>[m_1]$时,则该拉深件只需一次拉深就可拉出,否则就要进行多次拉深。

需要多次拉深时,其拉深次数可按以下方法确定:

① 推算法。先根据 t/D 和是否带压料圈查表(见表 4-6、表 4-7)确定每次拉深系数,查出$[m_1]$,$[m_2]$,$[m_3]$,…的取值,然后从第一道工序开始依次算出各次拉深工序件直径,即 $d_1=[m_1]D$、$d_2=[m_2]d_1$,…,$d_n=[m_n]d_{n-1}$,直到 $d_n\leqslant d$。即当计算所得直径 d_n 稍小于或等于拉深件所要求的直径 d 时,计算的次数即为拉深的次数。

表 4-6 圆筒形件的极限拉深系数(带压料圈)

拉深系数	坯料相对厚度$(t/D)\times100$					
	2.0~1.5	1.5~1.0	1.0~0.6	0.6~0.3	0.3~0.15	0.15~0.08
$[m_1]$	0.48~0.50	0.50~0.53	0.53~0.55	0.55~0.58	0.58~0.60	0.60~0.63
$[m_2]$	0.73~0.75	0.75~0.76	0.76~0.78	0.78~0.79	0.79~0.80	0.80~0.82
$[m_3]$	0.76~0.78	0.78~0.79	0.79~0.80	0.80~0.81	0.81~0.82	0.82~0.84
$[m_4]$	0.78~0.80	0.80~0.81	0.81~0.82	0.82~0.83	0.83~0.85	0.85~0.86
$[m_5]$	0.80~0.82	0.82~0.84	0.84~0.85	0.85~0.86	0.86~0.87	0.87~0.88

注:1.表中拉深系数适用于08钢、10钢和15Mn钢等普通拉深碳钢及黄铜H62。对拉深性能较差的材料,如20钢、25钢、Q215钢、硬铝等应比表中数值大1.5%~2.0%;而对塑性较好的材料,如05钢、08钢、10钢及软铝等可比表中数值减小1.5%~2.0%。

2.表中数据适用于未经中间退火的拉深。若采用中间退火工序时,则取值可比表中数值小2%~3%。

3.表中较小值适用于大的凹模圆角半径$[r_d=(8~15)t]$,较大值适用于小的凹模圆角半径$[r_d=(4~8)t]$。

表 4-7 圆筒形件的极限拉深系数(不带压料圈)

拉深系数	坯料相对厚度$(t/D)\times100$				
	1.5	2.0	2.5	3.0	>3.0
$[m_1]$	0.65	0.60	0.55	0.53	0.50
$[m_2]$	0.80	0.75	0.75	0.75	0.70
$[m_3]$	0.84	0.80	0.80	0.80	0.75
$[m_4]$	0.87	0.84	0.84	0.84	0.78
$[m_5]$	0.90	0.87	0.87	0.87	0.82
$[m_6]$	—	0.90	0.90	0.90	0.85

注:此表适用于08钢、10钢及15Mn钢等材料。其余各项同表4-6之注。

② 查表法。圆筒形件的拉深次数还可从各种实用的表格中查取。如表 4-8 是零件的相对高度 H/d 与拉深次数的关系。

表 4-8 圆筒形件相对高度 H/d 与拉深次数的关系

拉深次数	坯料相对高度(H/d)					
	2～1.5	1.5～1.0	1.0～0.6	0.6～0.3	0.3～0.15	0.15～0.08
1	0.94～0.77	0.84～0.65	0.71～0.57	0.62～0.50	0.52～0.45	0.46～0.38
2	1.88～1.54	1.60～1.32	1.36～1.10	1.13～0.94	0.96～0.83	0.90～0.70
3	3.50～2.70	2.80～2.20	2.30～1.80	1.90～1.50	1.60～1.30	1.30～1.10
4	5.60～4.30	3.60～2.90	3.60～2.90	2.90～2.40	2.40～2.00	2.00～1.50
5	8.90～6.60	6.60～5.10	5.20～4.10	4.10～3.30	3.30～2.70	2.70～2.00

2）各次拉深工序尺寸的计算

当圆筒形件需多次拉深时，就必须计算各次拉深的工序件尺寸，以作为设计模具及选择压力机的依据。

（1）各次工序件的直径。当拉深次数确定之后，先从表中查出各次拉深的极限拉深系数，并加以调整后确定各次拉深实际采用的拉深系数。调整的原则是：

① 保证 $m_1 m_2 \cdots m_n = d/D$；

② 使 $m_1 \leqslant [m_1]$，$m_2 \leqslant [m_2]$，$\cdots$，$m_n \leqslant [m_n]$，且 $m_1 < m_2 < \cdots < m_n$。

然后根据调整后的各次拉深系数计算各次工序件直径：

$$d_1 = m_1 D$$
$$d_2 = m_2 d_1$$
$$\vdots$$
$$d_n = m_n d_{n-1} = d$$

（2）各次工序件的圆角半径。工序件的圆角半径 r 等于相应拉深凸模的圆角半径 r_T，即 $r = r_T$。但当料厚 $t \geqslant 1$ 时，应按中线尺寸计算，这时 $r = r_T + t/2$。凸模圆角半径的确定可参考拉深模工艺计算模块。

（3）各次工序件的高度。在各工序件的直径与圆角半径确定之后，可根据圆筒形件坯料尺寸计算公式，推导出各次工序件高度的计算公式为

$$H_1 = 0.25 \left(\frac{D^2}{d_1} - d_1 \right) + 0.43 \frac{r_1}{d_1} (d_1 + 0.32 r_1)$$

$$H_2 = 0.25 \left(\frac{D^2}{d_2} - d_2 \right) + 0.43 \frac{r_2}{d_2} (d_2 + 0.32 r_2)$$

$$\vdots$$

$$H_n = 0.25 \left(\frac{D^2}{d_n} - d_n \right) + 0.43 \frac{r_n}{d_n} (d_n + 0.32 r_n) \tag{4-5}$$

式中：$H_1、H_2，\cdots，H_n$——各次工序件的高度；

　　　$d_1，d_2，\cdots，d_n$——各次工序件的直径；

　　　$r_1，r_2，\cdots，r_n$——各次工序件的底部圆角半径；

　　　D——坯料直径。

例 4-2 计算图 4-21 所示圆筒形件的坯料尺寸、拉深系数及各次拉深工序件尺寸。材料为 10 钢，板料厚度 $t=2$ mm。

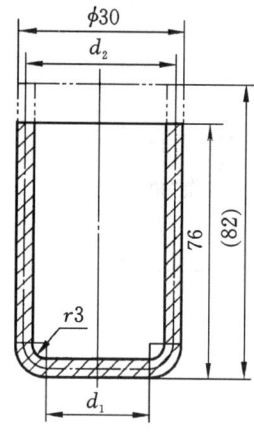

图 4-21 无凸缘圆筒形件

解 因板料厚度 $t>1$ mm，故按板厚中线尺寸计算。

（1）计算坯料直径。根据拉深件尺寸，其相对高度为

$$h/d=(76-1)/(30-2)\approx2.7$$

查表 4-2 得切边余量 $\Delta h=6$ mm。由式（4-2）可得：

$$D=\sqrt{d^2+4dH-1.72dr-0.56\,r^2}$$

将 $d=30$ mm-2 mm$=28$ mm，$r=3$ mm$+1$ mm$=4$ mm，$H=76$ mm-1 mm$+6=81$ mm，代入上式得：

$$D=\sqrt{28^2+4\times28\times81-1.72\times28\times4-0.56\times4^2}\ \text{mm}=98.3\ \text{mm}$$

（2）确定拉深次数。根据坯料的相对厚度 $t/D=2/98.3\times100\%=2\%$，可采用也可不采用压料圈，但为了保险起见，拉深时采用压料圈。

根据 $t/D=2\%$，查表 4-6 得各次拉深的极限拉深系数分别为 $[m_1]=0.50，[m_2]=0.75，[m_3]=0.78，[m_4]=0.80$，故：

$$d_1=[m_1]D=0.50\times98.3\ \text{mm}=49.2\ \text{mm}$$

$$d_2=[m_2]d_1=0.75\times49.2\ \text{mm}=36.9\ \text{mm}$$

$$d_3=[m_3]d_2=0.78\times36.9\ \text{mm}=28.8\ \text{mm}$$

$$d_4=[m_4]d_3=0.80\times28.8\ \text{mm}=23\ \text{mm}$$

因 $d_4=23$ mm<28 mm，所以需采用 4 次拉深成形。

（3）计算各次拉深工序件尺寸。为了使第四次拉深的直径与零件要求一致，需对极限拉深系数进行调整。调整后取各次拉深的实际拉深系数为 $m_1=0.52，m_2=0.78，m_3=0.83，m_4=0.846$。

各次工序件直径为

$$d_1=m_1D=0.52\times98.3\ \text{mm}=51.1\ \text{mm}$$

$$d_2=m_2d_1=0.78\times51.1\ \text{mm}=39.9\ \text{mm}$$

$$d_3=m_3d_2=0.83\times39.9\ \text{mm}=33.1\ \text{mm}$$

$$d_4=m_4d_3=0.846\times33.1\ \text{mm}=28\ \text{mm}$$

各次工序件底部圆角半径取以下数值：

$$r_1=8\ \text{mm}，r_2=5\ \text{mm}，r_3=r_4=4\ \text{mm}$$

把各次工序件直径和底部圆角半径代入式（4-5），得各次工序件高度为

$$H_1 = 0.25 \times \left(\frac{98.3^2}{51.1} - 51.1 \right) \text{ mm} + 0.43 \times \frac{8}{51.1} \times (51.1 + 0.32 \times 8) \text{ mm} = 38.1 \text{ mm}$$

$$H_2 = 0.25 \times \left(\frac{98.3^2}{39.9} - 39.9 \right) \text{ mm} + 0.43 \times \frac{5}{39.9} \times (39.9 + 0.32 \times 5) \text{ mm} = 52.8 \text{ mm}$$

$$H_3 = 0.25 \times \left(\frac{98.3^2}{33.1} - 33.1 \right) \text{ mm} + 0.43 \times \frac{4}{33.1} \times (33.1 + 0.32 \times 4) \text{ mm} = 66.3 \text{ mm}$$

$$H_4 = 81 \text{ mm}$$

以上计算所得工序件尺寸都是中线尺寸,换算成与零件图相同的标注形式后,所得各工序件的尺寸如图 4-22 所示。

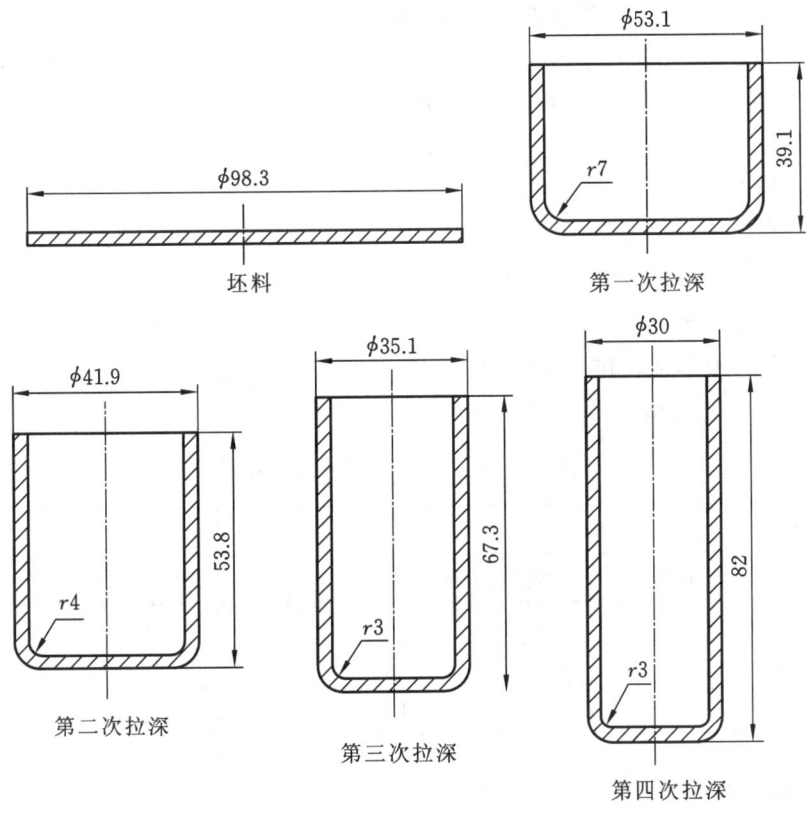

图 4-22　圆筒形件的各次拉深工序件尺寸

案例分析

圆筒形金属保护筒拉深次数:

查表 4-6 得零件的各次极限拉深系数分别为 $[m_1] = 0.5$, $[m_2] = 0.75$, $[m_3] = 0.78$, $[m_4] = 0.8$。所以,每次拉深后筒形件的直径分别为

$$d_1 = [m_1]D = 0.5 \times 105 \text{ mm} = 52.5 \text{ mm}$$

$$d_2 = [m_2]d_1 = 0.75 \times 52.5 \text{ mm} = 39.38 \text{ mm}$$

$$d_3 = [m_3]d_2 = 0.79 \times 39.38 \text{ mm} = 30.72 \text{ mm}$$

$$d_4 = [m_4]d_3 = 0.8 \times 30.72 \text{ mm} = 24.58 \text{ mm} < 30 \text{ mm}$$

故圆筒形金属保护筒共需 4 次拉深。

调整首次拉深系数 $m_1=0.53$，则调整后首次拉深所得筒形件的直径为

$$d_1=m_1D=0.53\times105\ \text{mm}=55.65\ \text{mm}$$

取首次拉深筒形件圆角半径 $r_1=8\ \text{mm}$，由式 (4-5) 得，首次拉深后筒形件的高度为

$$h_1=0.25\times\left(\frac{105^2}{55.65}-55.65\right)\ \text{mm}+0.43\times\frac{8}{55.65}\times(55.65+0.32\times8)\ \text{mm}=39.22\ \text{mm}$$

圆筒形金属保护筒其他工序件尺寸计算见"4.4 拉深模设计案例"。

3. 拉深力的确定

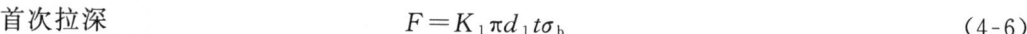

拉深力的计算

由于影响拉深力的因素比较复杂，按实际受力和变形情况来准确计算拉深力比较困难，所以，实际生产中通常是以危险断面的拉应力不超过其材料抗拉强度为依据，采用经验公式进行计算。对于圆筒形件：

首次拉深 $\qquad\qquad\qquad\qquad F=K_1\pi d_1t\sigma_b$ $\qquad\qquad\qquad$ (4-6)

以后各次拉深 $\qquad\qquad\quad F=K_2\pi d_it\sigma_b(i=2,3,\cdots,n)$ $\qquad\qquad$ (4-7)

式中：F——拉深力；

$\qquad d_1,d_2,\cdots,d_n$——各次拉深工序件直径 (mm)；

$\qquad t$——板料厚度 (mm)；

$\qquad \sigma_b$——拉深件材料的抗拉强度 (MPa)；

$\qquad K_1$、K_2——修正系数，与拉深系数有关，见表 4-9。

表 4-9 修正系数 K_1、K_2 的数值

m_1	0.55	0.57	0.60	0.62	0.65	0.67	0.70	0.72	0.75	0.77	0.80	—	—	—
K_1	1.0	0.93	0.86	0.79	0.72	0.66	0.60	0.55	0.5	0.45	0.40	—	—	—
$m_2,m_3,$ $\cdots,m_n$	—	—	—	—	—	0.70	0.72	0.75	0.77	0.80	0.85	0.90	0.95
K_2	—	—	—	—	—	1.0	0.95	0.90	0.85	0.80	0.70	0.60	0.50

4. 压边力的确定

压边力的作用是防止拉深过程中坯料起皱。压边力的大小应适当，压边力过小时，防皱效果不好；压边力过大时，则会增大传力区危险断面上的拉应力，从而引起材料严重变薄甚全拉裂。因此，应在保证坯料变形区不起皱的前提下，尽量选用较小的压料力。应该指出，压料力的大小应允许在一定范围内调节。一般来说，随着拉深系数的减小，压料力许可调节范围减小，这对拉深工作是不利的，因为这时当压料力稍大些时就会产生破裂，压料力稍小些时会产生起皱，也即拉深的工艺稳定性不好。相反，拉深系数较大时，压料力可调节范围增大，工艺稳定性较好。在模具设计时，压料力可按下列经验公式计算：

任何形状的拉深件： $\qquad\qquad\qquad F_Y=Ap$ $\qquad\qquad\qquad\qquad$ (4-8)

圆筒形件首次拉深：

$$F_Y=\pi[D^2-(d_1+2r_{d_1})^2]p/4 \qquad\qquad (4-9)$$

圆筒形件以后各次拉深 $\qquad F_Y=\pi(d_{i-1}^2-d_i^2)p/4 \quad (i=2,3,\cdots)$ $\qquad$ (4-10)

式中：F_Y——压料力（N）；

　　　A——压料圈下坯料的投影面积（mm^2）；

　　　p——单位面积压料力（MPa），可查表 4-10；

　　　D——坯料直径（mm）；

　　　d_1，d_2，$\cdots$，d_n——各次拉深工序件的直径（mm）；

　　　r_{d1}，r_{d2}，$\cdots$，r_{dn}——各次拉深凹模的圆角半径（mm）。

表 4-10　单位面积压料力

材料	单位压料力 p/MPa	材料	单位压料力 p/MPa
铝	0.8～1.2	软钢（$t \leqslant 0.5$ mm）	2.5～3.0
纯铜、硬铝（已退火）	1.2～1.8	镀锡钢	2.5～3.0
黄铜	1.5～2.0	耐热钢（软化状态）	2.8～3.5
软钢（$t > 0.5$ mm）	2.0～2.5	高合金钢、不锈钢、高锰钢	3.0～4.5

5. 拉深压力机公称压力及拉深功的确定

1）拉深压力机公称压力的确定

对于单动压力机，其公称压力 F_g 应大于拉深力 F 与压料力 F_Y 之和，即

$$F_g > F + F_Y$$

对于双动压力机，应使内滑块公称压力 $F_{g内}$ 和外滑块公称压力 $F_{g外}$ 分别大于拉深力 F 和压料力 F_Y，即

$$F_{g内} > F, F_{g外} > F_Y$$

确定机械式拉深压力机公称压力时必须注意，当拉深工作行程较大，尤其是落料拉深复合时，应使拉深力曲线位于压力机滑块的许用载荷曲线之下，而不能简单地按压力机公称压力大于拉深力或拉深力与压料之和的原则去确定规格。在实际生产中，也可以按下式来确定压力机的公称压力：

浅拉深：　　　　　　　　　$F_g \geqslant (1.6 \sim 1.8) F_\Sigma$　　　　　　　　（4-11）

深拉深　　　　　　　　　　$F_g \geqslant (1.8 \sim 2.0) F_\Sigma$　　　　　　　　（4-12）

式中：F_Σ——冲压工艺总力，与模具结构有关，包括拉深力、压料力、冲裁力等。

2）拉深功的计算

当拉深高度较大时，由于凸模工作行程较大，可能出现压力机的压力够而功率不够的现象。这时应计算拉深功，并校核压力机的电机功率。

拉深功按下式计算：

$$W = C F_{max} h / 1000$$　　　　　　　　　　　　　　　（4-13）

式中：W——拉深功（J）；

　　　F_{max}——最大拉深力（包含压边力）（N）；

　　　h——凸模工作行程（mm）；

　　　C——系数，与拉深力曲线有关，C 值可取 0.6～0.8。

压力机的电机功率可按下式计算：

$$P_w = K W n / (60 \times 1000 \times \eta_1 \eta_2)$$　　　　　　　　（4-14）

式中：P_w——电机功率(kW)；

  K——不均衡系数，$K=1.2\sim1.4$；

  η_1——压力机效率，$\eta_1=0.6\sim0.8$；

  η_2——电机效率，$\eta_2=0.9\sim0.95$；

  n——压力机每分钟行程次数。

若所选压力机的电机功率小于计算值，则应另选更大规格的压力机。

◈ **知识拓展**

压 料 装 置

目前生产中常用的压料装置有弹性压料装置和刚性压料装置。

1. 弹性压料装置

在单动压力机上进行拉深加工时，一般都是采用弹性压料装置来产生压料力。根据产生压料力的弹性元件不同，弹性压料装置可分为弹簧式、橡胶式和气垫式三种，如图 4-23 所示。

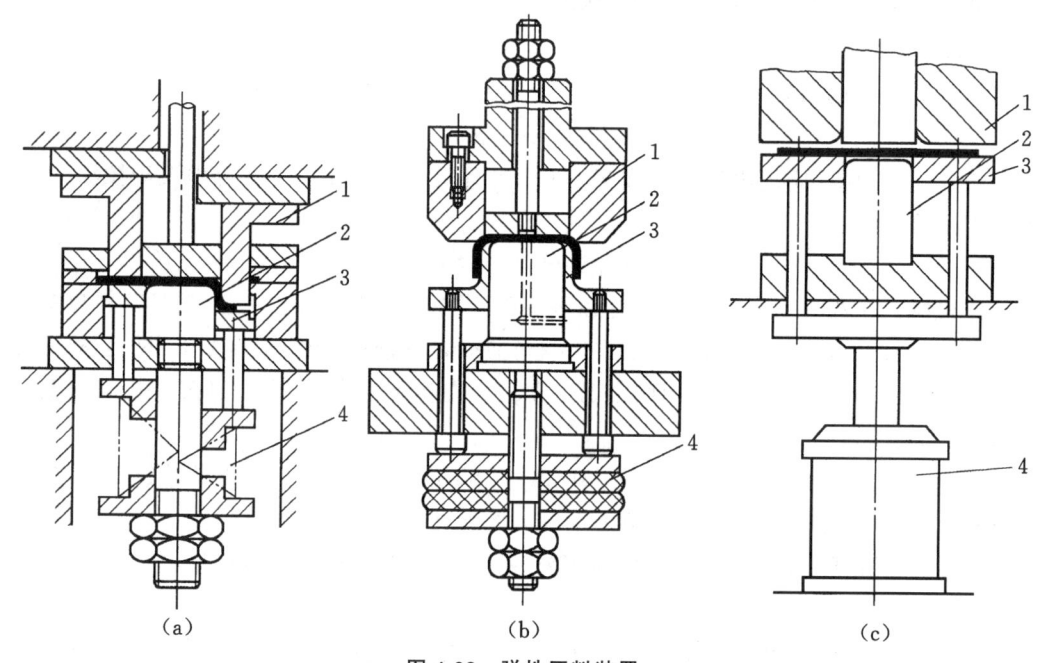

图 4-23 弹性压料装置

(a)弹簧式压料装置；(b)橡胶式压料装置；(c)气垫式压料装置

1—凹模；2—凸模；3—压料圈；4—弹性元件(弹顶器或气垫)

上述三种压料装置的压料力变化曲线如图 4-24 所示。由图可以看出，弹簧和橡胶压料装置的压料力是随着工作行程(拉深深度)的增加而增大的，尤其是橡胶式压料装置更显著。这样的压料力变化特性会使拉深过程中的拉深力不断增大，从而增大拉裂的危险性。因此，弹簧式和橡胶式压料装置通常只用于浅拉深。但是，这两种压料装置结构简单，在中小型压力机上使用较为方便。只要正确地选用弹簧的规格和橡胶的牌号及尺寸，并采取适当的限位措施，就能减少它的不利方面。弹簧应选总压缩量、压力随压缩量增加而缓慢增大的规格。橡胶应选用软橡胶,并保证相对压缩量不过大,建议橡胶总厚度不小于拉深工作行程的5倍。

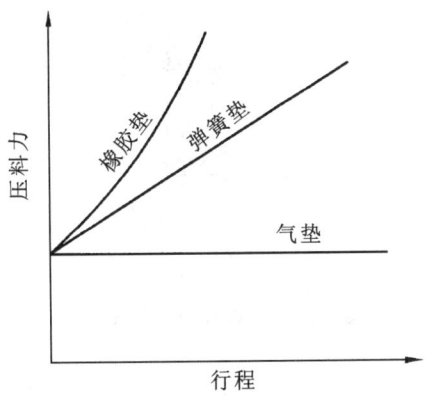

图 4-24　各种弹性压料装置的压料力曲线

气垫式压料装置压料效果好,压料力基本上不随工作行程而变化(压料力的变化可控制在10%～15%内),但气垫装置结构复杂。

压料圈是压料装置的关键零件,常见的结构形式有平面形、锥形和弧形,如图4-25所示。一般的拉深模采用平面形压料圈(见图(a));当坯料相对厚度较小,拉深件凸缘小且圆角半径较大时,则采用带弧形的压料圈(见图(b));锥形压料圈(见图(c))能降低极限拉深系数,其锥角与锥形凹模的锥角相对应,一般取$\beta = 30° \sim 40°$,主要用于拉深系数较小的拉深件。

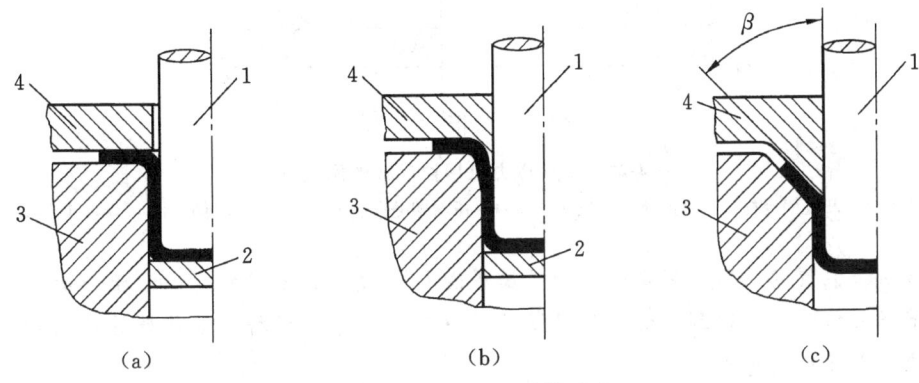

图 4-25　压料圈的结构形式

(a)平面形;(b)弧形;(c)锥形

1—凸模;2—顶板;3—凹模;4—压料圈

为了保持整个拉深过程中压料力均衡和防止将坯料压得过紧,特别是拉深板料较薄且凸缘较宽的拉深件时,可采用带限位装置的压料圈,如图4-26所示。限位柱可使压料圈和凹模之间始终保持一定的距离s。对于带凸缘零件的拉深,$s = t + (0.05 \sim 0.1)$mm;铝合金零件的拉深,$s = 1.1t$;钢板零件的拉深,$s = 1.2t$(t为板料厚度)。

2.刚性压料装置

刚性压料装置一般应用于双动压力机使用的拉深模中。图4-27为双动压力机用拉深模,刚性压料圈4(兼作落料凸模)固定在外滑块上。在每次冲压行程开始时,外滑块2带动压料圈下降压在坯料的凸缘上,并保持静止,随后内滑块带动凸模下降进行拉深变形。

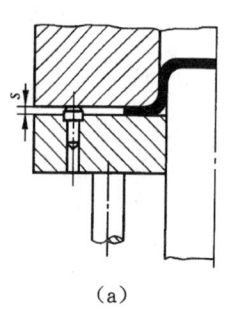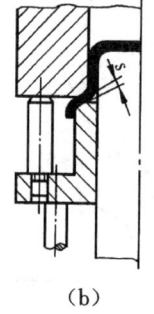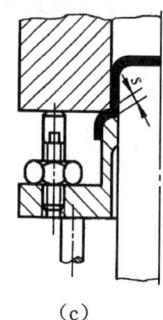

(a)　　　　　　　　(b)　　　　　　　　(c)

图 4-26　有限位装置的压料圈

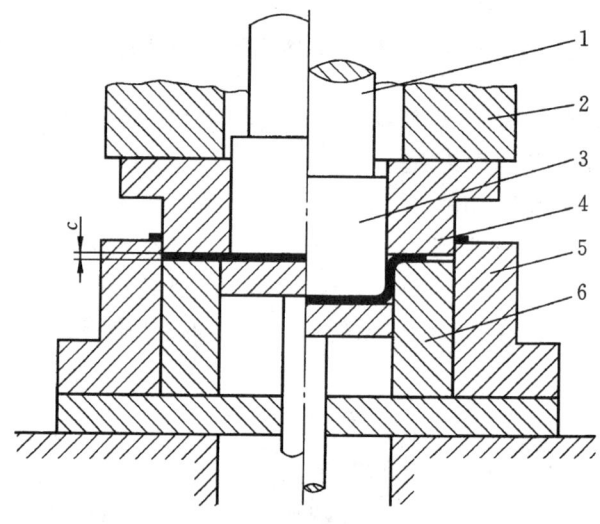

图 4-27　双动压力机用拉深模的刚性压料

1—凸模固定杆；2—外滑块；3—拉深凸模；4—压料圈兼落料凸模；5—落料凹模；6—拉深凹模

　　刚性压料装置的压料作用是通过调整压料圈与凹模平面之间的间隙 c 获得的，而该间隙则靠调节压力机外滑块得到。考虑到拉深过程中坯料凸缘区材料流动导致厚度增加，所以这一间隙应略大于板料厚度。

　　刚性压料圈的结构形式与弹性压料圈在几何设计上相似。刚性压料装置的特点是压料力不随拉深工作行程而变化，压料效果稳定，模具结构相对简单。拉深时的起皱和防皱问题涉及材料流动与应变硬化的复杂平衡，压料力过大会加剧破裂风险，过小则无法抑制起皱。目前常用压料装置的压料力曲线仍无法匹配理论最优值，因此开发自适应压料力控制系统是拉深工艺的重要研究方向。

◆ 案例分析

　　由式(4-6)可计算，圆筒形金属保护筒首次拉深力：

$$F_拉 = \pi d_1 t \sigma_b K_1 = 3.14 \times 55.65 \times 2 \times 400 \times 0.8 \text{ N} = 111.8 \text{ kN}$$

　　圆筒形金属保护筒首次拉深压料力，取 $P = 2.2$ MPa，由式(4-9)有：

$$F_Y = \pi[D^2 - (d_1 + 2r_1)^2]p/4 = 3.14 \times [105^2 - (55.65 + 2 \times 8)^2] \times 2.2/4 \text{ N} = 10.17 \text{ kN}$$

4.3　拉深模结构与工作零件设计

4.3.1　拉深模的典型结构

1. 拉深模分类

拉深模的结构一般较简单,但结构类型较多:按使用的压力机类型不同,可分为单动压力机上用拉深模与双动压力机上用拉深模;按工序的组合程度不同,可分为单工序拉深模、复合工序拉深模与级进工序拉深模;按结构形式与使用要求的不同,可分为首次拉深模与以后各次拉深模,有压料装置拉深模与无压料装置拉深模,顺装式拉深模与倒装式拉深模,下出件拉深模与上出件拉深模等。

2. 拉深模典型结构

1) 单动压力机上使用的拉深模

(1) 首次拉深模。

图 4-28(a) 为无压料装置的首次拉深模。当拉深工作行程结束、凸模回程时,为了从凸模上卸下拉深件,在凹模下方装有卸件器。凸模上行过程中,卸件器下端面接触(或阻挡)拉深件口部,阻止其随凸模上升,从而将拉深件从凸模上卸下。卸下的拉深件随后穿过凹模中间的孔洞,从凹模下方落下。为了便于卸件,凸模上开有直径≥3 mm 的通气孔。当板料较厚且拉深件高度较小时,拉深后工件有一定回弹量。回弹引起拉深件口部直径增大。此时,当凸模回程时,凹模下端面直接挡住因回弹而增大的拉深件口部,即可实现自然卸件(拉深件因被凹模挡住而无法随凸模上升,从而脱落),因此可以不配备卸件器。被自然卸下的工件同样从凹模下方落下。

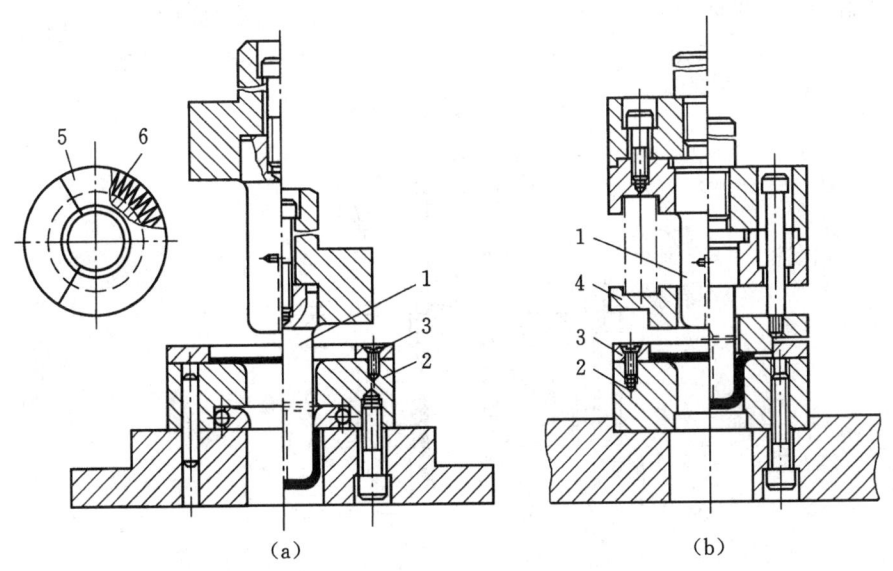

（a）　　　　　　　　　　（b）

图 4-28　首次拉深模

(a)无压料装置的拉深模;(b)有压料装置的拉深模;(c)具有锥形压料圈的拉深模

1—凸模;2—凹模;3——定位板;4—压料圈;5—卸件器;6—弹簧

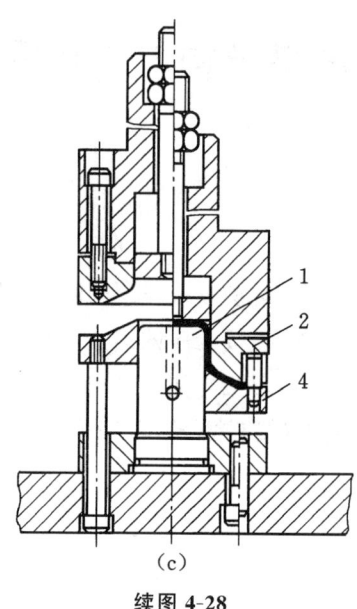

（c）

续图 4-28

首次拉深模结构简单,适用于拉深板料厚度较大而深度不大的拉深件。

图 4-28(b)为带有压料装置的正装式首次拉深模。该模具的压料装置安装在上模。由于弹性元件的压缩行程受到模具闭合高度的限制,因此这种结构形式通常适用于拉深高度较小（浅拉深）的零件。

图 4-28(c)为倒装式、具有锥形压料圈的首次拉深模。其压料装置的弹性元件布置在下模座下方,可获得较大的压料行程,因此能用于拉深高度较大（深拉深）的零件,应用较为广泛。

（2）以后各次拉深模。

图 4-29 所示为无压料装置的以后各次拉深模。拉深前,工序件由定位板 6 定位。拉深后,拉深件由凹模孔内的卸料台阶卸下。为减小拉深件与凹模侧壁间的摩擦,凹模直边高度 h 取 9～13 mm。该模具适用于变形程度较小、拉深件直径和壁厚要求均匀的以后各次拉深。

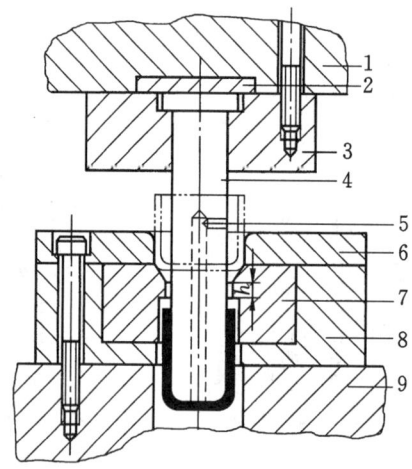

图 4-29 无压料装置的以后各次拉深模

1—上模座;2—垫板;3—凸模固定板;4—凸模;5—通气孔;
6—定位板;7—凹模;8—凹模座;9—下模座

图 4-30 所示为带有压料装置的倒装式以后各次拉深模。其中,压料圈 6 同时起定位作用,工序件套在压料圈外圆上进行定位。压料圈的高度应大于工序件的高度,其外径宜按已拉成的前次工序件的内径配作。拉深件在凸模回程时由压料圈从凹模中顶出,并由推件块 3 从凸模上推出。可调式限位柱 5 用于精确控制压料圈与凹模工作端面之间的间隙,以防止在拉深后期,因压料力过大而导致工件侧壁底角附近材料过度减薄甚至拉裂。

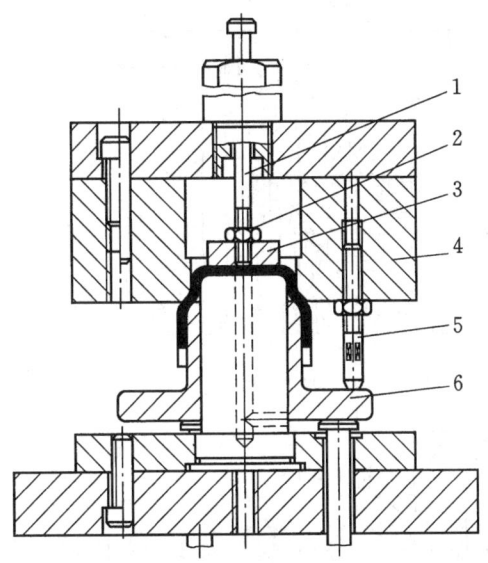

图 4-30 有压料装置的倒装式以后各次拉深模
1—打杆;2—螺母;3—推件块;4—凹模;5—可调式限位柱;6—压料圈

(3) 落料拉深复合模。

图 4-31 所示为落料拉深复合模。条料由两个导料销 11 进行导向,由挡料销 12 定距。由于排样图取消了纵搭边,落料后废料条中间将自动断开形成分离的废料条,因此模具可不设卸料装置。工作时,首先由落料凹模 1 和凸凹模 3 协同完成落料;随后,在压力机滑块继续下行时,由拉深凸模 2 和凸凹模(此时其内孔作为拉深凹模)进行拉深。压料圈 9 同时起到压料和顶出作用。由于压料圈具有顶出功能,当上模回程(滑块上行)时,它能将可能卡在凸凹模(拉深凹模)型腔内的拉深件顶出。此外,为了确保拉深件被完全推出模具,还设置了上模推件装置。为了保证严格的工序时序,即先完成落料,再进行拉深,在模具装配时,应调整相关零件高度,使拉深凸模 2 的工作端面比落料凹模 1 的工作端面低 1~1.5 倍料厚的距离。

2) 双动压力机上使用的拉深模

(1) 双动压力机用首次拉深模。如图 4-32 所示,下模由凹模2、定位板3、凹模固定板8、顶件块 9 和下模座 1 组成。上模的压料圈 5 通过上模座 4 安装并驱动于压力机的外滑块上;凸模 7 通过凸模固定杆 6 安装并驱动于压力机的内滑块上。工作时,坯料由定位板 3 定位;压力机运行时,外滑块先行下降,驱动压料圈 5 将坯料紧压在凹模 2 的压料面上;随后,内滑块下降,驱动凸模 7 完成对坯料的拉深。回程时,内滑块率先上升,带动凸模 7 脱离工件(通常工件会留在凹模内);接着外滑块上升,带动压料圈 5 松开;与此同时,顶件块 9 在弹顶器作用下将工件从凹模 2 型腔内顶出。

(2) 双动压力机用落料拉深复合模。如图 4-33 所示,该模具可在一个工作行程内同时完成落料、拉深及工件底部的浅成形。其主要工作零件采用组合式结构:压料圈 3 固定在压料圈座 2 上,并同时充当落料凸模;拉深凸模 4 固定在凸模座 1 上。这种组合式结构特别适用于大型模具,不仅能有效节省模具钢,而且便于单个部件的坯料制备与热处理。

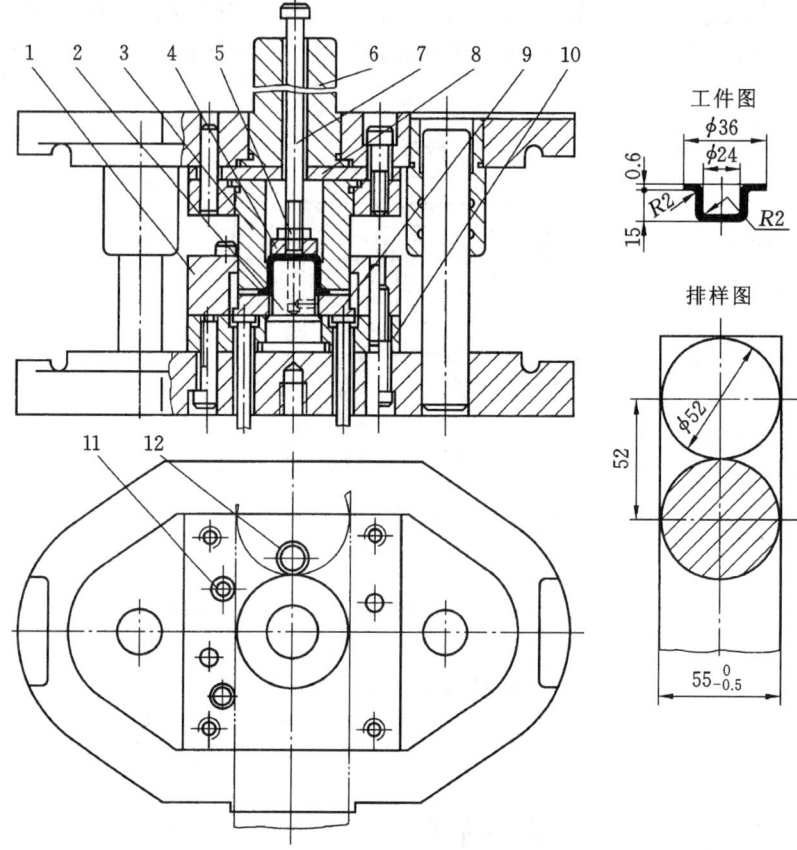

图 4-31 落料拉深复合模

1—落料凹模;2—拉深凸模;3—凸凹模;4—推件块;5—螺母;6—模柄;
7—打杆;8—垫板;9—压料圈;10—固定板;11—导料销;12—挡料销

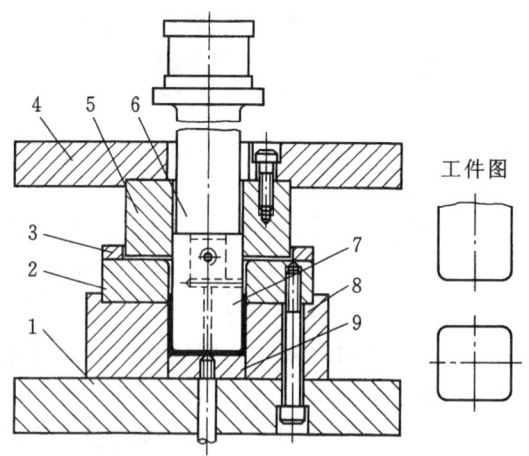

图 4-32 双动压力机用首次拉深模

1—下模座;2—凹模;3—定位板;4—上模座;5—压料圈;
6—凸模固定杆;7—凸模;8—凹模固定板;9—顶件块

工作时,外滑块首先下降,驱动压料圈 3(此时作为落料凸模)下行;在压料圈 3 达到下止点前,其与落料凹模 5 协同完成落料工序,随后即开始压料作用(如左半视图所示)。接着,内滑块下降,驱动拉深凸模 4 下行,与拉深凹模 6 协同完成拉深工序。安装在凹模内的顶件块 7 同时充当拉深凹模的底部成形面;当内滑块(及拉深凸模 4)到达下止点时,拉深凸模 4 与顶件块 7 共同作用,可完成对工件底部的浅成形(如右半视图所示)。回程时,内滑块率先上升,带动拉深凸模 4 脱离工件;随后外滑块上升,带动压料圈 3 松开并抬起;最后,顶件块 7 将工件从拉深凹模 6 型腔内顶出。

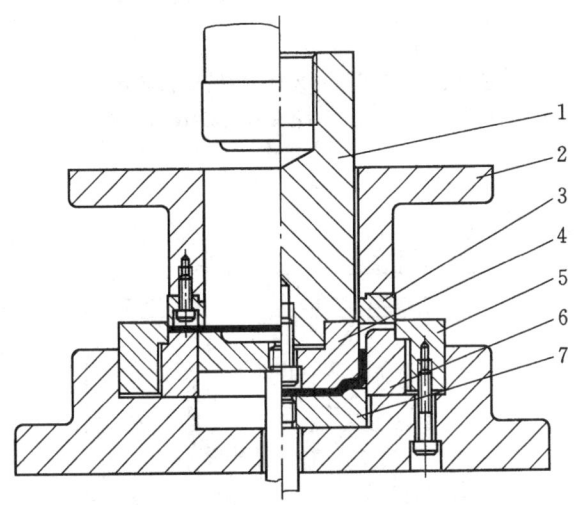

图 4-33　双动压力机用落料拉深复合模

1—凸模座;2—压料圈座;3—压料圈(兼作落料凸模)
4—拉深凸模;5—落料凹模;6—拉深凹模;7—顶件块

案例分析

图 4-1 所示圆筒形金属保护筒由于拉深次数较多,为提高生产效率可将落料与首次拉深工序复合在一副模具中完成,其模具结构形式可参考落料拉深复合模结构(参看图 4-31)。

4.3.2　拉深模工作零件的设计

1. 凸、凹模的结构

凸、凹模的结构设计得是否合理,不但直接影响拉深时的坯料变形,还影响拉深件的质量。凸、凹模常见的结构形式有以下几种。

拉深模工作零件设计

1)无压料时的凸、凹模

图 4-34 所示为无压料一次拉深成形时所用的凸、凹模结构,其中:圆弧形凹模(图 a)结构简单,加工方便,是常用的拉深凹模结构形式;锥形凹模(图 b)、渐开线形凹模(图 c)和等切面形凹模(图 d)对抗失稳起皱有利,但加工较复杂,主要用于拉深系数较小的拉深件。图 4-35 所示为无压料多次拉深所用的凸、凹模结构形式示例。上述凹模结构中,$a = 5 \sim 10$ mm,$b = 2 \sim 5$ mm,锥形凹模的锥角一般取 $30°$。

2)有压料时的凸、凹模

有压料时的凸、凹模结构如图 4-36 所示,其中:图(a)用于直径小于 100 mm 的拉深件;图

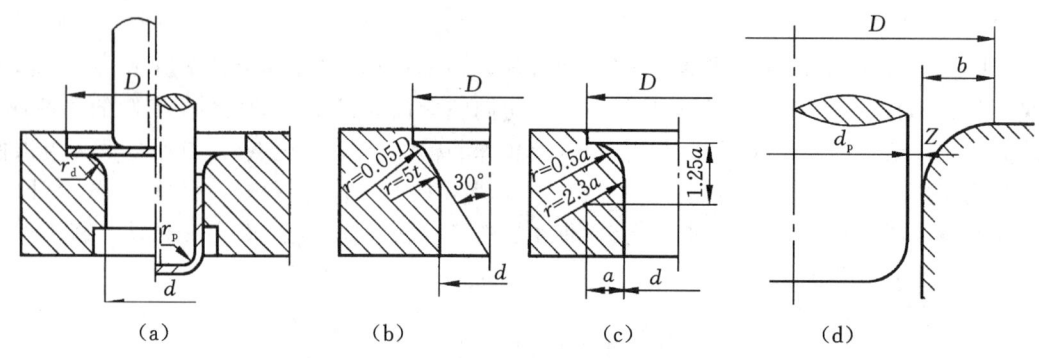

图 4-34 无压料一次拉深的凸、凹模结构

(a)圆弧形 ;(b)锥形 ;(c)渐开线形;(d)等切面形

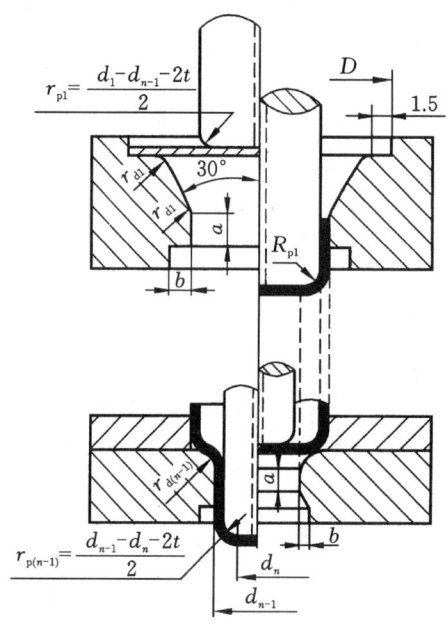

图 4-35 无压料多次拉深的凸、凹模结构

(b)用于直径大于 100 mm 的拉深件。这种结构除了具有锥形凹模的特点外,还可减轻坯料的反复弯曲变形,以提高工件侧壁质量。设计多次拉深的凸、凹模结构时,必须十分注意确保前后两次拉深中凸、凹模的形状与尺寸之间具有恰当的关系。应尽量使前次拉深所得工序件形状有利于后次拉深成形,而后一次拉深的凸、凹模及压料圈的形状与前次拉深所得工序件形状相吻合,以避免坯料在成形过程中的反复弯曲。为了保证拉深时工件底部平整,通常要求前一次拉深所得工序件的平底部分尺寸不小于后一次拉深工件的平底尺寸。

2. 凸、凹模的圆角半径

1)凹模圆角半径

凹模圆角半径r_d越大,材料越易进入凹模,但r_d过大则材料易起皱。因此,在保证材料不起皱的前提下,r_d宜取大一些。

第一次(包括只有一次)拉深的凹模圆角半径可按以下经验公式计算:

$$r_{d1} = 0.8\sqrt{(D-d)t}$$

(4-15)

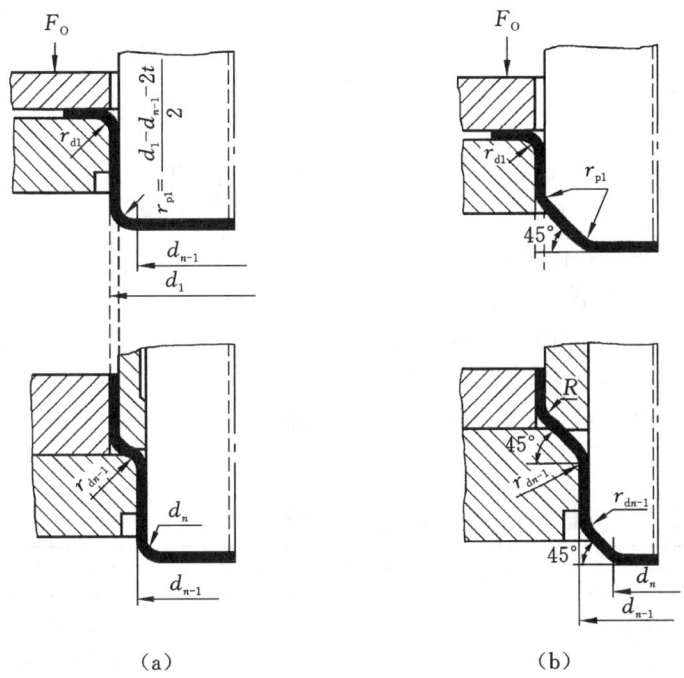

（a）　　　　　　　　　　　（b）

图 4-36　有压料多次拉深的凸、凹模结构

式中：r_{d1}——凹模圆角半径；

　　D——坯料直径；

　　d——凹模内径（当工件料厚 $t \geqslant 1$ 时，也可取首次拉深时工件的中线尺寸）；

　　t——材料厚度。

以后各次拉深时，凹模圆角半径应逐渐减小，一般可按以下关系确定：

$$r_{di} = (0.6 \sim 0.9)r_{d(i-1)} \quad (i=2,3,\cdots,n) \tag{4-16}$$

以上计算所得凹模圆角半径均应符合 $r_d \geqslant 2t$ 的拉深工艺性要求。对于带凸缘的筒形件，最后一次拉深的凹模圆角半径还应与零件的凸缘圆角半径相等。

2）凸模圆角半径

凸模圆角半径 r_p 过小，会使坯料在此受到过大的弯曲变形，导致危险断面材料严重变薄甚至拉裂；r_p 过大，会使坯料悬空部分增大，容易产生内起皱现象。一般 $r_p < r_d$，单次拉深或多次拉深的第一次拉深可取：

$$r_{p1} = (0.7 \sim 1.0)r_{d1} \tag{4-17}$$

以后各次拉深的凸模圆角半径可按下式确定：

$$r_{p(i-1)} = \frac{d_{i-1} - d_i - 2t}{2} \quad (i=3,4,\cdots,n) \tag{4-18}$$

式中：d_{i-1}，d_i——各次拉深工序件的直径。

最一次拉深时，凸模圆角半径 r_{pn} 应与拉深件底部圆角半径 r 相等。但当拉深件底部圆角半径小于拉深工艺性要求时，则凸模圆角半径应按工艺性要求确定（$r_p \geqslant t$），然后通过增加整形工序得到拉深件所要求的圆角半径。

3. 凸、凹模间隙

拉深模的凸、凹模间隙对拉深力、拉深件质量、模具寿命等都有较大的影响。间隙小时，拉深力大,模具磨损也大,但拉深件回弹小,精度高。间隙过小,会使拉深件壁部严重变薄甚至拉裂。间隙过大,拉深时坯料容易起皱,而且口部的变厚得不到消除,拉深件出现较大的锥度,精度较差。因此,拉深凸、凹模间隙应根据坯料厚度及公差、拉深过程中坯料的增厚情况、拉深次数、拉深件的形状及精度等要求确定。

(1) 对于无压料装置的拉深模,其凸、凹模单边间隙可按下式确定:

$$Z/2 = (1 \sim 1.1) \, t_{\max} \tag{4-19}$$

式中:$Z/2$——凸、凹模单边间隙;

$t_{\max}$——材料厚度的最大极限尺寸。

对于系数 $1 \sim 1.1$,小值用于末次拉深或精度要求高的零件拉深,大值用于首次和中间各次拉深或精度要求不高的零件拉深。

(2) 对于有压料装置的拉深模,其凸、凹模单边间隙可根据材料厚度和拉深次数参考表4-11确定。

表 4-11 有压料装置的凸、凹模单边间隙值 $Z/2$ (mm)

总拉深次数	拉深工序	单边间隙 $Z/2$	总拉深次数	拉深工序	单边间隙 $Z/2$
1	第一次拉深	$(1 \sim 1.1)t$	4	第一、二次拉深	$1.2t$
2	第一次拉深	$1.1t$		第三次拉深	$1.1t$
	第二次拉深	$(1 \sim 1.05)t$		第四次拉深	$(1 \sim 1.05)t$
3	第一次拉深	$1.2t$	5	第一、二、三次拉深	$1.2t$
	第二次拉深	$1.1t$		第四次拉深	$1.1t$
	第三次拉深	$(1 \sim 1.05)t$		第五次拉深	$(1 \sim 1.05)t$

注:1. t 为材料厚度,取材料允许偏差的中间值;

2. 当拉深精度要求较高的零件时,最后一次拉深间隙取 $Z/2 = t$。

4. 凸、凹模工作尺寸及公差

拉深件的尺寸和公差是由最后一次拉深模保证的,考虑拉深模的磨损和拉深件的弹性回复,最后一次拉深模的凸、凹模工作尺寸及公差按如下方法确定。

当拉深件标注外形尺寸时(见图 4-37(a)),则

$$D_d = (D_{\max} - 0.75\Delta)^{+\delta_d}_{0} \tag{4-20}$$

$$D_p = (D_{\max} - 0.75\Delta - 2(Z/2))^{0}_{-\delta_p} \tag{4-21}$$

当拉深件标注内形尺寸时(见图 4-37(b)),则

$$d_p = (d_{\max} + 0.4\Delta)^{0}_{-\delta_p} \tag{4-22}$$

$$d_d = (d_{\max} + 0.4\Delta + 2(Z/2))^{+\delta_d}_{0} \tag{4-23}$$

式中:D_d、d_d——凹模工作尺寸;

D_p、d_p——凸模工作尺寸;

$D_{\max}$、$d_{\min}$——拉深件的最大外形尺寸和最小内形尺寸;

$Z/2$——凸、凹模单边间隙;

Δ——拉深件的公差;

δ_d、δ_p——凸、凹模的制造公差,可按 IT6~IT9 级确定。

对于首次和中间各次拉深模,因工序件尺寸无须严格要求,所以其凸、凹模工作尺寸取相应工序的工序件尺寸即可。若以凹模为基准,则

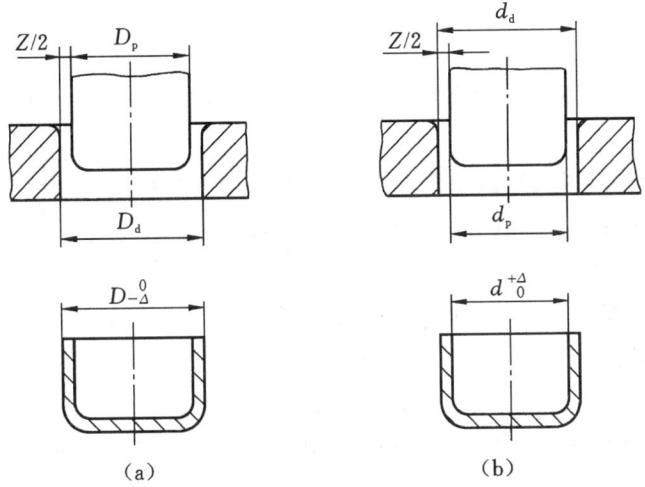

图 4-37 拉深件尺寸与凸、凹模工作尺寸

(a)拉深件标注外形尺寸;(b)拉深件标注内形尺寸

$$D_d = D^{+\delta_d}_{\ 0} \tag{4-24}$$

$$D_p = (D - 2(Z/2))^{\ 0}_{-\delta_p} \tag{4-25}$$

◆ 案例分析

图 4-1 所示的圆筒形金属保护筒拉深模凸凹模的间隙的确定及工作部位零件尺寸及见"4.4 拉深模设计案例"。

4.4　拉深模设计案例

图 4-38 所示的圆筒形金属保护筒,材料为 08 钢,材料厚度 $t = 2\ mm$,大批量生产。要求设计该保护筒的冲压模具。

图 4-38 圆筒形金属保护筒

(a)实物图;(b)零件图

1. 零件工艺性分析

1）材料分析

所用材料 08 钢为优质碳素结构钢，属于深拉深级别钢，具有良好的拉深成形性能。

2）结构分析

零件为一无凸缘筒形件，结构简单，底部圆角半径为 $R3$，满足筒形拉深件底部圆角半径大于一倍料厚的要求，因此，零件具有良好的冲压工艺性。

3）精度分析

零件上所有尺寸均为未注公差尺寸，普通拉深即可达到零件的精度要求。

2. 工艺方案的确定

零件的生产包括落料、拉深（需计算确定拉深次数）、切边等工序，为了提高生产效率，可以考虑工序的复合，本例中采用落料与第一次拉深复合，经多次拉深成形后，由机械加工方法切边保证零件高度的生产工艺。

3. 零件工艺计算

1）拉深工艺计算

零件的材料厚度为 2 mm，所以所有计算以中径为准。

（1）确定零件修边余量。

零件的相对高度，经查得修边余量 $\Delta h = 6$ mm，所以，修正后拉深件的总高应为（79＋6）mm＝85 mm。

（2）确定坯料尺寸 D。

由无凸缘筒形拉深件坯料尺寸计算公式得

$$D = \sqrt{d^2 + 4dh - 1.72dr - 0.56\,r^2}$$
$$= \sqrt{30^2 + 4 \times 30 \times 85 - 1.72 \times 30 \times 4 - 0.56 \times 4^2}\ \text{mm} \approx 105\ \text{mm}$$

（3）判断是否采用压料圈。

零件的相对厚度 $t/D = 2/105 = 1.09\%$，查表可知，压料圈可用可不用，为了保证零件质量，减少拉深次数，决定采用压料圈。

（4）确定拉深次数。

查得零件的各次极限拉深系数分别为 $[m_1] = 0.5$，$[m_2] = 0.75$，$[m_3] = 0.78$，$[m_4] = 0.8$。所以，每次拉深后筒形件的直径分别为

$$d_1 = [m_1]D = 0.5 \times 105\ \text{mm} = 52.5\ \text{mm}$$
$$d_2 = [m_2]d_1 = 0.75 \times 52.5\ \text{mm} = 39.38\ \text{mm}$$
$$d_3 = [m_3]d_2 = 0.78 \times 39.38\ \text{mm} = 30.72\ \text{mm}$$
$$d_4 = [m_4]d_3 = 0.8 \times 30.72\ \text{mm} = 24.58\ \text{mm} < 30\ \text{mm}$$

由上计算可知共需 4 次拉深。

（5）确定各工序件直径。

调整各次拉深系数分别为 $m_1 = 0.53$、$m_2 = 0.79$、$m_3 = 0.82$，则调整后每次拉深所得筒形件的直径为

$$d_1 = m_1 D = 0.53 \times 105\ \text{mm} = 55.65\ \text{mm}$$
$$d_2 = m_2 d_1 = 0.78 \times 55.65\ \text{mm} = 43.41\ \text{mm}$$
$$d_3 = m_3 d_2 = 0.82 \times 43.41\ \text{mm} = 35.60\ \text{mm}$$

第四次拉深时的实际拉深系数 $m_4 = d/d_3 = 30/35.60 = 0.84$，其大于第三次实际拉深系数 m_3 和第四次极限拉深系数 $[m_4]$，所以调整合理。第四次拉深后筒形件的直径为 $\phi 30$ mm。

（6）确定各工序件高度。

根据拉深件圆角半径计算公式，取各次拉深筒形件圆角半径分别为 $r_1 = 8$ mm，$r_2 = 6.5$ mm，$r_3 = 5$ mm，$r_4 = 4$ mm，所以每次拉深后筒形件的高度为

$$
\begin{aligned}
h_1 &= 0.25 \times \left(\frac{D^2}{d_1} - d_1 \right) + 0.43 \times \frac{r_1}{d_1}(d_1 + 0.32\, r_1) \\
&= 0.25 \times \left(\frac{105^2}{55.65} - 55.65 \right) \text{mm} + 0.43 \times \frac{8}{55.65} \times (55.65 + 0.32 \times 8)\, \text{mm} \\
&= 39.21 \text{ mm}
\end{aligned}
$$

$$
\begin{aligned}
h_2 &= 0.25 \times \left(\frac{D^2}{d_2} - d_2 \right) + 0.43 \times \frac{r_2}{d_2}(d_2 + 0.32\, r_2) \\
&= 0.25 \times \left(\frac{105^2}{43.41} - 43.41 \right) \text{mm} + 0.43 \times \frac{6.5}{43.41} \times (43.41 + 0.32 \times 6.5)\, \text{mm} \\
&= 55.57 \text{ mm}
\end{aligned}
$$

$$
\begin{aligned}
h_3 &= 0.25 \times \left(\frac{D^2}{d_3} - d_3 \right) + 0.43 \times \frac{r_3}{d_3}(d_3 + 0.32\, r_3) \\
&= 0.25 \times \left(\frac{105^2}{35.60} - 35.60 \right) \text{mm} + 0.43 \times \frac{5}{35.60} \times (35.60 + 0.32 \times 5)\, \text{mm} \\
&= 70.77 \text{ mm}
\end{aligned}
$$

第四次拉深后筒形件高度应等于零件要求尺寸，即 $h_4 = 85$ mm。

拉深工序件图如图 4-39 所示。

2）落料拉深复合模工艺计算

（1）落料凸、凹模刃口尺寸计算。

根据零件形状特点，刃口尺寸计算采用分开制造法。落料尺寸为 $\phi 105_{-0.87}^{\ 0}$，落料凹模刃口尺寸计算如下。

查得该零件冲裁凸、凹模最小间隙 $Z_{\min} = 0.246$ mm，最大间隙 $Z_{\max} = 0.360$ mm，凸模制造公差 $\delta_p = 0.025$ mm，凹模制造公差 $\delta_d = 0.035$ mm。将以上各值代入 $\delta_p + \delta_d \leqslant Z_{\max} - Z_{\min}$ 校验是否成立。经校验，不等式成立，所以可按下式计算工作零件刃口尺寸。

$$
D_d = (D_{\max} - x\Delta)_{\ 0}^{+\delta_d} = (105 - 0.5 \times 0.87)_{\ 0}^{+0.035} \text{ mm} = 104.565_{\ 0}^{+0.035} \text{ mm}
$$

$$
D_p = (D_d - Z_{\min})_{-\delta_p}^{\ 0} = (104.565 - 0.246)_{-0.025}^{\ 0} \text{ mm} = 104.319_{-0.025}^{\ 0} \text{ mm}
$$

（2）首次拉深凸、凹模尺寸计算。

第一次拉深件后零件中线直径为 55.65 mm，由表 4-11 有，单边间隙 $Z/2 = 1.2t = 1.2 \times 2 = 2.4$ mm，由式（4-24）、式（4-25）有：

首次拉深凹模尺寸 $D_d = D_{\ 0}^{+\delta_d} = 57.65_{\ 0}^{+0.08}$ mm

首次拉深凸模尺寸 $D_p = (D - 2(Z/2))_{-\delta_p}^{\ 0} = (57.65 - 2 \times 2.4)_{-0.05}^{\ 0} \text{ mm} = 52.85_{-0.05}^{\ 0}$ mm

（3）排样计算。

零件采用单直排排样方式，查得零件间的搭边值为 1.5 mm，零件与条料侧边之间的搭边值为 1.8 mm，若模具采用无侧压装置的导料板结构，则条料上零件的步距为 106.5 mm，条料

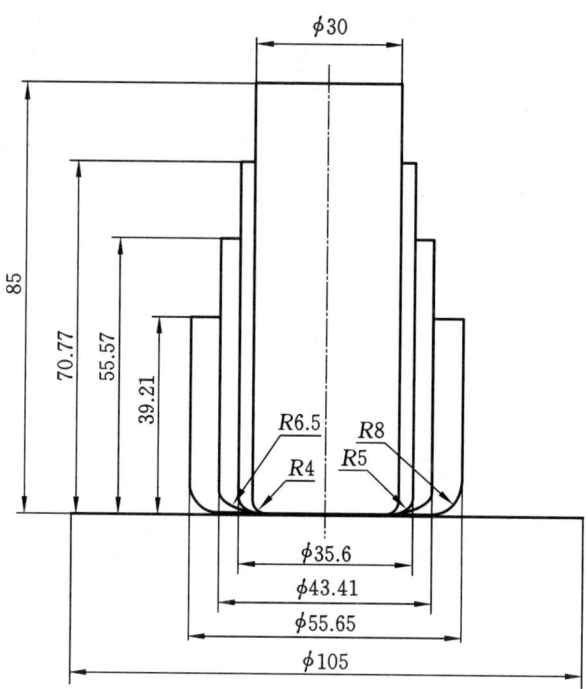

图 4-39 拉深工序图

的宽度应为

$$B=(D_{\max}+2a+c)_{-\Delta}^{0}=(105+2\times1.8+1)_{-0.7}^{0}\ \text{mm}=109.6_{-0.7}^{0}\ \text{mm}$$

选用规格为 $2\ \text{mm}\times1000\ \text{mm}\times1500\ \text{mm}$ 的板料,计算板料裁剪方式如下:

裁成宽 109.6 mm,长 1000 mm 的条料,则每张板料所出零件数为

$$\left\lfloor\frac{1500}{109.6}\right\rfloor\times\left\lfloor\frac{1000}{106.5}\right\rfloor=13\times9=117$$

裁成宽 109.6 mm,长 1500 mm 的条料,则每张板料所出零件数为

$$\left\lfloor\frac{1000}{109.6}\right\rfloor\times\left\lfloor\frac{1500}{106.5}\right\rfloor=9\times14=126$$

经比较,应采用第二种裁法,零件的排样图如图 4-40 所示。

（4）冲压力计算。

模具为落料拉深复合模,动作顺序是先落料后拉深,现分别计算落料力 $F_落$、拉深力 $F_拉$ 和压边力 $F_压$。

$$F_落=KLt\tau=1.3\times3.14\times105\times2\times320\ \text{N}=274.3\ \text{kN}$$

$$F_拉=\pi d_1t\sigma_bK_1=3.14\times55.65\times2\times400\times0.8\ \text{N}=111.8\ \text{kN}$$

取 $P=2.2\ \text{MPa}$,由式(4-9)有:

$$F_压=\pi[D^2-(d_1+t+2r_1)^2]p/4$$

$$=3.14\times[105^2-(55.65+2+2\times8)^2]\times2.2/4\ \text{N}=9.7\ \text{kN}$$

因为拉深力与压边力的和小于落料力,即 $F_拉+F_压=111.8\ \text{kN}+9.7\ \text{kN}=121.5\ \text{kN}<F_落$,所以,应按照落料力的大小选用设备。初选设备为 J23-35。

3）第二次拉深模工艺计算

（1）拉深凸、凹模尺寸计算。

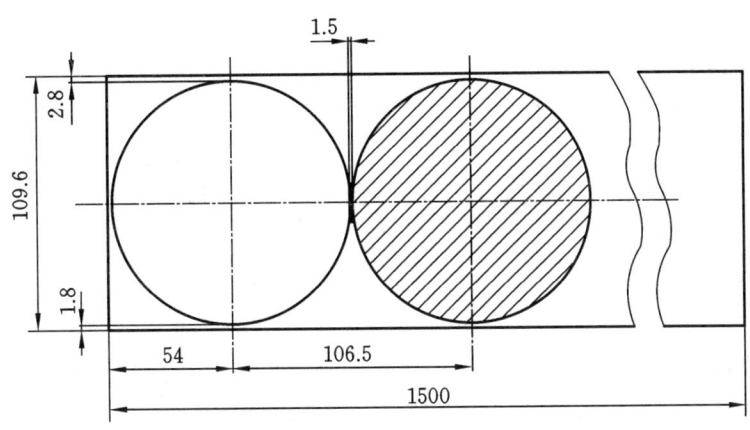

图 4-40　零件的排样图

第二次拉深件后零件中线直径为 43.41 mm,拉深凸、凹模间隙值仍为 2.4 mm,则拉深凸、凹模尺寸如下。

凹模尺寸　　　　　　　　$D_d = D^{+\delta d}_0 = 45.41^{+0.08}_0$ mm

凸模尺寸　　$D_p = (D - 2(Z/2))^0_{-\delta p} = (45.41 - 2 \times 2.4)^0_{-0.05}$ mm $= 40.61^0_{-0.05}$ mm

(2) 拉深力计算。

$$F_拉 = \pi d_2 t \sigma_b K_2 = 3.14 \times 43.41 \times 2 \times 400 \times 0.6 \text{ N} \approx 65.4 \text{ kN}$$

根据以上力的计算,初选设备位 J23-10。

4) 第三次拉深模工艺计算

计算方法与第二次拉深模工艺计算相同,此处从略。

5) 第四次拉深模工艺计算

(1) 拉深凸、凹模尺寸计算。

因为零件标注外形尺寸(32±0.04) mm,所以要先计算凹模,由表 4-11 有,单边间隙 $Z/2 = 1.05t = 1.05 \times 2$ mm $= 2.1$ mm,即

拉深凹模　$D_d = (D_{max} - 0.75\Delta)^{+\delta d}_0 = (32.04 - 0.75 \times 0.08)^{+0.08}_0$ mm $= 31.98^{+0.08}_0$ mm

拉深凸模　$D_p = (D_{max} - 0.75\Delta - 2(Z/2))^0_{-\delta p} = (31.98 - 2 \times 2.1)^0_{-0.05}$ mm $= 27.78^0_{-0.05}$ mm

(2) 拉深力计算。

$$F_拉 = \pi d t \sigma_b K_4 = 3.14 \times 30 \times 2 \times 400 \times 0.6 \text{ N} = 45.2 \text{ kN}$$

4. 冲压设备的选用

1) 落料拉深复合模设备的选用

根据以上计算,同时考虑拉深件的高度选取开式双柱可倾压力机 JH23-40,其主要技术参数如下:

公称压力:4000 kN;

滑块行程:80 mm;

最大闭合高度:330 mm;

闭合高度调节量:65 mm;

滑块中心线到床身距离:250 mm;

工作台尺寸:460 mm×700 mm;

工作台孔尺寸:250 mm×360 mm;

模柄孔尺寸:ϕ50 mm×70 mm;

垫板厚度:65 mm。

2)第二次拉深模设备的选用

考虑零件的高度,选取开式双柱可倾压力机 JH23-80,以保证拉深的顺利操作,其主要技术参数如下:

公称压力:800 kN;

滑块行程:130 mm;

最大闭合高度:380 mm;

闭合高度调节量:90 mm;

滑块中心线到床身距离:290 mm;

工作台尺寸:540 mm×800 mm;

模柄孔尺寸:ϕ60 mm×80 mm;

垫板厚度:100 mm。

5. 模具零部件结构的确定

1)落料拉深复合模零部件设计

(1)标准模架的选用。

标准模架的选用依据为凹模的外形尺寸,所以应首先计算凹模周界的大小。根据凹模高度和壁厚的计算公式得

凹模高度 $\qquad H=Kb=0.2\times105\ \text{mm}=21\ \text{mm}$

凹模壁厚 $\qquad C=(1.5\sim2)H=1.8\times21\ \text{mm}\approx38\ \text{mm}$

所以,凹模的外径为 $\qquad D=(105+2\times38)\ \text{mm}=181\ \text{mm}$

以上计算仅为参考值,由于本套模具为落料拉深复合模,所以凹模高度受拉深件高度的影响必然会有所增加,其具体高度将在绘制装配图时确定。另外,为了保证凹模有足够的强度,将其外径增大到 200 mm。

模具采用后置导柱模架,根据以上计算结果,查得模架规格为:上模座 200 mm×200 mm×45 mm,下模座 200 mm×200 mm×50 mm,导柱 32 mm×190 mm,导套 32 mm×105 mm×43 mm。

(2)其他零部件结构。

拉深凸模将直接由连接件固定在下模座上,凸凹模由凸凹模固定板固定,两者采用过渡配合关系。模柄采用凸缘式模柄,根据设备上模柄孔尺寸,选用规格为 A50×100 的模柄。

2)第二次拉深模零部件设计

由于零件高度较高,尺寸较小,所以未选用标准模架,导柱导套选用标准件,其规格分别为35 mm×230 mm,35 mm×115 mm×43 mm。模柄采用凸缘式模柄,规格为 A60×90。

6. 落料拉深复合模装配图

落料拉深复合模装配图如图 4-41 所示。

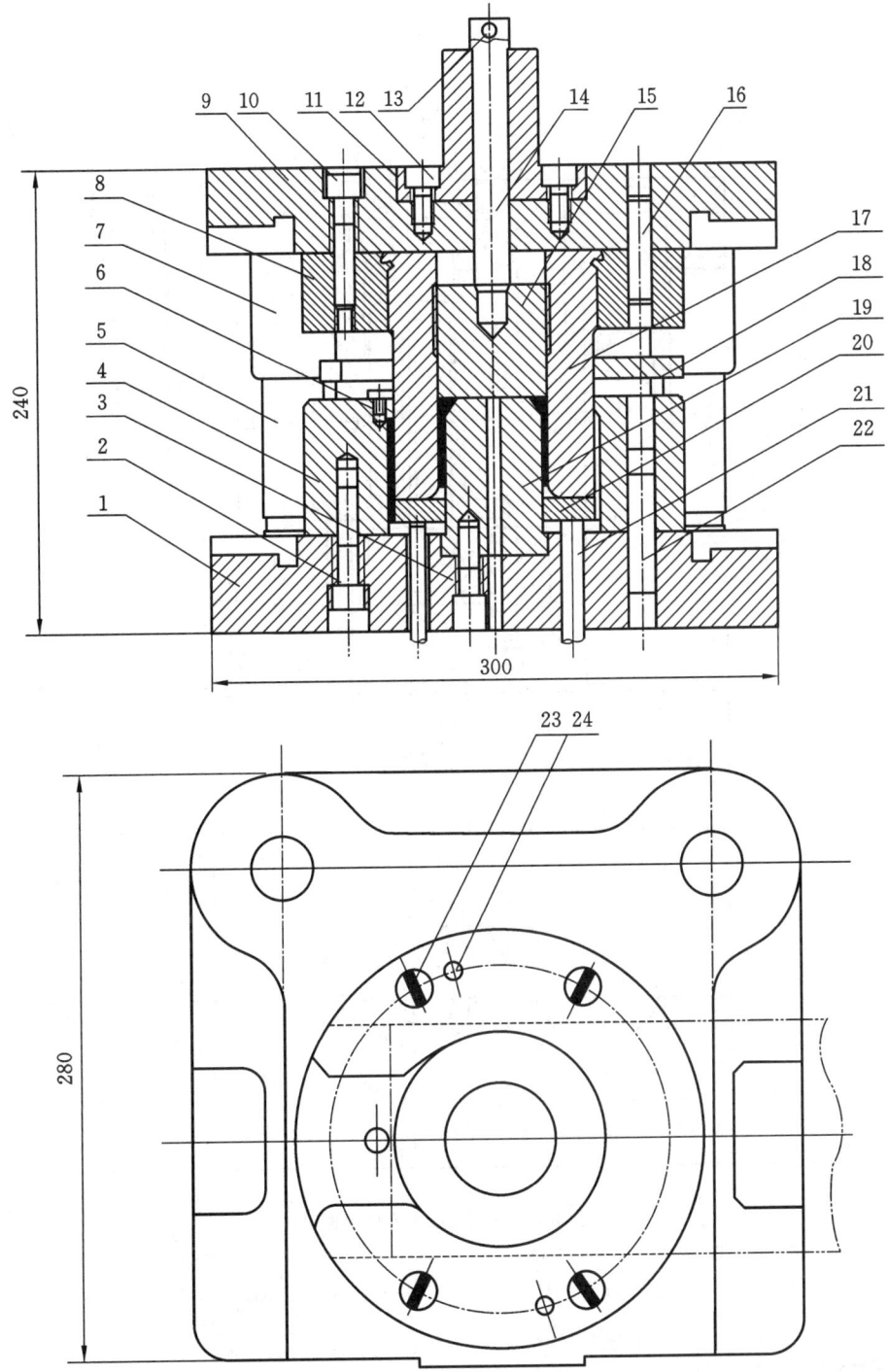

图 4-41　落料拉深复合模装配图

1—下模座；2,3,10,12,23—螺钉；4—凹模；5—导柱；6—挡料销；7—导套；8—凸凹模固定板；9—上模座；11—模柄；
13—横销；14—打杆；15—推件块；16,22,24—销钉；17—凸凹模；18—卸料板；19—拉深凸模 ；20—压料圈；21—顶杆

7. 第二次拉深模装配图

第二次拉深模装配图如图 4-42 所示。

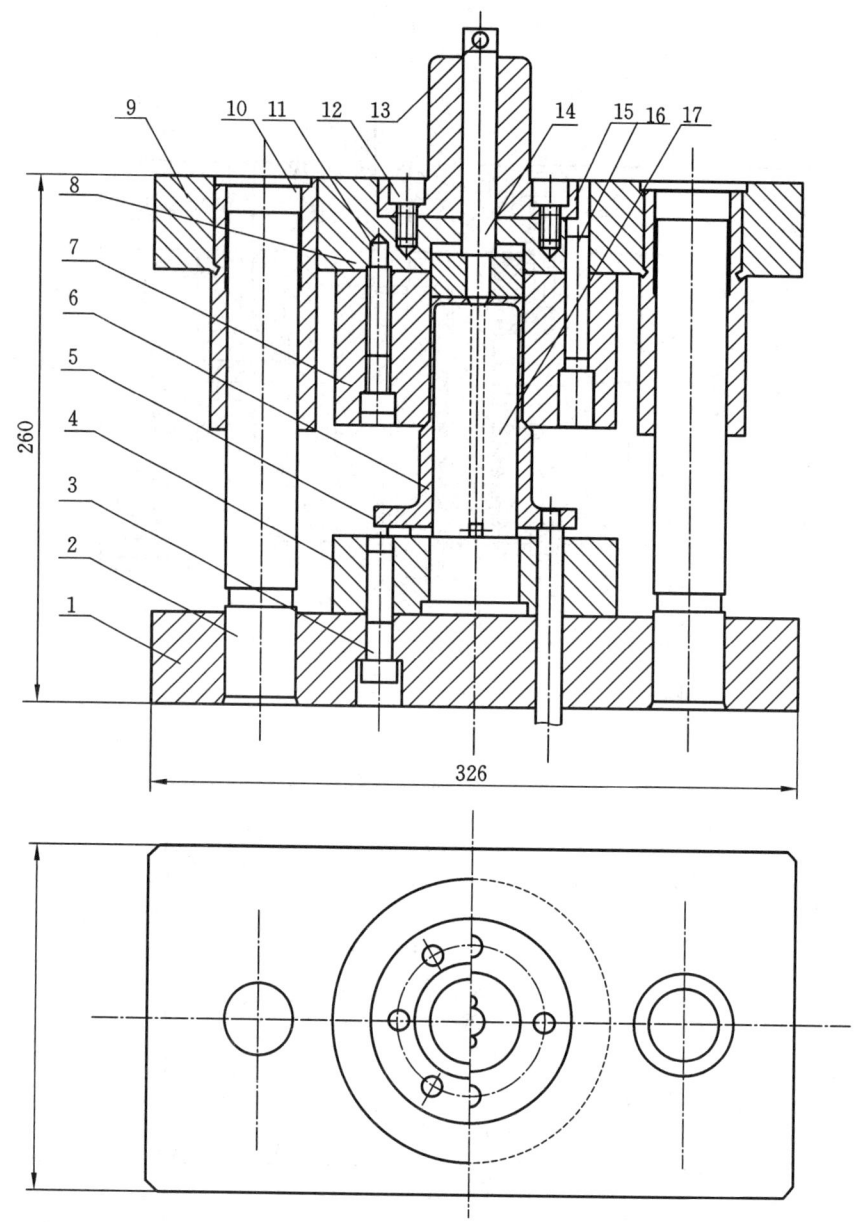

图 4-42　第二次拉深装配图

1—下模座；2—导柱；3—螺钉；4—凸模固定板；5—顶杆；6—压料圈；7—拉深凹模；8—推件块；
9—上模座；10—导套；11,12—螺钉；13—横销；14—打杆；15—模柄；16—销钉；17—凸模

◈ **知识拓展**

带凸缘筒形件拉深

有凸缘筒形件的拉深变形原理与一般圆筒形件相同，但由于带有凸缘（见图 4-43），其拉深方法及计算方法与一般圆筒形件有一定的差别。

1. 有凸缘圆筒形件一次成形拉深极限

有凸缘圆筒形件的拉深过程和无凸缘圆筒形件相比,其区别仅在于前者将毛坯拉深至某一时刻,达到了零件所要求的凸缘直径 d_t 时拉深结束;而不是将凸缘变形区的材料全部拉入凹模内。所以,从变形区的应力和应变状态看两者是相同的。

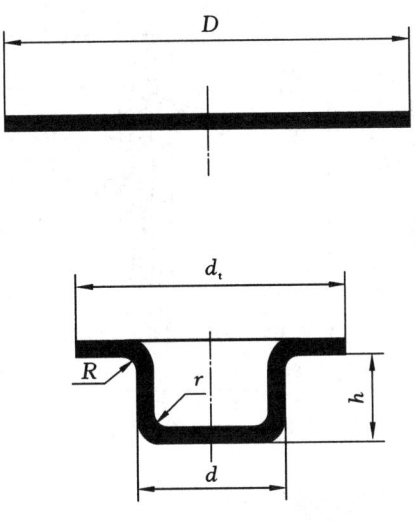

图 4-43 有凸缘圆形件与坯料图

在拉深有凸缘筒形件时,在同样大小的首次拉深系数 $m_1 = d/D$ 的情况下,采用相同的毛坯直径 D 和相同的零件直径 d 时,可以拉深出不同凸缘直径 d_{t1}、d_{t2} 和不同高度 h_1、h_2 的制件(见图 4-44)。从图示中可知,其 d_t 值愈小,h 值愈高,拉深变形程度也愈大。因此 $m_1 = d/D$ 并不能表达在拉深有凸缘零件时的各种不同的 d_t 和 h 的实际变形程度。

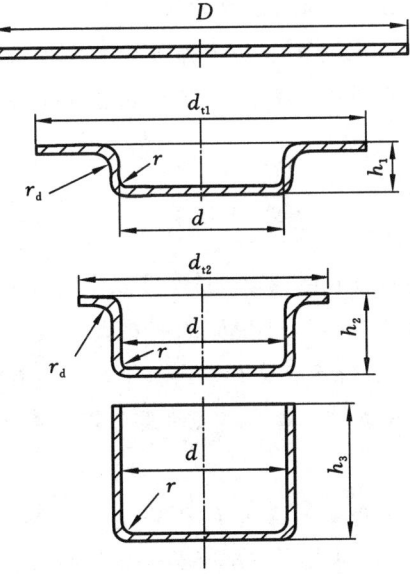

图 4-44 拉深时凸缘尺寸的变化

根据凸缘的相对直径 d_t/d 比值的不同,带有凸缘筒形件可分为窄凸缘筒形件($d_t/d =$

1.1~1.4)和宽凸缘筒形件($d_t/d > 1.4$)。窄凸缘件拉深时的工艺计算完全按一般圆筒形零件的计算方法,若h/d大于一次拉深的许用值时,只在倒数第二次拉深时才拉出凸缘或者拉成锥形凸缘,最后校正成水平凸缘,如图4-45所示。若h/d较小,则第一次可拉成锥形凸缘,后校正成水平凸缘。

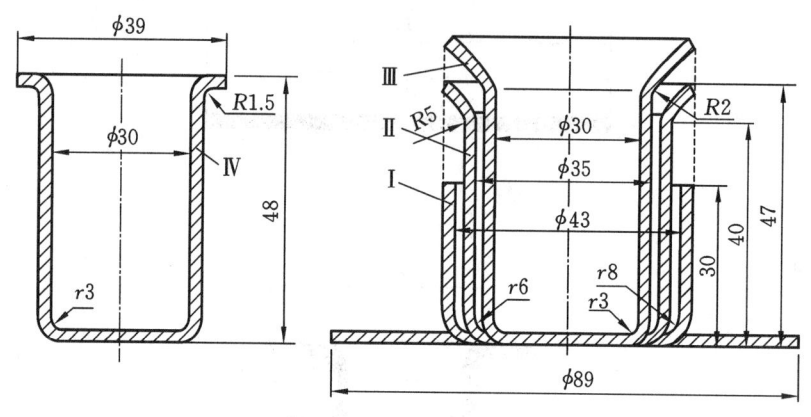

图 4-45 窄凸缘件拉深

2. 宽凸缘圆筒形零件的工艺设计要点

(1)毛坯尺寸的计算。毛坯尺寸的计算仍按等面积原理进行,参考无圆凸缘筒形零件毛坯的计算方法计算。毛坯直径的计算公式见表4-4,其中d_t要考虑修边余量ΔR,其值可查表4-3。

(2)判别工件能否一次拉成。这只需比较工件实际所需的总拉深系数和h/d与凸缘件第一次拉深的极限拉深系数和极限拉深相对高度即可。当$m_总 > m_1$,$h/d \leqslant h_1/d_1$时,可一次拉成,工序计算到此结束。否则则应进行多次拉深。

(3)拉深次数和半成品尺寸的计算。凸缘件进行多次拉深时,第一次拉深后得到的半成品尺寸,在保证凸缘直径满足要求的前提下,其筒部直径d_1应尽可能小,以减少拉深次数,同时又要能尽量多地将板料拉入凹模。

3. 宽凸缘零件的拉深方法

宽凸缘件的拉深方法有两种。

一种是薄料、中小型($d_t < 200$ mm)零件,通常靠减小圆筒形壁部直径,增加高度来达到尺寸要求,即圆角半径r_p和r_d在首次拉深时就与d_t一起成形到工件的尺寸,在后续的拉深过程中基本上保持不变,如图4-46(a)所示。这种方法拉深时不易起皱,但制成的零件表面质量较差,容易在直壁部分和凸缘上残留中间工序形成的圆角部分弯曲和厚度局部变化的痕迹,所以最后应加一道压力较大的整形工序。

另一种方法如图4-46(b)所示。常用在$d_t > 200$ mm的较大型拉深件中。零件的高度在第一次拉深时就基本形成,在以后的拉深过程中基本保持不变,通过减小圆角半径r_p和r_d,逐渐缩小圆筒形直径来拉成零件。此法对厚料更为合适。用本法制成的零件表面光滑平整,厚度均匀,不存在中间工序中圆角部分的弯曲与局部变薄的痕迹。但在第一次拉深时,因圆角半径较大,容易发生起皱,当零件底部圆角半径较小,或者对凸缘有不平度要求时,也需要在最后加一道整形工序。在实际生产中往往将上述两种方法综合起来用。

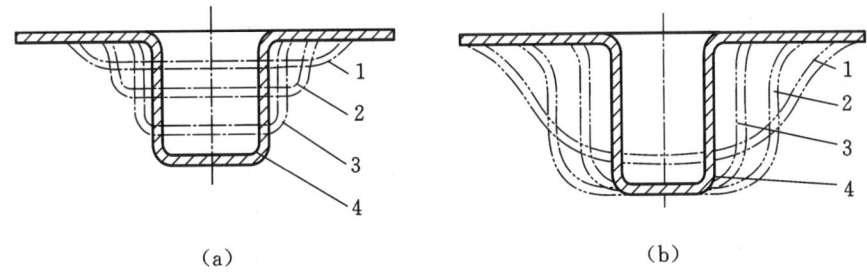

（a）　　　　　　　　　　　　（b）

图 4-46　宽凸缘零件的拉深方法

 ## 习题

4-1　根据应力应变状态的不同，拉深毛坯划分为哪几个区域？

4-2　试简述起皱、拉裂两种质量问题的成因及防止措施？

4-3　什么是拉深系数？什么是极限拉深系数？一种板料不止一个极限拉深系数吗？

4-4　以后各次拉深模与首次拉深模主要有哪些不同？为何在单动拉深压力机上使用的以后各次拉深模常采用倒装式结构？

4-5　简述宽凸缘圆筒件的拉深方法。

4-6　如图 4-47 所示为一拉深件,材料为 08F 钢,厚度 $t=1$ mm。试完成以下内容:

(1) 计算拉深件坯料尺寸、拉深次数以及各次拉深工序件尺寸。

(2) 绘制拉深模结构。

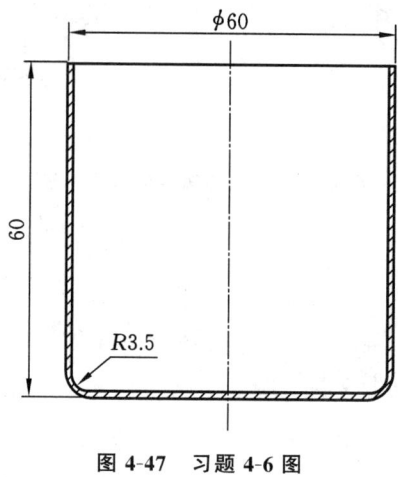

$\phi 60$

60

R3.5

图 4-47　习题 4-6 图

项目5 成形工艺与模具设计

◈ **内容导读**

成形是指利用各种局部变形的方法来改变坯料或工序件形状的加工方法,包括胀形、翻孔、翻边、缩口、校平、整形等冲压工序。成形工序应用非常广泛,既可与冲裁、弯曲、拉深等工序配合或组合,也可单独应用。如图5-1所示,紧固件采用冲压工艺生产,主要工序包括起伏、压凸包、翻孔、落料、翻边等。

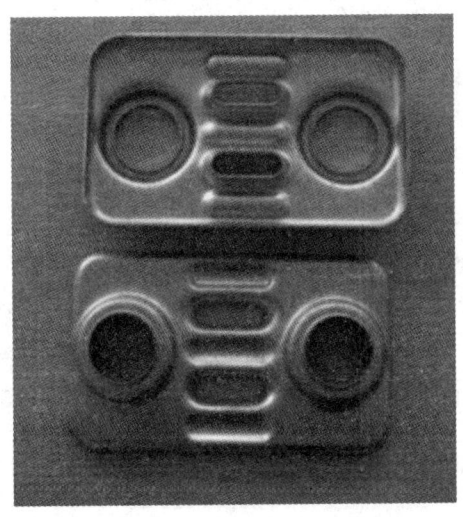

图5-1 紧固件

◈ **学习重点**

胀形、翻孔、翻边、缩口、整形的概念、成形特点及分类;胀形模、翻孔模、缩口模的结构组成及工作原理。

从变形特点来看,胀形、翻孔、翻边、缩口、校平和整形等冲压工艺的共同点是均属局部变形。不同点是:胀形和翻孔属伸长类变形,常因变形区拉应力过大而出现拉裂破坏;缩口和翻边属压缩类变形,常因变形区压应力过大而产生失稳起皱;校平和整形由于变形量不大,一般不会产生拉裂或起皱,主要解决的问题是回弹控制。所以,在制定工艺和设计模具时,必须根据不同的成形特点确定合理的工艺参数。

5.1 翻孔模设计

◆ 项目案例

如图 5-2 所示固定套冲压件,其工序包括落料、拉深、冲孔、翻孔。其中 $\phi40$ 孔的边缘需翻起,该工序通过翻孔模完成。

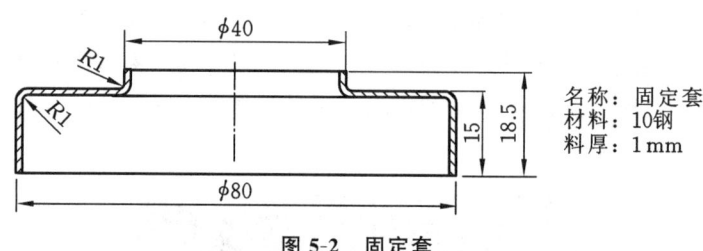

名称:固定套
材料:10钢
料厚:1 mm

图 5-2 固定套

◆ 案例分析

翻孔是在预制孔的工序件上沿孔边缘进行折弯,使之形成一定角度直壁的成形方法;翻边是在坯料的外边缘进行折弯,使之形成一定角度直壁的成形方法。利用翻孔和翻边可以加工各种具有良好刚度的立体零件(如摩托车油箱翻边、法兰翻边等),还能在冲压件上加工出与其他零件装配的部位(如铆钉孔、螺纹底孔和轴承座等),翻孔还可以替代先拉后切的工艺制造无底零件。因此,翻孔和翻边也是冲压生产中常用的工序之一。图 5-3 所示为几种翻孔与翻边零件实例。

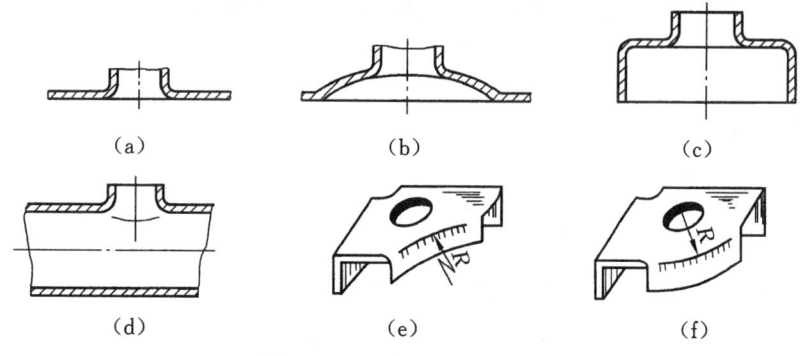

(a)　　　　　　　(b)　　　　　　　(c)

(d)　　　　　　　(e)　　　　　　　(f)

图 5-3 翻孔与翻边零件实例

(a)、(b)、(c)、(d)翻孔零件;(e)、(f)翻边零件

5.1.1 圆孔翻孔

圆孔翻孔是指将预制圆孔的周边翻起,使孔径增大,并具有一定高度的直壁结构。该工艺不仅可以用于制备螺纹底孔,还可代替先拉深后切底的方式,从而提高拉深件的高度。

1. 圆孔翻孔的变形机理

为分析圆孔翻孔的变形规律,可采用网格试验法。在孔径为 d 的毛坯上绘制若干与孔同心且等距的同心圆,并划分相等角度的径向线,如图 5-4(a)所示。将毛坯装入翻孔模内进行翻孔试验,如图 5-4(b)所示。翻孔过程中,原孔径 d 不断扩大至 D,凸模下方材料向侧壁转移,使平面环形区域逐渐翻起并形成直立边。

变形区位于内径 d 与外径 D 之间的环形区域。从网格变化来看,该区域的网格由扇形转变为矩形,表明材料沿切向发生明显伸长,且越靠近孔口伸长越大;同心圆之间距离变化较小,说明径向变形较小;在厚度方向上,靠近孔口处的材料减薄最为严重。因此,圆孔翻孔的变形区主要承受切向拉应力并产生切向伸长变形,在孔口处拉应力和拉应变最大;径向应力及变形较小,可近似视为不变。翻孔时的主要失效模式为孔口边缘拉裂,其发生与变形程度密切相关。

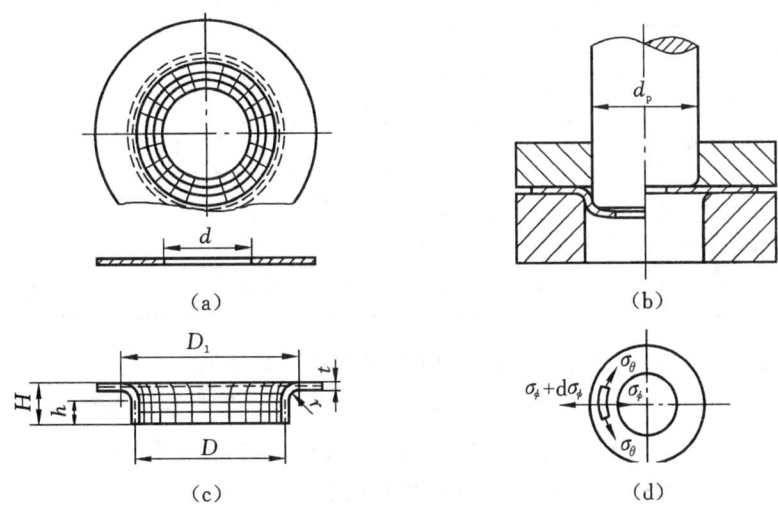

图 5-4　圆孔翻边时的应力与变形情况

2. 圆孔翻孔系数

当孔口处的伸长变形超过材料的塑性极限时,坯料会破裂,因此需严格控制变形程度。圆孔翻孔的变形程度通常以翻孔前孔径 d 与翻孔后孔径 D 的比值 K 来衡量,即

$$K = \frac{d}{D} \tag{5-1}$$

式中:K——翻孔系数,K 值越小,则翻孔变形程度越大,反之则翻孔变形程度越小。翻孔时孔口边缘不破裂所能达到的最小 K 值称为极限翻孔系数,用 $[K]$ 表示。

表 5-1 所示为各种常用材料翻孔系数和极限翻孔系数。表 5-2 所示为低碳钢圆孔翻孔时的极限翻孔系数。

表 5-1　常用材料翻孔系数 K 和极限翻孔系数 $[K]$

退火材料	K	$[K]$
白铁皮	0.7	0.65

退火材料	K	$[K]$
碳钢	0.74～0.78	0.65～0.71
合金结构钢	0.80～0.87	0.70～0.77
镍铬合金钢	0.65～0.69	0.57～0.61
软铝($t=0.5～5$ mm)	0.71～0.83	0.63～0.74
硬铝	0.89	0.80
紫铜	0.72	0.63～0.69
黄铜 H62($t=0.5～6$ mm)	0.68	0.62

表 5-2 低碳钢圆孔翻孔时的极限翻孔系数$[K]$

凸模形式	孔的加工方法	比值 d/t										
		100	50	35	20	15	10	8	6.5	5	3	1
球形	钻孔去毛刺	0.70	0.60	0.52	0.45	0.40	0.36	0.33	0.31	0.30	0.25	0.20
	冲孔	0.75	0.65	0.57	0.52	0.48	0.45	0.44	0.43	0.42	0.42	—
圆柱形平底	钻孔去毛刺	0.80	0.70	0.60	0.50	0.45	0.42	0.40	0.37	0.35	0.30	0.25
	冲孔	0.85	0.75	0.65	0.60	0.55	0.52	0.50	0.50	0.48	0.47	—

从表 5-1、表 5-2 中的数值可以看出,影响极限翻孔系数的因素主要有:

(1) 材料的塑性。塑性好的材料,所允许的变形程度大,极限翻孔系数小。

(2) 翻孔凸模的形状。球形(锥形、抛物线形)凸模在翻孔时,孔边是圆滑过渡逐步张开的,有利于材料的变形,因而比圆柱平底凸模对翻孔更有利。

(3) 预孔的加工方法。翻孔前的孔边缘断面质量越好,越有利于翻孔成形。冲孔边缘有微小裂纹和冷作硬化,在伸长变形时易开裂。为提高翻孔变形程度,可采用钻孔或冲孔(经整修加工)方式加工预孔。如果冲孔后翻孔,应将冲孔后带有毛刺的一侧放置在里层,以避免产生孔口裂纹;也可将孔口部退火,消除冷作硬化现象恢复材料塑性。

(4) 预孔孔径与料厚比值。其比值越小则材料相对厚度 t/d 越大,在厚度方向上材料对切向伸长变形有较好的补充性,使极限翻孔系数较小。

3. 圆孔翻孔工艺计算

1)翻孔后的厚度

翻孔后直立边的厚度有所变薄,变薄后的厚度可按下式估算:

$$t' = t\sqrt{d/D} = t\sqrt{K} \tag{5-2}$$

式中:t'——翻孔后竖立直边的厚度;

t——翻孔前坯料的原始厚度;

K——翻孔系数。

2)预孔孔径 d

在平板坯料上翻孔前,需要在坯料上预先加工出待翻孔的孔,如图 5-5 所示。由于翻孔时

径向尺寸近似不变,故预孔孔径 d 可按弯曲展开的原则求出,即

$$d = D - 2(H - 0.43r - 0.72t) \tag{5-3}$$

式中:d——翻孔中线直径;

　　H——翻孔高度;

　　r——翻孔圆角半径。

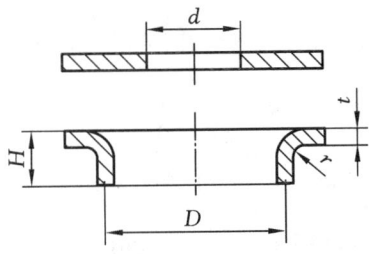

图 5-5　平板坯料翻孔尺寸计算

◈ 案例分析

固定套翻孔前的预孔直径根据式(5-3)计算。由图 5-5 可知:

$$D = 39 \text{ mm}, H = (18.5 - 15 + 1) \text{ mm} = 4.5 \text{ mm}$$

则 $d = D - 2(H - 0.43r - 0.72t) = 39 \text{ mm} - 2 \times (4.5 - 0.43 \times 1 - 0.72 \times 1) \text{ mm} = 32.3 \text{ mm}$。

3) 翻孔次数

判断是否可以一次翻孔成形,需根据 d/D 与极限翻孔系数 $[K]$ 进行比较:

若 $d/D \geqslant [K]$,则可采用一次翻孔成形;

若 $d/D < [K]$,则需多次翻孔,或使用拉深—预制孔—翻孔的工艺路线。

当进行多次翻孔时,通常需在各道工序之间安排退火处理,以消除加工硬化,提高材料塑性。此时,后续翻孔允许的极限翻孔系数 $[K']$ 可按下式估算:

$$[K'] = (1.15 \sim 1.20)[K] \tag{5-4}$$

◈ 案例分析

图 5-2 所示固定套翻孔采用圆柱形平底凸模,预孔由冲孔获得,而 $d/t = 32.3/1 \text{ mm} = 32.3 \text{ mm}$,查表 5-2 得圆孔翻孔的极限翻孔系数 $[K] = 0.65$,则由式(5-1)可求出翻孔系数 $K = 32.3/39 = 0.828 > 0.65$,可以一次翻孔。

4) 翻孔高度

(1) 一次翻孔高度。

一次翻孔竖直边高度计算公式为

$$H = \frac{D-d}{2} + 0.43r + 0.72t = \frac{D}{2}(1-K) + 0.43r + 0.72t \tag{5-5}$$

如将极限翻孔系数 $[K]$ 代入,便可求出一次翻孔可达到的极限高度 $H_{\max}$ 为

$$H_{max} = \frac{D}{2}(1-[K])+0.43r+0.72t \tag{5-6}$$

当零件要求的翻孔高度 $H>H_{max}$ 时,说明无法通过一次翻孔成形,此时应考虑采用加热翻孔、多次翻孔或先拉深后预制孔再翻孔等工艺方案。

◆ 案例分析

固定套翻孔次数采用翻孔高度校核,则由式(5-6)可求出一次翻孔可达到的极限高度为

$$H_{max} = \frac{D}{2}(1-[K])+0.43r+0.72t$$

$$= \frac{39}{2}(1-0.65)\,\text{mm}+0.43\times1\,\text{mm}+0.72\times1\,\text{mm}=7.98\,\text{mm}$$

因零件的翻孔高度 $H=4.5\,\text{mm}<H_{max}=7.98\,\text{mm}$,所以该零件可以通过一次翻孔成形。

(2) 先拉深后冲预孔再翻孔。

采用多次翻孔所得的零件壁部变薄较严重,若零件对壁部变薄程度有要求,则可采用先拉深,在底部冲预孔后再翻孔的工艺。在这种情况下,应先确定拉深后翻孔所能达到的最大高度 h,然后根据翻孔高度 h 及零件高度 H 来确定拉深高度 h' 及预孔直径 d。由图5-6可知,先拉深后翻孔的翻孔高度 h 可由式(5-7)计算(按板厚的中线尺寸计算):

$$h = \frac{D-d}{2}+0.57r = \frac{D}{2}(1-K)+0.57r \tag{5-7}$$

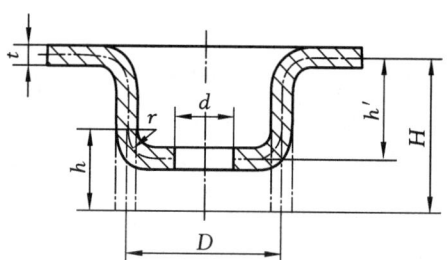

图 5-6 先拉深再翻孔的尺寸计算

若将极限翻孔系数 $[K]$ 代入,可求得翻孔的极限高度 H_{max} 为

$$H_{max} = \frac{D}{2}(1-[K])+0.57r \tag{5-8}$$

此时,预孔直径 d 为

$$d=[K]D \tag{5-9}$$

或

$$d=D+1.14r-2H_{max} \tag{5-10}$$

拉深高度 h' 为

$$h'=H-H_{max}+r \tag{5-11}$$

5) 翻孔力

采用圆柱形平底凸模翻孔时,可按式(5-12)计算:

$$F=1.1\pi(D-d)t\sigma_s \tag{5-12}$$

式中:D——翻孔后的直径(按中线计算,mm);

d——翻孔前的预孔直径(mm);

t——材料厚度(mm);

σ_s——材料的屈服强度(MPa)。

◆ **案例分析**

固定套翻孔力计算,查表得 $\sigma_s = 200$ MPa,由式(5-12)可算得圆孔翻孔力为

$$F = 1.1\pi(D-d)t\sigma_s = 1.1 \times 3.14 \times (39-32.3) \times 1 \times 200 \text{ N} = 4628 \text{ N}$$

4. 翻孔模结构设计

1) 翻孔模结构

图 5-7 所示为圆孔翻孔模,其结构与拉深模基本相似。

图 5-8 所示为翻孔翻边复合模,在同一模具上同时进行翻孔与翻边。

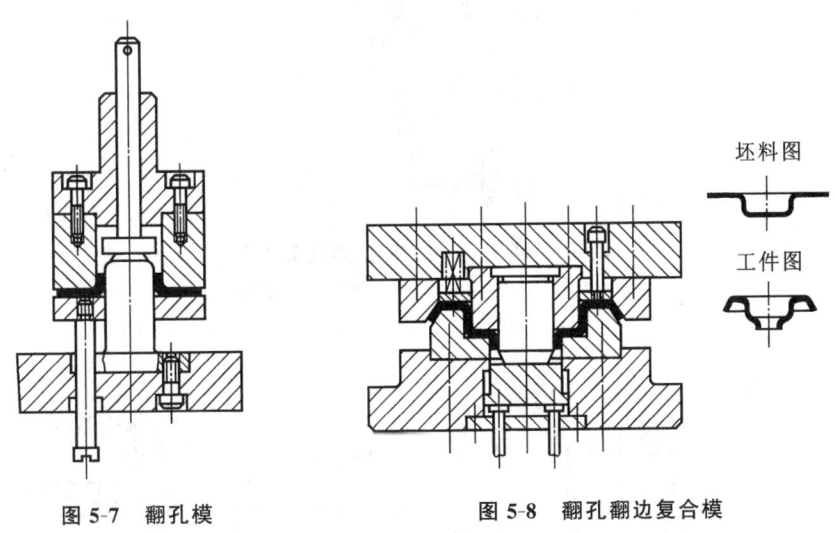

图 5-7 翻孔模   图 5-8 翻孔翻边复合模

图 5-9 所示为集落料、拉深、冲孔、翻孔于一体的复合模。凸凹模 8 与落料凹模 4 均固定在固定板 7 上,以保证同轴度。冲孔凸模 2 固定在凸凹模 1 内,并以垫片 10 调整它们的高度差,以控制冲孔前的拉深高度。该模具的工作过程是:上模下行,首先在凸凹模 1 和凹模 4 的作用下落料。上模继续下行,在凸凹模 1 和凸凹模 8 的相互作用下对坯料进行拉深,弹顶器通过顶杆 6 和顶件块 5 对坯料施加压料力。拉深到一定高度后,由凸模 2 和凸凹模 8 进行冲孔,并由凸凹模 1 与凸凹模 8 完成翻孔。当上模回程时,在顶件块 5 和推件块 3 的作用下将工件推出,条料由卸料板 9 卸下。

2) 翻孔模设计要点

(1) 工作零件结构。

翻孔翻边模的凹模圆角半径对翻孔翻边成形的影响不大,可取该值等于工件圆角半径。凸模圆角半径一般取得较大。对于平底凸模,可取 $r_p \geqslant 4t$,以利于翻孔或翻边成形。为改善金属塑性流动条件,翻孔凸模结构可采用抛物线形或球形。图 5-10 所示为几种常用的翻孔凸模形状和主要尺寸,其中:图(a)所示为平底翻孔凸模,图(b)所示为球形翻孔凸模,图(c)所示为

抛物线形翻孔凸模。从利于翻孔变形的角度看,以抛物线形翻孔凸模效果最好,球形翻孔凸模次之,平底翻孔凸模再次之,但从加工难易程度看,恰好相反。图(d)~图(f)为带定位部分的翻孔凸模,图(d)所示凸模用于预孔直径为 10 mm 以上的翻孔,图(e)所示凸模用于预孔直径为 10 mm 以下的翻孔,图(f)所示凸模用于无预孔的不精确翻孔。当翻孔模采用压料圈时,可不设置凸模肩部。

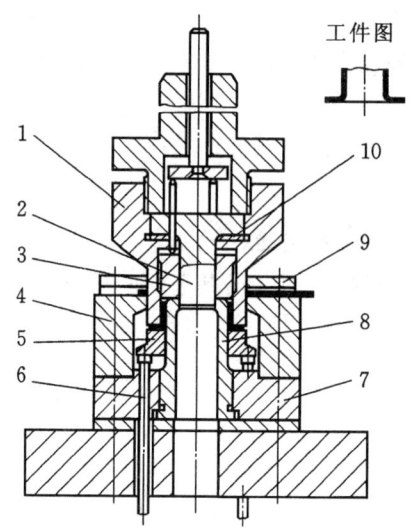

图 5-9　落料、拉深、冲孔、翻孔复合模

1、8—凸凹模;2—冲孔凸模;3—推件块;4—落料凹模;

5—顶件块;6—顶杆;7—固定板;9—卸料板;10—垫片

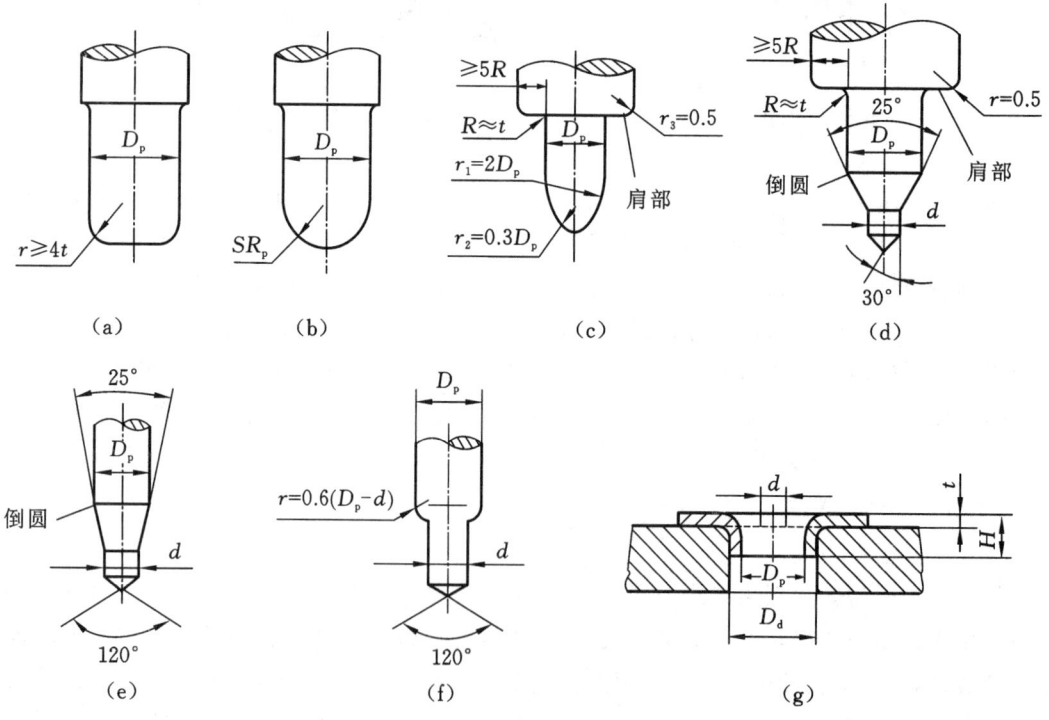

图 5-10　翻孔凸模的形状和尺寸

（2）凸、凹模间隙。

由于翻孔后材料要变薄，翻孔凸、凹模单边间隙 Z 可小于材料原始厚度 t，一般可取 $Z = (0.75 \sim 0.85)t$。其中系数 0.75 用于拉深后的翻孔工艺，系数 0.85 用于平板坯料的翻孔工艺。对于具有小圆角半径的高直边翻孔，例如螺纹底孔，可取 $Z/2 = 0.65t$，以增强模具对材料的挤压作用，从而保证直壁部分的尺寸精度。

（3）工作零件尺寸。

翻孔的尺寸精度主要取决于凸模尺寸。翻孔凸模和凹模的尺寸计算公式如下：

$$D_p = (D_0 - \Delta)_{-\delta_p}^{0} \tag{5-13}$$

$$D_d = (D_p - (Z/2))_{0}^{+\delta_d} \tag{5-14}$$

式中：D_p——翻孔凸模直径；

$\quad\quad D_d$——翻孔凹模直径；

$\quad\quad \delta_p$——翻边凸模直径公差；

$\quad\quad \delta_d$——翻边凹模直径公差；

$\quad\quad D_0$——翻边直孔最小内径；

$\quad\quad \Delta$——翻边直孔内径公差。

在实际应用中，对翻孔的外形尺寸和形状往往没有较高要求。这是因为在不变薄的翻孔工艺中，模具对变形区直壁外侧无强制挤压作用，且直壁各处的厚度变化不均匀，因此直孔外径较难控制。若对翻孔外径的尺寸精度有较高要求，应适当减小凸模与凹模之间的间隙 Z，使凹模对直壁外侧施加一定挤压力，从而提高翻孔轮廓的尺寸精度。

5. 翻孔模设计案例

1）工艺分析

由固定套零件形状可知，$\phi 40$ mm 的孔由圆孔翻孔成形，翻孔前应先冲预孔，$\phi 80$ mm 的孔是圆筒形拉深件，经计算可一次拉深成形。因此，该零件的冲压工序安排为：落料→拉深→冲预孔→翻孔。翻孔前为直径 $\phi 80$ mm、高 15 mm 的圆筒形工序件，如图 5-11 所示。

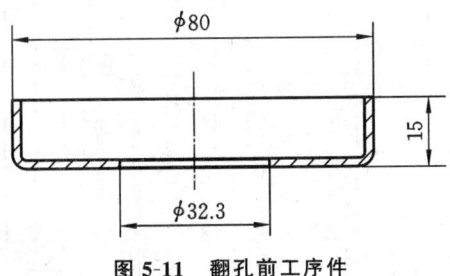

图 5-11　翻孔前工序件

2）翻孔工艺计算

（1）预冲孔直径 d。

翻孔前的预孔直径根据式(5-3)计算。由图 5-4 可知：

$$D = 39 \text{ mm}, H = (18.5 - 15 + 1) \text{ mm} = 4.5 \text{ mm}$$

则

$$d = D - 2(H - 0.43r - 0.72t)$$

$$= 39 \text{ mm} - 2 \times (4.5 - 0.43 \times 1 - 0.72 \times 1) \text{ mm} = 32.3 \text{ mm}$$

（2）判断翻孔次数。

采用圆柱形平底翻孔凸模，预冲孔由冲孔获得，而 $d/t=32.3/1=32.3$，查表 5-2 得圆孔翻孔的极限翻孔系数$[K]=0.65$，则由式(5-6)可求出一次翻孔可达到的极限高度为

$$H_{max}=\frac{D}{2}(1-[K])+0.43r+0.72t$$

$$=\frac{39}{2}(1-0.65)\,\text{mm}+0.43\times1\,\text{mm}+0.72\times1\,\text{mm}=7.98\,\text{mm}$$

因零件的翻孔高度 $H=4.5$ mm$<H_{max}=7.98$ mm，所以该零件能一次翻孔成形。

（3）翻孔力计算。查表得 10 钢 $\delta_s=200$ MPa，由式(5-12)可算得圆孔翻孔力为

$$F=1.1\pi(D-d)t\sigma_s=1.1\times3.14\times(39-32.3)\times1\times200\,\text{N}=4628\,\text{N}$$

3）模具结构设计

图 5-12 所示为固定套翻孔模，采用倒装式结构，使用大圆角柱形翻孔凸模，工序件利用预孔套在定位销 9 上定位，压料力由安装在下模的弹顶器提供。上模下行时，在翻孔凸模 7 和凹模 10 的作用下，将工序件顶部翻孔成形。开模后，工件由托料板 8 顶出，若工件残留在上模内，则由推件块 11 将其推出。

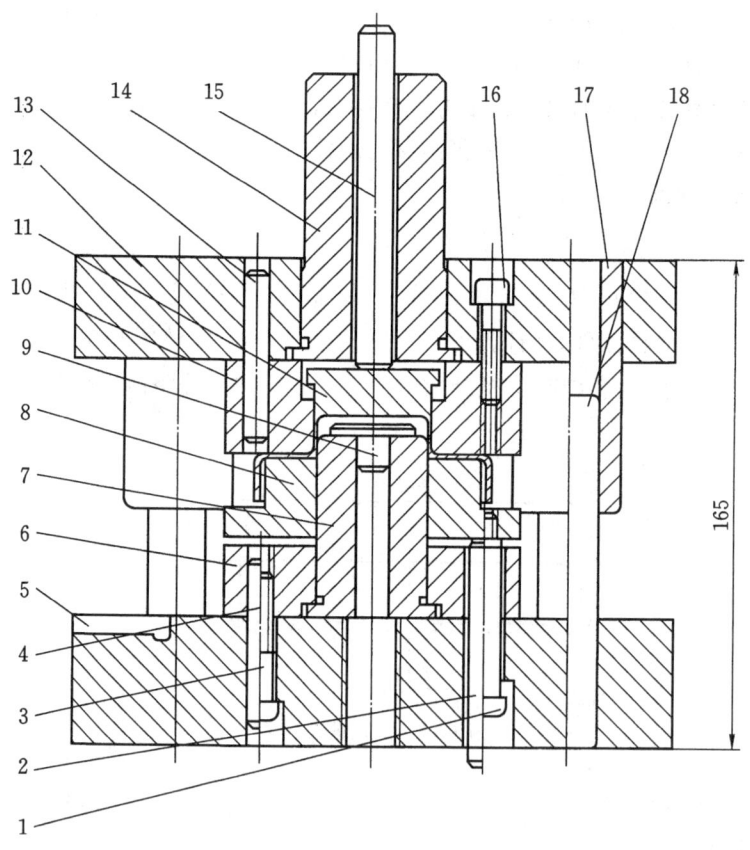

图 5-12 固定套翻孔模

1—限位钉；2—顶杆；3,16—螺钉；4,13—销钉；5—下模座；6—凸模固定板；7—凸模；8—托料板；
9—定位销；10—凹模；11—推件块；12—上模座；14—模柄；15—打杆；17—导套；18—导柱

4）压力机选用

因翻孔力较小,压力机的选用主要根据固定套零件尺寸和模具闭合高度,查附录 B-4,选用 J23-16 双柱可倾式压力机,其公称压力为 160 kN,最大装模高度为 180 mm。

5.1.2　非圆孔翻孔

非圆孔翻孔是指将预制的非圆孔边缘翻起,使孔的尺寸扩大,并形成具有一定高度的直壁部分。图 5-13 为非圆孔翻孔示意图。

根据变形特性,非圆孔边缘可分为三种不同的变形区域:Ⅰ、Ⅱ、Ⅲ 区。其中:Ⅰ区类似于圆孔翻孔,属于拉伸变形;Ⅱ区为直边部分,主要发生弯曲变形;Ⅲ区则与拉深过程相似,表现为压缩变形。

由于Ⅱ区和Ⅲ区的变形有助于缓解Ⅰ区的变形程度,因此非圆孔的极限翻孔系数 K_f(通常指最小圆弧段的翻孔系数)可小于圆孔的极限翻孔系数 K,其近似关系为

$$K_f = (0.85 \sim 0.95)K \tag{5-15}$$

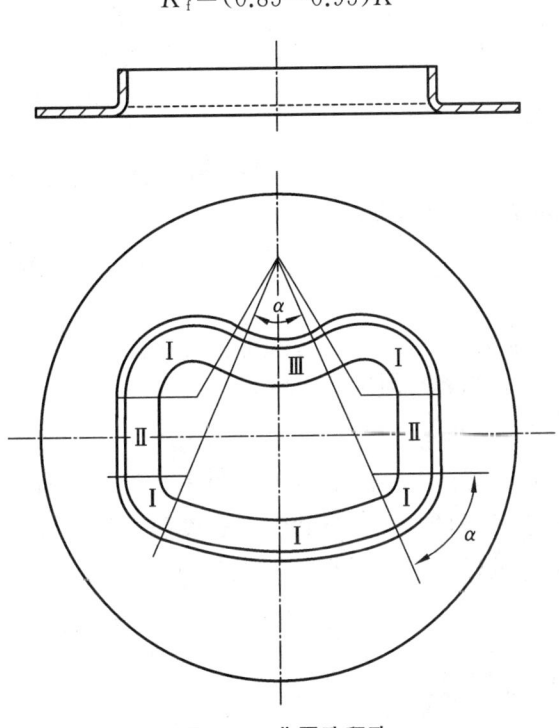

图 5-13　非圆孔翻孔

非圆孔极限翻孔系数,可根据各圆弧段的圆心角 α 大小查表 5-3。

表 5-3　低碳钢非圆孔极限翻孔系数 $[K_f]$

$\alpha/(°)$	比值 d/t						
	50	33	20	12.5~8.3	6.6	5	3.3
180~360	0.80	0.60	0.52	0.50	0.48	0.46	0.45
165	0.73	0.55	0.48	0.46	0.44	0.42	0.41

$\alpha/(°)$	比值 d/t						
	50	33	20	12.5～8.3	6.6	5	3.3
150	0.67	0.50	0.43	0.42	0.40	0.38	0.375
135	0.60	0.45	0.39	0.38	0.36	0.35	0.34
120	0.53	0.40	0.35	0.33	0.32	0.31	0.30
105	0.47	0.35	0.30	0.29	0.28	0.27	0.26
90	0.40	0.30	0.26	0.25	0.24	0.23	0.225
75	0.33	0.25	0.22	0.21	0.20	0.19	0.185
60	0.27	0.20	0.17	0.17	0.16	0.15	0.145
45	0.20	0.15	0.13	0.13	0.12	0.12	0.11
30	0.14	0.10	0.09	0.08	0.08	0.08	0.08
15	0.07	0.05	0.04	0.04	0.04	0.04	0.04
0	弯曲变形						

非圆孔翻孔坯料的预孔形状和尺寸,可以按圆孔翻孔、弯曲和拉深各区分别展开,然后用作图法把各展开线交接处光滑连接起来得到。

5.1.3 翻边

翻边是在板料的平面或曲面上,沿不封闭的曲线进行折弯的工艺过程。按变形性质不同,翻边可分为伸长类翻边和压缩类翻边。

翻边工艺

1. 伸长类翻边

伸长类翻边如图 5-14 所示。图 5-14(a)所示为沿不封闭内凹曲线进行的平面翻边,图 5-14(b)所示为在曲面毛坯上进行的伸长类翻边。伸长类翻边的变形情况近似于圆孔翻孔,变形区主要为切向受拉,变形过程中孔口边缘容易拉裂。其变形程度为

$$\varepsilon_d = \frac{b}{R-b} \tag{5-16}$$

式中:ε_d——翻边的相对变形程度;

b——翻边宽度;

R——翻边圆弧的半径。

沿不封闭的曲线翻边时,坯料变形区内的应力应变分布是不均匀的,中间变形大,两端变形小,若采用与宽度 b 一致的坯料形状,则翻边后零件的高度就不平齐,竖边的端线也不垂直。为了得到平齐的翻边高度,应对坯料的轮廓线进行必要的修正。伸长类平面翻边采用如图 5-14(a)中虚线所示的形状,其修正值随变形程度和 α 大小的不同而不同,一般通过试模确定。如果翻边的高度不大,且翻边沿线的曲率半径很大时,则可不修正。

翻边的极限变形程度见表 5-4。

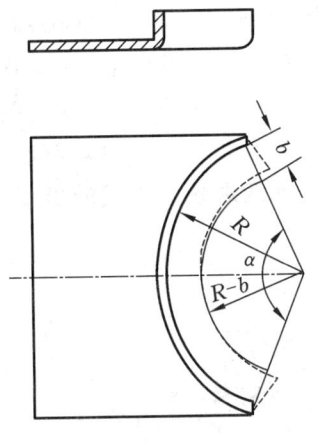
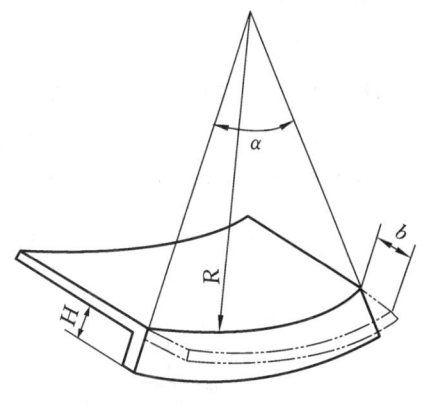

(a) (b)

图 5-14   伸长类翻边

(a)伸长类平面翻边；(b)伸长类曲面翻边

表 5-4   翻边极限变形程度

材料名称及牌号		$[\varepsilon_d]/(\%)$		$[\varepsilon_p]/(\%)$	
		橡皮成形	模具成形	橡皮成形	模具成形
铝合金	L4-M	25	30	6	40
	L4-Y	5	8	3	12
	LF21-M	23	30	6	40
	LF21Y	5	8	3	12
	LF2-M	20	25	6	35
	LF2-Y	5	8	3	12
	LY12-M	14	20	6	30
	LY12-Y	6	8	0.5	9
	LY11-M	14	20	4	30
	LY12-Y	5	6	0	0
黄铜	H62-M	30	40	8	45
	H62-Y2	10	14	4	16
	H68-M	35	45	8	55
	H68-Y2	10	14	4	16
钢	10	—	38	—	10
	20	—	22	—	10
	1Cr18Ni9-M	—	15	—	10
	1Cr18Ni9-Y	—	40	—	10
	2Cr18Ni9	—	40	—	10

伸长类曲面翻边时,为防止毛坯底部在中间部位出现起皱现象,应采用较强的压料装置。为创造有利于翻边变形的条件,防止毛坯的中间部位过早翻边,从而引起径向和切向上过大的伸长变形、开裂,应使凹模和顶料板的曲面形状与工件的曲面形状相同,而凸模的曲面形状修正为如图 5-15 所示的形状。对于冲压方向的选择,应对翻边变形提供尽可能有利的条件,保证翻边作用力在水平方向上的平衡,通常取冲压方向与毛坯两端切线构成的角度相同,如图 5-16 所示。

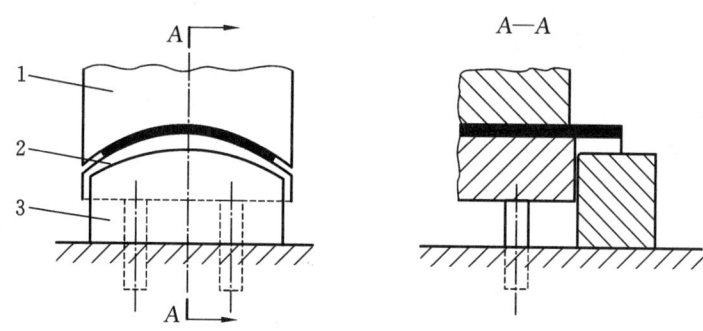

图 5-15 伸长类曲面翻边凸模形状的修正

1—凹模;2—顶料板;3—凸模

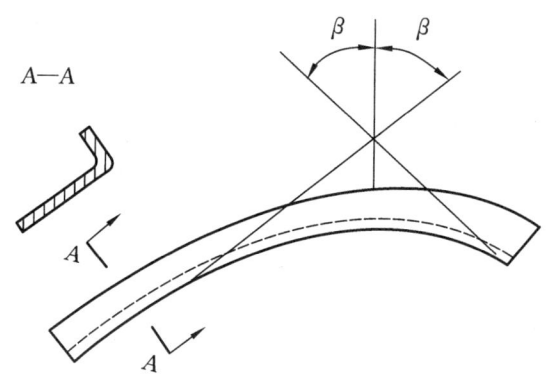

图 5-16 曲面翻边时的冲压方向

2. 压缩类翻边

压缩类翻边是在坯料外缘沿不封闭的外凸曲线进行的翻边,如图 5-17 所示。压缩类翻边的变形情况近似于浅拉深,变形区主要为切向受压,变形过程中材料容易起皱。其变形程度为:

$$\varepsilon_\mathrm{p} = \frac{b}{R+b} \tag{5-17}$$

压缩类平面翻边时,其变形类似于拉伸,所以当翻边高度较大时,模具上也要带有防止起皱的压料装置。与伸长类翻边相似,由于变形不均匀,其修正毛坯形状如图 5-17(a)中虚线所示。

压缩类曲面翻边时,毛坯变形区在切向压应力作用下产生的失稳起皱是限制变形程度的主要因素。为使中间部分的切向压缩变形向两侧扩展,使局部的集中变形趋向均匀,减少起皱的可能性,将凹模修正为如图 5-18 所示的形状。其冲压方向的调整与伸长翻边相同。

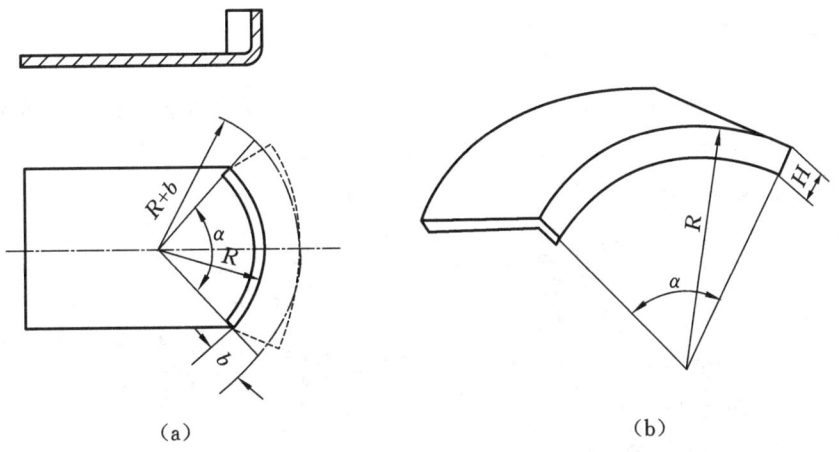

图 5-17　压缩类翻边

(a)压缩类平面翻边；(b)压缩类曲面翻边

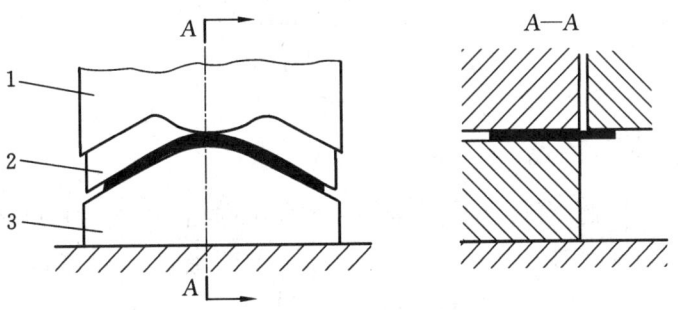

图 5-18　压缩类曲面翻边凹模形状的修正

1—凹模；2—压料板；3—凸模

5.2　胀形模设计

胀形模设计

◈ 项目案例

图 5-19 所示冲压件盖罩,其底部凸起由平板坯料经压凸包工艺成形,其侧壁通过空心圆筒毛坯胀形成形。

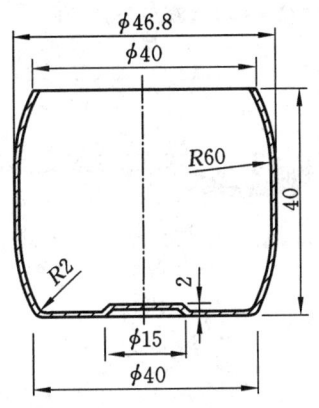

名称：盖罩
材料：10钢
料厚：0.5 mm

图 5-19　盖罩

◆ 案例分析

冲压生产中,将平板坯料的局部凸起变形和空心件或管状件沿径向向外扩张的成形工序称为胀形。胀形能形成筋、棱、包等结构,增加工件刚性或对工件进行装饰,还能使空心毛坯局部凸起,制造形状复杂的零件,如图5-20所示为几种胀形件实例。

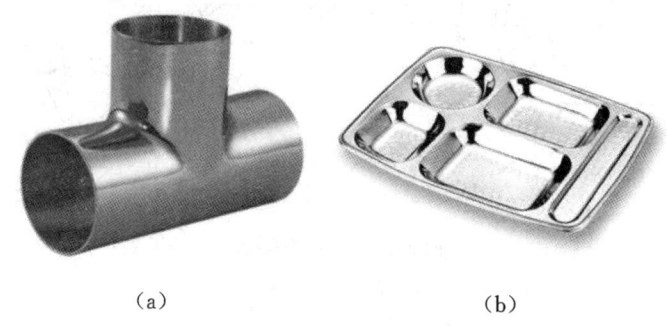

（a） （b）

图 5-20　胀形件实例

(a)三通管;(b)餐盘

5.2.1　胀形变形特点

胀形有多种工序形式,如起伏胀形、圆管胀形、扩口胀形等,其变形机制基本相同。图5-21所示为胀形时坯料的变形状态,由于坯料的外形尺寸一般较大,平面部分又被压料圈压住,所以坯料的变形区是图中的涂黑部分,d 与 D 之间环形部分为变形强区,其变形弯曲依赖于直径为 d 的圆周以内金属厚度的变薄及表面积的增大。在凸模的作用下,变形区大部分材料受双向拉应力作用而变形,其厚度变薄,表面积增大,形成一个凸起。由于胀形变形区内金属处于双向受拉的应力状态,因而其成形极限受到拉裂的限制。材料的塑性越好,硬化指数 n 值越大,可能达到的极限变形程度就越大。在一般情况下,胀形变形区内金属不会产生失稳起皱,表面光滑、质量好。同时,由于变形区材料截面上拉应力沿厚度方向的分布比较均匀,所以卸载后的回弹很小,容易得到尺寸精度较高的零件。

胀形根据毛坯材料的形状可分为平板坯料胀形和空心坯料胀形。

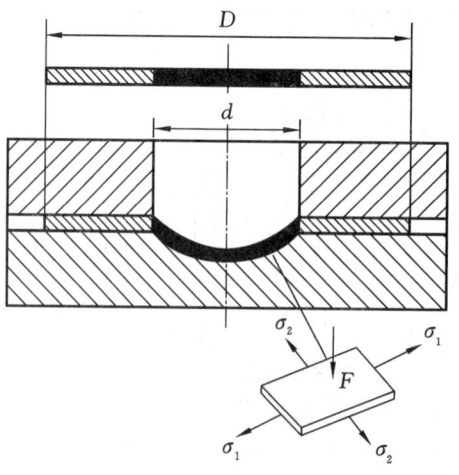

图 5-21　胀形变形情况

5.2.2　平板坯料胀形

平板坯料胀形又称起伏成形,是一种通过对坯料局部区域施加塑性变形,使其形成加强筋、凸包、凹坑、花纹图案或标记等结构的工艺方法。该方法不仅可提升零件的刚度和强度,还能改善其外观装饰效果。图 5-22 所示为几种典型的平板胀形实例。

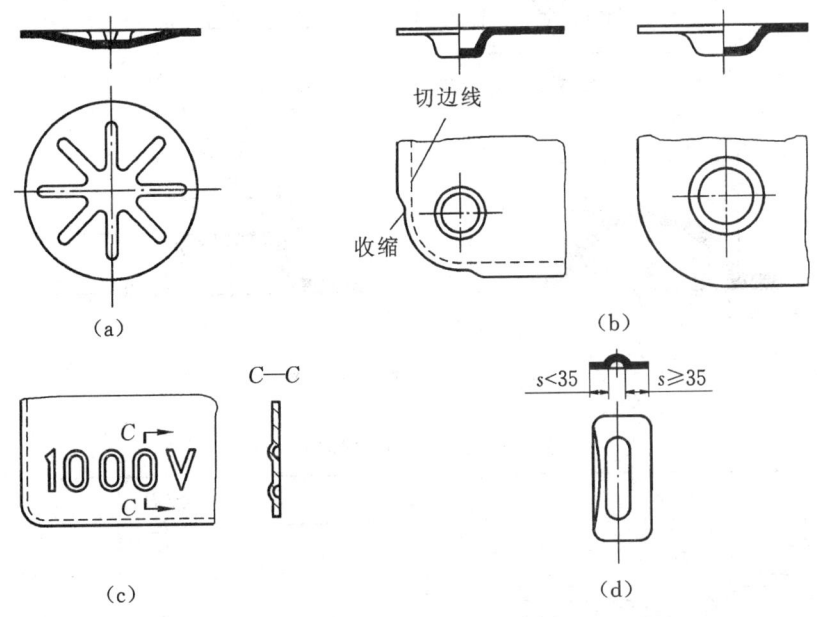

图 5-22　平面坯料胀形实例

1. 压筋成形

压筋成形就是在平板坯料上压出加强筋。压筋后能有效地提高零件的刚度和强度,因此压筋成形在生产中应用广泛。

1) 压筋变形程度

压筋成形的极限变形程度主要受到材料的性能、筋的几何形状、模具结构及润滑等因素的影响。对于形状比较简单的压筋件(见图 5-23),则可按下式近似地确定其极限变形程度为

$$\frac{l-l_0}{l} < (0.7 \sim 0.75)[\delta]$$

式中:l、l_0——材料变形前、后的长度;

　　　$[\delta]$——材料的断后伸长率;

　　　0.7~0.75——系数,视筋的形状而定,球形筋取大值,梯形筋取小值。

当工件要求的加强筋超出了极限变形允许值时,可采用如图 5-24 所示两次胀形的方法先压制弧形过渡形状,达到在较大范围内聚料和均匀变形的目的,然后再压出零件所需形状。

2) 加强筋结构

加强筋的形式和尺寸见表 5-5。

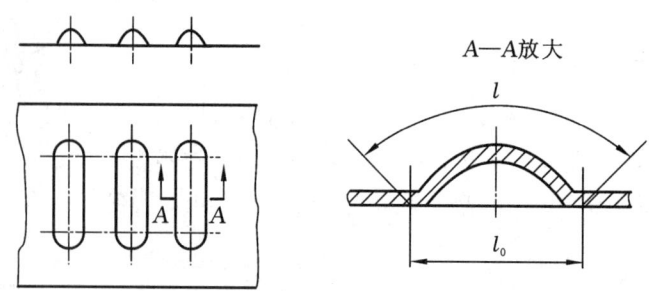

图 5-23　平板坯料压筋前后截面长度

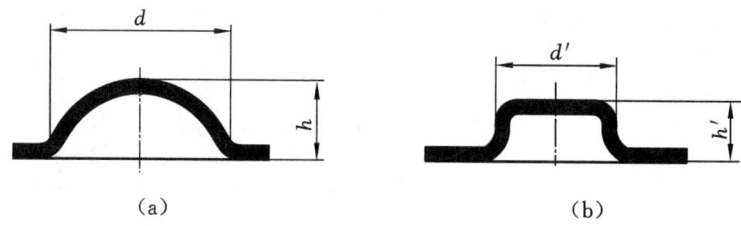

（a）　　　　　　　　　　　　（b）

图 5-24　两次胀形示意图

表 5-5　加强筋的形式和尺寸

名称	简图	R	h	D 或 B	r	α
压筋		$(3\sim4)t$	$(2\sim3)t$	$(7\sim10)t$	$(1\sim2)t$	—
压凸		—	$(1.5\sim2)t$	$\geqslant3h$	$(0.5\sim1.5)t$	$15°\sim30°$

简图	D/mm	L/mm	l/mm
	6.5	10	6
	8.5	13	7.5
	10.5	15	9
	13	18	11
	15	22	13
	18	26	16
	24	34	20
	31	44	26
	36	51	30
	43	60	35
	48	68	40
	55	78	45

如果加强筋的边到工件边缘距离小于$(3\sim5)t$时,由于成形过程中材料会收缩,因此应根据实际的收缩情况预留出切边余量,成形后再切除。

3）胀形力的计算

压制加强筋时,所需胀形力估算公式如下:

$$F=KLt\sigma_b \tag{5-18}$$

式中:L——加强筋的周长(mm);

　　t——材料厚度(mm);

　　σ_b——材料的抗拉强度(MPa);

　　K——系数,一般$K=0.7\sim1.0$(加强筋形状窄而深时取大值,宽而浅时取小值)。

在曲轴压力机上对厚度小于1.5 mm、面积小于2000 mm² 的薄料小件进行压筋成形时,所需胀形力可用下式估算:

$$F=KAt^2 \tag{5-19}$$

式中:A——胀形面积(mm²);

　　t——材料厚度(mm);

　　K——系数,对于钢$K=200\sim300$ MPa,对于黄铜$K=150\sim200$ MPa。

◈ 案例分析

盖罩底部凸包胀形力(K取250 MPa)为

$$F=KAt^2=(250\times\frac{\pi}{4}\times15^2\times0.5^2)\text{N}=11039\text{ N}$$

2. 压凸包

在平板坯料上压制凸包时,毛坯直径与凸包直径的比值D/d应大于4,此时坯料凸缘区为相对的强区,不会向内收缩,属于胀形性质的起伏成形,否则便成为拉深。

压制凸包时,凸包的高度因受材料塑性的限制不能太大。表5-6列出了常用材料压凸包时的许用成形高度。

表 5-6　常用材料压凸包时的许用成形高度

简图	材料	许用凸包成形高度 h/mm
	软钢	$\leqslant(0.15\sim0.2)d$
	铝	$\leqslant(0.1\sim0.15)d$
	黄铜	$\leqslant(0.15\sim0.22)d$

◈ 案例分析

盖罩底部凸包胀形的许用成形高度$h=(0.15\sim0.2)d=2.25\sim3$ mm,此值大于零件底部凸包的实际高度2 mm,所以可一次胀形成形。

5.2.3 空心坯料的胀形

利用模具使空心坯料在径向上局部拉伸,形成所需的凸起曲面的工艺称为空心胀形。空心坯料的胀形可以在压力机或液压机上借用其他装置完成。常见空心坯料胀形件有壶嘴、波纹管、各种接头等。

1. 胀形方法

胀形方法一般分为刚性凸模胀形和软凸模胀形两种。

图 5-25 所示为刚性凸模胀形,凸模做成分瓣式结构,上模下行时,锥形芯块 2 使分瓣凸模 1 向四周张开,从而将空心坯料胀形成所需的形状。上模回程时,分瓣凸模 1 在顶杆 3 和拉簧 4 的作用下复位,便可取出工件。凸模分瓣数目越多,胀出工件的形状和精度越高。这种胀形方法的缺点是难以得到精度较高的复杂形状工件,且模具结构复杂、制造困难。

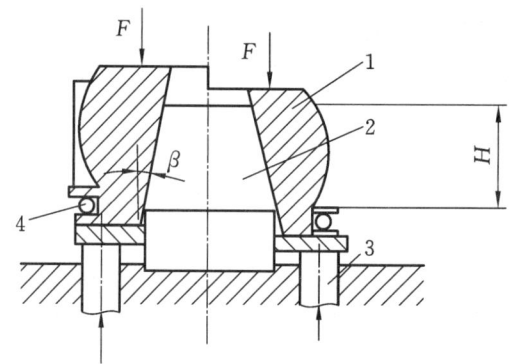

图 5-25 刚性凸模胀形
1—分瓣凸模;2—锥形芯块;3—顶杆;4—拉簧

图 5-26 所示是软凸模胀形,其利用橡胶代替刚性凸模(也可用液体、气体、钢丸等代替)来实现胀形。胀形时,橡胶 3 在柱塞 1 的压力作用下发生变形,迫使坯料沿凹模 2 内壁胀出所需的形状。橡胶胀形的模具结构简单,坯料变形均匀,能成形形状复杂的零件,生产中应用广泛。

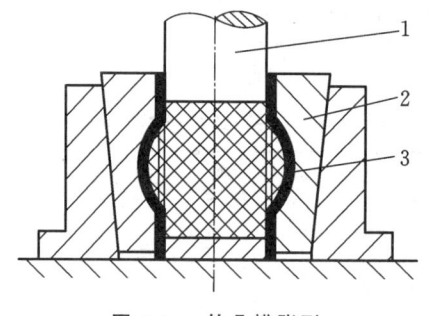

图 5-26 软凸模胀形
1—柱塞;2—分块凹模;3—橡胶

2. 胀形变形程度

空心坯料胀形时,材料在切向受拉应力作用,产生拉伸变形,其极限变形程度用胀形系数 K 表示(见图 5-27):

$$K = \frac{d_{max}}{D} \tag{5-20}$$

式中: d_{max}——胀形后零件的最大直径(mm);

D——空心坯料的原始直径(mm)。

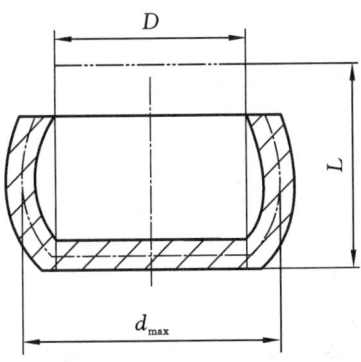

图 5-27　空心坯料胀形尺寸

胀形系数 K 和坯料切向拉伸伸长率 δ 的关系为

$$\delta = \frac{d_{max} - D}{D} = K - 1$$

或
$$K = 1 + \delta \tag{5-21}$$

坯料的变形程度受到材料伸长率的限制,根据材料的断后伸长率便可按上式求出相应的极限胀形系数。表 5-7 列出了常用材料极限胀形系数 $[K]$ 的参考值。

表 5-7　常用材料的极限胀形系数 $[K]$

材料		厚度/mm	极限胀形系数 $[K]$
纯铝	L1、L2	1.0	1.28
	L3、L4	1.5	1.32
	L5、L6	2.0	1.32
铝合金	LF21-M	0.5	1.25
黄铜	H62	0.5～1.0	1.35
	H68	1.5～2.0	1.40
低碳钢	08F	0.5	1.20
	10、20	1.0	1.24
不锈钢	1Cr18Ni9Ti	0.5	1.26
		1.0	1.28

◆ **案例分析**

盖罩侧壁胀形系数 $K = d_{max}/D = 46.8/40 = 1.17$,查表 5-7 可知其极限胀形系数为 1.20,所以可一次胀出。

3. 胀形坯料计算

胀形坯料一般采用空心管材或拉深件。为了便于材料的流动,减小变形区材料的变薄量,在胀形时坯料端部一般不固定,以便其能自由收缩。因此,坯料长度在计算时要考虑收缩量,并留出切边余量。

由图 5-27 可知,坯料直径 D 为

$$D = \frac{d_{\max}}{K} \tag{5-22}$$

坯料长度 L 为

$$L = l[1 + (0.3 \sim 0.4)\delta] + b \tag{5-23}$$

式中: l——变形区母线的长度(mm);

δ——坯料切向拉伸的伸长率;

b——切边余量,一般取 $5 \sim 15$ mm;

$0.3 \sim 0.4$——切向伸长而引起高度减小所需的系数。

◈ 案例分析

盖罩零件胀形前的坯料长度 L 可由式(5-23)计算:

$$L = l[1 + (0.3 \sim 0.4)\delta] + b$$

式中: δ——坯料伸长率, $\delta = \dfrac{d_{\max} - D}{D} = \dfrac{46.8 - 40}{40} = 0.17$;

l——零件胀形部位母线长度,即零件图中 $R60$ mm 一段圆弧的长,由几何关系可以算
出 $l = 40.8$ mm;

b——切边余量,取 $b = 3$ mm,取 $k = 0.35$。则有

$L = 40.8 \times [1 + 0.35 \times 0.17]$ mm $+ 3$ mm $= 40.8 \times (1 + 0.35 \times 0.17)$ mm $+ 3$ mm $= 46.23$ mm

可取整数 $L = 46$ mm。

4. 胀形力计算

空心坯料胀形时,所需的胀形力 F 计算公式如下:

$$F = pA \tag{5-24}$$

式中: p——胀形时所需的单位面积压力(MPa);

A——胀形面积(mm^2)。

胀形时所需的单位面积压力 p 可用下式近似计算:

$$p = 1.15\sigma_b \frac{2t}{d_{\max}} \tag{5-25}$$

式中: σ_b——材料抗拉强度(MPa);

$d_{\max}$——胀形最大直径(mm);

t——材料原始厚度(mm)。

◈ 案例分析

盖罩零件侧壁胀形力按公式(5-25)计算,材料抗拉强度 $\sigma_b = 430$ MPa,有

$$p = 1.15 \times 430 \times \frac{2 \times 0.5}{46.8} \text{ MPa} = 10.6 \text{ MPa}$$

按公式(5-24)有：
$$F = pA = p\pi d_{max}l = 10.6 \times \pi \times 46.8 \times 40.8 \text{ N} = 63554 \text{ N}$$

5. 胀形模结构与设计要点

1) 胀形模结构

图 5-28 所示为分瓣式刚性凸模胀形模，工序件由下凹模 7 及分瓣凸模 2 定位，上凹模 1 下行时，将迫使分瓣凸模 2 沿锥形芯块 3 下滑并向外胀开，上模运动到下止点处完成胀形。

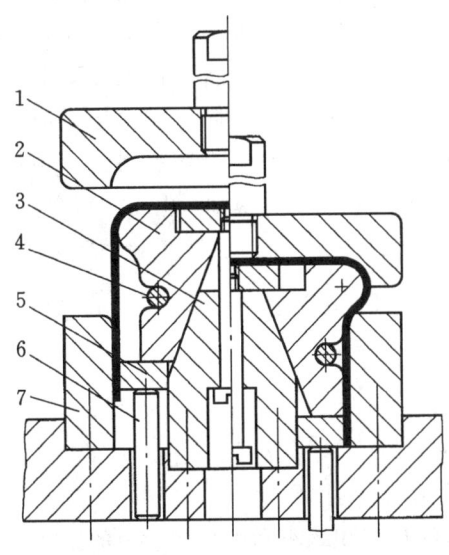

图 5-28　分瓣式刚性凸模胀形模

1—上凹模；2—分瓣凸模；3—锥形芯块；4—拉簧；5—顶板；6—顶杆；7—下凹模

图 5-29 所示为橡胶软凸模胀形模。工序件 1 在托板 5 和定位圈 6 上定位，上模下行时，凹模 4 压下由弹顶器支撑的托板 5，托板向下挤压橡胶凸模 2，将工序件胀出凸筋。上模回程时，托板和橡胶凸模复位，并将工件顶起。如果工件卡在凹模内，可由推件板 3 推出。

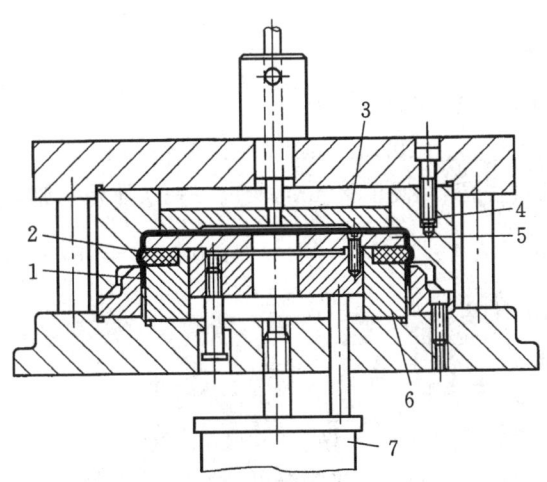

图 5-29　橡胶软凸模胀形模

1—工序件；2—橡胶凸模；3—推件板；4—凹模；5—托板；6—定位圈；7—气垫

2）胀形模设计要点

胀形凹模结构有整体式和分块式两类。整体式凹模工作时承受的压力较大，可以在凹模

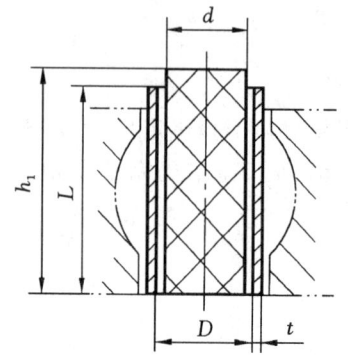

图 5-30　圆柱形橡胶
凸模的尺寸确定

外面套上模套，构成预应力组合凹模，这比单纯增加凹模壁厚更有效。

对于分块式胀形凹模，必须根据胀形零件的形状合理选择分模面，并且分块数应尽量少。分模块用整体模套紧固，并采用圆锥面配合，其锥角 α 应小于自锁角，一般取 $\alpha = 5° \sim 10°$ 为宜。为防止模块之间错位，模块之间需要定位销连接。

橡胶胀形凸模的结构尺寸需合理设计。为了便于加工，橡胶凸模一般简化成柱形、锥形和环形等简单的几何形状，其直径应略小于坯料内径。圆柱形橡胶凸模的直径和高度可按下式计算（见图 5-30）：

$$d = 0.895D \tag{5-26}$$

$$h_1 = K\frac{LD^2}{d^2} \tag{5-27}$$

式中：d——橡胶凸模的直径（mm）；

　　　D——空心坯料内径（mm）；

　　　h_1——橡胶凸模高度（mm）；

　　　L——空心坯料长度（mm）；

　　　K——考虑橡胶凸模压缩后体积缩小和提高变形力的系数，一般取 $K = 1.1 \sim 1.2$。

5.2.4　胀形模设计案例

1. 盖罩零件工艺分析

由零件形状可知，其工艺包括两种胀形形式，其侧壁是由空心坯料胀形而成，底部凸包由平板坯料胀形而成。

2. 胀形工艺计算

1）底部平板胀形计算

底部凸包胀形的许用成形高度为

$$h = (0.15 \sim 0.2)d = 2.25 \sim 3 \text{ mm}$$

此值大于零件底部凸包的实际高度 2 mm，所以可一次胀形成形。

胀形力为　　　　　$F_1 = KAt^2 = 250 \times \frac{\pi}{4} \times 15^2 \times 0.5^2 \text{ N} = 11039 \text{ N}$

2）侧壁空心坯料胀形计算

零件侧壁的胀形系数为

$$K = \frac{d_{max}}{D} = \frac{46.8}{40} = 1.17$$

此值小于极限胀形系数 $[K] = 1.20$，故侧壁可一次胀形成形。

胀形前的坯料长度为

$$L = l[1 + (0.3 \sim 0.4)\delta] + b = 40.8 \times [1 + 0.35 \times 0.17] \text{ mm} + 3 \text{ mm} = 46.23 \text{ mm}$$

取整数 $L=46$ mm。

橡胶胀形凸模的直径及高度分别由式(5-26)、式(5-27)计算：

$$d=0.895D=0.895\times(40-1)\ \text{mm}\approx35\ \text{mm}$$

$$h_1=K\frac{LD^2}{d^2}=1.1\times\frac{46\times39^2}{35^2}\ \text{mm}\approx63\ \text{mm}$$

材料抗拉强度 $\sigma_b=430$ MPa，侧壁胀形单位面积压力为

$$p=1.15\sigma_b\frac{2t}{d_{max}}=1.15\times430\times\frac{2\times0.5}{46.8}\ \text{MPa}=10.6\ \text{MPa}$$

故胀形力：$F_2=pA=p\pi d_{max}l=10.6\times\pi\times46.8\times40.8\ \text{N}=63554\ \text{N}$

总胀形力：$F=F_1+F_2=11039\ \text{N}+63554\ \text{N}=74593\ \text{N}\approx75\ \text{kN}$

3) 模具结构设计

图 5-31 所示为罩盖胀形模，该模具采用聚氨酯橡胶凸模胀形，为使工件在胀形后便于取出，将侧壁胀形凹模分成上凹模 6 和下凹模 5 两部分。上模下行时，先由弹簧 13 压紧上、下凹模，然后由上固定板 9 压紧橡胶 7 进行胀形。底部由橡胶通过压包凹模 4 和压包凸模 3 成形。

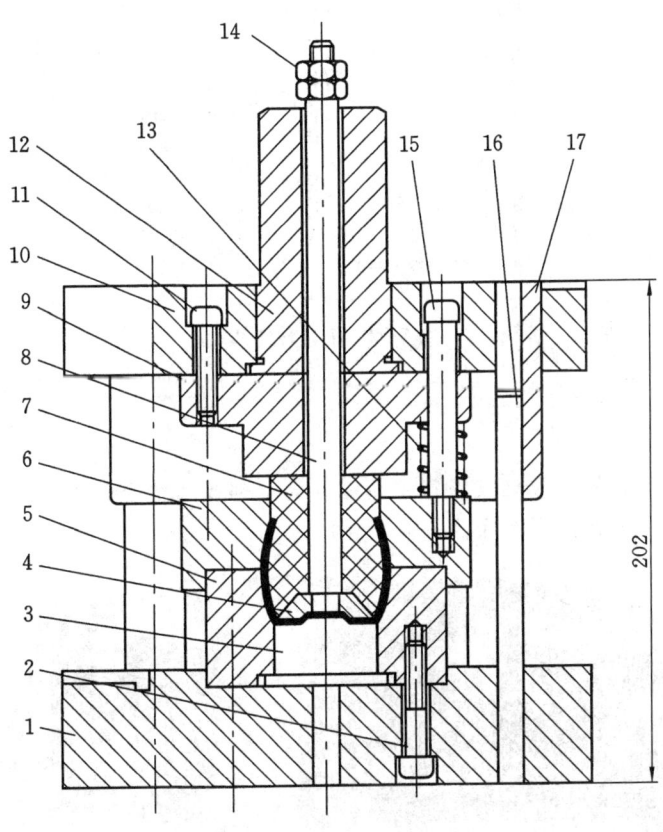

图 5-31 罩盖胀形模

1—下模座；2、11—螺钉；3—压包凸模；4—压包凹模；5—胀形下凹模；6—胀形上凹模；7—聚氨酯橡胶；8—拉杆；9—上固定板；10—上模座；12—模柄；13—弹簧；14—螺母；15—阶形螺钉；16—导柱；17—导套

4) 压力机的选用

虽然总胀形力不大(75 kN)，但由于模具的闭合高度较大(202 mm)，故压力机的选用应

以模具尺寸为依据。查附录 B-4,选用型号为 J23-25 的开式双柱可倾式压力机,其公称压力为 250 kN,最大装模高度为 220 mm。

5.3 缩口模设计

缩口工艺

◆ 项目案例

如图 5-32 所示缩口件气瓶,毛坯为开口空心件,其口部直径小于筒体直径,通过缩口工艺成形。

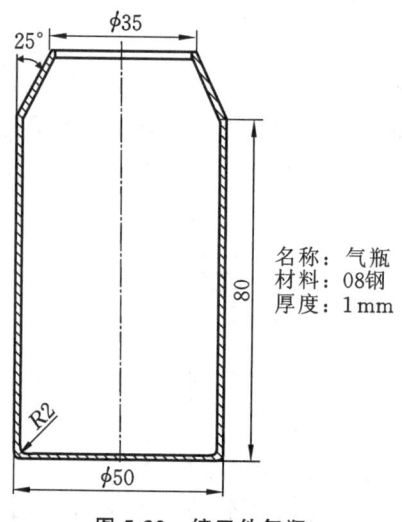

名称:气瓶
材料:08钢
厚度:1 mm

图 5-32 缩口件气瓶

◆ 案例分析

缩口是指利用缩口模将管坯或圆筒形拉深件的口部直径缩小的成形方法。缩口工艺在工业和日用品生产中有着广泛的应用,如图 5-33 所示。

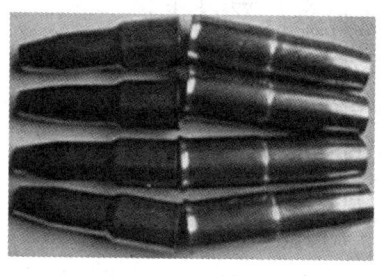

(a)   (b)

图 5-33 缩口件实物
(a)铜制接头;(b)易拉罐

对于某些管状类零件,有时用缩口代替拉深,可以减少成形工序。如图 5-34(a)所示的工件,若采用拉深和冲孔工艺,共需五道工序;若改用管坯缩口工艺,则只需三道工序,如图 5-34(b)所示。

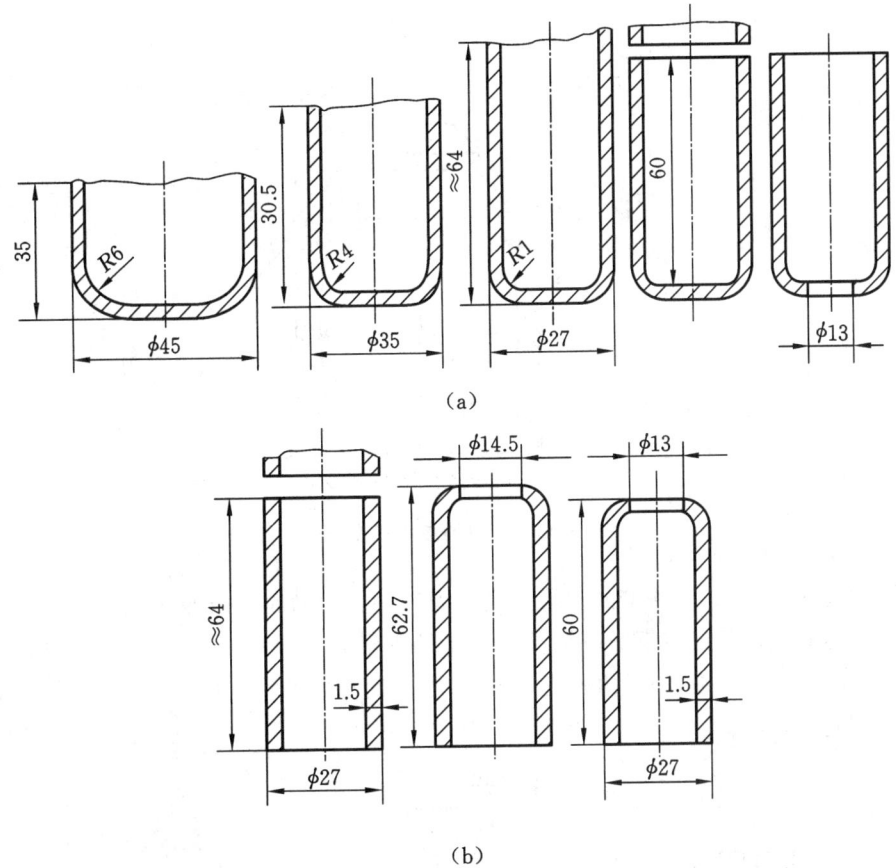

(a)

(b)

图 5-34　缩口与拉深工艺比较

5.3.1　缩口变形

1. 缩口变形特点

缩口变形如图 5-35 所示。在压力 F 的作用下,缩口凹模压迫坯料口部,使其在变形区内承受双向压应力,其中切向压应力为最大主应力,促使坯料直径减小、壁厚及高度略有增加。此过程中可能发生的失效模式为切向失稳起皱。同时,非变形区筒壁因承受全部缩口压力 F,易发生轴向失稳变形。因此,缩口极限变形程度主要受稳定性限制,防止失稳是缩口工艺设计中的关键问题。

2. 缩口系数

缩口的变形程度用缩口系数 m 表示,即

$$m = \frac{d}{D} \tag{5-28}$$

式中:d——缩口后直径(mm);

D——缩口前中线直径(mm)。

缩口系数 m 越小,变形程度越大。缩口系数与模具对筒壁的支承方式、材料的塑性和毛坯厚度等因素有关。

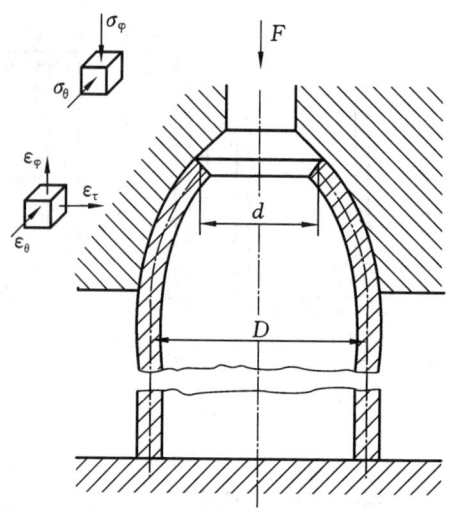

图 5-35 缩口的应力应变特点

如图 5-36 所示,模具对筒壁的支承方式分为三种:图(a)是无支承方式,缩口过程中坯料的稳定性差,因而允许的缩口系数较大;图(b)是外支承方式,缩口时坯料的稳定性较前者好,允许的缩口系数可小些;图(c)是内外支承方式,缩口时坯料的稳定性最好,允许的缩口系数为三者中最小者。

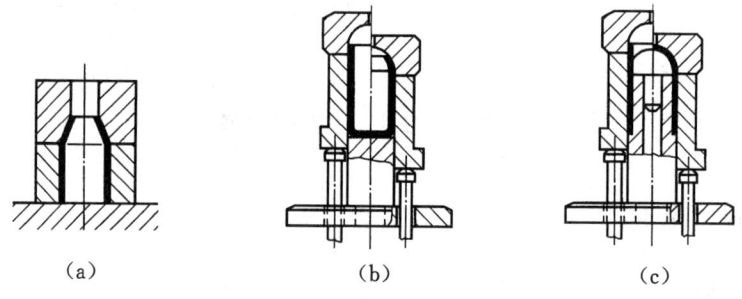

| (a) | (b) | (c) |

图 5-36 不同支承方式下的缩口

(a)无支承;(b)外支承;(c)内外支承

表 5-8 是不同材料、不同厚度的平均缩口系数 m_0。

表 5-8 平均缩口系数 m_0

材料	材料厚度 t/m		
	~0.5	>0.5~1	>1
黄铜	0.85	0.80~0.70	0.70~0.65
钢	0.80	0.75	0.70~0.65

表 5-9 是不同材料、不同支承方式所允许的极限缩口系数 $[m]$。

表 5-9 极限缩口系数 $[m]$

材料	支承方式		
	无支承	外支承	内外支承
软钢	0.70～0.75	0.55～0.60	0.30～0.35
黄铜 H62、H68	0.65～0.70	0.50～0.55	0.27～0.32
铝	0.67～0.72	0.53～0.57	0.27～0.32
硬铝(退火)	0.73～0.80	0.60～0.63	0.35～0.40
硬铝(淬火)	0.75～0.80	0.68～0.72	0.40～0.43

◈ 案例分析

气瓶零件缩口系数 $m = \dfrac{d}{D} = \dfrac{35}{49} = 0.71$，若采用外支承方式，其极限缩口系数 $[m] = 0.60$，零件缩口系数大于极限缩口系数，可一次缩口成形。

5.3.2 缩口工艺计算

1. 颈口料厚尺寸

缩口后，零件口部略有增厚，其厚度可按下式估算：

$$t' = t\sqrt{D/d} = t\sqrt{1/m} \tag{5-29}$$

式中：t'——缩口后口部厚度；

t——缩口前坯料的原始厚度；

m——缩口系数。

2. 缩口次数

当工件的缩口系数 m 大于或等于允许的极限缩口系数 $[m]$ 时，可以一次缩口成形，否则需进行多次缩口。缩口次数 n 可按下式估算：

$$n = \frac{\ln m}{\ln m_0} = \frac{\ln d - \ln D}{\ln m_0} \tag{5-30}$$

式中：m_0——平均缩口系数，见表 5-8。

3. 颈口直径

多次缩口时，最好在每道缩口工序之后进行退火处理。其缩口系数如下：

首次缩口系数：

$$m_1 = 0.9 m_0$$

以后各次缩口系数：

$$m_n = (1.05～1.1) m_0$$

各次缩口直径为

$$d_1 = m_1 D$$

$$d_2 = m_n d_1 = m_1 m_n D$$

$$d_3 = m_n d_2 = m_1 m_n^2 D$$

$$: $$

$$d_n = m_n d_{n-1} = m_1 m_n^{n-1} D \tag{5-31}$$

d_n 应等于工件的缩口直径。缩口后,由于回弹,工件要比模具尺寸大 $0.5\% \sim 0.8\%$。

4. 毛坯高度

缩口前坯料的高度一般根据变形前后体积不变的原则计算。如图 5-37 所示不同形状工件缩口前毛坯高度 H 的计算公式如下。

对于图 5-37(a)所示工件

$$H = 1.05 \left[h_1 + \frac{D^2 - d^2}{8D \sin\alpha} \left(1 + \sqrt{\frac{D}{d}} \right) \right] \tag{5-32}$$

对于图 5-37(b)所示工件

$$H = 1.05 \left[h_1 + h_2 \sqrt{\frac{d}{D}} + \frac{D^2 - d^2}{8D \sin\alpha} \left(1 + \sqrt{\frac{D}{d}} \right) \right] \tag{5-33}$$

对于图 5-37(c)所示工件

$$H = h_1 + \frac{1}{4} \left(1 + \sqrt{\frac{D}{d}} \right) \sqrt{D^2 - d^2} \tag{5-34}$$

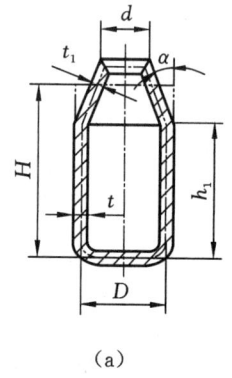　　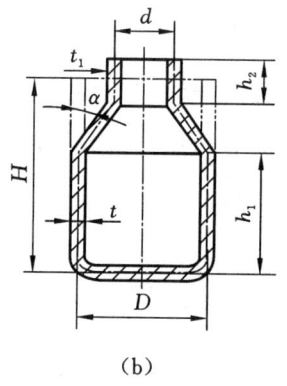　　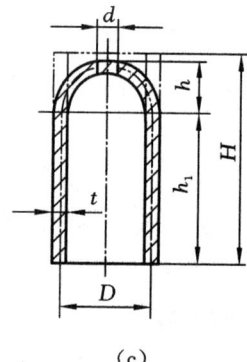

（a）　　　　　　　　　（b）　　　　　　　　　（c）

图 5-37　缩口毛坯高度计算

◆ **案例分析**

气瓶零件缩口前毛坯高度按式(5-32)计算。由零件图可知 $h_1 = 79$ mm,$\alpha = 25°$,毛坯高度为

$$H = 1.05 \left[h_1 + \frac{D^2 - d^2}{8D \sin\alpha} \left(1 + \sqrt{\frac{D}{d}} \right) \right] = 1.05 \times \left[79 + \frac{49^2 - 35^2}{8 \times 49 \times \sin 25°} \times \left(1 + \sqrt{\frac{49}{35}} \right) \right] \text{mm}$$

$$= 99.2 \text{ mm}$$

取 $H = 99.5$ mm。

5. 缩口力

(1) 无心柱支承(图 5-36(a))的缩口力计算公式如下:

$$F = K \left[1.1\pi D t \sigma_b \left(1 - \frac{d}{D} \right) (1 + \mu \cot\alpha) \frac{1}{\cos\alpha} \right] \tag{5-35}$$

(2) 内外心柱支承(图 5-36(c))的缩口力计算公式如下:

$$F=k\left\{\left[1.1\pi Dt\sigma_{b}\left(1-\frac{d}{D}\right)(1+\mu\cot\alpha)\frac{1}{\cos\alpha}\right]+1.82\sigma_{b}'t'^{2}\left[d+R_{d}(1-\cos\alpha)\right]\frac{1}{R_{d}}\right\}\quad(5\text{-}36)$$

式中：μ——毛坯与凹模接触面间的摩擦系数；

σ_{b}——材料的抗拉强度（MPa）；

α——凹模圆锥孔半锥角（°）；

σ_{b}'——材料缩口硬化的变形应力（MPa）；

t'——缩口后颈部壁厚（mm）；

R_{d}——凹模圆角半径（mm）；

K——速度系数，在曲柄压力机上工作时 $K=1.15$。

◈ 案例分析

凹模与工件间的摩擦系数 $\mu=0.1$，08 钢的抗拉强度 $\sigma_{b}=430$ MPa，曲柄压力机取 $K=1.15$，将相应值代入公式(5-35)计算气瓶零件缩口力：

$$\begin{aligned}F&=K\left[1.1\pi Dt\sigma_{b}\left(1-\frac{d}{D}\right)(1+\mu\cot\alpha)\frac{1}{\cos\alpha}\right]\\&=1.15\times\left[1.1\times\pi\times49\times1\times430\times\left(1-\frac{35}{49}\right)\times(1+0.1\times\cot25°)\frac{1}{\cos25°}\right]\text{N}\\&=32\text{ kN}\end{aligned}$$

5.3.3　缩口模结构设计

1. 缩口模结构

1）无支撑缩口模结构

图 5-38 所示为无支承方式的缩口模。带底圆筒形坯料在定位座 3 上定位，上模下行时，凹模 2 对坯料进行缩口。该模具对坯料无支承作用，适用于高度不大的带底圆筒形零件的锥形缩口。

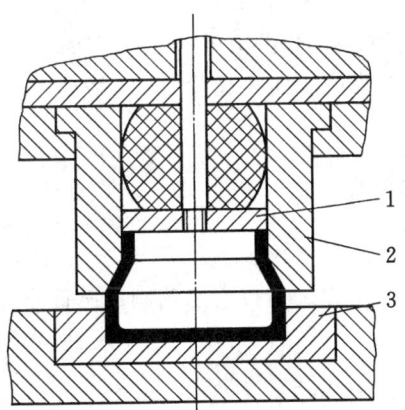

图 5-38　无支承方式的缩口模
1—推件块；2—缩口凹模；3—定位座

2）内外支撑缩口模

图 5-39 所示为倒装式内外支撑缩口模，导正圈 5 起导向和定位作用，同时对坯料起一定

的外支承作用。凸模 3 设计成台阶式结构,其小端伸入坯料内孔,起定位、导向及内支承作用。工作时,将管状坯料放在导正圈内定位,上模下行,凸模先导入坯料内孔,继而依靠台肩对坯料施加压力,使坯料在凹模 6 的作用下缩口成形。该模具适用于较大高度零件的缩口,而且模具的通用性好,更换不同尺寸的凹模、导正圈和凸模,可进行不同孔径的缩口操作。

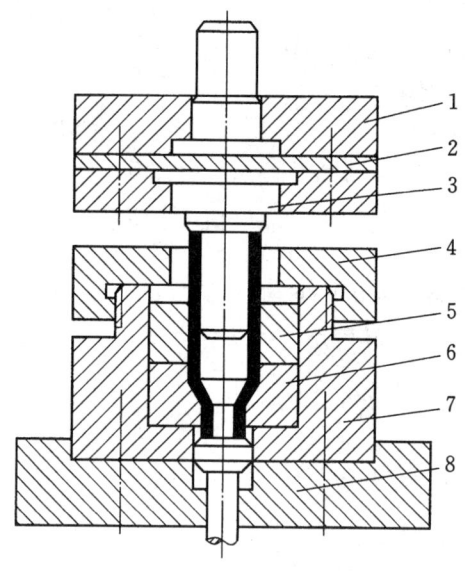

图 5-39 倒装式内外支撑缩口模
1—上模座;2—垫板;3—凸模;4—紧固套;
5—导正圈;6—凹模;7—凹模套;8—下模座

2. 缩口模设计要点

弹性恢复:缩口工件的尺寸通常比模具尺寸大 0.5%～0.8%,这主要是由于材料的弹性恢复效应。因此,在设计凹模时,需要考虑这一弹性恢复尺寸。

凹模的半锥角 α:通常,凹模的半锥角 α 选择小于 45°,最好小于 30°。合理的半锥角值可以使模具允许的缩口系数比平均缩口系数小 10%～15%,有助于提高成形的稳定性和模具寿命。

凹模的表面粗糙度 Ra:凹模的表面粗糙度 Ra 一般要求不大于 0.4 μm,以确保良好的成形质量,减少摩擦和材料损伤。

5.3.4 缩口模设计案例

1. 工艺分析

气瓶为带底的筒形缩口件,可先采用拉深工艺制成圆筒形坯料,再进行缩口成形。该零件的高度较大,相对厚度较小,为了提高缩口时坯料的稳定性,模具应采用外支承结构方式。

2. 缩口工艺计算

1)缩口次数

零件缩口系数 $m=\dfrac{d}{D}=\dfrac{35}{49}=0.71$,若采用外支承方式,查表 5-9,其极限缩口系数 $[m]=0.60$,零件缩口系数大于极限缩口系数,可一次缩口成形。

2)缩口前毛坯高度

由零件图可知 $h_1=79$ mm,$\alpha=25°$,按公式(5-32)计算毛坯高度

$$H = 1.05\left[h_1 + \frac{D^2-d^2}{8D\sin\alpha}\left(1+\sqrt{\frac{D}{d}}\right)\right] = 1.05\times\left[79+\frac{49^2-35^2}{8\times49\times\sin25°}\times\left(1+\sqrt{\frac{49}{35}}\right)\right] \text{mm}$$

$$= 99.2 \text{ mm}$$

取 $H = 99.5$ mm。

3）缩口力

取凹模与工件间的摩擦系数 $\mu = 0.1$，08 钢的抗拉强度 $\sigma_b = 430$ MPa，曲柄压力机 $K = 1.15$，将相应值代入公式(5-35)计算零件缩口力：

$$F = K\left[1.1\pi Dt\sigma_b\left(1-\frac{d}{D}\right)(1+\mu\cot\alpha)\frac{1}{\cos\alpha}\right]$$

$$= 1.15\times\left[1.1\times\pi\times49\times1\times430\times\left(1-\frac{35}{49}\right)\times(1+0.1\times\cot25°)\frac{1}{\cos25°}\right] \text{N}$$

$$= 32057 \text{ N} \approx 32 \text{ kN}$$

3. 缩口模结构设计

缩口模结构如图 5-40 所示，采用外支承方式一次缩口成形，缩口凹模工作面要求表面粗糙度值 $Ra \leqslant 0.4$ μm，采用后侧导柱模架，导柱、导套加长，模具闭合高度为 275 mm。

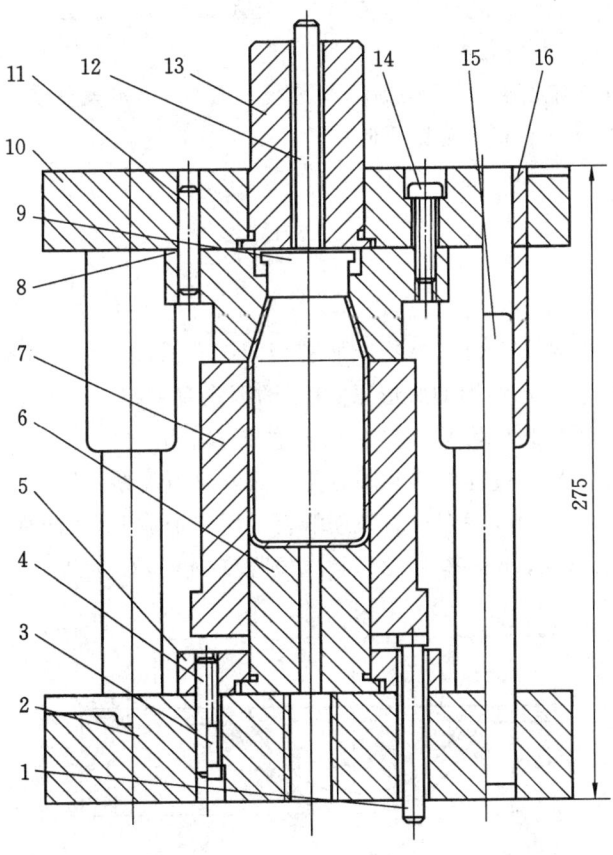

图 5-40　气瓶缩口模

1—顶杆；2—下模座；3、14—螺钉；4、11—圆柱销；5—固定板；6—垫块；7—外支承套；
8—凹模；9—推件块；10—上模座；12—打杆；13—模柄；15—导柱；16—导套

习题

5-1　什么是圆孔的翻孔系数 K? 影响圆孔极限翻孔系数大小的因素有哪些?

5-2　什么是胀形系数 K? 影响胀形系数 K 的因素有哪些?

5-3　什么是缩口系数 m? 影响缩口系数 m 的因素有哪些?

5-4　各成形工序在变形过程中的共同点是什么? 又有哪些不同点?

5-5　要压制如图 5-41 所示的凸包,判断能否一次胀形成形,并计算胀形力有多大。工件材料为 08 钢,料厚为 1 mm,伸长率 $\delta = 32\%$,抗拉强度 $\sigma_b = 430$ MPa。

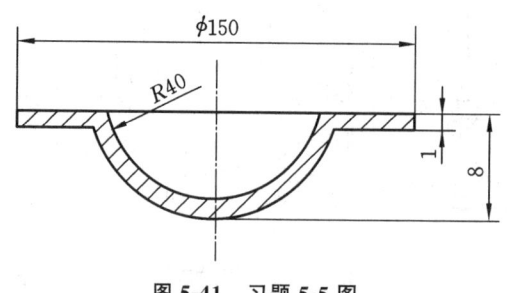

图 5-41　习题 5-5 图

5-6　分析并确定图 5-42 所示各零件的冲压工艺方案,确定冲压件的公称尺寸,并进行工艺计算。

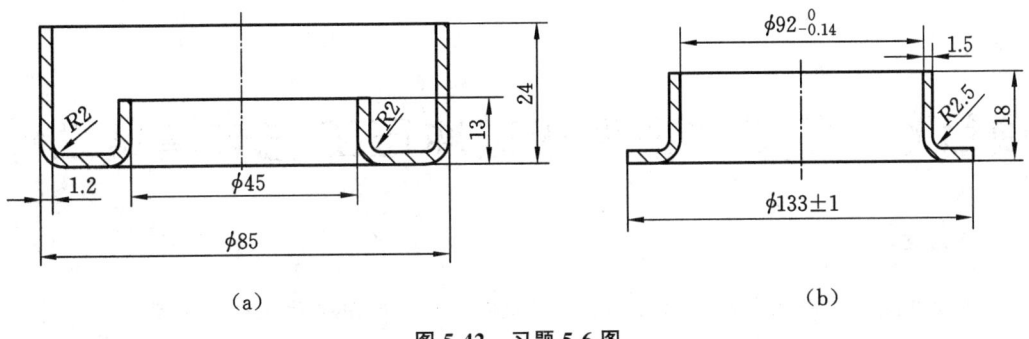

（a）　　　　　　　　　　　　　　（b）

图 5-42　习题 5-6 图

5-7　设计图 5-42(a)所示零件的 $\phi45$ 圆孔翻孔模结构。

项目6 多工位精密级进冲压工艺与模具设计

◈ **内容导读**

级进冲压是指在压力机的一次冲压行程中,在模具的不同工位上分步完成不同工序的冲压工艺。级进冲压所使用的模具称为级进模,又称连续模。在级进冲压中,不同的冲压工序按一定次序排列,带料按步距间歇移动,在设计的不同工位上完成零件成形所需的不同的冲压工序,经逐个工位冲制后,便得到一个完整的零件(或半成品)。无论形状多么复杂,工序多么繁多,冲压零件均可通过一副多工位级进模冲制完成。级进冲压工艺特别适合用于大批量生产的中、小型精密冲压件,例如电子器件、汽车零部件的批量生产,如图 6-1 所示。

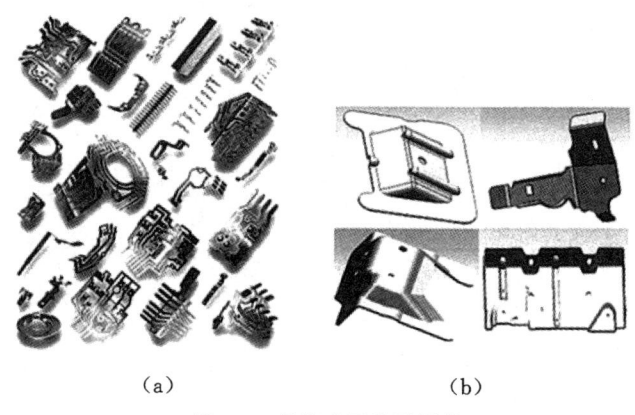

(a)   (b)

图 6-1 级进冲压典型零件

◈ **学习重点**

通过本项目的学习,了解多工位精密级进冲压工艺的特点,熟悉多工位精密级进模设计要点,掌握多工位级进冲压排样设计的原则、工位排序和不同类型冲压件排样设计方法;掌握不同形状零件工艺载体的选择,复杂形状轮廓的分段冲切设计,空工位的设计原则。

熟悉多工位精密级进模的典型结构,掌握精密级进模凸模、凹模及凹模拼块的设计;掌握带料的导正定位、导向和浮动托料、卸料装置与安全保护装置设计;掌握冲压加工方向的转换机构设计。

◈ **项目案例**

如图 6-2 所示 U 形支架弯曲件,零件材料为 06Cr18Ni11Ti,大批量生产。要求通过产品多工位级进模设计过程,掌握多工位级进冲压排样设计原则,掌握多工位级进模典型结构,掌握精密级进模凸模、凹模及凹模拼块的设计;掌握带料的导正定位、导向和浮动托料、卸料装置与安全保护装置设计等。

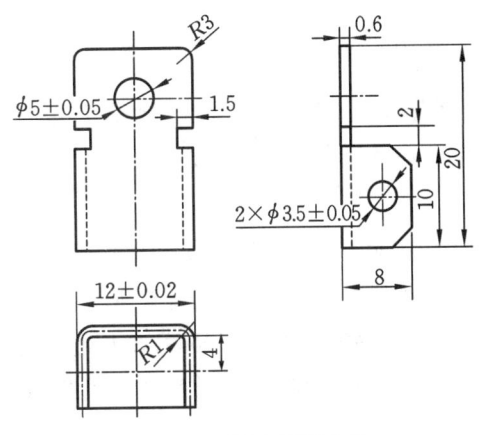

图 6-2 U 形支架弯曲件

6.1 多工位精密级进冲压工艺基础

多工位精密级进
冲压工艺特点

6.1.1 多工位精密级进冲压工艺的特点

多工位精密级进模是在普通级进模的基础上发展起来的一种高精密、高效率、长寿命的模具,其工位数可达数十个。多工位精密级进模必须配备高精度且送料步距易于调整的自动送料装置,才能实现精密自动冲压。多工位级进模还应在模具中设置送料误差检测装置、模内工件或废料去除机构等,同时还应设置带料的开卷装置等,才能实现精密自动冲压。与普通冲压模具相比,多工位级进模的结构比较复杂,模具设计和制造技术要求较高,模具的成本相对也高。同时,级进冲压对冲压设备、原材料也有相应的要求。因此,在模具设计前必须对工件进行全面分析,了解设备和冲压材料,并结合模具的结构特点和冲压件的成形工艺性能来确定工件的级进冲压成形工艺流程,以实现技术经济效益最优化。

多工位精密级进模的主要工作零件常采用高强度的高合金工具钢、高速钢或硬质合金等材料。模具的精加工常采用慢走丝线切割加工和成形磨削。在多工位级进模中,常有很精细的小凸模,这些小凸模需要精确导向和保护。级进模的卸料板对小凸模有导向和保护作用,因此卸料板上相应的孔必须采用高精度加工,其尺寸及相互位置必须准确无误。

多工位级进冲压有以下特点。

1. 生产率高

级进冲压模属于多工序、多工位模具,在一副模具不同的工位上可实现冲裁、弯曲、拉深、翻边、镦压、压铆、压筋、切边等冲压工序,可以冲压出大批量的单个零件,也可冲压出大批量的组件。配合高速压力机及各种辅助设备,级进模可进行高速冲压(纯冲裁 1200~1500 次/分、带弯曲 400~600 次/分、带料连续拉深最快也可达到 100 次/分),因而具有较高的生产率。

2. 自动化生产,操作安全

级进冲压模具调整好后,带料经过开卷机、校平机、送料器、工件收集器、废料切断和收卷机构完成自动送料、自动检测、自动出件等工序,有效实现整个冲压过程的自动化与安全保护。

如果出现故障,设备会自动停机。

3. 模具强度高,寿命长

由于在级进模中工序可以分散在不同的工位上,避免了凹模壁的"最小壁厚"问题(可用空工位增大壁厚),且改变了凸、凹模的受力情况;同时工作零件采用超硬材料制造,因而模具强度高、寿命较长。

4. 模具设计制造周期长,成本高

多工位级进模结构复杂,镶块较多,模具制造精度要求很高,要采用高精度的加工、检测设备,给模具的制造、调试及维修带来一定的难度。因而,模具的工时费高,制造周期长。在模具设计和制造时,要求考虑模具零件具有互换性,在模具零件磨损或损坏后能迅速更换,使模具使用方便、可靠。

5. 工艺废料多

材料的利用率较其他模具低,特别是某些形状复杂的零件,产生的工艺废料(排样设计中的载体)较多。

6. 产品内、外形难控制

因为内、外形是逐次冲出的,每次冲压都有定位误差,且连续地进行各种冲压工序,必然会引起带料载体和工序件的变形,虽然有导正销定位,对于一些内、外形相对位置一致性要求较高的零件,保证精度有一定难度,这类零件必须考虑内、外形一次冲压成形。

6.1.2 多工位精密级进冲压工艺的应用

对于形状复杂、冲裁落料后不便于单独重复定位的零件(如椭圆形零件、小型及超小型零件),采用多工位级进模在一副模具内连续完成冲压最为理想。某些形状特殊的零件若无法通过简单冲模或复合模完成冲压生产,采用多工位级进模可有效解决此类问题。此外,若因装配需求、后续加工需要零件规则排列(如零件需卷绕成盘料并在自动装配中分离,或经二次加工后分离),也可采用级进模冲制。在同一产品中,若两个冲压零件的部分尺寸存在关联甚至需配合,且材质与料厚完全相同时,分模冲制会导致材料浪费且难以保证配合精度。将其合并于一副多工位级进模同步冲裁,可显著提升材料利用率并确保配合精度。

多工位级进模适用于中、小型复杂冲压件的大批量生产。对于较大尺寸工件或级进模冲压难度较高的零件,可采用多工位传递模实现高效生产。

案例分析

对图 6-2 所示的 U 形支架弯曲件零件工艺性进行分析。

U 形支架弯曲件的结构形状简单,$\phi5$ mm 孔和 2 个 $\phi3.5$ mm 孔有尺寸公差的要求,尺寸公差等级为 IT11;尺寸(12 ± 0.02)mm 的公差等级为 IT9,弯曲后工件的精度等级较高;其余都为自由尺寸,设计时按公差等级 IT14 处理。冲压材料为 12Cr18Ni9Ti,零件弯曲后要求底部平整。产品为大批量生产,由于生产量大,考虑采用级进模冲压。图 6-3 为工件的展开尺寸。

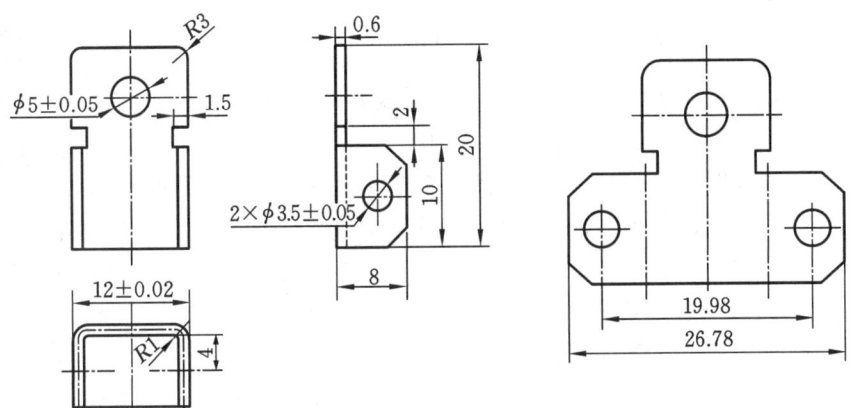

图 6-3　U 形支架弯曲件展开图

6.2　多工位精密级进冲压工艺排样设计

在多工位精密级进模设计中,要确定从毛坯带料到产品零件的成形过程,即要确定级进冲压工艺排样设计。在排样图中的不同工位上设计出加工工序内容或安排空工位等,这一设计过程就是带料排样。带料排样的主要内容包括:确定每一工位冲压断面形状,并将各工序冲压的内容进行优化组合,对工序内容进行排序;确定工位数和每一工位的加工内容;确定载体类型、毛坯定位方式;设计导正孔直径和导正销的数量;绘制出工序排样图。图 6-4 所示为工序排样过程示意图。

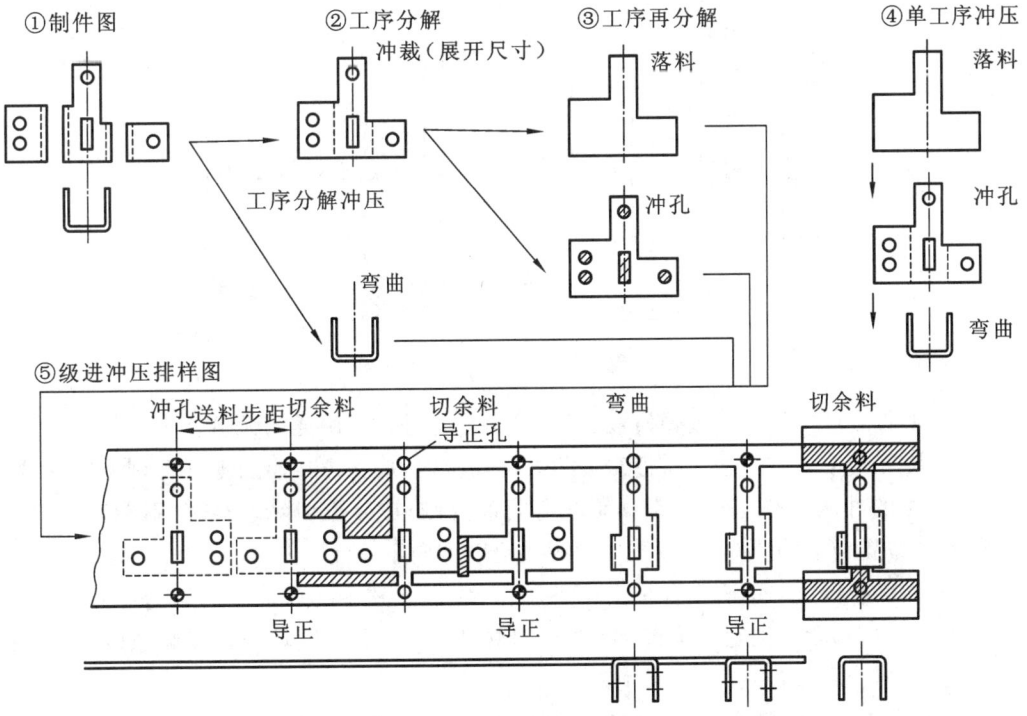

图 6-4　工序排样过程示意图

6.2.1 多工位级进模带料排样设计原则

排样设计原则

带料排样图的设计是多工位级进模设计的重要依据,是决定级进模性能优劣的主要因素之一。带料排样图设计还直接影响模具设计的质量。当料带排样图确定后,零件的冲压顺序、模具工位数及各工位内容、材料的利用率、模具步距的基本尺寸、定距方式、带料载体形式、带料宽度、模具结构、导料方式等都可确定。排样图设计错误,会导致模具无法完成冲压零件生产或模具调试困难。设计带料排样图时,必须认真分析,综合考虑,进行合理组合和排序,拟定出多种排样方案并加以比较,最终确定最佳方案。带料排样设计需遵循以下原则。

(1) 要保证冲压零件的精度和技术要求,以及后续加工/装配工序的需要。

(2) 工序尽量分散,以提高模具寿命,简化模具结构。

(3) 要考虑生产能力和生产批量的匹配,当生产能力低于生产批量时,优先采用双排或多排排样方式,以提高效率,同时要尽量使模具制造简单,模具寿命长。

(4) 高速冲压的级进模采用自动送料机构送料时,用导正销精确导正定位,为保证带料送进的步距精度,第一工位安排冲导正孔,第二工位设置导正销,在其后的各工位上优先在易窜动的工位设置导正销。送料步距的控制通过送料装置或侧刃实现。

(5) 尽量提高材料利用率,使废料达到最小限度。对同一零件利用多行排列或双行排列穿插,可提高材料利用率。另外,在条件允许的情况下,可把不同形状的零件整合在一副模具上冲压,这样更有利于提高材料利用率。

(6) 适当设置空工位,以保证模具具有足够的强度,并避免凸模干涉,同时也便于试模时利用空工位调整成形工序,如图 6-5 所示。

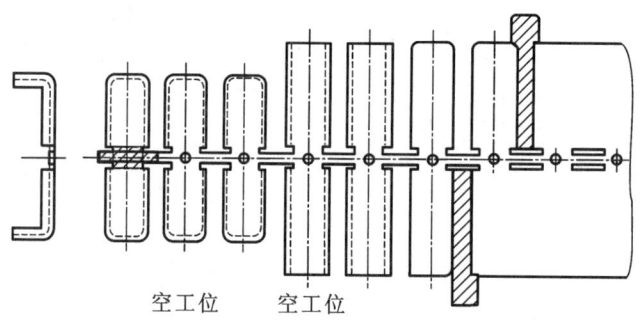

空工位　　空工位

图 6-5　空工位示意图

(7) 必须防止产生带料送进障碍,应确保带料在送进过程中通畅无阻。

(8) 冲压件的毛刺方向。当零件有毛刺方向要求时,应保证冲出的零件毛刺方向一致;对于有弯曲加工的冲压零件,应使毛刺面留在弯曲件内侧;在分段切除余料时,不能有的位置向下冲压,有的位置向上冲压,造成冲压件的周边毛刺方向不一致。

(9) 要注意冲压力的平衡。合理安排各工序,以保证整个冲压加工的压力中心与模具中心一致,其最大偏移量不能超过 $L/6$ 或 $B/6$(其中 L、B 分别为模具的长度和宽度)。冲压过程出现侧向力时,要采取措施加以平衡。

(10) 工件和废料应确保能顺利排出,连续的废料需要增加切断工序。

6.2.2 冲压工序的确定与工位冲压内容的排序

在带料排样设计中,首先是要明确零件的冲压加工工序类型、各工序的加工内容及优化组合方式,并对分解后的工位冲压内容进行排序。在确定工序数目和工位安排顺序时,要考虑各冲压工序的特点,有针对性地进行。

1. 级进冲裁工序排样的原则

(1) 由于各工序都是冲裁加工,其先后可按复杂程度而定,一般以有利于下道冲压工序进行为准,以保证工件的精度要求和零件几何形状的正确。对于冲孔落料件,应先冲孔,再逐步完成外形的冲裁。尺寸和形状要求高的轮廓,应布置在较后的工位上冲切。

(2) 当孔到边缘的距离较小且孔的精度要求又较高时,冲外轮廓可能导致孔会变形,可将孔旁外缘先于内孔冲出,如图 6-6 所示。

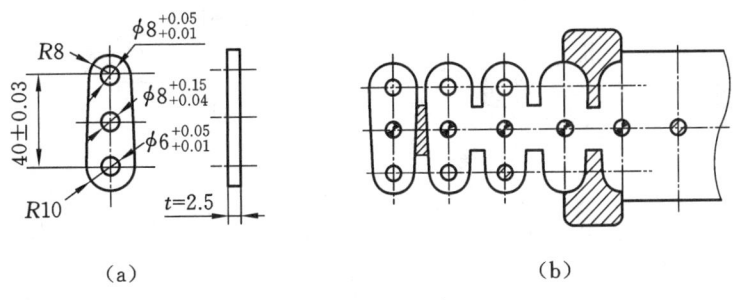

图 6-6 排样示例

(a)孔可能变形;(b)先冲外缘

(3) 应尽量避免采用复杂形状的凸模,并避免型孔有尖的凸角、窄槽、细腰等薄弱环节。复杂的型孔应分解为若干个简单的孔形并分步冲裁,使模具型孔、凸模容易制造。

(4) 有严格要求的局部内、外形及位置精度要求高的部位,应尽量集中在同一工位上冲出,以避免步距误差影响精度。如果在一个工位完成这一部分冲压有困难,需分解成两个工位,最好放在两个相邻工位连续冲制。如在一个零件上有一组孔,其孔距位置尺寸要求严格,这一组孔应力求设计在一个工位,使误差只受模具制造误差的影响,而不受步距误差的影响。

(5) 对一些复杂形状进行分解冲裁时,为了减少步距的累积误差,凡是能合并的工位,只要模具能保证零件的精度,模具本身具有足够的强度,就不要轻易分解、增加工位。尤其对于形状不宜分解的零件,更不要轻易增加工位。

(6) 分段切除余料时,因冲切加工会使带料强度逐渐变弱,在安排各工位的加工内容时要考虑带料宽度方向的导向和保证带料载体与零件连接处有足够的强度与刚度。当冲压件上有大小孔或窄肋时,应先冲小孔(短边),后冲大孔(长边)。

(7) 凹模上冲切轮廓与凹模壁之间的距离不应小于凹模的最小允许壁厚,一般取为 $2.5t$ (t 为工件材料厚度),最小要大于 2 mm。

(8) 轮廓周界较大的冲切,尽量安排在中间工位,以使压力中心与模具几何中心重合。

2. 级进弯曲工序排样的原则

(1) 对于级进冲压弯曲类零件,先冲孔,然后分离弯曲部位周边的废料,再进行弯曲,最后将弯曲件切离带料。靠近弯边的孔有精度要求时,若孔在变形区,应弯曲后再冲孔,以防止孔变形。

(2) 为避免弯曲时载体变形和侧向滑动,小件可两件组合成对称件弯曲,然后再剖分开。

(3) 对于复杂的弯曲零件,为了便于模具制造并保证弯曲角度合格,应将其弯曲工序分解为多个简单弯曲工序的组合,通过逐次弯曲而形成零件,切不可强行一次弯曲成形。尽量用简单的模具结构来成形弯曲件,如图 6-7 所示。对于精度要求较高的弯曲件,应通过整形工序保证零件质量。

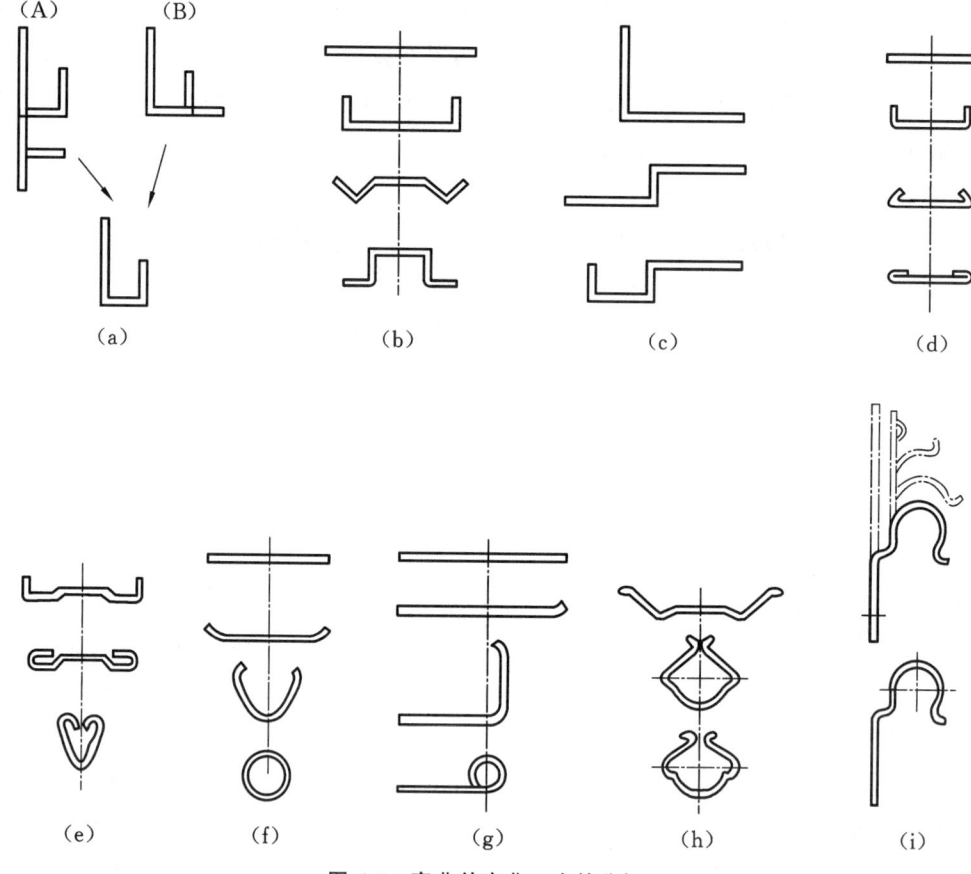

图 6-7　弯曲件弯曲工序的分解

(4) 平板毛坯弯曲后变为空间立体形状,毛坯平面应离开凹模面一定高度,以使工序件能在进一步向前送进时不被凹模挡住,这一高度称为送进线高度。在满足工序件顺利送进的前提下,尽可能减小送进线高度,如图 6-8 所示。

(5) 当一个零件的两个弯曲位置有尺寸精度要求时,弯曲两位置应当在同一工位一次成形,这样不仅可保证尺寸精度,而且能够保证成批零件加工后的一致性。

(6) 弯曲时,为保证零件的弯曲质量,应考虑弯曲线与材料纹向垂直。当零件在互相垂直的方向或几个方向都要进行弯曲时,弯曲线必须与带料或条料纹向成一定的角度,角度一般为 $30°\sim60°$。

(7) 尽可能以压力机行程方向作为弯曲方向;要做不同于行程方向的弯曲成形时,可采用斜楔滑块机构;对于闭口型弯曲件,也可采用斜口凸模弯曲,如图6-9所示。

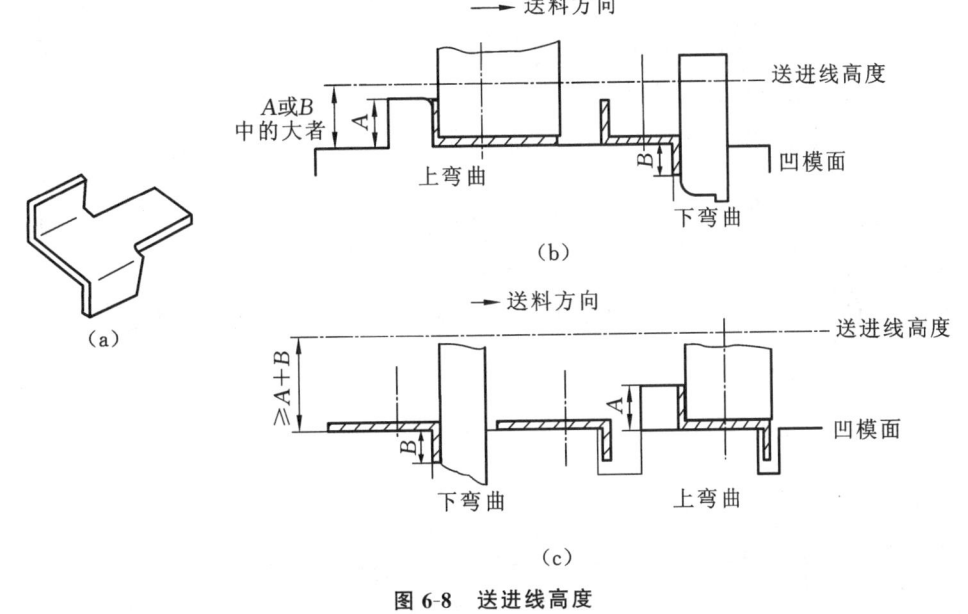

图6-8 送进线高度

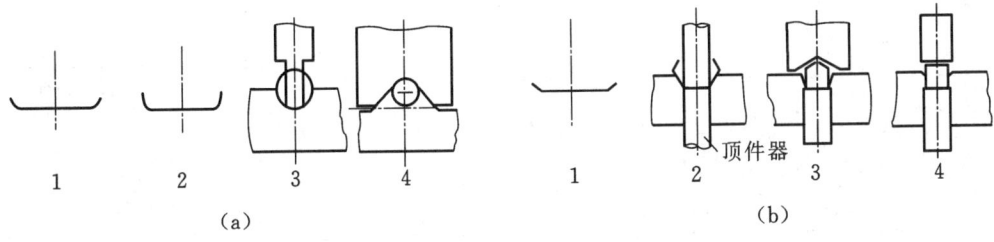

图6-9 复杂形状零件弯曲

3. 级进拉深工序排样的原则

(1) 对于有拉深又有弯曲和其他工序的工件,应当先进行拉深,再安排其他工序。这是由于拉深过程中必然有材料的流动,若先安排其他工序,拉深时将造成已成形部位的变形。

(2) 采用多工位模具多次拉深的零件,由于连续冲压的原因,其拉深系数的选取应以安全稳定为原则。最终还应当考虑整形工序,以保证冲压件的质量。为了便于级进拉深模在试模过程中调整拉深次数和各次拉深系数的分配,应在工艺排样中适当安排空工位,作为预备工位。一般每拉深一次增加一个空工位。空工位的增加,还可减少带料拉深时拉深高度不一致造成的带料倾斜和载体变形。

(3) 拉深件底部有较大孔时,可在拉深前先冲较小的预备孔,以改善材料的拉深性能;拉深后再将孔冲至要求的尺寸。

(4) 带料级进拉深有两种方式,即无切口带料拉深和有切口带料拉深,如图6-10所示。

若拉深的深度较大,为了便于材料的流动,可应用拉深前切口、切槽等技术。生产中常用几种切口或切槽形式见表6-1。表6-2为级进拉深排样的工艺参数计算公式,表6-3为带料级进拉深排样搭边及有关切口参数的参考值。

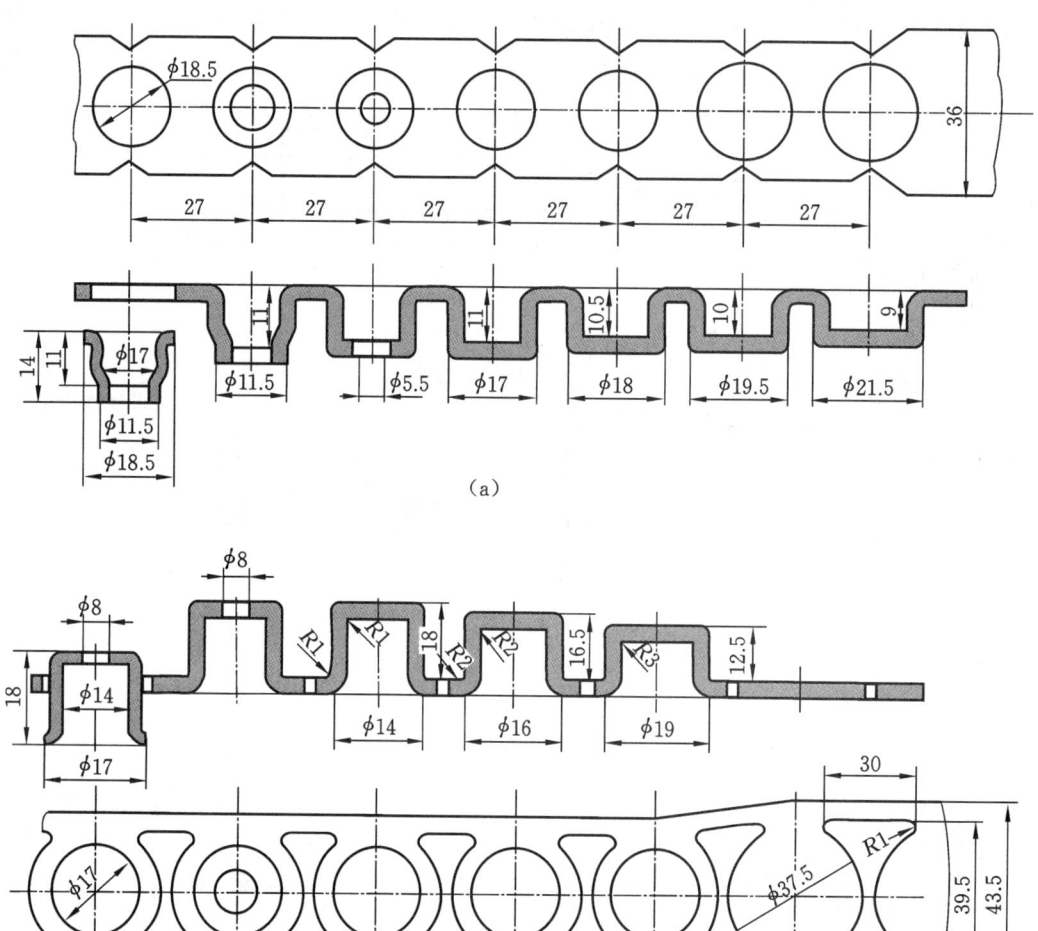

图 6-10　带料级进拉深方法

(a)无切口；(b)有切口

表 6-1　常见工艺切口/切槽形式及应用

序号	切口或切槽形式	应用场合	优缺点
1		用于材料厚度 $t<1$ mm 的大直径（$d>5$ mm）圆形浅拉深件	(1)首次拉深工位,料边起皱情况较无切口时好; (2)拉深中侧搭边会弯曲,妨碍送料
2		用于材料较厚（$t>0.5$ mm）的圆形小工件。应用较广	(1)不易起皱,送料方便; (2)拉深中步距会缩小; (3)工艺废料多

序号	切口或切槽形式	应用场合	优缺点
3	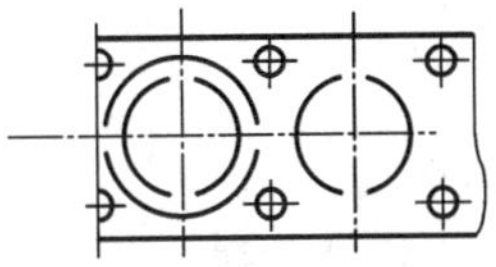	用于薄料($t<0.5$ mm)的小工件	(1)拉深过程中料宽与送料步距不变,可用废料搭边上的孔定位; (2)工艺废料多
4	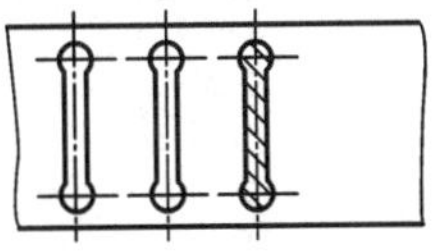	用于矩形件的拉深,应用较广	(1)不易起皱,送料方便; (2)拉深中步距会缩小; (3)工艺废料多
5	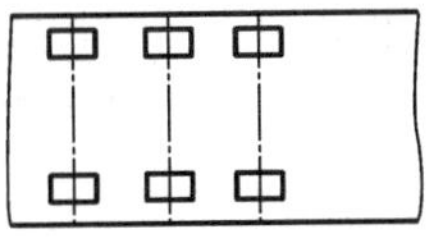	用于矩形件的拉深	
6	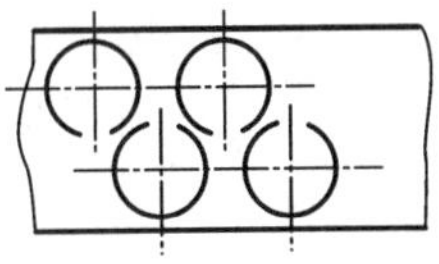	用于单排或双排的单头焊片	(1)首次拉深工位,料边起皱情况较无切口时好; (2)拉深中侧搭边会弯曲,妨碍送料

表 6-2　级进拉深排样的工艺参数计算公式

序号	图示	拉深方法	料宽	步距
1	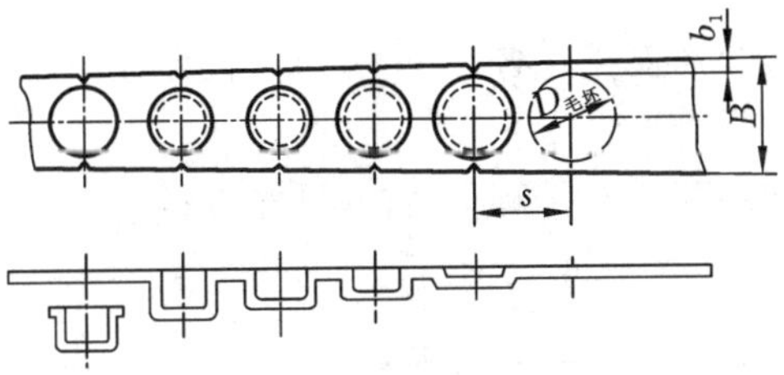	无切口带料级进拉深	$B = D_{毛坯} + 2b_1$	$s=(0.8\sim1)D$,一般不能小于包括切边余量的凸缘直径
2	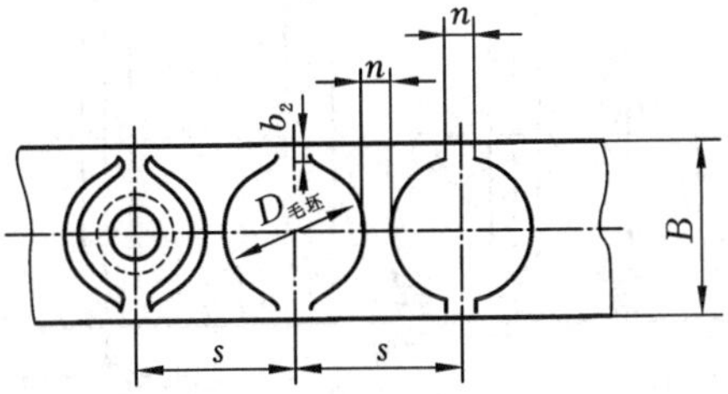	有一圈工艺切口的级进拉深	$B = D_{毛坯} + 2b_2$	$s=D+n$
3	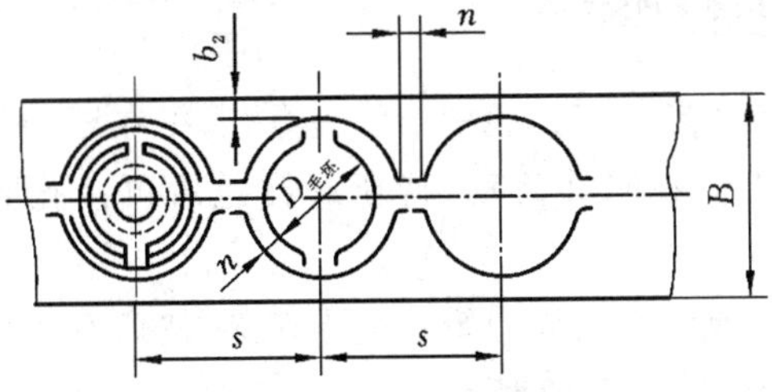	有两圈工艺切口的级进拉深	$B=D_{毛坯}+2n+2b_2$	$s=D+3n$

续表

序号	图示	拉深方法	料宽	步距
4		带半双月形切口的级进拉深	$B=C+2b_2$	$s=D+n$

表 6-3　拉深排样搭边及有关切口参数的推荐值　　　　　　　　　　　　　(mm)

参数符号 （见表 6-2）	材料厚度		
	$\leqslant 0.5$	$>0.5\sim1.5$	>1.5
b_1	1.5	1.75	2
b_2	1.5	2	2.5
n	1.5	$1.8\sim2.2$	3
r	0.8	1	1.2
K	$K=(0.25\sim0.35)D$		
C	$C=(1.02\sim1.05)D$		

4. 含局部成形工序排样的基本原则

（1）有局部成形时，可根据具体情况将其穿插安排在各工位上进行，在保证产品质量的前提下利于减少工位数。

（2）局部成形会引起带料的收缩，使周围的孔变形，因此不宜安排在带料边缘区或工序件外形处，局部成形区周围的孔应在成形后再冲出，如图 6-11 所示。

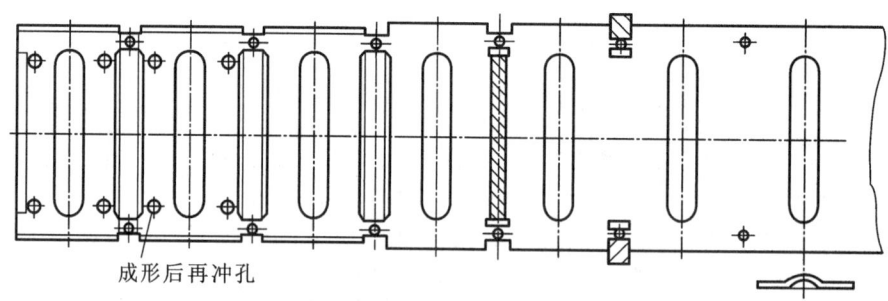

成形后再冲孔

图 6-11　局部成形后冲孔

（3）轮廓旁的凸包要先成形，以避免轮廓变形。若凸包中心线上有孔，可在压凸包前先在孔的位置冲出直径较小的孔，以利于材料从中心向外流动；待压好凸包后再冲孔到要求的尺寸。

（4）镦形后材料会向周边延展，因此镦压前应将其周边余料适当切除，然后在镦形完成后再安排进行一次冲裁工序，冲去被延展的余料，如图 6-12 所示。

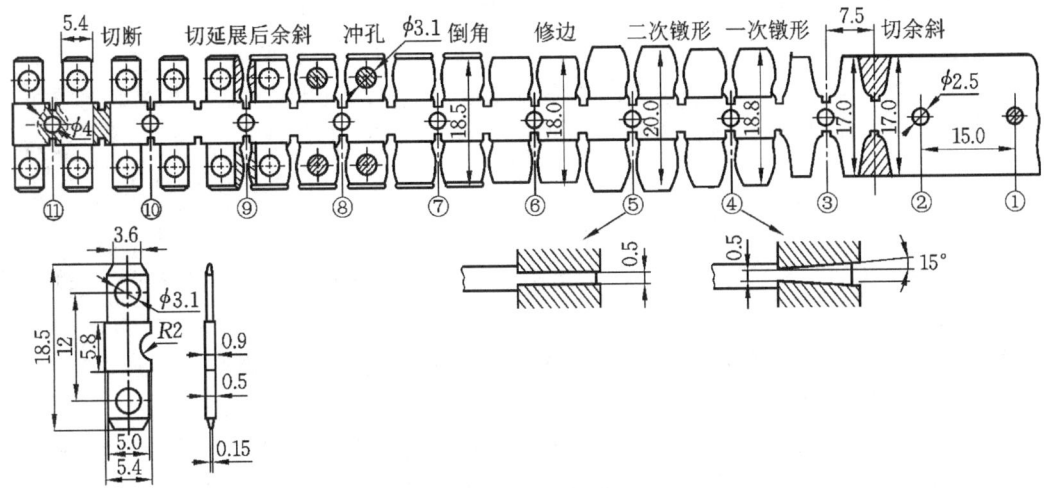

图 6-12 带有镦压变形的排样

◆ **案例分析**

分析图 6-2 所示的 U 形支架弯曲件,确定冲压工序并对工位冲压内容进行排序。

该 U 形支架零件成形的基本冲压工序有冲孔、落料、切断、弯曲。

成形方案如下。

方案 1:落料冲孔(复合模)+弯曲模。

方案 2:级进模(在一副模具中完成所有的冲压工序)。

根据工件的生产批量和零件的结构特点、成形工艺要求,选择方案 2(级进模冲压),弯曲方向向下。

第 1 工位 冲工艺导正孔和 3 个工件结构孔。

第 2 工位 切工件的长边外形,该冲裁凸模还起到侧刃的作用,在该工位设计导正销导正。

第 3 工位 空工位,同时在该工位设计误送检测装置。

第 4 工位 切工件的弯曲部位两侧外形。

第 5 工位 空工位。

第 6 工位 向下弯曲,该工位设有导正销导正。

第 7 工位 空工位。

第 8 工位 落料,该工位设有导正销导正。

第 9 工位 切断废料。

6.2.3 带料排样的载体设计

级进冲压带料的载体,是指冲压时带料与工序件连接并运载其平稳前进的关键材料部分。在排样设计中,载体设计具有决定性作用。载体的几何参数不仅影响材料利用率,还直接决定工件的冲压精度、成形可靠性,以及模具结构的复杂程度与制造可行性。

载体在冲压过程中需同时满足:作为冲裁搭边补偿定位误差;确保冲压工艺基本要求;维

持工序件稳定传送。更重要的是,载体必须具有足够的强度和刚度,以保证连续送料精度。若载体发生变形,将导致送进精度失效,严重时可能引发带料卡模甚至模具损毁。

从结构设计角度,载体宽度应显著大于搭边宽度,但强度提升不能单纯依赖宽度增加,关键在于合理的载体形式选择。根据工件形状特征与工序要求,载体可分为双侧载体、单侧载体和中间载体三类基本形式。

1. 双侧载体

双侧载体是在带料两侧边缘设置的传送结构,被加工工件位于两侧载体之间。双侧载体是理想的载体,可使工件到最后一个工位前带料的两侧保持完整的外形,这对于送进、定位和导正都十分有利。采用双侧载体送进十分平稳可靠,但会降低材料利用率。双侧载体可分为等宽双侧载体、不等宽双侧载体和边料载体。

（1）等宽双侧载体,如图 6-13 所示。一般应用于送料步距精度高、带料偏薄、精度要求较高的多工位级进模。在载体两侧的对称位置可冲出导正孔,在模具的相应位置设导正销,以提高定位精度。

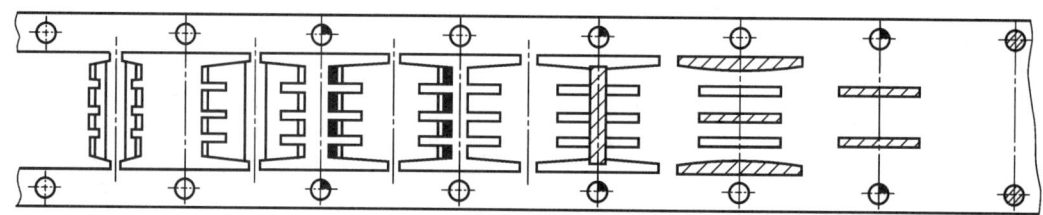

图 6-13　等宽双侧载体

（2）不等宽双侧载体,如图 6-14 所示。宽的一侧称为主载体,一般在主载体上设计导正孔,窄的一侧称为副载体。冲压时,带料沿主载体一侧的导料板前进。冲压过程中可在中途冲切去副载体,以便进行侧向冲压加工或其他加工。在冲切去副载体之前,主要冲裁工序都应完成,以确保工件的冲压精度。

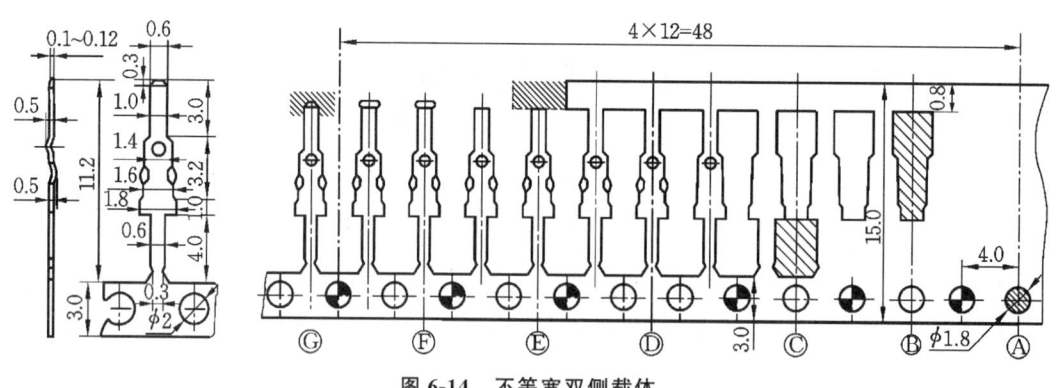

图 6-14　不等宽双侧载体

（3）边料载体,如图 6-15 所示。即利用材料两侧搭边冲出导正孔而形成的一种载体,这种载体既简单又能提高材料的利用率,对于外形为圆形的冲裁、浅拉深成形的工件排样应用十分普遍。

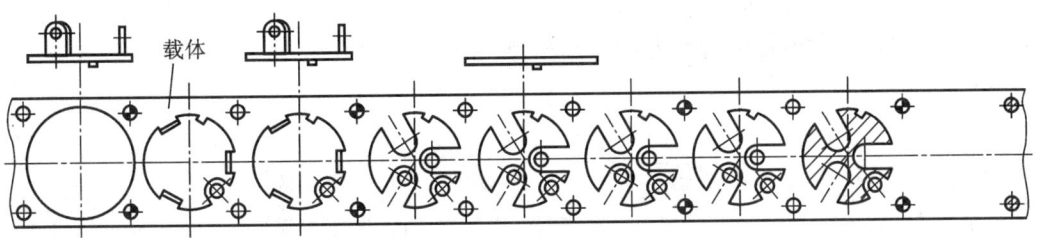

图 6-15 弯曲件排样边料载体

2. 单侧载体

单侧载体是在带料单侧设置的传送结构,用于传送工序件。其导正孔布置于载体侧,送料步距精度低于双侧载体。为提高精度,可协同使用零件本体导正孔,以补偿载体微小变形导致的误差。相较于双侧载体,单侧载体需加大宽度。在冲压过程中,单侧载体易产生横向弯曲,无载体一侧的导向比较困难。

单侧载体一般应用于带料厚度为 0.5 mm 以上冲压件的传送;特别是对于零件一端或几个方向都有弯曲,往往只能保持带料的一侧有完整外形的场合,采用单侧载体较多,如图 6-16 所示。

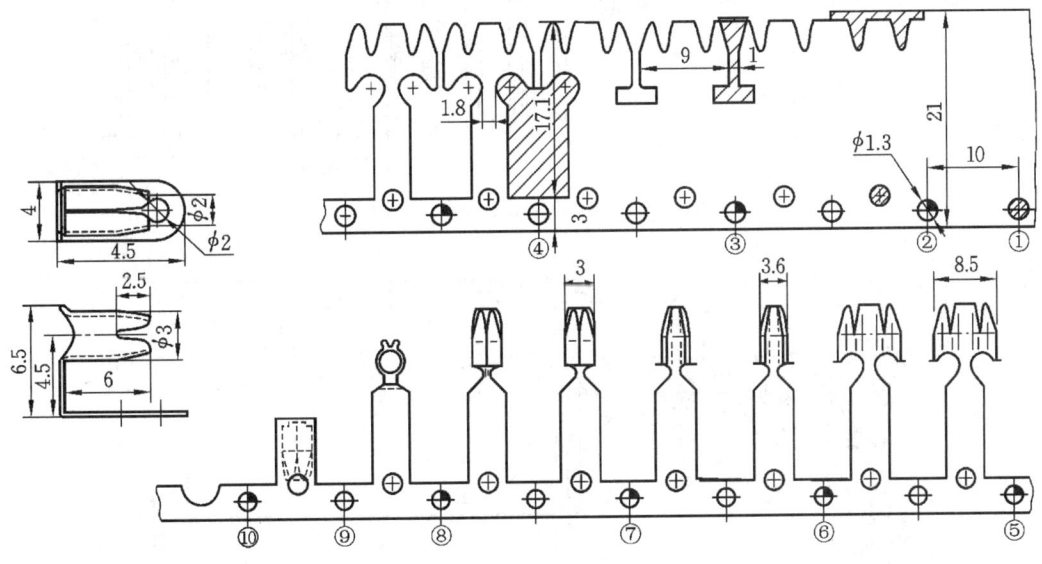

图 6-16 单侧载体排样图

在冲裁细长零件时,为了增强载体的强度,且不过分增加载体宽度,仍采用单侧载体,但在每两个冲压件之间的适当位置设计一个连接部分,以增强带料的强度。这种载体称为桥接式载体,其中连接两工序件的部分称为桥。采用桥接式载体时,冲压进行到一定的工位或到最后再将桥接部分冲切掉,如图 6-17 所示。

3. 中间载体

中间载体是指布置在带料中央的传送结构,如图 6-18 所示为采用中间载体时同一个零件的不同排样方案。中间载体形式一般适用于对称零件,尤其是两外侧有弯曲的对称零件,对于这种零件,采用中间载体不仅可以节省大量的材料,还可用对称弯曲抵消两侧压弯时产生的侧向力。对于一些不对称的单向弯曲零件料,也可采用中间载体组合冲压,将被加工的零件对称排列在载体两侧,变不对称零件为对称性排列,既提高了生产效率,又提高了材料利用率,还抵消了弯曲时产生的侧向压力。

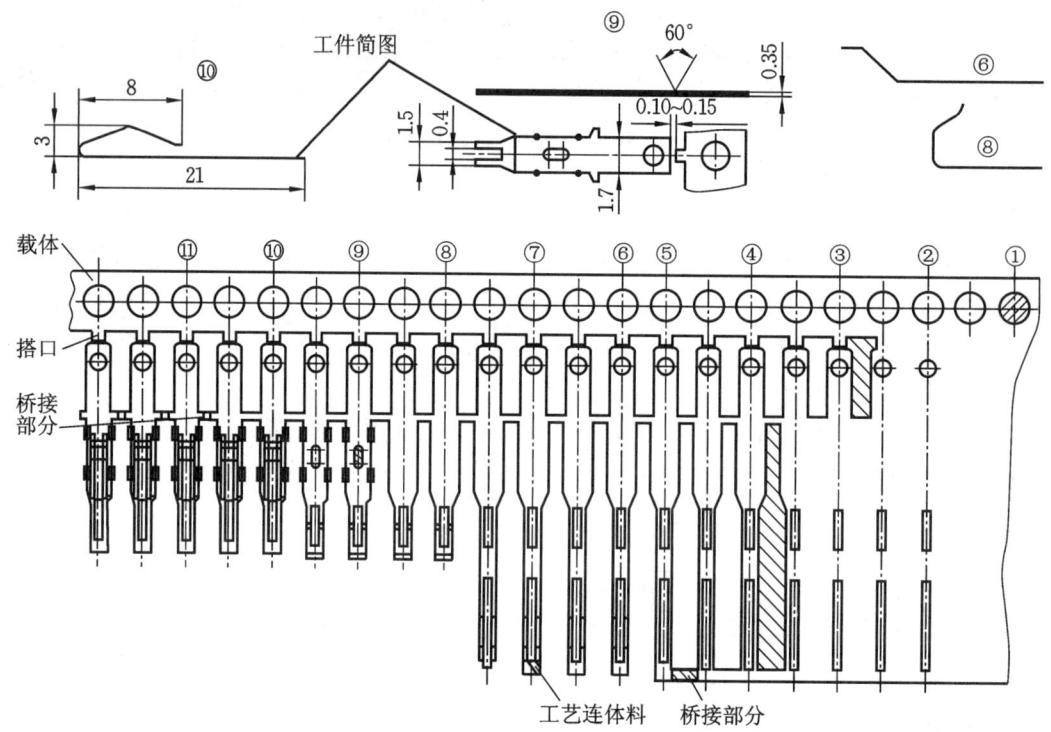

图 6-17　桥接式载体排样图

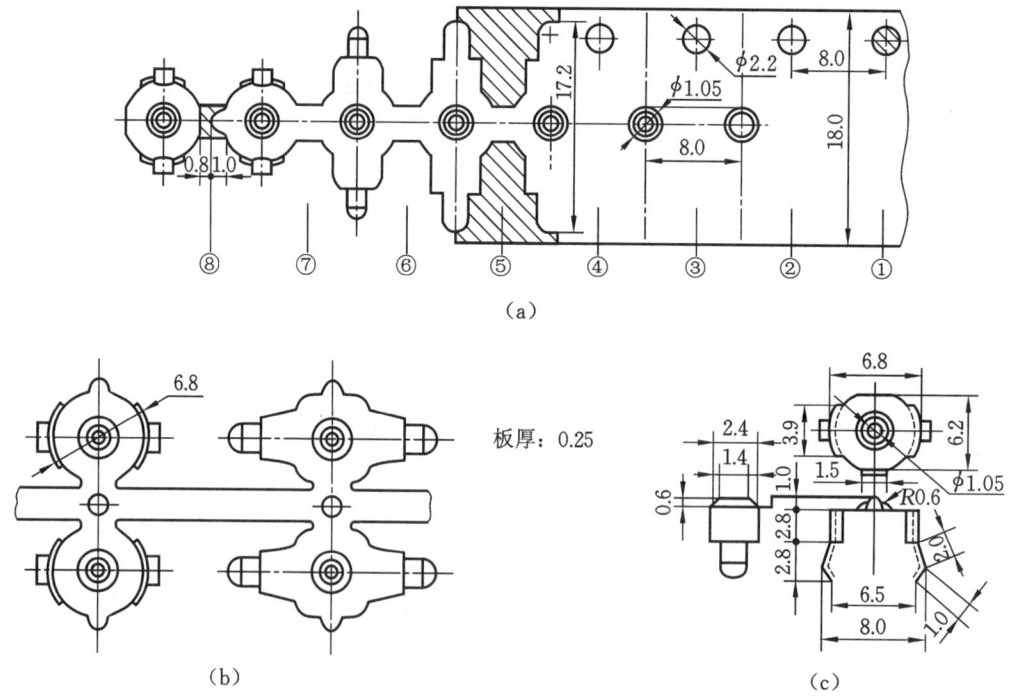

图 6-18　中间载体排样图

6.2.4　分段冲切的设计

1. 分段冲切的目的

对于包含复杂内孔/外形且兼具弯曲、拉深、成形等多种工序的冲压零件,通常采用多工位分段冲切余料成形工艺。如图 6-19 所示,通过将复杂轮廓分解为简单几何单元,可将刃口结构简化,降低凸模/凹模加工难度,缩短模具制造周期,还可改善模具应力分布,提升模具强度及使用寿命。

分段冲切及
工位设计

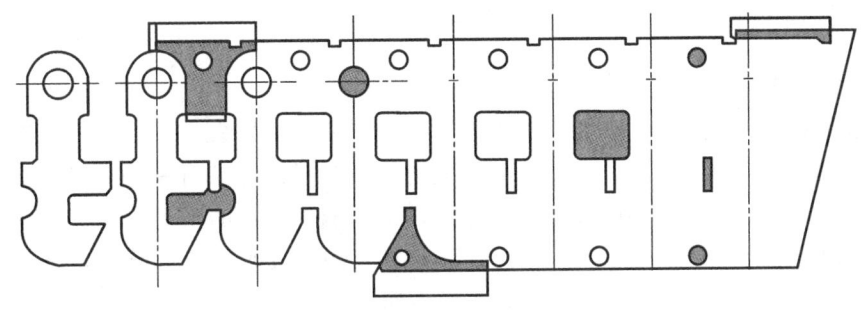

图 6-19　刃口分解要求

2. 分段冲切的分解原则

(1) 刃口的分段应有利于简化模具结构,形成的冲切形状要简单、规则,便于加工,并要有足够的强度,还应保证产品零件的形状、尺寸、精度和使用要求。

(2) 轮廓形状分解后,各段间的接缝应平直或圆滑。若连接不好,就会出现错位、毛刺等缺陷。复杂外形以及有窄槽或细长臂的部位最好进行分解,复杂内形也最好进行分解。分解还要考虑加工设备条件和加工方法,以便于加工。

(3) 分段搭接点应尽量少,搭接点位置要避开产品零件的薄弱部位和外形的重要部位,设置在不容易被注意到的位置。

(4) 有公差要求的直边和使用过程中有滑动配合要求的边应一次冲切,不宜分段,以免产生累积误差。

(5) 外轮廓各段毛刺方向有不同要求时,应进行工位分解。

3. 分段冲切搭口形式的选择

级进模在分段切除冲制过程中,余料切除后各段间要连接成一个完整的冲压零件。由于级进模工位多,模具的制造误差及步距间的误差累积都有可能使冲切后型孔各段出现各种质量问题。为保证冲压零件的质量,就必须合理地选择连接方式,并采取必要的措施,使各段间连接平直和圆滑,以免出现毛刺、错位、尖角、塌角等。接缝连接方法有三种:搭接、平接和切接。

1) 搭接

如图 6-20 所示,第一次冲出 A、C 两区,第二次冲出 B 区,图示的搭接区是冲裁 B 区时凸模的扩大部分。搭接区在实际冲裁时不起作用,其主要作用是克服型孔间连接时的各种误差,以保证接缝连接良好,工件在分段切除后连接整齐。搭接有利于保证冲件的连接质量,在分段切除中大多都采用这种方式。

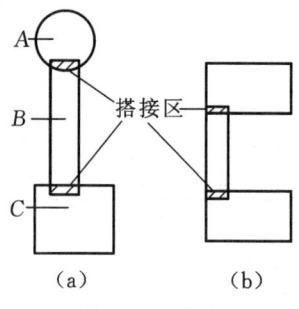

图 6-20　搭接

2）平接

平接是在零件的直边上先冲切去一段,然后在另一工位再切去余下的一段,两次冲切刃口平行,共线但不重叠,如图 6-21 所示。平接方式易出现毛刺、错位和不平直等质量问题。设计时,应尽量避免采用。若需采用时,要提高模具步距和凸模、凹模的制造精度,并对平接的直线前后两次冲切的工位均设置导正销。在二次冲切的凸模连接处的延长部分修出微小的斜角(3°～5°),以防由于累积误差的影响在连接处出现明显的缺陷。

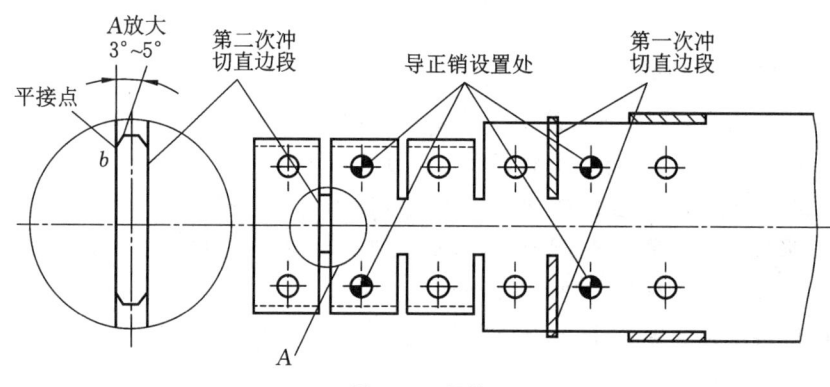

图 6-21　平接

3）切接

切接与平接相似,区别在于切接应用于零件的圆弧部分,其原理是采用圆弧与圆弧相切的方式进行分段切除余料的,如图 6-22 所示,第一次冲切的圆弧段与第二次冲切的圆弧段在圆弧切点处要圆滑过渡。因此,冲切凸模的宽度尺寸要比工件与载体连接部分的尺寸宽度 a 略大。与平接相似,切接也容易在连接处产生毛刺、错位、不圆滑等质量问题,要注意切接时对该工位的导正定位。

6.2.5　工位数和步距设计

级进模的工位数设计应遵循最小必要原则。工位数太多,将带来一系列问题,如不可避免地累积步距误差、模具面积和重量变大、模具材料成本加大等。

1. 合理确定必需的冲压工位

当遇到复杂的工件外形或孔间距太小时,考虑到冲裁凸、凹模的强度和模具加工等问题,可将冲裁工序分解,进行多次局部冲裁,在多个工位上做冲裁加工。即采用增加工位数的方式

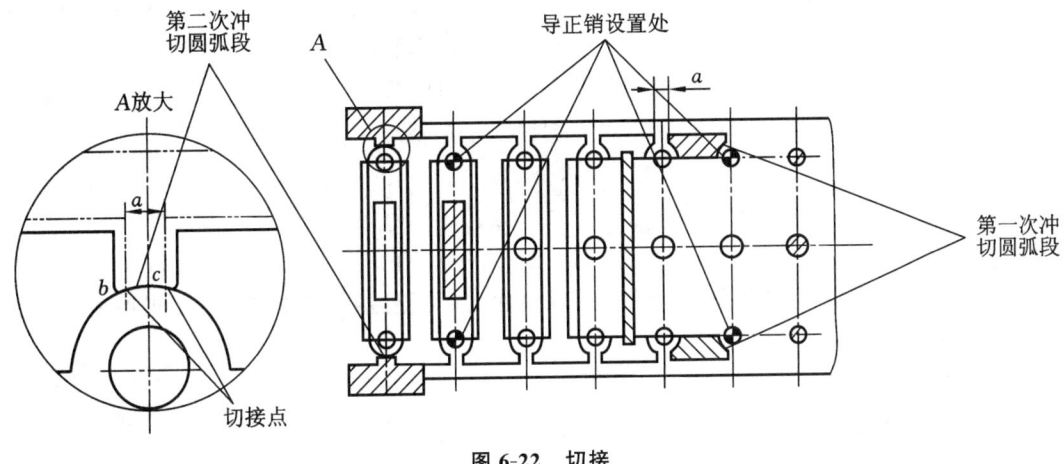

图 6-22　切接

来简化凸模、凹模的几何形状。

对于弯曲、拉深等成形零件,要通过分析、计算来确定弯曲或拉深需要多少工位成形,对于精度要求较高的弯曲件、拉深件,还应考虑整形工位。

2. 适当设计空工位

所谓空工位,是指当带料送到这个工位时,不进行任何冲压加工,但按步距送进的尺寸要求,该工位是存在的。在排样设计中,若步距尺寸不能满足模具壁厚强度和零部件的安装尺寸要求,应增设空工位,其目的有三个:一是保证凹模、卸料板和凸模固定板型孔间的壁厚有足够的强度,确保模具的使用寿命;二是保证在模具中设置的特殊结构(如倒冲机构等)有安装空间;三是做必要的储备工位(如复杂弯曲件或拉深件),便于试模调整工序时使用。在多工位级进模中,空工位虽常见,但绝不能无原则地随意设置。由于空工位的设置会增大模具的尺寸,使模具的误差累积增大,因此,在排样设计考虑空工位设置时要遵循以下原则。

(1) 用多组导正销做精确定位的带料排样,如果步距积累误差较小,对产品精度影响不大,可适当地多设置空工位。而单纯以侧刃定距的多工位级进模,其带料送进时随着工位数的增多,误差累积加大,不应轻易增设空工位。

(2) 当模具的步距较大(步距>30 mm)时,不宜多设置空工位。反之,当模具的步距较小(步距<8 mm)时,多增加一些空工位对模具的影响不大。当步距过小时,如果不多增设空工位,模具的强度就较低,模具的一些零部件就无法安装,此时,就应该考虑多增加空工位。

(3) 对于精度高、形状复杂的零件,在设计排样图时,应少设置空工位;对于精度较低、形状简单的零件,在设计排样图时,可适当地多设置空工位。

3. 步距的确定

级进模的步距是指相邻两工位间的距离。步距确定后,带料在模具中每送进一次,所需要向前移动的送料距离都是相等的。步距的精度直接影响冲压件的精度。设计级进模时,要合理地确定步距的基本尺寸和步距精度。

步距的精度直接影响冲压件的精度。步距的误差不仅影响余料的分段切除,导致外形尺寸的误差,还会影响冲压件内、外形的相对位置。也就是说,步距精度越高,冲压件精度也越高,但模具制造也就越困难。所以步距精度的确定必须根据冲压件的具体情况来确定。影响步距精度的因素很多,归纳起来主要有:冲压件的精度等级、形状复杂程度、冲压件材质和材料厚度、模具的工位数、冲制时带料的送料方式和定距定位形式等。

目前大多数企业根据工件的精度、形状复杂程度和模具的工位数,凭经验确定步距的精度,一般为$+0.02$ mm$\sim+0.005$ mm,也可根据以下步距精度经验公式确定,即

$$\pm\delta=\pm\frac{\beta k}{2\sqrt[3]{n}} \tag{6-1}$$

式中:$\pm\delta$——多工位级进模步距对称极限偏差值(mm);

β——冲件沿带料送进方向最大轮廓基本尺寸(指展开后)精度提高 3~4 级后的实际公差值(mm);

n——模具设计的工位数;

k——修正系数,主要考虑材料、料厚因素,并体现在冲裁间隙上,其取值见表 6-4。

表 6-4 修正系数 k

冲裁(双面)间隙 Z/mm	k
>0.01~0.03	0.85
>0.03~0.05	0.90
>0.05~0.08	0.95
>0.08~0.12	1.00
>0.12~0.15	1.03
>0.15~0.18	1.06
>0.18~0.22	1.10

在级进冲压过程中,带料的定位精度直接影响到冲压件的精度。在模具步距精度一定的条件下,可以通过载体设计和导正销设置,达到要求的带料定位精度。带料定位精度误差可按以下经验公式确定:

$$T_\Sigma=CT\sqrt{n} \tag{6-2}$$

式中:T_Σ——带料的定位积累误差;

T——级进模的步距公差;

n——工位数;

C——精度系数,采用单侧载体且每步有导正销时 $C=1/2$,采用双侧载体且每步有导正销时 $C=1/3$;当载体每隔一步导正时,精度系数取每步导正时的 1.2 倍;每隔两步导正时,精度系数取每步导正时的 1.4 倍。

例 6-1 如图 6-23 所示冲压件,展开尺寸为 13.85 mm,工位数为 8,冲压件公差等级为 IT14,试确定步距公差和带料的定位积累误差。

解 将带料展开尺寸公差等级提高 4 级,即 IT10,其公差值为 0.07 mm。若模具的冲裁双面间隙为 0.08~0.10 mm,查表 6-4 得 $k=1$,由式(6-1)得模具的步距误差为

$$\pm\delta=\pm\frac{\beta k}{2\sqrt[3]{n}}=\pm\frac{0.07\times1}{2\sqrt[3]{8}}\ \text{mm}=\pm0.0175\ \text{mm}\approx0.02\ \text{mm}$$

则步距公差 $T=2\delta=0.04$ mm。

因为该冲压件采用双侧载体排样方式,导正销每隔一步导正一次,精度系数取 $1.2\times\frac{1}{3}$,步

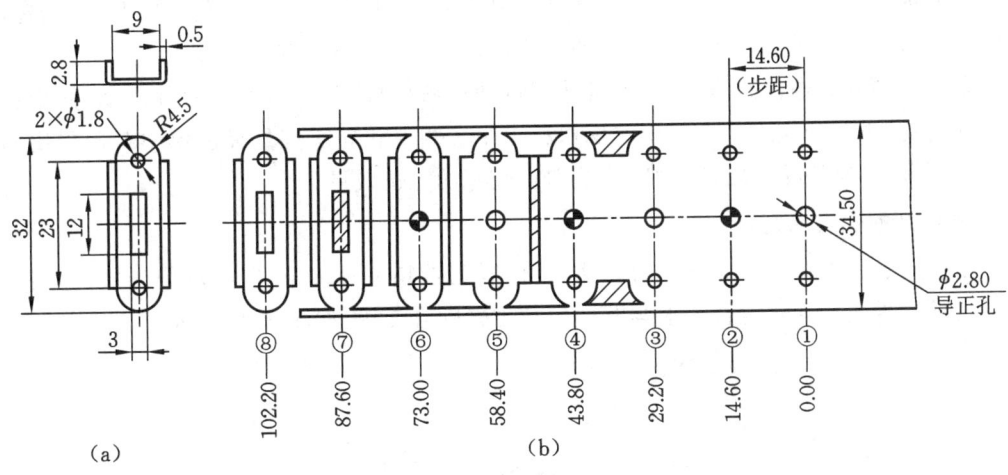

图 6-23 支架零件排样图

数为 8,由式(6-2)得带料的定位积累误差为

$$T_\Sigma = CT\sqrt{n} = 1.2 \times \frac{1}{3} \times 0.04 \times \sqrt{8} \ \text{mm} = 0.045 \ \text{mm}$$

即该模具的步距公差为 0.04 mm,如图 6-24 所示,带料的定位积累误差为0.045 mm。

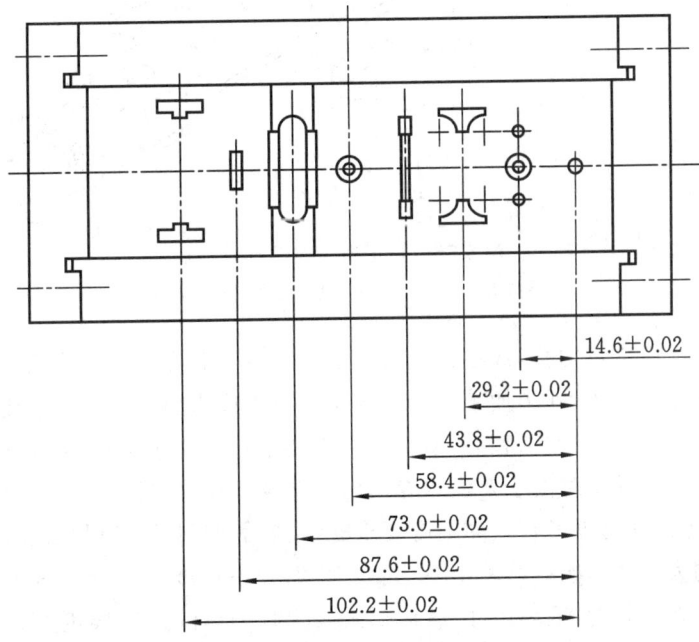

图 6-24 支架零件级进模步距公差标注

6.2.6 定位形式选择与设计

1. 定位形式

在级进模中,由于冲压件的加工工序分布在多个工位顺序完成,为保证各工位冲切位置的准确性,必须确保带料在每工位均能精准定位。

级进模的定位可采用挡料销、侧刃、自动送料机构、导正销等。前三者只能用于初始定位，有较大的定位误差。级进模冲压过程中的精确定位必须采用导正销来实现。

在多工位精密级进模冲压生产中，常使用自动送料机构，配合压力机冲程运动，使带料定时定量地送进，也可和侧刃结合使用实现送料定距。侧刃和导正销是级进模中普遍采用的定位方式，使用时必须遵循一定的原则，才能取得较好的定位效果。

2. 导正孔的确定原则

导正孔与装于上模的导正销配合使用，可以矫正带料位置，减小初始定位误差，达到精准定位的目的。导正销导正定位一般与其他定位方式配合使用，如图 6-25 所示。

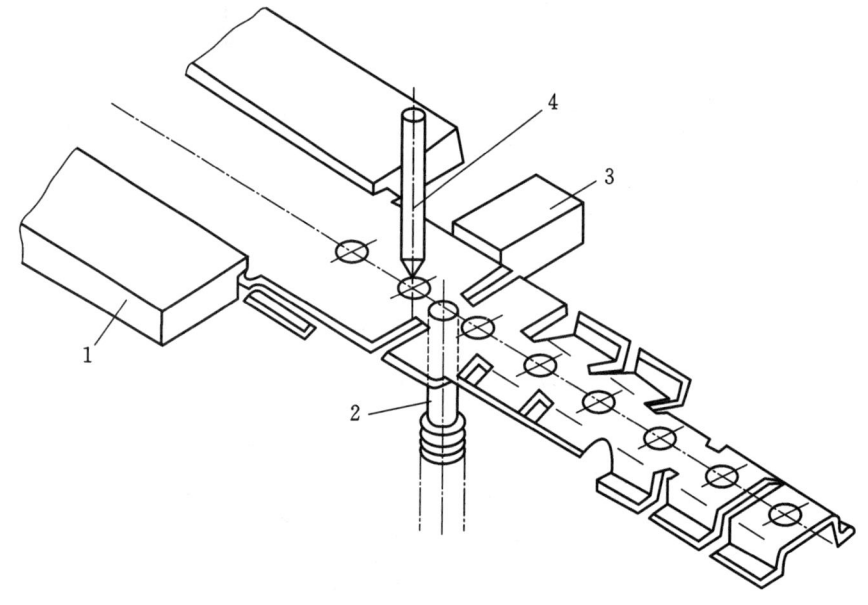

图 6-25 导正销工作示意图

1—导料板；2—托料钉；3—侧刃挡块；4—导正销

导正孔可以是零件本身的孔，或在工艺废料载体上冲压出的专用于导正的孔。利用零件本身的孔导正称为直接导正，利用加工的专用导正孔导正称为间接导正。直接导正时，外形与孔的相对精度容易保证，模具加工容易，但直接导正易引起零件上的孔变形，孔有较高精度要求时一般不采用。间接导正时由于要设置专用的工艺导正孔，材料的利用率有所降低，模具加工工作量增加，当零件孔与外形有较高精度要求时，精度的控制没有直接导正高。

导正孔直径的大小会影响材料利用率、载体强度、导正精度等。设计导正孔时，应综合板料厚度、板料材质、板料硬度、毛坯尺寸、载体形式及尺寸、排样方案、导正方式、产品结构特点和精度等因素来进行。一般导正孔的最小直径应大于或等于料厚 t 的 3～4 倍。

下面所列为导正孔直径的经验值：

当 $t < 0.5$ mm 时，$d_{min} = 1.5$ mm；

当 1.5 mm $\geqslant t \geqslant 0.5$ mm 时，$d_{min} = 2 \sim 3$ mm；

当 $t > 1.5$ mm 时，$d_{min} = 3 \sim 5$ mm。

在设计的排样图上确定导正孔位置时应遵循以下原则：

（1）一般在带料排样的第一工位就要设计冲制出导正孔，紧接的第二工位要安装导正销。

对第一工位冲出的导正孔,导正以后按带料送料精度的要求,考虑在相应位置设置导正销(如每隔 2～4 工位设置一导正销),并优先考虑在冲压工位或容易窜动的工位设置导正销。

(2)导正孔位置应处于带料的基准平面(即冲压中不参与变形、位置不变的平面)上,否则将起不到定位孔的作用,一般可选在带料载体或余料上。

(3)对于较厚的材料,也可选择零件上的孔作为导正孔;但在冲压过程中,该孔经导正销导正后,精度会被破坏,甚至会变形,应在最后的工位上予以精修。

(4)重要的加工工位前要有导正销。

(5)连续级进拉深的冲压件,在连续拉深时,可不必设置导正孔,而直接利用拉深凸模进行导正。

(6)必须设置导正销又会产生干涉时,可设置空工位。

3. 侧刃设计

侧刃定位也是级进模中普遍使用的一种定位方式,是在带料的一侧或两侧冲切定距槽,通过控制步距达到使工序件定位的目的。它适用于 0.1～1.5 mm 厚的板料,厚度大于 1.5 mm 或小于 0.1 mm 的板料不宜采用;其定位精度比挡料销要高,一般适于公差等级 IT11～IT14 的冲压件的定位;但采用该种定位方式的级进模的工位数不宜过多。

由于侧刃凸模有制造误差,侧刃刃口钝化后会影响侧刃步距的精度,所以单一用侧刃定位的级进模工位只能有 3～6 个。在多工位级进模中,一般可利用侧刃进行粗定位定距,采用导正销精准定位。

6.2.7　排样设计后的检查

排样设计前,必须对工件进行认真研究,分析产品的成形工艺性。排样设计完成后,必须认真检查,以改进设计,纠正错误。不同工件的排样,其检查重点和内容也不相同,一般的检查项目可归纳为以下几点:

(1)材料利用率。检查是否为最佳利用率方案。

(2)模具结构的适应性。级进模结构多为整体式、分段式或子模组拼式等,模具结构确定后,应检查排样是否适应其要求。

(3)有无不必要的空工位。在满足凹模强度和装配位置要求的条件下,应尽量减少空工位。

(4)工件尺寸精度能否保证。由于带料送料精度、定位精度和模具精度都会影响工件关联尺寸的偏差,对于精度高的关联尺寸,应在同一工位上成形,否则应考虑保证工件精度的其他措施。如对工件平面度和垂直度有要求时,除在模具结构上要注意外,还应增加必要的工序(如整形、校平等)来保证。

(5)弯曲、拉深等成形工序成形时,材料的流动会引起材料流动区的孔和外形产生变形,则材料流动区的孔和外形的成形应置于变形工序之后,或增加修整工序。

(6)从载体强度是否可靠,工件已成形部位对送料有无影响,毛刺方向是否有利于弯曲变形,弯曲件的弯曲线是否与材料纹向垂直或成 45°等方面进行分析检查。

◈ 案例分析

分析图 6-2 所示的 U 形支架弯曲件,根据工位冲压内容排序方案,对零件进行排样方案设计。

根据 U 形支架零件冲压成形工位排序方案,设计了两种载体类型排样方案:方案一为单侧载体排样方案,如图 6-26 所示;方案二为中间载体双排排样方案,如图 6-27 所示。两种方案都设计了 9 个工位。

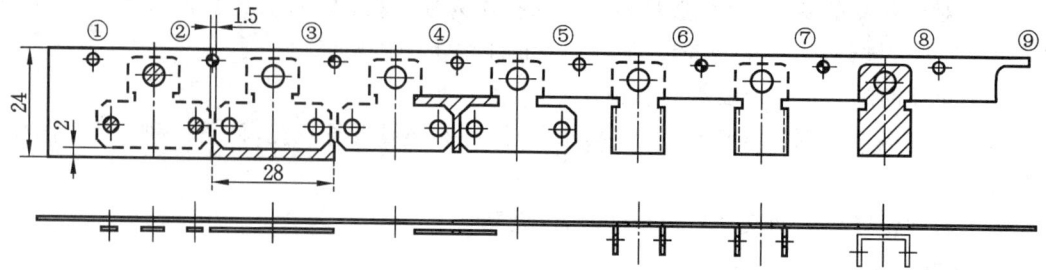

图 6-26　U 形支架单侧载体排样方案

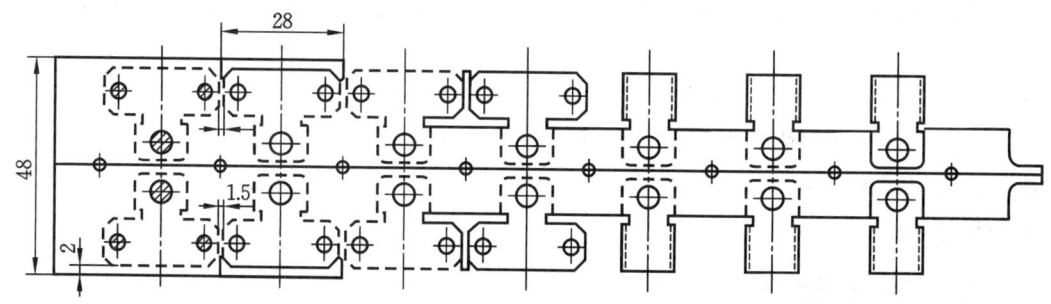

图 6-27　U 形支架中间载体双排排样方案

6.3　多工位精密级进模主要零部件的设计

多工位精密级进模主要零部件的设计,除应满足一般冲压模具的设计要求外,还应结合精密级进模的冲压特点、模具主要零部件装配和制造要求,综合考虑结构形式和尺寸。

6.3.1　凸模

一般的粗短凸模可以按标准选用或按常规设计。而在多工位精密级进模中,有许多冲小孔的细小凸模、冲窄长槽凸模、分解冲裁凸模和受侧向力的弯曲凸模等。这些凸模的设计应根据具体的冲压要求,如冲压材料厚度、冲压速度、冲裁间隙和凸模的加工方法等,来考虑凸模的结构及其固定方法。

凸模结构
设计

1. 圆形台阶凸模

图 6-28 所示为常用的圆形台阶凸模结构。图 6-28(a)所示为普通型,图 6-28(b)所示为头部带定位销型,图 6-28(c)所示为防废料回升型,图 6-28(d)所示为带压板槽型。工作刃口的形状可以是圆形、矩形或椭圆形等。

对于圆形台阶冲小孔凸模,通常采用加大固定部分直径、缩小刃口部分长度的措施来保证

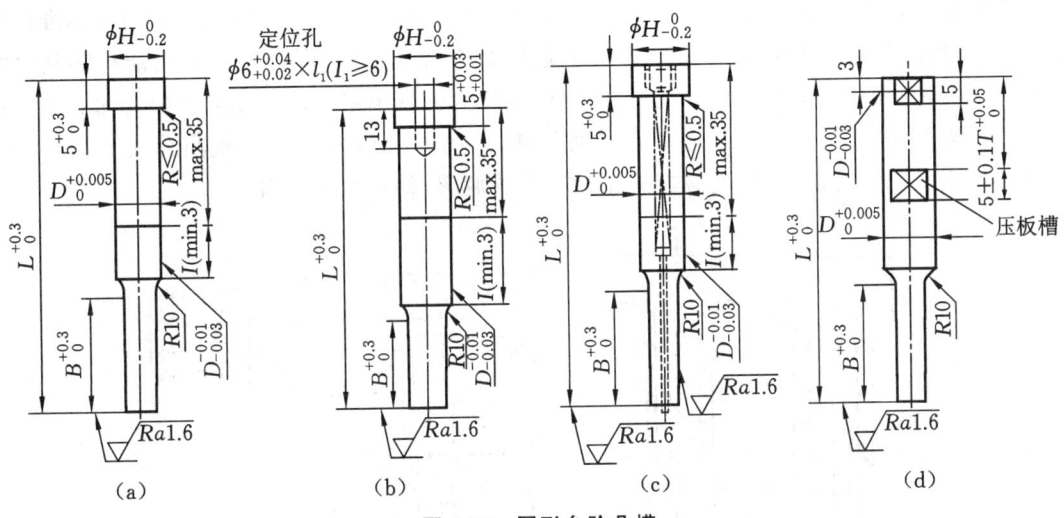

图 6-28 圆形台阶凸模

其强度和刚度。当工作部分和固定部分的直径相差太大时,可设计多台阶结构,各台阶过渡部分必须用圆弧光滑连接,不允许有刀痕。图 6-29 所示为常见的圆形小凸模及其装配形式。特别小的凸模可以采用保护套结构(图 6-30(a))。对于小凸模冲压,要设计卸料板辅助导向设计(图 6-30(b)),以消除侧压力对小凸模的影响。

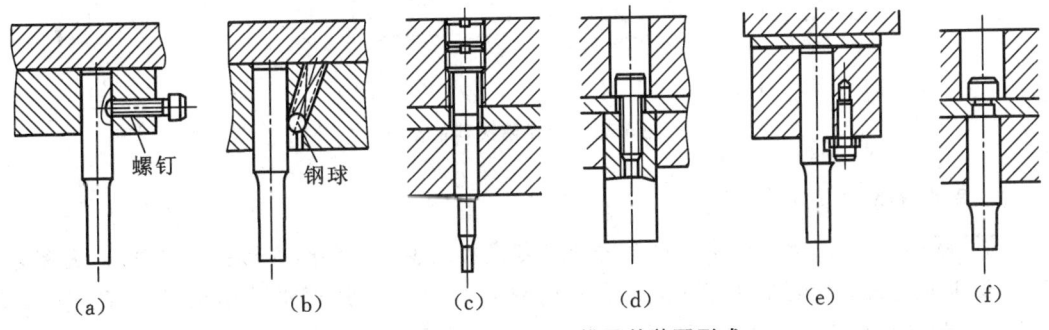

图 6-29 常见的圆形小凸模及其装配形式

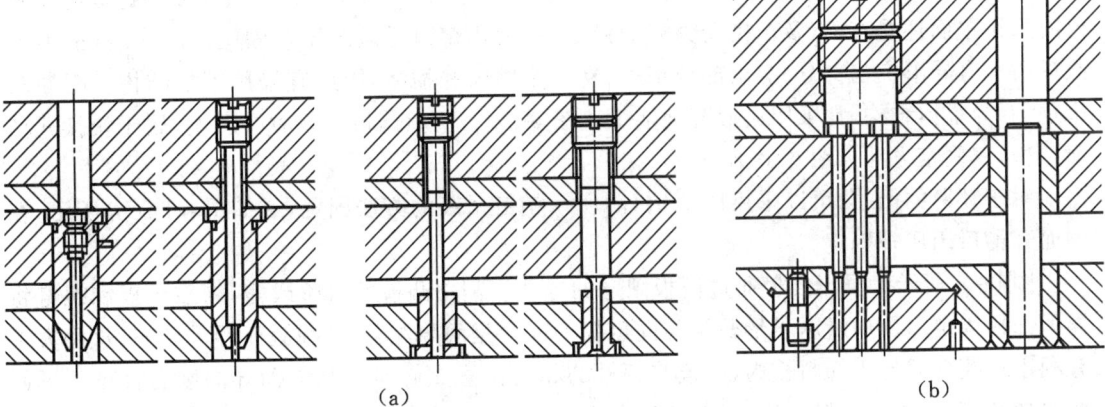

图 6-30 常见小凸模的保护

(a)采用保护套结构的凸模;(b)以辅助导向保护小凸模

冲孔后的废料若贴附在凸模端面上,并回升到凹模表面,下一个冲程时凹模表面的废料会影响正常冲压,情况严重时会造成模具刃口损坏,故在高速级进冲压时,应采用能排除废料的凸模。图 6-31(a)所示为带顶出销的凸模结构,利用弹性顶出销使废料脱离凸模端面。当凸模断面不能安装顶出销时,可在凸模中心加通气孔,如图 6-31(b)所示,以减小冲孔废料与冲孔凸模端面上的"真空区压力",使废料未出凹模面就脱落,留在凹模孔内。

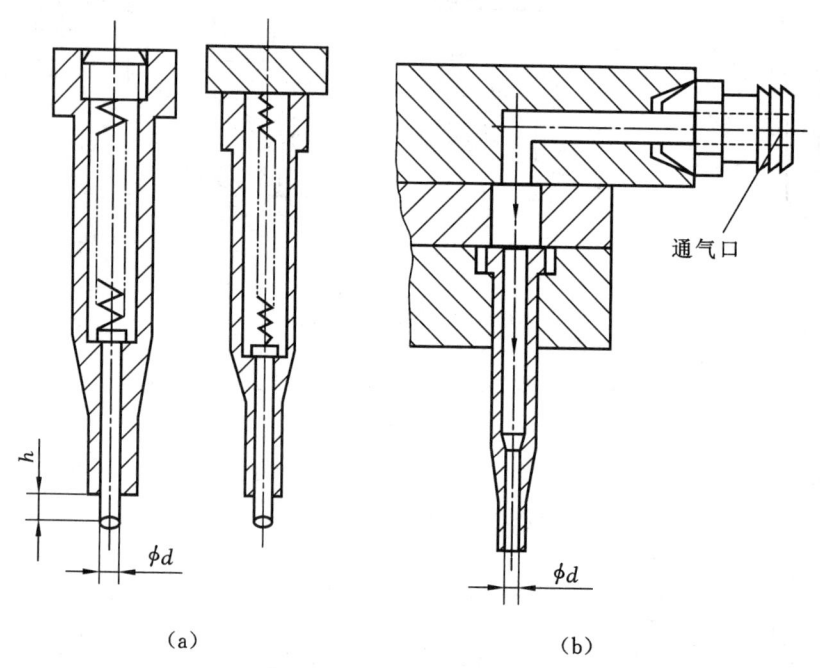

（a） （b）

图 6-31 能排除废料的凸模

2. 异形凸模

除了圆形凸模外,级进模中有许多分解冲裁余料凸模。这些凸模形状比较复杂,大多为异形,大都采用电火花线切割加工或成形磨削精密加工,以达到所要求的形状、尺寸和精度。图 6-32 所示为异形凸模的 6 种典型结构。图 6-32(a)所示为直通式凸模,常采用的固定方法是铆接或吊装在固定板上,但铆接后难以保证凸模与固定板的垂直度,且修正凸模时铆合固定将会失去作用。图 6-32(b)、(c)所示是两种同样断面的冲切凸模,选择该凸模时要考虑固定部分台阶采用单面还是双面,及凸模受力后的稳定性;常用螺钉吊装或压板固定。图 6-32(d)所示凸模两侧有异形突出部分,突出部分窄小,易产生磨损和损坏,因此宜采用镶拼结构。图 6-32(e)所示为整体结构,常采用成形磨削加工。图 6-32(f)所示凸模安装时有压块,属于快换式凸模结构,其固定方法如图 6-33 所示。

对于较薄的凸模,可以采用图 6-34(a)所示销钉吊装的方法固定,或如图 6-34(b)所示,在侧面开槽后用压板固定。

图 6-35 所示为异形凸模通过压板固定的方式。利用凸模的台阶或槽,依靠压板和螺钉将异形凸模固定。图中所示异形凸模与固定板的配合是间隙配合,凸模处于浮动状态,这种方式有利于凸模自然导入卸料板内,凸模与凹模的相对位置靠卸料板和辅助导向装置保证。拆卸或更换凸模时,松开螺钉,可以很方便地取出凸模。此结构在多工位高速冲压级进模中被广泛采用。

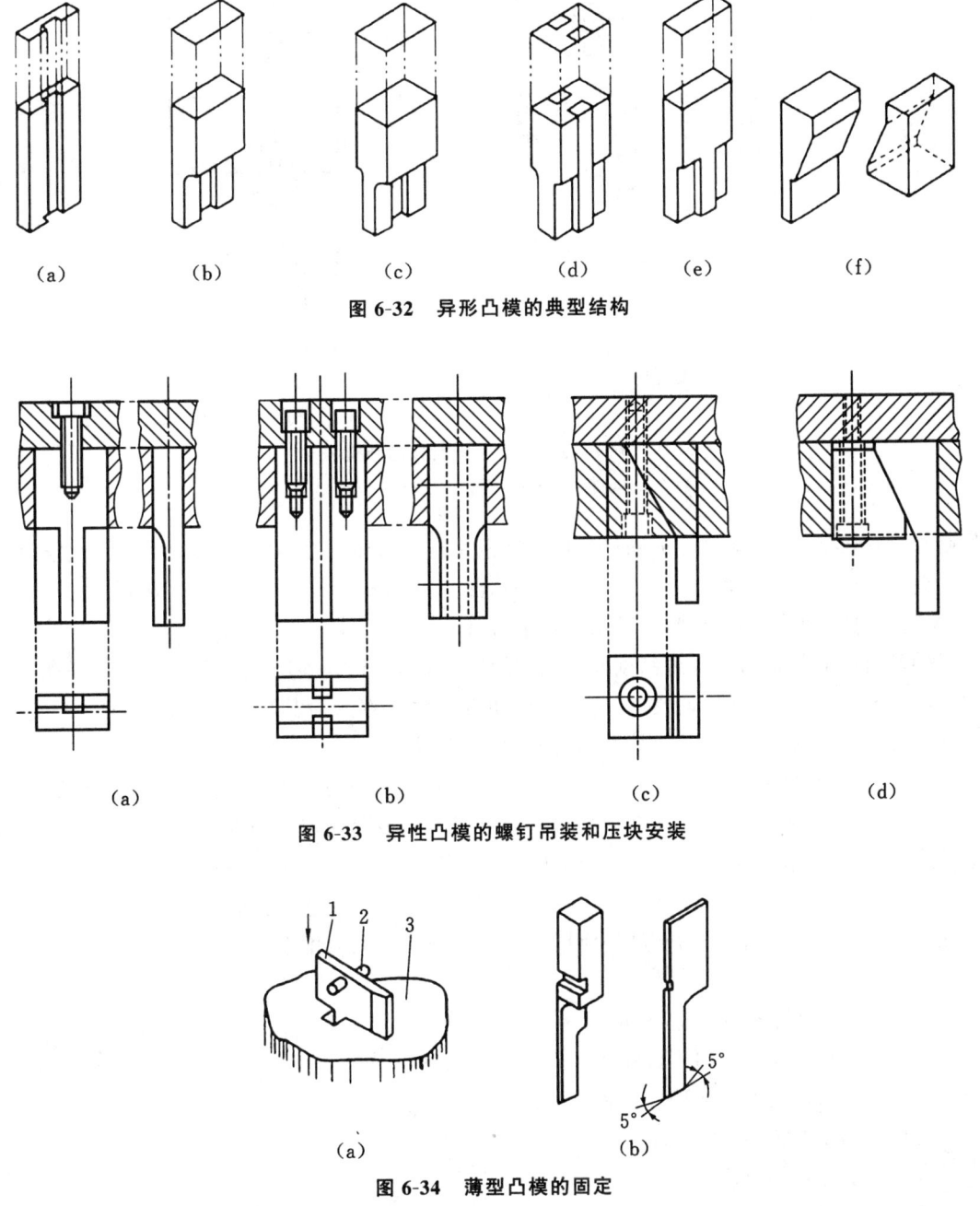

图 6-32　异形凸模的典型结构

图 6-33　异性凸模的螺钉吊装和压块安装

图 6-34　薄型凸模的固定
（a）销钉吊装；（b）带压板槽小凸模
1—凸模；2—销钉；3—凸模固定板

3. 凸模长度确定

凸模长度需根据模具结构及工序特性综合确定。在仅含冲裁工序的多工位级进模中，因各凸模均为冲裁性质，其长度通常采用等长设计。对于包含弯曲成形或拉深成形的级进模，由于存在不同工艺性质的凸模，且各工位成形高度存在差异，同时模具中还有一定数量的导正销、检测凸模以及方向转换机构等，这些凸模和模具工作零件不在同一时间接触材料，它们的

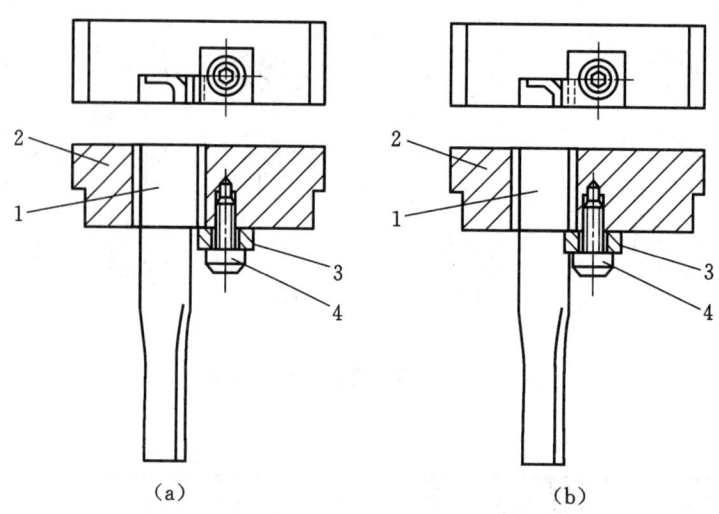

图 6-35 用压板固定异形凸模

1—凸模；2—固定板；3—压板；4—螺钉

长度需要有长有短,不能设计成同样长度。特别是压弯成形凸模、拉深凸模的长度尺寸要求较高。模具的工作顺序一般是先定位,冲切余料,然后开始压弯或拉深成形,往往要经过多次成形,最后再进行冲裁(落料或将工件从载体上分离)。

冲裁凸模需频繁刃磨导致高度变化,在设计模具结构时,弯曲或拉深凸模、导正销等要考虑拆卸方便、安装迅速和保证精度,还要考虑冲裁凸模刃磨后对其相对长度的影响。为此,冲裁凸模刃磨时,应修磨弯曲或拉深凸模的基面;或者设计时适当增加冲裁凸模工作时进入凹模的深度,这样可以在一定的刃磨次数内不需修磨弯曲或拉深凸模的安装基面。一般情况下,各凸模长度均满足一定值,相互关系或长短差值根据不同情况而定。图 6-36 所示是在闭合状况下冲裁、弯曲凸模长度关系的一个示例,图中较短的为冲裁凸模 1、4,它们是这副模具中的基准,它们的长度确定了,其他凸模尺寸可以根据各自的实际需要,按冲裁凸模尺寸适当调整。从图示的情况看,其他凸模的长度均应增加。冲裁凸模的长度由下式计算确定:

$$L_2 = H_1 + H_2 + H_3 + t + Y \tag{6-3}$$

式中:L_2——冲裁凸模的长度(mm);

H_1——凸模固定板厚度(mm);

H_2——冲裁凸模进入凹模的深度(mm);

H_3——卸料板厚度(mm);

t——工件材料厚度(mm);

Y——凸模固定板与卸料板之间的安全距离,一般取 15～20 mm。

一般情况下,凸模的长度应尽量取整数,并且为标准长度,取短不取长,对强度有利。弯曲凸模的长度应在冲裁凸模长度的基础上有所增加,增加的尺寸要满足弯曲高度尺寸的要求。而导正销 3 的长度应是最长,它在所有凸模工作之前应首先导入材料进行导正,然后各凸模才可进入工作状态。导正销的长度应在最长凸模长度的基础上加上$(0.8～1.5)t$。

图 6-36 中的 H 为卸料板的活动量,$H=B+t$。M 为导正销直壁部分导入材料的长度,$M=H+(0.5～1)t$。A 为假想垫圈,当冲裁凸模刃磨多次后长度不够时,可以通过加垫圈 A 得以补偿。

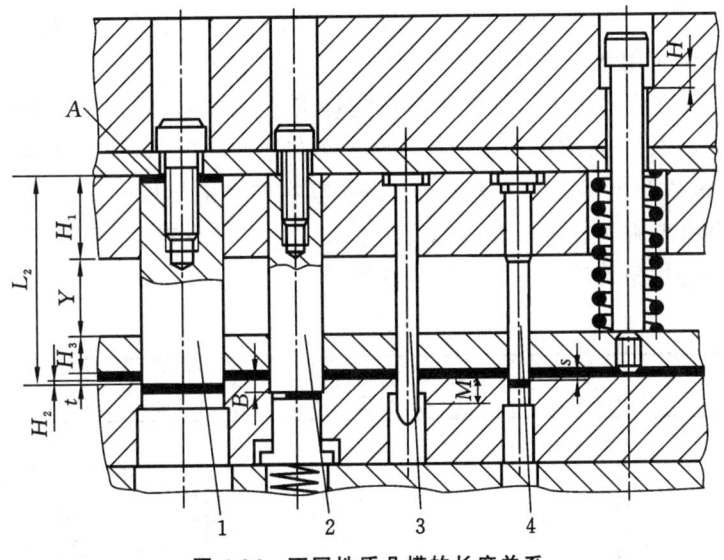

图6-36　不同性质凸模的长度关系

1,4—冲裁凸模；2—弯曲凸模；3—导正销

刃磨量的确定应和凸模使用寿命结合起来。刃磨量留得少，刃磨几次后凸模的长度太短便不能用了。刃磨量留多了，凸模的全长设计得较长，则模具闭合高度较大。

在设计凸模时，对于要承受较大侧压力的凸模，如图6-37中的弯曲和切口凸模，要考虑设计侧弯保护结构。图6-37(a)所示为带导向部分的凸模，图6-37(b)所示为带背压块的结构。

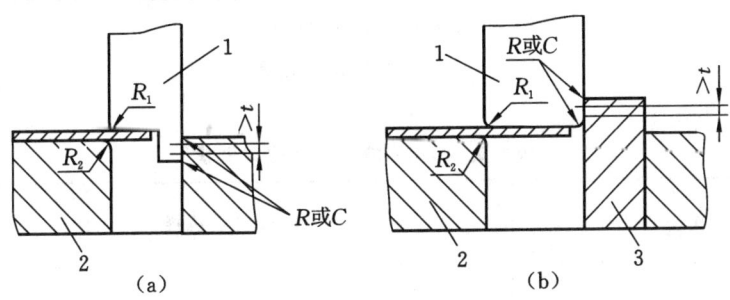

图6-37　侧弯保护结构

1—弯曲凸模；2—弯曲凹模；3—背压块

6.3.2　凹模

1. 凹模的结构

凹模结构设计

多工位级进模凹模的设计与制造较凸模更为复杂和困难。凹模的结构，常用的类型有整体式、嵌块式、镶拼式和综合拼合式。多工位级进模凹模型孔较多，且型孔轮廓复杂，整体式凹模是用一整块板料制成的，受到模具制造精度和制造方法的限制，当局部损坏时，须整体更换，因此在多工位级进模中应用较少，一般用在工位数少的纯冲裁的级进模中。

1）嵌块式凹模

嵌块式凹模常常在不宜采用整体式凹模时使用。其结构特点是将凹模的易损部分与非易损部分分开，将一些凹模型孔采用独立的嵌块结构，凹模的局部损坏时，可以局部刃磨或更换嵌块,更换不影响定位基准。易损嵌块按标准制造,互换性好,装拆快。嵌块可用优质模具材料制造,凹模基体板可用普通钢材制造,可降低模具制造成本。

图 6-38 所示为嵌块式凹模。嵌块式凹模的特点是:嵌块嵌入凹模基体板中,嵌块套可选用圆形或矩形。表 6-5 是常用的凹模嵌块结构及刃口形状的选择示例。目前嵌块已成为一种标准化的零件。嵌块套损坏后可迅速更换。嵌块套在凹模基体板中固定,固定孔的加工是典型的孔系加工,圆孔常在坐标镗床和坐标磨床上加工。当嵌块套工作孔为非圆形孔、固定部分为圆柱形时,必须考虑采取防止嵌块套转动的措施。

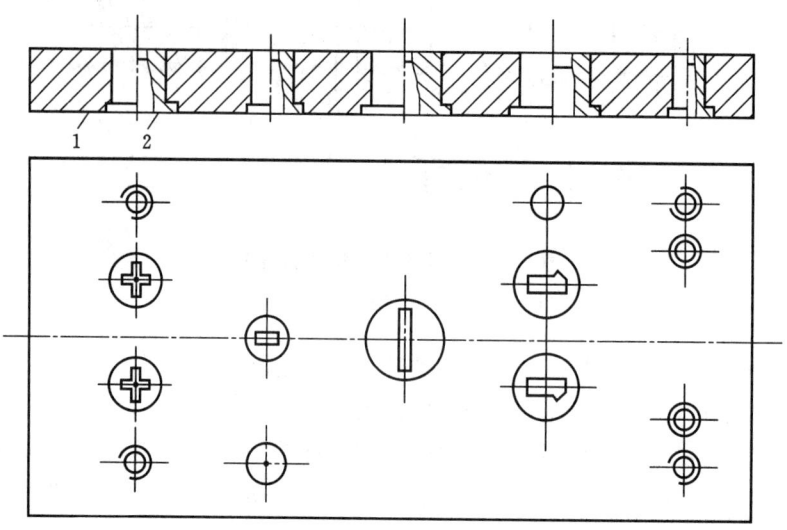

图 6-38 嵌块式凹模

1—凹模基体板;2—嵌块

表 6-5 凹模嵌块结构及刃口形状

类型	凹模嵌块结构	刃口形状选择	备注
台阶形圆凹模嵌块		圆形刃口 矩形刃口 $P \geq W$ $K = \sqrt{P^2 + W^2}$	材料为粉末高速钢、SKD11

类型	凹模嵌块结构	刃口形状选择	备注
方形冲裁凹模嵌块	直杆型	(P尺寸范围应在W尺寸范围内)	材料为粉末高速钢、SKD11
	单边凸缘型	(P尺寸范围应在W尺寸范围内)	材料为粉末高速钢、SKD11
螺栓固定方形凹模嵌块			材料为粉末高速钢、SKD11
拉深凹模嵌块	肩型		材料为粉末高速钢、SKD11

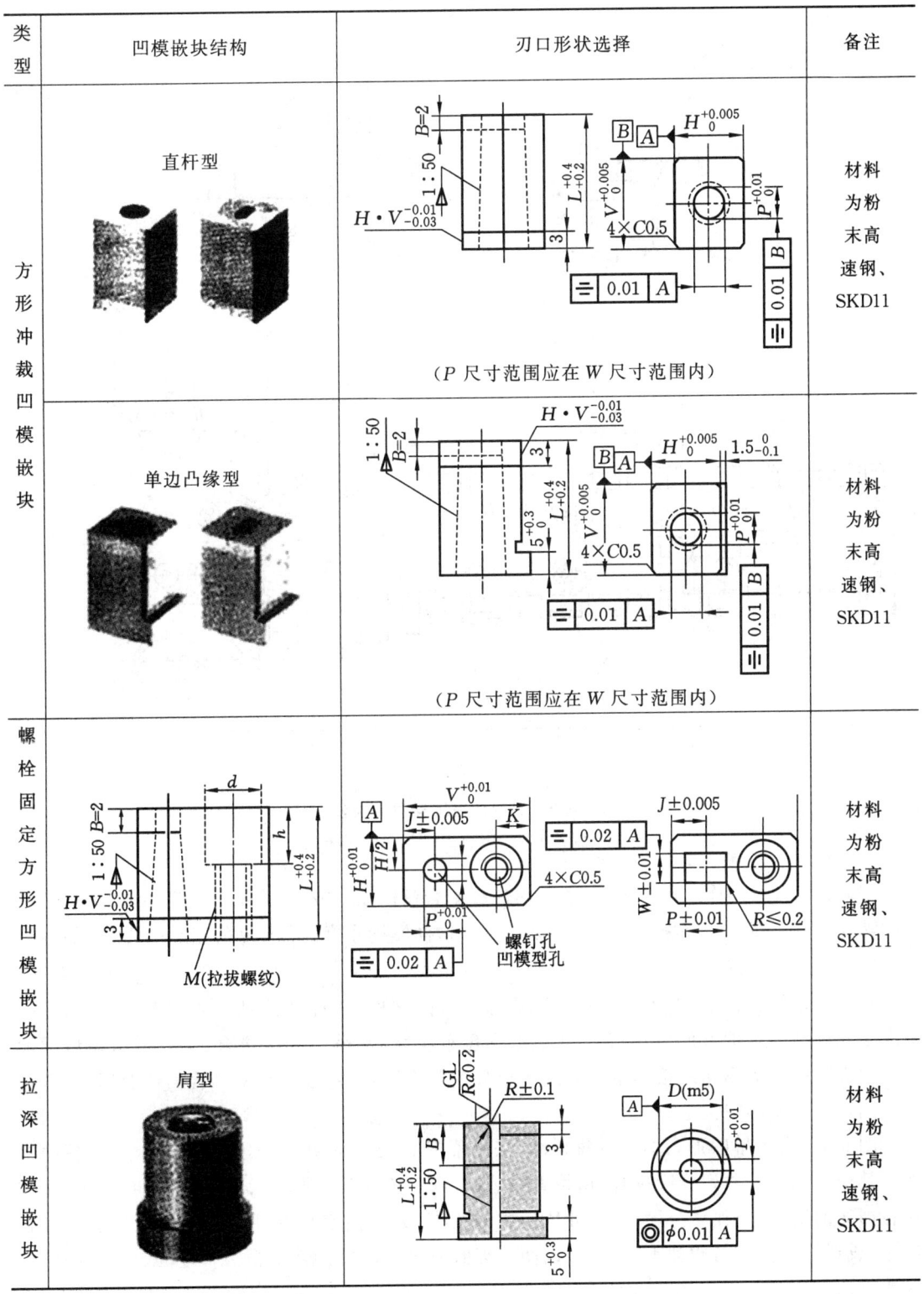

在排样设计时,为了准确表达嵌块在模具中的安放位置和所占的空间尺寸,可以将嵌块套布置的情况表达在排样图上,如图 6-39 所示,其中要考虑嵌块套形状和尺寸的大小。在设计

方案的布局中,还可将与嵌块套相对应的凸模、卸料板嵌套等的对应关系图画出,如图 6-40 所示。

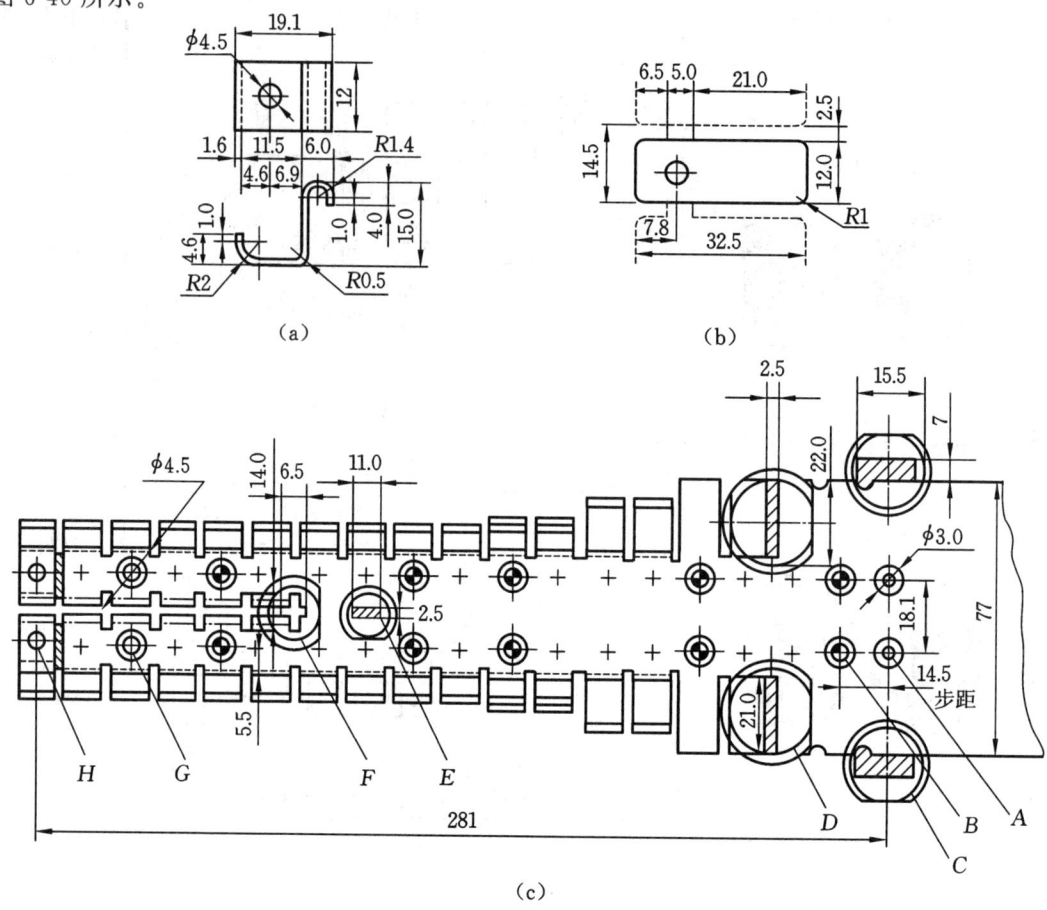

(a)

(b)

(c)

图 6-39　嵌块套在排样中的位置

(a)产品图;(b)毛坯展开图;(c)嵌块套的布局

嵌块式凹模与凹模基体板固定,常采用过渡配合(H7/m6 或 H7/n6)。加工时,内外型孔中心同轴度要求很高,公差常控制在 0.02 mm 之内,这样模具才能具有良好的互换性且便于维修。

2)分段拼合式凹模

在多工位级进模中,对于有多种冲压成形性质的凹模,或纯冲裁且尺寸较大的凹模,为便于加工和模具的维护,也为了提高各工位型孔位置精度,常采用分段拼合凹模结构,即将凹模按成形工艺性质的不同或按一定尺寸的要求分为若干段,将各段凹模的结合面研合后,组合在一起固定到凹模固定板上。

图 6-41 所示为 U 形弯曲件的排样图,采用了图 6-42 所示并列分段拼合凹模结构,图中省略了其他零部件。并列分段拼合时,按直线分割,同一工位的型孔,原则上不应分在两段;比较容易损坏的型孔,应独立分段;不同冲压性质的凹模,如塑性变形的冲压工序的工位(如弯曲、拉深、成形等),应当与冲裁工序分开,以便于刃磨时分别磨削冲裁凹模刃口基面和成形凹模的安装基面。

为保证凹模型孔部位的强度,凹模分段块的分割面距型孔边缘要有足够的尺寸。分段块凹模一定要固定在固定板上或用外套将它们组合紧固(一般采用 H7/h6 配合)。

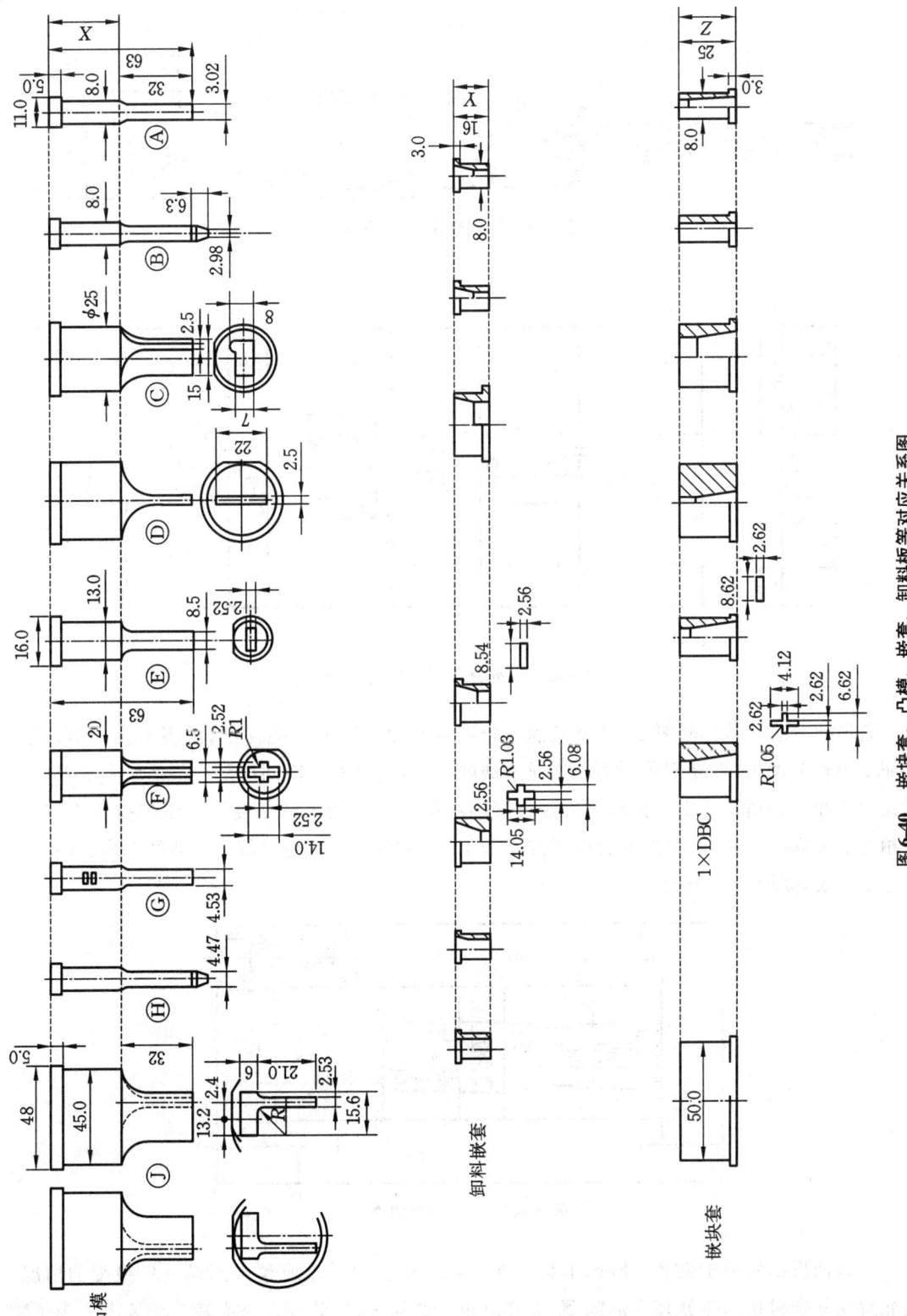

图6-40　嵌块套、凸模、嵌套、卸料板等对应关系图

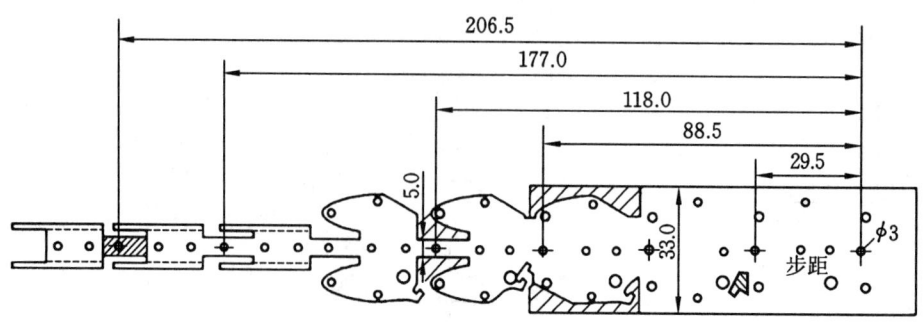

图 6-41 U 形弯曲件排样图

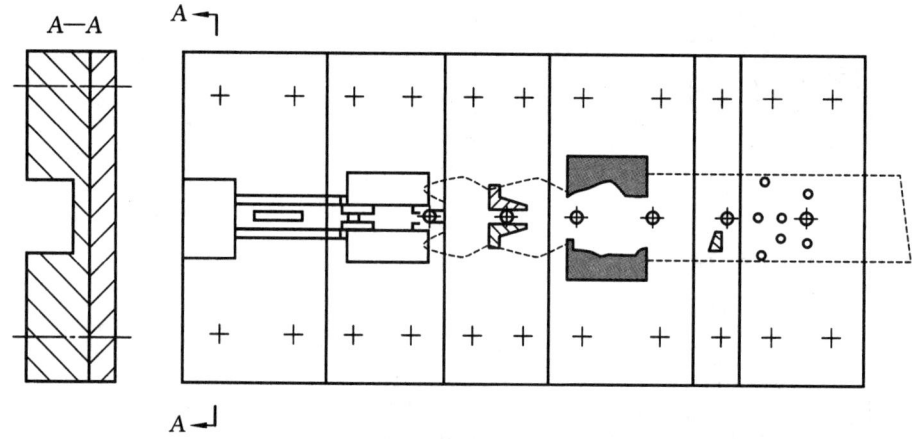

图 6-42 并列分段拼合凹模结构

　　若型孔轮廓形状比较复杂,型孔的加工较困难或加工精度不能保证,可将型孔分割,变内孔加工为外形加工,最终型孔型面采用成形磨削加工,通过各小段凹模结合面的研合来保证各型孔尺寸和步距精度要求。拼块全部经过磨削和研磨后有较高的精度。在组装拼块时,为确保相互有关联的尺寸,可对需配合面增加研磨工序;对易损件可制作备件。此种拼合凹模结构为磨削拼装,如图 6-43 所示。

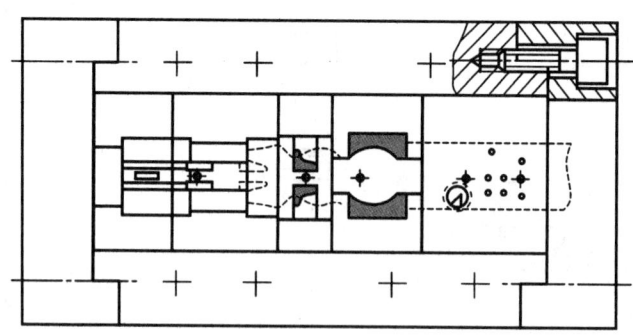

图 6-43 磨削拼装凹模

　　拼合凹模结构便于刃磨、维修,不会出现个别型孔损坏而造成整个凹模拼块报废的情况,还能解决复杂拼块的热处理变形问题,但其对拼块的加工、安装和调整有较高的要求。为了防止分段拼合凹模的任何一块在冲压过程中受力下移,在模块组合后,需加整体垫板,使拼合凹模构成一体,再镶入凹模框,并以螺钉固定或直接装入模座。

3)综合拼合式凹模

综合拼合式凹模通过整合不同拼合结构的特点,以适应凹模各部位加工特性、孔形精度及位置精度等特定要求。该类型凹模适用于冲裁、弯曲、成形和异形拉深等多工位级进模。

综合拼合式凹模的加工采用成形磨削工艺,可显著提升各型孔加工精度及型孔间位置精度。针对易损部位和拉深、翻边等成形工位,可单独使用嵌块。这种兼具高精度与模块化维护优势的结构在工位数较多的多工位级进模中应用广泛,如图6-44所示。

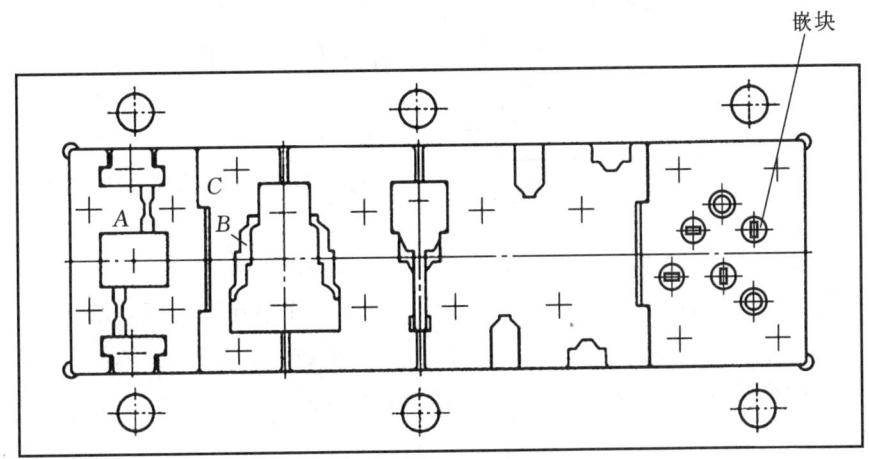

图 6-44 综合拼合凹模

2. 拼块凹模的固定

凹模拼块与下模座的固定是精密多工位级进模的关键之一,它关系到模具的受力分布、材料强度和使用寿命、工件精度、装配复杂程度、加工维修等多方面的因素。合理的凹模拼块固定方法有以下几种。

(1)平面固定。将凹模各拼块按设计位置排列在固定板平面上,分别用定位销(或定位键)和螺钉定位和固定在垫板或下模座上,如图6-45所示。该结构适用于较大的拼块凹模,且可采用分段固定的方法。

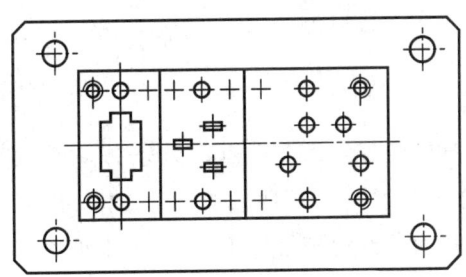

图 6-45 平面固定式拼块凹模图

(2)嵌槽固定。在凹模固定板上精加工出直通式凹槽,槽宽与拼块外形尺寸采用过渡配合,装配后一般不允许相互移动。拼合凹模装入后,在固定板开槽的两端用左右挡块或借助左右楔块,将凹模拼块紧紧压住。在凹模的上面,再利用导料板将其压住,或用螺钉固定,如图6-46 所示。固定板上凹槽的深度 h 不小于拼块厚度 H 的 2/3。

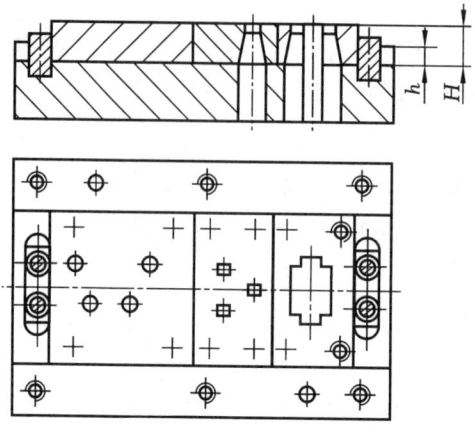

图 6-46　直槽固定式拼块凹模

（3）外框固定。图 6-47 所示是外框固定式拼块凹模,拼块组合后嵌入预先加工好的凹模固定板的方框内。凹模由排块 1、2、3 拼合而成,三个排块固定在凹模固定板 4 内(一般采用 H7/m6 或 H7/n6 配合),下面加有淬硬的垫板,由此而形成一个完整的凹模。这种固定方法比较稳定可靠,凹模强度也高,承载力比较大,但装拆不方便。

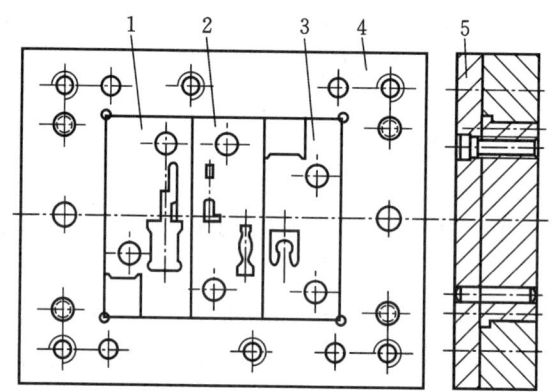

图 6-47　外框固定式拼块凹模

1,2,3—排块;4—凹模固定板;5—垫板

3. 型孔拼合的设计要点

（1）型孔分割。优先选择转角或线面交汇点作为分割基准,典型方案如图 6-48 所示。为消除冲压过程中拼块位移的风险,推荐采用凹凸槽嵌合结构、定位键或斜楔锁紧机构。

（2）工艺友好性设计。拼块分割应满足加工、装配及维护需求。尖角部位需单独分块(见图 6-49),存在凹腔、凸台等易损结构时应设计为独立可换模块(参考图 6-49 中拼块 1)。

（3）模块数量优化。在保证工艺可行性的前提下,应最小化拼块数量。如图 6-50 所示圆弧槽分割方案,通过等应力分布设计实现加工便利。对于圆形对称型孔,建议采用径向分割策略(见图 6-51),可实现拼块加工工艺标准化。

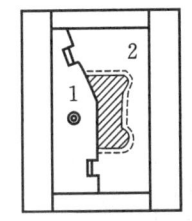

图 6-48　沿直线分割

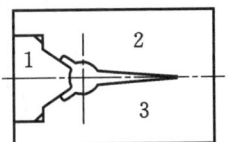

图 6-49　尖角处分割

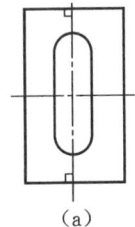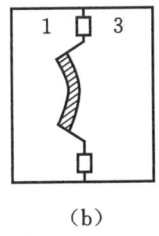

（a）　　　　　　　（b）

图 6-50　圆弧槽分割

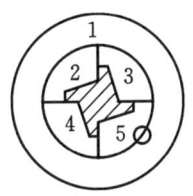

图 6-51　径向分割

（4）孔心距精度控制。高精度孔心距要求或误差补偿需求时，可应用图 6-52 所示的可调式拼合结构。

（5）轮廓简化原则。避免复杂拼接界面，图 6-53（a）所示为非优化方案，图 6-53（b）所示为合理拼接。

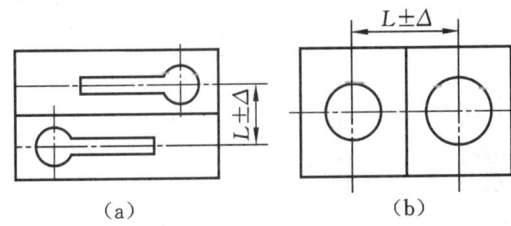

（a）　　　　　　　（b）

图 6-52　可调式拼合结构

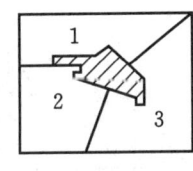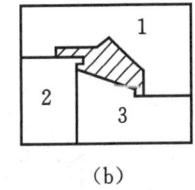

（a）　　　　　　　　（b）

图 6-53　轮廓变化的分割

（a）不合理的拼接方案；（b）合理的拼接方案

（6）细长型孔处理。细长型孔往往分段冲压，采用分段冲压时需确保凹/凸模拼缝错位设计，有效消除接缝毛刺对工件表面质量的影响。

（7）保证拼合的多孔凹模的孔形和孔距精度。拼合面位置的选择应考虑修磨和调整方便，尽量减少和避免修磨工作面，即使要修磨也应以修磨简单的拼合面为主，必要时通过适当增加拼块分段来满足上述要求。如图 6-44 中孔 A 与孔 B 的距离可通过拼合面 C 进行修正，又如图 6-54 中的型孔 D 的尺寸可通过两端拼块 E 进行修正。两者的调整均不需修磨其刃口面。

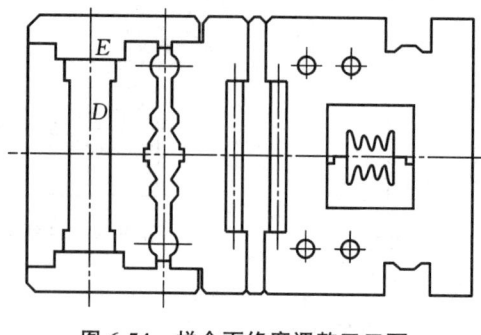

图 6-54　拼合面修磨调整刃口面

导正与托
料装置

6.3.3　带料的导正定位

在多工位精密级进模设计中,常将导正销与侧刃配合使用,侧刃用于定距和粗定位,导正销用于精定位。此时侧刃长度应比步距大 0.05～0.1 mm,以便导正销导入导正孔时带料略向后退,实现导正。当采用自动送料机构送料时,可不用侧刃,由送料机构控制送料尺寸,并实现粗定位,带料的精定位由导正销来实现。

在设计模具时,用于精定位的导正孔应安排在第一工位冲出;导正销设置在紧随冲导正孔的第二工位,以保证送料步距精度。如果要对送料精度进行检测,可将检测凸模设置在第三工位,如图 6-55(a)所示。图 6-55(b)是检测凸模安装图,检测凸模在模具冲压过程中最先插入工艺导正孔。图 6-56 是导正过程示意图。虽然多工位级进冲压采用了自动送料装置,但送料装

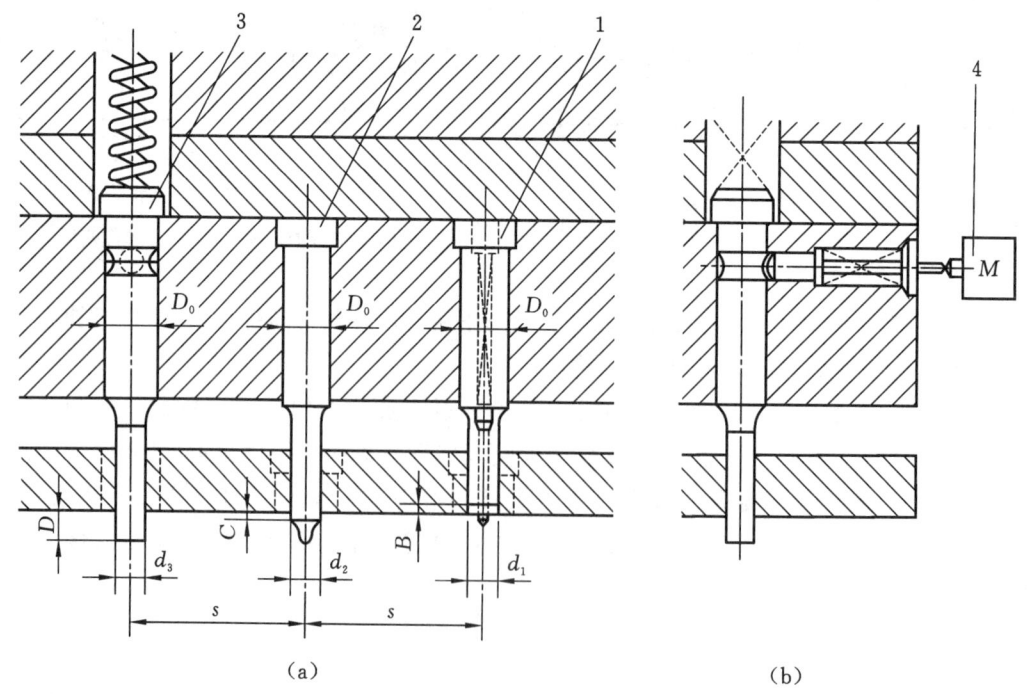

（a）　　　　　　　　　　　　　　　　（b）

图 6-55　带料的导正与检测

1—冲导正凸模;2—导正销;3—检测凸模;4—传感器

置有$-0.02\sim0.02$ mm 的送进误差。由于送料的连续动作将造成自动调整失准,形成误差,因此,不管是采用侧刃还是送料装置,实际送料长度都应设定为比理论送料步距大 Δ,即多送 Δ (图 6-56(a)),导正销导入导正孔后,迫使材料逆送料方向(F'方向)后退一个 Δ 尺寸,如图 6-56(b)所示。

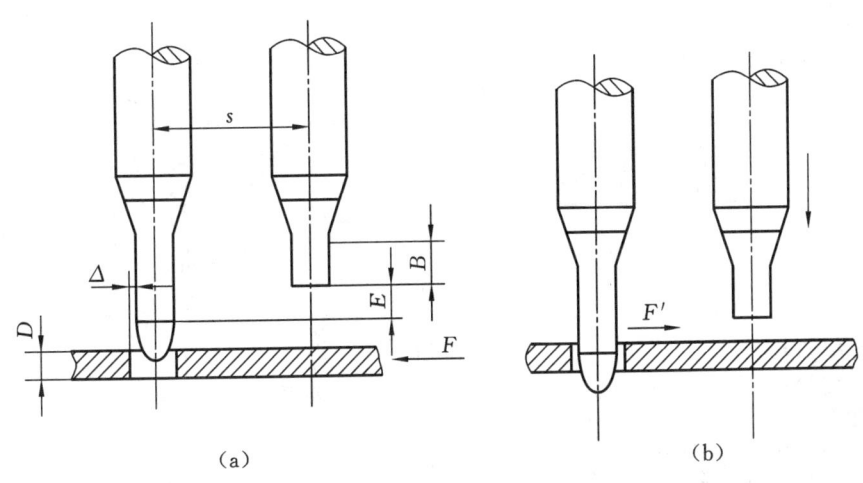

(a)   (b)

图 6-56 导正过程

导正销与导正孔设计主要考虑如下几个方面。

1. 导正孔尺寸和导正销导入量

导正销导入材料时,既要保证材料的定位精度,又要保证导正销能顺利地插入导正孔。配合间隙大,定位精度低;配合间隙过小,导正销磨损加剧并形成不规则形状,从而影响定位精度。导正孔与导正销的单面间隙 c 可参考图 6-57(a)所示数值。

导正销的前端部分应突出卸料板的下平面,如图 6-57(b)所示。突出量 x 的取值范围为 $0.6t<x<1.5t$。薄料取较大的值,厚料取较小的值;当 $t>2$ mm 时,$x=0.6t$。

2. 导正销的头部形状

导正销的头部形状按工作要求分为引导部分(曲面头部)和导正部分(直径 D 处)。根据几何形状,引导部分可分为圆弧头部和圆锥头部两种。图 6-58(a)所示为常见的圆弧头部,图 6-58(b)所示为圆锥头部。导正销的部分参数尺寸如图 6-58 所示。

3. 导正销的固定方式

导正孔不同,导正销的固定方式也不同。如果导正是利用零件上的孔,且在落料时导正,导正销安装在落料凸模上,如图 6-59 所示。

图 6-60 所示为利用工艺孔或零件上的孔导正的安装方式。图 6-60(a)、(b)为导正销固定在固定板上,导正销与固定板采用 H7/n6 配合,一般用于导正销直径较小的情况;图 6-60(b)所示导正销的固定部分和工作部分的尺寸相同,便于加工。图 6-60(c)、(d)所示导正销的装配和调整都比较方便,其中图 6-56(c)所示是活动型导正销。图 6-60(e)所示是带有弹压压块的导正销,用于较薄的带料导正,在导正销未插入导正孔之前,先由弹压压块将带料压住,再由导正销进行导正,还能防止导正销与导正孔之间间隙较小造成带料卡在导正销上。图 6-60(f)、 （g）是将导正销直接装在卸料板上，避免导正销太长的情况；采用这种结构，卸料板必须装有辅助导向机构。

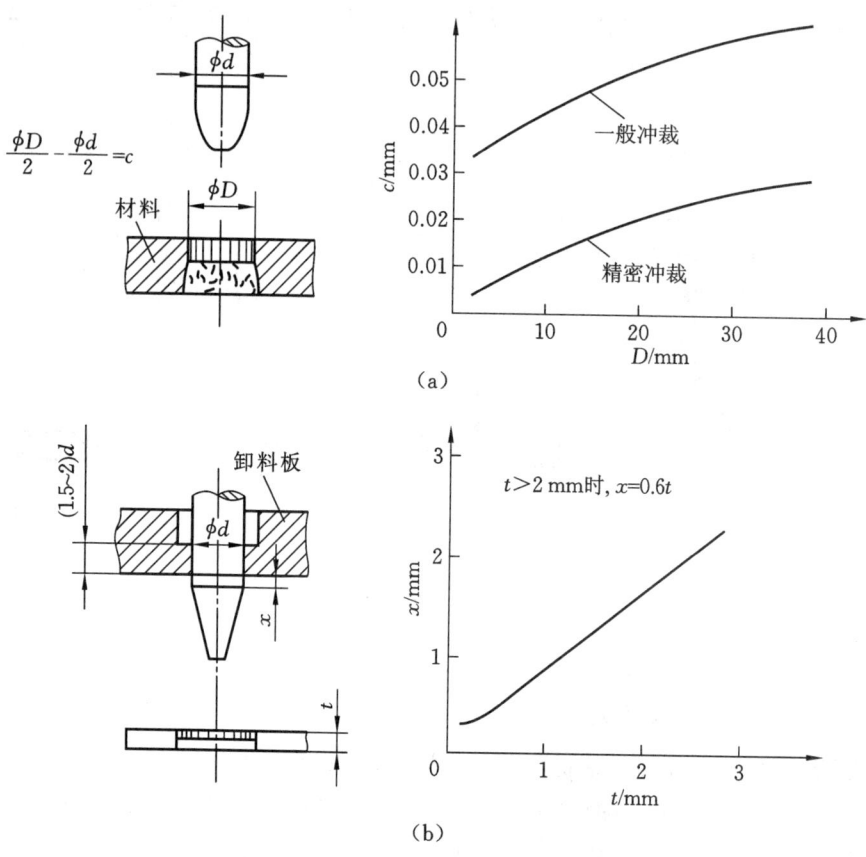

图 6-57　导正孔尺寸和导正销导入量

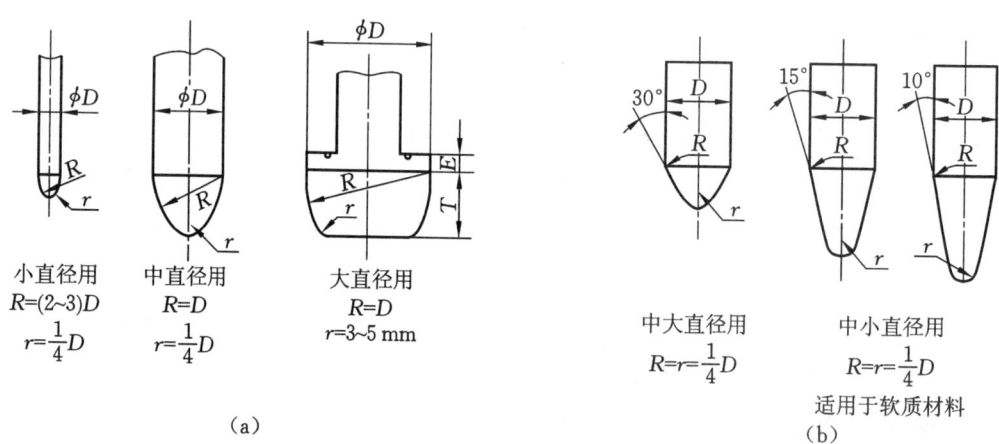

图 6-58　导正销的头部形状

导正销在一副模具中多处使用时，其突出长度 x、直径尺寸和头部形状必须保持一致，以使所有的导正销承受基本相等的载荷。

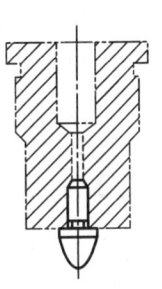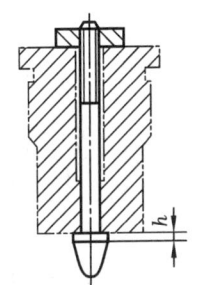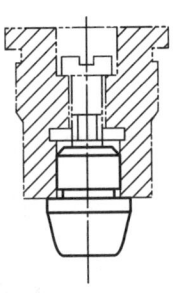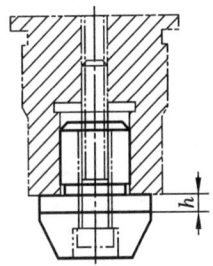

图 6-59 导正销安装在落料凸模上

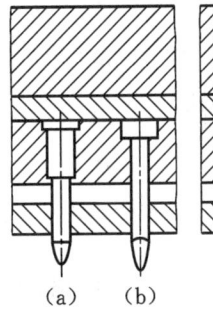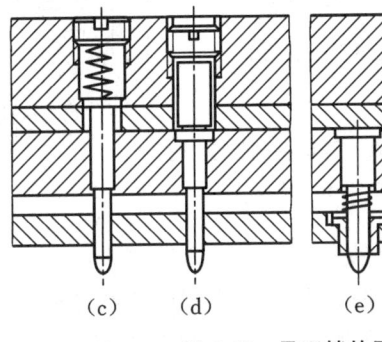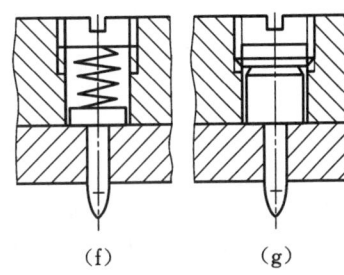

(a) (b) (c) (d) (e) (f) (g)

图 6-60 导正销的固定方式

6.3.4 带料的导向和托料装置

多工位级进模依靠送料装置的机械动作,将带料按规定的步距尺寸间歇送进,以实现自动冲压。带料沿送料方向送进,纵向的导向一般依靠侧面导料板或导料钉实现。由于带料经过冲裁、弯曲和拉深等变形后,在垂直于带料表面的方向上会有不同高度的弯曲和突起,这些弯曲和突起的高度必须从凹模孔中托起,并高于模具的凹模工作表面,才能顺利地将带料送进。这种使带料托起的特殊结构称为浮动托料装置(浮顶器)。该装置往往和带料的侧面导向零件共同使用,实现带料的导向和浮动托料。

1. 浮动托料装置

图 6-61 所示是常用的浮动托料装置,其结构有托料钉、托料管和托料块三种。带料托起的高度要保证带料成形后的最低部位高出凹模表面 1.5~2 mm,同时应使被托起的带料上平面低于刚性导料板下平面(2~3)t,这样才能保证带料送进顺利。托料钉的优点是可以根据托料具体情况布置,托料效果好,支撑托料钉的压缩弹簧为托料力源。托料钉常用圆柱形,但也可用方形(在送料方向带有斜度)。托料钉常以偶数组使用,且应设置在带料上没有较大的孔和成形部位的下方,否则会出现送料障碍。对于刚度低的带料,应采用托料块托料,托料面积大,以免带料变形。托料管用在有导正孔的位置进行托料,它与导正销配合(H7/h6),管孔起导正孔作用。

图 6-62 所示为浮动托料装置常用的组合形式,这些形式的托料装置与导料板组成托料导向装置。图 6-62(a)所示是最常用的浮动销结构,可安放在模具中不同的位置;图 6-62(b)所示是带导正孔的浮动销,销孔可以用来导正;图 6-62(c)是带有气孔的浮动销结构,压缩空气可

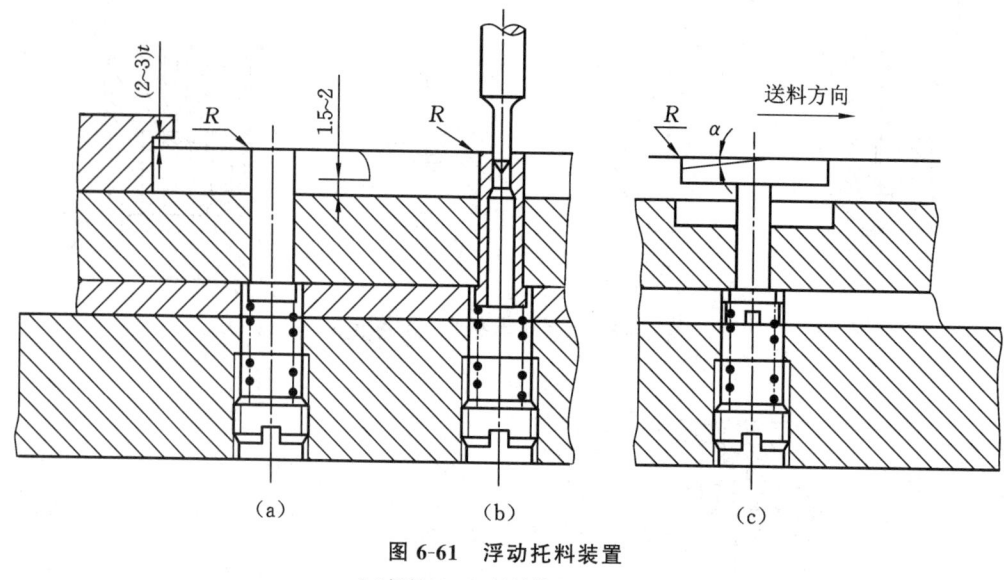

图 6-61 浮动托料装置

(a)托料钉;(b)托料管;(c)托料块

有效地吹除冲裁产生的废屑;图 6-62(d)、(e)所示为方形浮动顶块,当冲裁的孔会卡住浮动销或侧面有切开的切口时,采用这种顶块组件;方形浮动顶块在迎着材料送料的一侧有斜面,如图 6-62(g)所示;图 6-62(f)所示是从上面采用止动压板的方形托料块,当重新研磨凹模固定板时,拆卸简单,维护容易,且无须调整顶料量。

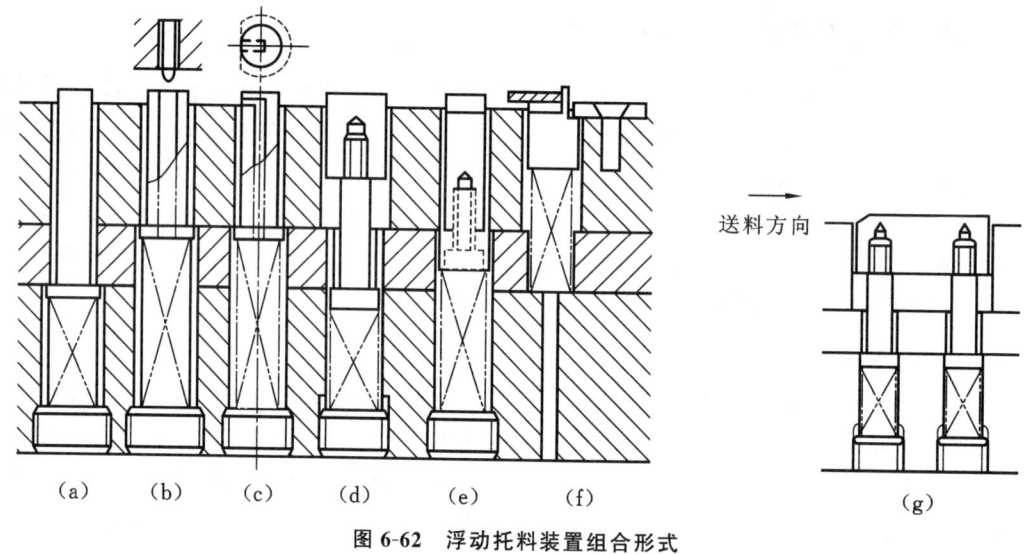

图 6-62 浮动托料装置组合形式

2. 有导向功能的浮动托料装置

浮动托料导向装置是具有托料和导向双重作用的重要模具部件,在级进模中应用广泛。它分为托料导向钉和托料导轨两种。

1)托料导向钉

浮动托料导向钉如图 6-63 所示,在设计中最重要的是导向钉的设计和卸料板凹孔深度的确定。图 6-63(a)是带料被托起送进时的工作状态。当送料结束、上模下行时,卸料板凹孔底面首先压缩导向钉,如图 6-63(b)所示;导料钉下行 K 尺寸,带料被卸料板压在凹模平面上,处于正常的冲压状态,如图 6-63(c)所示。冲压结束后,上模回升时,弹簧将托料导向钉推至最高位置,如图 6-63(a)所示,进行下一步的送料导向。如果卸料板凹孔深度 T 设计不合理,将会使托起部位的材料产生弯曲变形,造成托料障碍。图 6-63(d)所示卸料板凹孔过浅,使带料被托料钉头部向下压入与托料钉配合的孔内;图 6-63(e)所示卸料板凹孔过深,造成带料被托料钉台阶向上挤入凹孔内。托料钉的设计和安装尺寸必须注意尺寸的协调,其协调尺寸推荐值如下:

托料钉头部高　　　　　　　　　$h_1 = 1.5 \sim 3 \ mm$

托料钉台阶导向槽宽　　　　　　$h_2 = (1.5 \sim 2)t$

卸料板让位凹孔深　　　　　　　$T = h_1 + (0.3 \sim 0.5) \ mm$

托料钉台阶宽度　　　　　　　　$(D - d)/2 = (3 \sim 5)t$

托料钉浮动高度　　　　　　　　$h = $ 材料向下成形的最大高度 $+ (1.5 \sim 2) \ mm$

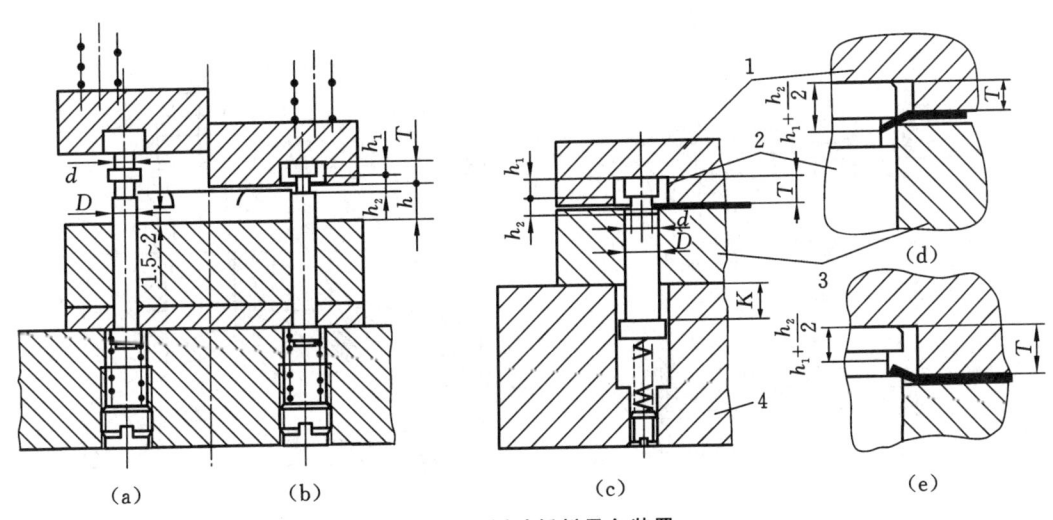

图 6-63　浮动托料导向装置

1—卸料板;2—托料钉;3—凹模;4—下模座

　　尺寸 D 和 d 可根据带料宽度、厚度和模具的结构尺寸确定。托料钉常选用合金工具钢制造,淬硬到 $58 \sim 62 \ HRC$,并与凹模孔采用 H7/h6 配合。托料钉的下端台阶可做成装拆式结构,在装拆面上加垫片可调整材料托起的高度,以保证送料平面与凹模平面平齐。

　　图 6-64 为常用的组合结构。图 6-64(a)、(b)、(c)为圆柱形导向式托料钉;图 6-64(d)、(e)是方形导向式托料钉,该类型顶料面积大,尤其适合精密冲压比较薄的材料。

　　2) 浮动托料导轨

　　图 6-65 为浮动托料导轨的结构图,它由 4 根浮动导销与 2 条导轨导板组成,适用于薄料和要求较大托料范围材料的托起。设计托料导轨时,应将导轨导板分为上、下两件组合,当冲压出现故障时,拆下盖板即可取出带料。

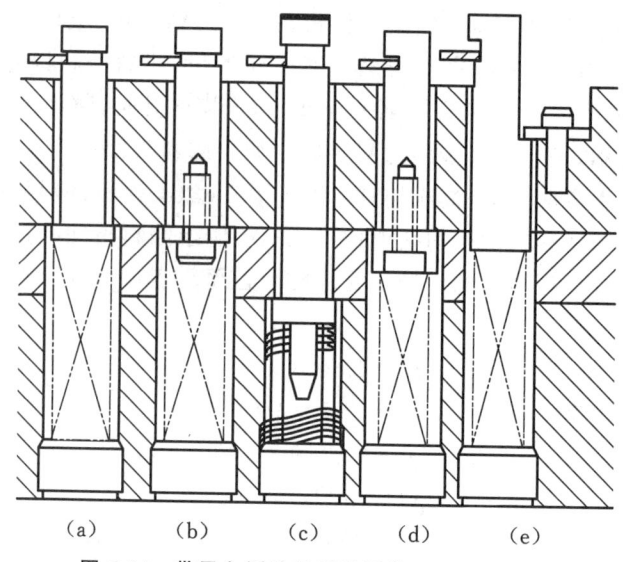

图 6-64　带导向浮动托料装置常用的组合结构

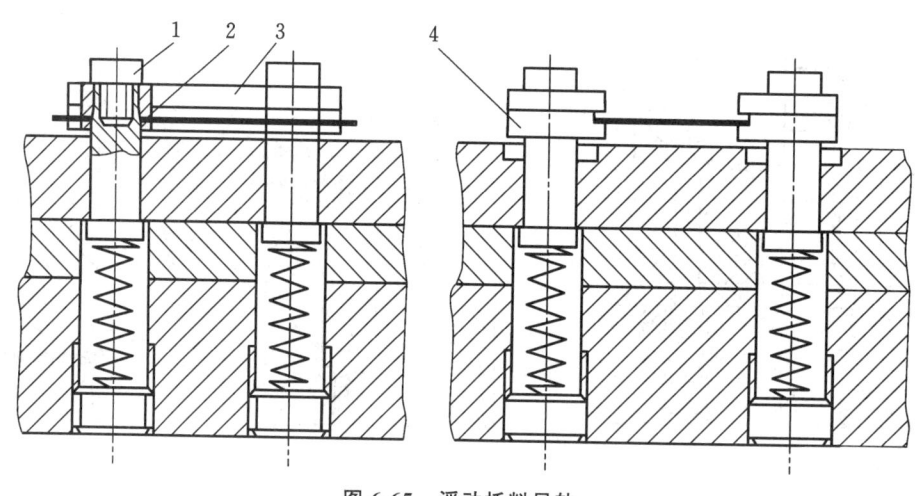

图 6-65　浮动托料导轨

1—压板螺钉；2—浮动导销；3—压板；4—导轨导板

6.3.5　卸料装置的设计

卸料装置是多工位级进模结构中的重要部件。它的作用为冲压开始前压紧带料，防止各凸模因冲压次序不同或受力不均导致带料窜动，并在冲压结束后实现平稳卸料。在多工位级进模中，卸料板还可通过精准导向对各工位上的凸模（特别是细小凸模），在受到侧向作用力时，起到有效保护作用。卸料装置主要由卸料板、弹性元件、卸料螺钉和辅助导向零件组成。图 6-66 中由件 3、5、6、7、8、11、12 组成该模具的卸料装置。

卸料与加工
转向装置

1. 多工位级进模卸料板的结构

多工位级进模的弹压卸料板型孔多、形状复杂，为保证型孔的尺寸精度、位置精度和配合间隙，极少采用整体结构，多采用分段拼合结构，它的拼装原则与凹模相同。图 6-67 是由 5 个

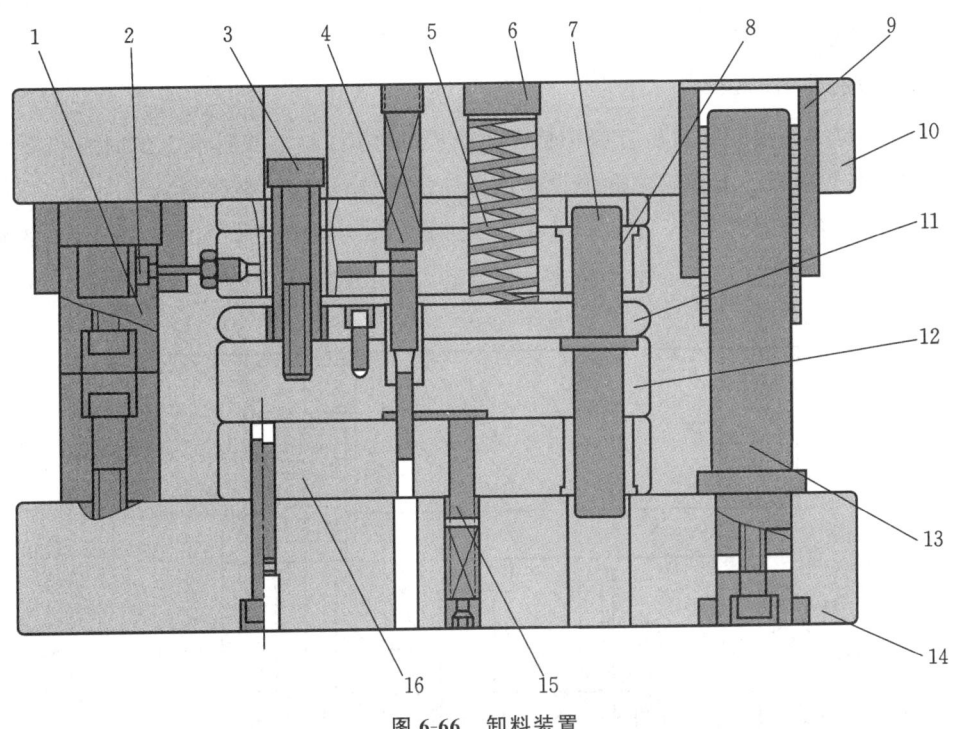

图 6-66 卸料装置

1—限位柱;2—微动开关;3—组合式限位螺钉;4—误送检测组件;5—弹簧;6—螺塞;
7—卸料板导柱;8—卸料板导套;9—模架导套;10—上模座;11—卸料板背板;
12—卸料板;13—模架导柱;14—下模座;15—托料钉;16—凹模

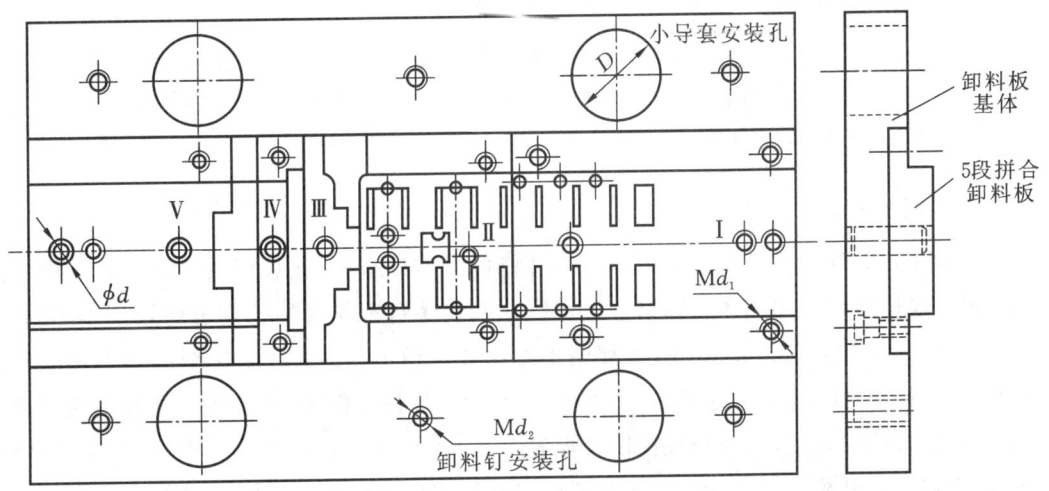

图 6-67 拼块组合式弹压卸料板

拼块组合而成的组合式卸料板。基体按基孔制配合关系加工出拼块安装槽,两端的两个拼块按位置精度的要求压入基体通槽后,分别用螺钉、销钉定位固定。中间三个拼块经磨削加工后直接压入通槽内,仅用螺钉与基体连接。安装位置尺寸通过对各分段的结合面进行研磨加工来调整,从而控制各型孔的尺寸精度和位置精度。卸料板采用高速钢或合金工具钢制造,淬火

硬度为 $56\sim58$ HRC；其型孔的工作面粗糙度为 $Ra0.4\sim0.1\ \mu m$。凸模与卸料板的配合间隙只有凸模和凹模的冲裁间隙的 $1/4\sim1/3$。

2. 卸料板的导向形式

由于多工位级进模的卸料板有保护精密小凸模的作用，要求卸料板工作时有很高的运动精度，为此要在卸料板与上模座之间增设辅助导向机构（小导柱和小导套），其配合间隙一般为凸模与卸料板配合间隙的 $1/2$，如图 6-66 中件 7、8 所示。当冲压的材料比较薄、模具的精度要求较高且工位数又较多时，应选用滚珠式导柱导套，如图 6-68 所示。

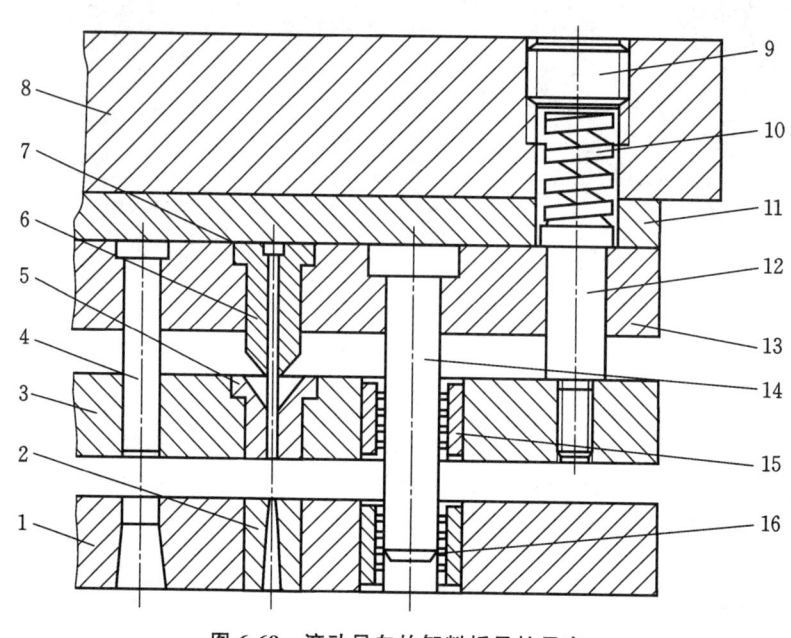

图 6-68　滚动导向的卸料板导柱导套

1—凹模；2—凹模嵌块；3—弹压卸料板；4—凸模；5—凸模导向护套；6—小凸模；7—凸模加强套；8—上模座；
9—螺塞；10—弹簧；11—垫板；12—卸料螺钉；13—凸模固定板；14—小导柱；15—小导套；16—滚珠保持器

3. 卸料板的安装

卸料板采用卸料螺钉吊装于上模。卸料螺钉应对称分布，工作长度要严格一致。图 6-69 所示为多工位级进模使用的卸料螺钉。外螺纹式卸料螺钉工作段的长度刃磨较困难，轴长 L 的精度较低，一般控制在 ±0.1 mm；其常用于普通冲压模中。内螺纹式卸料螺钉的轴长精度为 ±0.02 mm，通过磨削轴端面可使一组卸料螺钉的工作长度保持一致；组合式卸料螺钉由套管、螺栓和垫圈组合而成，它的轴长精度可控制在 ±0.01 mm。内螺纹和组合式有一个很重要的特点，即当冲裁凸模经过一定冲压次数后要对凸模刃口进行刃磨，刃磨后必须对卸料螺钉工作段的长度磨去同样的量值，才能保证卸料板的压料面与冲裁凸模端面的相对位置。外螺纹卸料螺钉调整尺寸困难。

图 6-70 所示的卸料板安装形式是多工位级进模中广泛采用的典型结构。该结构通过安装在卸料板上方的均匀布置的弹簧提供压料力及卸料力。在精密级进模应用中，通常选用强力弹簧以满足工艺要求。由于卸料板与各凸模之间的配合间隙需精密控制在约 0.005 mm，其

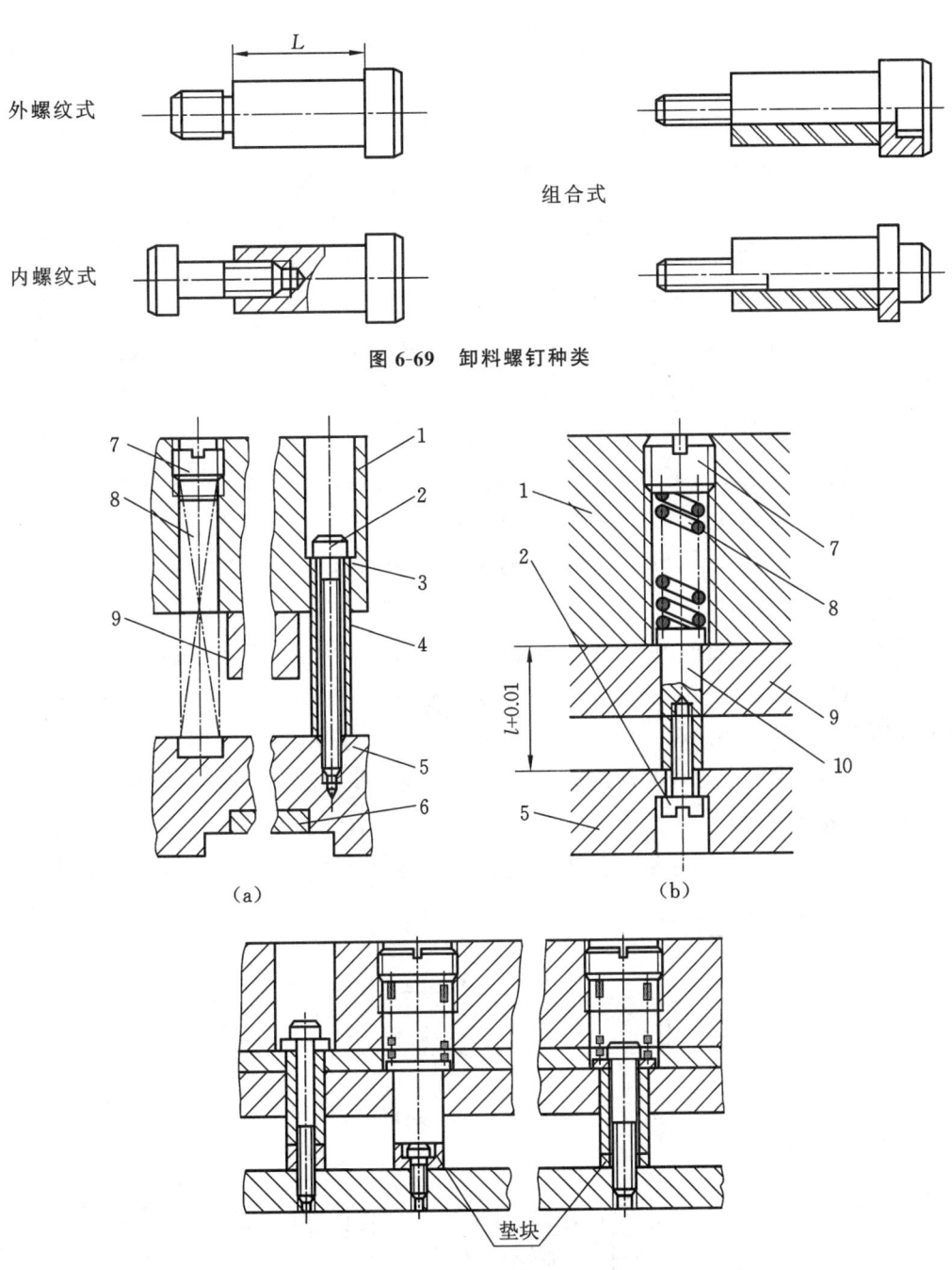

图 6-69 卸料螺钉种类

图 6-70 卸料螺钉在卸料板中的安装形式

1—上模座;2—螺钉;3—垫片;4—管套;5—卸料板;

6—卸料板拼块;7—螺塞;8—弹簧;9—固定板;10—卸料销

安装过程较为复杂,因此在非必要情况下应尽量避免将卸料板从凸模上拆卸。

针对刃磨工艺的特殊需求,设计上采用弹簧与卸料钉分离布置的方案:弹簧通过螺塞进行轴向限位。需要进行刃磨时,旋下螺塞即可将弹簧自上模取出,此时卸料板因失去弹簧作用力而可向上模座方向移动,从而完全露出凸模刃口端面,便于进行刃口重磨;同时该设计也极大地方便了弹簧的更换作业。

在卸料板位置调节方面,系统提供了多种解决方案:采用套管组合式卸料螺钉的结构(见图 6-70(a)),可通过修磨套管端面精确调整卸料板相对于凸模的位置;通过更换不同厚度的垫片可精确调节卸料板的动态平行度,以满足上、下模相对平行度的工艺要求;图 6-70(b)所示为内螺纹式卸料螺钉结构,其弹簧压力直接通过卸料螺钉传递至卸料板。该结构的特点是卸料板行程受限于弹簧的自由长度,适用于弯曲或拉深高度较小以及纯冲裁等工艺场景;图 6-70(c)所示的创新设计是在套管与卸料板之间增设垫块。当凸模经过刃磨后,仅需磨削垫块即可精确保持卸料板与凸模的相对位置关系,无需重新调整整个系统。

装配完成后的卸料板必须满足三个基本技术要求:与上模、下模保持精确的平行度;运动过程平稳且具有良好的动态平衡性能;能够提供足够且稳定的卸料力。在卸料作业过程中,卸料板必须始终保持良好刚性,严禁出现任何形式的变形现象。

然而在实际生产过程中,当带料的料头或料尾位于凹模与卸料板之间的一侧时(见图 6-71(a)),由于卸料板和凸模之间存在微小的配合间隙,以及卸料板和辅助导向元件(包括小导柱及小导套)之间存在微量间隙,这些微小间隙可能导致卸料板在运动过程中出现失稳现象。具体表现为卸料板发生倾斜,进而使凸模受到异常侧向力的作用,最终导致凸模与凹模发生啃刃现象。为有效预防上述问题,可在卸料板的适当位置安装平衡钉(见图 6-71(b))。这种平衡钉布置方案要求在卸料板的两端均设置平衡钉,每端两个,并且需要将平衡钉伸出卸料板底平面的高度精确调整至同一水平面。通过这种设计,能够显著提高卸料板运动过程的稳定性,有效消除因配合间隙引起的倾斜现象,保护凸模与凹模刃口免受异常侧向力的影响,从而确保冲压工艺的稳定性和模具的使用寿命。

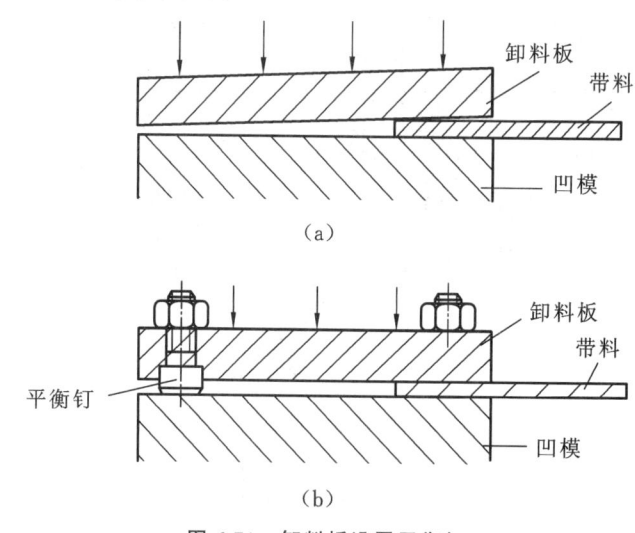

图 6-71 卸料板设置平衡钉

6.3.6　限位装置

多工位级进模结构复杂,凸模较多,在存放、搬运、试模和冲压生产过程中,若凸模过深地进入凹模,会对模具刃口造成较大的磨损,甚至损坏凹模。为此,在设计多工位级进模时应考虑安装限位装置,控制凸模进入凹模的深度。

如图 6-72 所示的对模深度限位装置由限位柱与限位垫块或限位套等零件组成。限位装置的总高度是模具在工作状态下的高度加上工件的料厚。安装调试模具时,只要将限位垫块放在两限位柱之间即可;模具合模对好后,取下限位垫块即可冲压。完成冲压生产后,可将限位套套在限位柱上,使上、下模保持开启状态,以便于搬运和存放,如图 6-72(b)所示。

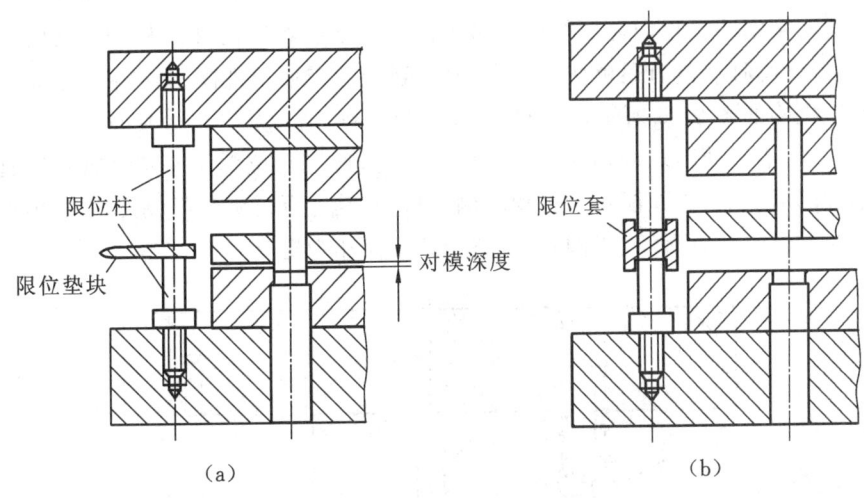

（a）　　　　　　　　　　　　　　（b）

图 6-72　对模深度限位装置

当模具的精度要求较高,模具有较多的小凸模,并且冲压工位中又有镦压成形时,可在弹压卸料板和凸模固定板之间设计限位垫板(镦压板)来控制凸模进入凹模的深度,并实现镦压成形,如图 6-73 所示。

在卸料板上加限位柱(块)控制压料的结构,如图 6-74 所示。弹压卸料板上装有多个限位柱(块),可用于控制对带料的压紧程度。图中限位柱高出卸料板底平面一定尺寸,此尺寸比料厚小 0.02 mm,即为 $t-0.02$ mm,这样能保证卸料板既压平带料又不会将带料压坏。

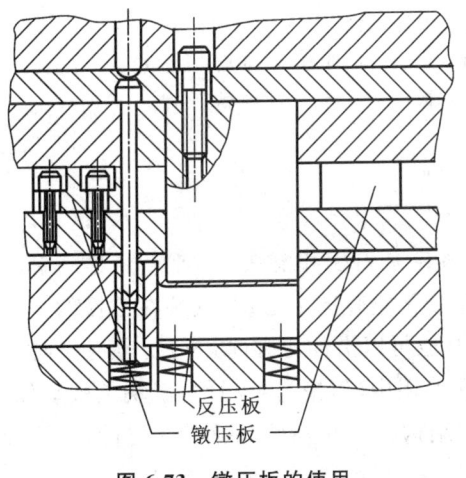

图 6-73　镦压板的使用

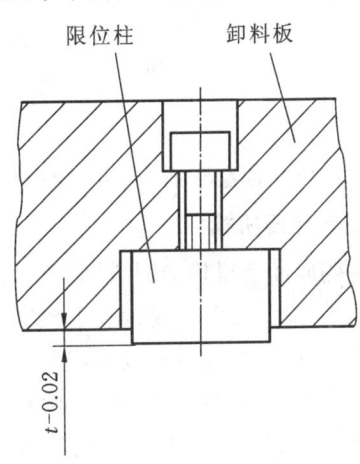

图 6-74　限位柱控制压料

6.3.7　加工方向的转换机构

在级进弯曲或其他成形工序冲压时,往往需要从不同方向进行加工,因此需将压力机滑块的垂直向下运动转化成凸模(或凹模)向上或水平等不同方向的运动,实现不同方向的成形。完成这种加工方向转换的装置通常采用斜楔滑块机构或杠杆机构。

1. 反向冲压机构

反向冲压机构也称倒冲冲压机构,其反向冲压多由杠杆机构、摆块机构实现,也可采用两段斜楔滑块机构来实现。反向冲压机构是多工位级进模中特殊的冲压机构,设计该机构时主要要求机构可靠性高,并具有足够的强度和刚度,还应考虑便于维修、更换和安装。

杠杆倒冲机构如图 6-75 所示,主动杆 4 随上模下行,通过从动杆 3 使杠杆绕轴 13 向上摆动,推动凸模 7 向上运动实现冲切材料。上模回程时,通过复位弹簧 9 使杠杆逆时针摆动,轴 11 拉动凸模 7 复位。图 6-76 所示为杆摆块倒冲机构,其冲压过程与杆倒冲机构相同。当倒冲的压力较大时,杠杆截面可做成半圆状,以整个圆弧面作为支承。

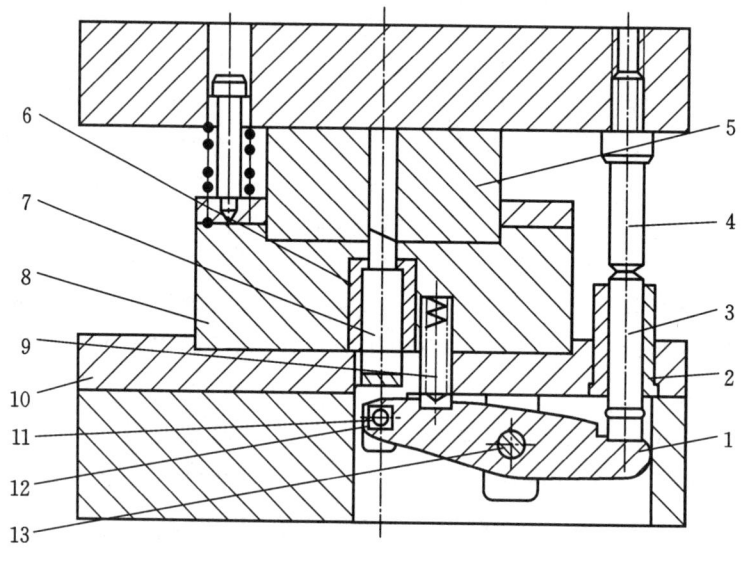

图 6-75　杠杆倒冲机构

1—梭形杠杆;2—导向套;3—从动杆;4—主动杆;5—上模;6—护套;7—凸模;
8—凹模;9—复位弹簧;10—垫板;11,13—轴;12—轴套

反向冲压凸模必须有良好的导向机构、复位机构。

2. 侧向冲压机构

典型侧向冲压机构如图 6-77 所示,其主要零件是斜楔和滑块,二者常配对使用。斜楔一般装在上模,滑块装于下模内。上模在压力机带动下垂直向下运动,安装在上模的斜楔驱动下模中的滑块(结合面为斜面,斜角为 α)水平运动(也可以沿冲压方向运动),实现横向(或反向)冲压(冲孔、成形、压包、压筋等)。斜楔与滑块在使用中,斜楔为主动件,滑块是被动件。

如图 6-78 所示为常用的侧向冲压凸模安装结构。图 6-78(a)适用于圆凸模,图 6-78(b)不仅适用于圆凸模,也适用于各种异形凸模的安装。

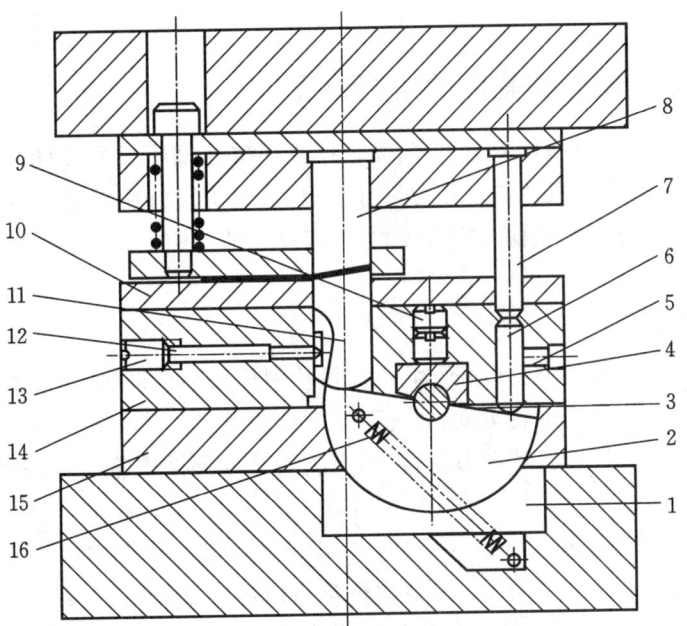

图 6-76 杠杆摆块倒冲机构

1—圆弧垫板；2—摆块；3—轴；4—压块；5—限位螺钉；6—从动杆；
7—主动杆；8—弯曲上模；9,13—螺塞；10—盖板；11—弯曲模；
12—限位杆；14—下模套；15—垫板；16—复位拉簧

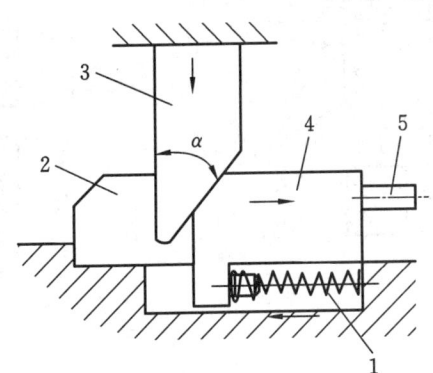

图 6-77 典型侧向冲压机构

1—弹簧；2—挡块；3—斜楔；4—滑块；5—侧冲凸模

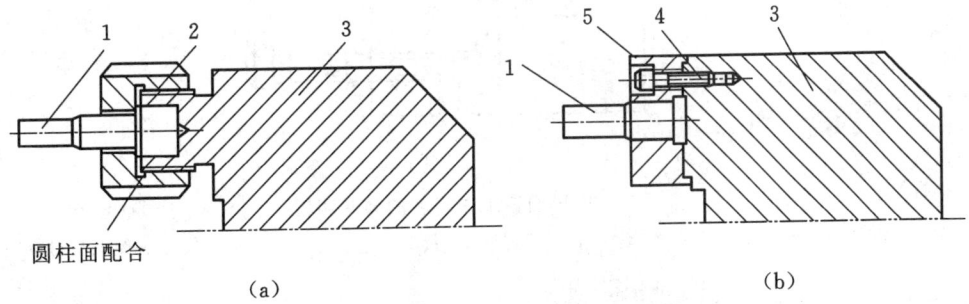

圆柱面配合

（a）   （b）

图 6-78 常用的侧向冲压凸模安装结构

1—凸模；2—螺母；3—滑块；4—螺钉；5—固定板

6.3.8　成形凸模工作高度的微调装置

在多工位级进模中,因凸模数量较多,需根据成形零件尺寸要求,确保各工序(如镦压、弯曲、翻边、拉深等)凸模高度保持特定相对尺寸。因此,结构设计中需采用微调装置。此外,部分冲裁凸模刃磨后可能影响其他凸模高度,也需高度调节。综上,微调装置在多工位级进模设计中不可或缺。

1. 垂直微调装置

垂直微调装置为常用类型,其原理为:利用滑块斜面与凸模接触,通过调节螺钉的微调,将滑块水平运动转换为凸模的垂直运动,实现高度微量调整。尤其在校正与整形工序中,成形凸模位置的微量调节至关重要。若调节量过小,无法满足成形件质量要求;若调节量过大,成形时易导致凸模断裂。

图 6-79 为常用调节机构。在图 6-79(a)中,旋转调节螺钉 1 推动调节滑块 2,可调节凸模 3 的伸出长度;图 6-79(b)为一种可方便地调整弯曲凸模位置的结构,特别是板厚误差导致工件尺寸偏差时,通过调整凸模位置保证工件精度;图 6-79(c)为调节滑块结构。

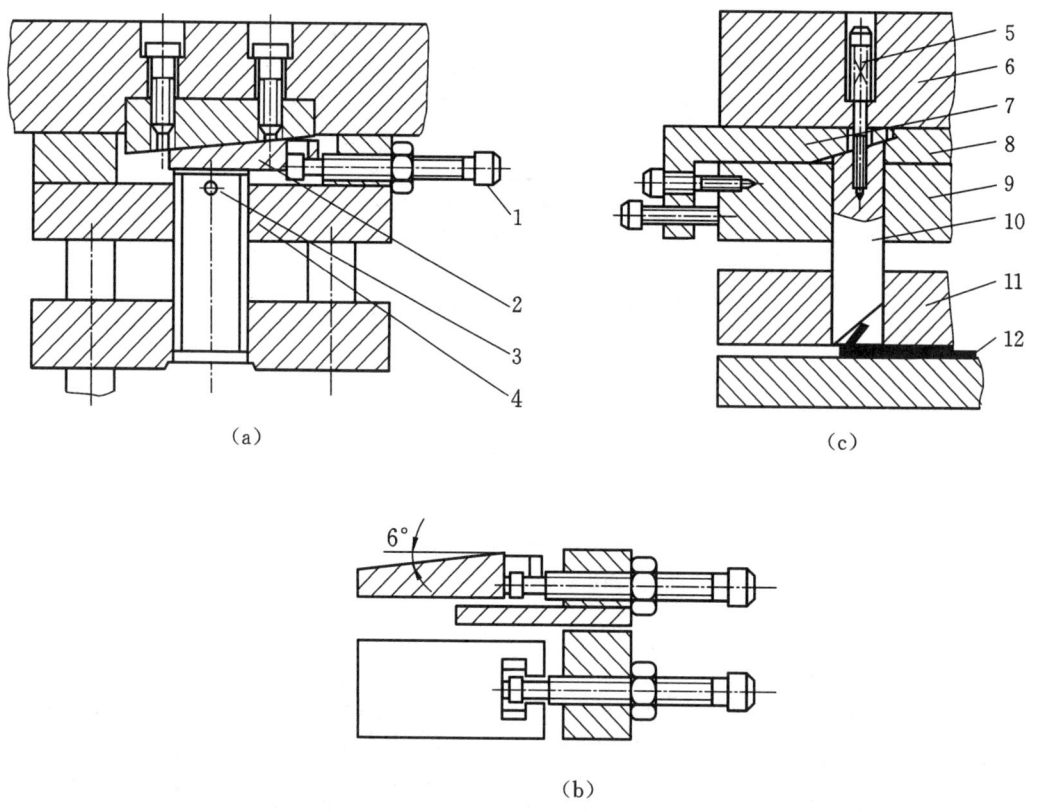

图 6-79　成形凸模工作高度的微调装置

1,5—调节螺钉;2,7—调节滑块;3—凸模;4,9—凸模固定板;6—模座;8—垫板;10—弯曲凸模;11—卸料板;12—工件

2. 多凸模同步微调装置

图 6-80 所示为多凸模同步微调装置。初始状态凸模处于最低位置,调节螺杆 1,使滑块

7、8联动驱动凸模5微量上升。滑块斜度按设计需求确定,凸模上调量越大,斜角取值需相应增大。图6-80所示装置采用斜角为11°的滑块,有效调节量为3.449 mm。图中 h 为卸料板活动行程。为提高滑块耐磨性与寿命,建议采用CrWMn材料经淬硬处理制造。

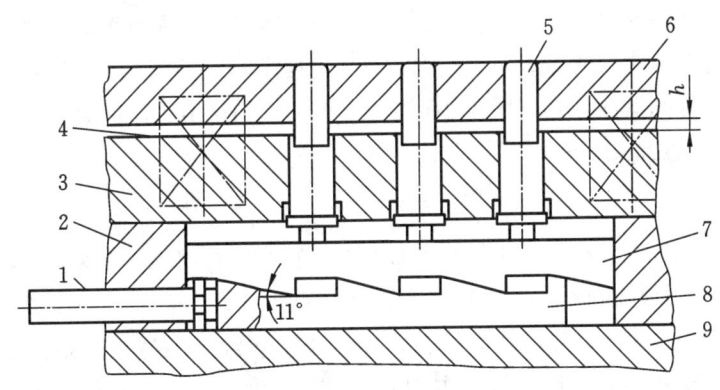

图6-80　多凸模同步微调装置

1—螺杆;2—衬板;3—固定板;4—弹簧;5—拉深凸模;6—卸料板;7—从动滑块;8—主动滑块;9—下模座

3. 弯曲度微调装置

图6-81(a)所示为弯曲度微调装置。如图6-81(b)所示,通过在冲裁后坯料上的 A、B 两点选择性压印,可校正冲裁导致的带料弯曲变形:带料向下弯曲时,于 A 点压印;带料向上弯曲时,于 B 点压印;压印位置需根据成形后带料实际弯曲状态确定,并据此调整对应凸模的工作尺寸。

工作时,拧紧调节螺钉5,由不同斜向滑块2、4通过圆柱销固连的滑块组右移,压印凸模7上升执行压印,此时压印凸模6处于非工作状态,并在卸料板作用下复位;松开调节螺钉5,滑块组左移,压印凸模6上升执行压印,压印凸模7处于非工作状态。

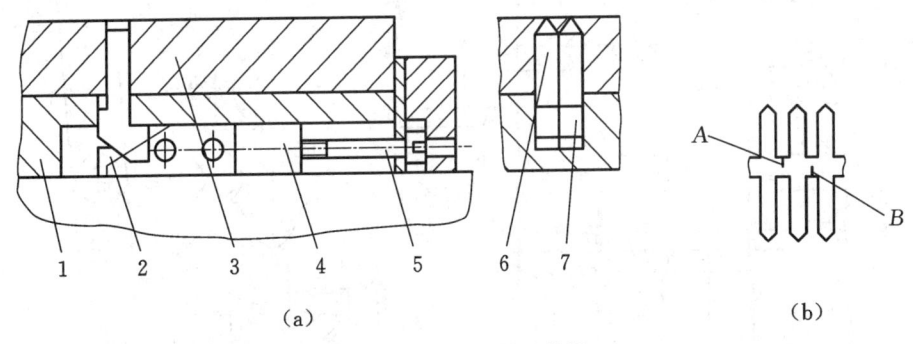

（a）　　　　　　　　　　　　　　　　　（b）

图6-81　弯曲度微调装置

1—导轨板;2,4—滑块;3—凸模导板;5—调节螺钉;6,7—压印凸模

6.3.9　间歇切断装置

在多工位级进冲压过程中,并不是每一次冲程中所有凸模都要完成一次冲压动作,有的凸模是在压力机冲压一定的次数后,才实现一次冲压动作,例如每冲5次、10次、20次后有一个切断动作。此时,切下部件有一定长度,这种冲压方式称为间歇切断(或定距切断)。实现间歇切断的结构和动力来源包括纯机械机构(如棘轮机构、槽轮机构、凸轮机构)、气动/液压及其组

合机构等。

传统间歇机构(如棘轮-凸轮机构)虽可靠性较高,但存在结构复杂、高速工况下磨损大等问题,适用于常规冲压速度及寿命要求场景;当需要调整间歇次数时,传统机械机构难以实现灵活调节。因此,在高速多工位长寿命级进模中,可采用机电一体化可编程逻辑控制器间歇机构,以自动压力机工作次数为触发信号,控制驱动气缸及间歇凸模动作,在设定冲压次数内实现间歇切断,且支持间歇次数自由设定,有效解决传统机构调节困难问题。

1. 棘轮间歇切断机构

1)机构简介

图 6-82 所示为用于在某定尺寸带料上保留 10 个工件的间歇切断装置,即压力机滑块每冲压 10 次后,切断凸模 4 执行一次切断动作。图中凸轮 16 与棘轮 15 通过螺钉 17 和销钉 25 固连,中心圆孔穿过小轴 24 并保持旋转自由度。小轴螺纹端经螺母固定于支架 13 上,支架 13 通过连接件固定在上模衬板 11 上。拉杆棘爪 18 安于下模座的附加支架 20 上,在拉簧 19 作用下始终与棘轮齿面接触。滑块 9 左端斜面与切断凸模 4 固定端斜面相配合,图示为切断凸模缩回(最高)位置,此时上模下行,无法接触带料。滑块左端设置弹簧推板 7,压缩弹簧 8 持续推动滑块右移,滑块右端始终与凸轮圆周面接触。凸轮最高点脱离滑块右端后,滑块快速复位。为防止棘轮反转,采用止动块 14 与压簧 12 实现限位。

上模开启后,不允许拉杆棘爪在拉簧的作用下离开棘轮而倒向左方,因为上模下行时,棘轮会撞在拉杆棘爪上,将损坏装置。为了安全,设置限位装置 27 控制拉杆棘爪的合理活动范围。

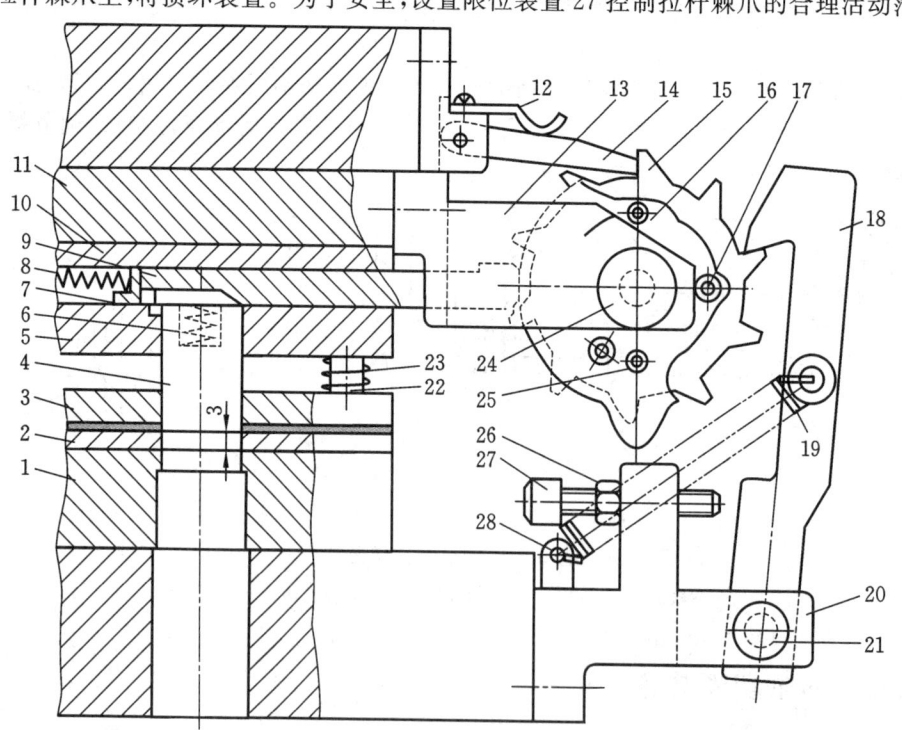

图 6-82 棘轮间歇切断装置

1—凹模;2—导料板;3—卸料板;4—切断凸模;5—固定板;6,8,23—弹簧;7—推板;9—滑块;
10—垫板;11—衬板;12—压簧;13—支架;14—止动块;15—棘轮;16—凸轮;17—螺钉;18—拉杆棘爪;
19—拉簧;20—支架;21,24—小轴;22—卸料螺钉;25,28—销钉;26—螺母;27—限位装置

2）动作过程

按图 6-82 所示位置，凸轮的圆周面和滑块右端面保持接触，此时切断凸模处于最高位置。拉杆棘爪处于棘轮轮齿的根部附近。上模继续下行至下死点，棘轮跟着向下，而拉杆棘爪的爪尖离开轮齿根部，爪尖略高于齿根。

上模回升时，棘轮的轮齿在拉杆棘爪的钩动下转过一齿，并且保证行程开始到终了只钩动一齿；如此循环往复，直到凸轮的凸出部分接触滑块并将其往左推动至最左端位置。此时切断凸模在滑块斜面的作用下往下移动 3 mm，使切断凸模与模具中的其他冲裁凸模齐平，从而实现带料的切断动作。上模回升时滑块右移，由于切断凸模凸台下面装有两根弹簧 6，在滑块右移时，切断凸模会迅速复位（向上 3 mm）。这样在切断凸模伸出固定板长度短于其他冲裁凸模的情况下，切断凸模 4 处于非冲裁的位置。从图示棘轮轮齿数可知，压力机在往复 9 次的过程中不会产生切断动作，因为凸轮没有推动滑块；只有在拉杆棘爪钩到第 10 齿才产生切断动作，即压力机每往复 10 次，拉杆棘爪就钩动棘轮轮齿，同时带动凸轮凸起部分将滑块推动 1 次，使切断凸模向下移动，达到应有长度，完成切断动作。

3）设计要点

拉杆棘爪在两个拉簧的作用下与棘轮保持接触，同时当上模（棘轮）上下运动时，靠拉杆棘爪钩动棘轮、凸轮一起转动，凸轮的最高部分接触滑块后，触发切断凸模动作，从而实现间歇切断。由此可见，间歇切断装置中的棘轮、凸轮、拉杆棘爪和滑块是设计重点。

根据实际工作经验，棘轮的大小与安装位置，按模具闭合时的空间容量来设计比较直观和方便。当压力机滑块行程较小时，原则上要求拉杆棘爪的头部高度等于或略小于所用的压力机滑块行程。例如滑块行程为 24.6 mm 时，则取拉杆棘爪头部高度为 23 mm。这样可使拉杆棘爪与棘轮始终处于接触状态。拉杆棘爪不需限位装置。

2. 可编程逻辑控制器控制的间歇切断机构

图 6-83 所示为可编程逻辑控制器控制的间歇切断机构，其工作过程为：当可编程逻辑控制器接收到自动压力机的第 n（n 为自然数）次工作行程开始的信号后，通过传感器使气缸 6 工作，将间歇推块 5 推入间歇切断凸模 1 的工作槽内，使间歇凸模 1 处于与其他冲裁凸模一样的待工作位置（见图 6-83（b）），从而使间歇凸模 1 参与模具的第 n 次冲裁工作，完成对工件 n 组一片的冲裁。该次冲裁回程时，可编程逻辑控制器使气缸控制间歇推块 5 迅速退回，同时在弹簧 3 的作用下，间歇切断凸模迅速复位到如图 6-83（a）所示的位置，使其不参与下次的冲裁工作，可编程逻辑控制器的计数复位重新计数。如此循环，实现对工件 n 组一片的连续高速生产。

图 6-84 所示为用于铁芯叠装多工位级进模上的跳切机构。图示为分组动作状态，当气缸活塞前进时，连杆 5 推动间歇滑块 4 使其上的缺口前移，压杆 2 下压，叠压点凸模 1 伸出，完成分组冲压。当控制机构指令解除后，活塞后退，间歇滑块 4 的缺口部分又移至压杆 2 的上部，叠压点凸模 1 复位。

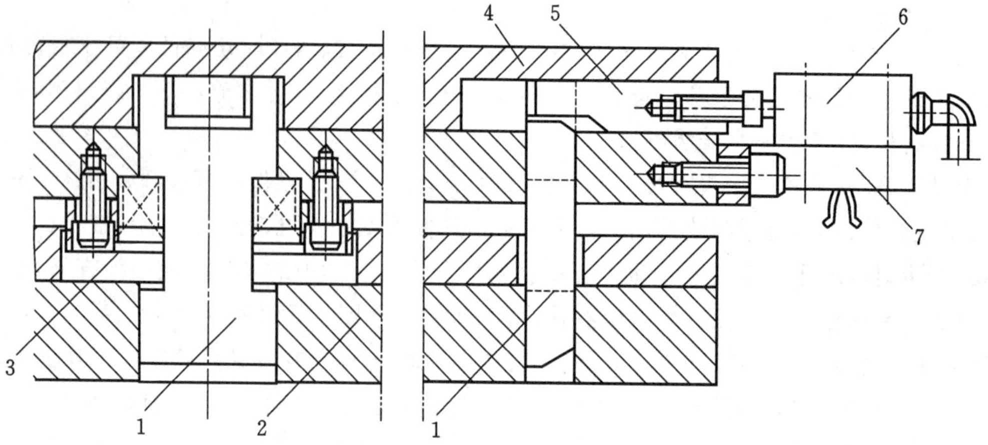

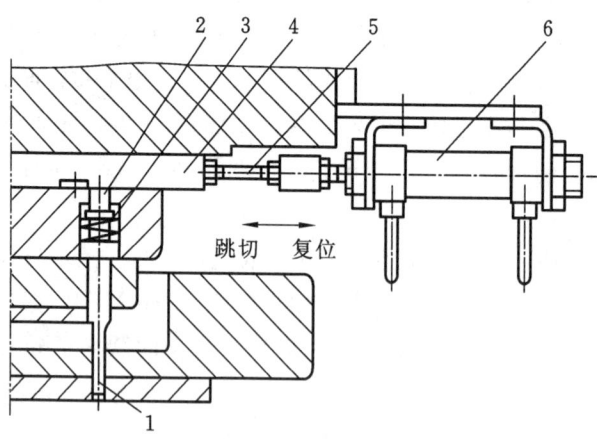

（a）

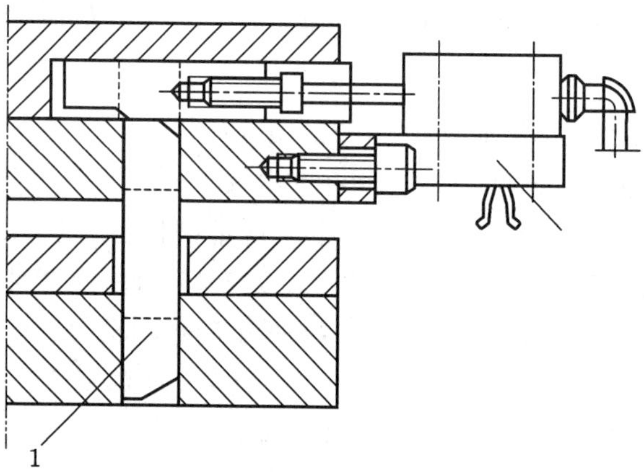

（b）

图 6-83　可编程逻辑控制器控制的间歇切断机构

1—间歇凸模；2—卸料板；3—弹簧；4—上垫板；5—间歇推块；6—气缸；7—安装板

跳切　　复位

图 6-84　跳切机构

1—叠压点凸模；2—压杆；3—弹簧；4—间歇滑块；5—连杆；6—气缸

6.3.10　级进模模架

模架是模具的主体框架,是连接级进模所有零部件的主要部件,并承载冲压过程中的全部载荷。上、下模的相对位置通过模架的导向装置来保证。导向装置同时引导凸模正确运动,从而保证凸模与凹模的冲裁间隙均匀。

1. 级进模模架

级进模模架要求刚性好、精度高。因此,级进模模架一般选用厚钢板(45 钢)作为模架材料。上、下模座的厚度比普通模具厚 30%左右,并且采用四导柱模架,导柱尺寸也较大,如图 6-85(a)所示。设计时,模架可依据 GB/T 2851—2008、GB/T 2852—2008 标准选择。

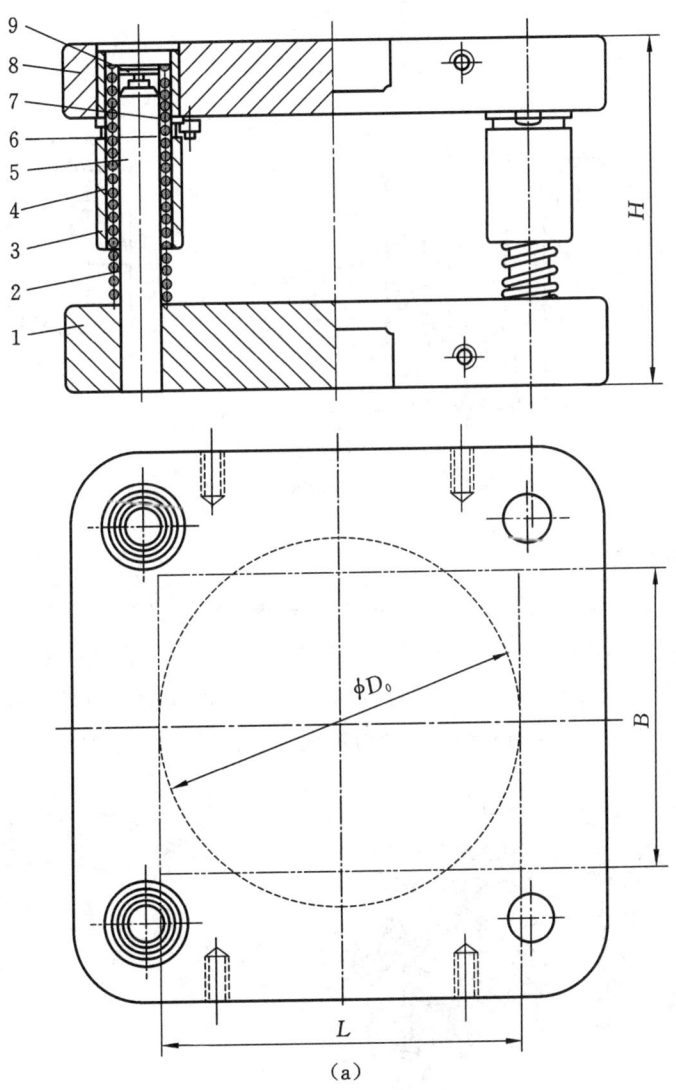

（a）

图 6-85　滚动型导柱导套

(a)1—下模座;2—下模座;3—导柱;4—导套;5—钢球保持圈;6—弹簧;7—压板;8—螺钉;9—保持器限程挡板;

(b)1—压块;2—导套;3—上模座;4—钢球;5—保持圈;6—导柱;

7—弹簧;8—压套;9—下模座;10—保持器限程挡板;11—螺钉

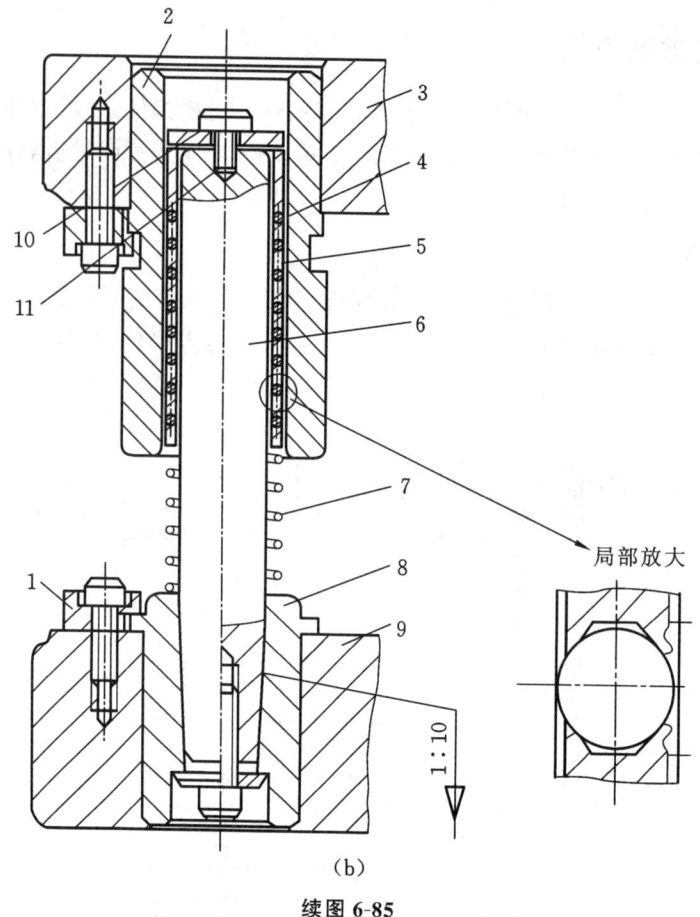

局部放大

（b）

续图 6-85

2. 级进模导柱导套

精密级进模的模架导向一般采用滚动型导柱导套，如图 6-85（b）所示。目前，国内外使用的一种新型导向结构是滚柱导向结构，如图 6-86 所示，滚柱表面由三段圆弧组成，靠近两端的两段凸弧滚动面 4 与导套内径相配（曲率相同），中间凹弧滚动面 5 与导柱外径相配，如图 6-86（b）所示。通过滚柱在导套与导柱之间的滚动实现导套沿导柱的相对运动。这种滚柱以线接

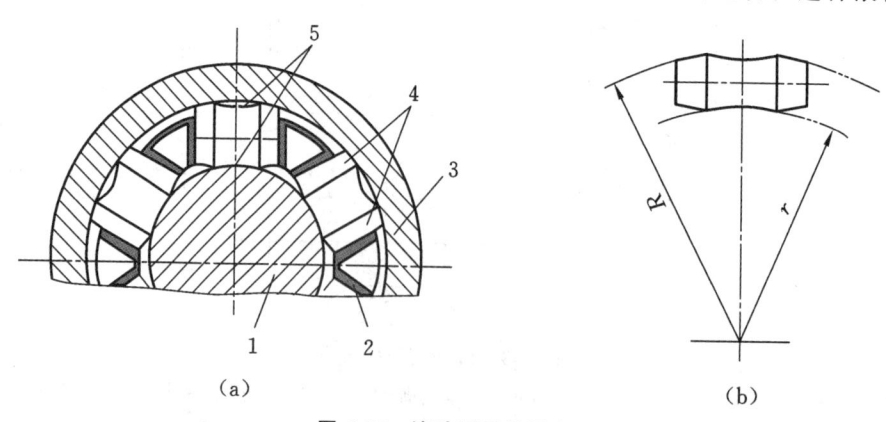

（a）   （b）

图 6-86　滚动型导柱导套

1—导柱;2—滚柱保持器;3—导套;4,5—滚动面

触代替了滚珠在导套导柱之间的点接触,在上下运动时构成面接触,因此能承受比滚珠导向更大的偏心载荷,也提高了导向精度和寿命,增加了刚度,导柱、导套与滚柱之间过盈量为0.003~0.006 mm。

　　为了方便刃磨和模具装拆,常将导柱做成可卸式,即锥度固定式(其锥度为1∶10),如图6-86(b)所示,或采用压板固定式(配合部分长度为4~5 mm,按T7/h6或P7/h6配合,让位部分比固定部分小0.04 mm左右,如图6-87(a)、(b)、(c)所示)。导柱材料常用GCr15,淬硬至60~62 HRC,表面粗糙度最好能达到Ra0.1 μm,在这种情况下磨损最小,润滑作用最佳。为了更换方便,导套也采用压板固定式,如图6-87(d)、(e)所示。表6-6为常用的模架导柱组件分类及使用特点。

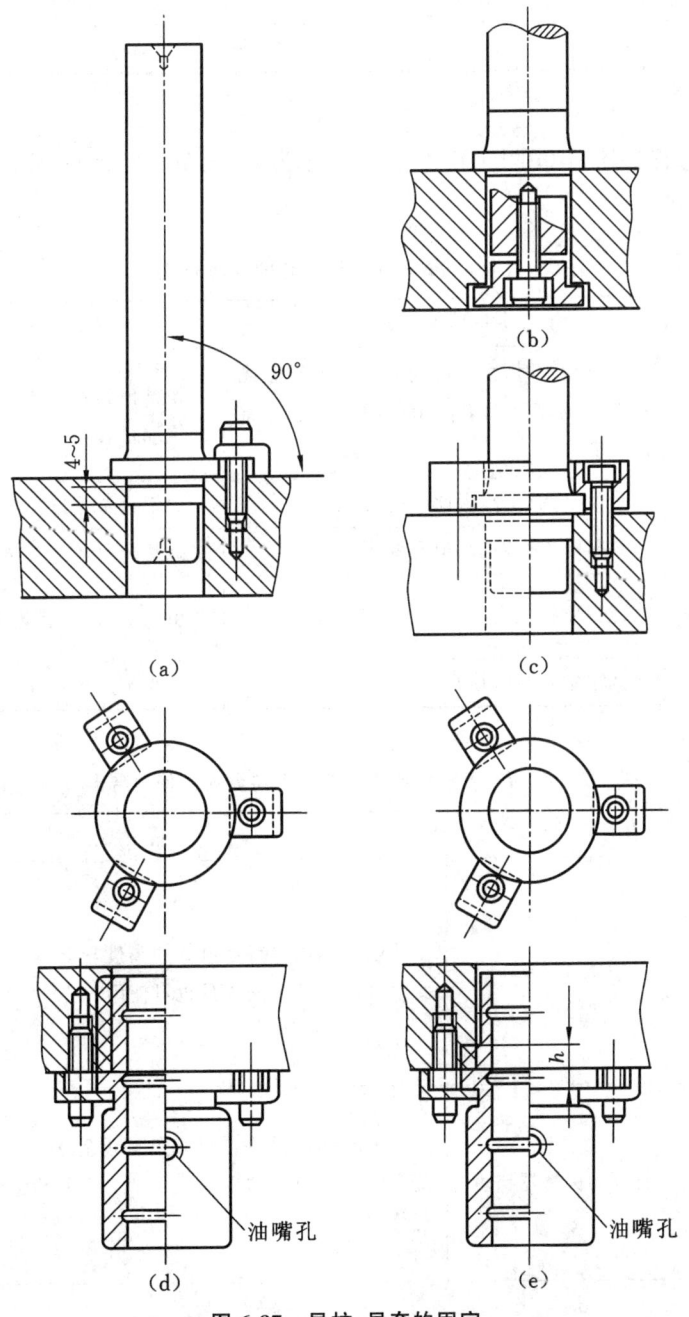

图 6-87　导柱、导套的固定

表 6-6　常用的模架导柱组件分类及使用特点

种类		耐咬合性	刚性	允许速度		建议的润滑剂	
				油润滑	自润滑	油	润滑脂
滚柱导柱		A	B	A	—	轴承油 ISOVG68	—
高刚性钢球导柱		A	C	A	—		—
钢球导柱		A	D	A	—		—
滑动导柱	铜合金＋MoS₂	B	A	B	C		锂系 No.2
	铜合金	B	A	C	—		
	滑动	D	A	D	—		

注：由优到劣按 A～D 分级。

　　表 6-7 为钢球保持器衬套的使用分类，表 6-8 为有/无限程挡块的钢球保持器衬套使用特点。

表 6-7　钢球保持器衬套的使用分类

项目	铝合金钢球保持器衬套	树脂钢球保持器衬套
主要用途	冲压加工时，往复运动的导柱与导套或有弯度的模具大多使用坚固的铝合金钢球衬套	精密模具和高速冲压模具大多使用树脂钢球衬套
钢球的保持力	由于是铝合金，因此保持力大	比铝合金铜球衬套的保持力弱
钢球衬套的强度	跌落时不会破裂，但会变形	跌落时可能会破裂
质量	比树脂钢球大	由于质量大，因此高速冲压也可适应
磨损粉末	产生铝合金磨损粉末	几乎不产生磨损粉末

表 6-8　有/无限程挡块的钢球保持器衬套使用特点

简图	有无限程挡块	使用特点
	无限程挡块	装配时钢球保持器衬套的高度很难调整，由于没有挡块，因此闭合高度较小的模具也可使用
	有可动保持器挡块	装配时钢球保持器衬套的高度容易调整，由于可动挡块高度会随着压力机的下降而降低，因此闭合高度较小的模具也可使用

简图	有无限程挡块	使用特点
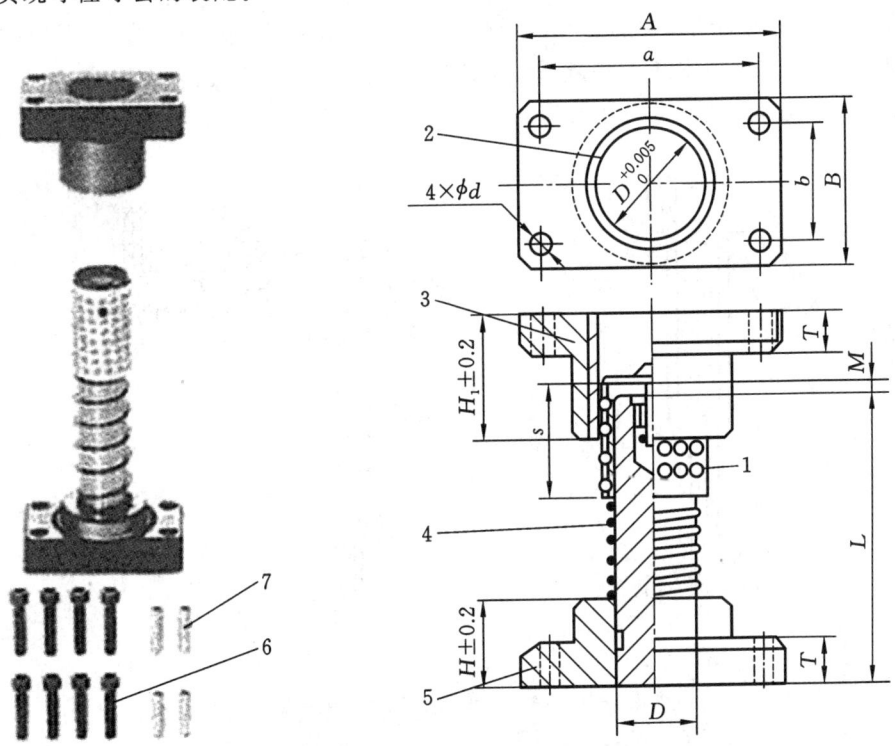	有固定保持器挡块	由于挡块有一定强度,所以最适合往复运动的导柱与导套的模具,装配时钢球保持器衬套的高度容易调整。由于挡块固定,因此不适合闭合高度较小的模具

3. 滚动型独立导柱导套组件

图 6-88 所示是装配简单同时能保证上、下模高导向精度的滚动型独立导柱导套组件。导柱导套的安装不需要在模板上加工高精度的装配孔。模具安装时,在模板上加工销孔和螺钉孔,即可实现导柱导套的装配。

图 6-88　滚动型独立导柱导套组件
1—钢球保持器;2—导套;3—上模座;4—支承弹簧;5—下模座;6—螺钉;7—销钉

6.4　多工位精密级进模的安全保护

6.4.1　防止工件或废料的回升和堵塞

1. 工件或废料回升的原因

(1)冲裁件形状。冲裁件形状简单,且材料薄、质软,易回升。轮廓形状复杂的工件或废料,因其轮廓凹凸部分较多,凸部收缩,凹部扩大,角部在凹模壁内产生的阻力较大,所以不易回升。

（2）冲裁速度。当冲裁速度较高时,工件或废料在凹模内因凸模高速运动产生的真空吸附效应显著,因此容易回升。特别是当冲裁速度超过 500 次/分时,这种现象尤为明显。

（3）凸模/凹模刃口的利钝程度。锋利刃口冲裁时,材料的摩擦阻力小,工件或废料容易回升。相反,钝刃口冲裁时,材料阻力大,工件或废料受凹模壁的摩擦阻力也增大,所以不易回升。

（4）润滑油。高速冲压时,为延长模具寿命,一般要在被加工材料表面涂覆润滑油,润滑油不仅容易使工件或废料黏附在凸模表面,而且使凹模壁的摩擦阻力也相应减小,所以容易回升。

（5）间隙。冲裁间隙小时,冲裁剪切面(光亮带)大,工件或废料受凹模壁的侧向挤压力和阻力大,故不易回升。相反,间隙大,工件或废料容易回升。

2. 防止工件或废料回升的措施

利用内置顶料销的凸模可防止工件或废料回升,如图 6-89(a)所示;当凸模断面尺寸较小不能安装顶料销时,可采用图 6-89(b)所示结构,利用压缩空气防止废料回升,尤其是在拉深件上冲底孔的凸模,其气孔直径一般为 0.3～0.8 mm。

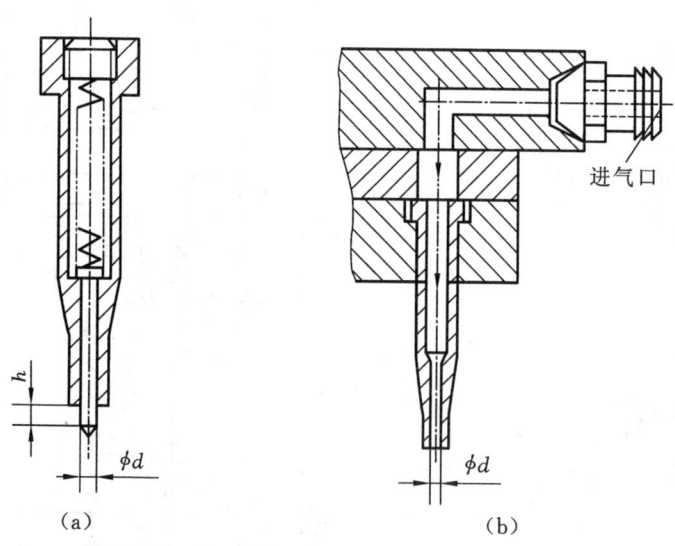

图 6-89　利用凸模防止工件或废料回升

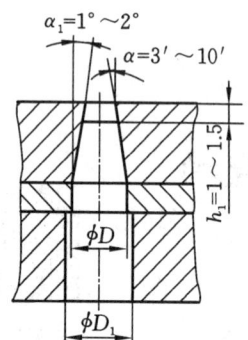

图 6-90　带锥度的凹模漏料孔

3. 工件或废料的堵塞

工件或废料如果在凹模内积存过多,一方面增大推件力,容易造成凸模损坏;另一方面孔内材料的弹性变形,会胀裂凹模。因此不能让工件或废料在凹模内积存过多,造成堵塞。造成堵塞的原因主要是凹模漏料孔的形状和尺寸设计不当,可采取如下措施改善。

（1）合理设计漏料孔。对于薄料小孔($d<1.5$ mm)冲裁,废料因质量小且受润滑油黏附作用,易发生堵塞。在不影响刃口修磨的条件下,应减小刃口直壁高度至 $h=1.5$ mm。对精密工件,可在刃口段加工 $\alpha=3'\sim10'$ 的锥角,漏料孔壁加工 $\alpha_1=1°\sim2°$ 的锥角,如图 6-90 所示。

（2）利用压缩空气防止废料堵塞。采用图 6-91 所示方法,通过压缩空气在凹模漏料孔处形成负压,强制排出工件或废料。该方法既可防止工件或废料回升,又能避免凹模堵塞。

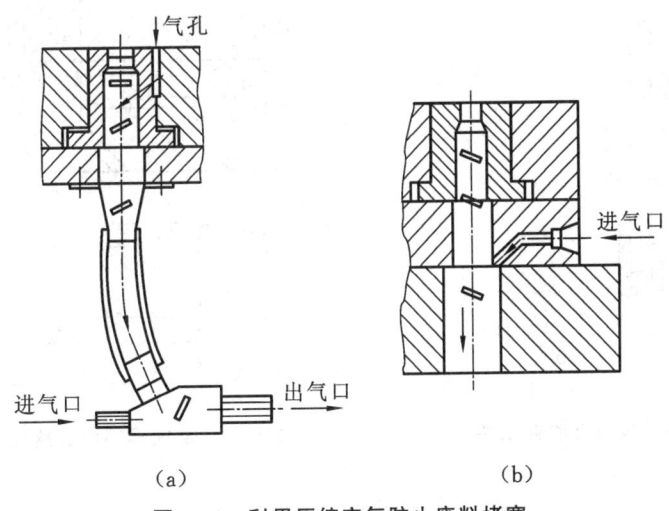

图 6-91　利用压缩空气防止废料堵塞

6.4.2　模面工件或废料的清理

任何一种冲模工作时,都绝不允许工件或废料滞留在模具表面。级进模需在多个工位完成不同的成形工序,模面清理要求更高,且必须通过自动化方式实现,以满足高速生产需求。生产中常用压缩空气清理工件和废料,具体方式如下。

1. 利用凸模气孔吹离工件

工件成形后从带料切离时,若采用多件同时分离工艺,工件无法经凹模漏料孔排出,需从模面清理。清理此类工件可采用图 6-92 所示方法。凸模气孔位置及尺寸需根据工件特性设计,推荐孔径为 0.8～1.2 mm。中间气孔用于防止废料回升,两侧斜孔($\alpha=45°\sim50°$)可将切离工件向模面两侧吹离。

2. 从模具端面吹离工件

末工位切离的工件可通过模具端面增设气孔吹离,如图 6-93 所示。压缩空气经下模座、凹模进入导料板斜气孔,工件切离后随即被吹离模具端面。

3. 气嘴关闭式吹离工件

如图 6-94 所示,气嘴安装于凸模固定板内,压缩空气经固定板进入气嘴。为避免压缩空气泄漏,气嘴与固定板配合间隙需严格控制,必要时加装密封圈。气嘴与凸模间距应保持在 10～15 mm。上模下行时,气嘴被压入固定板,气孔通道闭合;上模回程时,压缩空气推动气嘴复位,通过侧向气孔喷射气流吹离工件。该结构常用于复合模或复合工位。

4. 模外可动气嘴吹离工件

对于小型模具,若模具内部难以设置气孔,可将带软管的气嘴支架安装于模具外任意需清理位置。气嘴结构简单、安装灵活,应用广泛。使用压缩空气清理时,需合理设计气嘴位置、喷射角度及气压参数,并采用软质接料袋以防止工件损伤。

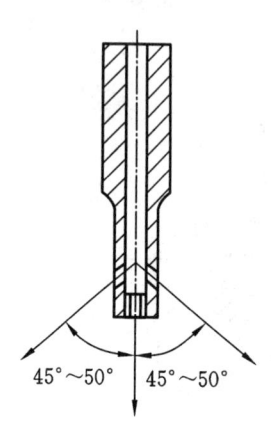

图 6-92 利用凸模气孔吹离工件

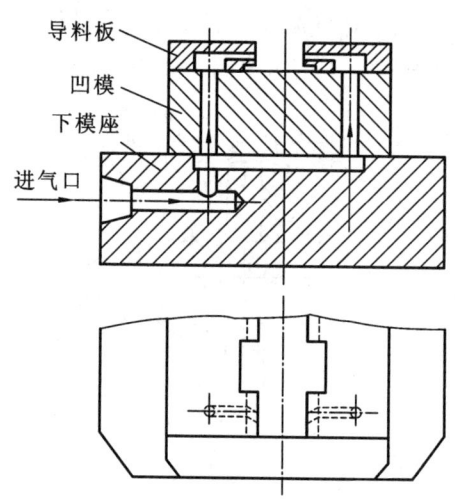

图 6-93 从模具端面吹离工件

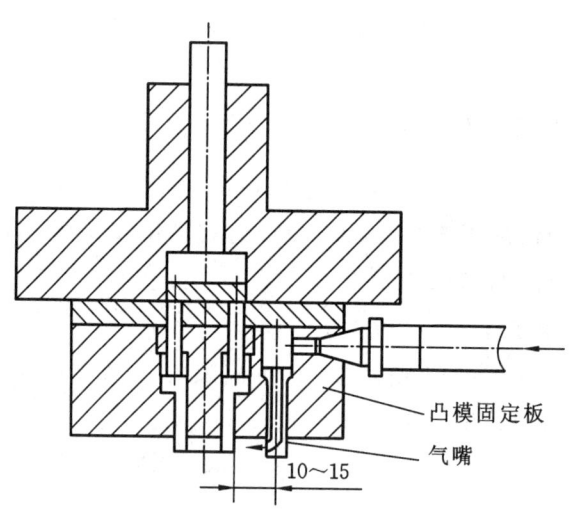

图 6-94 气嘴关闭式吹离工件

6.4.3 模具安全检测装置

冲压生产过程中,若操作异常(如误送料、凸模/导正销断裂、废料堵塞等),可能导致精密模具损毁,甚至引发压力机故障。因此,模具需配置安全检测装置,安全检测装置可设置于模具内部或外部。当模具运行异常时,传感器将信号实时反馈至压力机控制系统,触发急停保护。当前主流检测方式为光电传感检测与接触传感检测,图 6-95 展示了自动冲压线中的具有各种监视功能的检测装置。

1. 光电传感检测

光电传感检测原理如图 6-96 所示,通过光束通断判定工件位置状态。当不透明工件遮挡光幕时,光信号转换为电信号,经放大后与压力机控制系统联锁,强制滑块停止或禁止其启动。根据投光器与受光器安装位置差异,光电传感检测装置分为透射型、镜面反射型及直接反射型。

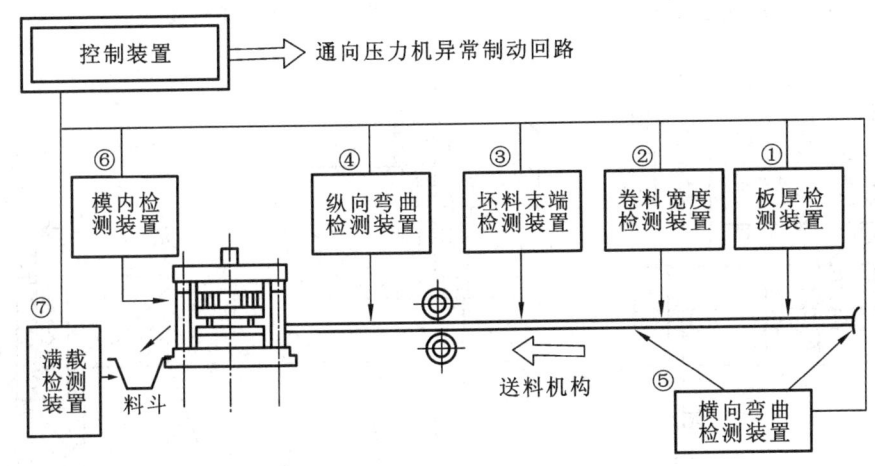

图 6-95 板料冲压时检测装置示意图

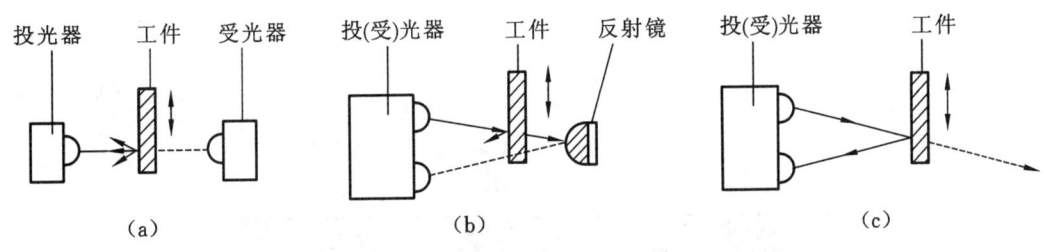

图 6-96 光电传感检测原理

图 6-96(a)所示为透射型光电传感检测原理,检测装置的投光器与受光器同轴对向安装,通过光通量变化判定工件是否存在。此为光电检测基础方案,光束对位精准,可靠性高。

图 6-96(b)所示为镜面反射型光电传感检测原理,检测装置利用反射镜与工件的反射光通量衰减实现检测。投/受光器集成于一体,布线便捷且安装简易,但对焦距离短,高反光工件易导致检测失效。优化光束参数后可扩展应用,多用于操作人员安全防护。

图 6-96(c)所示为直接反射型光电传感检测原理,投/受光器集成于一体,直接检测工件反射光束。工件距离变化时,受光量及材料反射率均会影响检测结果。

2. 接触传感检测

接触传感检测通过接触杆(销)或绝缘探针与被测材料接触,并与微动开关、压力机控制电路构成联锁系统。其通过间歇式接触触发电路通断,实现对压力机的启停控制,应用广泛。

1)送料步距误差检测

级进冲压过程中,自动送料装置可能因机械磨损或外部干扰产生送料步距偏差,若不及时干预将损毁工件或模具部件。为此,多工位级进模需设置检测销(亦称检测凸模)实现模具保护。

当检测销识别到送料异常时,其位移触发检测机构顶杆动作,驱动微动开关闭合。该信号经控制电路使压力机紧急停机,避免事故发生。图 6-97 展示了检测销基于导正孔的检测原理。若检测销 1 因送料偏差无法进入带料导正孔,则被带料顶推上移,同步驱动关联销 2,触发微动开关 3 闭合。由于微动开关与压力机控制装置同步,滑块即刻停止运动。图 6-98 为典

327

型送料检测销组件结构及其模具装配关系,表 6-9 列明了检测销规格参数。

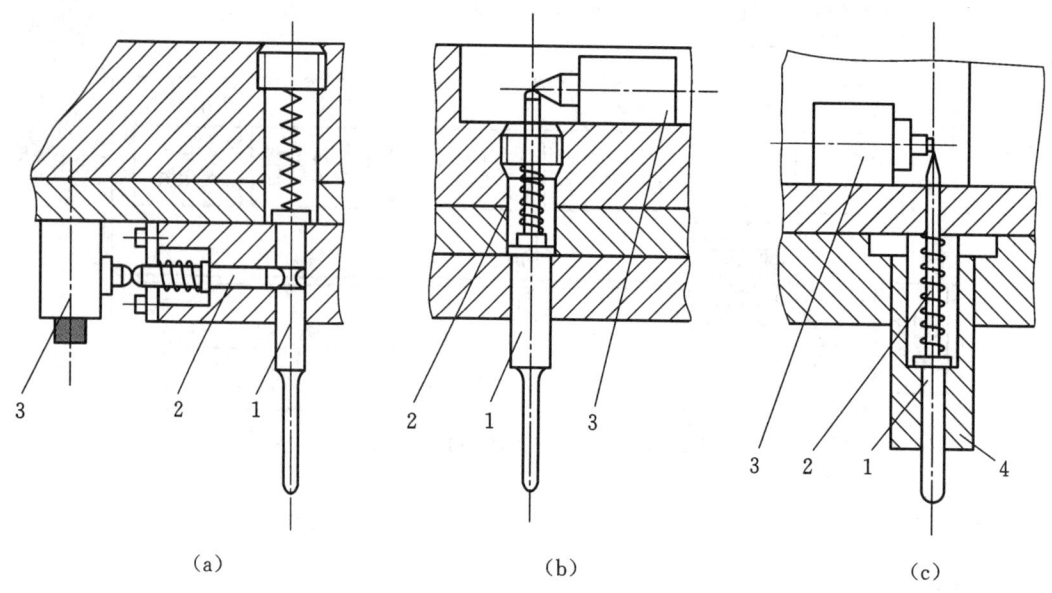

（a） （b） （c）

图 6-97　检测销结构及安装形式

1—检测销;2—关联销;3—微动开关;4—冲孔凸模

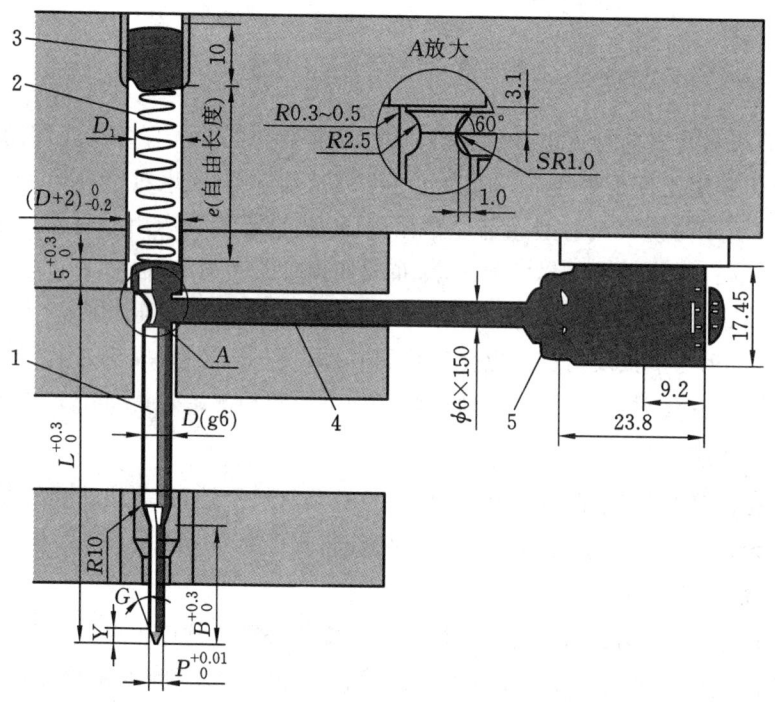

图 6-98　一种典型的送料检测销组件结构

1—检测销;2—弹簧;3—螺塞;4—关联销;5—微动开关

表 6-9　检测销的结构尺寸

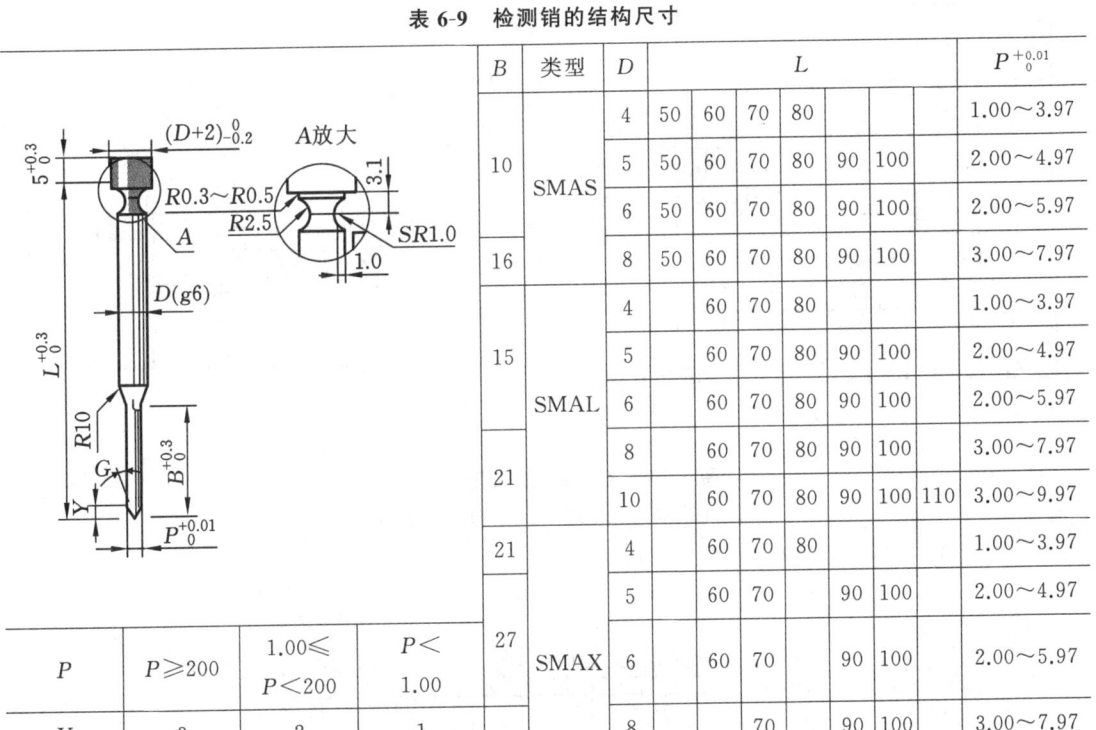

B	类型	D	L							$P_{0}^{+0.01}$
10	SMAS	4	50	60	70	80				1.00～3.97
		5	50	60	70	80	90	100		2.00～4.97
		6	50	60	70	80	90	100		2.00～5.97
16		8	50	60	70	80	90	100		3.00～7.97
15	SMAL	4		60	70	80				1.00～3.97
		5		60	70	80	90	100		2.00～4.97
		6		60	70	80	90	100		2.00～5.97
21		8		60	70	80	90	100		3.00～7.97
		10		60	70	80	90	100	110	3.00～9.97
21	SMAX	4		60	70	80				1.00～3.97
		5		60	70		90	100		2.00～4.97
27		6		60	70		90	100		2.00～5.97
32		8			70		90	100		3.00～7.97
		10			70		90	100	110	3.00～9.97

P	P≥200	1.00≤P<200	P<1.00
Y	3	2	1
G	15°	10°	10°

2）废料回升和堵塞检测

图 6-99 所示为废料回升与堵塞检测装置。当废料或异物回升滞留于凹模表面时，压力机滑块下行至下死点附近，废料将卸料板顶升，触发微动开关闭合，压力机停止运行，如图 6-99 (a)所示。微动开关 2 固定于上模座 1，仅在卸料板 3 与凹模 4 间无残留物时保持常开状态。该方案适用于厚板冲裁（灵敏度 0.1～0.15 mm），薄料或高精度下死点控制场景可改用接近传感器。接近传感器（如簧片触点式、高频振荡式等）安装于下模座，传感元件集成于卸料板，间距校准后灵敏度可达 0.01 mm。

图 6-99(b)展示了废料堵塞检测方案。下模内置绝缘检测销，正常冲裁时废料自由下落并与检测销接触，压力机持续运行；若废料堵塞导致某一冲程废料与检测销无接触，与检测销同步的压力机电磁离合器脱开，压力机停止运行。该方案适用于大尺寸废料检测。

3）出件检测

图 6-100 所示为出件检测装置。在正常工作时，顶板 4 和传感器 2 间有不小于 d 的间隙，此时线路不通。如果顶板卸件时，工件未能顶出，则在下一冲程中，模内又多滞留一个工件，此时顶板 4 和传感器 2 接触，线路导通，压力机停止运行。间隙 d 可预先根据材料厚度设定。

4）材料厚度、宽度和翘曲等检测

材料厚度超差或翘曲的检测如图 6-101(a)所示。当材料 4 过厚时，检测销 3 通过杠杆 2 使微动开关 1 动作，断开电路，压力机停止运行。图 6-101(b)是利用探针检测材料翘曲的示意图。由于材料自身翘曲，或由于送料长度大于步距，材料在模具外形成波腹，当波腹与探针接触时，压力机停止工作。

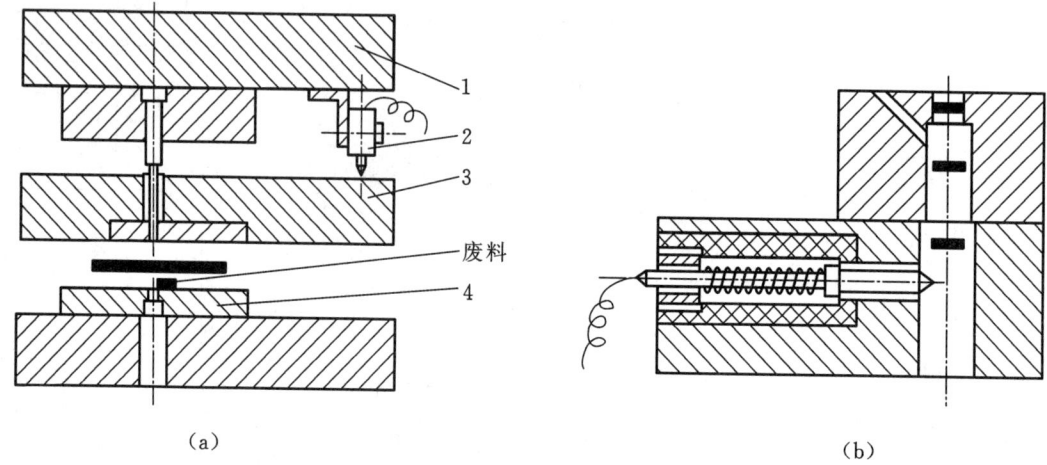

（a）

（b）

图 6-99　废料回升和堵塞检测装置

1—上模座；2—微动开关；3—卸料板；4—凹模

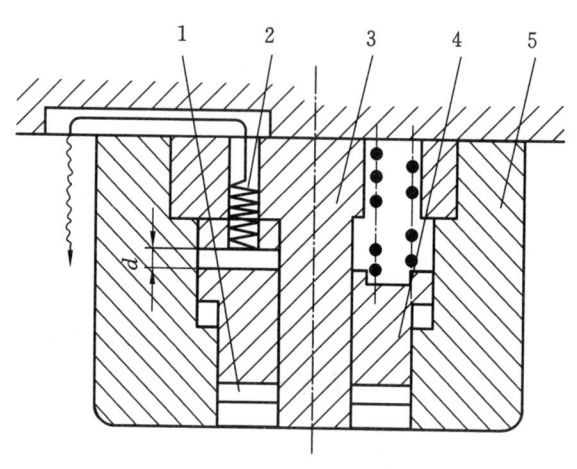

图 6-100　出件检测装置

1—工件；2—传感器；3—冲孔凸模；4—顶板；5—落料凸模

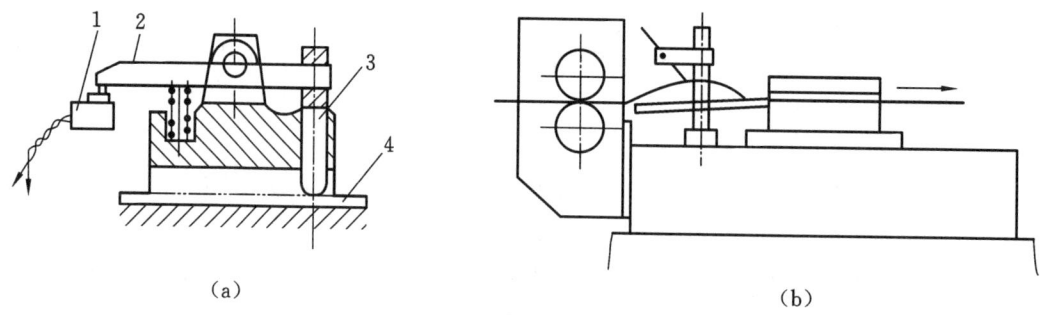

（a）

（b）

图 6-101　材料厚度与翘曲的检测

1—微动开关；2—杠杆；3—检测销；4—材料

　　料宽可用微动开关或探针检测，厚料采用微动开关接触检测，薄料采用探针接触检测。如果送料时材料左右摆动（蛇行送料），也可用同样方式检测。

当材料耗尽时,压力机应同步停止运转,此功能可以采用接触检测方式实现。例如图6-101(a),如果将微动开关1改为常开开关,有料送进时,材料4始终把检测销3垫起,使杠杆2压合微动开关1,电路闭合,压力机连续运转。当材料的料尾脱离检测销时,杠杆在弹簧的作用下左端抬起,离开微动开关,切断电路,压力机立即停止工作。

6.5 多工位精密级进模自动送料装置

自动送料装置

实现冲压生产自动化是提升生产效率、保障作业安全的根本途径。自动送料装置作为多工位级进模的核心执行机构,承担材料精准步距输送功能。

级进模送料装置需按工艺节拍将原材料(钢带/线材)精确输送至各工位,完成预定冲压工序。常用类型包括钩式、辊式及夹持式送料装置,其中辊式与夹持式已实现标准化,本节重点分析这三类装置的特性及应用场景。

6.5.1 钩式送料装置

1. 钩式送料装置的特点

钩式送料装置是一种结构简单、制造方便、成本低廉的自动送料机构。其特点是靠拉料钩拉动材料的工艺搭边,实现自动送料。这种送料装置只能使用在有搭边且搭边具有一定强度的冲压自动生产中;在拉料钩没有钩住搭边时,需靠手工送进;在级进冲压中,钩式送料通常与侧刃、导正销配合使用才能保证准确的送料步距。钩式送料装置属于模具结构的一部分,设计模具时,送料装置应一并设计。其送进误差约为±0.15 mm,送进速度较慢,不宜在较高的冲压速度下使用。

图6-102所示为斜楔驱动式钩式送料装置。其工作过程是:先手工送料,送至自动拉料钩位置时,拉料钩5钩住搭边;上模下降,装于下模的滑块2在斜楔3的作用下向左移动,铰接在滑块上的拉料钩5将材料向左拉移一个步距A,此后拉料钩停止不动,如图6-102(a)所示位置,凸模6下降冲压;当上模回升时,滑块2在弹簧1的作用下向右移动复位,使带斜面的拉料钩跳过搭边进入下一废料孔,而带料则在止退压簧片7的压力作用下静止不动。依此循环动作,达到自动间歇送进的目的。该钩式送料装置的送料运动是在上模下行时进行,因此送料必须在凸模接触材料前结束,以保证冲压时材料定位在正确的冲压位置。

2. 钩式送料装置的送料钩行程的确定

如图6-102(b)所示,为了保证送料钩顺利滑入下一个废料孔,应使$S_钩 > A$,$S_钩 = A + S_附$,$S_附$一般取1~3 mm。送料钩最大行程等于斜楔斜面的投影,即$S_{max} = b$。当$S_钩 < b$时,可在T形导轨底板上安装限位螺钉,使送料滑块复位时在所需位置上停住,从而获得所需的送料步距。

6.5.2 辊式送料装置

辊式送料装置是冲压设备的一种附件,在冲压自动化生产中应用较广泛。这种送料装置送料精度较高,即使在600次/分的高速冲压速度下,送进误差也仅在±0.02 mm以内。若与导正销配合使用,其送料精度可达±0.01 mm。

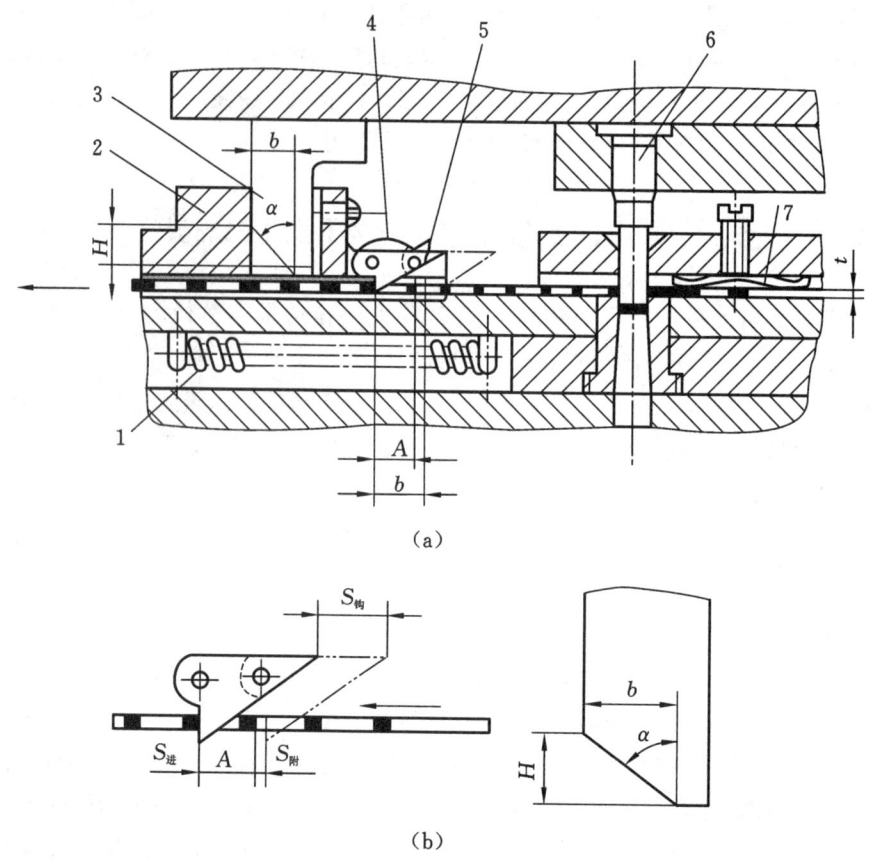

（a）

（b）

图 6-102　钩式送料装置

1—弹簧；2—滑块；3—斜楔；4,7—压簧片；5—拉料钩 ；6—凸模

1. 辊式送料装置的送料原理与工作流程

辊式送料装置依靠辊轮和坯料间的摩擦力进行送料，它们之间的接触面积较大，不会压伤材料，并能起到校直材料的作用。辊式送料装置的通用性较好，在一定范围内，无论材料宽窄与厚薄，只需调整送料机构去配合模具即可使用。

辊式送料装置分为单辊式和双辊式。目前在冲压自动化生产中使用较多的是如图 6-103 所示的单辊式送料装置。其工作流程是：开始上料时，先将偏心手柄 8 抬起，通过吊杆 5 把上辊轴 4 提起，使上、下辊轴之间形成空隙，将条料从空隙中穿过；然后压下偏心手柄，在弹簧的作用下，上辊轴将材料压紧。拉杆 7 上端与偏心调节盘 11 连接，当上模回程时，在偏心调节盘的作用下，拉杆向上运动，通过摇杆带动定向离合器 2 逆时针旋转，从而带动下辊轴 1（主动辊）和上辊轴（从动辊）同时旋转完成送料工作。当上模下行时，辊轴停止不动，到一定位置（冲压工作之前）后，调节螺杆 6 撞击横梁 9，通过翘板 10 将铜套 3 提起，使上辊轴松开材料，以便让模具中的导正销导正材料后再冲压。当上模再次回程时，又重复上述动作。依此循环动作，达到自动间歇送料的目的。

2. 辊式送料装置的结构组成和特点

辊式送料装置的工作原理和结构组成可简述如下。

（1）驱动机构和送料长度的调节。目前采用较多的是在压力机的曲轴轴端安装一个偏心调节盘,并通过心轴连接拉杆,由拉杆做直线往复运动并带动辊轮做往复回转运动,如图6-103所示。送料长度的调节可通过拉杆7在偏心盘心轴14上的移动而实现。

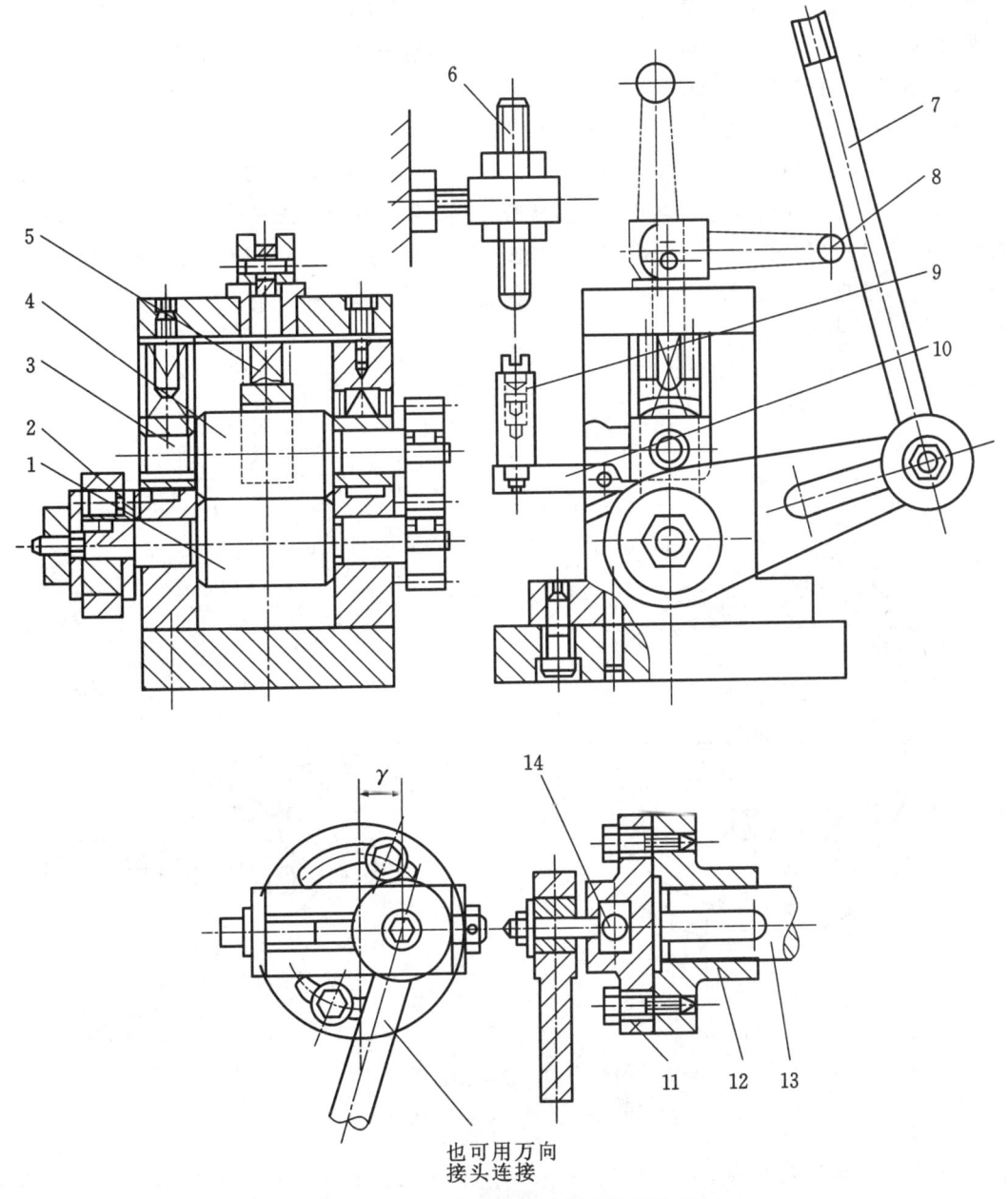

图 6-103　单辊式自动送料装置结构图

1—下辊轴;2—定向离合器;3—铜套;4—上辊轴;5—吊杆;6—调节螺杆(撞钉);7—拉杆;
8—偏心手柄;9—横梁;10—翘板;11—偏心调节盘;12—法兰盘;13—曲轴;14—心轴

　　(2)间歇运动机构。辊式送料装置的间隙运动是利用图6-104所示定向离合器实现的。当压力机曲轴回转时,拉杆产生往复运动,带动十字接头和摇臂产生摆动,通过连接轴使单向间歇运动机构(定向离合器2)驱动送料辊轮实现间歇送料的回转运动。这种单向的间歇送料主要是利用定向离合器的单向啮合性能,使辊轮单向旋转,带动材料前进。

定向离合器分为普通滚柱定向离合器和异形滚柱定向离合器,如图 6-104 所示。普通滚柱定向离合器的基本结构及工作原理是:当外轮逆时针转动时,由于摩擦力的作用使滚柱楔紧,从而驱动星轮一起转动,而星轮转动带动送料装置的工作零件转动。当外轮顺时针转动时,带动滚柱克服弹簧力而滚到楔形空间的宽敞处,离合器处于分离状态,星轮停止转动。外轮的反复转动是由摇杆来带动的。

异形滚柱定向离合器中,内、外轮之间的圆环内装有一定数量的异形滚柱,而且滚柱的方向是一致的。由于滚柱 a—a 方向的尺寸大于 b—b 方向的尺寸,因而当外轮逆时针旋转时,滚柱的 a—a 方向与内、外轮接触,此时起啮合作用,带动内轮一起转动;当外轮顺时针转动时,则不起啮合作用,内轮不动。这种离合器由于滚柱多,滚柱圆弧半径较大,所以内、外轮的接触应力小,磨损小,寿命长。同时由于体积小,运动惯性小,送料步距精度高。

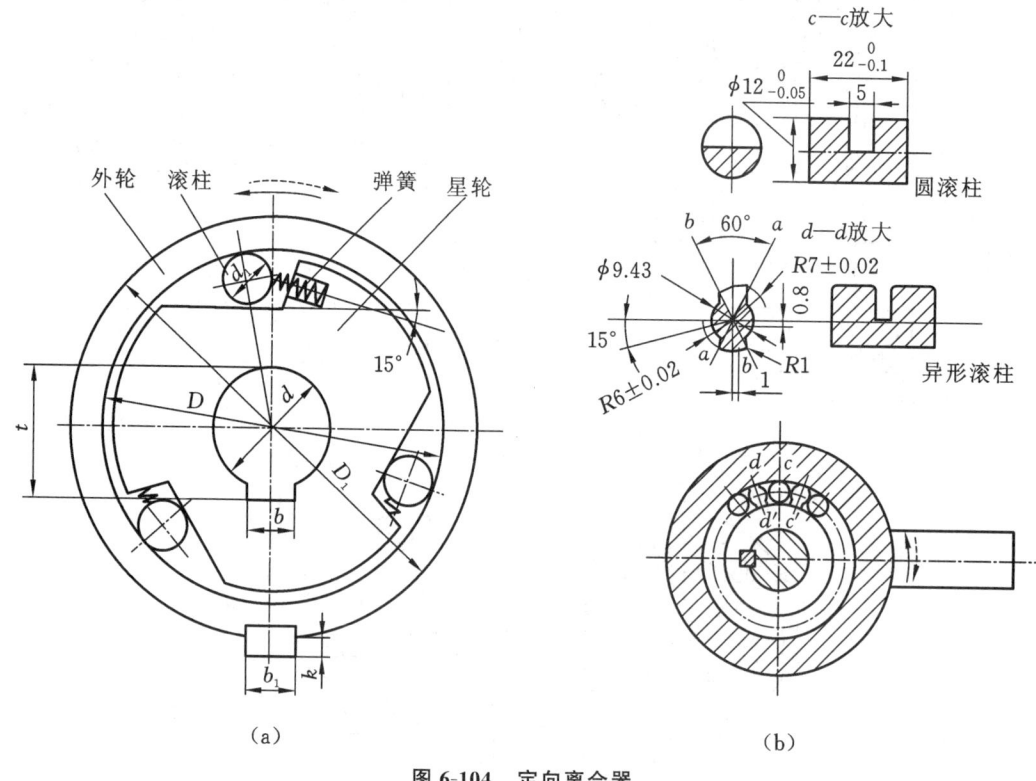

图 6-104　定向离合器

(a)普通滚柱定向离合器;(b)异形滚柱定向离合器

(3)辊轮。辊轮是直接接触材料的核心部件,有实心辊和空心辊两种结构。在送料步距较小、速度要求不高时,辊轮可采用实心结构;当送料步距较大且速度较高时,宜采用空心辊结构。其质量小、转动惯量低,可快速制动,从而保障送料精度。

(4)抬辊与压紧机构。在多工位级进冲压工艺中,为确保送料精度,需设置导正销进行精确定位。当导正销工作时,若材料仍受辊轮夹持,将导致定位失效,可能引发模具损坏或产生废品。因此,在导正销与凸模工作阶段,必须通过抬辊机构解除约束,使材料处于自由状态。典型的辊式送料机构需配置抬辊机构或专用支架。如图 6-105 所示抬辊机构示意图,当压力机滑块下行时,推杆或板凸轮驱动抬辊支架绕支点 O 旋转,实现辊轮抬升与材料释放。压紧弹簧通过维持辊轮组与材料间的必要摩擦力,确保稳定送料。

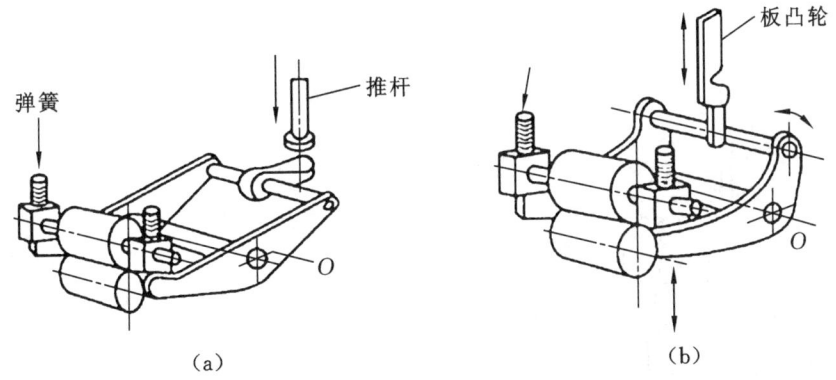

图 6-105 抬辊和压紧示意图

(a)推杆式;(b)板凸轮式

(5)制动与传动。在送料过程中,由于辊轮及传动系统等运动部件的惯性效应,若未能实现辊轮及时制动,会导致送料精度下降。为消减运动惯性能量,通常需在辊轮轴端安装制动装置。该装置由制动盘、复位弹簧和摩擦衬片构成。主动辊与从动辊间通过齿轮副实现动力传递。辊轮外径设计需严格匹配齿轮节圆直径。

6.5.3 夹持式送料装置

在多工位级进冲压工艺中,夹持式送料装置广泛应用于条料、带料及线材的自动化输送。其工作原理是通过夹持机构的往复运动实现物料输送。夹持式送料装置按夹持形式可分为夹钳式、夹刃式与辊式;按驱动方式分为机械式、气动式和液压式。图 6-106 展示了多工位精密级进模中普遍采用的气动送料系统。

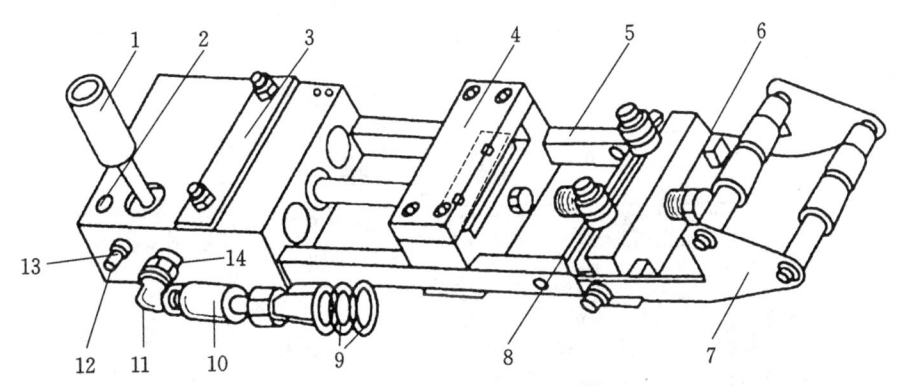

图 6-106 气动送料装置典型结构

1—控制阀;2—固定孔;3—固定夹板;4—移动夹板;5—方柱形导轨;6—送料长度微调螺钉;7—送料辊支架;
8—导轮;9—快换接头;10—空气阀;11—弯头;12—速度调节螺钉;13—排气孔;14—螺纹接头

1. 气动送料装置的特点

气动送料装置是冲压机械附件。该装置一般安装在模具下模座或专用机架上,如图 6-107(a)所示。它以压缩空气为动力,利用安装在上模或滑块上的压杆 3 在压力机滑块 1 冲程时撞击送料器控制阀 4,实现整个送料机构中压缩空气回路的导通和关闭,以驱动固定夹板 5

和移动夹板 6 的夹紧和放松,同时驱动送料气缸推动移动夹板的往复移动来完成间歇送料,如图 6-107(b)所示。

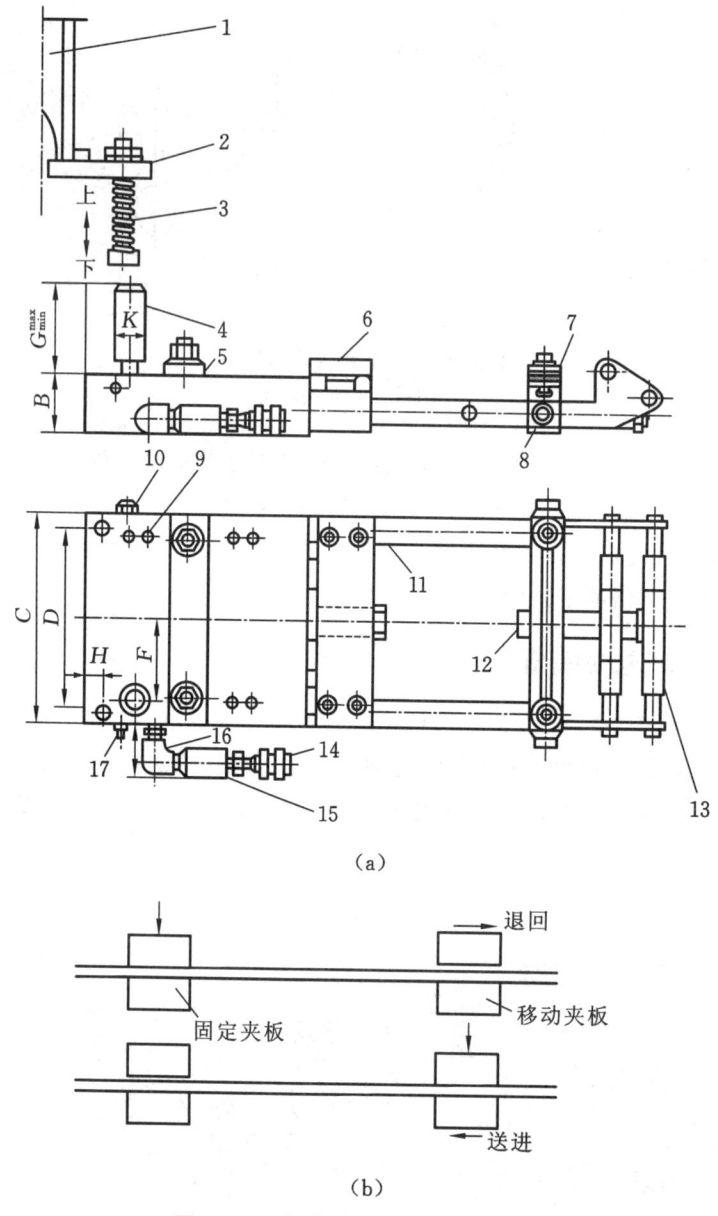

（a）

（b）

图 6-107　气动送料装置安装示意图

1—压力机滑块；2—支撑板；3—压杆；4—控制阀；5—固定夹板；6—移动夹板；7—导轮；8—固定螺钉；9—安装孔；
10—速度调节螺钉；11—导轨；12—送料长度微调螺钉；13—送料辊；14—快换接头；15—空气阀；16—弯头；17—排气孔

　　当固定夹板夹紧时,移动夹板处于放松状态,这时送料气缸驱动移动夹板后退到送料的起始位置;此时切换两夹板的状态,移动夹板夹紧材料,固定夹板放松。在下一个工作行程中,移动夹板运动并送料,实现冲压;冲压结束后,二者的夹紧和放松状态再次切换,开始下一个送料循环。对于该送料机构,在导正销导入材料和实现冲压的瞬间,两个夹板都应处于放松状态。

　　气动送料装置灵敏、轻便,通用性强。其送料长度和材料厚度均可调整,所以不但适用于大批量工件的生产,也适用于多品种、小批量工件的生产。同时,气动送料装置送料步距精度较高,高速送料稳定可靠,一致性好。经导正销导正后,送料重复精度达±0.003 mm;对于无导正销的级进模,依靠送料装置本身的精度也能获得±0.02 mm的送料步距精度。

对于带导正销的高精度多工位级进模,冲压时刻要保证材料无约束,保证导正销的导入。使用气动送料装置时,压缩空气必须经过滤水器、调压器、油雾器的过滤,滤掉空气的水分和杂质,并使气压调整到规定的范围,还需喷入一定数量的油雾,以保证零件润滑。由于气动送料装置采用压差式气动原理,送料动作灵活,反应迅速,且调整方便;但也因此有些噪声。为减小冲压时的噪声,在本装置阀体上安装有消声装置。

2. 气动送料装置分解动作说明

表6-10为气动送料装置的分解动作说明。表6-11为标准气动送料装置的规格和性能。

表6-10 气动送料装置的分解动作说明

步骤	直动控制阀状态	固定夹板状态	移动夹板状态	滑块状态	简图
1	压缩空气进入直动控制阀,阀处于初始位置	向上(打开)	向下(夹料)	送料到位状态	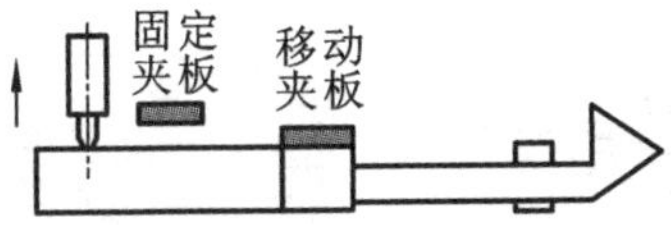
2	压杆向下压直动控制阀	向下(夹料)	向上(打开)	准备后移	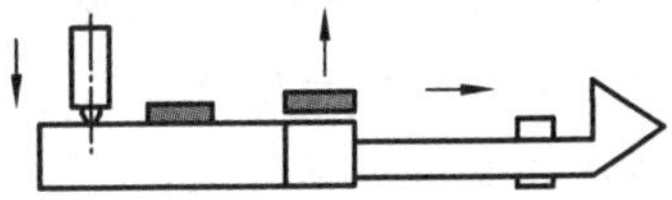
3	向下	向下(夹料)	向上(打开)	后移到送料初始位置	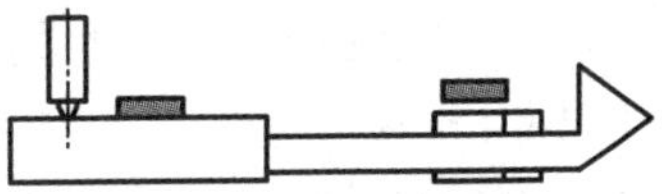
4	向上	向上(打开)	向下(夹料)	准备向前送料	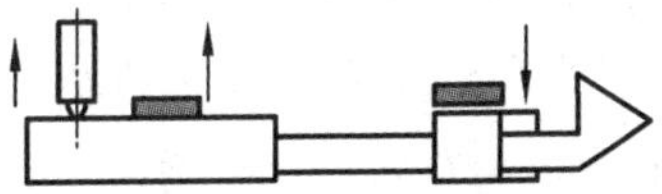
5	向上	向上(打开)	向下(夹料)	送料	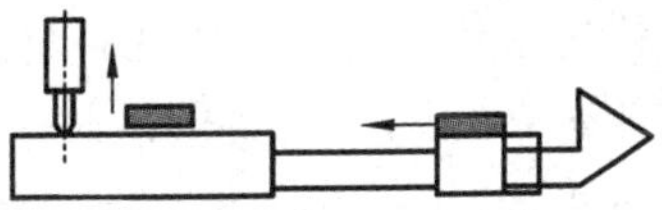
6	向上至直动控制阀最高位置	向上(打开)	向上(打开)	冲压	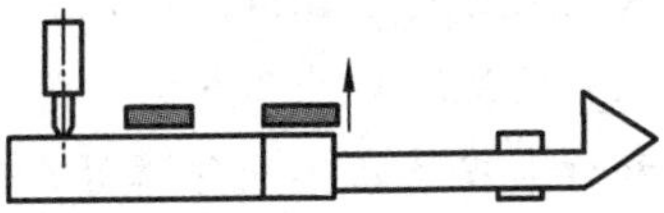
7	循环到第2步骤				

表 6-11　标准气动送料装置规格和性能

送料装置型号	AF-2C	AF-3C	AF-4C	AF-5C	AF-6C	AF-7C	AF-8C	AF-9C
最大送料宽度/mm	70	80	100	150	200	250	300	350
最大送料步距/mm	80	80	125	150	200	250	300	350
材料厚度/mm	0.8	1.2	1.5	2	2	2.5	2.5	3
空气压力/kPa	4.5	4.5	4.5	4.5	4.5	4.5	4.5	4.5
最大送料步距时滑块每分钟行程次数	200	180	130	100	80	55	50	40
固定夹板摩擦力/10 N	53	68	85	155	178	200	217	220
移动夹板摩擦力/10 N	16.5	19.5	22.5	41	41	67	74	77
最大行程和最大送料步距时空气消耗量/(L/mm)	32	42	53	100	105	150	160	170
质量(包括工具)/kg	9.6	12.8	19.6	38.4	52.4	80	95	156

◈ 案例分析

对图 6-2 所示 U 形支架弯曲件,根据冲压工艺方案,进行多工位级进模设计。

冲压设备为 SP-15CS 高速压力机,公称力为 150 kN,每分钟的行程次数为 80～850 次。模具的送料采用气动送料装置。模具装配图如图 6-108 所示。

该模具具有如下特点:

(1) 模架采用四导柱滚动模架,其由导套1、导套38、滚针衬套39、弹簧40、导柱41等零件组成,在固定板、卸料板 19、凹模板 21 之间还装有 4 组小导柱、导套(由卸料板导柱 14、导套 20 等零件组成)作辅助导向。

(2) 模具冲压时采用气动送料装置自动送料,送料时,带料在两侧带有托料销 32 的导料槽中送进,自动送料装置可以控制送料步距,实现带料的初始定位;方形凸模 9 冲切的长度 28 mm 为步距尺寸。工件的精准定位采用导正销来实现。本模具中采用了两种结构的导正销,导正销 8 安装在凸模固定板上,导正销 26 安装在卸料板上。

(3) 由于工件向下弯曲,为了使带料与凹模表面始终保持平行,在整个送料过程中带料都由托料销托起。该模具的托料销选用了 3 种形式:在送料机构的前端选用了 3 组带有导料槽的托料销(件 32);在需要导正的位置处设计了 3 组带导正孔的托料销(件 29),便于导正销对材料的导正;另外设计了 3 组仅起托料作用的托料销(件 42)。托料销的托起高度 $h = 10$ mm,工件弯曲尺寸是 8 mm。

(4) 模具的卸料装置由套管式卸料螺钉组件、卸料垫板 18、卸料板 19 等零件组成。卸料螺钉和弹簧安装在不同的位置,有利于模具的保养和维修。为了保证带料不黏附在卸料板下表面(如润滑油的黏度造成附着),模具中还设计了数根顶出销(件 24),模具开模后,顶出销将带料推下。

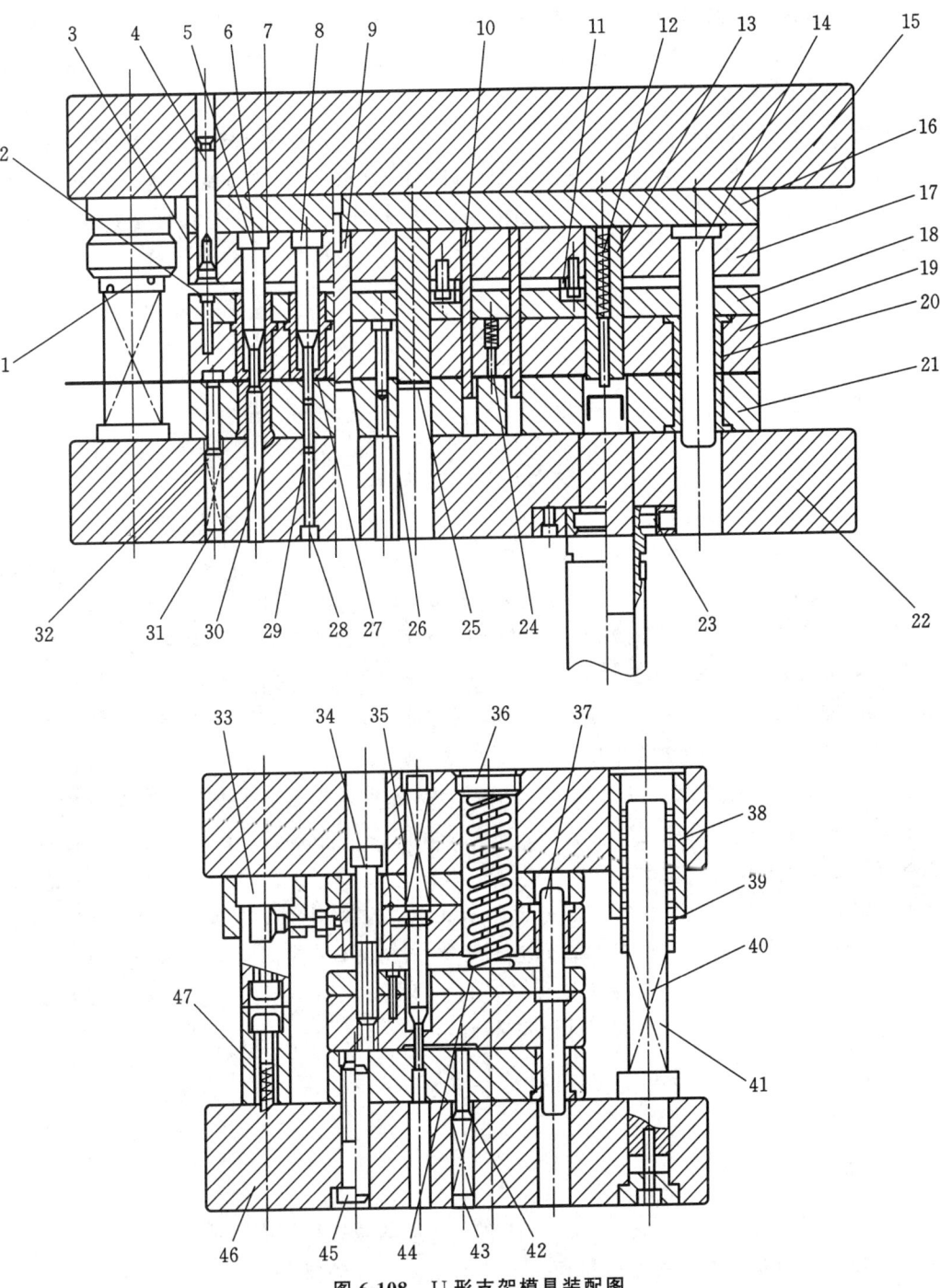

图 6-108 U 形支架模具装配图

1,20,38—导套;2,45—螺钉;3,28,31,36,43—螺塞;4—定位销;5—冲孔凸模;6—垫片;7—衬垫;
8,26—导正销;9—方形凸模;10—弯曲凸模;11—压板;12,40,44—弹簧;13—落料凸模;14—卸料板导柱;
15—上模座;16—垫板;17—凸模固定板;18—卸料垫板;19—卸料板;21—凹模板;22—下模座;23—产品收集组件;
24—顶出销;25—切弯边凸模;27—保护套;29—导正托料销;30—凹模镶块;32,42—托料销;33—微动开关组件;
34—卸料螺栓;35—误送检测部件;37,41—导柱;39—滚针衬套;46—下模座;47—限位柱

（5）为了保证落料后工件顺利出件，落料凸模的端部安装了顶出销，工件落料后，顶出销顶出，工件落入产品收集装置（件 23）中。生产中通过在产品收集组件下端通入压缩空气，可吸附工件到产品收集箱中。

（6）送料误送检测部件安装在第 3 工位，选用的是孔加工型微动开关误送检测组件。

（7）该模具卸料板、凸模、凹模均可采用 Cr12MoV（SKD11、D2）钢制造。热处理：凸模 58～62 HRC，卸料板、凹模均为 60～64 HRC。凹模、卸料板、固定板型孔用慢走丝线切割工艺分别加工，4 个小导柱孔也一同割出，然后利用 4 个小导柱导正、固定。螺孔、销孔由钳工配制。

思政故事

深海钳工专注筑梦

港珠澳大桥是粤港澳首次合作共建的超大型跨海交通工程，其中岛隧工程是大桥的控制性工程，也是目前世界上在建的最长公路沉管隧道。工程采用世界最高标准，设计、施工难度和挑战均为世界之最，被誉为"超级工程"。

在这个超级工程中，有位普通的钳工大显身手，成为明星工人。他就是管延安，中交港珠澳大桥岛隧工程 V 工区航修队首席钳工。经他安装的沉管设备，已成功完成 18 次海底隧道对接任务，无一次出现问题。接缝处间隙误差达到了"零误差"标准。因为操作技艺精湛，管延安被誉为中国"深海钳工"第一人。

零误差来自近乎苛刻的认真。管延安有两个多年来养成的习惯：一是给每台修过的机器、每个修过的零件做笔记，将每个细节详细记录在个人的"修理日志"上，遇到什么情况、怎么样处理都"记录在案"。从入行到现在，他已记了厚厚四大本"修理日志"，闲暇时他都会拿出来温故知新。二是维修后的机器在送走前，他都会检查至少三遍。正是这种追求极致的态度，不厌其烦的重复检查、练习，造就了管延安精湛的操作技艺。

"我平时最喜欢听的就是锤子敲击时发出的声音。"管延安说。20 多年钳工生涯一定有艰苦，但他也深深地体会到其中的乐趣。

 习题

6-1 什么是载体、搭口？它们的作用什么？常见的载体种类有哪些？

6-2 试简述级进冲裁、级进弯曲和级进拉深工艺设计的要点。

6-3 常用的导向和托料装置有哪些？设计托料装置时要注意哪些问题？

6-4 为什么要对精密级进模进行安全保护？简述常用的精密级进模保护措施。

6-5 常用的自动送料装置有哪些种类？试说明辊式、气动夹持式送料装置的原理及主要特点。

6-6 完成图 6-109 所示零件的多工位级进模排样图设计。

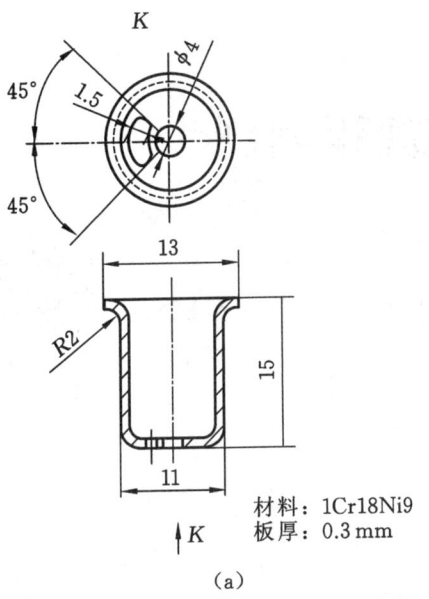

材料：1Cr18Ni9
板厚：0.3 mm

（a）

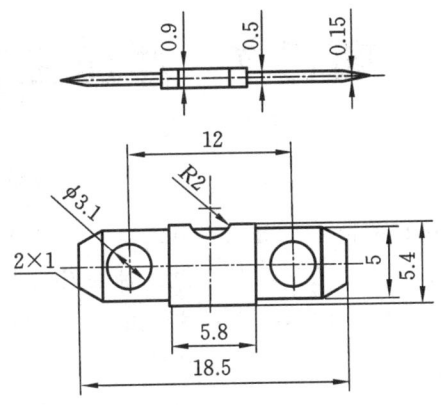

材料：H62
板厚：0.8 mm

（b）

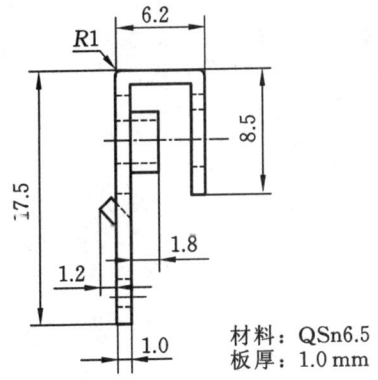

材料：QSn6.5
板厚：1.0 mm

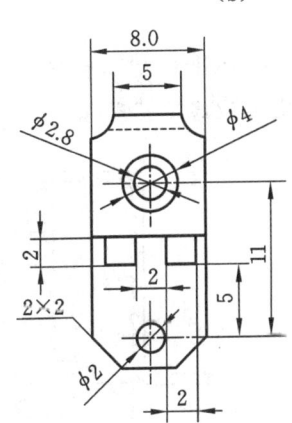

（c）

图 6-109　习题 6-6 图

项目7 冲压工艺规程编制

冲压工艺
规程编制

◆ **内容导读**

   冲压工艺规程是指冲压工艺人员在冲压件生产前所编制的指导整个生产过程的工艺文件。冲压工艺规程编制包括冲压件工艺性分析、工艺方案拟定、模具结构形式确定、检验方法选择、设备选型及工艺定额等一系列工作。

◆ **学习重点**

   冲压工艺规程制定的步骤及方法。

◆ **项目案例**

   如图7-1所示托架零件,材料为08F,料厚 $t=1.5$ mm,年产量2万件,要求表面无严重划痕,孔不允许变形。请制定其冲压工艺规程。

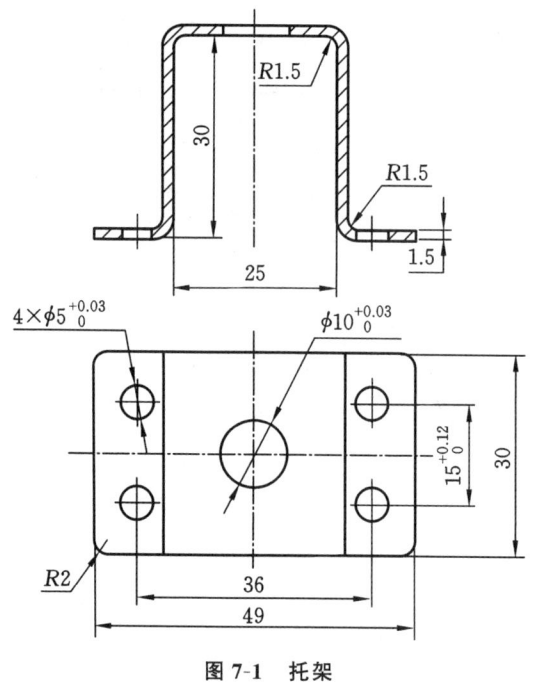

图7-1 托架

◆ **案例分析**

   如图7-1所示冲压件托架,其主要工序包括落料、冲孔、弯曲等。根据冲压工艺规程,分析各工序的先后顺序与组合方式,并确定相应的模具结构形式,制定合理的工艺方案。冲压件的生产过程通常包括备料、冲压加工及必要的辅助工序(如退火、酸洗、表面处理等)。对于某些装配件或对精度要求极高的零件,还需后续焊接、铆接或切削加工等工序。

编制冲压工艺规程的核心在于:合理选择各工序类型;确定坯料尺寸、工序数量及每道工序件尺寸;合理安排冲压工序与辅助工序的先后顺序及组合方式,以确保产品质量、实现高生产率和低成本生产。

同一冲压件可有多种工艺方案,编制人员需综合考虑工艺可行性、经济性及产品质量,从中择优选定最佳方案。

在编制工艺规程前,首先要掌握以下原始资料:

① 冲压件的零件图及使用要求;

② 冲压件的年生产批量及产品定型情况;

③ 原材料的牌号、规格、力学性能及供应稳定性;

④ 冲压生产设备的类型与技术参数;

⑤ 模具制造的设备条件及技术水平;

⑥ 相关技术标准、设计手册和工艺资料。

7.1　冲压件的分析

1. 冲压件的功能与经济性分析

在进行冲压件工艺性分析前,首先应了解该零件的使用环境及其与其他零件的装配关系与配合要求。结合零件的结构形状特点、尺寸范围、精度要求、生产批量及所用材料牌号与性能,分析以下几点:材料利用率是否充分,模具设计与制造是否简便,生产批量与冲压工艺特性是否匹配,以此判断采用冲压工艺是否经济合理。

2. 冲压件的工艺性分析

根据零件图样或样件,需对以下内容进行详细分析。

形状特点:凸凹、倒角、穿孔、内外轮廓等特征对成形难度的影响。

尺寸与精度要求:最大尺寸、公差带及定位基准对工序数量和模具精度的要求。

材料性能:包括抗拉强度、伸长率、工艺性能(可塑性、回弹性)及使用性能。

潜在质量问题:变薄、翘曲、回弹、毛刺尺寸与去除方向等。

通过以上分析,判断零件在冲压过程中的难点及关键控制项目。

良好的冲压工艺性应具备:材料利用高,工序数量少,设备占用率低,模具结构简单且寿命长,冲件质量稳定,操作方便。

若发现零件工艺性差,应会同设计人员,在满足使用要求前提下,适当调整零件形状、尺寸公差、圆角半径或材料牌号,以降低成形难度。图 7-2(a)中原设计左侧 $R3$ 圆角及右侧封闭铰链弯曲,在板厚 $t=4$ mm 时难以冲出;修改后增大圆角及采用开放铰链结构后,成形更可靠。图 7-2(b)中,零件原设计是采用两个弯件焊接而成,改为一体件后可减少零件数量,简化工艺并节约材料。图 7-2(c)所示的某汽车消声器后盖,原设计需 8 道工序,修改后仅 2 道工序即可完成,可显著提高效率。

分析冲压件工艺性的另一个目的在于明确冲压该零件的难点所在,因而要特别注意冲压件图样上的极限尺寸与设计基准,最大变薄量、回弹量及翘曲趋势,毛刺的大小与去除方向,因

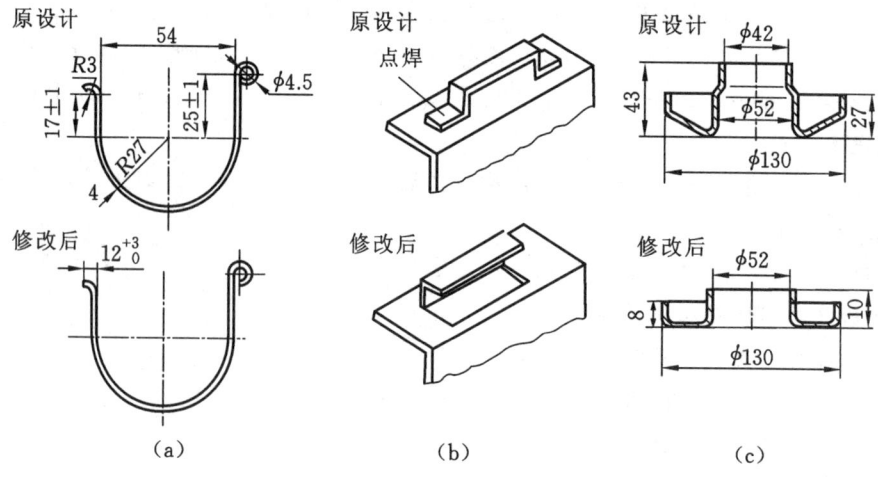

图 7-2　修改冲压件以改善工艺性的实例

为这些指标直接影响后续所需工序的性质、数量与排序,以及定位方法、模具结构与加工精度的选择。

◈▌案例分析

（1）零件的功用与经济性分析　该零件是某机械产品上的一个支撑托架,托架的 $\phi10$ mm 孔内装有芯轴,并通过四个 $\phi5$ mm 孔与机身连接。零件工作时受力不大,对其强度和刚度的要求不太高。该零件的生产批量为 2 万件/年,属于中批量生产,外形简单对称,材料为一般冲压用钢,采用冲压加工经济性良好。

（2）零件的工艺性分析　托架为有五个孔的四角弯曲件。其中五孔的公差均为 IT9 级,其余尺寸为自由公差。各孔的尺寸精度在冲裁允许的精度范围以内,且孔径均大于允许的最小孔径,故可以冲裁。由于 $\phi5$ mm 孔边距圆角变形区太近,易使孔变形,且弯曲后的回弹也影响孔距尺寸 36 mm,故 4 个 $\phi5$ mm 孔应在弯曲后冲出。而 $\phi10$ mm 孔距圆角变形区较远,为简化模具结构和便于弯曲时坯料的定位,宜在弯曲前与坯料一起冲出。弯曲部分的相对圆角半径 r/R 均等于 1,大于最小相对弯曲半径 r_{min}/t,可以弯曲。零件的材料为 08F 钢,其冲压成形性能较好。由此可知,该托架零件的冲压工艺性良好,便于冲压成形。但应注意适当控制弯曲时的回弹,并避免弯曲时划伤零件表面。

7.2　拟定冲压工艺方案

在对冲压件进行工艺分析之后,便可确定冲压工艺方案。确定冲压工艺方案包括:确定各次冲压工序性质、工序数量、工序顺序和工序组合的方式等。

拟定冲压工艺方案是制定冲压工艺过程的主要内容,需综合考虑各方面的因素,有时还需要进行必要的工艺计算,通常先提出几种可能的工艺方案,然后在此基础上进行分析、比较后择优选取。

1. 冲压工序性质的确定

冲压工序性质是指成形冲压件所需要的冲压工序种类,如落料、冲孔、切边、弯曲、拉深、翻孔、翻边、胀形、整形等都是冲压加工中常见的工序。不同的冲压工序各有其不同的变形性质、特点和用途,实际确定时要根据冲压件的形状、尺寸、精度、成形规律及其他具体要求等综合考虑。

1) 从零件图确定工序性质

对于有些冲压件,可以从图样上直观地确定其冲压工序性质。对于各类平板件,当产量小、形状规则、尺寸要求不高时采用剪裁工序,当产量大、有一定精度要求时采用落料、冲孔、切口等工序;当平整度要求较高时还需增加校平工序。弯曲件一般均采用冲裁工序制出坯料后用弯曲模进行弯曲;相对弯曲半径较小时要增加整形工序;产量不大、形状较规则时可采用折弯机折弯。开口空心件一般采用落料、拉深、切边工序,带孔的拉深件需增加冲孔工序,径向尺寸精度要求较高或圆角半径小于允许值时需增加整形工序。对于成形件(如胀形件、翻边(翻孔)件、缩口件等),如果能一次成形,采用冲裁或拉深工序制出坯料后,直接采用相应的胀形、翻边(翻孔)、缩口工序成形。

2) 通过有关工艺计算或分析确定工序性质

当冲压件变形程度较大,或对零件的精度、变薄量、表面质量等方面要求较高时,需要进行有关工艺计算或综合考虑变形规律、冲件质量、冲压工艺性要求等因素后才能确定其工艺性质。

如图 7-3 所示的两个形状相同而尺寸不同的带凸缘无底空心件,材料均为 08F 钢。从图样上看,都可用落料、冲孔、翻孔三道工序完成。经过计算分析发现,图 7-3(a)所示工件的翻孔系数为 0.83,远大于其极限翻孔系数,故可以通过落料、冲孔、翻孔三道工序完成。而图 7-3(b)的翻孔系数为 0.68,接近其极限翻孔系数,这时若直接冲孔后翻孔,由于翻孔力较大,在翻孔的同时也可能产生坯料外径缩小的拉深变形,达不到零件要求的尺寸,因而需采用落料、拉深、冲孔和翻孔四道工序成形。若对零件直边部分变薄量要求不高,也可采用拉深(一般需多次拉深)后切底。

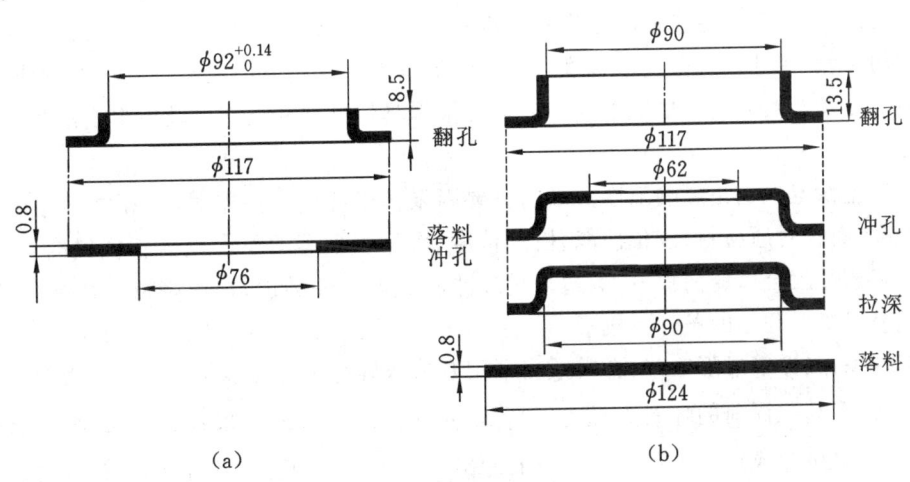

图 7-3　带凸缘无底空心件的工艺过程

如图 7-4 所示零件,由于四个凸包的高度太大,一次胀形容易胀裂,为此,在不影响零件使用的条件下,可在坯料成形部位增加冲 4 个预冲孔的工序,使凸包的底部和周围都成为可以产生一定变形量的弱区,在成形凸包时孔径扩大,补充了周围材料的不足,从而避免了产生胀裂的可能。

对于图 7-5 所示非对称形零件,由于冲压工艺性较差,在成形时坯料会产生偏移,很难达到预期的变形效果,可采用成对冲压的方法,增加一道剖切工序,这对改善坯料的变形均匀性、简化模具结构和提升操作方便性等都有很大好处。若不易成对冲压,也应在坯料上的适当位置冲出工艺孔,利用工艺孔进行定位,防止坯料发生偏移。

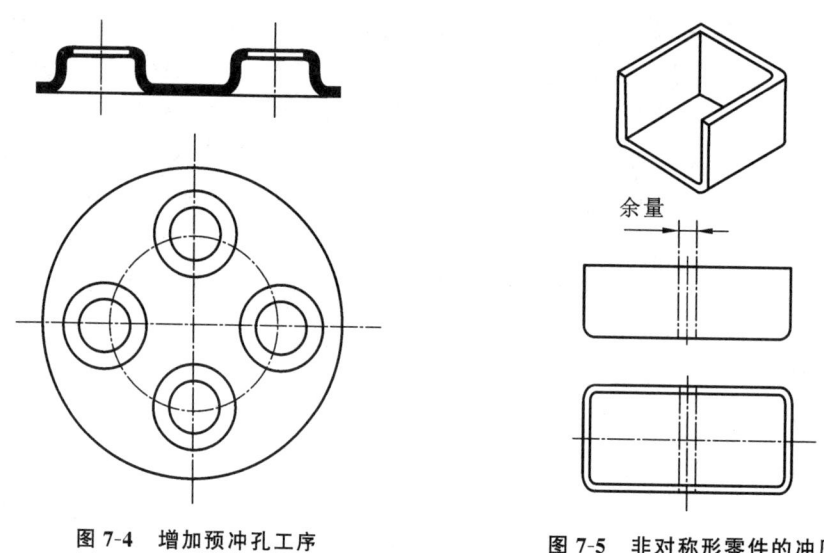

图 7-4　增加预冲孔工序　　　　　图 7-5　非对称形零件的冲压

2. 工序数量的确定

工序数量是指同一性质的工序重复进行的次数。工序数量的确定与零件几何形状复杂程度、尺寸大小与精度、材料冲压成形性能、模具强度、冲压工序性质等因素有关。对于冲裁件,形状简单时只需一次冲孔和落料工序,而形状复杂或孔边距较小时,常常需将内、外轮廓分成几部分依次冲出,其工序数量取决于模具强度与模具制造条件。对于拉深件,其拉深次数主要根据零件的形状、尺寸及极限变形程度等进行计算。弯曲件的弯曲次数一般根据弯曲角数量、相对弯曲半径及弯曲方向等情况确定。成形件根据具体形状和尺寸以及极限变形程度来决定工序数量。

冲压工艺稳定性也是影响工序数量的重要因素。工艺稳定性差时,冲压加工中的废品率会显著提高,而且对原材料、设备性能、模具精度、操作水平等的要求也会相应提高。为此,在保证冲压工艺过程合理的前提下,应适当增加冲压成形工序的次数,以降低单次变形程度,避免在接近极限变形程度的条件下成形。

对于拉深、胀形等成形工序,有时适当利用变形减轻孔也可减少工序次数。如图 7-6 所示拉深件,经计算其拉深前的坯料直径为 $\phi81$ mm,其拉深系数 $m=33/81=0.4$,小于极限拉深系数,不能一次拉深成形。若预先在坯料上冲出 $\phi10.8$ mm 的变形减轻孔,因该孔周边为变形弱区,在拉深时对外部坯料(大于 $\phi33$ mm 的部分)的变形有减轻作用,一次拉深便可得到直径为 33 mm、高度为 9 mm 的拉深件。因拉深时 $\phi10.8$ mm 底孔有所变大,所以再进行一次切边冲孔即得到 $\phi23$ mm 底孔,且坯料直径也只需 76 mm。同样,图 7-4 所示零件采用变形减轻孔以后,也使胀形次数变为一次,否则需采用两次或多次胀形。

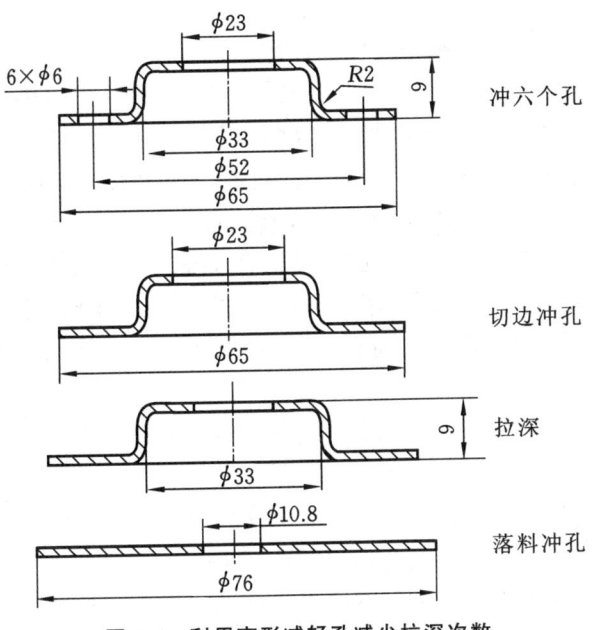

图 7-6　利用变形减轻孔减少拉深次数

3. 工序顺序的确定

冲压工序的先后顺序,主要取决于冲压变形规律和零件质量要求,如果工序顺序的变更并不影响零件质量,则应当根据操作方便性、定位方式及模具结构等因素加以确定。

工序顺序的确定通常应遵循以下原则:

(1) 各工序的先后顺序应保证每道工序的变形区为相对弱区,非变形区为相对强区而不参与变形。当坯料上的强区与弱区差别不显著时,对于有公差要求的部位,应在成形后冲出。如图 7-7 所示的锁圈,其内径 $\phi 22_{-0.1}^{0}$ mm 是配合尺寸,如果采用先落料、冲孔后再成形,由于成形时整个坯料都参与变形,很难保证内孔公差要求,因而应采用落料→成形→冲孔的工序顺序。

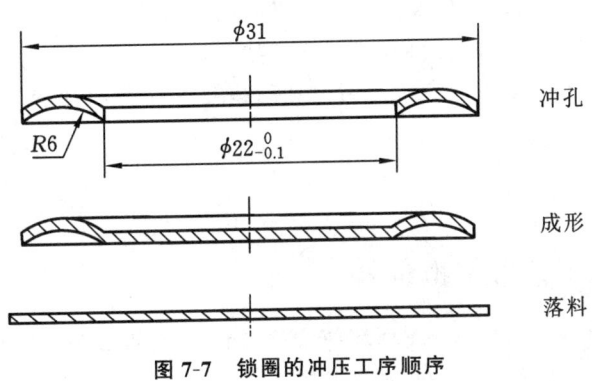

图 7-7　锁圈的冲压工序顺序

(2) 前工序成形后得到的符合零件图样要求的部分,在以后各道工序中不得再发生变形。

(3) 工件上所有的孔,若其形状和尺寸不受后续工序的影响,应在平面坯料上先行冲出。先冲出的孔可以作为后续工序的定位孔,而且可使模具结构简单,生产效率高。

(4) 对于带孔的或有缺口的冲裁件,选用单工序模冲裁时,一般先落料,再冲孔或切口;使用级进模冲裁时,则应先冲孔或切口,后落料。工件上存在两个直径不同的孔,且其位置又较近时,应先冲大孔再冲小孔,避免冲大孔时变形大而引起小孔变形。

（5）对于带孔的弯曲件,孔边与弯曲变形区的间距较大时,可以先冲孔,后弯曲。如果孔边在弯曲变形区附近或以内,必须在弯曲后再冲孔。孔间距受弯曲回弹影响时,也应先弯曲后冲孔。案例所示托架弯曲件,$\phi 10$ mm 孔位于弯曲变形区之外,可以在弯曲前冲出。而 4 个 $\phi 5$ mm 孔及其中心距 36 mm 会受到弯曲工序的影响,应在弯曲后冲出。

（6）对于带孔的拉深件,一般来说,都是先拉深,后冲孔,但当孔的位置在零件的底部,且孔径尺寸相对筒体直径较小并且要求不高时,也可先在坯料上冲孔,再拉深。

（7）对于多角弯曲件,应从弯曲时材料的变形和运动两方面考虑安排弯曲的先后顺序,一般是先弯外角,再弯内角。

（8）工件的整形或校平等工序,均应安排在工件基本成形以后进行。

4. 工序的组合方式

冲压件一般需要经过多道工序才能完成加工,因此在制定工艺方案时,必须考虑是采用单工序模冲压,还是将工序组合,采用复合模或级进模冲压。

工序组合的必要性主要取决于冲压件的生产批量。当生产批量较大时,应尽可能将各冲压工序组合在一起,采用复合模或级进模冲压,以提高生产效率、降低成本;而当生产批量较小时,则以采用单工序模分散冲压为宜。

在某些情况下,为了操作方便、保障生产安全,或为了减少冲压件在生产过程中的占地面积与传送工作量,即使生产批量不大,也会将冲压工序适当集中,采用复合模或级进模冲压。另外,对于尺寸过小或过大的冲压件,考虑到多套单工序模的制造费用往往高于复合模,即使批量不大,也可考虑将工序组合,采用复合模冲压。对于精度要求较高的零件,为避免多次冲压造成的定位误差,也应采用复合模冲压。

然而,工序组合势必会使模具结构更加复杂。工序组合的程度受到模具结构、模具强度、模具制造与维修难度以及设备能力的限制。例如:当孔边距较小时,冲孔-落料复合模或浅拉深件的落料-拉深复合模会受到凸模与凹模壁厚的限制;落料-冲孔-翻孔复合模则会受到凸模与凹模强度的限制;尺寸较大的零件采用多工位级进模冲压时,模具的轮廓尺寸受限于压力机工作台的尺寸,而当冲压力过大时,又受到压力机许用压力的限制;工序集中后,若冲模工作零件的工作面不在同一平面上,将会给修磨带来一定的困难。

尽管存在上述限制,但随着冲压工艺与模具制造技术的不断发展,在大批量生产中,工序组合的程度仍在不断提高。

◈ **案例分析**

托架零件冲压工艺方案拟定

从零件的结构形状可知,所需基本工序为落料、冲孔、弯曲三种,其中弯曲成形的方式有图 7-8 所示三种。因此,可能的冲压工艺方案有以下六种。

方案一:冲 $\phi 10$ mm 孔与落料复合（图 7-9(a)）→弯两外角并使两内角预弯 45°（图 7-9(b)）→弯两内角（图 7-9(c)）→冲 $4 \times \phi 5$ mm 孔（图 7-9(d)）。

方案二:冲 $\phi 10$ mm 孔与落料复合（同方案一）→弯两外角（图 7-10(a)）→弯两内角（图 7-10(b)）→冲 $4 \times \phi 5$ mm 孔（同方案一）。

方案三:冲 $\phi10$ mm 孔与落料复合(同方案一)→弯四角(图 7-11)→冲 $4\times\phi5$ mm 孔(同方案一)。

方案四:冲 $\phi10$ mm 孔、切断与弯两外角级进冲压(图 7-12)→弯两内角(图 7-10(b))→冲 $4\times\phi5$ mm 孔(同方案一)。

方案五:冲 $\phi10$ mm 孔、切断与弯四角级进冲压(见图 7-13)→冲 $4\times\phi5$ mm 孔(同方案一)

方案六:全部工序合并,采用带料级进冲压(见图 7-14)。

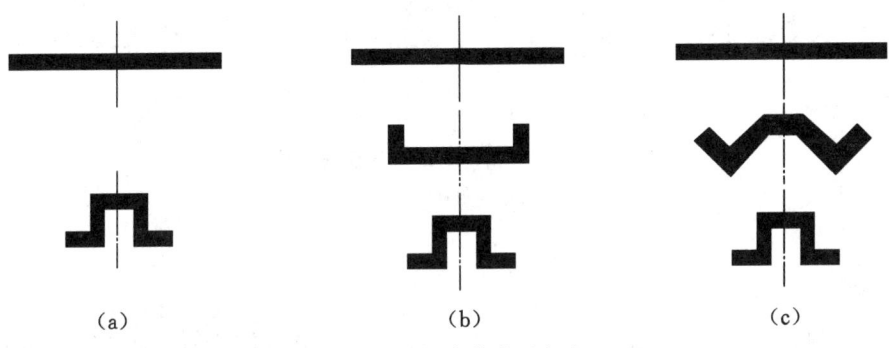

(a)　　　　　　　　　　(b)　　　　　　　　　　(c)

图 7-8　托架弯曲成形方式

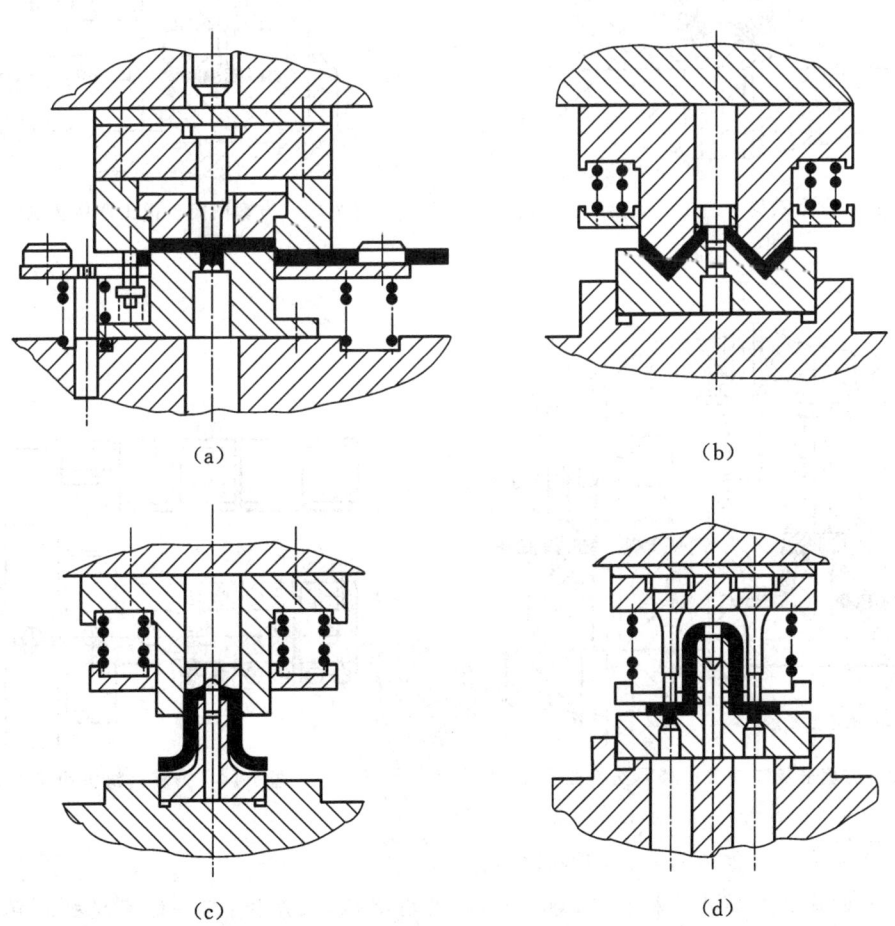

(a)　　　　　　　　　　　　　　(b)

(c)　　　　　　　　　　　　　　(d)

图 7-9　方案一各工序模具结构简图

(a)冲 $\phi10$ mm 孔与落料;(b)弯外角与预弯内角;(c)弯曲内角;(d)冲 $4\times\phi5$ mm 孔

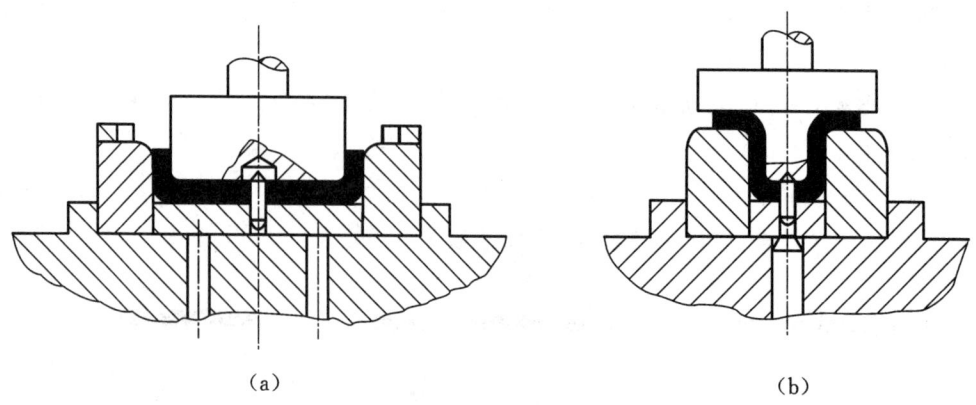

（a）　　　　　　　　　　　　　（b）

图 7-10　方案二第 2、3 道工序模具结构简图

(a)弯两外角;(b)弯两内角

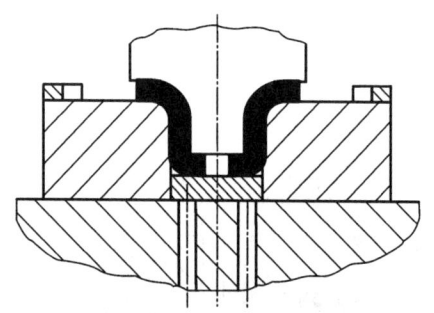

图 7-11　方案三第 2 道工序模具结构简图

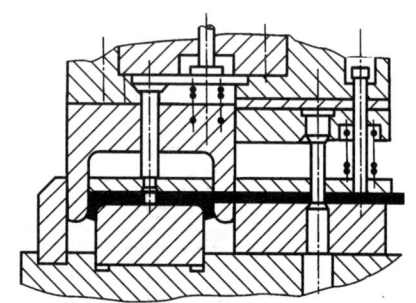

图 7-12　方案四第 1 道工序模具结构简图

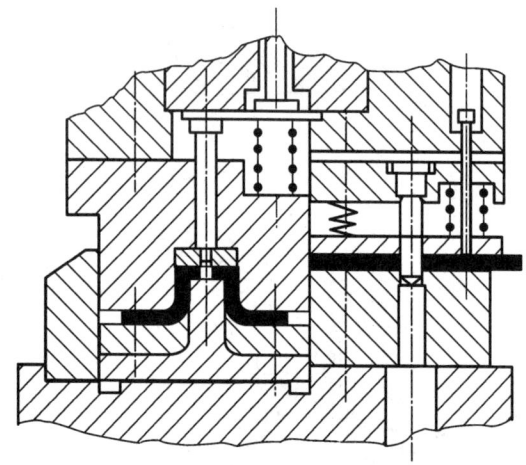

图 7-13　方案五第 1 道工序模具结构简图

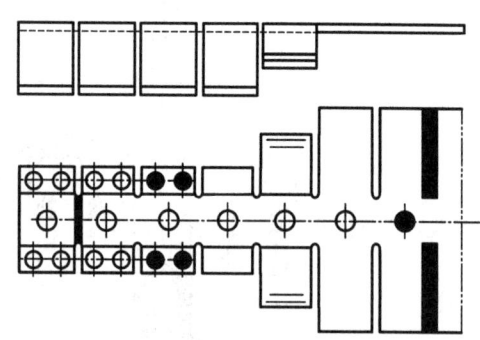

图 7-14　方案六级进冲压排样图

分析比较上述六种工艺方案,可以看出:

方案一的优点是模具结构简单,寿命长,制造周期短,投产快;零件能实现校正弯曲,故回弹容易控制,尺寸和形状准确;坯料受凸、凹模的摩擦阻力小,表面质量高;除第 1 道工序外,各

工序定位基准一致且与设计基准重合,操作比较方便。缺点是工序分散,需用模具、设备和操作人员较多,劳动量较大。

方案二的模具虽然也具有方案一的优点,但零件回弹不易控制,故形状和尺寸不太准确,同时也具有方案一的缺点。

方案三的工序比较集中,占用设备和人员少,但弯曲摩擦大,模具寿命低,零件表面有划伤,厚度可能变薄,回弹不易控制,尺寸和形状不准确。

方案四与方案二从零件成形的角度看没有本质上的区别,虽工序较集中,但模具结构也复杂些。

方案五本质上也与方案三相同,只是采用了结构较复杂的级进复合模。

方案六采用了工序高度集中的级进冲压方式,生产效率最高,但模具结构复杂,安装、调试、维修比较困难,制造周期长,适用于大量生产。

综上所述,考虑到零件批量不大,而质量要求较高,故选择方案一较为合适。

7.3　工艺计算与设备选用

1. 工艺计算

1)确定排样与裁板方案

根据冲压工艺方案,需首先确定冲压件或坯料的排样方式,计算条料的宽度与送料步距,选择合适的板料规格,进而确定裁板方式,并计算材料利用率。

2)确定工序件的形状与尺寸

冲压工序件是介于坯料与成品零件之间的过渡件。对于冲裁件或成形工序较少的冲压件(如一次拉深成形的拉深件、简单弯曲件等),在确定工艺方案后,其工序件的形状与尺寸即可直接确定。而对于形状复杂、需经多道成形工序的冲压件,工序件形状与尺寸的确定应注意以下要点:

(1)根据极限变形参数确定工序件尺寸。

板料成形工序如拉深、胀形、翻孔、翻边、缩口等,其工序件尺寸均受极限变形参数限制。除基本的直径、高度等轮廓尺寸外,圆角半径等参数也受到变形程度的影响。此类参数应根据工艺要求及材料允许的变形程度合理确定,必要时应通过多道工序逐步实现。

(2)工序件的形状和尺寸应有利于后续工序成形。

工序间应具备合理的过渡关系,例如盒形件在成形过程中,其过渡工序的形状(包括圆角、锥角等)应为后续成形工序提供良好的变形条件。

(3)工序件各部位的形状和尺寸应遵循等面积原则。

如图7-15所示,在出气阀罩盖的冲压过程中,第二次拉深后的工序件,其$\phi 16.5$ mm圆筒部分尺寸已与成品相同,在后续工序中不再变形;其他区域作为过渡部分,应确保其内外区域的表面积能满足成品各部分的成形要求,避免出现材料不足或冗余。该工序件底部设计为球面而非平底,以储备足够的材料供后续压出$\phi 5.8$ mm凹坑所需。若采用平底设计,仅能通过局部胀形成形凹坑,易导致材料减薄甚至开裂。

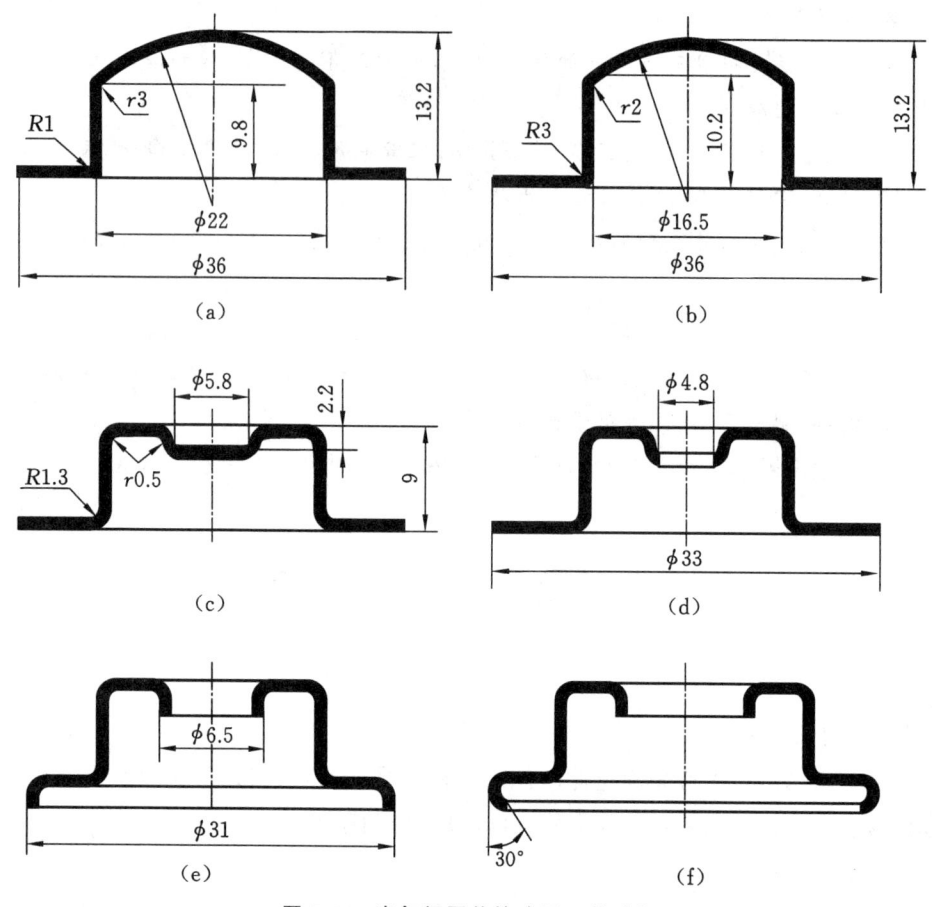

图 7-15 出气阀罩盖的冲压工艺过程

（4）工序件形状与尺寸应兼顾成品的表面质量。

工序件的尺寸会直接影响到成品零件的表面质量,例如多次拉深的工序件底部或凸缘处的圆角半径过小,会使成品零件表面留下圆角处的弯曲与变薄的痕迹。如果零件表面质量要求较高,则圆角半径就不应取得太小。板料冲压成形的零件,产生表面质量问题的原因是多方面的,其中工序件过渡尺寸不合适是一个重要原因,尤其对复杂形状的零件更是如此。

3）计算各工序冲压力

根据冲压工艺方案,初步确定各工序所使用冲压模具的结构形式（如卸料与压料方式、推件和顶件方式等）,并据此计算各工序所需的成形力（冲裁力、弯曲力、拉深力等）及辅助力（卸料力、压边力等）。对于非对称零件的冲压,或采用多工位级进模的冲压,需计算压力中心以保证模具运行平稳。

2. 冲压设备的选择

根据工厂现有设备情况、生产批量、冲压工序性质、冲压件尺寸与精度、冲压加工所需的冲压力、变形功以及估算的模具闭合高度和轮廓尺寸等主要因素,合理选定冲压设备的类型和规格。

◆ 案例分析

托架工艺计算与设备选择

(1) 计算坯料展开长度　坯料展开长度按图 7-1 分段计算：

$$\sum L_直 = 2 \times 9 \text{ mm} + 2 \times 25.5 \text{ mm} + 22 \text{ mm} = 91 \text{ mm}$$

$$\sum L_弯 = 4 \times \frac{\pi\alpha}{180°}(r + xt) = 4 \times \frac{3.14 \times 90°}{180°} \times (1.5 + 0.32 \times 1.5) \text{ mm}$$

$$\approx 13 \text{ mm}$$

$$\sum L = \sum L_直 + \sum L_弯 = 91 \text{ mm} + 13 \text{ mm} = 104 \text{ mm}$$

(2) 确定排样与裁板方案。

坯料形状为矩形，采用单排最为适宜。取搭边 $a = 2$ mm，$a_1 = 1.5$ mm，则

条料宽度　　　　　　　　$B = 104 \text{ mm} + 2 \times 2 \text{ mm} = 108 \text{ mm}$

送料步距　　　　　　　　$s = 30 \text{ mm} + 1.5 \text{ mm} = 31.5 \text{ mm}$

板料规格选用 1.5 mm×900 mm×1800 mm。采用纵裁法时：

每板条料数　　　　　$n_1 = (900 \div 108)$条≈ 8 条(余 36 mm)

每条零件数　　　　　　　$n_2 = \dfrac{1800 - 1.5}{31.5}$件$\approx 57$ 件

36 mm×1800 mm 余料利用件数

$$n_3 = \frac{1800 - 2}{108}件 \approx 16 \text{ 件}$$

每板零件数　　　　$n = n_1 \times n_2 + n_3 = (8 \times 57 + 16)$件$= 472$ 件

材料利用率　　　　$\eta_1 = \dfrac{472 \times (30 \times 104 - \pi \times 10^2/4 - 4 \times 5^2/4)}{900 \times 1800} = 87.9\%$

采用横裁法时：

每板条料数　　　　　$n_1 = (1800 \div 108)$条≈ 16 条(余 72 mm)

每条零件数　　　　　　　$n_2 = \dfrac{900 - 1.5}{31.5}$件$\approx 28$ 件

72 mm×900 mm 余料利用件数　　$n_3 = 2 \times \dfrac{900 - 2}{108}$件$\approx 16$ 件

每板零件数　　　　$n = n_1 \times n_2 + n_3 = (16 \times 28 + 16)$件$= 464$ 件

材料利用率　　　　$\eta_2 = \dfrac{464 \times (30 \times 104 - \pi \times 10^2/4 - 4 \times 5^2/4)}{900 \times 1800} = 86.4\%$

由以上计算可知，纵裁法的材料利用率更高。从弯曲线与纤维方向之间的关系看，横裁法较好。但由于材料 08F 钢的塑性较好，不会出现弯裂现象，故采用纵裁法排样，以降低成本，提高经济性。

(3) 计算各工序冲压力。

① 工序 1(落料冲孔复合)。采用图 7-9(a)所示模具结构形式，则

冲裁为 $\qquad F_落 = L_1 t \sigma_b = (2 \times 30 + 2 \times 104) \times 1.5 \times 360$ N $= 144720$ N

$\qquad\qquad F_孔 = L_2 t \sigma_b = 10 \pi \times 1.5 \times 360$ N $= 16956$ N

$\qquad\qquad F = F_落 + F_孔 = 144720$ N $+ 16956$ N $= 161676$ N

卸料力 $\qquad F_X = K_X F_落 = 0.05 \times 144720$ N $= 7236$ N

推件力 $\qquad F_T = n K_T F_孔 = 5 \times 0.055 \times 7236$ N $= 1990$ N

冲压总力 $\qquad F_\Sigma = F + F_X + F_T = 161676$ N $+ 7236$ N $+ 1990$ N $= 170902$ N ≈ 171 kN

② 工序 2(弯两外角并使两内角预弯 45°)。采用图 7-9(b)所示模具结构形式,按校正弯曲计算,则

$$F_校 = Aq = 85 \times 30 \times 50 \text{ N} = 127500 \text{ N}$$

③ 工序 3(弯两内角)。采用图 7-9(c)所示模具结构形式,按 U 形件自由弯曲计算,则

弯曲力 $\qquad F_自 = \dfrac{0.7 K B t^2 \sigma_b}{r + t} = \dfrac{0.7 \times 1.3 \times 30 \times 1.5^2 \times 360}{1.5 + 1.5}$ N $= 7371$ N

压料力 $\qquad F_Y = (0.3 \sim 0.8) F_自 = 0.6 \times 7371$ N $= 4423$ N

冲压总力 $\qquad F_\Sigma = F_自 + F_Y = 7371$ N $+ 4423$ N $= 11794$ N

④ 工序 4(冲 $4 \times \phi 5$ mm 孔)。采用图 7-9(d)所示模具结构形式,则

冲裁力 $\qquad F = L t \sigma_b = 4 \times 5 \pi \times 1.5 \times 360$ N $= 33912$ N

卸料力 $\qquad F_X = K_X F_落 = 0.05 \times 33912$ N $= 1696$ N

推件力 $\qquad F_T = n K_T F_孔 = 5 \times 0.055 \times 33912$ N $= 9326$ N

冲压总力 $\qquad F_\Sigma = F + F_X + F_T = 33912$ N $+ 1696$ N $+ 9329$ N $= 44937$ N

(4) 选择冲压设备。

本零件各工序中只有冲裁和弯曲两种冲压工艺方法,且冲压力均不太大,故均选用开式可倾压力机。根据所计算的各工序冲压力大小,并考虑零件尺寸和可能的模具闭合高度,工序 1(落料冲孔复合工序)选用 J23-25 压力机,其余各工序均选用 J23-16 压力机。

7.4　编写冲压工艺文件

在完成工艺设计与计算后,根据需要再安排适当的非冲压辅助工序(如机械加工、焊接、铆合、热处理、表面处理、清理和去毛刺等),这样,冲压工艺过程的制定基本完成。为了将制定的冲压工艺过程实施于生产,需要用工艺文件的形式确定下来,以作为生产准备(如下料、设计与制造模具等)、经济核算和指导生产的依据。

冲压工艺文件主要包括冲压工艺过程卡和工序卡。其中,冲压工艺过程卡表示了零件整个冲压工艺过程的有关内容,而工序卡是具体表示每一工序的操作参数与技术要求。在大批量生产中,需要制定每个零件的工艺过程卡和工序卡;在成批和小批量生产中,一般只需制定工艺过程卡。

冲压工艺卡尚无统一的格式,可基于简单且有利于生产管理的原则进行确定。一般冲压工艺卡的主要内容应包括工序号、工序名称、工序内容、工序草图(加工简图)、工艺装备、设备型号、材料牌号与规格等。

◆ 案例分析

填写表 7-1 所示托架零件冲压工艺卡。

表 7-1　托架冲压工艺过程卡

（厂名）	冲压工艺过程卡	产品型号		零（部）件名称	托架	共　页
		产品名称		零（部）件型号		第　页

材料牌号及规格/mm	材料技术要求	坯料尺寸/mm	每个坯料可制件数	毛坯质量	辅助材料
08F(1.5±0.11)×1800×900		条料 1.5×108×1800	57 件		

工序号	工序名称	工序内容	加工简图	设备	工艺装备	工时
0	下料	剪床上裁板 108 mm×1800 mm				
1	冲孔落料	冲 φ10 孔与落料复合		J23-25	冲孔落料复合模	
2	弯曲	弯两外角并使两内角预弯 45°		J23-16	弯曲模	
3	弯曲	弯两内角		J23-16	弯曲模	

续表

工序号	工序名称	工序内容	加工简图	设备	工艺装备	工时
4	冲孔	冲 $4 \times \phi 5$ 孔	$4 \times \phi 5_{0}^{+0.03}$　$15_{0}^{+0.12}$　36	J23-16	冲孔模	
5	检验	按零件图样检验				

标记	处数	更改文件号	签字	日期	标记	处数		更改文件号	签字	日期	编制（日期）	审核（日期）	会签（日期）

思政故事

用生命赓续传统

　　常年与水打交道，即使是在最寒冷的冬天，为保持宣纸捞制的精准手感，周东红也要把一双赤裸的手伸入冰冷的山泉水中；每天弯腰、转身、跨步，把一套动作重复上千遍，这就是周东红的工作状态。

　　周东红是中国宣纸股份有限公司职工、高级技师。他保持着一个令人敬畏的纪录：30年来年均完成生产任务 145.54%。这个数字意味着他每天至少需要在纸槽边站上 12 h 以上，凌晨 4 点就进入工作岗位，到下午 5 点才能离开。他的手由于长年累月浸泡在水里，烂了又烂。30 年来，他到底加了多少班，只有周东红自己知道，只有他的手知道。

　　周东红的另一个纪录同样令人敬畏：30 年来，保持着成品率 100%、产品对路率 97% 的突出纪录，两项指标分别超国家标准 8 个和 5 个百分点。作为技术骨干，周东红参与了宣纸邮票纸的生产试制，为我国成功发行宣纸材质邮票奠定了基础，填补了邮票史的一项空白。在宣纸生产中，带徒弟是个费心费力的活，所以一般的捞纸师傅一辈子最多带五六个徒弟，而 30 年来，周东红先后带了 20 多名徒弟。2015 年，周东红获得"全国劳动模范"称号。

　　对宣纸事业的热爱，让周东红在创新的路上不停歇，用自己的努力让传统得以赓续。他说："作为一个手艺人，我也将一如既往做一个'守艺人'，做好传统宣纸技艺的传承和创新，这就是我的初心。"

 **习题**

7-1　简述冲压工艺规程制定的主要内容及步骤。

7-2　确定冲压工序顺序一般应考虑哪些原则?

7-3　怎样确定工序件的形状和尺寸?

7-4　如何理解工序组合的必要性和可能性?

7-5　如何确定冲压模具结构形式?

7-6　制定图 7-16 所示零件的冲压工艺规程,生产批量为中批量。

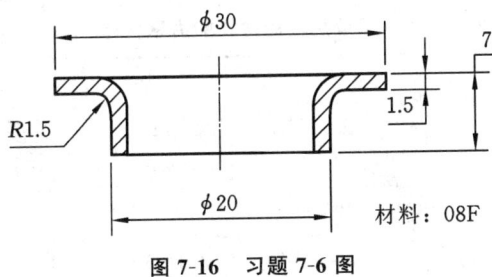

图 7-16　习题 7-6 图

附　　录

附录 A-1　冲压常用金属材料的力学性能

冲压常用金属材料的力学性能

材料名称	牌号	材料的状态	力学性能				
			抗剪强度 τ/MPa	抗拉强度 σ_b/MPa	屈服强度 σ_s/MPa	伸长率 $\delta_{10}/(\%)$	弹性模量 $E/(\times 10^3 MPa)$
普通碳素钢	Q195	未经退火	225～314	314～392		22～38	
	Q215		265～333	333～412	216	26～31	
	Q235		304～373	432～461	253	21～25	
	Q255		333～412	481～511	255	19～23	
碳素结构钢	08F	已退火	216～304	275～383	177	32	
	08		255～353	324～441	196	32	186
	10F		216～333	275～412	186	30	
	10		255～333	294～432	206	29	194
	15		265～373	333～471	225	26	198
	20		275～392	353～500	245	25	206
	35		392～511	490～637	314	20	197
	45		432～549	539～686	353	16	200
	50		432～569	539～716	373	14	216
不锈钢	12Cr13	已退火	314～373	392～416	412	21	206
	20Cr13		314～392	392～490	441	20	206
	06Cr18Ni11Ti	经热处理	451～511	569～628	196	35	196
铝锰合金	3A21	已退火	69～98	108～142	49	19	70
		半冷作硬化	98～137	152～196	127	13	

材料名称	牌号	材料的状态	力学性能				
			抗剪强度 τ/MPa	抗拉强度 σ_b/MPa	屈服强度 σ_s/MPa	伸长率 $\delta_{10}/(\%)$	弹性模量 $E/(\times10^3 MPa)$
硬铝（杜拉铝）	2A12	已退火	103～147	147～211		12	71
		淬硬并经自然时效处理	275～304	392～432	361	15	
		淬硬后冷作硬化	275～314	392～451	333	10	
纯铜	T1,T2,T3	软	157	196	69	30	106
		硬	235	294		3	127
黄铜	H62	软	255	294		35	98
		半硬	294	373	196	20	
		硬	412	412		10	
	H68	软	235	294	98	40	108
		半硬	275	343		25	
		硬	392	392	245	15	113
铅黄铜	HPb59-1	软	294	343	142	25	91
		硬	392	441	412	5	103
锡磷青铜 锡锌青铜	QSn6.5-0.1 QSn4-3	软	255	294	137	38	98
		硬	471	539		3～5	
		特硬	490	637	535	1～2	122
钛合金	TA2	退火	353～471	441～588		25～30	
	TA3		432～588	539～736		20～25	
	TA5		628～667	785～834		15	102

附录 A-2 冷轧钢板和钢带的厚度允许偏差

表 1 最小屈服强度 $R_e<260$ MPa 钢板和钢带的厚度允许偏差　　　　　　（mm）

公称厚度	厚度允许偏差					
	普通精度 PT.A			较高精度 PT.B		
	公称宽度			公称宽度		
	≤1200	>1200~1500	>1500	≤1200	>1200~1500	>1500
≤0.40	±0.03	±0.04	±0.05	±0.020	±0.025	±0.030
>0.40~0.60	±0.03	±0.04	±0.05	±0.025	±0.030	±0.035
>0.60~0.80	±0.04	±0.05	±0.06	±0.030	±0.035	±0.040
>0.80~1.00	±0.05	±0.06	±0.07	±0.035	±0.040	±0.050
>1.00~1.20	±0.06	±0.07	±0.08	±0.040	±0.050	±0.060
>1.20~1.60	±0.08	±0.09	±0.10	±0.050	±0.060	±0.070
>1.60~2.00	±0.10	±0.11	±0.12	±0.060	±0.070	±0.080
>2.00~2.50	±0.12	±0.13	±0.14	±0.080	±0.090	±0.100
>2.50~3.00	±0.15	±0.15	±0.16	±0.100	±0.110	±0.120
>3.00~4.00	±0.16	±0.17	±0.19	±0.120	±0.130	±0.140

表 2 最小屈服强度 $R_e\geqslant260\sim340$ MPa 钢板和钢带的厚度允许偏差　　　　　　（mm）

公称厚度	厚度允许偏差					
	普通精度 PT.A			较高精度 PT.B		
	公称宽度			公称宽度		
	≤1200	>1200~1500	>1500	≤1200	>1200~1500	>1500
≤0.40	±0.04	±0.05	±0.06	±0.025	±0.030	±0.035
>0.40~0.60	±0.04	±0.05	±0.06	±0.030	±0.035	±0.040
>0.60~0.80	±0.05	±0.06	±0.07	±0.035	±0.040	±0.050
>0.80~1.00	±0.06	±0.07	±0.08	±0.040	±0.050	±0.060
>1.00~1.20	±0.07	±0.08	±0.10	±0.050	±0.060	±0.070
>1.20~1.60	±0.09	±0.11	±0.12	±0.060	±0.070	±0.080
>1.60~2.00	±0.12	±0.13	±0.14	±0.070	±0.080	±0.100
>2.00~2.50	±0.14	±0.15	±0.16	±0.100	±0.110	±0.120
>2.50~3.00	±0.17	±0.18	±0.18	±0.120	±0.130	±0.140
>3.00~4.00	±0.18	±0.19	±0.20	±0.140	±0.150	±0.160

表3 最小屈服强度 $R_e \geqslant 340 \sim 420$ MPa 钢板和钢带的厚度允许偏差 （mm）

公称厚度	厚度允许偏差					
	普通精度 PT.A			较高精度 PT.B		
	公称宽度			公称宽度		
	≤1200	>1200~1500	>1500	≤1200	>1200~1500	>1500
≤0.40	±0.04	±0.05	±0.06	±0.030	±0.035	±0.040
>0.40~0.60	±0.05	±0.06	±0.07	±0.035	±0.040	±0.050
>0.60~0.80	±0.06	±0.07	±0.08	±0.040	±0.050	±0.060
>0.80~1.00	±0.07	±0.08	±0.10	±0.050	±0.060	±0.070
>1.00~1.20	±0.09	±0.10	±0.11	±0.060	±0.070	±0.080
>1.20~1.60	±0.11	±0.12	±0.14	±0.070	±0.080	±0.100
>1.60~2.00	±0.14	±0.15	±0.17	±0.080	±0.100	±0.110
>2.00~2.50	±0.16	±0.18	±0.19	±0.110	±0.120	±0.130
>2.50~3.00	±0.20	±0.20	±0.21	±0.130	±0.140	±0.150
>3.00~4.00	±0.22	±0.22	±0.23	±0.150	±0.160	±0.170

表4 最小屈服强度 $R_e > 420$ MPa 钢板和钢带的厚度允许偏差 （mm）

公称厚度	厚度允许偏差					
	普通精度 PT.A			较高精度 PT.B		
	公称宽度			公称宽度		
	≤1200	>1200~1500	>1500	≤1200	>1200~1500	>1500
≤0.40	±0.05	±0.06	±0.07	±0.035	±0.040	±0.050
>0.40~0.60	±0.05	±0.07	±0.08	±0.040	±0.050	±0.060
>0.60~0.80	±0.06	±0.08	±0.10	±0.050	±0.060	±0.070
>0.80~1.00	±0.08	±0.10	±0.11	±0.060	±0.070	±0.080
>1.00~1.20	±0.10	±0.11	±0.13	±0.070	±0.080	±0.100
>1.20~1.60	±0.13	±0.14	±0.16	±0.080	±0.100	±0.110
>1.60~2.00	±0.16	±0.17	±0.19	±0.100	±0.110	±0.130
>2.00~2.50	±0.19	±0.20	±0.22	±0.130	±0.140	±0.160
>2.50~3.00	±0.22	±0.23	±0.24	±0.160	±0.170	±0.180
>3.00~4.00	±0.25	±0.26	±0.27	±0.190	±0.200	±0.210

附录 A-3 轧制薄钢板的尺寸规格

轧制薄钢板的尺寸规格 （mm）

钢板厚度	钢板宽度												
	500	600	710	750	800	850	900	950	1000	1100	1250	1400	1500
	冷轧钢板长度												
0.2，0.25 0.3，0.4	1200 1000 1500	1420 1800 2000	1500 1800 2000	1500 1800 2000	1500 1800 2000	1800 2000	1500 1800	1500 2000					
0.5，0.55 0.6	1000 1500	1200 1800 2000	1420 1800 2000	4500 1800 2000	1500 1800 2000	1500 1800 2000	1500 1800	1500 2000					

钢板厚度	钢板宽度												
	500	600	710	750	800	850	900	950	1000	1100	1250	1400	1500
	冷轧钢板长度												
0.7，0.75	1000 1500	1200 1800 2000	1420 1800 2000	1500 1800 2000	1500 1800 2000	1500 1500 1800	1500 1500 1800	1500 2000					
0.8，0.9	1000 1500	1200 1800 2000	1420 1800 2000	1500 1800 2000	1500 1800 2000	1500 1800 2000	1500 1800 2000	1500 2000	2000 2200	2000 2500			
1.0，1.1 1.2，1.4 1.4，1.6 1.8，2.0	1000 1500 2000	1200 1800 2000	1420 1800 2000	1500 1800 2000	1500 1800 2000	1500 1800 2000	1800 2000	2000	2000 2200	2000 2500	2800 3000 3500	2800 3000 3500	
2.2，2.5 2.8，3.0 3.2，3.5 3.8，4.0	500 1000 1500 2000	600 1200 1800 2000	1420 1800 2000	1500 1800 2000	1500 1800 2000	1500 1800 2000	1800	2000					
	热轧钢板长度												
0.35，0.4	1200		1000										
0.45，0.5	1000	1500	1000	1500	1500		1500	1500					
0.55，0.6	1500	1800	1420	1800	1600	1700	1800	1900	1500				
0.7，0.75	2000	2000	2000	2000	2000	2000	2000	2000	2000				

钢板厚度	钢板宽度												
	500	600	710	750	800	850	900	950	1000	1100	1250	1400	1500
	热轧钢板长度												
0.8,0.9	1500	1500	1500	1500	1500								
	1000	1200	1420	1800	1600	1700	1800	1900	1500				
	1500	1420	2000	2000	2000	2000	2000	2000	2000				
1.0,1.1	1000			1000									
1.2,1.25	1000	1200	1000	1500	1500	1500	1500	1500					
1.4,1.5	1500	1420	1420	1800	1600	1700	1800	1900	1500				
1.6,1.8	2000	2000	2000	2000	2000	2000	2000	2000	2000				
	1000												
2.0,2.2	500	600	1000	1500	1500	1500	1500	1500	1500	2200	2500	2800	
2.5,2.8	1000	1200	1420	1800	1600	1700	1800	1900	2000	3000	3000	3000	3000
	1500	1500	2000	2000	2000	2000	2000	2000	3000	4000	4000	4000	4000
				1000			1000					2800	
3.0,3.2				1500	1500	1500	1500	1500	2000	2200	2500	3000	3000
3.5,3.8	500	600	1420	1800	1600	1700	1800	1900	3000	3000	3000	3500	3500
4.0	1000	1200	1200	2000	2000	2000	2000	2000	4000	4000	4000	4000	

附录 B-1　机械压力机的列、组划分

机械压力机的列、组划分

列	0	1		2		3		4	
	其他	单柱偏心压力机		开式双柱曲轴压力机		闭式曲轴压力机		拉深压力机	
组 0	0	0		0		0		0	
组 1	1	1	单柱固定台压力机	1	开式双柱固定台压力机	1		1	闭式单动拉深压力机
组 2	2	2	单柱活动台压力机	2	开式双柱活动台压力机	2	闭式单点压力机	2	
组 3	3	3	单柱柱形台压力机	3	开式双柱可倾压力机	3		3	开式双动拉深压力机
组 4	4	4	单柱台式压力机	4	开式双柱转台压力机	4	闭式侧滑块压力机	4	底传动双动拉深压力机

列	0	1	2	3	4
	其他	单柱偏心压力机	开式双柱曲轴压力机	闭式曲轴压力机	拉深压力机
组	5	5	5 开式双柱双点压力机	5	5 闭式双动拉深压力机
	6	6	6	6 闭式双点压力机	6 闭式双点双动拉深压力机
	7	7	7	7	7 闭式四点双动拉深压力机
	8	8	8	8	8 闭式三动拉深压力机
	9	9	9	9 闭式四点压力机	9

列	5	6	7	8	9
	摩擦压力机	粉末制品压力机		模锻精压、挤压压力机	
组	0	0 单面冲压粉末制品压力机	0	0	0
	1 无盘摩擦压力机	1 双面冲压粉末制品压力机	1	1	1 分度台压力机
	2 单盘摩擦压力机	2 轮转式粉末制品压力机	2	2	2 冲模回转头压力机
	3 双盘摩擦压力机	3	3	3	3
	4 三盘摩擦压力机	4	4	4 精压机	4
	5 上移式摩擦压力机	5	5	5	5
	6	6	6	6 热模锻压力机	6
	7	7	7	7 曲轴式金属挤压机	7
	8	8	8	8 肘杆式金属挤压机	8
	9	9	9	9	9

附录 B-2　开式固定台压力机(部分)主要技术规格

开式固定台压力机(部分)主要技术规格

型号		JA21-35	JH21-80	JD21-100	JA21-160	J21-400A
公称压力/kN		350	800	1000	1600	4000
滑块行程/mm		130	160	可调 10~120	150	200
滑块行程次数/次·mm		50	40~75	75	40	25
最大封闭高度/mm		280	320	400	450	550
封闭高度调节量/mm		60	80	85	130	150
喉深/mm		205	310	325	380	480
立柱间距/mm		428		480	530	896
工作台尺寸/mm	前后	380	600	600	710	900
	左右	610	950	1000	1120	1400
工作台孔尺寸/mm	前后	200		300		480
	左右	290		420		750
	直径	260			460	600
垫板尺寸/mm	厚度	60		100	130	170
	直径	22.5		200		300
模柄孔尺寸/mm	直径	50	50	60	70	100
	深度	70	60	80	80	120
滑块底面尺寸/mm	前后	210		380	460	
	左右	270		500	650	

附录 B-3　闭式单点压力机(部分)主要技术规格

闭式单点压力机(部分)主要技术规格

型号	J31-100	J31-160A	J31-250	J31-315	J31-400A	J31-630
公称压力/kN	100	1600	2500	3150	4000	6300
滑块行程/mm	165	160	315	315	400	400
滑块每分钟行程次数	35	32	20	25	20	12
最大装模封闭高度/mm	280	480	630	630	710	850
最大装模高度/mm	155	375	490	490	550	650

型号		J31-100	J31-160A	J31-250	J31-315	J31-400A	J31-630
连杆调节长度/mm		100	120	200	200	250	200
立柱间距/mm		660	750	1020	1130	1270	1230
工作台尺寸 /mm	前后	635	790	950	1100	1200	1500
	左右	635	710	1000	1100	1250	1200
垫板尺寸 /mm	厚度	125	105	140	140	160	200
	孔径	250	430				
气垫工作压力/kN				400	250	630	1000
气垫行程/mm				150	160	200	200
主电动机功率/kW		7.5	10	30	30	40	55

附录 B-4　开式双柱可倾式压力机(部分)主要技术规格

开式双柱可倾式压力机(部分)主要技术规格

型号		J23-6.3	J23-10	J23-16	J23-25	JC23-35	JG23-40	JB23-63	J23-80	J23-100	J23-125
公称压力 /kN		63	100	160	250	350	400	630	800	1000	1250
滑块行程 /mm		35	45	55	65	80	100	100	130	130	145
滑块每分钟行程次数		170	145	120	55	50	80	40	45	38	38
最大封闭高度/mm		150	180	220	270	280	300	400	380	480	480
封闭高度调节量 /mm		35	35	45	55	60	80	80	90	100	110
喉深/mm		110	130	160	200	205	220	310	290	380	380
立柱距离 /mm		150	180	220	270	300	300	420	380	530	530
工作台尺寸 /mm	前后	200	240	300	370	380	420	570	540	710	710
	左右	310	370	450	560	610	630	860	800	1080	1080

型号		J23-6.3	J23-10	J23-16	J23-25	JC23-35	JG23-40	JB23-63	J23-80	J23-100	J23-125
工作台孔尺寸/mm	前后	110	130	160	200	200	150	310	230	380	340
	左右	160	200	240	290	290	300	450	360	560	500
	直径	140	170	210	260	260	200	400	280	500	450
垫板尺寸/mm	厚度	30	35	40	50	60	80	80	100	100	100
	直径					150			200		250
模柄孔尺寸/mm	直径	30	30	40	40	50	50	50	60	60	60
	深度	55	55	60	60	70	70	70	80	75	80
滑块底面尺寸/mm	前后					190	230	360	350	360	
	左右					210	300	400	370	430	

参 考 文 献

［1］成虹.冲压工艺与模具设计［M］.北京:高等教育出版社,2021.

［2］徐政坤.冲压模具及设备［M］.北京:机械工业出版社,2014.

［3］翁其金.冷冲压技术［M］.北京:机械工业出版社,2001.

［4］陈剑鹤,吴云飞.模具设计基础［M］.北京:机械工业出版社,2013.

［5］中国机械工程学会,中国模具设计大典编委会.中国模具设计大典［M］.南昌:江西科学技术出版社,2003.

［6］王芳.冲压模具设计指导［M］.北京:机械工业出版社,1998.

［7］洪慎章.冲压成形设计数据速查手册［M］.北京:化学工业出版社,2015.

［8］王新华.冲裁模典型结构图册［M］.北京:机械工业出版社,2011.

［9］王孝培.冲压手册［M］.北京:机械工业出版社,2012.

［10］模具实用技术丛书编委会.冲模设计应用实例［M］.北京:机械工业出版社,2000.

［11］许发樾.模具结构型式与应用手册［M］.北京:机械工业出版社,2006.

［12］周开华.简明精冲手册［M］.北京:国防工业出版社,2006.

［13］日本塑性加工学会.压力加工手册［M］.江国屏,等译.北京:机械工业出版社,1984.

［14］日本材料学会.塑性加工学［M］.陶永发,于清莲,等译.北京:机械工业出版社,1983.

［15］肖景容,姜奎华.冲压工艺学［M］.北京:机械工业出版社,2011.

［16］李硕本.冲压工艺学［M］.北京:机械工业出版社,1982.

［17］张均.冷冲压模具设计与制造［M］.西安:西北工业大学出版社,1993.

［18］肖景容,周士能,肖祥芷.板料冲压［M］.武汉:华中工学院出版社,1985.

［19］成虹.冲压机械化与自动化［M］.南京:江苏科学技术出版社,1992.

［20］卢险峰.冲压工艺模具学［M］.北京:机械工业出版社,1997.